国家卫生健康委员会“十四五”规划教材
全国高等中医药教育教材
供中药学类专业用

药用植物学

第3版

主　编　严铸云　张水利

副主编　尹海波　严玉平　郭庆梅　董诚明　谷　巍

主　审　万德光

编　委（按姓氏笔画排序）

尹海波（辽宁中医药大学）
田恩伟（南方医科大学）
白贞芳（北京中医药大学）
毕　博（长春中医药大学）
刘宝密（黑龙江中医药大学）
孙连娜（上海中医药大学）
严玉平（河北中医学院）
严铸云（成都中医药大学）
杜　勤（广州中医药大学）
李　骁（内蒙古医科大学）
何冬梅（成都中医药大学）
余　坤（湖北中医药大学）
谷　巍（南京中医药大学）
沈昱翔（安顺学院）
张　丹（重庆医科大学）
张　坚（天津中医药大学）
张水利（浙江中医药大学）
张明英（陕西中医药大学）
张新慧（宁夏医科大学）
林贵兵（江西中医药大学）
周良云（广东药科大学）
查良平（安徽中医药大学）
俞　冰（浙江中医药大学）
贺润丽（山西中医药大学）
高　伟（首都医科大学）
郭庆梅（山东中医药大学）
崔治家（甘肃中医药大学）
董诚明（河南中医药大学）
樊锐锋（黑龙江中医药大学）

秘　书　何冬梅（兼）　俞　冰（兼）

人民卫生出版社

·北　京·

图书在版编目（CIP）数据

药用植物学 / 严铸云，张水利主编．—3 版．—北京：人民卫生出版社，2021.12

ISBN 978-7-117-31636-1

Ⅰ. ①药… Ⅱ. ①严…②张… Ⅲ. ①药用植物学 Ⅳ. ①Q949.95

中国版本图书馆 CIP 数据核字（2021）第 211030 号

人卫智网	www.ipmph.com	医学教育、学术、考试、健康，购书智慧智能综合服务平台
人卫官网	www.pmph.com	人卫官方资讯发布平台

药用植物学

Yaoyong Zhiwuxue

第 3 版

主　　编：严铸云　张水利

出版发行：人民卫生出版社（中继线 010-59780011）

地　　址：北京市朝阳区潘家园南里 19 号

邮　　编：100021

E - mail：pmph @ pmph.com

购书热线：010-59787592　010-59787584　010-65264830

印　　刷：人卫印务（北京）有限公司

经　　销：新华书店

开　　本：850 × 1168　1/16　　印张：26

字　　数：681 千字

版　　次：2012 年 8 月第 1 版　　2021 年 12 月第 3 版

印　　次：2022 年 1 月第 1 次印刷

标准书号：ISBN 978-7-117-31636-1

定　　价：79.00 元

打击盗版举报电话：010-59787491　E-mail：WQ @ pmph.com

质量问题联系电话：010-59787234　E-mail：zhiliang @ pmph.com

数字增值服务编委会

主　编　严铸云　张水利

副主编　尹海波　严玉平　郭庆梅　董诚明　谷　巍

主　审　万德光

编　委（按姓氏笔画排序）

尹海波（辽宁中医药大学）
田恩伟（南方医科大学）
白贞芳（北京中医药大学）
毕　博（长春中医药大学）
刘宝密（黑龙江中医药大学）
孙连娜（上海中医药大学）
严玉平（河北中医学院）
严铸云（成都中医药大学）
杜　勤（广州中医药大学）
李　骁（内蒙古医科大学）
何冬梅（成都中医药大学）
余　坤（湖北中医药大学）
谷　巍（南京中医药大学）
沈昱翔（安顺学院）
张　丹（重庆医科大学）
张　坚（天津中医药大学）
张水利（浙江中医药大学）
张明英（陕西中医药大学）
张新慧（宁夏医科大学）
林贵兵（江西中医药大学）
周良云（广东药科大学）
查良平（安徽中医药大学）
俞　冰（浙江中医药大学）
贺润丽（山西中医药大学）
高　伟（首都医科大学）
郭庆梅（山东中医药大学）
崔治家（甘肃中医药大学）
董诚明（河南中医药大学）
樊锐锋（黑龙江中医药大学）

秘　书　何冬梅（兼）　俞　冰（兼）

修订说明

为了更好地贯彻落实《中医药发展战略规划纲要(2016—2030年)》《中共中央国务院关于促进中医药传承创新发展的意见》《教育部 国家卫生健康委 国家中医药管理局关于深化医教协同进一步推动中医药教育改革与高质量发展的实施意见》《关于加快中医药特色发展的若干政策措施》和新时代全国高等学校本科教育工作会议精神,做好第四轮全国高等中医药教育教材建设工作,人民卫生出版社在教育部、国家卫生健康委员会、国家中医药管理局的领导下,在上一轮教材建设的基础上,组织和规划了全国高等中医药教育本科国家卫生健康委员会"十四五"规划教材的编写和修订工作。

为做好新一轮教材的出版工作,人民卫生出版社在教育部高等学校中医学类专业教学指导委员会、中药学类专业教学指导委员会和第三届全国高等中医药教育教材建设指导委员会的大力支持下,先后成立了第四届全国高等中医药教育教材建设指导委员会和相应的教材评审委员会,以指导和组织教材的遴选、评审和修订工作,确保教材编写质量。

根据"十四五"期间高等中医药教育教学改革和高等中医药人才培养目标,在上述工作的基础上,人民卫生出版社规划、确定了第一批中医学、针灸推拿学、中医骨伤科学、中药学、护理学5个专业100种国家卫生健康委员会"十四五"规划教材。教材主编、副主编和编委的遴选按照公开、公平、公正的原则进行。在全国50余所高等院校2 400余位专家和学者申报的基础上,2 000余位申报者经教材建设指导委员会、教材评审委员会审定批准,聘任为主编、副主编、编委。

本套教材的主要特色如下:

1. 立德树人,思政教育　坚持以文化人,以文载道,以德育人,以德为先。将立德树人深化到各学科、各领域,加强学生理想信念教育,厚植爱国主义情怀,把社会主义核心价值观融入教育教学全过程。根据不同专业人才培养特点和专业能力素质要求,科学合理地设计思政教育内容。教材中有机融入中医药文化元素和思想政治教育元素,形成专业课教学与思政理论教育、课程思政与专业思政紧密结合的教材建设格局。

2. 准确定位,联系实际　教材的深度和广度符合各专业教学大纲的要求和特定学制、特定对象、特定层次的培养目标,紧扣教学活动和知识结构。以解决目前各院校教材使用中的突出问题为出发点和落脚点,对人才培养体系、课程体系、教材体系进行充分调研和论证,使之更加符合教改实际、适应中医药人才培养要求和社会需求。

3. 夯实基础,整体优化　以科学严谨的治学态度,对教材体系进行科学设计、整体优化,体现中医药基本理论、基本知识、基本思维、基本技能;教材编写综合考虑学科的分化、交叉,既充分体现不同学科自身特点,又注意各学科之间有机衔接;确保理论体系完善,知识点结合完备,内容精练、完整,概念准确,切合教学实际。

4. 注重衔接,合理区分　严格界定本科教材与职业教育教材、研究生教材、毕业后教育教材的知识范畴,认真总结、详细讨论现阶段中医药本科各课程的知识和理论框架,使其在教材中得以凸显,既要相互联系,又要在编写思路、框架设计、内容取舍等方面有一定的区分度。

5. 体现传承,突出特色 本套教材是培养复合型、创新型中医药人才的重要工具,是中医药文明传承的重要载体。传统的中医药文化是国家软实力的重要体现。因此,教材必须遵循中医药传承发展规律,既要反映原汁原味的中医药知识,培养学生的中医思维,又要使学生中西医学融会贯通,既要传承经典,又要创新发挥,体现新版教材“传承精华、守正创新”的特点。

6. 与时俱进,纸数融合 本套教材新增中医抗疫知识,培养学生的探索精神、创新精神,强化中医药防疫人才培养。同时,教材编写充分体现与时代融合、与现代科技融合、与现代医学融合的特色和理念,将移动互联、网络增值、慕课、翻转课堂等新的教学理念和教学技术、学习方式融入教材建设之中。书中设有随文二维码,通过扫码,学生可对教材的数字增值服务内容进行自主学习。

7. 创新形式,提高效用 教材在形式上仍将传承上版模块化编写的设计思路,图文并茂、版式精美;内容方面注重提高效用,同时应用问题导入、案例教学、探究教学等教材编写理念,以提高学生的学习兴趣和学习效果。

8. 突出实用,注重技能 增设技能教材、实验实训内容及相关栏目,适当增加实践教学学时数,增强学生综合运用所学知识的能力和动手能力,体现医学生早临床、多临床、反复临床的特点,使学生好学、临床好用、教师好教。

9. 立足精品,树立标准 始终坚持具有中国特色的教材建设机制和模式,编委会精心编写,出版社精心审校,全程全员坚持质量控制体系,把打造精品教材作为崇高的历史使命,严把各个环节质量关,力保教材的精品属性,使精品和金课互相促进,通过教材建设推动和深化高等中医药教育教学改革,力争打造国内外高等中医药教育标准化教材。

10. 三点兼顾,有机结合 以基本知识点作为主体内容,适度增加新进展、新技术、新方法,并与相关部门制订的职业技能鉴定规范和国家执业医师(药师)资格考试有效衔接,使知识点、创新点、执业点三点结合;紧密联系临床和科研实际情况,避免理论与实践脱节、教学与临床脱节。

本轮教材的修订编写,教育部、国家卫生健康委员会、国家中医药管理局有关领导和教育部高等学校中医学类专业教学指导委员会、中药学类专业教学指导委员会等相关专家给予了大力支持和指导,得到了全国各医药卫生院校和部分医院、科研机构领导、专家和教师的积极支持和参与,在此,对有关单位和个人表示衷心的感谢!希望各院校在教学使用中,以及在探索课程体系、课程标准和教材建设与改革的进程中,及时提出宝贵意见或建议,以便不断修订和完善,为下一轮教材的修订工作奠定坚实的基础。

人民卫生出版社

2021年3月

前　言

药用植物学是中药学类专业学生学习植物科学理论知识，系统掌握植物药相关基础知识和基本技能的一门专业基础课。它不断吸收、融合生命科学的新知识和新成果，提供植物类中药研究和利用的认识论、方法论，并在解决中药生产和科学研究问题的过程中不断完善和发展，逐步形成以植物形态构造为基础、以分类鉴定为核心、以植物成药规律为桥梁的一门综合性学科。

本教材在遵循国家卫生健康委员会"十四五"规划教材编写指导思想的基础上，根据《中共中央 国务院关于促进中医药传承创新发展的意见》《教育部关于深化本科教育教学改革全面提高人才培养质量的意见》和《教育部关于一流本科课程建设的实施意见》等文件精神，遵从学生认知能力和思维发展规律，紧扣中药学类专业人才培养目标，结合生命科学新发展与培养中医药守正创新的能力需求编写而成。

本教材强调植物学知识与中医药理论的融合。除绪论外，全书分为形态构造、分类鉴定和植物成药三部分，共 10 章内容。形态构造部分以个体发育为主线，加强植物形态、结构、功能和药用用途的综合关联；分类鉴定以系统发育为主线，按恩格勒系统（1964 年版）排列，在"科"之上增加"目"层次，常用药用植物部分以典型"属"特征的学习带动对"科"特征的掌握，并收录了《中华人民共和国药典》（2020 年版）收载中药材涉及的全部分类群，采用其物种学名而将新接受学名列于其后，以强化分类鉴定能力培养与中药生产的结合；新增植物成药部分帮助学生从生物学角度理解中药"形性—环境—性效"传递特点，以及"以形寻药""以地寻药"和"形地结合控药"的思路与方法。除纸质教材外，还融合了具有学科特色的数字资源。教材旨在增强学生利用现代生命科学成果解决中药生产和资源利用等实际问题的能力，引导学生正确理解和坚持中医药的传承与发展、守正与创新，运用植物科学的理论知识推动中医药事业发展。

本教材由严铸云负责整体内容设计，并编写绪论和索引；张水利负责数字内容统筹，并编写附录部分；第一、第二章由谷巍领衔，由谷巍、田恩伟编写；第三章由尹海波领衔，由刘宝密、毕博、尹海波、俞冰编写；第四至第六章由严玉平领衔，由严玉平、杜勤、崔治家、沈昱翔编写；第七章由郭庆梅领衔，由张明英、余坤、林贵兵、张坚、李骁、张新慧、查良平、白贞芳、樊锐锋、郭庆梅编写；第八至第十章由董诚明领衔，由高伟、周良云、何冬梅、董诚明、孙连娜、张丹、贺润丽编写。何冬梅担任教材的秘书，俞冰担任数字内容的秘书。

本书编写过程中得到了人民卫生出版社和各参编单位的大力支持，同时还得到了成都中医药大学万德光的指导，在此一并致以诚挚的谢意！因编写时间紧促，疏漏和不足之处在所难免，敬请各位读者和同行专家提出宝贵意见，以便再版修订完善，不胜感激！

编者

2021 年 3 月

目　录

笔记栏

PPT 课件

绪论

学习目标

药用植物是人类重要的医疗资源，也是生物圈的组成部分。本章主要内容包括药用植物和药用植物学的概念，研究内容和任务，如何学好药用植物学。

通过学习药用植物研究发展历程和现状，我国药用植物资源分布情况，药用植物和药用植物学的范畴等内容，明晰为什么要学习药用植物学，如何才能学好药用植物学。

地球上生存的植物约 50 万种，种子植物达 25 万种左右；药用植物有 539 科，4 958 属，28 222 种；如中国有药用植物约 12 000 种，印度尼西亚约 7 500 种，俄罗斯 2 000~2 500 种。它们是生物圈中的重要成员，也是人类药物的来源。世界各国的传统医学中都在利用药用植物，"神农尝百草"的传说就反映出传统医学起源于药用植物的发现和利用。可见，药用植物是自然界的产物，而发现和利用又是人类活动的结果，从而具有地域性、民族性和文化性。同时，植物在稳定生态结构、维系自然界物质循环和平衡中发挥着关键作用。因此，药用植物研究和利用必须以持续发展观为指导。

第一节　药用植物与植物界

一、药用植物的概念和特点

药用植物（medicinal plant）指具有医疗用途的植物，包括其全株或部分器官、组织及其加工制品等均具有医疗、保健价值。了解植物的医疗用途也是人类最早研究植物的动机之一，史前文明时期人类就能辨识和使用药用植物治病，如《神农本草经》《吠陀经》和《圣经》等书籍中均记载了当时广泛使用的药用植物和治疗疾病的知识。我国是传统医学体系得到完整传承和使用的多民族国家，不仅地域辽阔，气候多样，物种繁多，同时应用药用植物的种类也最多，其治疗范围覆盖了现知的所有疾病。在我国第三次中药资源普查明确的 12 807 种中药资源中，药用植物有 11 146 种（包括亚种、变种或变型 1 208 个），分属于 383 科、2 313 属，约占中药资源总数的 87%。

二、药用植物和生物分界

地球生命经历了约 38 亿年的发展和进化历程，现存的生物类型复杂多样。生物分类与人类认知水平、观察手段、分类目的和标准有关。生物如何划分、划分成几界，植物和其他生

笔记栏

物的区别特征等问题，迄今仍无定论。

瑞典博物学家林奈（Carolus Linnaeus，1707—1778）指出植物是一类具有细胞壁、固着生活、自养的生物，而动物是一类能运动且异养的生物类群。他在1735年编著的*Systema Naturae*中将生物分为植物界（Plantas）和动物界（Animalis），因该两界系统简单、直观，而被广泛接受沿用至今。

随着科学技术的进步，观察和研究水平的深入，出现了对生物分界的不同认识。如在显微镜下发现多核黏菌类兼具植物和动物两种属性，于是1868年德国博物学家海克尔（E. Haeckel，1834—1919）提出在植物界和动物界之间建立原生生物界（Protista），把原核生物、原生动物、硅藻、黏菌、海绵等归入其中，即成"三界系统"。1969年，美国生物学家R. H. Whittaker（魏泰克，1924—1980）根据细胞结构和营养类型提出"五界系统"，即植物界、动物界、真菌界（Fungi）、原生生物界、原核生物界（Prokaryota），在纵向显示了生物进化的三大阶段——原核生物、原生生物和真核生物（植物界、真菌界、动物界），而在横向则展现了生物演化的三大方向，即光合自养的植物、吸收方式的真菌和摄食方式的动物。1979年，昆虫学家陈世骧根据病毒和类病毒不具细胞结构、不能自我繁殖，将它们独立成病毒界（Viri）或非胞生物界，而成"六界系统"。1990年，沃斯（Carl Woese）依据16S rRNA序列的差别，认为真细菌（Eubacteria）、古细菌［Archaebacteria，现称古核生物、古菌（Archaea）］和真核生物分别从一个具有原始遗传机制的共同祖先演化而来，提出将三者各划归一类，作为比界高的分类系统，称"域"（domain）或"超界"（superkingdom），分别称细菌域（Bacteria）、古菌域（Archaea）和真核域（Eukarya）。当前，多数生物学家主张生物分界应主要依据营养方式，同时考虑进化水平，而接受五界系统或六界系统；认为植物应是"含有叶绿素，能进行光合作用的真核生物"，植物界主要包括真核藻类、苔藓植物、蕨类植物、裸子植物和被子植物。但是，生物划界仍无定论。本教材根据我国实际情况，沿用两界系统中植物界的范畴。

第二节　药用植物学的概念和内容

一、药用植物学的内涵和外延

药用植物学（pharmaceutical botany）是研究药用植物分类鉴定及其成药机制的科学。它是药学、本草学和植物学知识交叉融合的产物，并以药用植物为研究对象，以持续利用观为指导思想，以药用植物形态解剖、分类鉴定、医疗价值与植物和环境关系、人与植物关系、利用和保护为主要内容。它是有自身研究对象、任务、方法的比较完整和独立的学科，其研究方法经过描述—实验—物质定量三个过程；并随科学技术进步和社会发展需求，可进一步分化成药用植物分类学、药用植物形态学、药用植物解剖学、药用植物生理学、药用植物生态学、药用植物资源学、药用民族植物学、药用植物代谢工程、药用植物资源环境工程等等，并处于各分支学科的基础位置。因此，学习药用植物学，不仅能够深入理解和熟知药用植物类群、结构、功能和多样性，掌握中药基源研究、品质评价、临床效用及开发研究相关的植物科学知识和基本技能。而且对人类面临的可持续发展问题，特别是合理利用和保护药用植物资源，进行有序的生态重建和药用资源恢复等有着重要意义。

药用植物研究的着眼点是药用植物的自然属性，以药用植物的种类、分布、医疗价值和利用状况为主要内容，并关注其变化趋势；出发点则是药用植物的社会属性，以满足人类发

笔记栏

展的社会需求，保证人类可持续发展为宗旨。二者以社会科学技术为纽带，相互联系，促使药用植物潜在的生产力转化为现实的生产力。

二、药用植物学的研究内容和任务

药用植物学的研究内容日趋丰富和完善，主要有以下相互交叉、相互联系的几方面。

1. **正本清源以确保中医临床用药安全有效**　“品种一错，全盘皆否”是中医药界对中药基源问题的普遍共识。中医临床用药的安全有效是中医药传承和发展的基础，而中药基源物种的延续性和客观性是确保中药安全有效的根本。由于各种历史原因，中药普遍存在“同物异名”和“同名异物”现象，如在500种常用中药中有300余种存在这种问题，直接危害临床用药的安全性和有效性。例如，贯众的同名异物品涉及紫萁 *Osmunda japonica* Thunb.、荚果蕨 *Matteuccia struthiopteris*（Linn.）Todaro、狗脊蕨 *Woodwardia japonica*（Linn.f.）Sm、乌毛蕨 *Blechnum orientale* Linn.、苏铁蕨 *Brainea insignis*（Hook.）J.Smith. 等11科58种蕨类植物；虎杖有155个异名，益母草有30个异名。可见，从历史角度还原中医临床用药的客观需求，确保药材来源准确性是一项长期而艰巨的工作。因此，运用药用植物学的理论和知识，开展中药基源植物的文献考证、种类调查和鉴定，解决中药名实混乱问题，对中药材生产、科研和临床用药均具有重要的意义。

2. **调查整理药用资源以确保中医临床有药可用**　药用植物的调查、编目和记述是资源利用和保护的基础，明确制定利用和保护策略则是维持中医临床有药可用的基石。我国的行政区划和建制，以及土地利用状况较以前已发生了翻天覆地的变化，原有的产地记录与目前情况相差甚远。同时，随着植物调查和研究不断深入，新种不断有发现，也有许多种被归并或分出，或重新组合，学名变动很大。因此，开展区域性药用植物的调查和编目，掌握药用植物资源现状，制定利用和保护方案是一项长期工作。

药用植物调查工作也是发掘新药用资源的重要途径。例如，在前三次的中药资源普查（1958年、1966年和1983年）中，从萝芙木 *Rauwolfia verticillata*（Lour.）Baill. 研制和生产出降压药“利血平”；从黄山药 *Dioscorea panthaica* Prain et Burkill、穿龙薯蓣 *D. nipponica* Makino 根状茎中研制和生产出治冠心病药“地奥心血康”。在本草文献研究中，从黄花蒿 *Artemisia annua* Linn. 研制和生产出高效抗疟的青蒿素（arteannuin）系列产品。同时编写的《中药志》《全国中草药汇编》《中国中药资源志要》和《中国中药区划》等在保障中医临床用药安全有效和有药可用，以及支持经济建设中发挥了重要作用。全国第四次中药资源普查的成果，必将提供更现实的支撑作用。

3. **研究植物的成药机制以确保药物资源安全**　中医药界很早就建立了药物发现和利用的理论体系，如《黄帝内经》中就提出“天药合一”“人药相应”的观点，将植物对人体的生理病理作用与其产地、生境、形、色、气、味和生活习性等相关联，相继出现了“以地寻药”“以形寻药”和“地、形相合控药”的药物发现和品质控制方法，从而出现了中药“多基源”“单基源”“同种异药”和“异缘同效”等现象。即同属多个近缘种作同一种中药使用（多基源）或只用一个物种（单基源）；同一物种因遗传、颜色、野生和栽培的差异（如赤芍和白芍），或野生和长期栽培（川芎和藁本），或药用部位（麻黄和麻黄根），或发育时期差异（枳实、青皮和陈皮）等出现性效差异而成为不同的药物（同种异药）；也有亲缘关系较远的物种（川木通和木通）均可用于治疗小便不利（异缘同效）。这些现象蕴藏的生命科学内涵是发现中药新药和中药新资源，确保国家药物资源安全重要的理论问题。

中药成立的基础是其性效差异性，即所含物质影响人体的生理病理作用的差异性。而植物亲缘关系越接近的物种，不仅形态结构相似，其代谢类型和生理生化特征也相近，共有

笔记栏

化学成分就越多；植物化学成分的产生和分布具有种属、器官、组织以及生长发育时期的特异性；植物生存条件改变愈大，则生理化学特征的变化也愈大，而引起生理化学特征变异的原因是气候（光、温度、水分）、土壤、生物等因素。尽管，植物化学成分的分布和演化规律能解释一些现象，也是寻找中药新资源与确定植物药采收利用的理论之一，但中药性效差异性的本质是影响人体生理病理的差异。那么，何种植物能成为中药，以及具有何种性效？植物在哪些条件下能成为中药？回答这些问题有助于阐释中药发现和利用的理论和技术，给中医临床拓展新药源，解决中医药源的地域性限制。因此，植物成药机制的研究是药用植物学面临的核心工作内容之一。

4. **研究和利用药用植物分类鉴定新技术与新方法**　鉴定和分类是药用植物研究和利用的基础和核心工作。目前使用的方法是源自以双名法为基础构建的植物鉴定分类体系，主要依据植物形态、解剖、地理分布，并结合化石来推演植物的系统发育。该方法仅 200 多年的历史，而植物分类鉴定的历史与人类文明同步或更早。传统分类鉴定方法的继承和创新，将丰富药用植物种子、幼苗和营养器官、代谢产物等方面的鉴定内容。同时，随着微观结构、次生代谢产物、酶和核酸分析技术和方法的发展，也为建立药用植物分类鉴定新方法和新技术注入了活力，已广泛用于药用植物分类鉴定研究。特别是分子标记技术（RAPD、RFLP、AFLP、SCAR、ISSR、SNP、cpSSR 等）和 DNA 序列分析已用于药用植物遗传多样性、分子地理谱系、亲缘关系和物种鉴定等，解决了药用植物种质评价、保护，以及不完整植物材料的鉴定问题。例如，通过 ITS 序列的分析，将黄甘草 *Glycyrrhiza eurycarpa* P. C. Li 并入胀果甘草 *G. inflata* Batal.、蜜腺甘草 *G. glandulifera* Kov. 并入光果甘草 *G. glabra* L.，解决了甘草基源的争议。基于核酸测定分析的药用植物分类鉴定发展迅速，如利用 ITS_2、*rbc*L、*mat*K 和 *psb*A-*trn*H 等 DNA 序列在种间多样性和物种内特异性建立了生物身份识别系统，构建了药用植物 DNA 条形码（DNA barcode）鉴定技术体系，完成了 4 000 余种药用植物的 DNA 条形码鉴定数据平台建设。

5. **引领药用植物资源和新资源的开发利用**　苏联生化学家 C.Л. 伊万诺夫总结植物化学成分与植物系统发育关系内在规律，肖培根提出了包括植物系统、化学成分、疗效间相关性的药用植物亲缘学说，根据该规律寻找新药源能起到事半功倍的效果。例如，在埃塞俄比亚的卫矛科植物卵叶美登木 *Maytenus ovatus* Loes 中发现含量极微的抗癌成分美登木素（maytansine），利用上述规律在肯尼亚发现了美登木素含量较前种高 3.5 倍的巴昌美登木 *M. buchananii* R. Wilez.，继而发现与美登木属近缘的波特卫矛 *Euonymus bockii* Loes 中美登木素含量又比前者高 6 倍；我国发现了降压药的原料如萝芙木、国产血竭、云南马钱、新疆阿魏、白木香等国产资源。同时，该规律可指导药用植物选择栽培地、采收部位和时间，协助推断化学成分结构。例如，黄花蒿随产地不同，青蒿素含量可从痕量至 0.9%。因此，发现植物代谢演化、形态建成、化学成分和中药性效之间的规律，依此寻找新药源，无疑是药用植物研究的重要内容。

同时，现代生物技术和分析技术的迅速发展，给建立药用植物及其活性产物的高效生产注入了新的活力。一方面，在植物微生态、代谢工程、脱毒苗、人工种子、多倍体植株、细胞培养和毛状根培养等方面展开了研究。目前，已建立了人参、西洋参、丹参、紫草、洋地黄、长春花、红豆杉、冬虫夏草、黄连等植物的细胞培养体系，银杏、长春花、青蒿、甘草、商陆、人参、西洋参、何首乌、丹参等 100 多种药用植物的毛状根，以及丹参、金鸡纳、洋地黄和西洋参的冠瘿组织培养技术，获得了具有开发价值的多种次生代谢物。另一方面，采用分子生物学、功能基因组学、蛋白组学和代谢组学等方法阐明植物复杂代谢途径和代谢网络的分子机制。随着植物次生代谢网络研究和认识的深入，以及分子克隆和遗传转化技术的发展，必将通过

遗传工程技术在分子水平上改造药用植物次生代谢途径的遗传特性，以提高药用植物活性物质产量或降低有害产物积累。

第三节　药用植物学发展简史和趋势

一、药用植物学的发展简史

药用植物科学同其他学科一样，都有一个发生、发展过程。回顾人类辨识和利用药用植物的历史进程，大致可以分为以下 4 个阶段。

1. **口传手授阶段**　哪些植物可食？什么部位能食，什么部位不能食？又生长在什么地方？要回答这些问题，就需辨识不同植物的形态特征，了解各种植物的滋味和毒性。这实际上已涉及植物分类和理化特性的知识。如神农“乃求可食之物，尝百草之实，察酸苦之味，教民食五谷”和“尝百草之滋味……一日而遇七十毒”。北京周口店猿人洞(50 万年前)出土了大量的朴树(*Celtis buneana* Bl.)种子，河北武安磁山遗址(7000 多年前)出土了粟粒，浙江余姚河姆渡新石器遗址出土了稻谷、稻壳、稻叶等。这些传说和文物从侧面反映了先民辨识和品尝各种植物，从中获得了食用和药用植物的种种经验和知识。而在文字出现以前，这些经验和知识以口传手授方式流传和积累。

2. **本草植物学阶段**　文字出现以后，人类开始总结记述以前的知识，促进了药用植物学知识的传播和积累。例如，埃及的《埃伯斯纸草书》(*Ebers Papyrus*，公元前 1567 年左右)，印度的《阿闼婆吠陀》(*Atharva-veda*，公元前 685 年左右)等记载有药用植物知识。中国的《周礼·天官冢宰·亨人/兽医》(公元前 1000 年左右)所载“医师掌医之政令，聚毒药以共医事”则表明，已有专职部门负责药用植物采集、使用和药用植物学知识的传播。该时期以记述药用植物的医疗价值和辨识特征为主。

中国在春秋战国时期就初步形成了比较系统的植物学知识。例如，《诗经》(公元前 600 年左右)就有约 130 种植物的形态、生境和分布等描述，涉及药用植物 50 余种；《五十二病方》(公元前 400 年左右)记载的处方中使用了植物药 115 种。秦汉时期的《尔雅》记述植物 200 余种，并有“华、荂、萼、荣、英、蕊、子房”等花部位的名称；《韩非子·解老》(公元前 233—前 140 年)记载了树木“直根”(主根)和“曼根”(营养根)生理功能的区别；现存最早的药学专著东汉时期《神农本草经》记载植物药 252 种。魏晋时期的《南方草木状》(公元 304 年)记述 80 多种广东、广西和越南等地的热带和亚热带植物，多数植物的生态特征、产地和用途有精确的说明，有“世界最早的植物志”之誉；陶弘景编著的《本草经集注》总结了魏晋以来本草学的发展成就，记述了药用植物产地和药材的区别特征，提出“诸药所生，皆的有境界”等有关产地和采收时间影响中药疗效的论述。唐宋时期，政府开始置办药园和花圃，组织专门人员采集植物标本，研究药用植物的形态特征和地理分布，政府主导编写了多部本草。例如，唐代编修和颁布了首部国家药典《新修本草》(公元 659 年)，开创了图文对照的药用植物记述方法；宋政府编修了《开宝本草》《嘉祐本草》和《本草图经》等官修本草。元、明、清继续整理挖掘本土的药用资源，药用植物学知识得到进一步积累和发展，如明代李时珍的《本草纲目》(公元 1578 年)载药 1 892 种，其中植物药 1 100 多种，并以自然属性为分类基础，共分 16 部 60 类，其中药用植物分为草、谷、蔬、果和木部，是当时最先进的分类方法，被誉为自然分类的先驱。清代《植物名实图考》和《植物名实图考长编》(公元 1848 年)，共记载植物 2 552 种，附有精美的绘图，部分可鉴定到种。但中国在本草和其他领

笔记栏

域的植物研究中，注重植物自身与自然相似关系的统一。从植物本身找异同，抓住了事物的本质，使用方便，忽视了系统发育关系，从而没有形成体现植物自然特征的分类体系。

国外药用植物研究最早可追溯至古埃及，如《埃伯斯纸草书》记载伊姆霍特普(Imhotep)应用药用植物治疗阑尾炎、关节炎等；古希腊Aristoteles(公元前384—前322年)创建的欧洲植物园，Theophrastus(公元前372—前287年)编著的《植物志》和《论植物的本原》记载了500多种植物。直至18世纪以前，主要采用描述和比较的方法研究药用植物、食用植物等。例如，老普林尼(Caius Plinius Secundus，公元23—79年)在《自然史》(*Historia naturalis*)中介绍了当时的药用植物，罗马军医迪奥斯科里德(Pedanios Dioscorides)在《药物学》(*Materia medica*，公元78年左右)中介绍药用植物约600种。文艺复兴时期，欧洲出现了一批本草志，其中Otto Brunfels等编著的《生活草本图谱》(*Herbarium vivae eicones*，公元1530—1536年)，标志着现代植物分类学的开始。却古斯(Charles del' Eluse，公元1525—1609年)提出"种"(species)的见解。1690年，英国人J. Ray(雷)首次给物种下定义，并依据花和营养器官性状进行分类，用一个分类系统处理了18 000种植物。

3. **实验植物学阶段**　欧洲工业革命时期，收集了世界各地的植物标本，从药用植物和草本植物的研究转向植物界，也从种类记述发展到建立命名方法和分类系统。例如，林奈创立"双命名法"和出版体现人为分类的《自然系统》(*Systema Naturae*，1735年)。随着显微镜的使用，19世纪德国植物学家施莱登(Matthias Jakob Schleiden)和生理学家施旺(Theodor Schwann)创立的细胞学说，引导人类进入植物的微观世界；而达尔文(C. R. Darwin)提出的进化论思想，使分类学者认识到系统应体现植物界各类间亲缘关系。百余年来建立了数十个系统，如A. W. Eichler(艾希勒)、A. Engler(恩格勒)与Prantl(普兰特)、J. Hutchinson(哈钦松)、A. Takhtajan(塔赫他间)、A. Cronquist(柯朗奎斯特)、Robert Thorne(佐恩)、张宏达和吴征镒等都建立有系统发育系统。从19世纪到20世纪中期，植物学研究从描述植物学发展到以试验方法了解植物生命活动过程的实验植物学阶段。但随着合成药物在西方飞速发展，药用植物学的研究进入了低谷期。

尽管，1858年中国出版了由李善兰和韦廉臣合编的《植物学》，但直到钟观光(1868—1940)在1905年阅读后，才出现采用植物分类学思想、理论和方法研究本土植物和药用植物，以及开展植物学研究和教育工作。钟观光以植物学方法整理研究《植物名实图考》《本草纲目》等本草文献，并开展学名考证工作。赵燏黄(1883—1960)采用生药学研究方法确定了市售中药的基源植物学名，编写了《现代本草生药学》。1936年韩士淑编写了《药用植物学》大学教材，随后李承祜(1949)、孙雄才(1962)、丁景和(1985)、谢成科(1986)、杨春澍(1997)、姚振生等编写了多部《药用植物学》教材，推动了药用植物研究和人才的培养。药用植物学逐步发展形成多分支学科的科学体系，在药用植物调查编目和品种选育，以及现代农业体系引入等方面作出了显著的贡献。

4. **现代药用植物学阶段**　药用植物学历经数十年的积累和发展，已将分子生物学、植物学、生态学、数学、物理学、化学等的新理论与技术引入到药用植物研究领域。药用植物科学在微观和宏观研究上均取得了突出成就，在研究深度和广度上都达到了一个新的水平。在微观研究上，利用模式植物拟南芥和金鱼草，以及相继完成的人参、丹参、灵芝等多种药用植物基因组框架图，发现并克隆了一系列调控基因，在揭示药用植物发育过程及其调控机制、道地药材的科学内涵和培育新品种等方面取得了可喜的进展。在宏观研究上，药用植物资源生态环境和多样性研究领域也取得了重大进展，如利用遥感技术、全球卫星定位系统等结合地理信息系统研究药用植物群落、种群的时空分布和变化规律。太空失重状态下药用植物新品质培育和变异筛选的研究也取得了新进展。总之，近20多年来对药用植物发展影

笔记栏

响最大、最深刻的就是分子生物学及其技术，其次是系统科学和信息科学。这是现代药用植物学阶段的一个明显特点。

二、现代药用植物学发展的主流和趋势

环境污染和破坏的加剧，以及野生植物资源的不合理利用越来越加剧药物资源的短缺，影响人类健康生存和持续发展。可持续发展观思想仍然是指导药用植物研究和利用的主旋律。今后，人类必将更加重视药用植物多样性研究，合理保护和利用药用植物资源，尤其是珍稀濒危药用植物保育和适度繁殖与有效利用研究；更加重视药用植物在"人和自然和谐规律"方面的研究，加强药用植物栖息地保护和重建，自觉融入到建设一个更加和谐、稳定和可持续发展的人类未来行动中。

中医药界赋予每种中药特定的性效，并要求具有特定的性状特征，并长期采用特定的性状特征控制药物品质以保障临床用药的安全性和有效性。借助现代生命科学的研究成果和现代科学的分析手段，可探究药用植物形成特定性状和中药性效的机制。这是药用植物生产新技术建立的理论基础，符合中医药实现传承延续和守正创新的发展需求。

利用分子生物学手段，可定向设计和强化药用植物的某些性状。在完成拟南芥、菊花、牡丹、人参、丹参、灵芝等植物基因组测序和功能基因研究的基础上，结合生物化学、功能基因组学、蛋白质组学和代谢组学等的技术和方法，可阐明药用植物复杂代谢途径和代谢网络及其调控机制，实现药用植物次生代谢途径遗传特性改造。这仍将是今后药用植物学研究和发展的主流和方向之一。

借助微生态学的技术和方法，可定向设计和强化药用植物微生态系统的功能，提高药用植物抗病虫害、耐热、耐旱能力和利用土壤营养能力，从而使药用植物生产更加生态，优质高产，更少使用化肥和农药，减少药材中有害物质。药用植物栖息地的微生态环境保护和重建或重构也将是药用植物学研究和发展的重要方向之一。

利用植物系统学、功能基因组学和代谢组学等的研究成果，从植物界寻找更多能被中医临床使用的药物，不仅能给中医临床用药提供更多的选择，同时也可减轻本土资源的压力，符合中医药走出国门服务于全人类健康的战略需求。

第四节　药用植物学的性质及其相关学科

药用植物学是一门随科学技术的进步而不断发展的边缘学科，主要研究药用植物的种类、分布、药用价值、成药机制、利用与保护等。不仅需要综合植物学、本草学、医药学、生态学等学科中一些自然科学知识，还涉及文化学、社会经济学等知识。尽管药用植物学研究的内容涉及面宽广而复杂，但植物成药规律是其研究的永恒主题。

药用植物学是中药学、药学学科体系中的一门基础和应用学科。它关注如何认识和对待药用植物等的相关理论与实践，并为其他学科的发展提供药用植物的相关信息；也提供植物种类、数量、分布及其药用价值和应用时空变化等基础信息，直接为国民经济建设、药用资源管理和国家资源安全服务。同时，药用植物学又是中药学和药学庞大学科体系中一个融合医药学、生物学为一体的交叉学科，可解决其他学科不能解决的问题，内容独特又相对单一，是医药科学和植物科学间的一个独立领域。药用植物的复杂性质决定了其理论基础涉及面广，内容较复杂，特别是在可持续理论和思想的指导下，其基础理论研究有待创新和深化。生命科学的发展，以及系统论、控制论、信息论的概念和方法的引入，将促进药用植物学

笔记栏

理论研究和应用的发展。

药用植物学又是中药学和药学专业人才培养中的一门专业基础课，并给中药鉴定学、生药学、中药栽培学、中药资源学、中药化学和天然药物化学等课程学习和科学研究提供药用植物学相关的基础知识和技能。同时，凡涉及植物类中药、天然药的学科都与药用植物学存在密不可分的联系。中药学是学习药用植物学的基础，药用植物学又是学习上述课程的基础，而离开药用植物学理论、知识和技能就学不好这些课程。

第五节　学习药用植物学的目的和方法

一、学习药用植物学的目的和意义

人类研究药用植物的目的是认识和揭示药用植物分布、遗传变异、环境适应性和成药性等的规律，有意识地控制、利用和改造药用植物，充分利用野生植物资源，提高栽培药用植物的质量和产量，进一步提高人民的健康水平，支撑经济建设。药用植物学不仅是中药学和药学专业的专业基础课，也是中医药爱好者学习的重要课程。在中药和天然药栽培、鉴定、植物化学成分和资源调查利用等工作中，也需要厚实的药用植物学知识。因此，学习药用植物学可为学好其他相关课程和后续专业课程，更好地从事中药生产、经营和科学研究提供药用植物学基本理论、基础知识和基本技能。

本教材针对医药院校中药学和药学专业人才培养特点和教学特点，兼顾药用植物学的系统性和科学性，力求阐明药用植物学的基本概念、基本知识和基本理论，注重联系生产实际、反映本学科发展水平。教材内容在讲述植物细胞、组织的基础上，阐述了植物器官形态发生和结构的特征；介绍了植物分类的基础知识，植物界各类群的特征和进化概况；介绍了药用价值较重要的科、属、种的识别特征。因此，认真学习和掌握教材内容，不仅对学好药用植物学课程十分重要，同时对深入学习与药用植物相关的课程和从事相关领域的研究与发展也非常有益。

二、学习药用植物学的方法

药用植物学的学习中，首先应运用辩证的思维方式，充分认识到植物有机体的局部与整体间，细胞、组织、器官与个体间，形态结构与生理功能和代谢间，个体与群体间，个体与环境间相互作用和相互制约关系及其成药的机制，把握知识间的内在联系。必须树立相互联系的动态发展观，正确认识植物的个体发育是一个连续的序列过程，其物质代谢、生理功能、形态建成及其与环境四者间是相对稳定的、连续变化的统一体。植物界纷繁复杂的各类群是植物长期演化的结果。学习药用植物学只有树立“由低级到高级，由简单到复杂，由水生到陆生，由少数到多数”的系统进化观点，才能正确理解药用植物的多样性、稳定性、变异性、成药性和可利用性。

在学习药用植物学过程中，要善于运用观察、比较和实践的方法，强化理论联系实践，防止脱离实际去死记硬背，一方面认真做好实验、课外实践和野外实习，加强实验观察和技能训练，以增加感性知识，以验证和加深理解药用植物科学中的一些基本规律、生命活动和多样性等；另一方面，强化自主学习、自觉学习意识，注意观察联系生活实际和生产实践，尝试以药用植物学中的基本知识、基本理论来解释生活和生产中的实际问题，以培养实事求是的科学态度和科学研究的情感，为后续专业课程的学习打下基础，提高自己认识自然和认识生命价值，领悟中医药有关“天药合一”的意识和能力。

值得关注的是，能在教师的指导下开展一些探究性实验或课题。不仅可以养成用所学知识去分析问题和解决问题的能力，而且还能学习一些科学研究的方法，培养科学的思想和态度，激发进一步探究药用植物未知世界的欲望和兴趣。

（严铸云）

复习思考题

扫一扫
测一测

1. 植物和药用植物有哪些区别？它们在人类社会发展中发挥着哪些作用？
2. 药用植物可持续利用在中医药国际化和中医药文化传播中有何作用？
3. 中外药用植物学相关的代表性著作有哪些？试述各自的历史地位和贡献。
4. 药用植物学的主要研究内容和主要分支学科有哪些？
5. 药用植物学在中药学科和人才培养中有何作用？
6. 学习和研究药用植物学的目的和任务是什么？如何学好药用植物学？

PPT 课件

第一章 植物细胞

学习目标

细胞是有机体结构和功能的基本单位。本章主要内容包括植物细胞的基本结构和分裂、生长、分化的相关知识，细胞后含物、细胞壁特化类型；植物倍性和生命活动的基本特征和规律；药材显微鉴别所用的细胞组成和结构特征，及其显微鉴别方法。

通过学习细胞的结构和组成，分裂、生长、分化的相关知识，植物细胞的特有结构和显微鉴别方法，明晰哪些细胞结构可用于药材鉴别，有哪些可用的显微鉴别反应。

细胞(cell)是生命有机体进化发展到一定阶段的产物，其出现是生命起源与演化历史长河中一个重要的里程碑。它使无序的活性物质发展成严整的生命结构形态，并提供了相对稳定的内环境，使新陈代谢能够有序进行。同时，细胞是各种生命活动进行的场所，也是除病毒外生命体存在的一种形式或组成有机体结构和功能的基本单位。

第一节 植物细胞的形态与结构

植物细胞的研究和认识依赖显微镜的发明和显微技术等的不断丰富完善。1665 年，英国人 Robert Hooke(罗伯特·胡克，1635—1703)首次用自制的显微镜观察到死细胞的细胞壁，并命名了细胞；随后荷兰人 Antony van Leeuwenhoek(列文虎克，1631—1723)和意大利人 Marcello Malpighi(马尔皮吉，1628—1694)等先后用显微镜观察研究了植物、动物和微生物的活细胞。1838—1839 年，植物学家施莱登(Matthias Jakob Schleiden)和生理学家施旺(Theodor Schwann)共同建立了细胞学说(cell theory)，即细胞是有机体结构和生命活动的基本单位。细胞学说阐明了动、植物的统一性，成为生物界发展学说建立的基础，对现代生物学发展有重要的意义，被恩格斯列为 19 世纪自然科学的三大发现之一。20 世纪，随着电子显微技术、分级分离技术、同位素示踪、原位杂交技术、细胞培养技术等的发展和应用，使人类逐步认识到细胞各部分的结构和功能，以及生命活动和调控规律，并在细胞和分子水平上推动了药用植物科学的发展。

思政元素

从细胞发现到细胞学说，看科学探索精神

英国人 Robert Hooke(1665)首次发现和命名细胞之后，经过科学家们的观察研究，1838—1839 年间由德国植物学家施莱登(Matthias Jakob Schleiden)和生理学家施旺

(Theodor Schwann)提出细胞是动植物结构和功能的基本单位,新细胞可以在已存在细胞作用下产生。后经众多科学家不断补充和修正后,形成了现代细胞学说。即:细胞是生物体结构和功能的基本单位,细胞通过分裂产生新细胞,细胞是一个相对独立的生命单位,又与其他细胞共同组成整个生命。细胞学说揭示了细胞的统一性和生物体结构的统一性,以及生物在进化上的共同起源。从此,人类对生物学的研究进入细胞层面,极大地推动了生命科学与医学的发展,并给辩证唯物论提供了重要的自然科学依据。随着电子显微技术、分级分离技术、同位素示踪、原位杂交技术、细胞培养技术等的应用,人类进一步认识到细胞各部分的结构和功能、生命活动和调控规律,并在细胞和分子水平上推动着生命科学的发展。1958 年,F. C. Steward 等证实了植物细胞全能性。从细胞发现到现代细胞学说的建立,经过了一代又一代科学家坚持不懈的探索、修订和完善,可见科学新知的发现必须是一个继承和不断开拓、创新的过程。只有勇于肩负时代的使命,心怀造福人类的情感,才能在科学的道路上砥砺前行,在推动人类文明进步中发挥自己的作用。

一、植物细胞的形状与大小

植物细胞形状多样,常有球形、类球形、多面体形、纺锤形、柱状等。单细胞植物(如小球藻)的细胞处于游离状态,常呈球形或近球形;多细胞植物的细胞形态多样,如体表细胞多为扁平状,侧面观方形,表面观不规则;代谢旺盛的细胞常呈近等径或略伸长的多面体;支持细胞多呈纺锤形或圆柱形;输导细胞多呈长管状。

植物细胞的直径大多为 10~100μm。不同部位的细胞大小不同,如顶端分生组织细胞较小;成熟西瓜和番茄果实中具有贮藏功能的果肉细胞较大,用放大镜就可观察到呈圆形颗粒;苎麻纤维细胞可长达 550mm。

细胞体积小,比表面积就大,有利于物质、信息和能量的交换。形状与大小各异的细胞是对其功能进化适应的结果。

二、植物细胞的基本结构

植物细胞一般由细胞壁(cell wall)、原生质体(protoplast)、后含物(ergastic substance)组成。细胞壁以内的原生质体是细胞内生命物质的总称,包括细胞膜(plasma membrane)、细胞质(cytoplasm)、细胞核(nucleus);此外,还有一些贮藏物质和代谢废物等非原生质的物质,统称后含物。

需要注意的是,植物细胞的形态结构常因植物种类、细胞功能和发育期不同而异,不可能在一个细胞中观察到所有的细胞构造。为了便于解析细胞结构,常将各种细胞构造集中绘制在一个细胞里加以说明,该细胞称典型植物细胞或模式植物细胞(图 1-1)。

细胞在不同观察条件下所展现的结构层次不同。目前,光学显微镜的分辨极限为 0.2μm,有效放大倍数不超过 1 200 倍;而电子显微镜的放大倍数可超过 100 万倍,分辨率可达 0.2nm。常将光学显微镜(light microscope)下能观察到的细胞构造称显微结构(microscopic structure)。一般可观察到细胞壁、细胞质、细胞核、液泡和质体等,而高尔基复合体、线粒体等细胞器需经特殊染色才能观察到。更加细微的细胞结构需要采用电子显微镜(electron microscope,EM)观察,称超微结构(ultrastructure)或亚显微结构(submicroscopic structure)。扫描电镜和透射电镜分别用于观察细胞表面和内部结构。

笔记栏

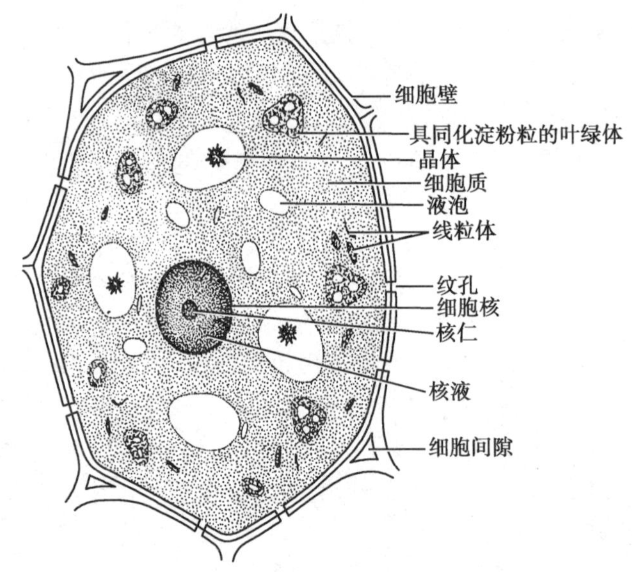

图 1-1　典型植物细胞的构造

（一）原生质体

原生质体是细胞新陈代谢活动的场所。组成原生质体的物质称原生质（protoplasm），主要包括水、蛋白质、糖类、脂类、核酸、维生素、无机盐等；水含量约为 80%~90%，其他组成成分十分复杂，并处于不断变化之中。原生质体的结构和功能分述如下。

1. **质膜**（plasmalemma）　又称细胞膜（cell membrane）或外周膜（peripheral membrane），指紧贴细胞壁并包围原生质体表面，由脂质、蛋白质和糖类组成的膜结构，厚度约 7.5nm。真核细胞内部还有复杂的膜结构，称细胞内膜（internal membrane）。质膜和内膜总称生物膜（biomembrane）。

生物膜在电子显微镜下仅能观察到生物膜的横剖面显现为"暗 - 明 - 暗"的三层结构，称单位膜（unit membrane）。脂质、蛋白质和糖类以"流动镶嵌"模式共同构成了生物膜；磷脂双分子层构成基本"骨架"；膜蛋白分布在膜内外表面或嵌入磷脂双层内部，充当载体、受体、酶等；寡糖分子和蛋白质或脂质结合成糖蛋白、糖脂，参与细胞识别。活细胞的生物膜具有一定的流动性，处于不断变动的活性状态。

此外，质膜具有选择透过性，能以被动运输、主动运输、膜泡运输的方式控制物质出入细胞，从而保持了胞内环境的相对稳定。由此可见，质膜在物质跨膜运输、细胞识别、信号转导、细胞生命活动调节等过程中具有重要的作用。

2. **细胞质**（cytoplasm）　指细胞核以外、细胞膜以内的原生质，包括细胞基质和细胞器。细胞内具有特定形态、结构和功能的亚细胞结构，称细胞器（organelle），如质体、线粒体、内质网和高尔基复合体等（图 1-2）。细胞质基质（cytoplasmic matrix）指胞内呈半透明、能流动的黏稠状物质，约占细胞质体积的 1/2。在生活细胞中，细胞质基质主要由蛋白质（包括酶）、氨基酸、核酸、类脂、水等组成，并处于不断流动的状态，从而带动细胞器在细胞内做有规则的持续运动，称胞质运动（cytoplasmic movement）。细胞的物质运输、能量交换、信号传递和许多重要的中间代谢反应等均与胞质运动有关。

（1）质体（plastid）：是真核绿色植物特有的并由双层膜包被的细胞器。细胞生长分化时，由前质体（proplastid）发育后转化成叶绿体、有色体和白色体（图 1-3），它们与碳水化合物的合成和贮藏密切相关，并在一定条件下可以相互转化。

笔记栏

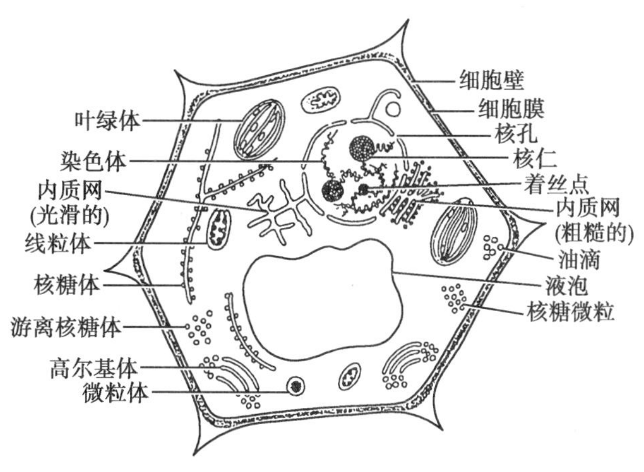

图 1-2　电子显微镜下植物细胞内主要结构图解

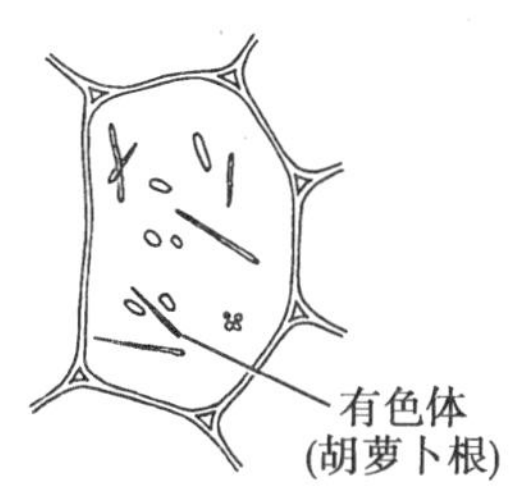

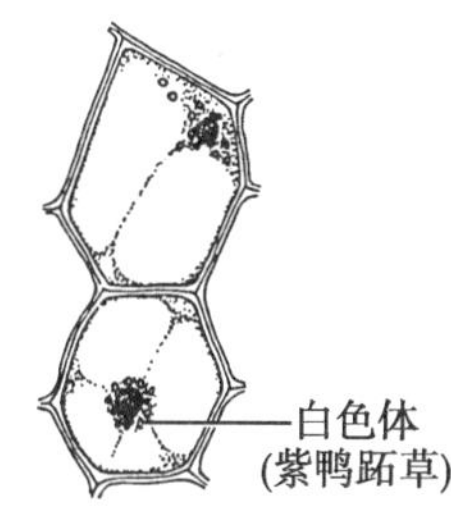

图 1-3　质体的种类

1) 叶绿体(chloroplast):是真核绿色植物进行光合作用的细胞器。主要存在于植物绿色部分的细胞中,如叶肉细胞、幼茎的皮层细胞和厚角细胞等。高等植物的叶绿体形状大小比较接近,多呈球形、卵形或双凸透镜形的颗粒状,内部是无色的溶胶状蛋白质基质(stroma),悬浮着复杂的膜系统。其中,若干扁平的囊称类囊体(thylakoid);一些类囊体有规律地垛叠在一起,构成基粒(granum);在基粒之间有基质片层相联系。叶绿素等光合色素和电子传递系统位于类囊体的膜上,是光合作用光反应的场所;各类囊体的腔彼此相通,是 CO_2 转化成糖的场所。

叶绿体主要由蛋白质、类脂、核酸和色素分子组成,并含有与光合作用相关的酶系统和维生素等。此外,叶绿体基质中具有环状双链 DNA 和核糖体,构成叶绿体基因组,可编码并合成叶绿体自身的部分蛋白质。

2) 有色体(chromoplast):是仅含胡萝卜素和叶黄素等色素的质体。因其所含色素比例不同而呈黄色、橙色或橙红色等颜色;因色素的结晶性能不同而常呈针形、圆形、杆形、多角形或不规则形状。花、果实等因含有色体而呈现各种鲜艳的颜色,用以吸引昆虫和其他动物传粉或传播种子。

3) 白色体(leucoplast):是不含可见色素的最小质体,常呈圆形、椭圆形、纺锤形或无色小颗粒,普遍存在于贮藏组织细胞中。因贮藏物质不同又分为 3 类:贮藏淀粉的造粉体(amyloplast)、贮藏蛋白质的蛋白体(proteinoplast)、贮藏脂肪和油的造油体(elaioplast)。分生组织细胞中的前质体一般无色,后发育成白色体;白色体在光照下可发育成叶绿体。如番茄子房在花期为白色,幼果变成绿色,成熟后逐渐变红就是细胞中前质体依次发育白色体、叶绿体、有色体的原因。相反,在遮光条件下,叶绿体失去色素,就转变成白色体。

(2) 线粒体(mitochondria):是内外两层膜包裹的囊状细胞器,直径约 0.5~1μm,长约

笔记栏

1~2μm，经特殊染色后，在光学显微镜下呈球状、颗粒状、棒状、丝状或分枝状。线粒体是细胞呼吸和能量代谢中心，数目随细胞而异，代谢活跃的细胞如分泌细胞中的线粒体较多。电子显微镜下可见线粒体的外膜平整，内膜常向内折叠形成嵴（cristae）；嵴之间充满可溶性蛋白为主的基质（matrix）；嵴表面和基质中有多种与呼吸作用有关的酶和电子传递系统。此外，线粒体中具有环状的双链 DNA 和核糖体，构成线粒体基因组，可编码并合成线粒体中约 10% 的蛋白质。

（3）液泡（vacuole）：植物细胞普遍具有液泡，由单层膜及其包被的细胞液构成。幼小细胞的液泡体积小，数量多，并不明显。随着细胞体积增大，代谢产物增多，小液泡彼此合并、扩张，逐渐发展成几个大型液泡或一个中央大液泡。成熟细胞中液泡占据细胞体积的 90% 以上，将细胞质连同细胞核挤到细胞周缘（图 1-4）。

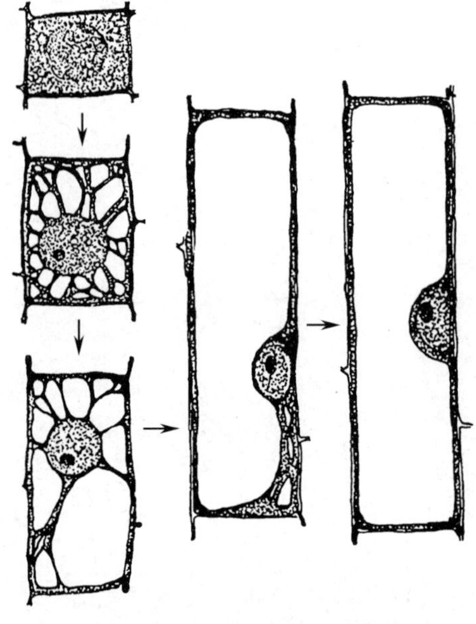
图 1-4 洋葱根尖细胞（示液泡形成各阶段）

液泡外被的单层膜称液泡膜（tonoplast），是原生质体的组成部分，并与质膜连接，共同控制细胞内外水分和物质的交换。液泡内充满了液体，称细胞液，是细胞新陈代谢过程产生的混合物，为非生命物质。液泡成分复杂，除含有大量水分外，还含有糖类、有机酸和蛋白质等初生代谢产物，以及苷类、生物碱、单宁、有机酸、挥发油、树脂、草酸钙结晶等次生代谢产物。此外，液泡还参与细胞内物质的分解、积累和移动，以及细胞分化、成熟、衰老等生命活动；高浓度的细胞液还能提高植物抗寒、抗旱、抗盐碱、抗重金属等能力。

（4）内质网（endoplasmic reticulum，ER）：是一系列管状和扁平囊状、内腔彼此相通的单层膜管网系统，与核膜相连。电子显微镜下，内质网为两层平行的单位膜，中间充满基质。内质网有两个区域，一个是膜表面附着许多核糖体，称粗面内质网（rough endoplasmic reticulum，rER），主要功能是合成、运输蛋白质，产生构成新膜的脂蛋白和初级溶酶体所含的酸性磷酸酶等；另一个没有核糖体附着，称光面内质网（smooth endoplasmic reticulum，sER），是脂类合成的场所，在脂质代谢活跃的细胞中较发达。粗面内质网发达的程度可作为判断细胞分化程度和功能状况的一种形态学标志。

（5）高尔基复合体（Golgi apparatus，Golgi complex）：又称高尔基体或高尔基器，是由一系列单层膜包围的扁圆囊（cisterna）和小泡（vesicle）结构。从内质网上脱离下来的小泡与高尔基复合体融合，其中的物质经进一步加工、修饰、分选、运输，再以膜泡运输方式移至细胞膜，分泌到细胞外，形成细胞分泌物，如树脂道上皮细胞分泌树脂，根冠细胞分泌黏液等。此外，高尔基复合体还能合成和分泌植物果胶、半纤维素和木质素等，参与细胞壁形成。初级溶酶体与分泌颗粒的形成也源自高尔基复合体。

（6）核糖体（ribosome）：又称核糖核蛋白体或核蛋白体，是非膜相结构的颗粒状细胞器，常呈球形或长圆形，径约 10~15nm，附着于粗面内质网与核被膜，或游离在细胞质中。细胞核、线粒体和叶绿体中也有核糖体。核糖体约含 40% 的蛋白质和 60% 的核糖核酸，由大、小两个亚基组成，是蛋白质的合成中心。在合成蛋白质时，多个核糖体同时与 mRNA 结合在一起，形成多聚核糖体。细胞质中的游离核糖体主要合成留存在细胞质中的蛋白质，如各种膜蛋白；附着核糖体主要合成分泌蛋白。

笔记栏

(7)溶酶体和圆球体

1)溶酶体(lysosome):是单层膜包裹的小泡,直径约 0.1~1μm,其大小和数量在不同细胞中差异较大。溶酶体是细胞中的"消化器官",内含多种酸性水解酶,如蛋白酶、核糖核酸酶、磷酸酶、糖苷酶等,消化从外界吞入的颗粒和细胞自身的废弃成分及结构碎片,使这些物质重新得以利用。溶酶体的水解作用通常只在小泡内进行,当溶酶体膜破裂或损伤时,溶酶释放造成细胞内各种化合物降解,结果整个细胞自溶。细胞内含物的破坏是许多植物细胞,特别是维管植物细胞分化成熟的一种特征。

2)圆球体(spherosome):又称油体,是单层膜包裹着的圆球状小体,直径为 0.1~1μm,也含有酸性水解酶,与溶酶体性质相似,但有聚集脂肪的功能。此外,液泡、糊粉粒等细胞器中也含有水解酶类。

(8)微体(microbody):是具有单层膜的球状、椭圆或哑铃状细胞器,直径 0.2~1.7μm,内含无定形颗粒基质。主要有过氧化物酶体(peroxisome)和乙醛酸循环体(glyoxysome)两种,二者是微体在不同发育阶段的存在形式。过氧化物酶体含有黄素氧化酶 - 过氧化氢酶系统,与叶绿体和线粒体共同参与光呼吸过程,同时可分解细胞代谢产生的有毒过氧化物。乙醛酸循环体含有乙醛酸循环酶系统,在种子萌发时使贮藏的脂肪转化成糖。

(9)细胞骨架(cytoskeleton):是真核细胞中的蛋白纤维网络结构,其结构体系称"细胞骨架系统"。它与细胞的遗传系统、生物膜系统并称"细胞内三大系统"。细胞骨架在稳定细胞形态,承受外力、维持细胞内部结构的有序性,细胞运动和物质运输,以及细胞壁的合成等方面起着重要作用。细胞骨架包括微管(microtubule)、微丝(microfilament)和中间纤维(intermediate,filament)3 种蛋白纤维。

3. **细胞核**(nucleus) 是细胞生命活动的控制中心。DNA 在核中贮藏、复制、转录,从而控制着细胞和植物体的生长、发育和繁殖。除细菌和蓝藻外,大多数生活细胞具有 1 个细胞核,少数为多核或无核,如藻菌类和乳汁管细胞、花粉囊成熟期绒毡层细胞具有双核或多核;成熟筛管细胞无细胞核。细胞核的形状和位置随细胞生长发育时期而变化,成熟细胞的核常位于细胞一侧。细胞核直径约 10~20μm,内部结构复杂,主要由核膜、染色质、核仁和核基质等组成。

(1)核膜(nuclear envelope):又称核被膜,包括双层核膜、核孔复合体和核纤层等。核膜的外膜与内质网相连,常附着核糖体;内膜与染色质紧密接触;两层膜之间为膜间腔。核膜上均匀或不均匀分布的多个小孔称核孔(nuclear pore),核孔处有复杂的蛋白质,构成核孔复合体(nuclear pore complex),控制核、胞质间的物质交换。如核内产生的 mRNA 前体经过加工为成熟的 mRNA 后才能通过核孔进入细胞质。核膜内面有纤维网络状的核纤层(nuclear lamina),与有丝分裂中核膜崩解和重组有关。

(2)染色质(chromatin):是分散在细胞核液中极易被碱性染料(如龙胆紫、醋酸洋红)着色的物质。在细胞分裂间期,染色质不明显,电子显微镜下显出一些交织成网的细丝。细胞分裂期,染色质聚缩成短粗、棒状的染色体(chromosome)。真核细胞的染色质主要由 DNA、蛋白质和少量 RNA 组成。

(3)核仁(nucleolus):是细胞核中椭圆形或圆形的颗粒状结构,没有膜包被,折光性强,常 1 个或几个。核仁是 rRNA 基因存储,rRNA 合成加工以及核糖体亚单位的装配场所,随细胞周期消失和重建。

(4)核基质(nuclear matrix):又称核骨架,是细胞核中由纤维蛋白构成的网架体系,网孔中充满液体。其中分散着核仁和染色质,主要由蛋白质、RNA 和多种酶组成,这些物质保证了 DNA 的复制和 RNA 的转录。

笔记栏

（二）细胞壁

细胞壁（cell wall）是包围在原生质体外，具有一定硬度和弹性的结构。它与液泡、质体一起构成了植物细胞不同于动物细胞的三大结构特征。在细胞生长发育的不同时期和不同植物组织中，细胞壁的成分、结构、硬度和弹性等也不同。

1. 细胞壁的结构和生长 细胞壁的组成物质可分为构架物质和衬质。构架物质主要是纤维素，是由100个或更多葡萄糖基连接而成的长链化合物。多条这样的长链构成的细丝称微纤丝（microfibril）。由微纤丝相互交织成的网状结构是细胞壁的基本构架。微纤丝具有亲水性，化学性质较稳定，能够耐受酸、碱及多种溶剂。衬质包括非纤维素多糖、蛋白质、水、木质素、角质、木栓质和蜡质等。非纤维素多糖包括果胶、半纤维素、胼胝质等；蛋白质包括结构蛋白质类、酶及一些功能尚未明确的蛋白质；木质素是构成细胞壁的另一类重要物质，增加了细胞壁的机械强度，但不是所有细胞壁都存在木质素。

根据细胞壁形成的先后、化学成分和结构的不同，细胞壁可分为胞间层、初生壁和次生壁3层（图1-5）。相邻两细胞间的胞间层由它们的原生质体共同分泌而成。

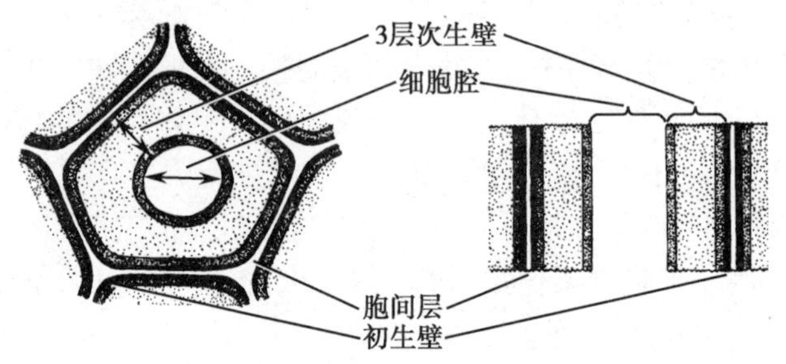

图1-5 细胞壁的构造

（1）胞间层（intercellular layer）：又称中层（middle lamella），是细胞分裂时最早形成的分隔层，位于相邻细胞的细胞壁之间。主要成分是果胶，使相邻细胞彼此粘连，并可缓冲细胞间的挤压而不致影响细胞的生长。细胞生长分化过程中，部分胞间层分解，细胞壁彼此分离而形成细胞间隙（intercellular space），具有通气和贮藏气体的作用。果实成熟时，果胶酶将果胶分解而使果肉细胞彼此分离，果实变软。实验室则常用硝酸和氯酸钾混合液、氢氧化钾或碳酸钠溶液等试剂，解离植物药材后进行观察鉴定。

（2）初生壁（primary wall）：是在细胞生长过程中形成的细胞壁，位于胞间层和质膜之间，厚约1~3μm，主要成分是纤维素、果胶质、半纤维素和糖蛋白。纤维素构成初生壁的框架，果胶质、半纤维素等填充其中，使初生壁具有可塑性和延展性，能随细胞生长而延伸。原生质体的分泌物不断填充到细胞壁中，使初生壁继续增长，称填充生长；若填充在胞间层内侧则使细胞壁略增厚，称附加生长。许多细胞停止生长后，细胞壁不再增厚并停留在初生壁阶段。常将胞间层和初生壁一起合称复合胞间层（compound middle lamella）。

（3）次生壁（secondary wall）：是细胞停止生长、体积不再增大后，在初生壁内侧继续积累的细胞壁层，常较厚，约5~10μm。植物体内具有支持和输导作用的细胞成熟时原生质体已死亡，仅留下细胞壁执行输导和支持功能。次生壁的纤维素含量高，微纤丝排列较初生壁致密，具有方向性；基质成分主要是半纤维素，极少有果胶质，也不含糖蛋白，常添加了大量木质素和其他物质，增加了次生壁的硬度。次生壁中因不同层次微纤丝的方向不同，使细胞壁呈现不同的层次。较厚的次生壁常可分为内、中、外3层，并以中层较厚。植物细胞均有初生壁，但不是都具有次生壁。因此，一个典型厚壁细胞（纤维或石细胞）的细胞壁可见5层结构，即胞间层、初生壁、3层次生壁。

笔记栏

2. **纹孔和胞间连丝**

(1)纹孔(pit):次生壁上一些没有增厚的凹陷孔状结构,称纹孔。相邻两细胞间的纹孔多成对存在,称纹孔对(pit pair)。纹孔对之间的质膜、胞间层和初生壁构成的薄膜称纹孔膜(pit membrane);纹孔膜两侧没有次生壁的腔穴称纹孔腔(pit cavity),纹孔腔通往细胞腔的开口称纹孔口(pit aperture)。纹孔的存在有利于细胞间的沟通、水分及其他物质的运输。

纹孔具有一定的形状和结构,常见的有单纹孔和具缘纹孔。纹孔对有单纹孔对、具缘纹孔对和半缘纹孔对 3 种类型,简称单纹孔、具缘纹孔和半缘纹孔(图 1-6)。

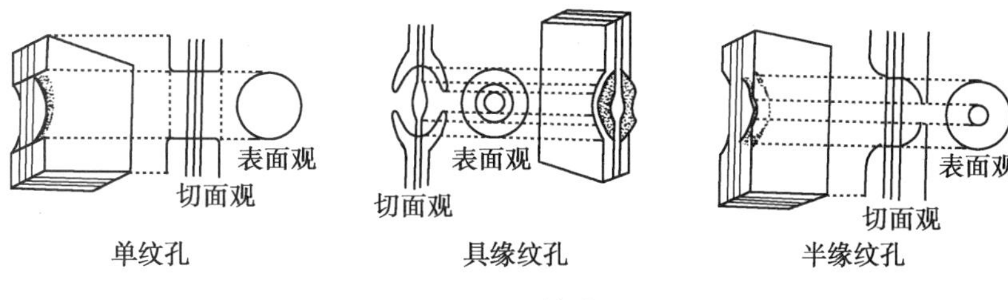

图 1-6 纹孔

1)单纹孔(simple pit):次生壁上未加厚部分呈圆筒形,纹孔口和纹孔膜等大。单纹孔常见于韧型纤维和石细胞的细胞壁。当次生壁很厚时,单纹孔的纹孔腔状如一条长而狭窄的孔道或沟,称纹孔道或纹孔沟。

2)具缘纹孔(bordered pit):纹孔周围的次生壁向细胞腔内拱状突起,中央留出一个小开口,即纹孔口较纹孔膜小。拱状突起部分称纹孔缘,纹孔缘包围着纹孔腔。纹孔口式样各异,常呈圆形或狭缝状。正面观,具缘纹孔呈现 2 个同心环,外环即纹孔膜的边缘,内环即纹孔口的边缘。松科和柏科植物管胞上的具缘纹孔,纹孔膜中央特别厚,形成纹孔塞,正面观呈现 3 个同心圆。纹孔塞具有活塞样作用,能调节胞间液流。具缘纹孔常存在于纤维管胞、孔纹导管和管胞的细胞壁上。

3)半具缘纹孔(half bordered pit):由单纹孔和具缘纹孔分别排列在纹孔膜两侧构成的纹孔式样。导管或管胞与其邻接的薄壁细胞壁上的纹孔对常为该类型,正面观具有 2 个同心环。观察粉末时,半缘纹孔与无纹孔塞的具缘纹孔难以区分。

(2)胞间连丝(plasmodesmata):是穿过胞间层和初生壁沟通相邻细胞的原生质丝,使多个细胞彼此连接成一个整体,有利于细胞间物质运输和信息传递。电子显微镜下,相邻两个细胞的质膜通过胞间的管道而连接,内质网也通过胞间连丝相连。胞间连丝一般难以观察,但柿、黑枣、马钱子等的胚乳细胞壁较厚,胞间连丝分布较集中,经过染色处理能在显微镜下观察到(图 1-7)。胞间连丝所穿过的初生壁上一些较薄的区域称初生纹孔场(primary pit field)。

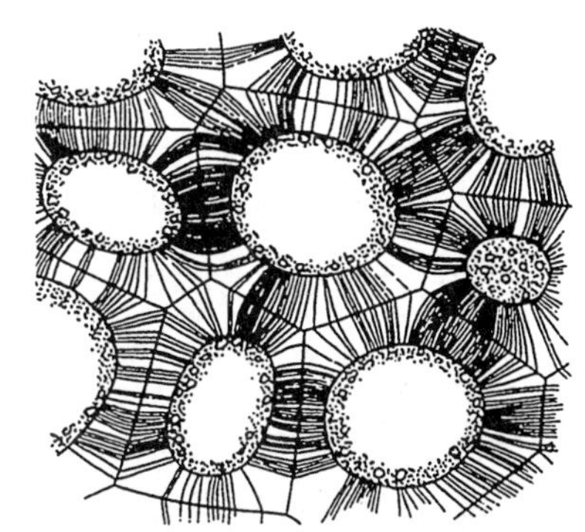

图 1-7 柿核的胞间连丝

3. **细胞壁的特化** 细胞壁具有支持和保护功能,限制了细胞过度吸水胀破,而紧胀的细胞能维持器官与植株伸展的姿态;具次生壁的细胞有强大支持功能;导管、管胞等死细胞则靠细胞壁构成中空管道完成输导功能。表皮和周皮的细胞壁还能降低蒸腾作用、防止水分损失、调节植物水势等。此外,细胞壁中存在许多活性蛋白,参与物质吸收、运输、分泌,以及信号传递、识别等生命活动。

细胞生长分化过程中,原生质体分泌一些物质填充到细胞壁的纤维素骨架中,改变细

笔记栏

胞壁的性质，使细胞壁执行特定生理功能，称细胞壁的特化。常见的有木质化、木栓化、角质化、黏液质化和矿质化等类型。

(1)木质化(lignification)：是细胞壁内填充了木质素，增加了细胞壁的硬度，加强了机械支持作用，又能透水。随着细胞壁的木质化增厚，细胞多趋于衰老或死亡，如导管、纤维、石细胞等。因木质化程度不同，木质化细胞壁加入间苯三酚试液和浓盐酸后显红色或紫红色，加氯化锌碘显黄色或棕色。

(2)木栓化(suberization)：是细胞壁内填充了脂溶性的木栓质，栓化细胞壁常呈黄褐色，不易透气和透水，成为死细胞。木栓化细胞对植物内部组织具有保护作用，如树干的褐色树皮就是木栓化细胞与其他死细胞的混合体。木栓化细胞壁加入苏丹Ⅲ试剂显橘红色或红色，遇苛性钾加热则木栓质溶解成黄色油滴状。

(3)角质化(cutinization)：是细胞壁内填充了脂溶性的角质，在细胞壁表面常积聚形成角质层。角质化细胞壁或角质层可防止水分过度蒸发和微生物侵害，增加对植物内部组织的保护作用。角质化细胞壁或角质层的化学反应与木栓化类似。

(4)黏液质化(mucilagization)：是细胞壁中的果胶质和纤维素等成分变成黏液的变化。黏液在细胞表面常呈固体状态，吸水膨胀成黏稠状态。如车前、亚麻、芥菜的种子表皮细胞中都具有黏液化细胞。黏液化细胞壁加入玫红酸钠乙醇溶液试液后呈玫瑰红色，加入钌红试液后呈红色。

(5)矿质化(mineralization)：是细胞壁内填充了硅质(如二氧化硅或硅酸盐)或钙质等，增强了细胞壁的坚固性，使茎、叶的表面变硬变粗糙，增强植物的机械支持能力。如禾本科植物的茎、叶，以及木贼茎和硅藻的细胞壁内都含有大量硅酸盐。硅质化细胞壁不溶于硫酸或乙酸，有别于草酸钙和碳酸钙。

(三)后含物

后含物(ergastic substance)指植物细胞中的储藏物质和代谢产物，包括糖类、蛋白质、脂质(脂肪、油、角质、蜡质和木栓质等)、盐类的结晶和特殊有机物等，多以液态、结晶体或非晶固体状态存在于液泡或细胞质中。后含物种类、形态和性质随植物种类而异，是鉴定药材的依据之一。重要的后含物有以下几类。

1. 贮藏物质

(1)淀粉(starch)：淀粉是植物贮藏碳水化合物最普遍的形式。植物光合作用的产物以蔗糖、棉子糖、水苏糖和糖醇等形式转运到贮藏组织后，在造粉体中合成淀粉，形成淀粉粒(starch grain)。淀粉积累时，先形成的淀粉核心称脐点(hilum)；直链淀粉和支链淀粉常交替沉积，形成明暗相间的环状纹理，称层纹(annular striation lamellae)。用乙醇脱水处理，层纹就随之消失。淀粉粒有圆球形、卵圆形、长圆形或多角形等形状，脐点有颗粒状、裂隙状、分叉状、星状等多种(图 1-8)。

淀粉粒常按脐点和层纹的关系分为 3 种类型：①单粒淀粉(simple starch grain)：只有 1 个脐点；②复粒淀粉(compound starch grains)：具有 2 个以上脐点，且各脐点分别有各自的层纹围绕；③半复粒淀粉(half compound starch grains)：具有 2 个以上脐点，各脐点除有自身的层纹环绕外，外面还有共同的层纹。不同植物的淀粉粒在形态、类型、大小、层纹和脐点等方面常各具特征，故常用于鉴定药材。

淀粉不溶于水，在热水中膨胀而糊化。直链淀粉遇碘液显蓝色，支链淀粉遇碘液显紫红色。植物常同时含有两种淀粉，加入碘液显蓝色或紫色。用甘油醋酸试液装片，置偏光显微镜下观察，淀粉粒常具有偏光现象，但糊化的淀粉粒无偏光现象。

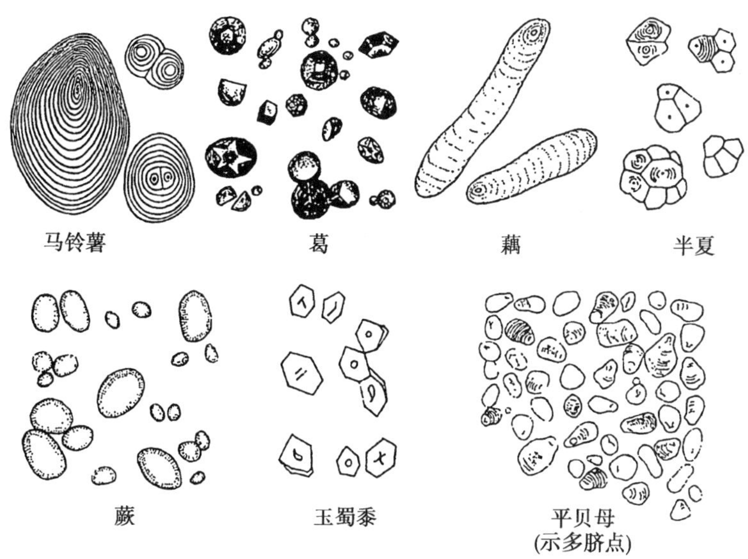

图 1-8　各种淀粉粒

(2) 菊糖(inulin):由果糖聚合而成的多糖,能溶于水,不溶于乙醇。活细胞中菊糖为溶解状态,经组织脱水或置乙醇中则可观察到球状、半球状或扇状的菊糖结晶。常见于菊科和桔梗科植物根的薄壁细胞中(图 1-9)。菊糖加 α- 萘酚乙醇试剂,再加硫酸显紫红色,并溶解。

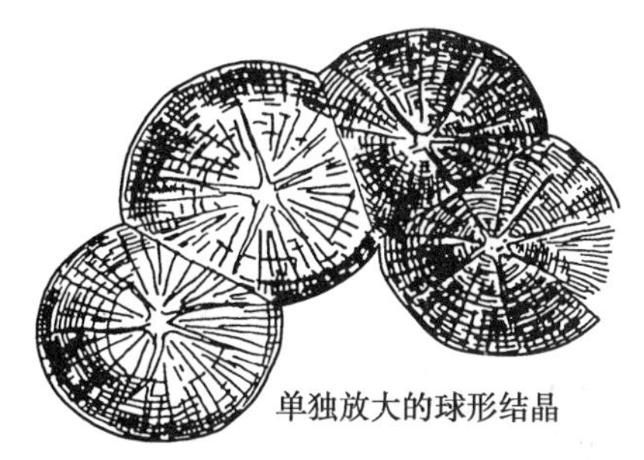

图 1-9　大丽花根内菊糖的球形结晶

(3) 蛋白质(protein):植物贮藏的蛋白质为结晶或无定型的固体,是无明显生理活性、无生命特征的蛋白质,存在于细胞质、液泡、细胞核和质体中。结晶蛋白质具有晶体和胶体二重性,称拟晶体(crystalloid),又称类晶体。拟晶体有不同的形状,但常呈方形,如马铃薯块茎近外围薄壁细胞中。无定形蛋白质常被一层膜包裹成圆球状的颗粒,称糊粉粒(aleurone grain)。部分糊粉粒既有无定形蛋白质,又含有拟晶体。胚乳或子叶细胞常存在大量糊粉粒,如禾本科植物胚乳最外层的 1 层或几层细胞中含较多糊粉粒,特称糊粉层(aleurone layer)(图 1-10);茴香的糊粉粒中还含有小型草酸钙簇晶;蓖麻和油桐胚乳细胞中的糊粉粒除拟晶体外还含磷酸盐球形体。贮藏蛋白质遇碘呈棕色或黄棕色,遇硫酸铜和苛性碱的水溶液则显紫红色。

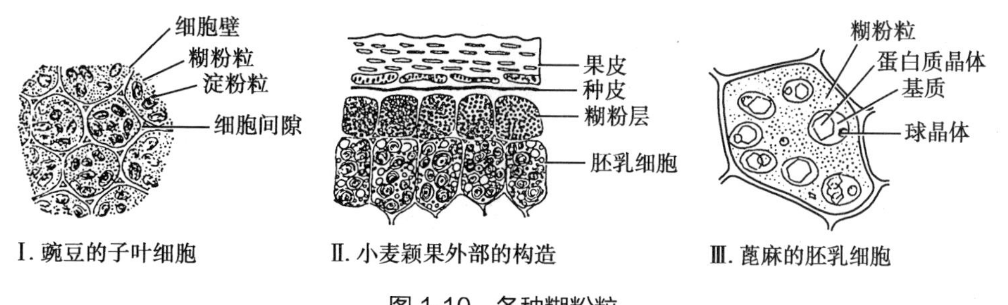

图 1-10　各种糊粉粒

笔记栏

(4)脂肪(fat)和油(oil):脂肪和油是植物细胞中含能最高而体积最小的物质。在细胞质或质体中呈固体或半固体者称脂肪,呈油滴状者称油。植物各种器官中均有其分布,尤以种子中最丰富,如油菜籽、蓖麻子、芝麻中富含油脂,经提取后常作食用、药用和工业用。如蓖麻油作泻下剂,月见草油能治高脂血症。二者加苏丹Ⅲ试液显橘红色、红色或紫红色;加锇酸显黑色;加紫草试液显紫红色(图 1-11)。

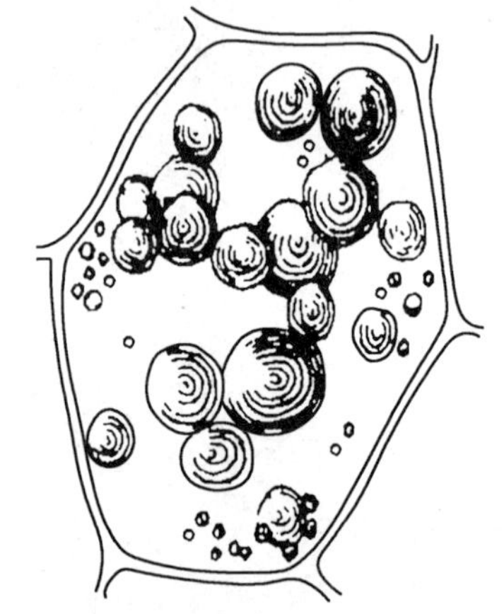

图 1-11 脂肪油(椰子胚乳细胞)

2. **晶体和硅质小体** 晶体存在于液泡中,有不同的形态和成分,以草酸钙和碳酸钙结晶最常见。

(1)草酸钙结晶(calcium oxalate crystal):是植物细胞代谢中产生的草酸与钙结合形成的晶体,呈无色半透明或稍暗灰色。形成草酸钙结晶可减少草酸过多对细胞的毒害。一种植物常见一种形状,但少数植物也有两种或多种形状,如椿根皮含簇晶和方晶。草酸钙结晶分布普遍,并随器官组织的衰老逐渐增多。但其形状、大小在不同植物或植物不同部位存在一定差异,是药材鉴定的依据之一。常见以下形状(图 1-12)。

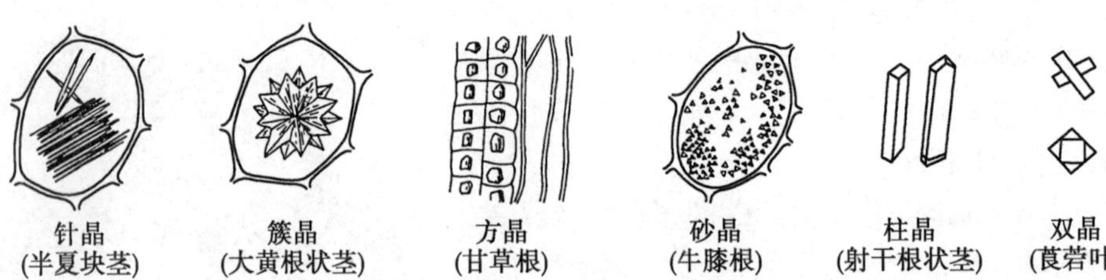

图 1-12 草酸钙晶体的类型

1)单晶(solitary crystal):又称方晶或块晶,呈正方形、长方形、八面形、三棱形等,常单独存在,如甘草根、黄皮树树皮等;有时呈双晶,如莨菪等。

2)针晶(acicular crystal):两端尖锐针状的晶体,细胞中成束存在,称针晶体(raphide)。常见于黏液细胞中,如半夏块茎、黄精和玉竹的根状茎等。也有针晶不规则地分散在细胞中,如苍术根状茎、龙舌兰叶片。

3)簇晶(cluster crystal;rosette aggregate):由许多八面体、三棱形单晶体聚集而成,常呈多角形状,如人参根、大黄根状茎、椴树茎、天竺葵叶等。

4)砂晶(micro-crystal;crystal sand):呈细小三角形、箭头状或不规则形状;砂晶聚集的细胞颜色较暗,易与其他细胞相区别。如颠茄、牛膝、地骨皮等。

5)柱晶(columnar crystal;styloid):呈长柱形,长径 / 短径 ≥ 4。如射干、淫羊藿等。

草酸钙结晶不溶于稀乙酸试液,加稀盐酸溶解而无气泡产生;但遇 10%~20% 硫酸试液便溶解并形成针状的硫酸钙结晶析出。

(2)碳酸钙结晶(calcium carbonate crystal):常见于桑科、爵床科、荨麻科等植物叶表皮细胞中,如无花果、穿心莲、印度橡胶榕等,在细胞壁的特殊瘤状突起上聚集了大量的碳酸钙和少量硅酸钙而形成,一端与细胞壁相连,状如一串悬垂的葡萄(图 1-13),称钟乳体(cystolith)。

碳酸钙结晶加乙酸或稀盐酸试液溶解,并有 CO_2 气泡产生,有别于草酸钙结晶。

此外,除上述两类结晶外,一些植物中还有其他类型晶体,如柽柳叶含石膏结晶,菘蓝叶含靛蓝结晶,吴茱萸和薄荷叶含橙皮苷结晶,槐花含芸香苷结晶等。

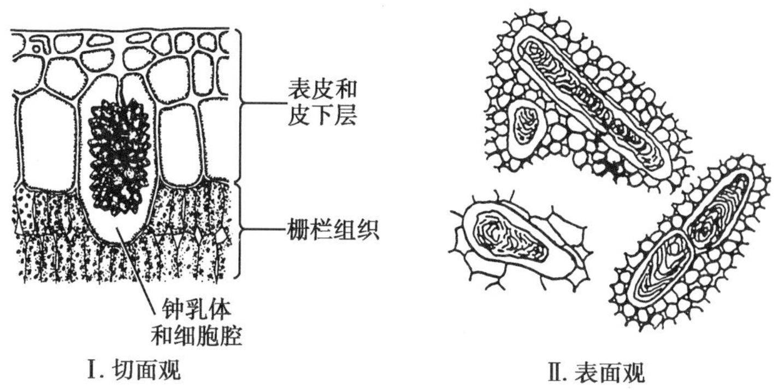

图 1-13 碳酸钙结晶

(3)硅质小体(silica body):在禾本科、莎草科、棕榈科植物茎、叶的表皮细胞内含有二氧化硅的晶体,称硅质小体。

3. **植物次生代谢物**(secondary metabolite) 是植物次生代谢活动产生的一类在正常细胞生命活动中没有明显或直接作用的小分子有机物。它们是植物长期演化中与环境相互作用的结果,在处理植物与环境的关系中充当着重要的角色,通常贮存在液泡或细胞壁中。其产生和分布具有种属、器官、组织和生长发育时期的特异性。常分为苯丙素类、醌类、黄酮类、鞣质类、生物碱、萜类、甾体及其苷、挥发油等。次生代谢产物常为植物药的生理活性物质,也是重要的药物(如奎宁碱、阿托品、吗啡)或工业原料(如橡胶)等。

(四)植物的生理活性物质

植物体内存在的一些对细胞分裂、生长发育和物质代谢等具有明显作用的物质,主要包括酶、维生素、植物激素(见第九章)和植物抗生素。

1. **酶**(enzyme) 主要为蛋白质,是一种高效生物催化剂,种类很多,具有高度专一性和选择性。酶一般在常温、常压、近中性的水溶液中起作用,而高温、强酸、强碱和某些重金属会使其失去活性。

2. **维生素**(vitamin) 是一类复杂的有机物,常参与全酶的形成,对植物的生长、呼吸以及物质代谢有调节作用;分布于植物体各部分,以果实、叶、根中含量较多。已知的维生素有 20 余种,大致可分成脂溶性和水溶性两类,前者包括维生素 A、维生素 D、维生素 E、维生素 K 等,后者包括维生素 B 族和维生素 C。维生素 B 族包括维生素 B_1、维生素 B_2、维生素 B_6、维生素 B_{12}、烟酸、叶酸、泛酸等。天然或合成的多种维生素,可供医药、农业等使用。

3. **植物抗生素**(plant antibiotic) 高等植物能产生各种结构类型的植物抗生素,按产生途径分成植保素(phytoalexin)和植物抗生素(phytoanticipin)。前者是植物防御机制的基础,是主动应激反应中合成的一类小分子化合物;后者是植物体内本身存在的一些多酚类产物,属被动应激反应。

知识链接

中药饮片破壁的意义

传统中药饮片过于粗大,药物活性成分难以溶出,使用时需要煎煮,携带极不方便。有些中药饮片利用率较低,药材用量较大,导致中药资源的极大浪费。植物药材的活性成分主要分布于细胞内和细胞间质,尤以细胞内为主。采用细胞破壁技术,如超微粉

笔记栏

碎技术，可使细胞壁破碎率达 90% 以上，可最大限度地使细胞中有效成分溶出，提高临床疗效；同时，还可以提高药材利用率，节省原料药资源。

第二节 植物细胞的分裂与分化

单细胞植物生长到一定阶段，细胞一分为二，以此方式增殖。多细胞植物通过细胞分裂和分化实现个体的生长和发育，包括组织更新，增加构建以及生殖作用。

一、植物细胞的分裂

细胞分裂是植物个体生长、发育和繁殖的基础，也是生命延续的前提。细胞分裂的主要作用，一是增加细胞数量，使植物生长茁壮；二是形成生殖细胞，用以繁衍后代。植物细胞分裂有 3 种方式：有丝分裂、无丝分裂和减数分裂。

1. **有丝分裂**(mitosis) 又称间接分裂，是植物生长过程中最普遍的细胞分裂方式，常分为 3 种(图 1-14)。有丝分裂是一个连续而复杂的过程，一般分为间期、前期、中期、后期和末期 5 个时期。细胞分裂首先是核分裂，随之是胞质分裂，最后产生新的细胞壁。有丝分裂所产生的两个子细胞与母细胞具有相同的遗传信息。

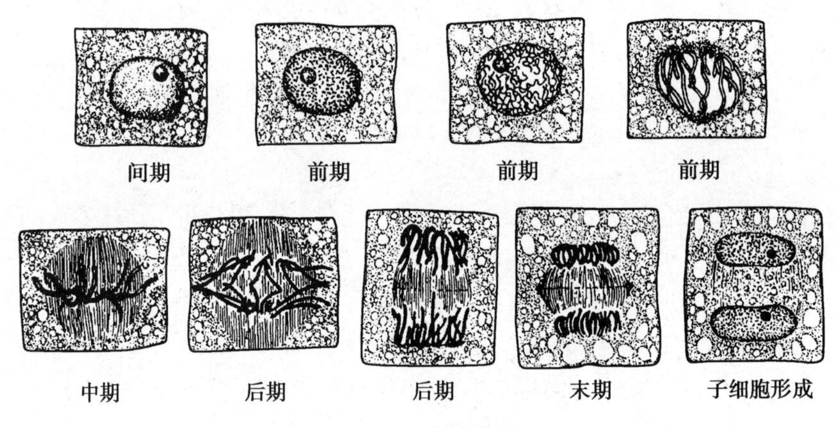

图 1-14 有丝分裂

2. **无丝分裂**(amitosis) 又称直接分裂，分裂时细胞中不出现染色体和纺锤体等一系列复杂的形态变化。无丝分裂有横缢、芽生、碎裂、劈裂等多种方式，以横缢式最常见。无丝分裂速度快，耗能少，但不能保证母细胞的遗传物质平均分配，从而影响了遗传的稳定性。该方式常见于原核生物，高等植物的某些器官中也可见，如愈伤组织、薄壁组织、生长点、胚乳、花药的绒毡层细胞、表皮、不定芽、不定根、叶柄等处。

3. **减数分裂**(meiosis) 减数分裂只发生在植物有性生殖产生配子的过程中，染色体仅复制 1 次，细胞连续分裂 2 次，同源染色体与姐妹染色单体均分到 4 个子细胞中，每个子细胞中的染色体数目减半，故称减数分裂。在适当条件下，精子和卵细胞结合形成合子(受精卵)，子代染色体数目恢复成倍，保证了物种的稳定性；同时，在减数分裂过程中，同源染色体的非姐妹染色单体之间发生联会、交叉和片段互换，丰富了子代基因组合类型，增强了对多

笔记栏

变环境的适应性。栽培育种上常利用此特性进行品种间杂交，以培育出优良的新品种。

知识拓展

植物细胞的全能性

全能性是指植物体细胞经诱导分化可以像胚胎细胞那样发育成一株植物，并具有母体植株的全部遗传信息。1902 年，德国植物学家哈伯兰特（Haberlandt）预言植物体的任何一个细胞都有长成完整个体的潜在能力，这种潜力称植物细胞的"全能性"。随后许多科学家为证实这一论断做了不懈的努力。1958 年，Steward 等将高度分化的胡萝卜根韧皮部组织细胞在培养基上培养，发现根细胞会失去分化细胞的结构特征，发生反复分裂，最终分化成具有根、茎、叶的完整植株，移栽后可开花结实，地下部分长出肉质根；1964 年，Cuba 和 Mabesbwari 利用毛叶曼陀罗的花药培育出单倍体植株。经过 50 余年的不断试验，植物细胞的全能性得到了充分论证，建立在此基础上的组织培养技术也得到了迅速发展，为研究细胞的生长和分化、植物抗性细胞突变体筛选、植物转基因受体系统的建立等提供技术条件，也为植物次生代谢物质生产开辟了一条新途径。

二、细胞生长和分化

1. **细胞的生长**　细胞生长是指分裂产生的子细胞的体积、质量增加而数量不增加的过程。细胞生长是植物细胞分化的基础，也是植物个体生长发育的基础。单细胞植物个体的生长就是细胞的生长，多细胞植物的生长则依赖细胞的生长和细胞数目的增加。细胞生长方式有两种：一种是细胞伸长（elongation），这是液泡吸水膨胀的结果。如根尖分裂的新细胞在伸长区吸水生长，使根向下延伸；竹笋在雨后吸足水分，细胞伸长，快速突出地面等。另一种是细胞实质性生长，即细胞的鲜重和干物质随体积增大而增加。细胞生长最显著的特征是液泡化程度增高，同时细胞内其他细胞器在数量和分布上也发生各种变化，如质体逐渐发育、内质网面积增加、细胞壁增厚等。

2. **细胞的分化**　植物多细胞个体发育过程中，细胞经过分裂、生长和成熟，发生形态、结构和功能稳定性差异的过程，称细胞分化（differentiation），这是遗传信息在不同的组织细胞中选择性表达的结果。细胞分化使多细胞植物体中细胞功能趋于特化。植物进化程度愈高，细胞分化程度也越高，细胞分工越精细，植物体的结构越复杂，生命活动效率也愈高。细胞分化受到细胞内外诸因素的影响，其中细胞极性是细胞分化的首要条件；生长素和细胞分裂素等是启动细胞分化的关键物质；细胞分化受细胞在植物体内位置的制约；光照、温度、湿度等外界环境因子对植物遗传信息表达起到了重要的调控和饰变作用，从而影响植物体内细胞的分化发育。

3. **细胞信号系统与信号转导**　多细胞植物的一切活动受到整体调节和控制，尤其是高等植物体细胞之间既分工明确又相互协调，是因为有精确的细胞信号传递系统。靶细胞受体接收信号以及胞内信号的传导过程是生物体中十分复杂而又高度有序的生命活动。已知的植物细胞信号分子有几十种，按其作用范围可分为胞间信号分子和胞内信号分子。信号转导过程包括胞间信号传递、跨膜信号转换、胞内信号传导和蛋白质可逆磷酸化 4 个阶段（图 1-15）。

笔记栏

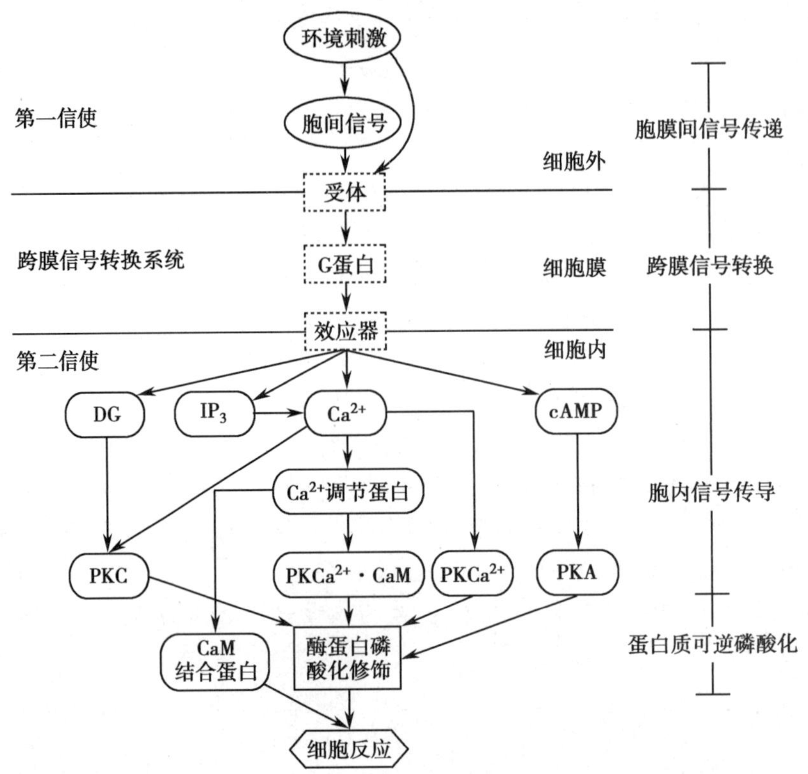

图 1-15 细胞信号传导的主要分子途径

IP_3. 三磷酸肌醇 DG. 二酰甘油 PKA. 依赖 cAMP 的蛋白激酶 $PKCa^{2+}$. 依赖 Ca^{2+} 的蛋白激酶
PKC. 依赖 Ca^{2+} 与磷脂的蛋白激酶 $PKCa^{2+}$·CaM. 依赖 Ca^{2+}·CaM 的蛋白激酶

(1) 胞间信号传递(intercellular signal transmission):植物受到环境刺激后,会产生多种化学信号(physical signal)和物理信号(chemical signal)在细胞间的传递,称胞间信号传递。物理信号包括电信号和水力学信号,化学信号包括植物激素和植物生长调节剂。挥发性化学信号如乙烯和茉莉酸甲酯(MJ)可通过体内气腔网络传递;脱落酸(ABA)、MJ、寡聚半乳糖、水杨酸等化学信号在长距离传递时主要通过韧皮部运输,其次是木质部集流传递。如土壤干旱时,植物根系迅速合成 ABA,经木质部随蒸腾流输送到地上部分,引起叶片生长受抑制和气孔导度下降。

(2) 跨膜信号转换(transmembrane signal transduction):胞间信号到达靶细胞,首先要被受体感受并将胞外信号转换为胞内信号,再启动胞内各种信号传导系统(如 GTP 结合调节蛋白),并对原初信号进行级联放大,最终导致植物生理生化变化。外界刺激可能是通过细胞壁—质膜—细胞骨架蛋白变构而引起生理反应。

(3) 胞内信号传导(intracellular signal transduction):常将胞外刺激信号称第一信使,具有生理调节活性的细胞内因子则称第二信使(second messenger)。第二信使种类较多,如钙信号系统、肌醇磷脂(inositide)信号系统、环核苷酸信号系统等。

(4) 蛋白质可逆磷酸化(phosphoralation):细胞内存在的多种蛋白激酶(protein kinase)、蛋白磷酸酶(protein phosphatase)是前述胞内信使进一步作用的靶点,通过调节胞内蛋白质的磷酸化或去磷酸化而进一步传递信息。

细胞中所有信号传导通路并非完全独立,而是有着密切的联系。它们通过相互作用,互相协调,共同控制着细胞生命活动,是一个精巧而复杂的调控网络。

笔记栏

三、植物细胞的死亡

细胞不断地分裂、生长和分化的同时，也不断地发生着死亡。细胞死亡有两种形式：①细胞程序性死亡（programmed cell death，PCD）：又称细胞凋亡（apoptosis），是植物体在特定发育阶段自然发生的细胞死亡过程。该过程受某些特定基因编码的“死亡程序”控制。PCD在植物发育过程中细胞和组织的平衡与特化、组织分化、器官建成、对病原体的应激反应等方面具有重要意义。如木质部中运输水分和无机盐的成熟管状分子是没有原生质体的死细胞，其分化过程就是典型的PCD过程。②坏死性死亡（necrosis）：是指细胞受某些外界因素的剧烈刺激，如物理、化学损伤或生物侵袭等，导致细胞非正常性死亡。

四、植物的染色体和倍性

染色体（chromosome）指细胞有丝分裂和减数分裂时出现的高度螺旋化的染色质，主要由DNA和组蛋白组成。根据细胞分裂中期染色体着丝粒、主溢痕的位置不同，染色体可分为等臂染色体、近端着丝粒染色体、端着丝粒染色体。染色体分析包括核型和带型。染色体核型指染色体的形态特征、数目、大小；染色体带型是经物理、化学因素处理后，再用染料对染色体进行分化染色而呈现的横带，有Q、G、R、C、Cd、N、T带等，各条染色体的带型稳定，不同物种的染色体带型各有特点。这些特征为植物种类鉴别和进化提供了重要依据。

1. **单倍体**（haploid） 体细胞内仅含1组非同源染色体（染色体组）的个体称单倍体（n表示），其染色体之间的形状各异，不能配对，因此不育。如菘蓝 *Isatis indigotica* Fort. 单倍体植株细胞中的染色体是7个，即n=X=7。单倍体的基因组只有1个，无等位基因，一旦基因组加倍，不仅可由不育变成可育，而且全部基因都变成纯合。所以可极大缩短育种年限，同时也是研究基因性质及其作用的极佳材料。

2. **二倍体**（diploid） 体细胞内含有2个染色体组的个体称2倍体（2n表示）。如菘蓝2倍体的体细胞有14个染色体，即2n=2X=14。其减数分裂前的细胞或合子发育产生的营养体细胞均是二倍体。

3. **多倍体**（polyploid） 体细胞内含有3个或3个以上染色体组的个体称多倍体。植物界广泛存在多倍体，约50%的被子植物是多倍体。当植物细胞进行分裂时，受到一些条件如温度、湿度的剧变，紫外线和创伤等的频繁刺激，细胞核中染色体数目发生加倍并继续繁殖分化，就能形成多倍体植物。受自然条件刺激而形成的多倍体称自然多倍体，如3倍体香蕉、南苜蓿；4倍体的陆地棉、马铃薯；6倍体的普通小麦、菊芋等。通过人工诱导方法，如利用物理刺激（紫外线、X射线等各种射线照射；高温、低温处理；对幼芽的机械损伤）或化学药物（生长剂、秋水仙素、氯仿等）处理，诱导产生的多倍体称人工多倍体，如3倍体毛曼陀罗 *Datura innoxia* Mill.（2n=3X=36）、4倍体菘蓝 *Isatis indigotica* Fort.（2n=4X=28）等。多倍体单株产量常较高，品质较好。

（谷 巍）

复习思考题

1. 何谓细胞器？植物细胞有哪些主要的细胞器？
2. 如何区别有色体和色素？
3. 常见的晶体有哪些？怎样区别草酸钙晶体和碳酸钙晶体？
4. 细胞壁的特化常见类型有哪些？如何检识？
5. 植物细胞信号转导过程包括哪几个阶段？

扫一扫
测一测

笔记栏

PPT 课件

第二章 植物组织

学习目标

组织是由同源细胞分裂、生长和分化的细胞群，包括分生组织、薄壁组织、保护组织、机械组织、输导组织、分泌组织；由它们构成植物的器官、系统。通过学习组织的类型、分布和空间关系，明晰细胞、组织、维管束、系统、器官的关系。

掌握植物组织的概念、类型、结构特征及其功能，维管组织及组织系统的知识；熟悉维管束组成和类型，以及组织系统的发生与分化过程及分布模式；奠定学习植物器官内部构造和中药鉴定学相关内容的基础知识和技能。

单细胞植物由一个细胞完成所有的生命活动，而高等植物的个体发育从受精卵开始，经细胞分裂、生长和分化，形成不同组织，每种组织执行不同的生理功能，各组织间又有机结合、相互协同、紧密联系，形成不同的器官，协同完成植物体的生命活动。

第一节 植物组织的类型

植物组织（plant tissue）指来源相同的细胞经过分裂、生长和分化形成形态结构相似、生理功能相同而又彼此密切结合、相互联系的细胞群，也是植物器官构成的结构和功能的基本单位。只有一种细胞类型的组织称简单组织（simple tissue），而由多种类型细胞构成的组织称复合组织（complex tissue）。植物组织是植物在长期适应环境过程中产生，并发展和完善的结构。低等植物无组织分化，高等植物出现组织分化。植物进化程度越高，组织分化越明显，形态结构也越复杂。

植物个体发育过程中，由细胞分裂、生长和分化形成组织。根据组织发育程度、形态结构和生理功能不同，通常将植物组织分为分生组织、薄壁组织、保护组织、机械组织、输导组织和分泌组织等 6 类。后 5 类组织是由分生组织细胞分裂、分化形成，并具有一定形态特征和生理功能的细胞群，被称为成熟组织（mature tissue）。不同植物中同一类型组织常具有不同的构造特征，从而可用于药材、饮片和某些中成药的显微鉴定。

一、分生组织

分生组织（meristem）指植物体中具有分裂能力的细胞群。分生组织的细胞经分裂、生长、分化形成其他组织，从而直接关系植物的生长发育。植物体因存在分生组织，总保持着生长能力或潜能。位于植物生长部位的分生组织保持着连续分生能力，有些分生组织则处于潜伏状态，在条件适宜时才活跃起来，如腋芽的分生组织。

分生组织细胞常为等径多面体，体积较小，排列紧密，无明显的细胞间隙，仅具初生壁，细胞质浓，细胞核大；有线粒体、高尔基体、核糖体等多种细胞器和发达的膜系统，但常无液泡和质体分化，也无贮藏物质和结晶体。

1. 根据分生组织的来源和性质分类

(1) 原分生组织(promeristem)：包括胚和顶端分生组织先端的胚性原始细胞。细胞体积小，近等径，核大质浓，细胞器丰富，有持续旺盛的分裂能力；位于根尖和茎尖生长点最先端的一团原始细胞，是产生其他组织的最初来源。

(2) 初生分生组织(primary meristem)：位于根尖和茎尖原分生组织的后方，由原分生组织细胞分裂衍生而来的细胞群，是一种边分裂、边分化的组织，也是原分生组织向成熟组织过渡的类型。如根尖的原表皮层(protoderm)、基本分生组织(ground meristem)和原形成层(procambium)均属初生分生组织。初生分生组织分裂、分化等活动的结果是形成植物根或茎的初生构造。

原分生组织 ——→ 初生分生组织 { 原表皮层 ——→ 表皮；基本分生组织 ——→ 皮层、髓；原形成层 ——→ 初生维管束 }

（细胞分裂）　（细胞分裂和分化）　（初生构造）

(3) 次生分生组织(secondary meristem)：由一些已分化成熟的薄壁组织细胞(如皮层、中柱鞘、髓射线等)重新恢复分生能力而形成的分生组织。常与植物体的轴向平行排列成环状，但不是所有植物都有次生分生组织。它们与裸子植物和双子叶植物根、茎的增粗，以及次生保护组织的形成有关，其组织活动的结果是产生植物的次生保护组织和次生维管组织，即形成根和茎的次生构造，使根、茎不断增粗。

2. 根据分生组织在植物体内所处的位置分类

(1) 顶端分生组织(apical meristem)：又称生长锥，位于根尖、茎尖的分生组织(图 2-1)，包括原生分生组织和初生分生组织，二者之间无明显分界线。细胞常横分裂，增加了长轴方向的细胞数目，使根或茎不断伸长和长高。

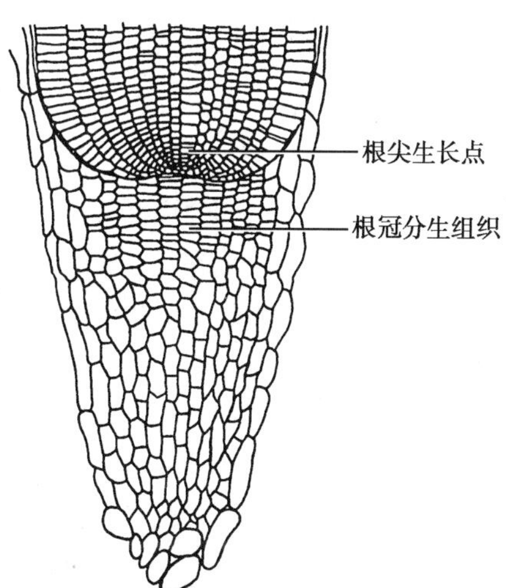

图 2-1　根尖顶端分生组织

(2) 侧生分生组织(lateral meristem)：位于部分植物根或茎等器官内靠近表面并平行器官长轴呈桶状分布的分生组织，属次生分生组织，包括维管形成层(cambium)和木栓形成层(cork cambium)。细胞多呈长纺锤形，液泡较发达，细胞与器官长轴平行，细胞分裂方向与器官长轴方向垂直。常存在于裸子植物和双子叶植物的根或茎中，其活动使根或茎不断增粗；而单子叶植物一般无侧生分生组织，根和茎常不能不断增粗。

(3) 居间分生组织(intercalary meristem)：在某些器官中局部区域遗留在成熟组织间的初生分生组织，仅保持一定时间的分生能力，以后完全转变为成熟组织。常位于茎、叶、子房柄、花柄等的成熟组织间。如薏苡、水稻、小麦等禾本科植物节间下部有居间分生组织，当顶端分化成幼穗后，仍能借助居间分生组织的分裂活动进行拔节或抽穗，也能使倒伏的茎秆逐步恢复直立；韭菜叶的基部、花生子房柄也存在居间分生组织。

笔记栏

二、薄壁组织

薄壁组织(parenchyma)的细胞壁一般较薄,仅具初生壁,是植物各器官的基本组成部分,又称基本组织(ground tissue)。它们担负着吸收、同化、贮藏、通气、运输、分泌等功能,也称营养组织。薄壁组织的细胞排列疏松、细胞间隙发达、液泡较大,但仍然具分生潜力。在一定条件下经脱分化可转变成次生分生组织。按生理功能和细胞结构可分为基本薄壁组织、吸收薄壁组织、同化薄壁组织、贮藏薄壁组织、通气薄壁组织、传递细胞等(图 2-2)。

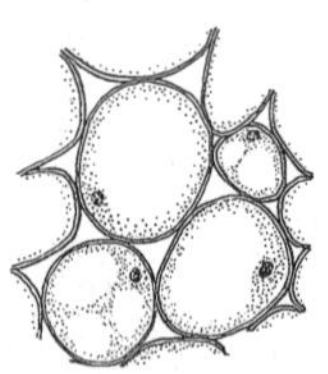

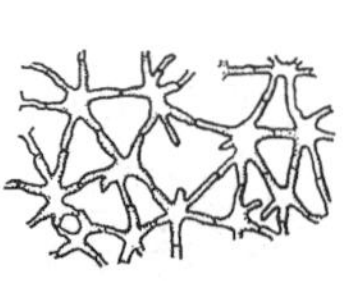

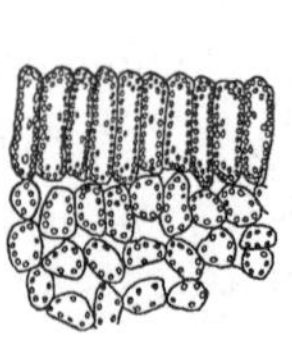

图 2-2　薄壁组织的类型

(1)基本薄壁组织(ordinary parenchyma):主要起填充和联系其他组织的作用,也称填充薄壁组织。横切面观细胞呈圆球或多角状,近等径。如根、茎的皮层和髓部。

(2)吸收薄壁组织(absorbtive parenchyma):根尖根毛区表皮细胞的外壁向外延伸形成的管状结构(根毛,root hair),主要承担吸收水和无机盐的作用。

(3)同化薄壁组织(assimilation parenchyma):细胞中含有大量叶绿体并进行光合作用,常见于植株绿色部分,又称绿色薄壁组织。如幼茎皮层、发育中的果皮,尤以叶肉薄壁组织最典型。

(4)贮藏薄壁组织(storage parenchyma):细胞中贮藏有大量的营养物质,贮藏物主要有淀粉、蛋白质、脂肪、油和糖类等,存在于植物的各器官。芦荟、龙舌兰、仙人掌、景天等旱生肉质植物的贮藏薄壁组织的细胞大、壁薄、缺乏或仅含少量叶绿体、液泡大、细胞液黏稠,能有效保持大量水分,称贮水薄壁组织(aqueous parenchyma)。

(5)通气薄壁组织(aerenchyma):水生和沼生植物的薄壁组织中,细胞间隙发达,彼此联接形成网状的气腔或气道,在体内形成一个发达的通气系统。这种结构有利于植物体内的细胞呼吸和气体交换,以及植物体的漂浮,有效抵御水环境中植物面临的机械应力。如莲的叶柄和根状茎、灯心草茎髓都具有发达的通气薄壁组织。

(6)传递细胞(transfer cell):指植物体内担负短距离运输的细胞。细胞质浓、线粒体丰富,细胞的非木化次生壁向内生长,突入胞腔内形成许多不规则的乳突状、指状、丝状或鹿角状突起的壁 - 膜复合体,从而扩大了质膜表面积。通过发达的胞间连丝与相邻细胞联系,有利于细胞迅速从周围细胞吸收物质和快速将物质向外转运。主要分布于高等植物叶的细脉附近、木质部和韧皮部、珠柄、蜜腺、盐腺等。

三、保护组织

保护组织(protective tissue)指覆盖在植物各器官表面,由 1 至数层细胞组成并起保护作用的组织。保护组织能防止水分过度蒸腾,控制气体交换,抵御病、虫侵害和机械损伤。按其来源和结构可分为初生保护组织“表皮”和次生保护组织“周皮”。

1. **表皮**(epidermis) 由原表皮层分化而来,常1层生活细胞。表皮的主体是表皮细胞,尚有气孔器、表皮毛和腺毛等外生物。位于幼茎、叶、花和果实表面。夹竹桃、印度橡胶树等一些植物叶的表皮由2~3层生活细胞组成,称复表皮;也有一些植物的表皮中具有特化的异细胞。表皮的形态特征是植物分类鉴定的依据之一。

(1)表皮细胞(epidermal cell):常呈扁平而不规则、镶嵌排列紧密的生活细胞,无胞间隙,液泡发达,不含叶绿体,常具有色体或白色体。横切面观,表皮细胞多呈长方形或方形,内壁较薄,外壁较厚,并在表面形成角质层,角质层表面平滑或具乳突、皱褶等纹饰(图2-3)。冬瓜、葡萄等植物在角质层外还有一层蜡被,使表面不易浸湿,有利于防止真菌孢子萌发。有些表皮细胞壁矿质化,可增强机械支持作用,如木贼茎和禾本科植物叶。植物表皮的结构状况是抗病品种选育、农药和除草剂使用时需考虑的因素,也是带叶药材鉴定的特征。

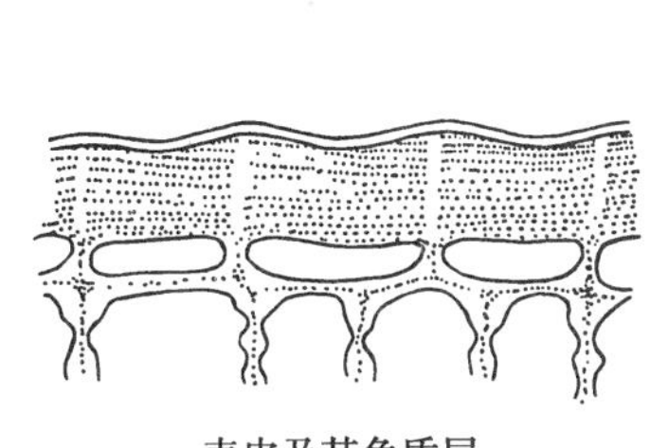

表皮及其角质层

表皮上的杆状蜡被(甘蔗茎)

图2-3 角质层与蜡被

(2)气孔器(stomatal apparatus):由表皮特化的1对保卫细胞(guard cell)及其之间的孔隙、孔下室与副卫细胞(subsidiary cell)共同组成,常简称气孔(stoma)(图2-4)。保卫细胞较表皮细胞小,常呈肾形。两个保卫细胞相对内凹处的细胞壁增厚,细胞核明显,有叶绿体,易与表皮细胞区分。副卫细胞是与保卫细胞周围相邻接的表皮细胞,其形状常不同于表皮细胞。当保卫细胞充水膨胀时,向表皮细胞一方弯曲成弓形,将其分离部分的细胞壁拉开,使中间孔隙张开;当保卫细胞失水时,膨胀压降低,保卫细胞收缩,中间孔隙缩小以至闭合。气孔常分布在叶片和幼嫩茎表面,控制着气体交换,同时减少和调节水分的蒸散。此外,气孔的张开和关闭还受到温度、湿度、光照和CO_2浓度等因素的影响。

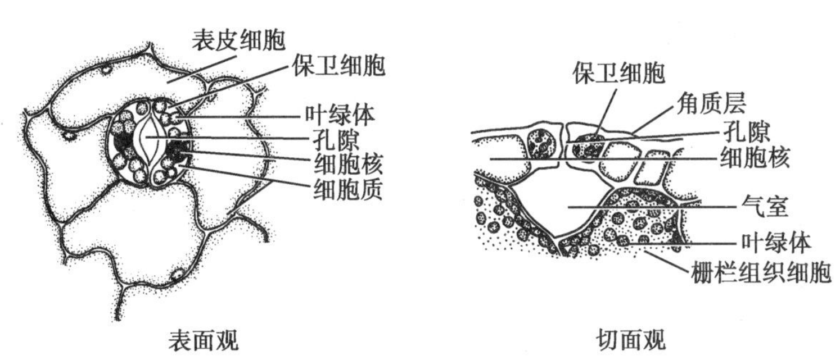

图2-4 叶的表皮与气孔

保卫细胞与副卫细胞的排列关系称气孔轴式或气孔类型。被子植物气孔类型有35种,并随植物种类不同而异。因此,气孔类型常是叶和全草类药材鉴定的特征。双子叶植物常见的气孔类型主要有以下几种(图2-5):

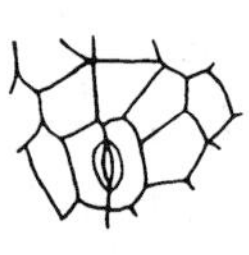

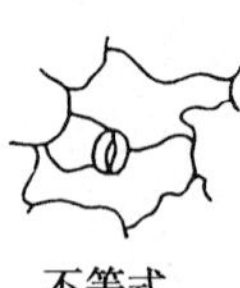

图 2-5　气孔轴式的类型

1）平轴式（平列型，paracytic type）：副卫细胞 2 个，其长轴与保卫细胞长轴平行。如茜草、菜豆、落花生、番泻和常山等植物的叶。

2）直轴式（横列型，diacytic type）：副卫细胞 2 个，其长轴与保卫细胞长轴垂直。如石竹科、爵床科和唇形科等植物的叶。

3）不等式（不等细胞型 anisocytic type）：副卫细胞 3~4 个，大小不等，其中 1 个明显较小。如十字花科、茄科烟草属和茄属等植物的叶。

4）不定式（无规则型，anomocytic type）：副卫细胞数目不定，其大小基本相同，而形状也与其他表皮细胞基本相似。如艾叶、桑叶、枇杷叶、洋地黄叶等。

5）环式（辐射型，actinocytic type）：副卫细胞数目不定，其形状比其他表皮细胞狭窄，环状围绕保卫细胞排列。如茶叶、桉叶。

单子叶植物的气孔类型也很多，如禾本科和莎草科植物的保卫细胞呈哑铃型，其细胞壁在两端球状部分较薄，而中间窄的部分较厚，从而使保卫细胞易因膨胀压改变而引起气孔开闭。保卫细胞两侧还有两个平行排列、略呈三角形的副卫细胞，对气孔的开启有辅助作用，如淡竹叶、玉蜀黍叶（图 2-6）等。

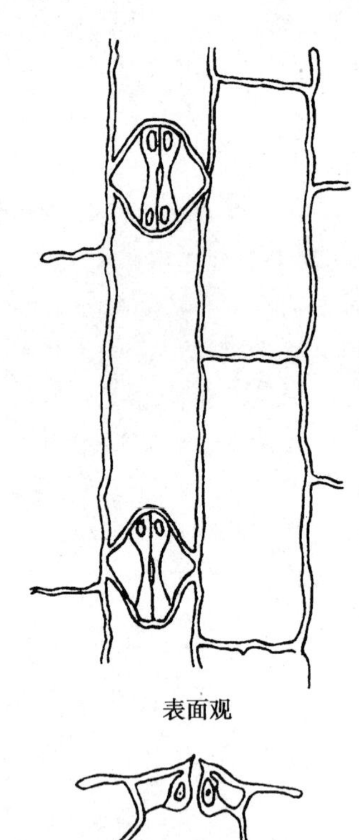

图 2-6　玉蜀黍叶的表皮与气孔

（3）茸毛：指植物表皮细胞特化形成式样各异的突起物体，它们具有减少水分蒸发、分泌物质、避免动物啃食和防止微生物生长等保护功能，以及有助于种子撒播。根据茸毛的形态结构和功能，常分为腺毛（glandular hair）和非腺毛（non-glandular hair）两类。同一植物甚至同一器官上也常存在不同类型的茸毛，如薄荷叶上既有非腺毛，又有不同形状的腺毛和腺鳞。茸毛形状、结构的差异性常是植物分类和药材鉴定的特征。

1）腺毛（glandular hair）：指由腺头和腺柄组成，具有分泌细胞和分泌功能的茸毛。腺头常呈圆形，由一至多个分泌细胞组成，最初分泌物积聚在细胞壁和角质层之间，以后角质层破裂而向外渗出。分泌物质主要有挥发油、树脂、黏液等。腺柄常有一至多个细胞。如薄荷、车前、洋地黄、曼陀罗等叶上的腺毛。薄荷、筋骨草等唇形科植物叶片表面还有一种无柄或柄极短的腺毛，腺头由 8 个或 4~7 个分泌细胞组成，略排成扁球形，顶部近平，称腺鳞（glandular scale）（图 2-7）。少数植物薄壁组织内的细胞间隙存在腺毛，称间隙腺毛，如广藿香茎、叶，绵马贯众叶柄及根茎。

2）非腺毛（non-glandular hair）：指由一至多个细胞组成并无分泌功能的茸毛，末端常尖狭，起保护作用。非腺毛形态多种多样，药材中常见类型如图 2-8 所示。

乳突状毛：表皮细胞外壁突起呈乳头状。如菊花、金银花花冠顶端的毛。

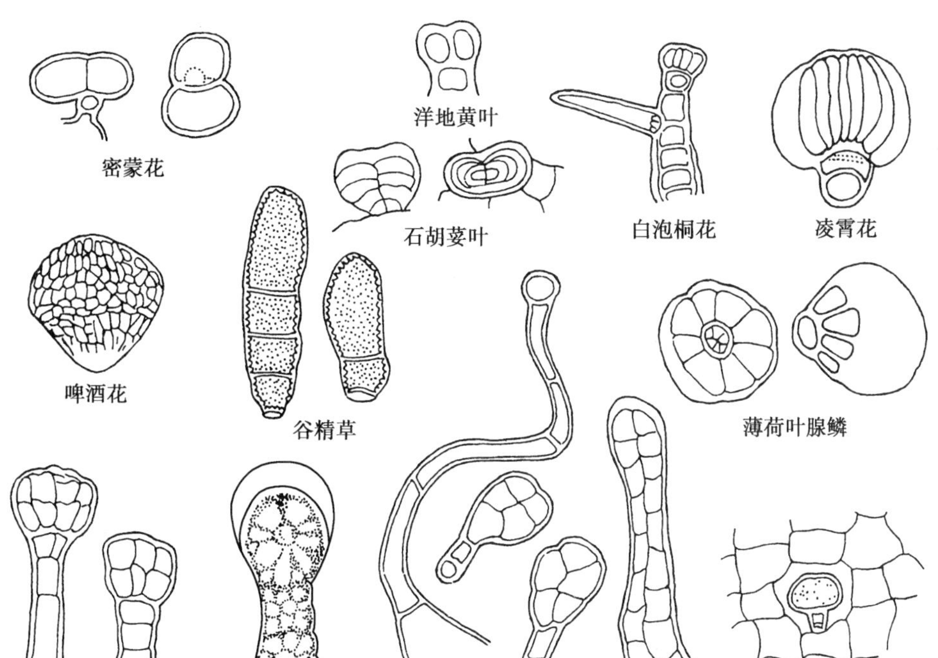

图 2-7 腺毛和腺鳞

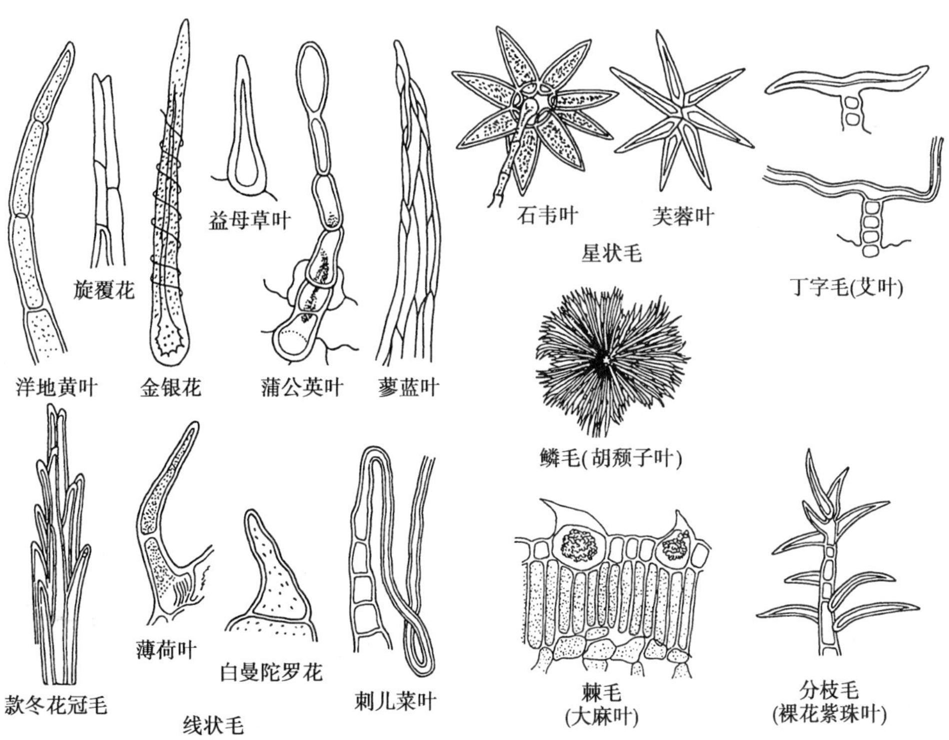

图 2-8 各种非腺毛

线状毛：呈线状，由一至多个细胞构成。如忍冬、番泻的叶具单细胞毛，洋地黄叶具多细胞组成单列毛，旋覆花具多细胞组成多列毛；有些表皮毛表面角质层具不同的纹饰，如金银花的纹饰为螺纹，白曼陀罗花呈疣状突起。

笔记栏

棘毛：细胞壁厚而坚硬，木质化，细胞内有结晶体沉积。如大麻叶的棘毛。

钩毛：形状似棘毛，但顶端弯曲成钩状。如茜草茎、叶上的钩毛。

螫毛：毛茸较脆，液泡中含有甲酸，能刺激皮肤引起剧痛。如荨麻的毛茸。

分枝毛：毛茸呈分枝状。如毛蕊花、裸花紫珠叶的毛。

丁字毛：毛茸呈丁字形。如艾叶和除虫菊叶的毛。

星状毛：毛茸具分枝，呈放射状。如芙蓉和蜀葵叶、石韦叶和密蒙花的毛茸。

鳞毛：毛茸的突出部分呈鳞片状或圆形平顶状。如胡颓子叶的毛茸。

2. **周皮**（periderm）　是木栓形成层的分裂活动，产生的木栓层、木栓形成层和栓内层组成的复合组织（图 2-9）。裸子植物和双子叶植物的根、茎在加粗生长开始后，表皮逐渐被周皮替代，由周皮行使保护功能；当周皮形成时，在原来气孔的位置形成圆形或椭圆形的裂口，称皮孔（图 2-10）。（详见第三章）

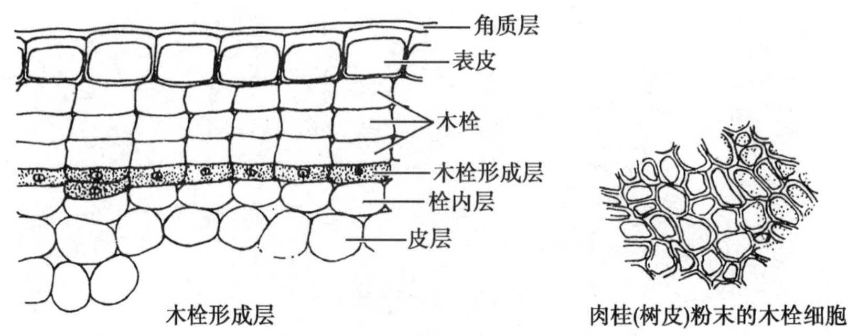

图 2-9　木栓形成层与木栓细胞

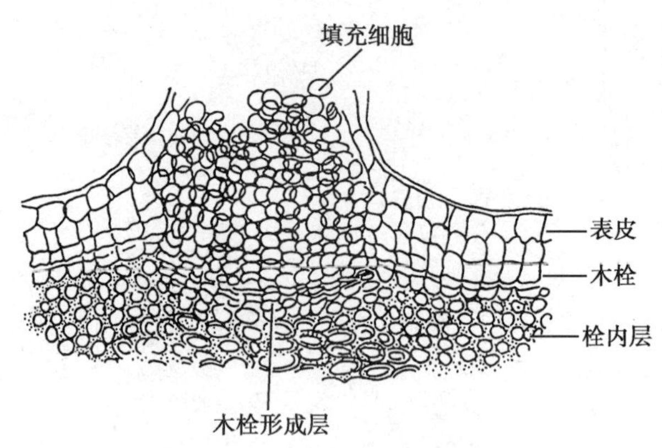

图 2-10　接骨木属茎上的皮孔

皮孔是气体交换的通道，使得植物体在形成周皮后，内部的生活细胞仍然可以获得氧气。在木本植物的茎、枝上常可以见到直的、横的或点状的突起就是皮孔。皮孔的形状、大小、颜色、分布因物种而异，可作为皮类药材的鉴别依据。

四、机械组织

机械组织（mechanical tissue）指细胞壁发生不同程度加厚，起支持和巩固作用的一类成熟组织。植物幼嫩器官机械组织不发达，随器官成熟而从器官内部逐渐分化出来。按细胞形态和壁增厚的方式不同，可分为厚角组织和厚壁组织。

1. **厚角组织**（collenchyma）　指细胞壁不均匀初生增厚而无次生壁，支持力较弱的一类

机械组织。厚角组织的细胞常较一般薄壁细胞长，内含原生质体的生活细胞；常具叶绿体和分生潜力，能参与木栓形成层的形成。常分布在植物的幼茎、叶柄等器官中。纵切面观：细胞细长形，两端略呈平截状、斜状或尖形；横切面观：细胞呈多角形、不规则形，初生壁不均匀加厚。细胞壁主要成分是纤维素和果胶质，既具一定韧性，又具可塑性和延伸性；既支持植物直立，又能随器官伸长而延伸(图 2-11)。

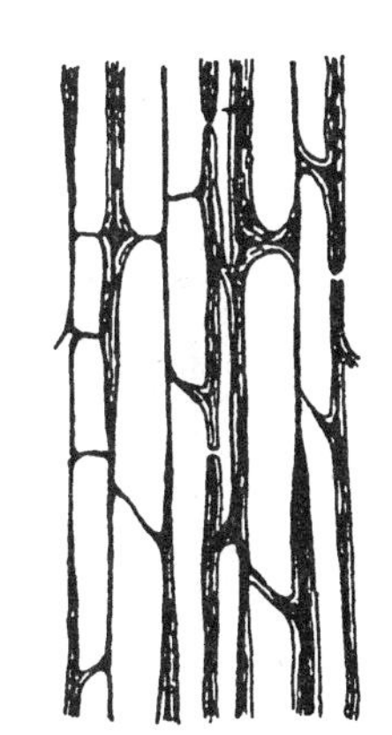

马铃薯的厚角组织的纵切面

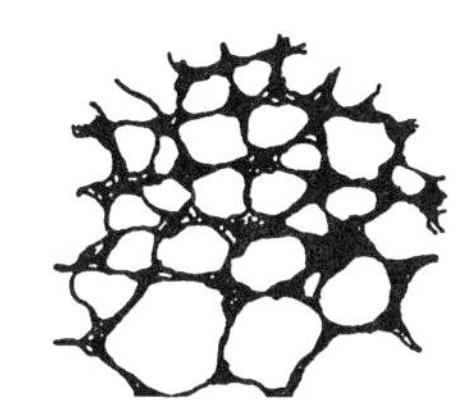

马铃薯的厚角组织的横切面

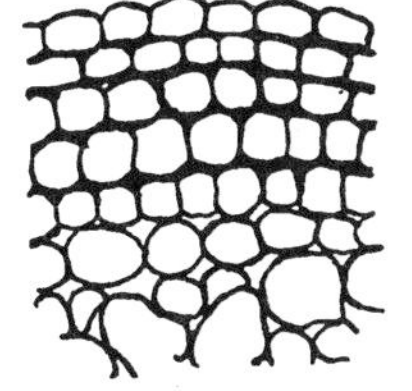

细辛属叶柄的厚角组织的横切面示板状的厚角组织

图 2-11 厚角组织

厚角组织根据细胞壁加厚方式的不同，常可分为 4 种类型：①真厚角组织(angular collenchyma)又称角隅厚角组织，是最常见的类型；横切面观：壁的增厚部位在几个相邻细胞的角隅处，如薄荷属、桑属和蓼属植物等。②板状厚角组织(plate collenchyma)又称片状厚角组织，细胞壁增厚部分主要在内、外切向壁上，如大黄属、细辛属、地榆属、泽兰属和接骨木属植物等。③腔隙厚角组织(lacunate collenchyma)，细胞壁的增厚发生在发达的胞间隙处，面对胞间隙部分细胞壁增厚，如夏枯草属、锦葵属、鼠尾草属等。④环状厚角组织(annular collenchyma)，细胞壁增厚比较均匀，横切面观细胞腔成圆形或近圆形。如月桂的叶脉、五加科与木兰科的叶柄等。

2. **厚壁组织**(sclerenchyma) 指细胞壁全面次生增厚，常木化，壁上具层纹和纹孔，胞腔小，成熟后成为死细胞。它的支持能力较厚角组织强，是植物主要的支持组织。厚壁组织的细胞单个或成群分散在其他组织之间，按细胞形态可分为纤维和石细胞。

(1)纤维(fiber)：次生壁发达，细胞腔小，两端尖斜的长梭形细胞。细胞壁加厚的成分主要是纤维素和木质素，壁上有少数纹孔。纤维细胞常单个或彼此嵌插成束(图 2-12)，按其在植物体中分布和壁特化程度不同，可分为木纤维和木质部外纤维，而木质部外纤维又常称韧皮纤维。

1)木纤维(xylem fiber)：分布于被子植物木质部的纤维，较韧皮纤维短，长约 1mm。木纤维的壁木化程度高，胞腔小，壁上具各式具缘纹孔或裂隙状单纹孔，坚硬而无弹性，脆而易断，机械巩固较强。壁增厚程度随植物种类、生长部位和生长时期不同而异。如黄连、大戟、川乌、牛膝等根中有一些壁较薄的木纤维，而栎树、栗树的木纤维则强烈增厚。春季生长的木纤维壁较薄，而秋季生长的则较厚。一些植物的次生木质部具有的一种细胞细长，壁厚并具裂缝状单纹孔，纹孔较少，像韧皮纤维，常称韧型纤维(libriform fiber)，如沉香、檀香等的木纤维。

笔记栏

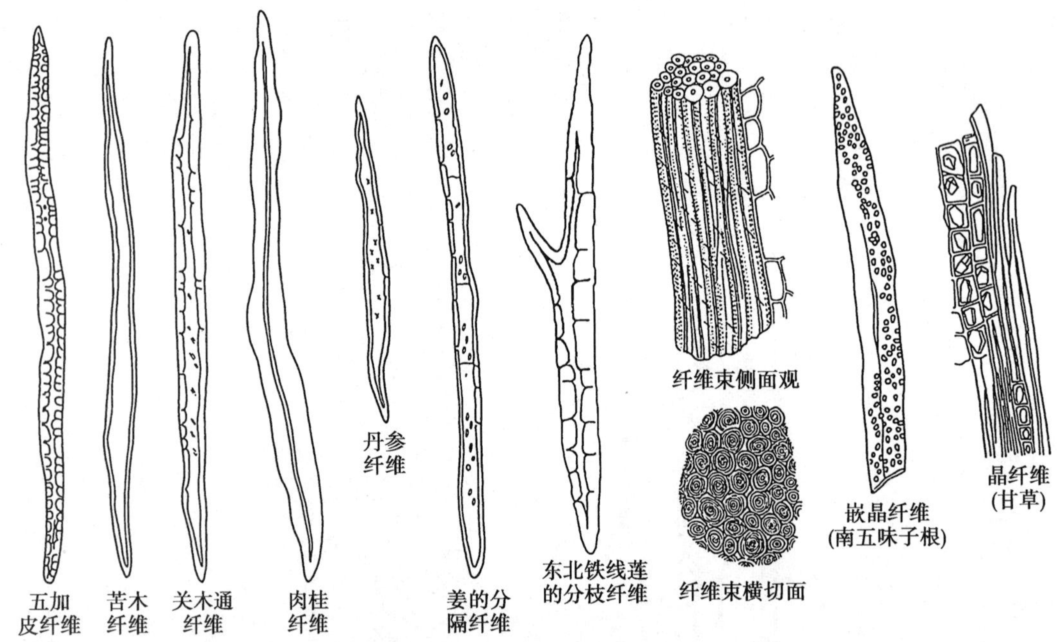

图 2-12 纤维束及纤维类型

2）木质部外纤维（extraxylary fiber）：指分布在木质部以外的纤维，包括皮层、髓部、韧皮部和维管束周围分布的纤维；常分布在韧皮部，也称韧皮纤维（phloem fiber）。这类纤维细胞多呈长纺锤形，细胞壁虽厚，但富含纤维素，木化程度低，坚韧而有弹性，纹孔较少常成缝隙状；横切面观呈圆形、长圆形或多角形等，壁常见同心纹层。不同植物的韧皮纤维长度不一，木化程度各异。部分藤本双子叶植物茎的皮层、髓部，常具环状排列的皮层纤维、环髓纤维或靠近维管束的环管纤维（又称周维纤维）等。一些单子叶植物，如禾本科植物茎维管束周围的纤维呈环状分布形成维管束鞘。药材鉴定中，常见以下几种特殊类型的纤维。

晶鞘纤维（晶纤维 crystal fiber）：指纤维束及其周围含晶薄壁细胞组成的复合体。薄壁细胞含方晶如黄柏、甘草等，或簇晶如石竹、瞿麦等，或石膏结晶如柽柳等。

嵌晶纤维（intercalary crystal fiber）：指纤维次生壁外层镶嵌有细小的草酸钙方晶或砂晶。如华中五味子根皮的纤维嵌有方晶，草麻黄茎的纤维嵌有砂晶。

分隔纤维（septate fiber）：指一种胞腔中具有菲薄横隔膜的纤维。这类细胞可长期保留原生质体，并贮藏有淀粉、油类和树脂等。如姜、葡萄属、金丝桃属等植物。

分支纤维（branched fiber）：指一种细胞呈长梭形且顶端具有明显分枝的纤维，如东北铁线莲根中的纤维。

（2）石细胞（sclereid，stone cell）：一般由薄壁细胞的细胞壁强烈增厚形成，也可由分生组织衍生细胞产生，是植物体内特别硬化的厚壁细胞。石细胞的形状不规则，有多种形态，多为椭圆形、类圆形、类方形、不规则形等近等径的类型，也有分枝状、星状、柱状、骨状、毛状等类型；次生壁强烈增厚并木化，呈现同心环状层纹，壁上有许多单纹孔，细胞腔极小，成熟后为死细胞。石细胞单生或聚生于根、茎、叶、果皮和种皮内。石细胞存在部位和形状是药材鉴定的重要特征之一（图 2-13）。如三角叶黄连、白薇等髓部具石细胞，黄柏、黄藤、肉桂的树皮具石细胞；黄芩、川乌根中的石细胞呈长方形、类方形、多角形，厚朴、黄柏中的石细胞为不规则状。石细胞在一些植物的果皮和种皮中常构成坚硬的结构，如椰子、核桃、杏等坚硬的内果皮，菜豆、栀子的种皮。

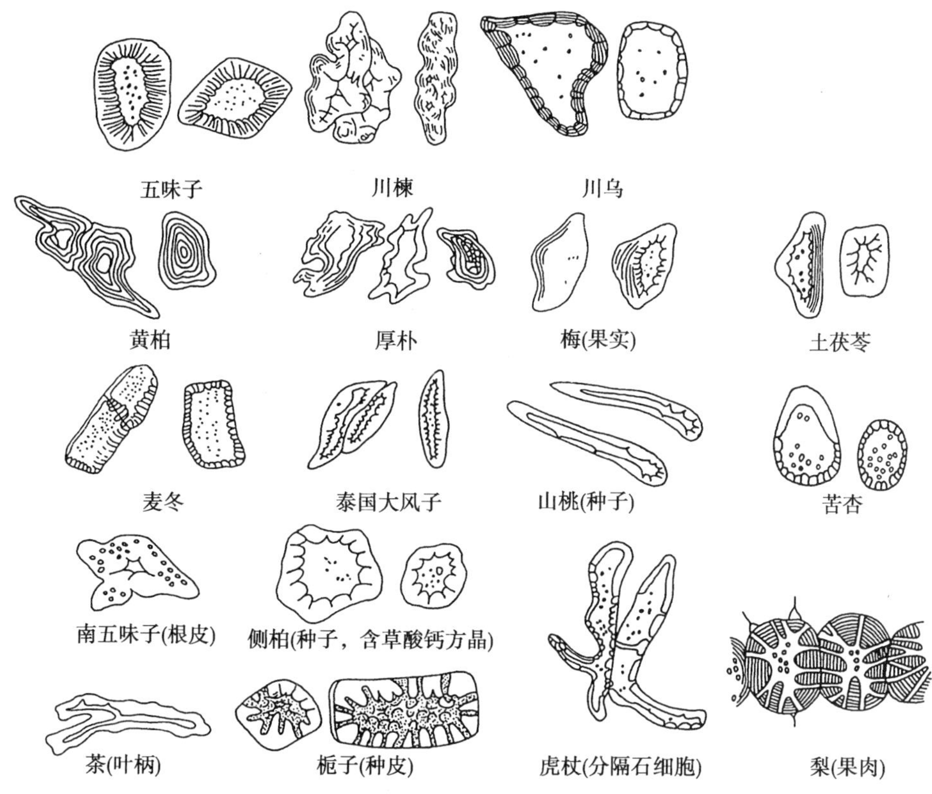

图 2-13 石细胞类型

五、输导组织

输导组织(conducting tissue)指维管植物体内长距离运输水分、无机盐和有机物的管状结构,在各器官间形成连续的输导系统。其中,运输水分和无机盐的结构有导管和管胞,运输有机营养物质的结构有筛胞、筛管和伴胞。植物通过输导组织进行体内物质、能量重新分配和信号传递,从而提高了植物对陆生生活的适应性。

1. 导管和管胞

(1)导管(vessel):是被子植物木质部中由一系列长管状或筒状的死细胞,以末端的穿孔相连而成的一条长管道。每 1 个细胞称导管分子(vessel element)。导管发育过程中伴随着次生壁的增厚和原生质体的解体。导管分子两端的初生壁溶解,形成不同程度的穿孔。具有穿孔的端壁称穿孔板(perforation plate)。穿孔板上穿孔的形态和数目不同,有的端壁溶解成一个大穿孔,称单穿孔板;一些双子叶植物,如椴树的导管端壁上留有几条平行排列的长形穿孔,称梯状穿孔板;麻黄属植物导管端壁具有许多圆形的穿孔,称麻黄式穿孔板;紫葳科部分植物导管端壁上形成了网状穿孔板,等等(图 2-14)。导管端壁和侧壁近垂直的类型较末端尖锐的类型进化;单穿孔板较复穿孔板的导管类型进化。但一些原始的被子植物类群和寄生植物体内无导管,如金粟兰科草珊瑚属植物;而少数进化的裸子植物如麻黄科植物,以及蕨类中较进化的真蕨类植物具有导管。

导管侧壁的次生增厚时,通过不均匀增厚留下的未增厚部分(初生壁)进行相邻导管或其他细胞间的物质运输。根据导管发育顺序及其侧壁次生增厚和木化方式的不同,常将导管分为 5 种类型(图 2-15,图 2-16)。

笔记栏

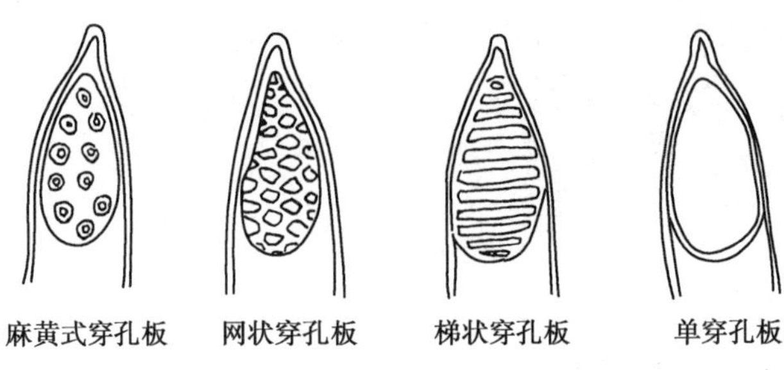

图 2-14　导管细胞穿孔板的类型

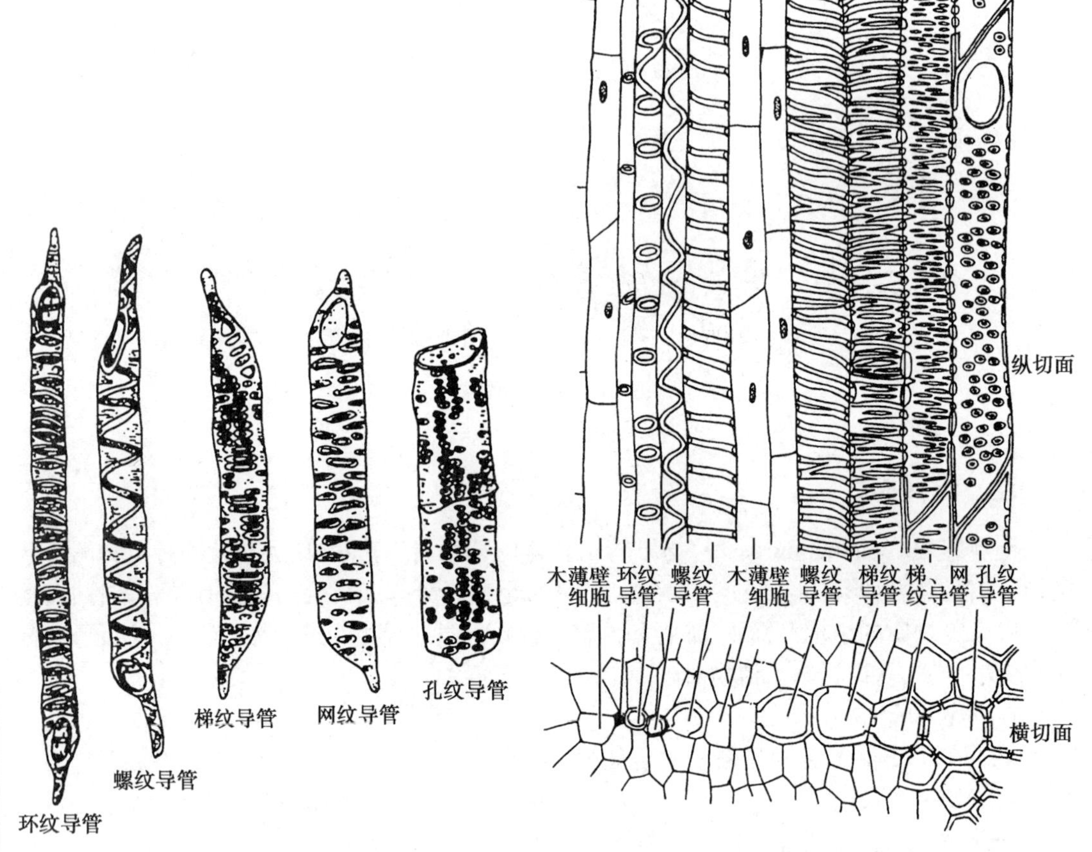

图 2-15　导管细胞的类型

图 2-16　半边莲属初生木质部(示导管)

1）环纹导管(annular vessel)：管径细小，侧壁上每隔一定距离具有一个环状木质化增厚区。如南瓜茎、凤仙花幼茎、半夏块茎中的导管。

2）螺纹导管(spiral vessel)：管径细小，侧壁上有一或多条呈螺旋带状木质化增厚区，容易与初生壁分离。"藕断丝连"的丝就是螺旋带状次生壁分离的现象。

3）梯纹导管(scalariform vessel)：侧壁上富有横向平行的条状木化增厚区，并与未增厚的初生壁相间排列成梯形。如葡萄茎、黄常山根中的导管。

4）网纹导管(reticulate vessel)：侧壁呈网状木化增厚，网孔是未增厚的初生壁。如大黄、苍术根状茎中的导管。

5）孔纹导管(pitted vessel)：侧壁大部分木化增厚，未增厚部分形成单纹孔或具缘纹孔。如甘草根、赤芍根中的导管。

上述类型中，前两种导管常出现在生长发育初期的器官中，导管直径小，输导能力弱，可随器官生长而延长；后三种多在器官生长发育后期才分化形成，管径大，输导效率高，导管分子较短，管壁较硬，抗压能力强。实际观察中，常发现同一导管可同时存在螺纹和环纹、螺纹和梯纹等两种以上类型，如南瓜茎的同一导管存在典型的环纹和螺纹。此外，一些导管呈现出中间类型，如大黄根常可见网纹未增厚的部分横向延长，出现了梯纹和网纹的中间类型，称梯网纹导管。

植物体水分运输是分段经过许多条导管曲折连贯地向上运输，而不是由一条导管从根直到茎叶顶端；水流可顺利通过导管腔及穿孔上升，也可通过侧壁上的纹孔横向运输。一个导管分子的输导能力具有时效性，其有效期因植物种类而异，多年生植物中部分导管的输导功能可保持数年或数十年。当新导管形成后，邻接早期导管的薄壁细胞膨胀，通过导管壁上未增厚部分或纹孔，连同其内含物侵入导管腔内形成大小不同的囊状突出物，称侵填体(tylosis)，使导管相继失去输导能力。侵填体含有单宁、树脂、晶体和色素等物质，起抵御病原菌侵害的作用，常含有生物活性物质。

(2)管胞(tracheid)：裸子植物木质部中一种运输水和无机盐的狭长管状死细胞。它是绝大部分蕨类植物和裸子植物唯一的输水组织，同时具有一定的支持作用。大多数被子植物的木质部同时存在管胞和导管，特别是在叶柄和叶脉中。

管胞是一个长管状细胞，两端斜尖，不形成穿孔板，相邻管胞主要通过侧壁上的纹孔输导水分，是输导能力较导管低且较原始的输导组织。在发育过程中，细胞壁形成厚的木化次生壁，成熟时原生质体解体。管胞增厚的木化次生壁也形成类似导管的环纹、螺纹、梯纹、孔纹等类型。因此，在药材粉末鉴定中有时难以分辨导管、管胞，需采用解离的方法将细胞分开，观察导管、管胞分子的形态(图 2-17，图 2-18)。

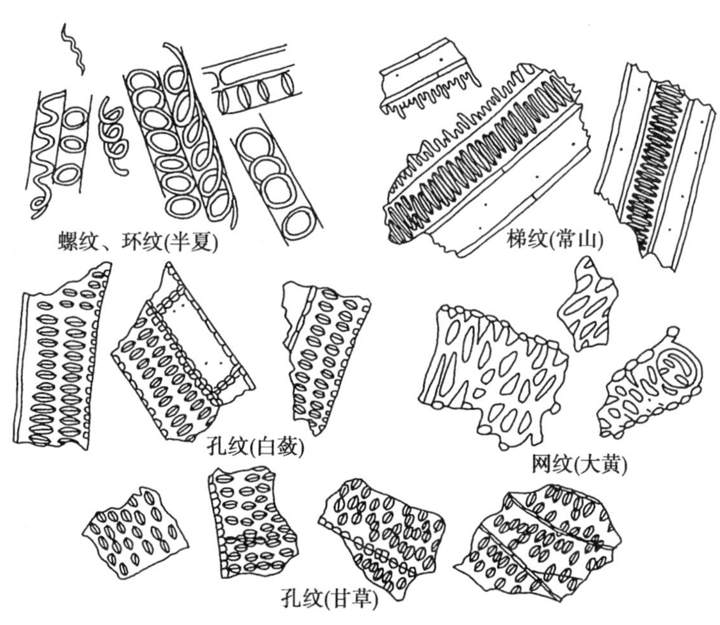

图 2-17 药材粉末中的导管碎片

2. 筛管、伴胞和筛胞

(1)筛管(sieve tube)：被子植物韧皮部中由多个长管状活细胞纵向连接而成的运输有机物的管状结构，每一个细胞称筛管分子(sieve tube element)(图 2-19)。主要是运输光合作用产生的有机物质的管状结构。筛管仅具初生壁，端壁上形成的许多小孔称筛孔(sieve

笔记栏

pore)，具有筛孔的区域称筛域(sieve area)。分布1个或多个筛域的端壁称筛板(sieve plate)，仅有1个筛域的筛板称单筛板，如南瓜的筛管；具多个筛域的筛板称复筛板，如葡萄的筛管。筛管分子通过筛孔的原生质丝使彼此间相连贯通，该原生质丝较胞间连丝粗大称联络索(connecting strand)。有些植物筛管侧壁上也可见筛孔，使相邻筛管彼此联系，从而实现体内有机物的有效输导和投递。

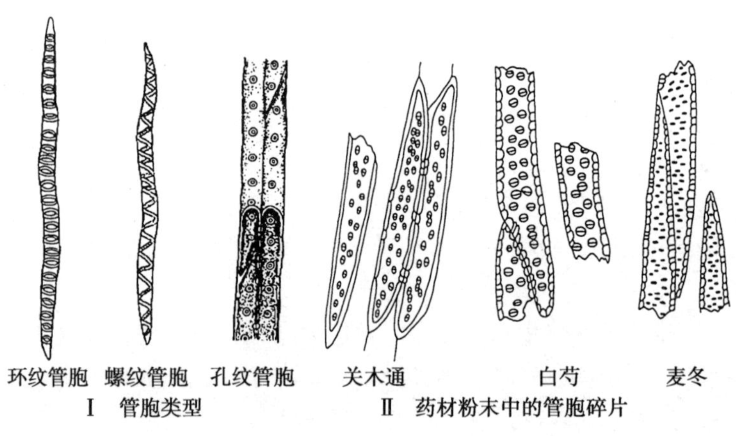

图2-18　管胞类型和药材粉末中的管胞碎片

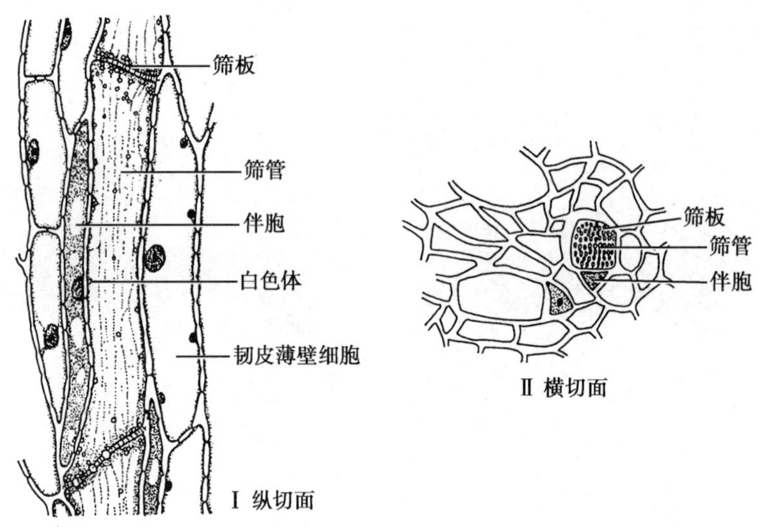

图2-19　烟草韧皮部(示筛管及伴胞)

筛管分子发育过程中，早期有细胞核，细胞质浓，随后细胞核逐渐溶解而消失，细胞质减少，发育成熟后成为无核的生活细胞(图2-20)。也有人认为，筛管分子成熟后变成多核结构，因核小而分散，不易观察。

筛管发育成熟老化过程中，围绕筛孔联络索可逐渐积累一些特殊的碳水化合物，称胼胝质(callose)；随着胼胝质不断增多，最后在整个筛板上形成垫状物，称胼胝体(callosity)。胼胝体一旦形成，筛孔被堵塞，联络索中断，筛管也就失去运输功能。单子叶植物筛管的输导功能可保持到整个生活期，而一些多年生双子叶植物在冬季来临前形成胼胝体，筛管暂时丧失输导作用；翌年春季，胼胝体溶解，筛管又逐渐恢复其功能。但部分老筛管形成胼胝体后，将永远丧失输导能力，新筛管则取而代之。此外，植物受机械或病虫害等伤害刺激时，能迅速形成胼胝体，封闭筛孔，以阻止营养物流失。

笔记栏

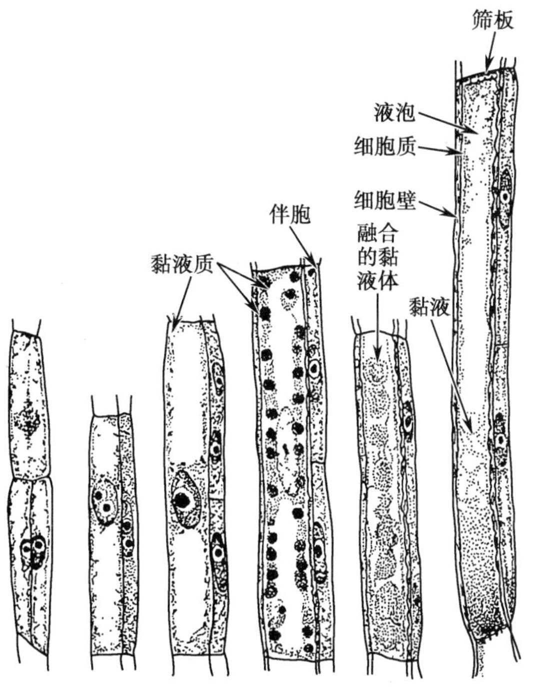

图 2-20 南瓜茎筛管细胞形成的各个阶段

(2)伴胞(companion cell):被子植物韧皮部中与筛管平行排列的一种小型、细长的活细胞;细胞壁薄,细胞核大,细胞质浓,液泡小,线粒体丰富。被子植物筛管分子常有一个或多个伴胞,伴胞和筛管是由同一母细胞分裂发育而成,二者之间存在发达的胞间连丝,共同完成有机物的输导。伴胞含有多种酶类物质,生理活动旺盛,筛管运输能力和伴胞代谢密切相关,且伴胞会随着筛管的死亡而失去生理活性。

(3)筛胞(sieve cell):裸子植物和蕨类植物韧皮部中由单个狭长的细胞,通过尖斜的两端相互重叠,靠相邻细胞侧壁上筛域的筛孔进行物质运输的结构。筛胞无伴胞,直径较小,两端渐尖而倾斜,没有筛板,侧壁上具不明显的筛域。因此,筛胞输导功能较差,属较原始的运输结构。蕨类植物和裸子植物的韧皮部中仅有筛胞没有筛管。

六、分泌组织

植物体中凡是能产生分泌物质的有关细胞或特化细胞的组合结构,总称分泌组织(secretory tissue)。植物产生分泌物的结构来源各异,形态多样,分布方式也不尽相同,有的以单个细胞分散在其他组织中,也有集中或特化成一定形态的结构。植物分泌的物质十分复杂,常见的有糖类、蜜汁、黏液、乳汁、盐类、单宁、树脂和挥发油等,这些分泌物集聚在细胞内、胞间隙或腔道中,或由特化细胞的组合结构排出体外。有的分泌物(如蜜汁、芳香油)能引诱昆虫,以利于传粉和果实、种子的传播;有的能泌溢出过多的盐分,使植物免受高盐危害;某些植物的分泌物能抑制病原菌和其他生物,防止组织腐烂、帮助创伤愈合、免受动物啃食,以保护自身;许多分泌物是重要的药物(如乳香、没药、樟脑、薄荷油等)、香料或其他工业原料。

根据分泌结构发生部位和分泌物溢排的情况,可将分泌组织分为外分泌结构和内分泌结构(图 2-21)。植物体的分泌结构在药材鉴定中有一定价值。

笔记栏

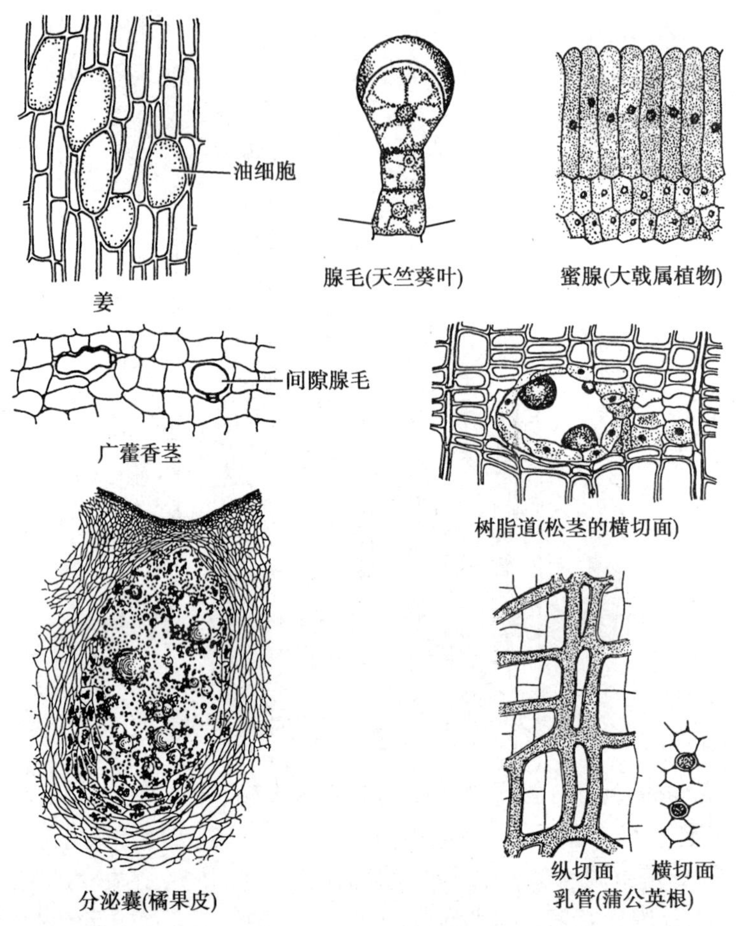

图 2-21 分泌组织

1. **外部分泌结构**(external secretory structure) 指分泌物排到植物体外的分泌结构。主要在植物体表面,除腺毛和腺鳞外(见保护组织),常见的还有以下几种。

(1)蜜腺(nectary):指由细胞质浓的 1 至数层分泌细胞群所组成并能分泌糖液的结构。分泌细胞壁较薄,无角质层或角质层很薄,蜜汁通过角质层扩散而出,或由腺体表皮上的水孔排出。蜜腺包括虫媒植物花部的花蜜腺和位于营养器官的花外蜜腺两大类,如油菜、荞麦、酸枣、槐等的花蜜腺,桃、樱桃叶片基部和蚕豆托叶上的花外蜜腺。

(2)盐腺(salt gland):指分泌盐类物质的外部分泌结构。盐碱地生长的植物常具盐腺,用于排出过多的盐分,如柽柳属植物的茎、叶表面分布的盐腺。

(3)腺表皮(glandular epidermis):指植物体某些部位具有分泌功能的表皮细胞。如矮牵牛、漆树等植物柱头的表皮为腺表皮,细胞呈乳头状突起,能分泌糖、氨基酸和酚类化合物等柱头液,有利于沾黏花粉和促进花粉萌发。

(4)排水器(hydathode):指能将植物体内过多水分排出体外的结构,由水孔和通水组织组成。常分布在叶尖、叶缘和叶脉。通水组织是排列疏松而无叶绿体的叶肉组织。

2. **内部分泌结构**(internal secretory structure) 指将分泌物集聚在植物体的细胞内、胞间隙或腔道而不排出体外的分泌结构。通常依据其形态结构和分泌物的不同分为分泌细胞、分泌腔、分泌道和乳汁管。

(1)分泌细胞(secretory cell):指植物体内以单个细胞存在,胞内集聚有分泌物的细胞。分泌细胞可以是生活或非生活细胞,常比周围细胞大,呈圆球形、椭圆形、囊状、分枝状等,甚

至可扩大成巨大细胞(称异细胞)。当分泌物充满整个细胞时,细胞壁常木栓化。按贮藏分泌物的不同可分为油细胞(木兰科、樟科)、黏液细胞(半夏、玉竹、山药、白及)、单宁细胞(豆科、蔷薇科、壳斗科、冬青科、漆树科)、芥子酶细胞(十字花科、白花菜科)、含晶细胞(蔷薇科、桑科、景天科)等。

(2) 分泌腔(secretory cavity):又称分泌囊或油室,发育早期是一群具有分泌能力的细胞,发育过程中部分细胞溶解后形成囊状腔隙,或细胞分离形成间隙,分泌物贮藏在腔穴中。按其形成过程和结构可分为两类:①溶生式分泌腔(lysigenous secretory cavity),因分泌物积累增多,最后使部分分泌细胞本身破裂溶解,在体内形成的一个含有分泌物的腔穴,腔穴周围细胞常破碎不完整,如陈皮、橘叶等。②裂生式分泌腔(schizogenous secretory cavity),是发育过程中分泌细胞彼此分离,胞间隙扩大而形成的腔穴,分泌细胞完整地包围着腔穴,如金丝桃的叶和当归的根等。

(3) 分泌道(secretory canal):指由一群分泌细胞彼此分离形成的一个长管状胞间隙腔道。腔道周绕的分泌细胞称上皮细胞(epithelial cell),分泌物贮存在腔道中。按分泌物的不同分为:树脂道(resin canal),贮藏物为树脂或油树脂,如松树茎中的分泌道;油管(vitta),贮藏物为挥发油,如小茴香果实的分泌道;黏液道(slime canal),又称黏液管(slime duct),贮藏物为黏液,如美人蕉、椴树的分泌道。

(4) 乳汁管(laticifer):指由1个或多个长管状的生活细胞组成并能分泌乳汁的管状结构,常可分枝,是植物体内贮藏和运输营养物质的系统。乳汁管细胞的细胞质稀薄,常有多核,液泡中含有大量乳汁。乳汁常呈白色或乳白色,少数为黄色、橙色或红色。乳汁的成分很复杂,有橡胶、糖类、蛋白质、生物碱、苷类、酶、单宁等物质。按乳汁管的发育和结构可分为两种类型:①无节乳汁管(nonarticulate laticifer),由一个细胞发育而成,随着植物的生长不断延长和分枝,贯穿植物体内,长者可达数米以上,如夹竹桃科、萝藦科、桑科和大戟科大戟属等植物的乳汁管。②有节乳汁管(articulate laticifer),由许多长管状细胞连接而成,连接处的细胞壁溶解贯通,成为多核巨大的管道系统,乳汁管可分枝或不分枝,如菊科、桔梗科、罂粟科、旋花科等植物的乳汁管。

第二节 植物的维管组织和组织系统

一、维管组织

蕨类、裸子植物和被子植物体内的导管、管胞、木薄壁细胞和木纤维等有机组合在一起形成木质部(xylem),筛管、伴胞、筛胞、韧皮薄壁细胞和韧皮纤维等有机组合在一起形成韧皮部(phloem),主要起输导作用,并有一定的支持功能。由于木质部和韧皮部的主要分子呈管状结构,常又将它们称维管组织(vascular tissue);而将蕨类植物、裸子植物和被子植物合称维管植物。

1. **维管束的组成** 维管束(vascular bundle)指维管植物体内由木质部和韧皮部紧密结合在一起形成的束状结构。维管束、木质部、韧皮部和周皮、表皮等都属于复合组织。维管束由原形成层分化而来,在不同植物或不同器官内,原形成层分化成木质部和韧皮部的情况不同,形成了不同类型的维管束。被子植物的韧皮部主要由筛管、伴胞、韧皮薄壁细胞和韧皮纤维组成,质地比较柔韧;木质部主要由导管、管胞、木薄壁细胞和木纤维组成,质地比较坚硬。裸子植物和蕨类植物的韧皮部主要由筛胞和韧皮薄壁细胞组成,木质部主要由管胞

笔记栏

和木薄壁细胞组成。裸子植物和双子叶植物维管束的木质部和韧皮部之间常有形成层，能持续进行分生生长，称无限维管束或开放性维管束（open bundle）；蕨类植物和单子叶植物的维管束中不存在形成层，不能持续不断地分生生长，称有限维管束或闭锁性维管束（closed bundle）。

2. **维管束的类型** 根据维管束中韧皮部与木质部排列方式的差异以及形成层的有无，常将维管束分为下列几种类型（图 2-22，图 2-23）。

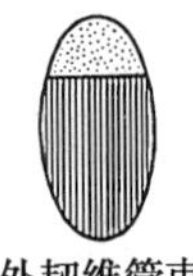

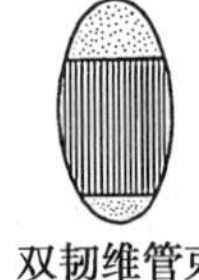

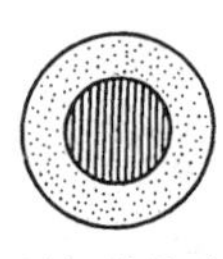

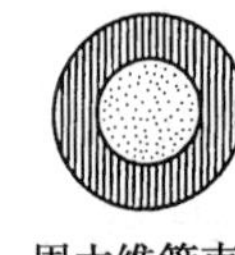

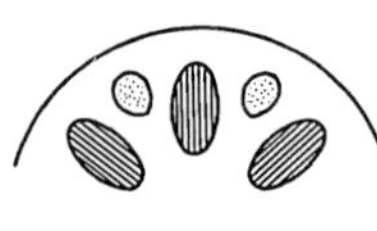

图 2-22 维管束的类型模式图

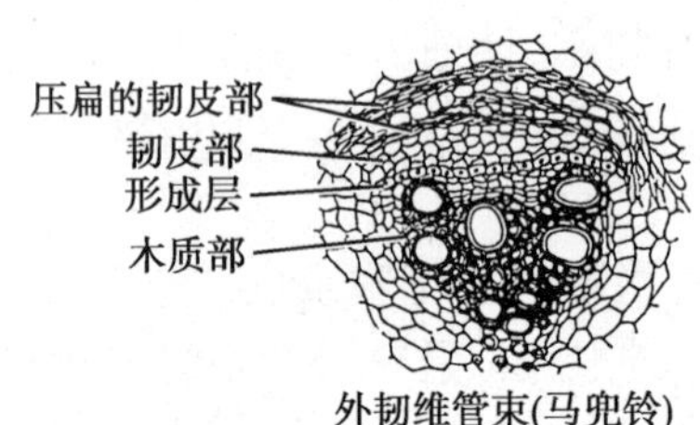

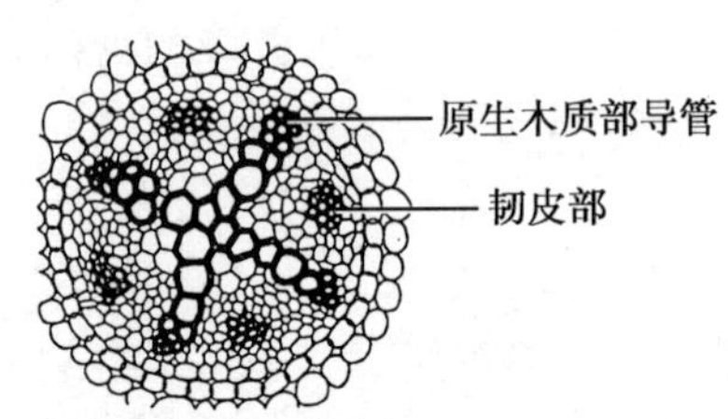

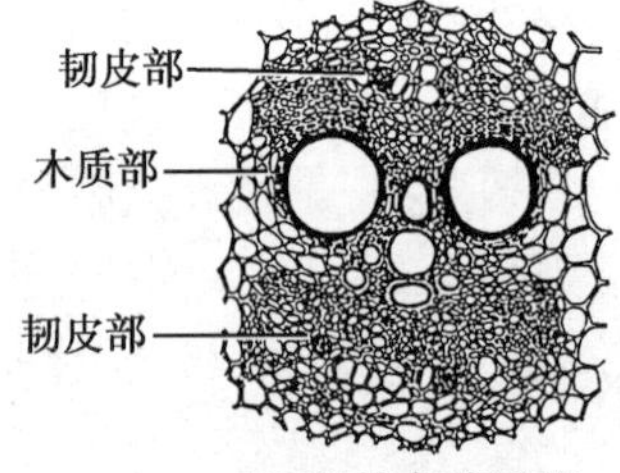

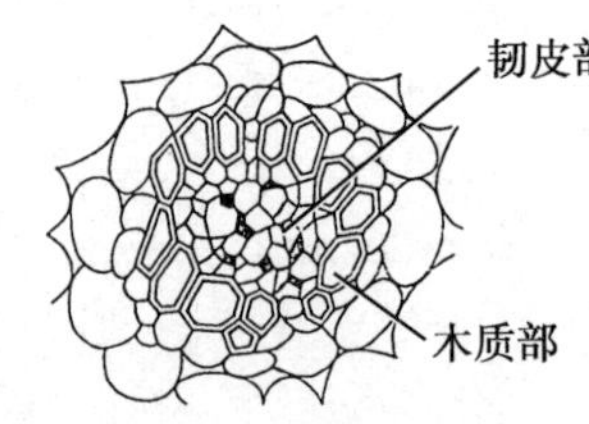

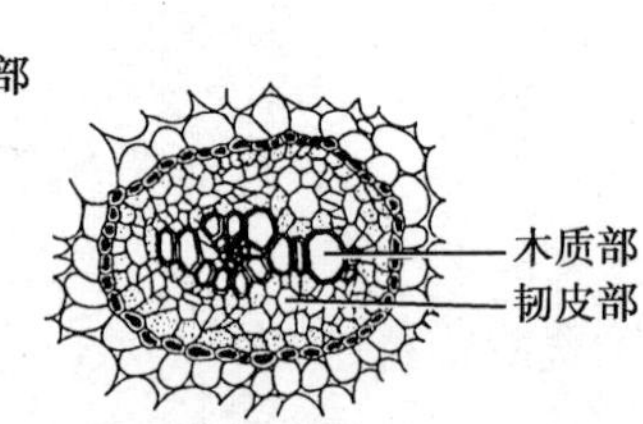

图 2-23 维管束类型详图

（1）有限外韧维管束（closed collateral vascular bundle）：韧皮部位于木质部的外侧，中间无形成层的维管束类型。如大多数单子叶植物茎的维管束。

（2）无限外韧维管束（open collateral vascular bundle）：韧皮部位于木质部的外侧，中间有形成层的维管束类型，如裸子植物和双子叶植物茎中的维管束。

（3）双韧维管束（bicollateral vascular bundle）：木质部内外两侧均有韧皮部，而无形成层。如茄科、葫芦科、夹竹桃科、萝藦科、旋花科等植物的茎中的维管束。

（4）周韧维管束（amphicribral vascular bundle）：韧皮部围绕在木质部四周，木质部在中央，无形成层。如百合科、禾本科、棕榈科、蓼科及某些蕨类植物的维管束。

（5）周木维管束（amphivasal vascular bundle）：木质部围绕在韧皮部四周，韧皮部在中央，无形成层。如菖蒲、石菖蒲、铃兰等少数单子叶植物根状茎中的维管束。

（6）辐射维管束（radial vascular bundle）：韧皮部和木质部相互间隔呈辐射状排列。根初生构造的维管束属于该类型（详见第三章）。

维管束类型在不同植物类群和不同器官中存在差异，也是药材鉴别的特征之一。

笔记栏

二、组织系统

维管植物的成熟组织常可归为 3 个组织系统：皮组织系统（dermal tissue system）、基本组织系统、维管组织系统。其发生与分化模式为：顶端分生组织（根尖或茎尖生长点）细胞经分裂、生长、分化，逐步形成原表皮层、基本分生组织、原形成层 3 种初生分生组织，并进一步分化形成初生组织，包括表皮（皮组织系统）、皮层和髓部（基本组织系统）、初生木质部和初生韧皮部（维管组织系统）（图 2-24）。

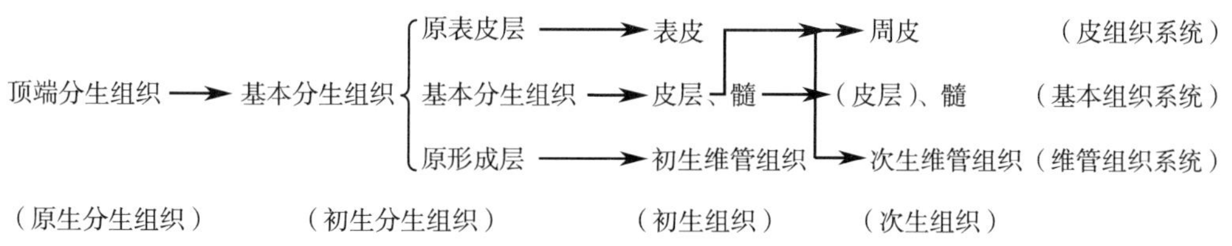

图 2-24　三大组织系统发生与分化简图

皮组织系统按生长发育阶段依次为表皮与周皮。植物进行初生生长时，表皮覆盖于植物体的表面，形成连续的保护层（初生保护组织），当植物进行次生加粗生长时，原有的初生保护组织表皮被破坏掉，进而由次生保护组织周皮所替代，行使保护功能。基本组织系统包括皮层和髓部，主要由薄壁组织、厚角组织、厚壁组织、分泌组织等构成，其中薄壁组织最为常见，分布也最为广泛。维管组织系统包括运输水分和无机盐的木质部及运输营养物质的韧皮部，构成了整个植物体的运输网络。

植物体的各大器官中，三类组织系统均为连续分布。其分布模式整体上表现为维管组织系统埋藏在基本组织系统中，而外面又被皮组织系统所覆盖。但维管组织和基本组织的分布模式也存在一定变化，如双子叶植物茎，维管组织排列成一个空柱形，包裹着一些基本组织（髓部），而有些基本组织分布在皮组织和维管组织之间（皮层）；双子叶植物根部，维管组织常为实心的中柱而缺少髓部，但具皮层。叶内的维管组织为网状系统并包埋在基本组织叶肉内。

（田恩伟）

复习思考题

1. “藕断丝连”的丝是植物体的什么结构？藕中间的空洞是什么结构，有何功能？
2. 厚角组织和厚壁组织在结构和功能上有何区别？
3. 什么是溶生式分泌腔和裂生式分泌腔？
4. 维管束有哪些类型？
5. 竹子出土后还会长粗吗？为什么？

扫一扫
测一测

笔记栏

PPT 课件

第三章 植物的器官

学习目标

器官在蕨类植物中开始出现。被子植物的器官有根、茎、叶、花、果实和种子，前三者称营养器官，后三者称繁殖器官。器官形态构造是认识鉴别植物的基础。通过学习器官形态构造的相关知识，理解器官形态、构造、功能的协调一致性，为植物分类内容的学习，以及后续课程学习中理解药材形态特征及其组织构造奠定基础。

掌握被子植物的器官形态结构和功能的相关知识，根、茎、叶的构造特点；熟悉器官发生、发育和变态类型，营养器官与环境的适应性。

植物体以细胞为基本单位。高等植物出现了各种组织的分化，并由不同组织构成具有特定形态结构和生理功能的器官(organ)。被子植物的根、茎和叶共同起着吸收、制造和供给植物体生长、发育所需营养物质的作用，它们属于营养器官(vegetative organs)；花、果实和种子与被子植物的生殖繁衍有关，它们属于繁殖器官(reproductive organs)。植物的不同器官在形态结构和生理功能方面既各有特点又彼此联系和相互影响，体现了植物体的整体性、形态结构和生理功能的协调性，以及植物和环境的统一性。

第一节　根的形态与结构

根是植物适应陆生生活环境的结构，也是植株吸收水分、无机盐以及固着植株的主要器官，通常生长在相对稳定的土壤环境中，具有向地性、向湿性和背光性。它能合成多种生理活性物质并调节植株生长发育，部分植物的根还能合成次生代谢产物，如烟草的根能合成烟碱，橡胶草的根能合成橡胶，银杏的根能合成银杏内酯等。根还具有支持、输导、贮藏和繁殖等功能，如何首乌肉质化膨大的根，既储藏了大量的营养物质，又具有繁殖的功能。同时，植物的根也是人类食物和药物的重要来源。

一、根的形态和类型

根和茎不同，没有节和节间，一般不生芽、叶和花；通常生长在土壤中，呈圆柱形并向四周分支，越向下越细，细胞中常不含叶绿体。

(一) 根的形态

1. **定根与不定根**　植物种子萌发时，胚根先突破种皮并不断向下生长，形成植株根的主根(main root)。当主根生长到一定长度时，在一定部位从内部侧向生出具一定角度的支根，称侧根(lateral root)；当侧根生长到一定长度时又能生出新的次一级侧根，如此反复多次分支，形

笔记栏

成以适应和满足植株生长发育的完整根系(root system)。因主根和侧根均由胚根直接或间接发育而来,有固定的生长部位,称定根(normal root)。如桔梗、人参、白芷、胡萝卜等的根。

许多植物除能产生定根外,还能从茎、叶、老根或胚轴上生出许多根,这些根的产生无固定位置,均称不定根(adventitious root);不同根也能反复分支产生侧根,如人参根状茎(芦头)节上长出的不定根,药材上称“艼”。单子叶植物,如薏苡、麦冬、玉蜀黍、麦、稻等种子萌发后,胚根发育成的根不久即枯萎,而从胚轴或茎基部节上长出许多大小、长短相似的不定根。生产上的扦插、压条等营养繁殖技术就是利用枝条、叶、根状茎等能产生不定根的习性。

2. **直根系和须根系**　植株地下部分所有的根总称根系(root system)。依据根系的组成和形态特点,可分为直根系(tap root system)和须根系(fibrous root system)两类(图 3-1)。直根系由明显发达的主根和各级侧根组成,因主根入土深,各级侧根次第短小,常呈陀螺状分布,大多数双子叶植物及裸子植物的根系属于此类型,如人参、沙参、桔梗、蒲公英的根系。须根系的主根不发达或缺,由不定根及其侧根组成,根的粗细长短相似,由于须根入土较浅,常簇生呈胡须状,多数单子叶植物的根系属于此类型,如薏苡、麦冬、玉蜀黍等的根系;而龙胆、徐长卿、细辛等少数双子叶植物也属于须根系。

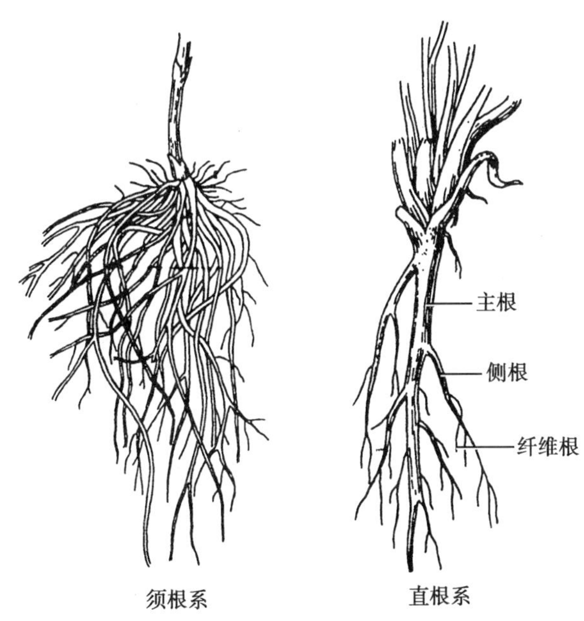

图 3-1　直根系和须根系

植物种类、生长发育情况、土壤条件和人为因素等均能影响根系在土壤中的分布深度和广度。常将根系分布在土壤深层的植物,称深根性植物。直根系植物多为深根性植物,但其饲养根常分布在土壤上层(0~15cm),如黄芪、当归、厚朴等。根系向周围扩展,多分布在土壤浅层的植物,称浅根性植物。浅根性植物的主根短、侧根和 / 或不定根发达;须根系植物多属此类型,如黄连、麦冬、车前等。因此,在生产上深根性植物适当深施肥,浅根性植物适当浅施肥,并通过控制水肥和光照等调控药用植物根系的生长和分布,从而实现稳产、高产。

(二) 根的变态类型

植物在长期适应生活环境变化的进化过程中,根的形态构造和生理功能发生了适应性变异,称根的变态。这种变异能传给后代并成为这种植物的鉴别特征。常见的变态根有以下几种类型(图 3-2):

笔记栏

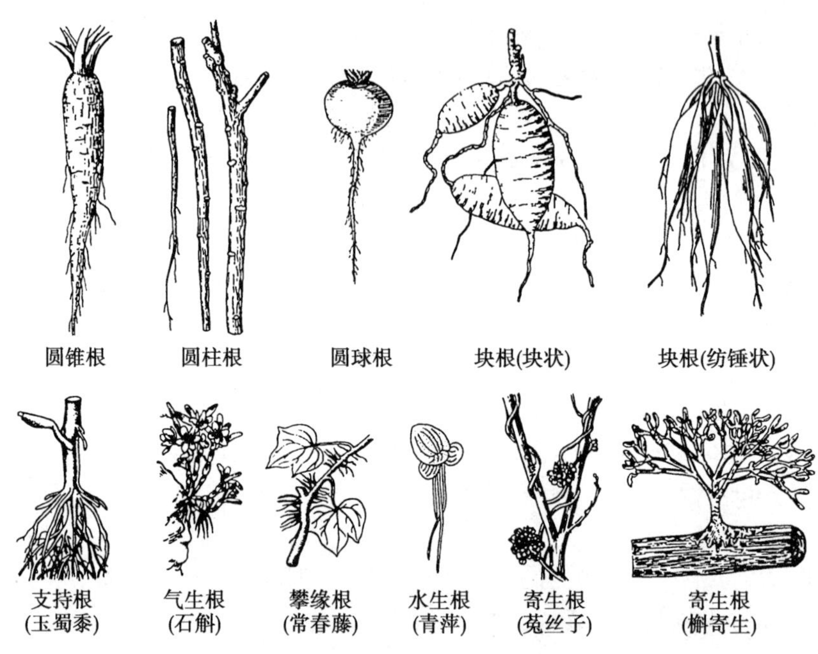

图 3-2 根的变态类型

1. **肉质根**(fleshy root) 根的部分或全部肥厚肉质,具有丰富储藏组织并含有大量营养物质,也称贮藏根(storage root),常见以下类型。

(1)肉质直根(fleshy tap root):主根的变形,上部具下胚轴和节间极度缩短的茎。一株植物只有一个肉质直根,其肥大部位可以是韧皮部(如胡萝卜)或木质部(如萝卜)的细胞层数增加和细胞膨大。肉质直根呈圆锥状,称圆锥根,如胡萝卜、白芷、桔梗;呈圆柱形,称圆柱根,如牛膝、丹参、甘草;肥大成圆球形,称圆球根,如芜菁。

(2)块根(root tuber):不定根或侧根的变形,没有胚轴和茎的部分,同一植株上可有多个块根。侧根部分膨大呈块根,如何首乌、甘薯和木薯等;侧根的一部分交替膨大呈念珠状,称念珠状根,如虎刺、巴戟天等。不定根部分纺锤状膨大,称纺锤状根,如天门冬、麦冬、郁金、百部;不定根顶端呈头状膨大,如闭锁姜。

2. **同化根**(assimilation root) 根含有叶绿素而呈绿色,具有同化二氧化碳的能力,也能进行固着及吸水作用。如川苔草科和热带的一些附生的菊科植物。

3. **支持根**(支柱根)(prop root) 由下部茎节发出,支持茎的不定根。小型支柱根常见于薏苡、甘蔗、玉米等禾本科植物,而较大型的支柱根见于露兜树属和榕树,如榕树从茎枝生出许多不定根,垂直向下到达地面后伸入土壤,因次生生长而形成粗大的木质支持根,起支持和呼吸作用,并以此方式扩展树冠而呈现"独木成林"的景观。此外,香龙眼、漆树科和红树科等一些热带树种的侧根向上侧隆起生长,与树干基部相接部位形成发达的木质板状隆脊,称板根(buttress)。

4. **攀缘根**(附着根)(climbing root) 藤本植物的茎藤上长出且具攀附作用的不定根。例如,薜荔、络石、常春藤等具攀附作用的不定根。

5. **寄生根**(parasitic root) 寄生植物从寄主吸收营养物质的根状特化器官,也称吸器(haustorium)。特化的小根侵入到寄主体木质部,并吸收水分和无机营养物质,如半寄生的槲寄生属和桑寄生属植物;或者侵入到寄主体韧皮部中,获得光合作用的产物,如全寄生植物菟丝子和列当等。寄生植物通过寄生根吸收寄主营养的同时也将寄主的有毒成分带入寄生植物体内,如马桑寄生等。

笔记栏

6. **气生根**(aerial root)　暴露在空气中的不定根,能从潮湿的空气中吸收和贮藏水分,如石斛、吊兰、榕树等暴露在空气中的根。

7. **水生根**(water root)　水生植物漂浮在水中呈须状的根,如浮萍、雨久花等。

8. **附生根**(epiphytic root)　附贴在木本植物树皮上,并从树皮缝隙吸收水分的不定根,其表面具有多层厚壁死细胞组成的根被,可贮存水分供内部组织用,内部细胞常含有叶绿素,有一定光合作用能力。多见于热带雨林中的兰科、天南星科植物。

9. **呼吸根**(respiratory root)　在沼泽地区或海岸低处生长的植物,如红树、水龙、落羽松等根系中的部分根向上生长,露出地面进行呼吸,其外部有呼吸孔,内部有发达的通气组织,有利于通气和贮存气体,以适应土壤的缺氧状况,维持植物正常生活。

知识链接

植物根系进化和生物地理学

2018年,中国科学院地理科学与资源研究所的研究人员在*Nature*上发表了有关植物根系进化和生物地理学的研究成果(https://www.nature.com/articles/nature25783),阐明了植物根系进化的组织方式,以及植物根吸收功能属性的生物地理格局,提出了一个全新的植物进化理论:植物在长达4亿年的进化过程中,地下吸收根向更加高效、独立的方向进化,在物种开拓新的栖息地中发挥了重要作用,促进了植物的传播和进化。植物吸收根的直径与其生存环境密切相关,从茂密的热带雨林到贫瘠的荒漠,倾向于更加灵活的构建方式。植物吸收根的直径是逐渐地整体变细,而对共生真菌的依赖性降低。吸收根较细的植物能高效利用其同化作用产物,更高效地捕获稍纵即逝的环境养分和水分资源,增强了植物对环境的适应与生存能力。

二、根的初生生长和初生结构

(一) 根尖及其分区

根尖(toot tip)是指从根顶端到着生根毛的部分,长约0.4~5cm。主根、侧根或不定根都具有根尖。它是根进行吸收、合成、分泌以及伸长和分支等生命活动最活跃的部位。根尖损伤直接影响根的生长和根系的发育。依据根尖纵切面各部分细胞的结构特点,从顶端依次分为根冠(root cap)、分生区(meristematic zone)、伸长区(elongation zone)和成熟区(maturation zone);各部分细胞形态结构和生理功能不相同,从分生区到成熟区细胞逐渐分化成熟,除根冠外各区之间并无严格的界限(图3-3)。

1. **根冠**(root cap)　位于根顶端由多层薄壁细胞组成的帽状结构,主要起保护根尖分生区细胞的作用。根冠细胞不规则,外围细胞大,排列疏松,外壁富含黏液,可润滑根冠表面和招募有益菌群,促进根表面物质交换,减少根在土壤颗粒中穿行的摩擦阻力,有助于根的伸长生长;内部(近分生区)细胞小而紧密,能不断分裂产生新的根冠细胞,维持根冠保持一定的形状和厚度。根冠中部细胞含有淀粉粒并能感受重力,而使根具有向地生长的特性。但寄生植物和典型菌根植物通常无根冠。

2. **分生区**(meristematic zone)　位于根冠内侧,由顶端分生组织组成的圆锥状结构,长约1~3mm,主要功能是分裂产生新细胞以促进根尖生长,也称生长锥。分生区细胞小,呈多面体形,排列紧密,无细胞间隙,细胞壁薄、核大、质浓、液泡小;最先端的一群细胞来源于胚,

笔记栏

属原分生组织。分生区产生的新细胞，一部分形成根冠细胞，以补偿根冠因受损而脱落的细胞；大部分细胞经生长、分化，成为伸长区的部分，是产生和分化形成根各部分结构的基础；但仍有一部分细胞保持持续分生能力，以维持分生区的形态结构和功能。

3. **伸长区**(elongation zone)　位于分生区后方至出现根毛的部分，长约 2~5mm。该区细胞越远离分生区，分裂活动越弱，分化程度则逐渐增高，出现大量液泡，细胞纵向伸长，特别是沿根长轴方向显著延伸，达到原来的几倍至数十倍，使根尖不断伸入土壤中。同时，细胞开始分化，相继出现环纹导管和筛管。

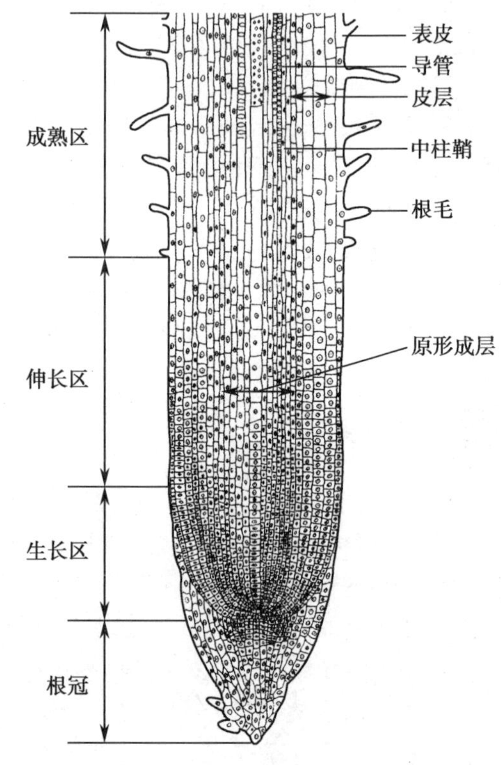

图 3-3　根尖的构造(大麦)

4. **成熟区**(maturation zone)　位于伸长区的后方，由伸长区细胞进一步分化形成。该区细胞已停止伸长，并分化出各种初生组织，其表面常密被根毛，也称根毛区。根毛是部分表皮细胞外壁向外突出形成的顶端封闭的管状结构。成熟根毛长约 0.5~10mm。根毛形成时，表皮细胞液泡增大，多数细胞质和细胞器集中在突出部分。数量众多的根毛增加了根的吸收表面积，但根毛的生活期很短，从伸长区上部又陆续生出新的根毛。水生植物和典型菌根植物常无根毛。

在植物各种结构中，有关细胞的壁向和分裂方向是以器官的纵轴作参照物定义，其常用术语如下(图 3-4)：

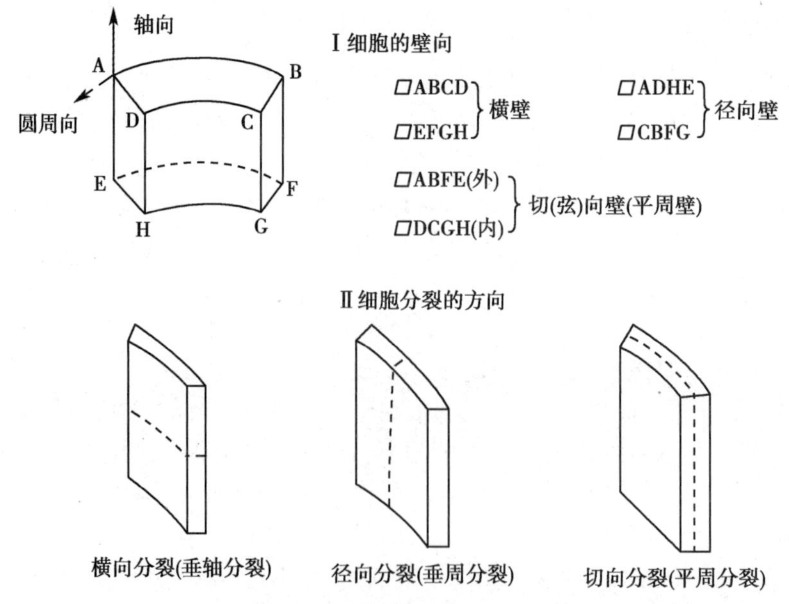

图 3-4　细胞的壁向和细胞分裂方向

（1）细胞的壁向：细胞形状多样，而常以六面体细胞介绍壁向，其上下两面壁称横向壁或端壁；两面侧壁称径向壁；内外两面壁称切向壁、弦向壁或平周壁。

（2）细胞分裂的方向：细胞分裂时形成的新壁与母细胞横向壁平行的分裂方式，称横向分裂（垂轴分裂）（transverse division），其结果使组织或器官轴向伸长；新壁与母细胞径向壁平行的分裂方式，称径向分裂（垂周分裂）（anticlinal division），其结果是增加切向细胞的数量而扩展了圆周长度，以适应植物体的增粗生长；新壁与母细胞切向壁平行的分裂方式，称切向分裂（平周分裂）（periclinal division），其结果在径向上增加了细胞层数，而使植物体或器官增粗。

（二）根的初生结构

根尖顶端分生组织细胞经分裂、生长、分化形成根毛区各种成熟组织的过程，称根的初生生长（primary growth）。根初生生长过程中所形成的各种组织，称初生组织（primary tissue）；由初生组织复合而成的结构，称根的初生结构（primary structure）。

根的成熟区横切面具有稳定的结构模式，从外到内依次可分为表皮、皮层和维管柱（或称中柱）三部分（图 3-5）。

1. **表皮**（epidermis）　位于根成熟区的最外一层生活细胞，由原表皮层发育而来。细胞近长方形，排列整齐、紧密，无细胞间隙，细胞壁薄，不角质化，富有通透性，无气孔及毛茸，部分细胞的外壁向外突出形成根毛，这些特征与根的吸收功能相适应，故又称“吸收表皮”。但一些附生兰类的气生根表皮无根毛，而经几次平周分裂形成多层细胞组成套筒状结构的根被，即复表皮。根被是由表皮原始细胞衍生出的一种保护组织，其细胞排列紧密，细胞壁局部木栓化加厚，胞腔内充满空气，可减少气生根水分丧失和行使机械保护作用。

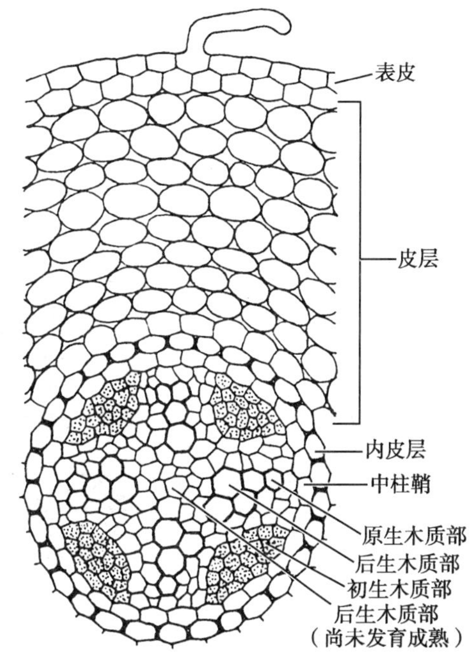

图 3-5　双子叶植物幼根的初生构造（模式图）

2. **皮层**（cortex）　位于表皮与维管柱之间，由基本分生组织发育而来的多层薄壁细胞组成，胞间隙明显，在根成熟区中占最大的部分。皮层是水分及其溶质从根毛到维管柱的横向输导途径，也是通气和营养物质储藏的部位，以及根进行物质合成、分泌的主要场所。从外向内可分为外皮层、皮层薄壁组织（中皮层）和内皮层。

（1）外皮层（exodermis）：位于皮层最外的一层或数层形状较小、整齐紧密排列的细胞。在表皮细胞死亡、凋落前，外皮层细胞壁常增厚并栓质化，以替代表皮执行保护作用。

（2）皮层薄壁组织（中皮层）（cortex parenchyma）：位于外皮层和内皮层之间的数层薄壁细胞，细胞体积较大，排列疏松，细胞间隙明显，胞内常有各种后含物，尤以淀粉粒最常见。水湿生植物的皮层薄壁细胞常部分解离成气腔和通气道。

（3）内皮层（endodermis）：皮层最内一层形态结构和功能较特殊的细胞。内皮层细胞排列紧密整齐，无细胞间隙，各细胞的上下壁（横壁）和径向壁（侧壁）上常具木质化或木栓化局部增厚的带状结构，称凯氏带（casparian strip）；横切面观，凯氏带在相邻细胞的径向壁上成点状，称凯氏点（casparian dots）。通常具有次生生长的双子叶植物和裸子植物根的内皮层细胞能保持凯氏带状增厚，其余细胞壁不再增厚；但有少数双子叶植物的内皮层细胞早期为

笔记栏

凯氏带增厚，以后细胞壁在原凯氏带基础上再进行增厚，覆盖一层木质化纤维层，甚至部分细胞的壁全面增厚。而单子叶植物的内皮层细胞，在径向壁、上下壁和内切向壁（内壁）5个壁面显著增厚，只有外切向壁（外壁）比较薄，在横切面上细胞壁增厚部分呈马蹄形；或内皮层细胞壁全部木栓化加厚。

在内皮层细胞壁增厚过程中，初生木质部辐射角正对处的少数壁不增厚的细胞，称通道细胞（passage cell），有利于皮层与维管柱间水分和养料的内外流通（图3-6，图3-7）。

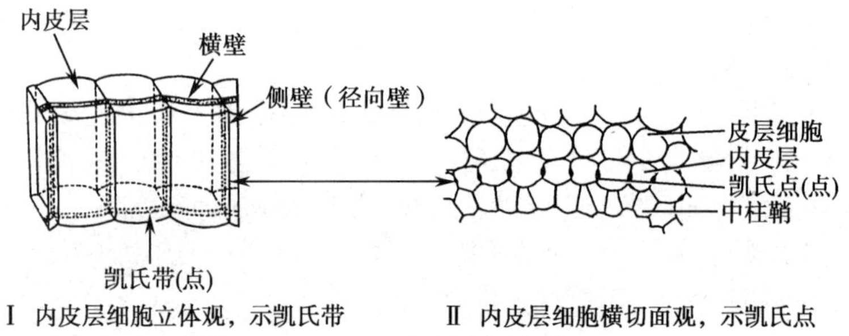

图3-6　内皮层及凯氏带

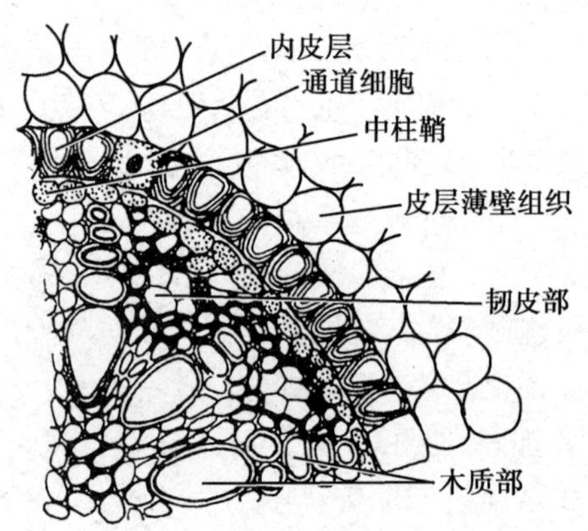

图3-7　鸢尾属植物幼根横切面的一部分

知识链接

凯　氏　带

凯氏带最早由德国植物学家凯斯伯里（Robert Caspary）于1865年发现。植物根毛吸收的水分和溶解于其中的无机盐在经皮层向木质部运输的过程中，由于内皮层结构致密的凯氏带的存在，阻止水分通过细胞壁进入维管柱，只能通过内皮层细胞的原生质体或通道细胞传递，从而对水分和无机盐的吸收和运输起调节作用。

3. **维管柱**（vascular cylinder）　位于内皮层以内所有结构的总称，是根中物质运输的主要部位，也称中柱。在横切面上，维管柱所占比例较小，由原形成层发育而来，包括中柱鞘、维管组织，有的植物还具有髓部。

(1) 中柱鞘（pericycle）：位于维管柱最外层并紧接内皮层的一层薄壁细胞，也称维管柱

鞘；极少数为不连续的数层细胞，如桃、桑、柳和裸子植物等；也有中柱鞘为厚壁细胞，如竹类、菝葜等。中柱鞘细胞通常排列整齐，分化程度低，具潜在分生能力，侧根、不定根、不定芽、木栓形成层和部分维管形成层等均由此发生。

(2) 维管组织(vascular)：位于中柱鞘内，由初生木质部(primary xylem)、初生韧皮部(primary phloem)和薄壁细胞构成。初生木质部与初生韧皮部相间排列成辐射型维管束，这是根初生构造的特征。初生木质部是运输水分和无机盐的组织，初生韧皮部是运输植物同化产物的组织。

初生木质部位于根的中央部位，原形成层最初产生、分化成熟的木质部邻接中柱鞘，位于初生木质部辐射角的外方部分，主要由直径较小的环纹和螺纹导管组成，这些先分化的初生木质部称原生木质部(protoxylem)。初生木质部内方为较晚分化成熟的木质部，称后生木质部(metaxylem)，主要由直径较大的梯纹、网纹或孔纹状导管组成。即原形成层发育分化出初生木质部的顺序是由外向内的向心分化并逐步成熟，称外始式(exarch)。这种分化成熟的顺序，体现了形态结构和生理功能的统一性，最先分化成熟的导管接近中柱鞘和内皮层，缩短了水分横向输导的距离，而后期形成的导管，管径大，输导效率高，更能适应植株长大时需求水分量增加的需要。被子植物的初生木质部由导管、管胞、木薄壁细胞和木纤维组成，裸子植物主要是管胞和木薄壁细胞。

根成熟区横切面上，初生木质部辐射角数称束，不同植物的束数不同。例如，十字花科、伞形科的一些植物根中初生木质部只有两束，称二原型(diarch)；毛茛科的唐松草属等植物有三束，称三原型(triarch)；葫芦科、杨柳科和毛茛科毛茛属的一些植物有四束，称四原型(tetrarch)；如果数目很多(七原型以上)，则称多原型(polyarch)。双子叶植物根初生木质部辐射角的束数较少，通常二至六原型；单子叶植物至少是六束，即六原型(hexarch)，常8~30束，而棕榈科的一些植物可达数百束之多。同种植物的木质部束数相对稳定，但不同品种或同株植物不同根中，也可能出现差异。环境因素有时也造成束数的改变，如在离体培养根时，吲哚乙酸的浓度可影响初生木质部束数。

初生韧皮部位于初生木质部辐射角之间，束数与初生木质部相同，但体积小。初生韧皮部分化成熟的发育方向也是外始式，外方先分化成熟的初生韧皮部称原生韧皮部(protophloem)，内方后分化成熟的初生韧皮部称后生韧皮部(metaphloem)。被子植物的初生韧皮部一般有筛管、伴胞和韧皮薄壁细胞，偶有韧皮纤维；裸子植物主要是筛胞和韧皮薄壁细胞。

在初生木质部和初生韧皮部之间有一至多层薄壁细胞，在双子叶植物和裸子植物根中，这些细胞是原形成层保留的细胞，以后可进一步转化为形成层的一部分；而在单子叶植物中，它们是成熟的薄壁细胞。绝大多数双子叶植物根的后生木质部一直分化到维管柱的中心，而无髓部(pith)；但少数双子叶植物维管柱内后生木质部没有继续向中心分化，而具有薄壁细胞构成的髓部，如细辛、龙胆等。单子叶植物的根，初生木质部一般不分化到中心，而有发达的髓部，如百部块根(图3-8)；也有的髓部细胞木化增厚成厚壁组织，如鸢尾。

(三) 侧根的发生和形成

植物的根在伸长过程中，除形成根毛以扩大吸收面积外，还不断产生许多侧根以扩大根的吸收面积，并进一步强化根的固着和支持能力。当侧根发生时，母根根毛区后方的中柱鞘一定部位的细胞脱分化，重新恢复分裂能力。首先进行平周分裂，增加细胞层数并向外突起，然后进行平周分裂和垂周分裂，产生一团新细胞，形成侧根原基(primordium)，其顶端分化为生长锥和根冠，生长锥细胞继续进行分裂、生长和分化，逐渐伸入皮层。同时，根冠细胞分泌的酶将皮层细胞和表皮细胞部分溶解，进而突破皮层和表皮伸出母根外，形成侧根。侧根的

笔记栏

木质部和韧皮部与其母根木质部和韧皮部直接相连，形成一个连续的维管系统(图 3-9)。

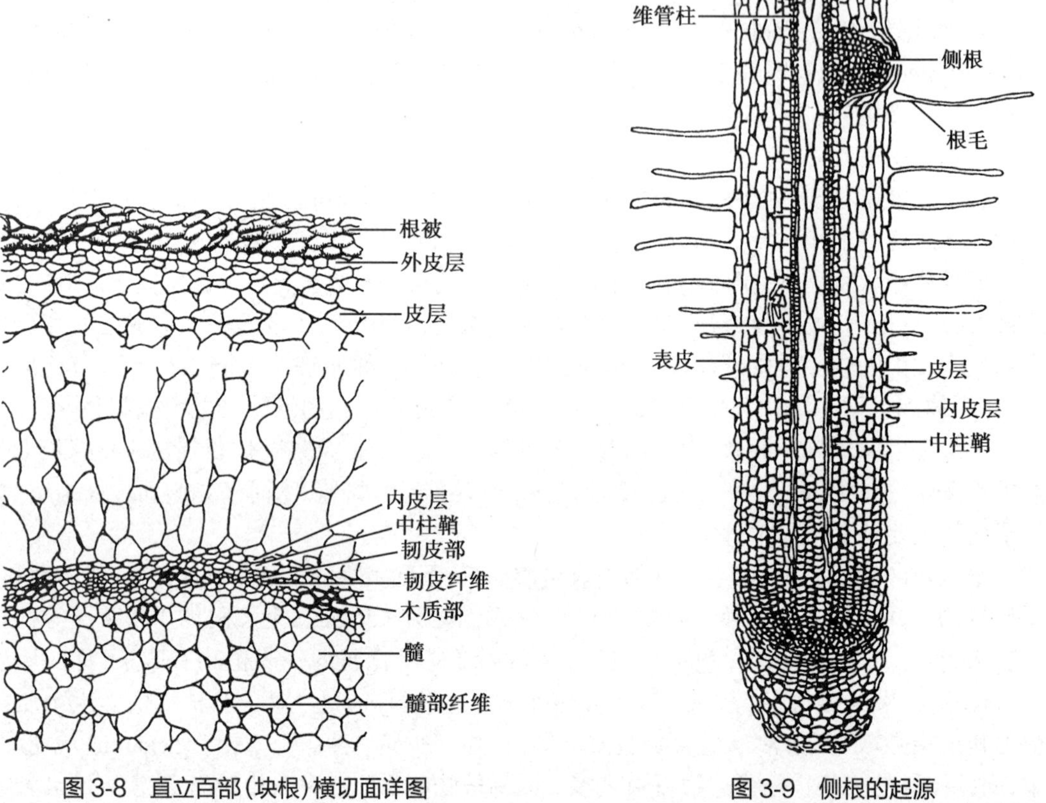

图 3-8　直立百部(块根)横切面详图

图 3-9　侧根的起源

同种植物侧根发生在与初生木质部和初生韧皮部有关的固定位置。通常二原型根的侧根发生于原生木质部与原生韧皮部之间；三原型和四原型根在正对原生木质部的位置形成侧根；多原型根中常在正对原生韧皮部或原生木质部的位置形成侧根。因此，侧根在母根表面常有规律地纵向排列，且侧根的伸展角度也相对稳定，这些特性是根系形态分析的基础。

三、根的次生生长和次生结构

大多数双子叶植物和裸子植物，特别是木本植物的根，在初生生长的基础上，产生了维管形成层(vascular cambium)和木栓形成层(cork cambium，phellogen)等次生分生组织。次生分生组织的细胞不断分裂、生长、分化，产生新的细胞组织，从而引起根的加粗生长过程，称次生生长(secondary growth)；次生生长所产生的各种成熟组织称次生组织(secondary tissue)；由次生组织所复合的结构称次生结构(secondary structure)。大多数双子叶植物和裸子植物的根，在初生生长基础上，经次生生长，形成次生结构。大多数蕨类植物和单子叶植物的根，在整个生活期中不产生次生分生组织，无次生生长，终身保持着初生结构。多数一年生双子叶草本植物的根也无或仅具短暂的次生生长，它们结构的大部分仍为初生组织。

(一) 维管形成层的产生与活动

1. 维管形成层的产生　由位于初生木质部和初生韧皮部之间原形成层保留下来的一些未分化薄壁细胞和部分中柱鞘细胞脱分化恢复分裂能力的细胞组成，常简称形成层(cambium)。根的次生生长始于初生木质部和初生韧皮部之间原形成层保留下来的未分化薄壁细胞，开始时它们进行平周分裂形成几片弧状形成层，片段数目与初生木质部束数相

同；然后这些弧形片段两端细胞开始分裂，使形成层片段沿初生木质部辐射角延伸至中柱鞘，这时邻接的部分中柱鞘细胞脱分化恢复分裂能力，与弧形片段连接成一圈，横切面观形成层呈波浪形环，完全包围中央的初生木质部。由于形成层环各处分裂速度不等，凹段处细胞形成最早、分裂速度快，且向内形成次生木质部的细胞多于向外形成次生韧皮部的细胞，使波浪环凹段处逐步向外推移，最后使整个形成层呈圆环状，且各段分裂速度相等(图 3-10)。

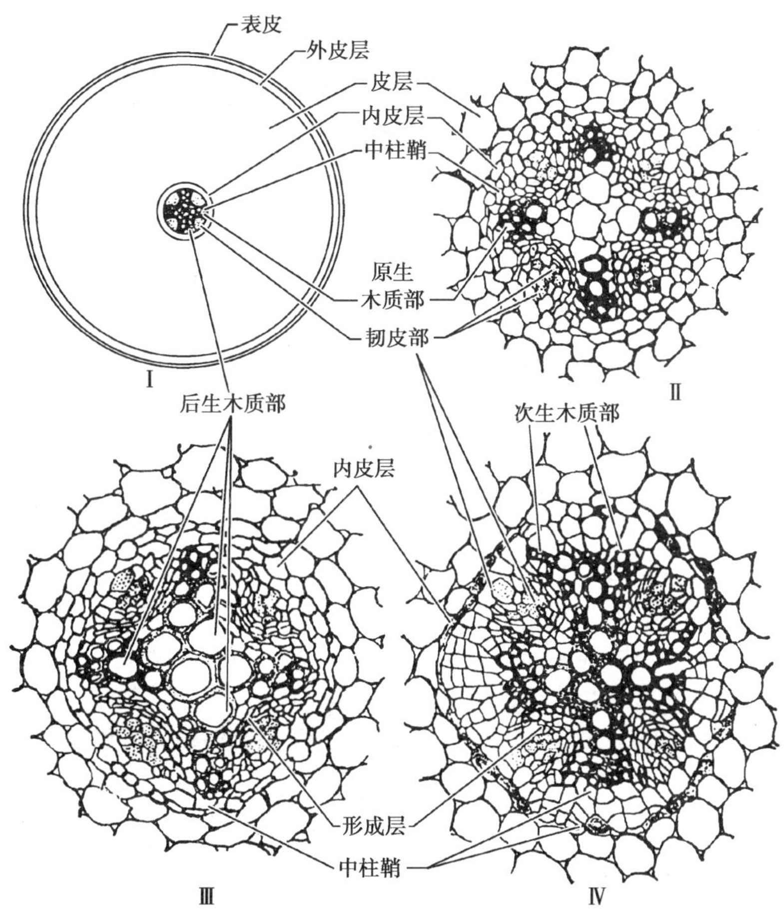

Ⅰ根的初生构造横切面简图；Ⅱ→Ⅳ示维管柱的分化情况

图 3-10　毛茛根的初生构造及次生分化

维管形成层的原始细胞只有一层，在生长季节因刚分裂出来的尚未分化的衍生细胞与原始细胞相似，合称形成层区。横切面观，为数层排列整齐的扁平细胞。

2. **维管形成层的活动**　维管形成层细胞主要进行平周分裂，其内侧新生细胞经生长分化成熟形成次生木质部(secondary xylem)，位于初生木质部的外侧；其外侧新生细胞经生长分化成熟形成次生韧皮部(secondary phloem)，位于初生韧皮部内侧。次生木质部和次生韧皮部合称次生维管组织。维管形成层的活动产生次生木质部的数量常远远多于次生韧皮部，因而根的横切面上次生木质部远较次生韧皮部多。形成层细胞也进行少量垂周分裂，扩大自身周径以适应根增粗。根增粗过程中，初生韧皮部常被挤压在次生韧皮部外侧，仅剩下残余部分，其输导同化产物的功能由次生韧皮部完成；辐射状初生木质部仍保留在根的中央，但次生木质部替代了初生木质部的输导和支持功能。形成层活动使根增粗的同时，其自身位置也不断在向外推移(图 3-11)。

笔记栏

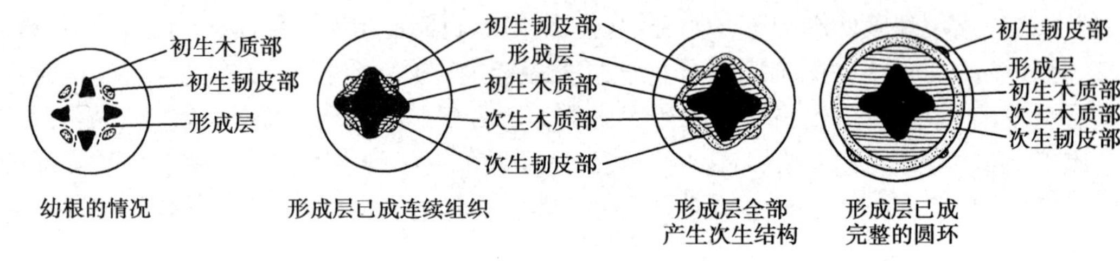

图 3-11　根的次生生长图解（横剖面示形成层的产生与发展）

形成层细胞活动过程中，在一定部位也产生一些径向延长的薄壁细胞，呈辐射状贯穿在次生维管组织中，称次生射线（secondary ray）；位于木质部的称木射线（xylem ray），位于韧皮部的称韧皮射线（phloem ray），两者合称维管射线（vascular ray）。射线细胞担负横向运输水分和养料的功能，维管射线构成了维管组织内的径向运输系统；它们与导管、管胞、筛管、伴胞构成的轴向运输系统共同担负植物体内物质、能量、信息运输和传递的功能。此外，根的形成层活动产生的新生细胞经生长分化成熟也能形成分泌组织或贮藏组织等。例如，马兜铃根（青木香）的次生韧皮部有油细胞，人参根有树脂道，当归根有油室，蒲公英根有乳汁管；有的薄壁细胞（包括射线细胞）中常含有结晶体及贮藏多种营养物质，以及糖类、生物碱等药用活性成分。

（二）木栓形成层的产生与活动

1. **木栓形成层的产生**　在维管形成层活动使根不断加粗的同时，外方的表皮及部分皮层因不能相应加粗而遭到破坏，而在皮层组织被破坏之前，中柱鞘细胞通过脱分化恢复分裂功能，进行垂周（径向）和平周（切向）分裂而发育成木栓形成层。

2. **木栓形成层的活动**　木栓形成层进行平周分裂，其外侧新生细胞经生长分化成熟成细胞壁高度栓化的细胞，由多层呈扁平状、排列紧密的木栓细胞组成木栓层（cork），覆盖在外层起保护作用，根表面也由白色逐渐转变为褐色；其内侧一至数层新生细胞经生长分化成熟成排列较疏松的薄壁细胞，称栓内层（phelloderm），有的栓内层比较发达，称“次生皮层”，在药材学中常仍称之为“皮层”。栓内层、木栓形成层和木栓层 3 种不同的组织合称周皮（periderm），木栓细胞成熟时为死细胞，呈扁平状，排列紧密而整齐，细胞壁木栓化，不透水汽，胞腔内充满气体，能防止根内部水分过渡散失和抵御病虫害侵袭，同时也使其外方的各种组织（表皮和皮层）失去水分和营养而死亡。因此，周皮是较表皮保护作用更强的次生保护组织。

根最初的木栓形成层，通常来自中柱鞘细胞，但随着根增粗到一定时期，原木栓形成层便终止了活动，在其内方的薄壁细胞（栓内层、次生韧皮部内的薄壁细胞）又能恢复分生能力产生新的木栓形成层，继续分生分化形成新的周皮。周皮在植物学上也称根皮，而药材学中的根皮则指次生木质部以外的部分。例如，香加皮、地骨皮、牡丹皮、桑白皮等根皮类药材，主要包括韧皮部和周皮两部分。

（三）根的次生结构

根的维管形成层和木栓形成层活动的结果形成了根的次生结构，自外向内依次为周皮（木栓层、木栓形成层、栓内层）、初生韧皮部（常被挤毁）、次生韧皮部（含韧皮射线）、形成层、次生木质部（含木射线）、辐射状初生木质部。除少数草本植物和部分木本植物（如槐树等）的根有髓外，多数双子叶植物的根无髓（图 3-12）。草本双子叶植物的根中栓内层和次生韧皮部发达，所占据体积较大，维管射线宽大；木本植物根中的次生木质部所占据体积较大，维管射线常较狭窄。

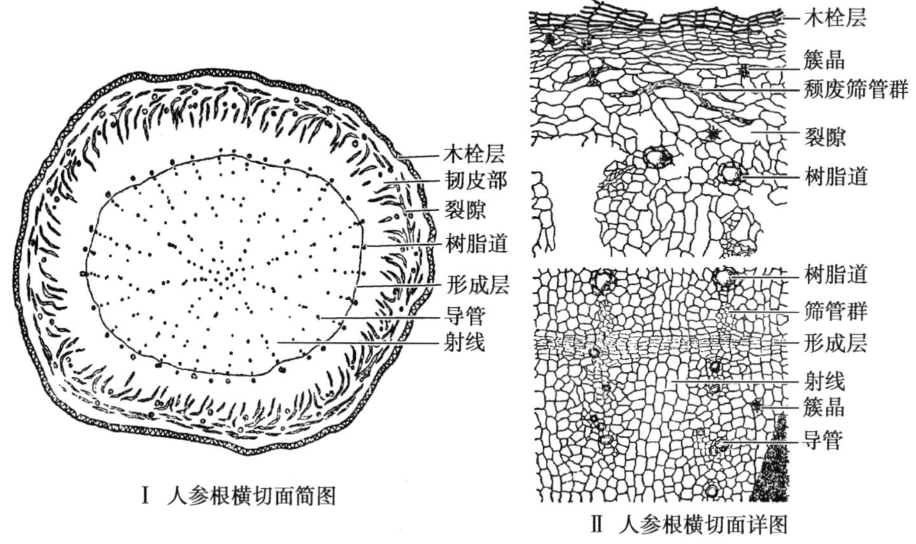

Ⅰ 人参根横切面简图　　Ⅱ 人参根横切面详图

图 3-12　人参根的横切面(示双子叶植物根的次生构造)

单子叶植物根中没有次生结构。但部分单子叶植物的根中,原表皮层分生分化形成细胞壁木栓化的多层细胞组成的表皮,称“根被”,如百部、麦冬等。根的发育和结构图解如下:

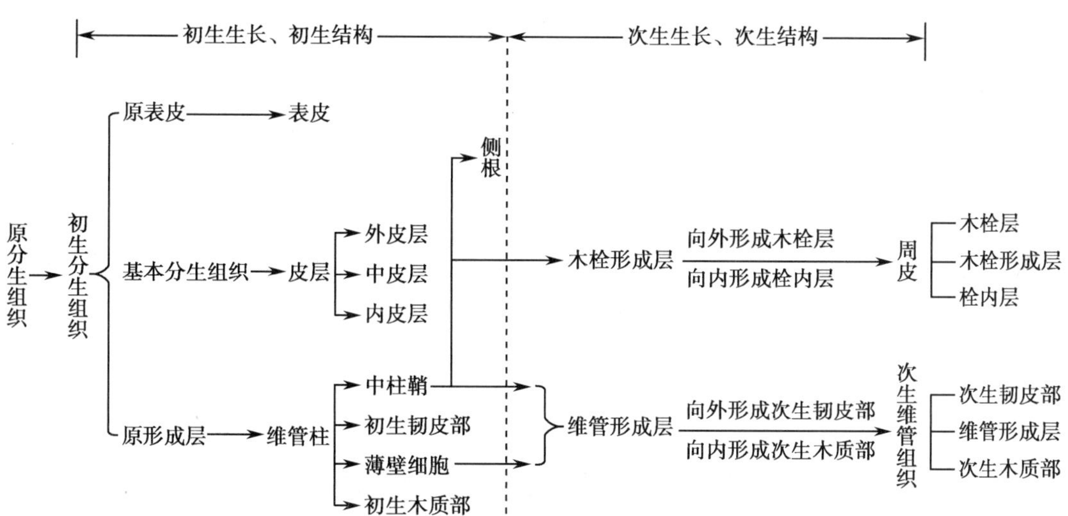

四、根的异常构造

某些双子叶植物的根,除正常的次生构造外,部分成熟薄壁细胞经脱分化恢复了分生能力并形成额外的形成层或木栓形成层,从而产生了额外的维管束、附加维管柱、木间木栓等一些异常的结构;这些额外的结构类型统称根的异常构造(anomalous structure),也称三生构造(tertiary structure)。常见的有以下几种类型(图 3-13)。

1. **同心环状排列的异常维管组织**　部分双子叶植物的根中,当正常的次生生长发育到一定阶段,形成层丧失分生能力,而在形成层外方的部分薄壁细胞恢复分生能力,产生片段状额外形成层,并向外分裂产生大量的薄壁细胞和一圈异常的无限外韧维管束;如此反复多次,形成多圈异常维管束,其间有薄壁细胞相隔,一圈套住一圈,呈同心环状排列。这种异常结构常见于苋科、商陆科、紫茉莉科等植物根中,如牛膝的根横切面,中央为正常的维管束,

笔记栏

外方有数轮多数小型的异常维管束，排列成3~4个同心环，而川牛膝异常维管束排列成5~8个同心环，可由此区别二者；但在各轮额外形成层中，仅最外轮的形成层保持着分生能力；并在药材断面呈多数黄白色点环状排列。而商陆的根中，不断产生的额外形成层始终保持分生能力，并使层层同心性排列的异型维管束不断长大，从而在其药材横切面上呈现多个凹凸不平的同心环状层纹，习称"罗盘纹"。

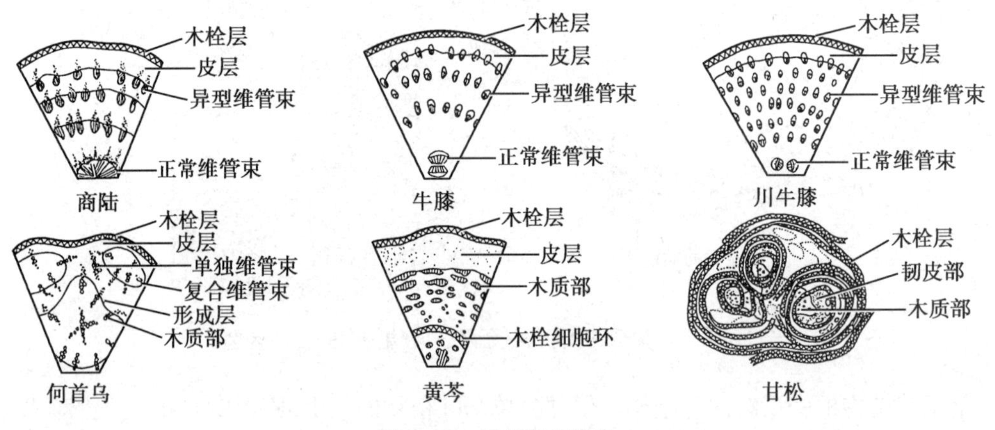

图3-13　根的异常构造

2. **附加维管柱**（auxillary stele）　部分双子叶植物的根中，在原有的形成层环外侧四周的部分薄壁组织中产生新的附加维管柱，形成异常构造。例如，何首乌的块根中，正常维管束形成之后，在原有的形成层外侧部分薄壁细胞恢复分生能力，产生数个新的形成层环，分裂产生单独和复合的异型维管束，从而在药材横切面上呈现一些大小不等的圆圈状纹理，习称"云锦花纹"。

3. **木间木栓**（interxylary cork）　部分双子叶植物的根，在次生木质部的薄壁细胞分化形成木栓带，称木间木栓或内涵周皮（included periderm）。例如，黄芩的老根中央可见木栓环，新疆紫草的根中央也有木栓环带；而甘松根中的木栓环带包围一部分韧皮部和木质部而把维管柱分隔成2~5个束，并在根的较老部分将根分割成数个分支。

第二节　茎的形态与结构

茎是植物的重要营养器官之一，下接根，上接叶、花和果实，主要起支持和输导作用。一般生长在地面以上，也有些植物的茎生长在地下，如姜、黄精、藕等。有些植物的茎极短，叶呈莲座状，如蒲公英、车前等。

茎还有贮藏、繁殖和生物合成等生理功能，如仙人掌的肉质茎贮存大量的水分，甘蔗的茎贮存蔗糖，半夏的块茎贮存淀粉等；柳、桑、甘薯、马铃薯等植物的茎能产生不定根和不定芽，从而常用茎来进行繁殖。而麻黄、桂枝的茎枝，杜仲、合欢的茎皮，天仙藤、首乌藤、忍冬藤的藤茎等均可作药材。此外，茎在形态、结构或储藏物质等方面的特殊性，常被应用于建筑、家具、工艺雕刻、园艺、轻化工领域。

一、茎的形态和类型

茎是植物主要的轴性器官，具有节和节间，在节上着生叶和腋芽。

（一）茎的形态与组成

植物的茎一般呈圆柱形，有些植物的茎呈方形，如唇形科植物薄荷、紫苏等；或三棱形，如莎草科植物荆三棱、香附等；或扁平形，如仙人掌；或多棱形，如芹菜等。茎常为实心，也有些植物的茎具髓腔而中空，如芹菜、胡萝卜、南瓜等；而稻、麦、竹等禾本科植物茎的节间中空，节是实心，且节和节间明显。茎的特殊形状和特征是植物重要的鉴别依据。

茎的形态大小和习性尽管千差万别，但其基本组成相似。茎的顶端有顶芽，叶腋有腋芽，茎上着生叶和腋芽的部位称节（node），节与节之间称节间（internode）；在叶着生处，叶柄和茎之间的夹角处称叶腋；节与节间、顶芽、腋芽是茎有别于根的主要形态特征。木本植物的茎枝上还分布有叶痕（leaf scar）、托叶痕（stipule scar）、芽鳞痕（bud scale scar）和皮孔（lenticel）等（图 3-14）。叶痕是叶从茎上脱落后留下的痕迹，托叶痕是托叶脱落后留下的痕迹，芽鳞痕是包被芽的鳞片脱落后留下的疤痕，皮孔是茎枝表面隆起呈裂隙状的小孔，常呈浅褐色。这些痕迹特征，常是鉴别木本植物和茎木类、皮类药材的依据，如芽鳞痕的数量可判断枝条生长年龄和速度。

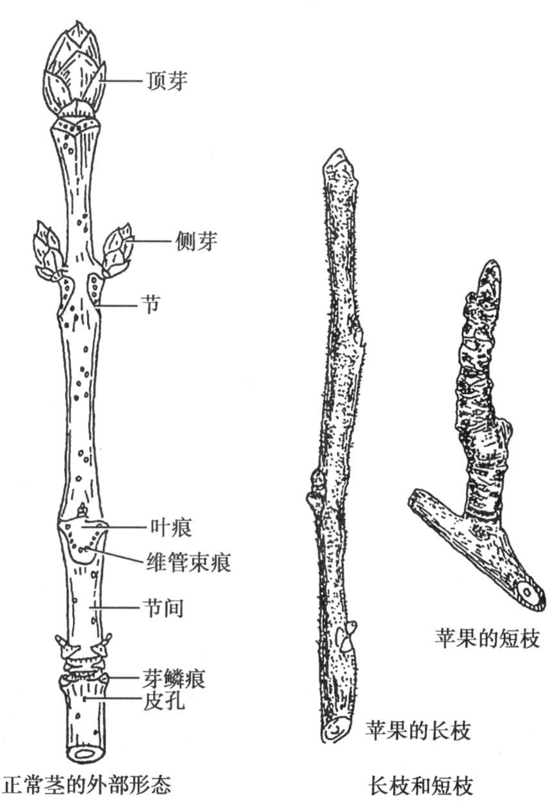

图 3-14　茎的外形

植物的茎节一般仅在叶着生的部位稍膨大，而有些植物茎节特别明显，呈膨大的环，如牛膝、石竹、瞿麦、玉蜀黍等；也有些植物茎节处特别细缩，如藕。不同植物节间的长短差异较大，长者可达几十厘米，如竹、南瓜；短者不足 1mm，如蒲公英。

枝条（shoot）是着生叶和芽的茎，不同植物的枝条长短不一。有些植物具有两种枝条，一种节间较长，称长枝（long shoot）；另一种节间很短，称短枝（spur shoot）。一般短枝着生在长枝上，能生花结果，又称果枝，如苹果、梨和银杏等。

（二）芽和茎的分枝

1. **芽的类型**　芽（bud）是尚未发育的枝条、叶、花或花序的原始体。根据芽的生长位

笔记栏

置、发育性质、有无鳞片包被及活动能力等不同，分为以下不同的类型（图 3-15）。

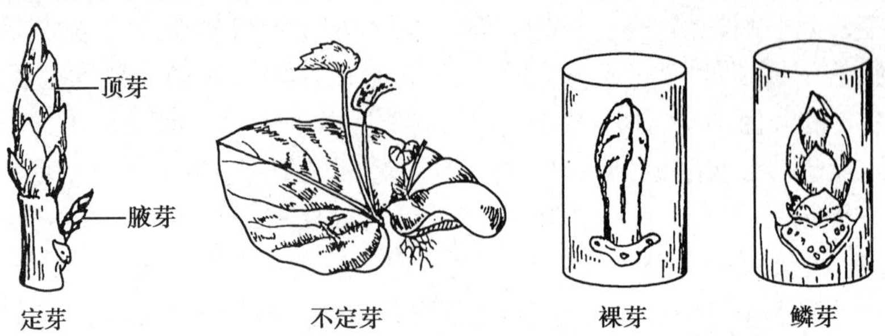

图 3-15　芽的类型

(1) 定芽和不定芽：按芽发生位置是否确定，分为定芽（normal bud）和不定芽（adventitious bud）两类。定芽在茎上生长有一定的位置，其中生于茎枝顶端的芽称顶芽（terminal bud）；生于叶腋的芽称腋芽（axillary bud）或侧芽（lateral bud）。多数植物的一个叶腋只有一个腋芽，称单芽；一些植物顶芽或腋芽旁边又生出 1~2 个较小的芽称副芽（accessory bud），如桃、葡萄等；在顶芽或腋芽受伤后代替它们而发育。有的植物腋芽生长位置较低，被覆盖在叶柄的基部内，直到叶脱落后才显露出来，称柄下芽（infrapetiolar bud），如刺槐、悬铃木（法国梧桐）、黄檗等。不定芽的发生位置不确定，不从叶腋或枝顶发生，而发生在茎的节间、根、叶或植物的其他部位。

(2) 叶芽、花芽与混合芽：按芽的结构和性质，分为叶芽、花芽和混合芽。叶芽（leaf bud）是能发育成枝与叶的芽，又称枝芽；花芽（flower bud）是能发育成花和花序的芽；混合芽（mixed bud）指同时发育成枝叶和花或花序的芽，如梨、苹果的顶芽。

(3) 鳞芽与裸芽：按芽鳞的有无，分为鳞芽与裸芽。鳞芽（scaly bud）指外面有鳞片包被的芽，如杨、柳、樟等。裸芽（naked bud）指无鳞片包被的芽，草本植物多见，如茄、薄荷等；木本植物也可见，如枫杨、吴茱萸等。

(4) 活动芽与休眠芽：按芽的生理活动状态，分为活动芽与休眠芽。当年形成并萌发或次年春天萌发的芽，称活动芽（active bud）；在生长季节形成并发育的芽称夏芽，多见于草本植物和热带常绿木本植物；在生长季节未形成，常经越冬后在次年生长季节才萌发的芽，称冬芽。木本植物的腋芽可长期保持休眠状态而不萌发，称休眠芽（潜伏芽）（dormant bud），但在一定条件下可萌发，如树木砍伐后，树桩上往往由休眠芽萌发出许多新枝条。

2. 茎的分枝方式　茎的分枝能增加植物体积，充分利用阳光和外界物质。顶芽和侧芽生长存在一定的相关性以及植物的遗传特性，各种植物分枝有一定规律。

(1) 单轴分枝：主茎的顶芽活动始终占优势，并不断向上生长，形成茎主干明显，各级分枝由下向上依次细短，树冠呈尖塔形。该种分枝方式多见于松杉类的柏、杉、水杉、银杉，以及部分被子植物，如山毛榉、杨树和多数草本植物。

(2) 合轴分枝：主茎的顶芽生长迟缓，或很早枯萎或分化成花芽，由邻近顶芽的腋芽迅速代替顶芽继续生长，如此交替反复，而形成由许多腋芽发育的侧枝合成的主干，称合轴分枝。多见于被子植物，如桃、李、苹果、马铃薯、番茄、无花果、桉树等。

(3) 假二叉分枝：一些具对生叶序的植物，在顶芽停止生长或分化成花芽时，顶芽下方两侧的腋芽同时发育成新枝，且新枝的顶芽与侧芽生长规律与母枝一样，如此继续发育形成的分枝方式称假二叉分枝。例如，石竹、丁香、接骨木和茉莉等。

(4) 分蘖：植株分枝主要集中于主茎基部的一种分枝方式，主茎基部的节较密集，分枝的长短和粗细相近，呈丛生状态。禾本科作物水稻、小麦等是典型的分蘖。

笔记栏

（三）茎的类型

1. 茎的生活习性 茎的生活习性是植物长期适应环境进化的结果。根据茎的性质，常将植物分为木本植物、草本植物和半灌木（图 3-16）。

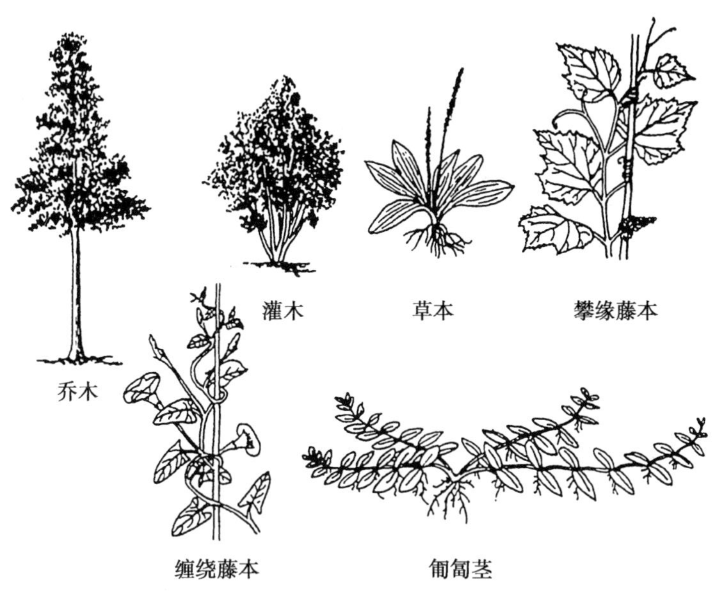

图 3-16 茎的类型

（1）木本植物（wood plant）：茎的木质部发达，质地较坚硬，寿命长，也称木质茎（woody stem）。有 2 种类型：乔木（tree）指植株高大，主干明显，下部不分枝，如厚朴、杜仲；灌木（shrub）的主干不明显，常近基部分枝，呈丛生状，高不及 5m，如夹竹桃、枸杞、连翘等。

（2）草本植物（herb plant）：茎的木质部不发达，质地柔嫩，寿命短，称草质茎（herbaceous stem）。常分 3 种类型：生活周期在 1 年内的植物，称一年生草本（annual herb），如红花、马齿苋。生活周期跨 2 个年份的植物，称二年生草本（biennial herb），如白菜、萝卜。植株的地下部分或整个植株能生活多年，每年都能发芽生长的植物，称多年生草本（perennial herb），其中地上部分死亡，而地下部分仍保持活力的类型称宿根草本，如人参、黄连、桔梗、黄精等；植物体保持常绿不凋的类型称常绿草本，如麦冬、万年青等。此外，有些植物的茎，质地柔软多汁，肉质肥厚，称肉质茎（succulent stem），如芦荟、仙人掌、垂盆草等。

（3）半灌木（亚灌木）（subshrub）：介于木本和草本植物之间，仅基部木质化的一类多年生植物，如沙拐枣属和蒿属的一些植物，以及草麻黄、草珊瑚等。

2. 茎的生长习性 按茎的生长习性，主要可分为以下几种（图 3-16）。

（1）直立茎（erect stem）：茎不依附他物而直立于地面，如紫苏、杜仲、松等。

（2）匍匐茎（stolon）和平卧茎（prostrate stem）：茎细长，平卧地面，沿地表面蔓延生长，节上生有不定根，如连钱草、积雪草、红薯等；如节上不产生不定根则称平卧茎，如蒺藜、地锦。

（3）缠绕茎（twining stem）：茎缠绕于其他物体上，如五味子属植物的茎呈顺时针方向缠绕，牵牛、马兜铃呈逆时针方向缠绕，何首乌、猕猴桃则无一定规律。

（4）攀缘茎（climbing stem）：借助于茎、叶的变态器官攀缘依附在其他物体上，如栝楼、葡萄攀缘结构是茎卷须，豌豆是叶卷须，爬山虎是吸盘，钩藤、葎草分别是钩、刺，络石、薜荔是不定根。

此外，具有缠绕茎、攀缘茎或匍匐茎的植物也称藤本植物（vine），根据茎质地不同又分为草质藤本（如牵牛、南瓜）和木质藤本（如葡萄）。

笔记栏

(四) 茎的变态类型

茎的变态类型很多,常分为地上茎的变态和地下茎的变态两大类型。

1. **地上茎(aerial stem)的变态**(图 3-17)

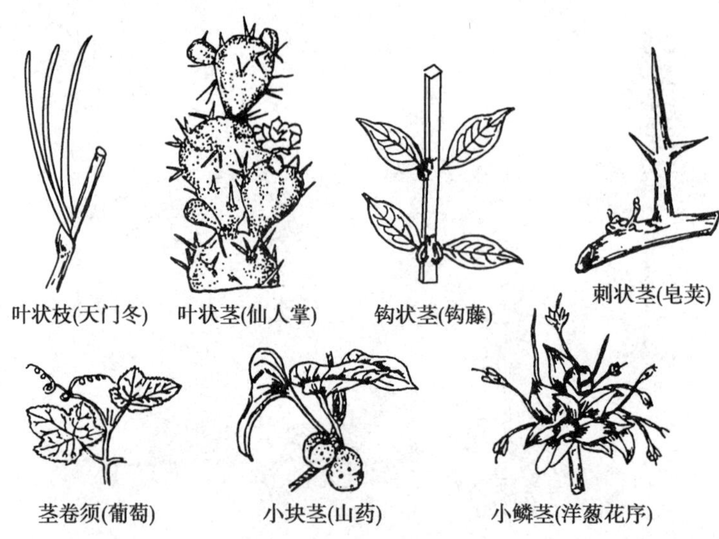

图 3-17 地上茎的变态

(1) 叶状茎(leafy stem)或叶状枝(leafy shoot):茎变为绿色的扁平状或针叶状,叶多为刺状、鳞片状或线状,小而不明显,如仙人掌、竹节蓼、天门冬等。

(2) 刺状茎(枝刺或棘刺)(shoot thorn):枝条或腋芽特化成一个硬而尖的结构,并与茎维管组织相连。枝刺常粗短坚硬不分枝,如山楂、酸橙等;也有刺常分枝,如皂荚、枸橘等。月季、花椒茎上的刺是由表皮细胞突起形成的结构,不与维管组织相连,无固定的生长位置,易脱落,称皮刺,与刺状茎不同。

(3) 钩状茎(hook-like stem):腋芽特化成一个粗短、坚硬呈钩状的结构,位于叶腋,无分枝,如钩藤。

(4) 茎卷须(stem tendril):茎变为卷须状,柔软卷曲,多生于叶腋,常见于攀缘植物,如栝楼等。但葡萄的茎卷须由顶芽变成,而后腋芽代替顶芽继续发育,使茎成为合轴式生长,而茎卷须被挤到叶柄对侧。

(5) 小块茎(tubercle)和小鳞茎(bulblet):有些植物的腋芽常形成小块茎,形态与块茎相似,如山药的零余子(珠芽)。有些植物叶柄上的不定芽也形成小块茎,如半夏。有些植物在叶腋或花序处由腋芽或花芽形成小鳞茎,如卷丹腋芽形成小鳞茎,洋葱、大蒜花序中花芽形成小鳞茎。小块茎和小鳞茎均能繁殖,长出新植株。

(6) 假鳞茎(false bulb):附生兰类植物的茎在基部肉质膨大呈块状或球状部分,称假鳞茎。如石仙桃、石豆兰、羊耳蒜等。

2. **地下茎(subterraneous stem)的变态** 地下茎生在地面下,具有茎的特征,可与根区分。常见的类型有(图 3-18):

(1) 根状茎(根茎)(rhizome):常横卧地下,节和节间明显,节上有退化的鳞片叶,具顶芽和腋芽,其形态和节间长短随植物而异。例如,人参、三七的根状茎短而直立,姜、苍术、川芎等呈团块状,白茅、芦苇的根状茎细长,黄精则具明显的茎痕。

(2) 块茎(tuber):肉质肥大呈不规则块状,节间很短,节上具芽及退化或早期枯萎脱落的鳞片叶,如天麻、半夏、马铃薯等。

(3) 球茎(corm):肉质肥大呈球形或扁球形,节明显,节间缩短,节上的膜质鳞片较大,顶芽发达,腋芽常生于其上半部,基部具不定根。如慈菇、荸荠等。

(4) 鳞茎(bulb):茎极度缩短(鳞茎盘)而被肉质肥厚的鳞叶包裹,呈球形或扁球形;先端有顶芽,叶腋有腋芽,基部生不定根。百合、贝母的鳞叶覆瓦状排列,外面无膜质鳞叶覆盖,称无被鳞茎;洋葱鳞叶阔,内层被外层膜质鳞叶完全覆盖,称有被鳞茎。

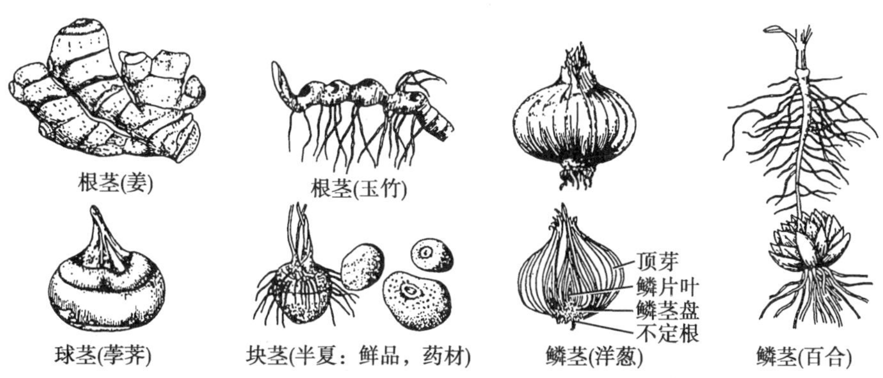

图 3-18 地下茎的变态

二、茎的结构

种子植物的主茎是由胚芽发育而来,主茎上侧枝是由腋芽发育而来。主茎或侧枝顶端均具顶芽,保持顶端生长能力,使植株不断长高。

(一) 茎尖分区

茎尖(stem tip)指茎或枝的顶端,是茎顶端分生组织所在部位。顶芽活动时,生长锥的原生分生组织分裂,向下产生初生分生组织,初生分生组织经初生生长形成初生结构,从而形成茎尖。依据茎尖的形态和不同区域的细胞结构特点,从顶端开始依次为分生区(生长锥)、伸长区和成熟区(图 3-19,图 3-20)。茎尖细胞不断分裂、生长和分化,使茎不断延长和产生新的枝叶。茎尖的分化生长过程和根尖相似,但缺乏类似根冠的结构,而在分生区的基部依次形成了一些叶原基或芽原基和幼叶,以及尚未发育的节和节间,由幼小的叶片发挥保护茎尖的作用。

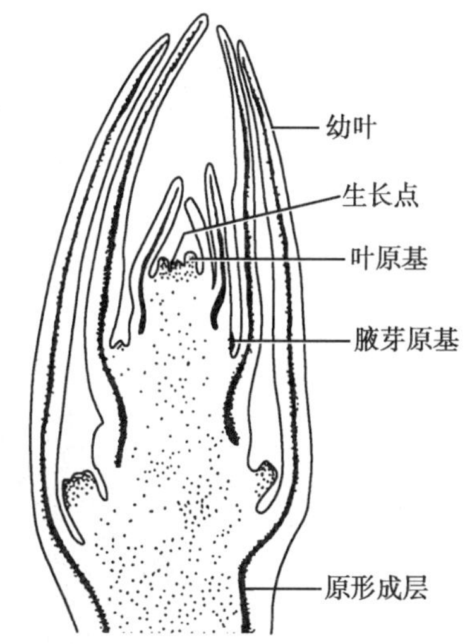

图 3-19 忍冬芽的纵切面

1. **分生区** 茎尖的分生区也称生长锥,常呈半球形,由一团原生分生组织组成。在生长锥四周能形成叶原基(leaf primordium)或腋芽原基(axillary bud primordium)的小突起,后发育成叶或腋芽,腋芽则发育成枝。目前主要以原套原体学说和组织细胞分区学说描述茎尖生长锥的结构和分化生长动态。

2. **伸长区** 茎尖伸长区的细胞学特征和根尖相似。该区常包括几个节和节间,长度因环境不同而改变。两年和多年生植物在进入休眠期时,伸长区逐渐转化成成熟区。伸长区由原表皮层、基本分生组织和原形成层等 3 种初生分生组织分别分化出一些初生组织。

3. **成熟区** 茎尖成熟区的细胞分裂和伸长生长都趋于停止,基本完成了各种成熟组织的分化,具备了幼茎的初生结构(图 3-19,图 3-20)。成熟区的表皮不形成根毛,但常有气孔

笔记栏

和毛茸。在生长季节里，茎尖顶端分生组织细胞分裂，生长和分化，节数增加，节间伸长，同时产生新的叶原基和腋芽原基，称顶端生长（apical growth）。

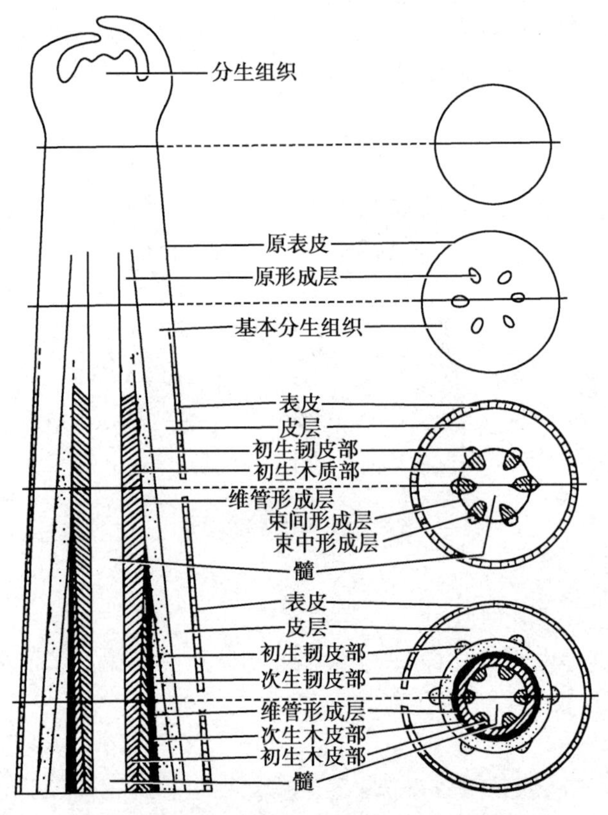

图 3-20　茎尖的纵切面和不同部位横切面图解

（二）双子叶植物茎的初生结构

双子叶植物茎在节、节间的结构存在一定的差异，节处具有叶隙和枝隙。双子叶植物茎节间的初生构造，从外到内分为表皮、皮层和维管柱三部分（图 3-21）。

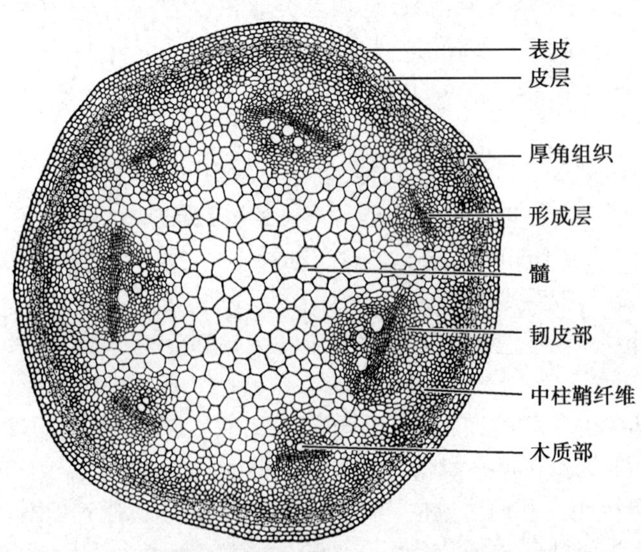

图 3-21　马兜铃幼茎横切面（示双子叶植物茎的初生构造）

笔记栏

1. **表皮**(epidermis)　位于幼茎最外一层长方形、扁平的细胞,由原表皮层发育而来的初生保护组织,包括表皮细胞、气孔器和各种表皮毛等附属物。表皮细胞排列整齐,无细胞间隙,一般不含叶绿体,但甘蔗、蓖麻等少数植物含有花青素而使茎呈紫红色;细胞外壁稍厚,有角质层,少数植物还有蜡被。

2. **皮层**(cortex)　位于幼茎表皮和维管柱之间由基本分生组织发育而来的部分,皮层占横切面的比例远较根小。根据皮层细胞的特征可分成厚角组织和皮层薄壁组织,其中厚角组织位于表皮下,由一至数层含叶绿体的厚角组织细胞构成,常成束或成片存在,以加强幼茎的支持作用;葫芦科和菊科某些植物的厚角组织排列成环形,芹菜、薄荷等则分布在茎的棱角处。皮层薄壁组织有数层细胞大、排列疏松的壁薄细胞组成,一般含少量叶绿体。幼茎因皮层细胞含叶绿体而常呈绿色。

幼茎皮层的最内 1 层细胞,一般是薄壁细胞,细胞壁也无根中内皮层那种特殊增厚的结构,无内皮层,从而皮层与维管区域之间无明显界线。仅少数植物才有内皮层的分化,尤以地下茎较地上茎具有典型的内皮层。例如,千里光属(*Senecio*)和益母草属在开花期才出现内皮层凯氏带结构;蚕豆、蓖麻等少数植物茎皮层最内层细胞含有大量淀粉粒,称淀粉鞘(starch sheath)。

一些植物的皮层含有分泌道、乳汁管等分泌结构,或具有含晶异细胞,或厚壁细胞。例如,向日葵、棉花的皮层有分泌道,黄檗、桑的皮层中还含有纤维、石细胞。而水生植物常缺乏厚角组织,细胞间隙发达而成通气组织。

3. **维管柱**(vascular cylinder)　幼茎皮层以内的中轴部分,由原形成层和部分基本分生组织发育而来,包括呈环状排列的维管束、髓和髓射线,占较大的比例。大多数植物幼茎内缺乏中柱鞘或不明显。

知识链接

有关茎中中柱的认识

按照中柱的定义,将种子植物根、茎等轴状器官的初生构造中,皮层以内的部分称中柱(stele),中柱最外部分所特有的组织区域称中柱鞘。在根的初生构造中,具典型的内皮层和中柱鞘,皮层和中柱有明显分界。但大多数植物茎和根的构造不同,无明显的内皮层和中柱鞘,因此皮层和中柱无明显界线。为避免中柱定义的模糊和混乱,改用维管柱代替中柱。但有些植物除初生维管束之外还有环状和帽状的纤维束存在,过去称中柱鞘纤维。为避免混乱,将起源于韧皮部,位于初生韧皮部外侧的纤维束称初生韧皮纤维,如向日葵、麻类;而起源于韧皮部之外,位于皮层内侧成环包围初生维管束的称周维纤维或环管纤维,如马兜铃、南瓜等。

(1)初生维管束(primary vascular bundle):由原形成层发育而来的束状结构。双子叶植物的幼茎常是无限外韧型维管束,包括位于外侧的初生韧皮部、内方的初生木质部和束中形成层(fascicular cambium)。草本和藤本植物幼茎各维管束之间的距离通常较大,即束间区域较宽;而木本植物则排列紧密,束间区域较窄,几乎连成完整圆环。

1)初生韧皮部(primary phloem):位于维管束外方侧,由筛管、伴胞、韧皮薄壁细胞和韧皮纤维组成,分化成熟方向是由外至内的向心发育,称外始式(exarch)。原生韧皮部薄壁细胞发育成的纤维常成群并位于韧皮部外侧,称初生韧皮纤维束,可加强茎的韧性。例如,向日葵的初生韧皮纤维束呈帽状。

2)初生木质部(primary xylem):位于维管束内侧,由导管、管胞、木薄壁细胞和木纤维组成,分化成熟方向是由内至外的离心发育,称内始式(endarch)。

3)束中形成层(fascicular cambium):位于初生韧皮部和初生木质部之间,是原形成层遗留部分,由1~2层具有分生能力的细胞组成,这是次生增粗生长的基础。

(2)髓(pith):位于幼茎的中央,由基本分生组织发育产生,薄壁细胞体积大,常含淀粉,具有储藏作用。草本植物茎的髓部较大,木本植物茎的髓部一般较小,但通脱木、旌节花、接骨木等木质茎有较大的髓部。有些植物髓局部破坏,形成一系列水平片状的髓组织(片状髓),如猕猴桃、胡桃。有些植物茎的髓细胞生长停止较早,而周围细胞仍在生长,从而形成中空髓腔,如连翘、芹菜、南瓜。有些植物茎的髓部最外有一层细胞壁较厚、排列紧密的小型细胞,称环髓区或髓鞘(perimedullary region),如椴树等。

(3)髓射线(medullary ray):位于维管束之间,连通皮层和髓部的薄壁组织,有横向运输和储藏作用,也称初生射线(primary ray)。在横切面上呈放射状,双子叶草本植物髓射线较宽,木本植物髓射线很窄。在次生生长开始时,与束中形成层相邻的髓射线细胞能转变为形成层的一部分,即束间形成层(interfascicular cambium)。此外,在一定条件下,髓射线细胞会分裂产生不定芽、不定根。

(三)双子叶植物茎的次生结构

大多数双子叶植物茎的发育与根相似,在初生生长的基础上,出现维管形成层和木栓形成层,通过它们的分裂活动,进行次生增粗生长。木本植物的次生生长可持续多年,而草本植物的次生生长有限,从而前者的次生构造发达。

1. 双子叶植物木质茎节间的次生结构

(1)维管形成层的发生与次生维管组织

1)维管形成层的发生:当茎进行次生生长时,首先是束中形成层细胞开始分裂、生长分化,接着邻接束中形成层的髓射线细胞恢复分生能力,转变为束间形成层,并和束中形成层连接,在横切面观形成一个完整的形成层环,它们共同构成维管形成层。木本植物的维管形成层主要是束中形成层,草本植物则主要是束间形成层。

2)维管形成层细胞:维管形成层的原始细胞有两种,一种是切向面宽、径向面窄的两端尖斜的长梭形细胞,液泡明显,称纺锤状原始细胞(fusiform initial cell);另一种是体积较小,近等径或稍长的细胞,称射线原始细胞(ray initial cell)。前者是维管形成层的主要成员,沿茎长轴平行排列并连成片,发育成茎的轴向(纵向)系统;后者垂直于茎长轴排列,分布于纺锤状原始细胞之间,发育成茎的径向(横向)系统。横切面上,纺锤状原始细胞呈扁长方形,射线原始细胞呈宽长方形,二者紧密地排列成一环。

3)次生维管组织:维管形成层开始分裂活动时,主要是纺锤状原始细胞不断进行切向分裂,向内产生的新细胞经生长分化形成次生木质部(包括导管、管胞、木薄壁细胞、木纤维),添加于初生木质部外侧;向外产生的新细胞经生长分化形成次生韧皮部(包括筛管、伴胞、韧皮纤维和韧皮薄壁细胞),添加于初生韧皮部内侧并将初生韧皮部挤向外侧。次生木质部和次生韧皮部共同构成次生维管组织,组成茎内的纵向运输系统。由于形成层向内产生的木质部细胞多于向外产生的韧皮部细胞,以致木本植物的茎中次生木质部比次生韧皮部大得多。同时,射线原始细胞也不断进行切向分裂,其外侧新细胞分化形成韧皮射线,内侧新细胞分化形成木射线,它们贯穿在次生维管组织中形成横向运输系统的维管射线(vascular ray),并将其分隔成许多片区。木本植物的束间形成层细胞部分分裂分化形成维管组织,部分则形成维管射线,所以木本植物维管束之间的距离变窄。藤本植物的束间形成层通常不分化为维管组织,仅分化成薄壁细胞,从而藤本植物的次生维管组织的束间距离较

宽，呈分离状态，如木通、马兜铃等的茎。

茎在加粗生长的同时，形成层细胞也进行径向或横向分裂，增加自身的细胞，扩大圆周，以适应内方木质部的增大，而形成层的位置也逐渐向外推移。同时，初生韧皮部被挤压到外侧，形成颓废组织（obliterated tissue）（即筛管、伴胞及其他薄壁细胞被挤压破坏，细胞界限不清）；次生韧皮部常有一些厚壁组织和分泌组织，如肉桂、厚朴、杜仲等含有石细胞；夹竹桃有乳汁管等。维管形成层的活动及其衍生关系图解如下：

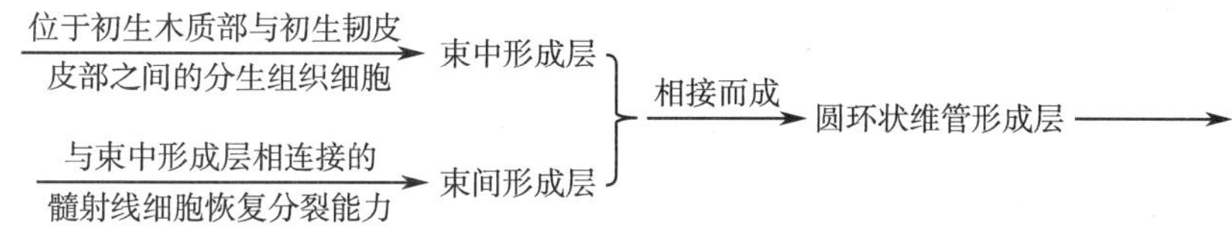

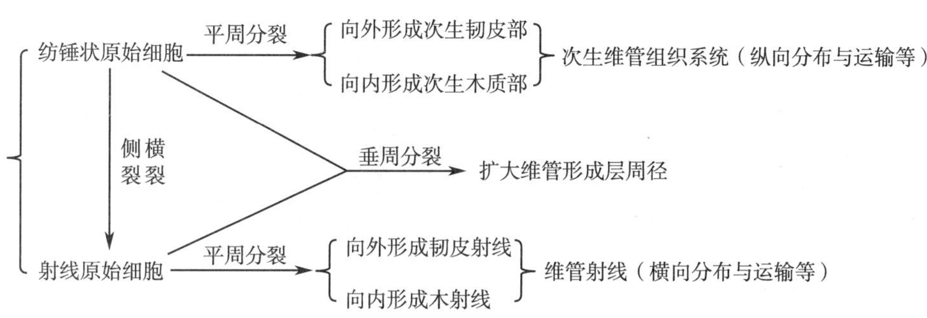

4）次生木质部和木材：木本植物茎历年产生的次生木质部总称木材。次生木质部主要由导管、管胞、木薄壁细胞、木纤维和木射线组成；导管主要是梯纹、网纹及孔纹导管，尤以孔纹导管最普遍。形成层细胞分裂活动和新细胞衍生组分的差异，形成了不同形态特征。形成层细胞的分裂活动受温度、湿度影响较大。温带和亚热带春季或热带雨季因气候温和，雨量充足，形成层活动旺盛，所形成的次生木质部中的细胞直径大、壁薄，质地较疏松，色泽较淡，称早材（early wood）或春材（spring wood）。温带夏末秋初或热带旱季，形成层活动逐渐减弱，所形成的细胞径小壁厚，质地紧密、色泽较深（图3-22），称晚材（late wood）或秋材（autumn wood）。在一年中，早材和晚材是逐渐转变的，没有明显的界限，但当年的秋材与第二年的春材界限分明，形成一同心环层，称年轮（annual ring）或生长轮（growth ring）。但有的植物（如柑橘）一年可以形成3轮，这些轮纹称假年轮，这是由于形

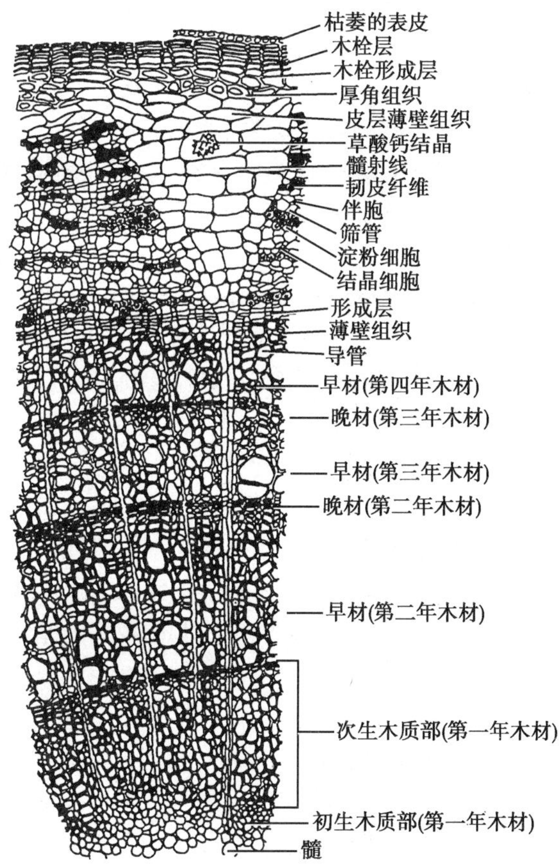

图3-22　双子叶植物木质茎的次生构造（椴树四年生）

笔记栏

成层有节奏地活动，每年有几个循环的结果。假年轮的形成也有的是因一年中气候变化特殊，或被害虫吃掉了树叶，生长受影响而引起。

木材横切面上常常靠近形成层的部分颜色较浅，质地较松软，称边材(sap wood)，边材具输导作用；而中心部分颜色较深，质地较坚固，称心材(heart wood)，心材中一些细胞常积累代谢产物，如挥发油、单宁、树胶、色素等，有些射线细胞或轴向薄壁细胞经导管的纹孔侵入导管内，形成侵填体(tylosis)，使导管或管胞堵塞，失去运输能力。心材比较坚硬，不易腐烂，常含有某些化学成分。如沉香、苏木、檀香、降香等茎木类药材均以心材入药(图 3-23，图 3-24)。

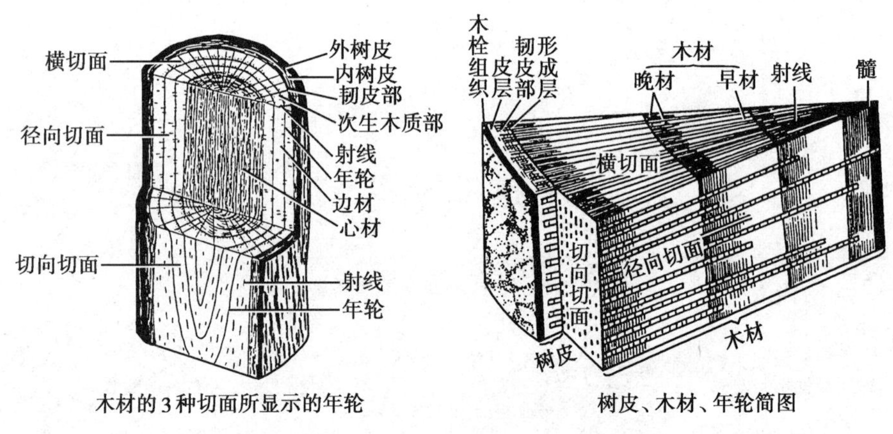

图 3-23　木材的 3 种切面所显示的年轮

茎内部各种组织纵横交错，十分复杂。在鉴定木类药材时，常观察木材的横切面、径向切面、切向切面，以充分理解其立体结构后进行鉴定。在 3 个切面中，射线的形状变化最突出，也是判断切面类型的重要依据。

横切面(transverse section)：垂直于茎纵轴做的切面。可见同心环状的年轮纹，射线呈辐射状排列，以及射线的长度和宽度，导管、管胞、木纤维和木薄壁细胞等都呈大小不一、细胞壁厚薄不同的类圆形或多角形。

径向切面(radial section)：通过茎中心沿直径做的纵切面。可见年轮呈垂直平行的带状，射线则横向分布并与年轮垂直，以及射线的高度和长度。纵长细胞如导管、管胞、木纤维等呈纵长筒状或棱状，也可见其壁上的增厚纹理。

切向切面(tangential section)：垂直于茎的半径做的纵切面。可见年轮呈 U 形波纹，射线细胞群呈纺锤状，呈不连续的纵行排列。可见射线的宽度和高度，以及细胞列数和两端细胞的形状。导管、管胞、木纤维等的形态与径向切面相似。

(2)木栓形成层的发生和周皮：在维管形成层活动使茎不断增粗的同时，在外周出现了木栓形成层，产生周皮成为新的次生保护组织。木栓形成层最初发生的位置因植物种类不同而异，多数植物茎起源于近表皮内侧的皮层薄壁组织或厚角组织(如花生、大豆)，也有起源于表皮细胞(如梨、苹果)或皮层深部的薄壁组织(如棉花)，甚至初生韧皮部，如茶属植物。木栓形成层通常生存几个月就失去活力，大部分树木又可依次在其内侧产生新的木栓形成层，如此其发生的位置就会不断向内移，最后可深达次生韧皮部，形成新的周皮。老周皮内侧的组织被新周皮隔离后逐渐枯死，这些周皮以及被它隔离的死亡组织的综合体常剥落，故称落皮层(rhytidome)。有的落皮层呈鳞片状脱落，如白皮松；有的呈环状脱落，如白桦；有的裂成纵沟，如柳、榆；有的呈大片脱落，如悬铃木；也有的周皮不脱落，如黄檗、杜仲。

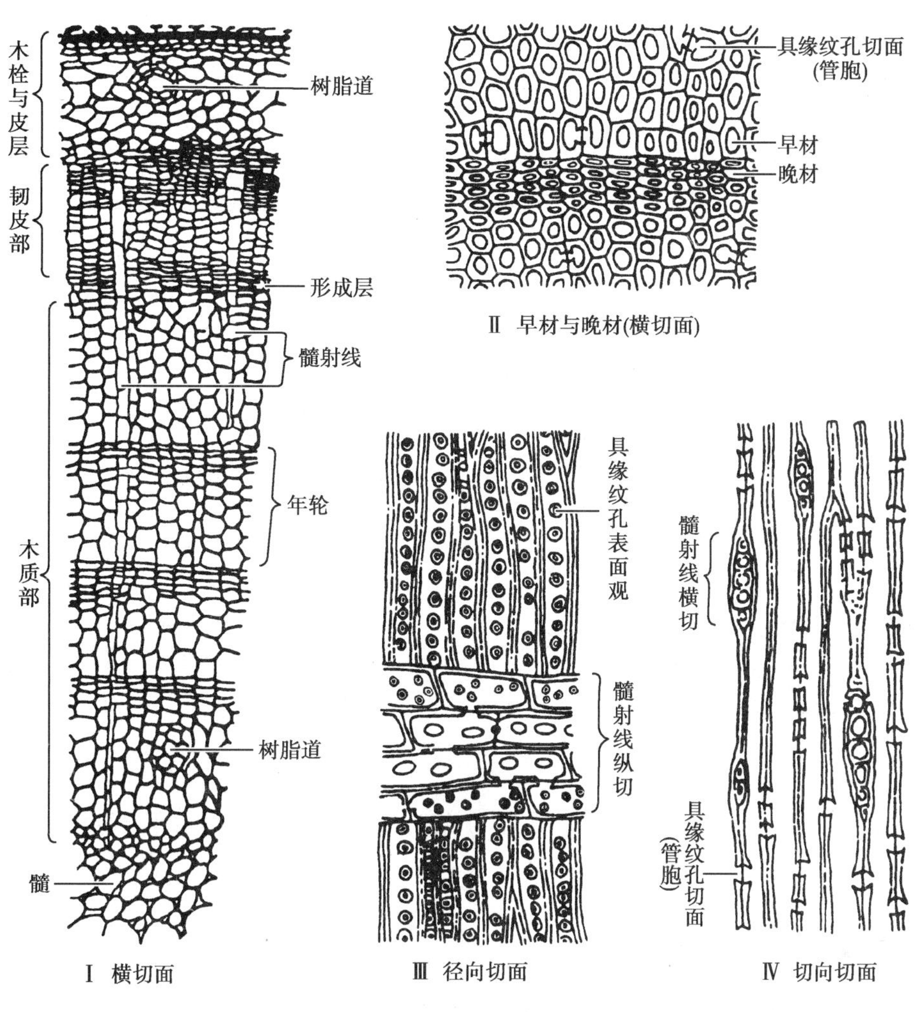

图 3-24　松茎三切面

树木枝干表面存在一些肉眼可见的褐色、圆形、椭圆形以至长线状的突起，称皮孔。它是茎与外界交换气体以及病虫害入侵的通道。皮孔常产生在原气孔的位置，由气孔内方的木栓形成层局部产生大量排列疏松的薄壁细胞，称补充组织；随着补充组织细胞数目增多，从而使气孔周围的组织胀破形成裂口，即是皮孔。木栓形成层的发生位置和活动规律因植物种类不同而异，不同植物就出现不同的皮孔特征或形状，从而皮孔常作为木本植物种间鉴别或皮类药材真伪鉴别的依据之一。

此外，“树皮”有两种概念，狭义的树皮即落皮层，广义的树皮指形成层以外的所有组织，包括落皮层和木栓形成层以内的次生韧皮部(内树皮)。药材学中常使用广义的树皮，如厚朴、杜仲、肉桂、黄柏、秦皮、合欢皮等的药用部分均指广义树皮。木栓形成层发生和活动图解如下：

2. 双子叶植物木质茎节部的结构特点　双子叶植物茎节部的结构与节间不同，主要表现在维管束的排列不同。茎内有些维管束由节部斜向伸入叶柄，这种斜生于茎内的维管束

笔记栏

部分，称叶迹(leaf trace)。有些维管束斜向伸入侧枝，与枝的维管束相连，这些斜生在茎内的维管束部分，称枝迹(branch trace)。叶迹和枝迹的斜向伸出，使它们的位置逐渐转移到茎的皮层和边缘部分，从而节部的皮层和维管柱之间就没有截然划分的界限，各个维管束的排列也不成为一环。在茎的维管系统内，位于叶迹或枝迹近轴处的薄壁组织分别称叶隙(leaf gap)和枝隙(branch gap)。在叶迹和枝迹的地方，存在着维管束的侧面联系。所以节部的初生结构比较复杂(图 3-25，图 3-26)。

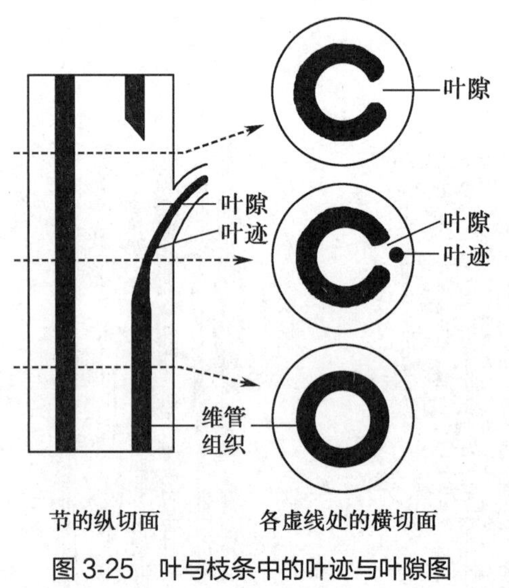

图 3-25　叶与枝条中的叶迹与叶隙图

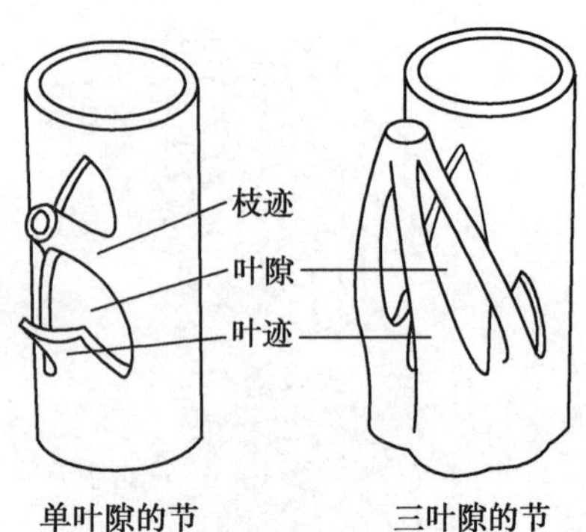

图 3-26　茎维管系统的图解，具单叶隙节(A)和三叶隙节(B)

3. **双子叶植物草质茎的次生构造**　植物的草质茎生长期短，次生生长有限，次生构造不发达，质地较柔软，木质部数量较少，从而有以下主要特征(图 3-27)。

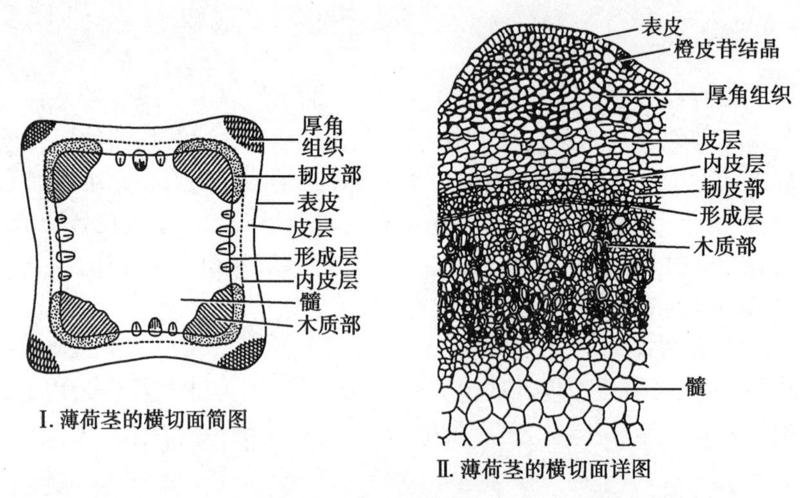

图 3-27　双子叶植物草质茎的次生构造(薄荷茎横切面)

(1)最外层有完整的表皮，常有各种毛茸、气孔、角质层、蜡被等附属物。少数植物在表皮下方分化出木栓形成层，向外产生 1~2 层木栓细胞，向内有少量栓内层。

(2)皮层中靠近表皮部分常有厚角组织，有的分布在茎的棱角处，如薄荷；有的排列成环形，如葫芦科和菊科一些植物。

(3)次生分生组织不发达，一些植物仅具束中形成层，没有束间形成层，甚至一些植物的

束中形成层也不明显，如毛茛科的草本植物。

（4）髓部发达，髓射线较宽，有的种类髓部中央破裂成空洞状，如蘼菜。

4. **双子叶植物根状茎的构造**　双子叶植物根状茎的构造与草本植物的地上茎类似（图 3-28）。其特征有：

（1）表面常具木栓组织，少数种类具表皮或鳞叶。

（2）皮层中常有根迹维管束（即茎中维管束与不定根相连的维管束）和叶迹维管束（茎中维管束与叶柄相连的维管束）斜向通过。皮层内侧有时具纤维或石细胞。

（3）维管束外韧型，成环状排列。贮藏薄壁细胞发达，机械组织多不发达。

（4）中央有明显的髓部。

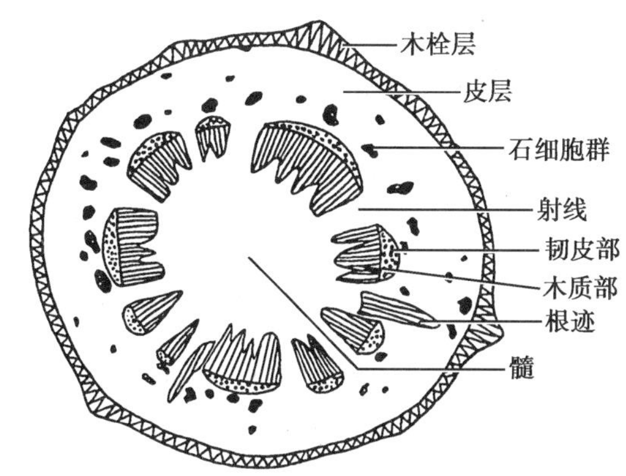

图 3-28　双子叶植物根状茎的构造（黄连根状茎横切面）

5. **双子叶植物茎和根状茎的异常构造**　一些双子叶植物的茎和根状茎，除正常的次生构造外，有部分薄壁细胞经脱分化恢复分生能力形成额外的形成层或木栓形成层，它们的活动产生异常的结构。

（1）髓维管束：位于茎或根状茎髓中的异常维管束。例如，在胡椒科植物风藤茎（海风藤）的横切面除正常排成环状的维管束外，髓中还有 6~13 个异型维管束（图 3-29）。大黄根状茎的横切面除正常的维管束外，髓部还有许多异型维管束星点状散生，异型维管束的形成层呈环状，外侧为几个导管的木质部，内侧为韧皮部，射线呈星芒状排列（图 3-30）；该结构形成了药材横切面“锦纹”的特征。此外，大花红景天根状茎的髓部、苋科植物茎的髓部也有髓维管束。

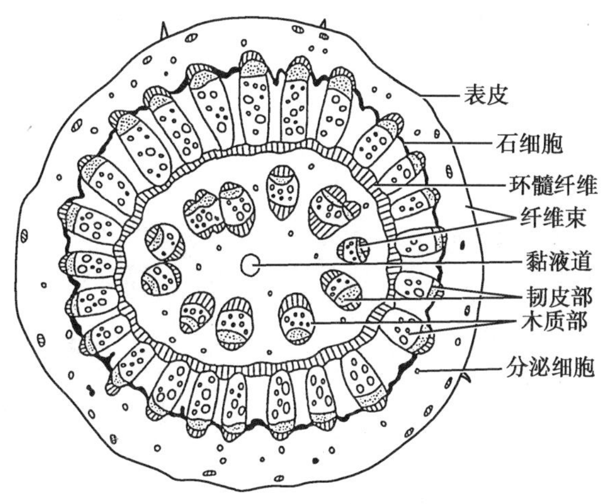

图 3-29　茎的异常构造（海风藤横切面简图）

笔记栏

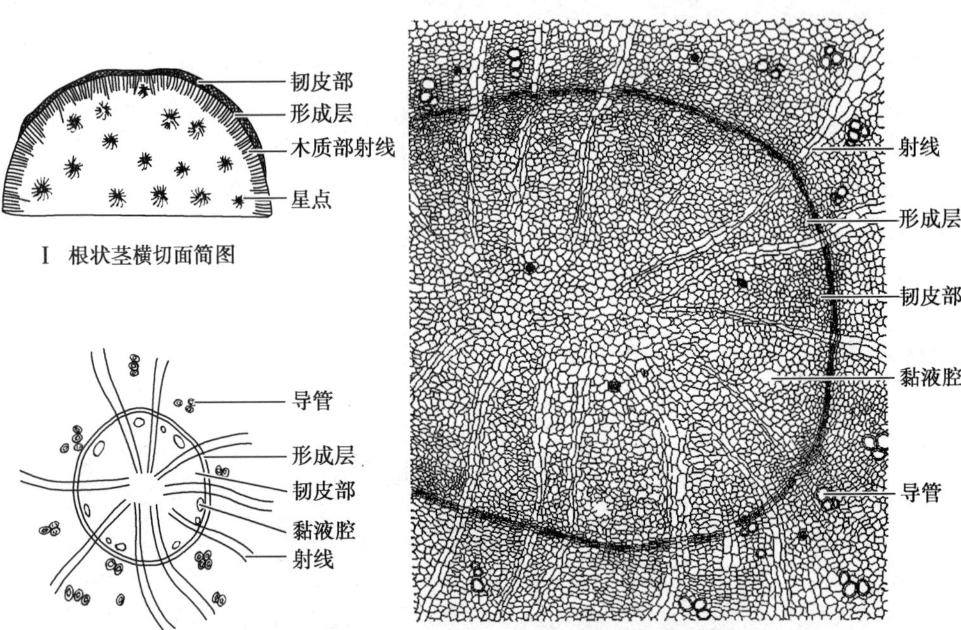

图 3-30 根状茎的异常构造(掌叶大黄根状茎的横切面构造)

(2)同心环状排列的异常维管组织:茎正常的次生生长发育到一定阶段后,形成层丧失分生能力,而在原有形成层外方的部分薄壁细胞产生片段状额外形成层,分裂产生异常维管束,如此反复多次,形成多轮呈同心环状排列的异常维管组织。例如,密花豆的老茎(鸡血藤)的横切面上,除最内一圈为圆环外,其余有 2~8 个红棕色至暗棕色环带呈同心半圆环(图 3-31)。常春油麻藤茎也有此类异型构造。

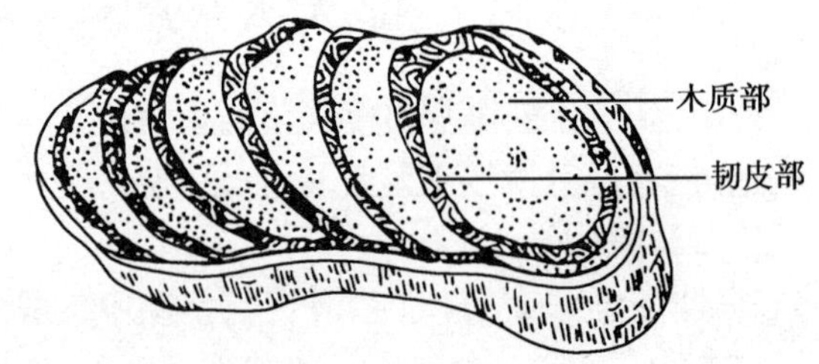

图 3-31 密花豆茎横切面

(3)木间木栓:一些植物茎次生木质部的薄壁细胞分化形成木栓带。在横切面上,木间木栓呈环状包围部分韧皮部和木质部,把维管柱分隔为数束,如甘松(图 3-32)。

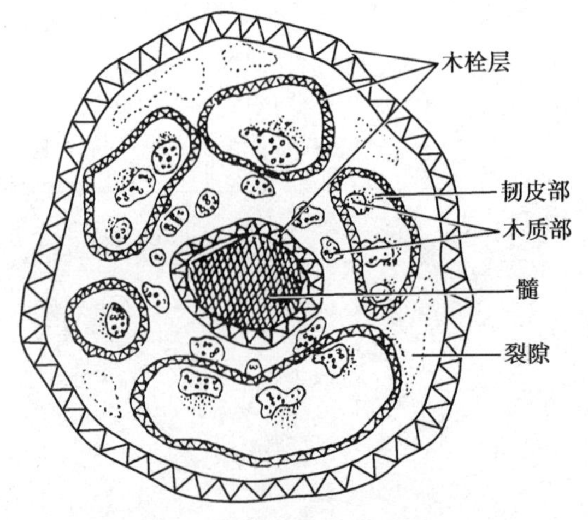

图 3-32 甘松根状茎横切面

笔记栏

知识链接

木本植物茎的剥皮与再生

20世纪后期大量的研究表明，许多树木和部分双子叶草本植物大面积环状剥皮后，只要技术得当、条件合适，即使剥去几米长的完整一圈，也能再生出完整的新树皮。

剥树皮时常在形成层带附近剥落，但具体位置随着树种和季节不同而异。如杜仲这类孔较小的散孔材树种，除休眠期在韧皮部中断裂外，整个形成层活动期都是从形成层带附近剥落；而具较大孔的散孔材和环孔材树种则随季节变化明显，休眠期是从韧皮部外侧剥落，早春形成层开始活动不久则在形成层带附近剥落，当大量未成熟木质部细胞产生后则从未成熟木质部中断裂。再生新皮的发生部位也随剥落部位不同而变化，当树皮从形成层带附近剥落时，全部未分化成熟的木质部细胞都参与形成新皮，但当树皮从未成熟木质部中剥落时，若残留在表面的未成熟木质部细胞足够多，则仍是全部未成熟木质部细胞参与新皮形成，而当表面未成熟木质部细胞较少时，则主要由邻近表面的射线细胞脱分化后发生出新树皮。

剥皮再生的树种只在剥皮当年长粗和长高减慢，落叶提前，发芽推迟，第2年同对照株差异减小，第3年则同对照株差异不明显，甚至超过对照株。在实验观察期间，剥皮部位木材的年生长量都大于上下未剥皮处，未剥皮处的木材年生长量也大于对照株的相应部位，而且3年后的树皮厚度也与对照株的相应部位相似。

（四）单子叶植物茎的结构特征

单子叶植物茎的维管束无束中形成层，不发生次生分生组织，仅能进行有限的初生增粗生长和居间生长，只有初生结构而无次生结构。

1. 单子叶植物茎的构造特征

（1）表皮：茎的最外一层细胞，常不产生周皮；常有气孔器和各种表皮毛等附属物。禾本科植物茎的表皮，由长细胞、短细胞和气孔器有规律地排列而成，外覆盖角质层。

（2）基本组织：位于表皮以内，维管束之间的所有区域，主要是薄壁细胞。多数单子叶植物茎内被基本组织所充满，如石斛、玉米、甘蔗等；也有一些植物茎中央的薄壁细胞解体，形成中空的髓腔，如芦苇、水稻、小麦、竹类等；水稻维管束之间的基本组织还产生了大型的裂生型通气道。禾本科一些种类，在表皮下方常常分布数层厚壁细胞，以增强支持作用。

（3）维管束：表皮以内有多数有限外韧型维管束散生于基本组织中，无皮层、髓和髓射线之分（图3-33）。维管束的排列方式有两类，一类以水稻、小麦为代表，各维管束大体上排成内、外两环；另外一类以石斛、玉米、甘蔗等为代表，各维管束分散排列在基本组织中。

此外，也有少数单子叶植物茎具形成层，而有次生生长，如龙血树、丝兰和朱蕉等。但这种形成层的起源和活动情况与双子叶植物不同。如龙血树的形成层起源于维管束外的薄壁组织，向内产生维管束和薄壁组织，向外产生少量薄壁组织。

2. 单子叶植物根状茎的结构特征　单子叶植物根状茎的构造与双子叶植物根状茎类似，但也有各自的特点。

（1）表面保留着表皮细胞，或木栓化皮层细胞。少数植物有周皮，如射干、仙茅等。禾本科植物的根状茎中，表皮细胞平行排列，每纵行多为1个长细胞和2个短细胞纵向相间排列，其中长细胞为角质化的表皮细胞，短细胞中一个是栓化细胞、一个是硅质细胞，如白茅、芦苇等。

笔记栏

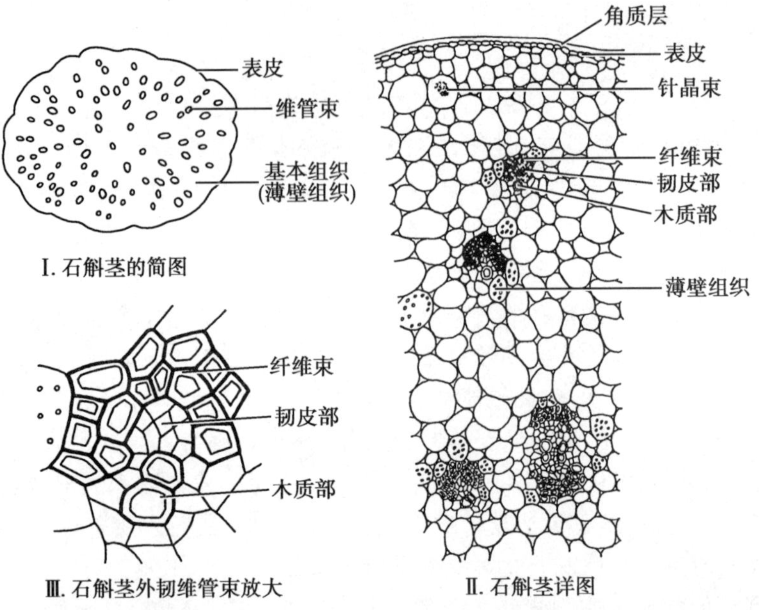

图 3-33　单子叶植物茎的构造(石斛茎横切面)

(2)皮层常占较大的体积,常分布着有限外韧的叶迹维管束,也有周木型的维管束,如香附;或兼具有限外韧型和周木型两种维管束,如石菖蒲(图 3-34)。

有些植物中靠近表皮部位的皮层细胞形成木栓组织,如生姜等;也有的皮层细胞转变为木栓细胞,而形成所谓的"后生皮层",以代替表皮行使保护功能,如藜芦等。

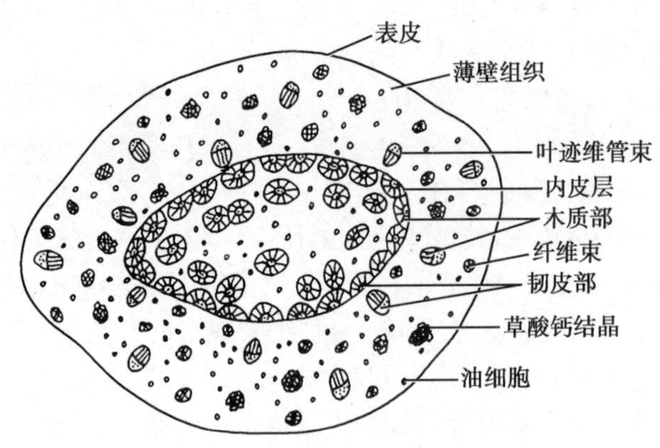

图 3-34　石菖蒲根状茎横切面简图

(3)内皮层大多明显,具凯氏带结构,如姜、石菖蒲等。但知母(图 3-35)、射干等一些植物的内皮层不明显。

(五)裸子叶植物茎的结构特点

裸子植物均为木本植物,其茎的构造与双子叶木本植物茎相似(图 3-36)。但它们的组成成分和结构特点有所不同。

(1)次生木质部主要由管胞、木薄壁细胞、射线所组成,如柏科、杉科植物;或无木薄壁细胞,如松科植物;除麻黄和买麻藤以外,裸子植物均无导管,管胞兼有输送水分和支持作用。

(2)次生韧皮部由筛胞、韧皮薄壁细胞组成,无筛管、伴胞和韧皮纤维。

(3)松柏类植物茎的皮层、韧皮部、木质部、髓,甚至髓射线中常有树脂道。

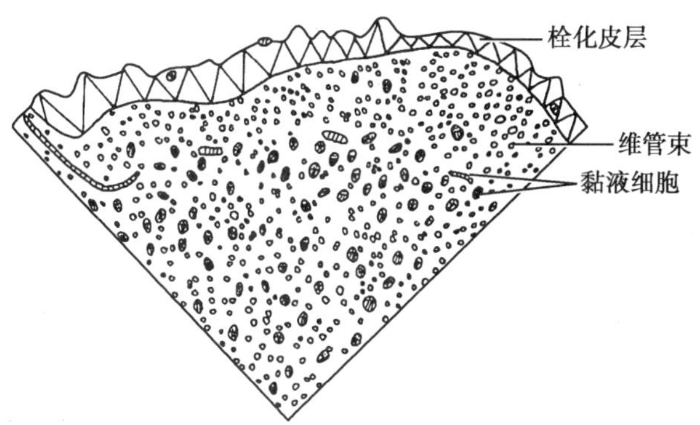

图 3-35　知母根状茎横切面简图

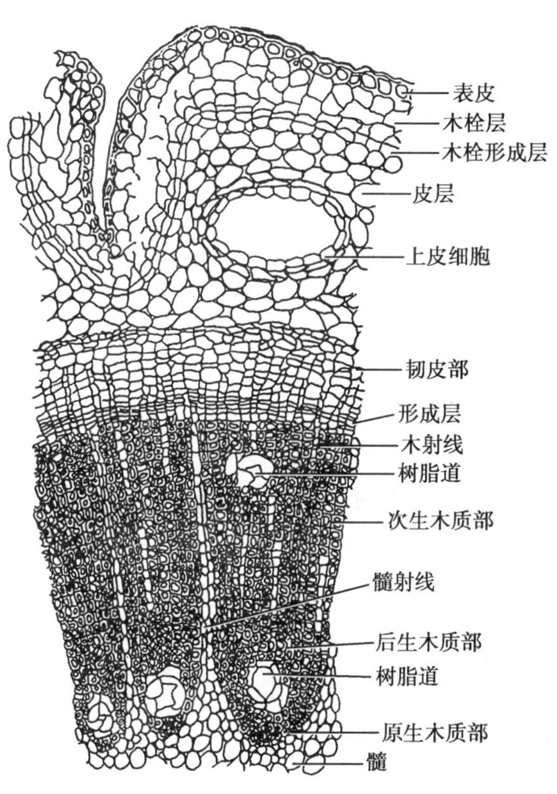

图 3-36　裸子植物茎横切面（一年生松茎）

第三节　叶的形态与结构

叶（leaf）是植物进行光合作用，制造有机养分的绿色扁平的营养器官，也是气体交换和蒸腾作用以及促进植物吸收、运输和分配水分、矿物质元素的重要器官。此外，还有吸收、繁殖和储藏作用。根据叶的不同特性，叶可用作蔬菜、药物、工业原料，用于净化环境空气和减轻"温室效应"，以及作观赏植物。同时，植物在长期自然选择过程中，叶的形态、结构特征和功能均表现出丰富的多样性，具有较大的分类学价值。

笔记栏

一、叶的发生与组成

（一）叶的发生和生长

叶由叶原基（leaf primordium）生长分化而来。芽形成和生长时，在生长锥的亚顶端，周缘分生组织的外层细胞不断分裂，形成侧生的突起，这些突起是叶分化发育的起点，称叶原基。叶原基首先进行顶端生长、伸长形成圆柱状的结构称叶轴，它是尚未分化的叶柄和叶片。具有托叶或叶鞘的植物，叶原基上部发育形成叶轴，叶原基基部的细胞发育早、分裂快，分化形成托叶或叶鞘，包围上部叶轴起到保护作用。在叶轴伸长的同时，叶轴两侧边缘的细胞开始分裂进行边缘生长，而使叶轴变宽，形成具有背腹性的、扁平的叶片或叶片与托叶的雏形。复叶则通过边缘生长形成多数小叶片，没有进行边缘生长的叶轴部分分化为叶柄，当幼叶叶片展开时叶柄才随之迅速伸长，最终发育成为成熟叶。叶的这种起源发育方式称外起源。

（二）叶的组成

叶的形态变化多样，但常由叶片（blade）、叶柄（petiole）和托叶（stipules）3 部分组成（图 3-37）。具有这 3 部分的叶称完全叶（complete leaf），如桃、柳、月季等；仅具有其中一或两个部分的叶，称不完全叶（incomplete leaf），其中最普遍缺少的是托叶，如丁香、茶、白菜等，还有些则同时缺少托叶和叶柄，如石竹、龙胆等。

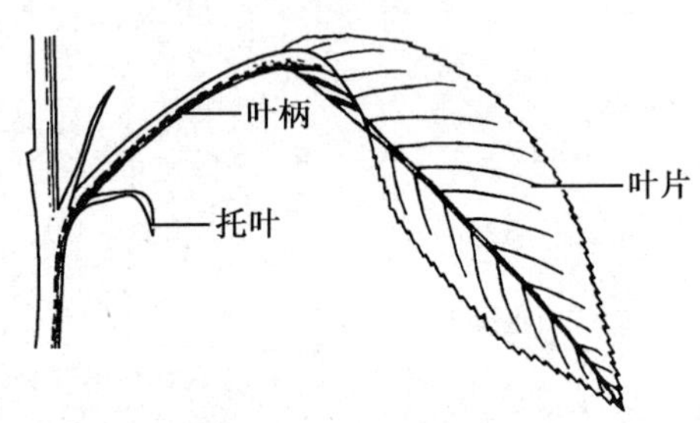

图 3-37　叶的组成

1. **叶片**（blade）　指叶上通常呈绿色而薄的扁平体结构，有上表面（腹面或近轴面）和下表面（背面或远轴面）之分。叶片的先端称叶端（leaf apex），基部称叶基（leaf base），边缘（周边）称叶缘（leaf margin），叶片内分布的维管束称叶脉（veins）。

2. **叶柄**（petiole）　指连接叶片和茎枝的柱状结构，并通过长短变化和扭曲，支持叶片处于光合作用最有利的位置。叶柄的形状随植物种类和生长环境的不同而异，如水葫芦、菱等水生植物的叶柄上具膨胀的气囊（air sac），以利于浮水。而豆科植物叶柄基部有膨大的关节，称叶枕（leaf cushion，pulvinus），能调节叶片的位置和休眠运动，如含羞草。有的叶柄能围绕各种物体螺旋状扭曲，起攀缘作用，如旱金莲。有的植物叶片退化，而叶柄变态成叶片状以代替叶片的功能，如台湾相思树（图 3-38）。

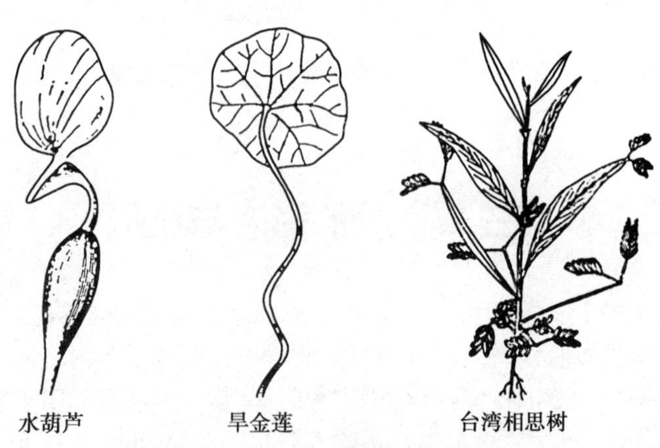

图 3-38　特殊形态的叶柄

伞形科植物的叶柄基部或叶柄全部扩大成鞘状，称叶鞘（leaf sheath），如当归、白芷等；禾本科和姜科等单子叶植物的叶鞘则是由叶的基部相当于叶柄的部位扩大形成鞘状，如淡竹叶、芦苇、姜、益智、砂仁等（图 3-39）。

图 3-39　各种形态的叶鞘

禾本科植物的叶鞘与叶片相接处还有一些特殊结构，在相接处腹面有膜状突起物称叶舌（ligulate），在叶舌两旁有 1 对从叶片基部边缘延伸出来的突起物称叶耳（auricle）。叶耳、叶舌的有无和大小、形状是禾本科植物种鉴别的依据之一（图 3-40）。

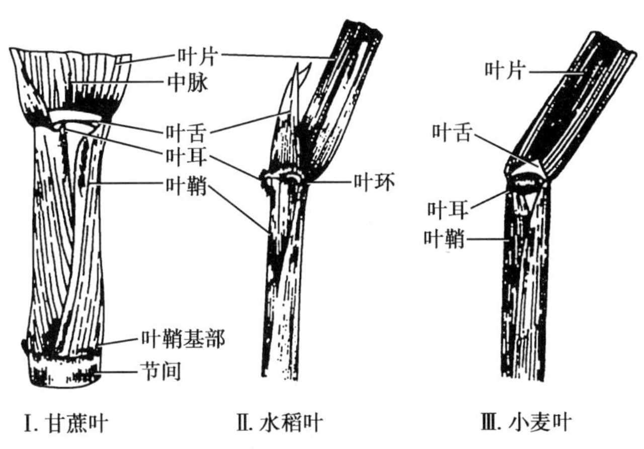

图 3-40　禾本科植物叶片与叶鞘交界处的形态

此外，有些无柄叶的叶片基部包围在茎上，称抱茎叶（amplexicaul leaf）（图 3-41），如苦荬菜。有的无柄叶基部或对生无柄叶基部彼此愈合，被茎所贯穿，称贯穿叶或穿茎叶（perfoliate leaf），如元宝草。

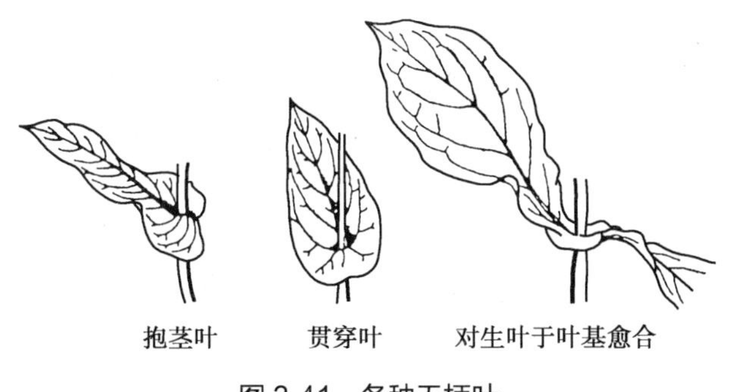

图 3-41　各种无柄叶

笔记栏

3. **托叶**(stipules) 指叶柄基部的附属物,常成对着生于叶柄基部两侧,通常比较细小且形状多样。例如,梨、桑等的托叶小而呈线状;月季、蔷薇、金樱子等的托叶与叶柄愈合成翅状,菝葜则变成卷须,刺槐变成刺状,豌豆、贴梗海棠等则大而呈叶状;茜草属植物等的托叶几乎与叶的形状、大小和叶片一样,仅托叶腋内无腋芽;首乌、虎杖等蓼科植物的两片托叶边缘愈合成鞘状,包围茎节的基部,称托叶鞘(ocrea)。有些植物的叶具托叶,但在叶成熟前已脱落,称托叶早落(图 3-42,图 3-43)。

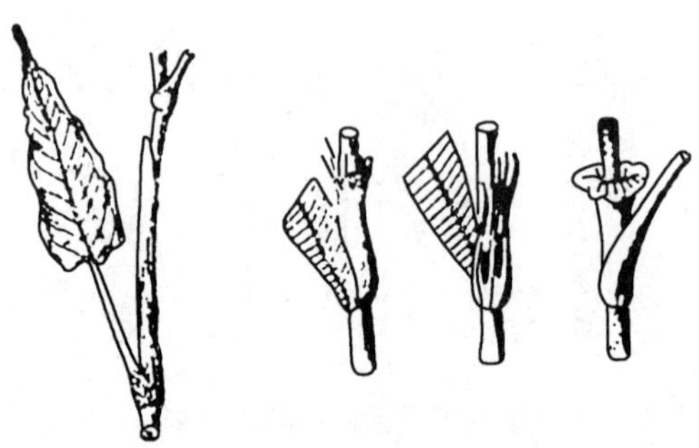

图 3-42 托叶鞘的若干形态

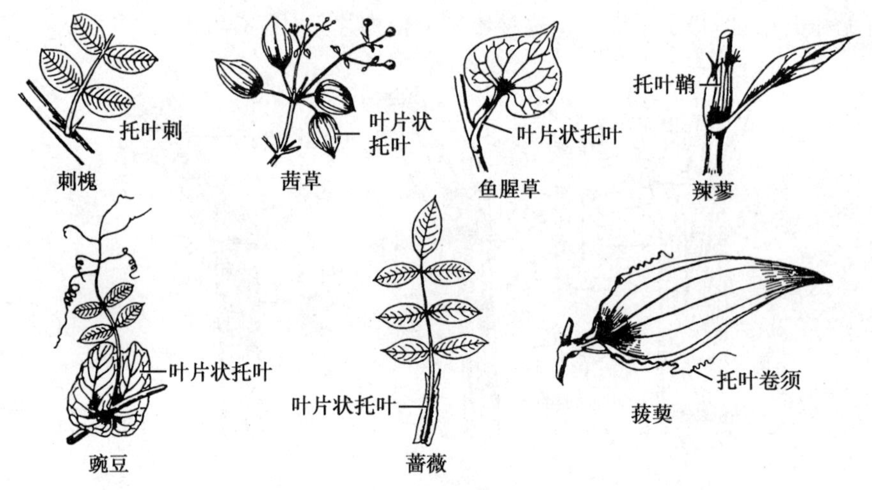

图 3-43 托叶的变态

二、叶的形态

(一) 叶片的大小和形状

叶的大小、形态和组成常因植物种类不同而异,变化较大,其差异主要表现在叶形、叶端、叶基、叶缘、叶脉和脉序、叶片分裂状况、叶片质地和表面附属物等方面。尽管叶形态差异较大,但同种植物的叶形状与大小相对稳定,可作植物的鉴别特征。

1. **叶形** 叶和小叶的形态常指叶片轮廓的几何形状,并按长宽比例及最宽的位置来确定(图 3-44)。叶的基本形状有针形(acicular)、条形(线形)(linear)、披针形(lanceolate)、椭圆形(elliptical)、卵形(ovate)、心形(cordate)、肾形(reniform)、圆形(orbicular)、剑形(ensiform)、盾形(peltate)、带形(banded)、箭形(sagittate)、戟形(hastate)等。此外,还有一些特殊的形态,如蓝桉呈镰刀形、杠板归呈三角形、菱呈菱形、车前呈匙形、银杏呈扇形、葱呈管形、秋海棠呈偏斜形等(图 3-45)。叶常不是典型的几何形状,描述时常用"长""广""倒"等加以说

明，如长圆形、倒卵形、广卵形等；或结合两种形状进行复合描述，如卵状椭圆形、椭圆状披针形等。

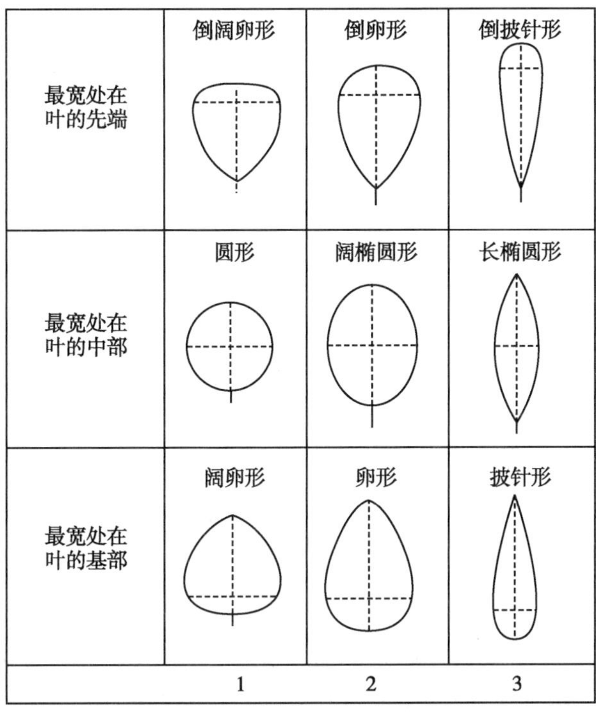

图 3-44　叶片的形状图解

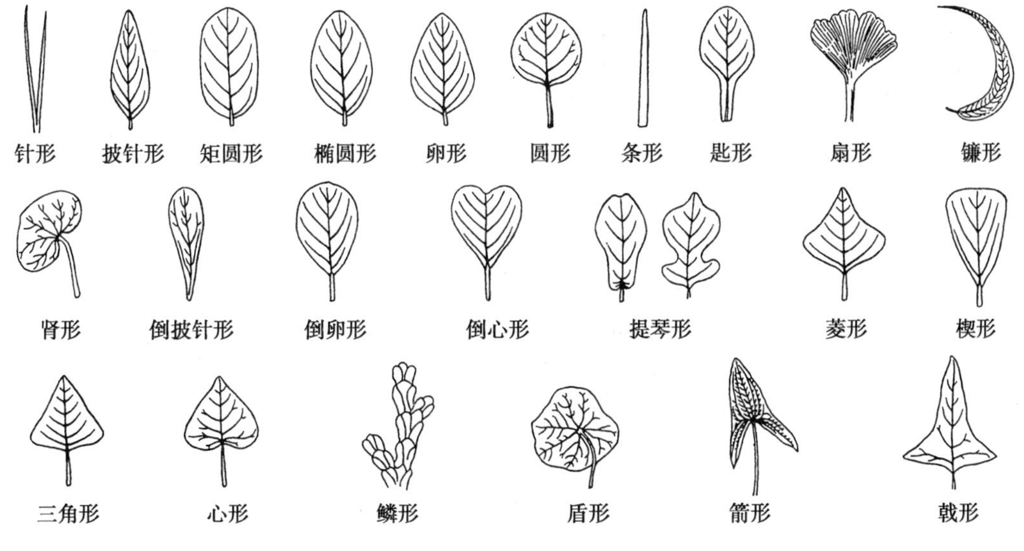

图 3-45　叶片的形状

2. **叶端形状**　叶端常见的形状有圆形（rounded）、钝形（obtuse）、截形（truncate）、急尖（acute）、渐尖（acuminate）、渐狭（attenuate）、尾状（caudate）、芒尖（aristate）、短尖（macronate）、微凹（retuse）、微缺（emarginate）、倒心形（obcordate）等（图 3-46）。

3. **叶基形状**　叶基常见的形状有楔形（cuneate）、钝形（obtuse）、圆形（rounded）、心形（cordate）、耳形（auriculate）、箭形（sagittate）、戟形（hastate）、截形（truncate）、渐狭（attenuate）、偏斜（oblique）、盾形（peltate）、穿茎（perfoliate）、抱茎（amplexicaul）等（图 3-47）。

笔记栏

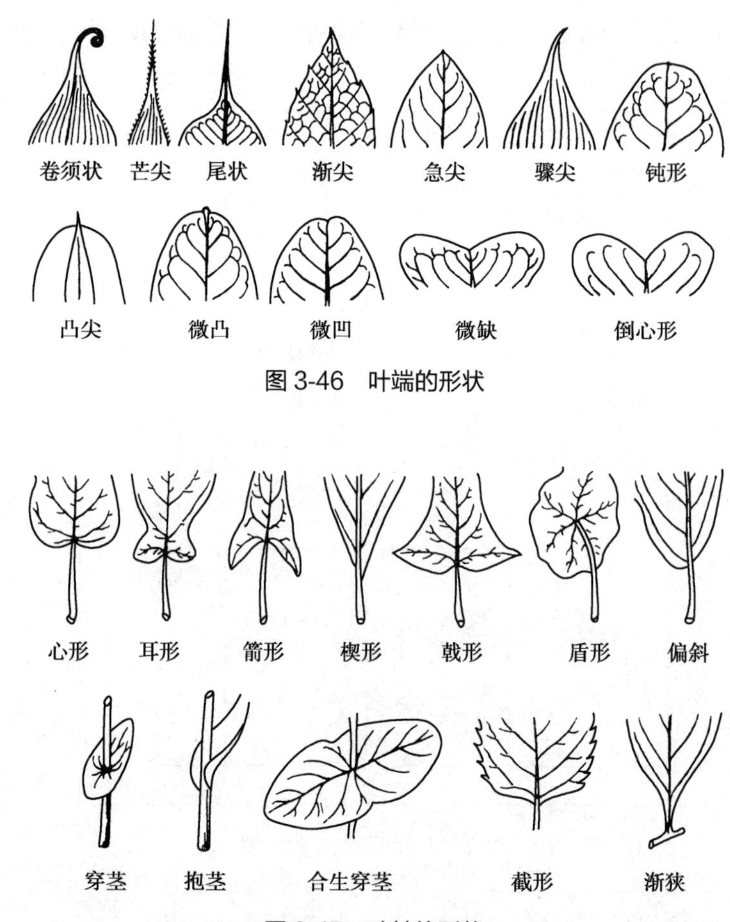

图 3-46　叶端的形状

图 3-47　叶基的形状

4. **叶缘形状**　叶缘指叶片的边缘，常见的基本形状有全缘（entire）、波状（undulate）、锯齿状（serrate）、重锯齿状（double serrate）、牙齿状（dentate）、圆齿状（crenate）、缺刻状（erose）等（图 3-48）。

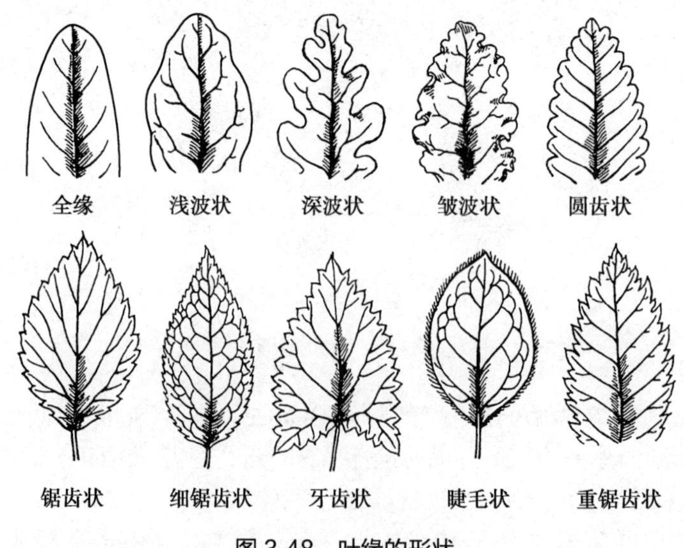

图 3-48　叶缘的形状

5. **叶片的分裂**　叶片可以不分裂（全缘）而仅叶缘具齿或细小缺刻，或裂向中脉（羽状

分裂)或裂向基本(掌状分裂)裂开。常见的叶片分裂有羽状分裂、掌状分裂和三出分裂3种类型;按叶片裂隙的深浅程度,又分为浅裂(lobate)、深裂(parted)和全裂(divided)。浅裂指叶裂不超过半个叶片的1/2;深裂是叶裂超过半个叶片的1/2,但未及中脉或叶基;全裂是叶裂深达中脉或叶基(图3-49)。

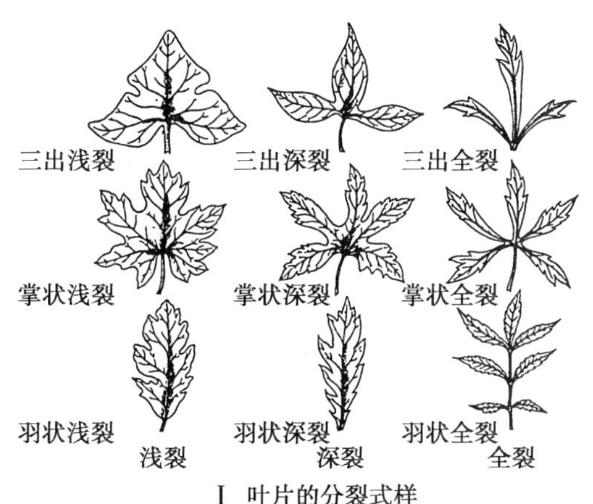

Ⅰ 叶片的分裂式样

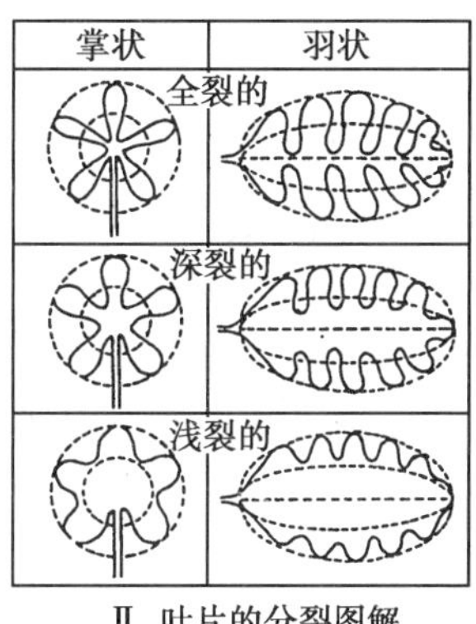

Ⅱ 叶片的分裂图解

图3-49　叶片的分裂

(二)叶的质地和附属物

1. **叶的质地**　叶片常见的质地类型有:膜质(membranaceous)指叶薄而半透明,如半夏;干膜质(scarious)指叶极薄而干脆,不呈绿色,如麻黄的鳞片叶;草质(herbaceous)指叶薄而柔软,如薄荷、藿香叶;纸质(chartaceous)指叶较薄而柔韧,似纸张样,如糙苏;革质(coriaceous)指叶厚韧似皮革,如夹竹桃、枇杷;肉质(succulent)指叶肥厚多质,如芦荟、景天、马齿苋叶等。

2. **叶表面的附属物**　叶片表面缺乏附属物(光滑的)或有各种式样的毛被等附属物,它们都是物种鉴定的特征。常见有腺体或其他分泌结构,如柑橘属的表面有点状分布的嵌入腺体;毛被又分为长硬毛、糙硬毛、绵状毛、柔毛、茸毛、星状毛和蛛丝状毛等;其他附属的特征有粗糙(如紫草、腊梅),表面覆盖一层蜡状物(有粉霜或被粉的),如芸香、苦枥白蜡等。

(三)叶脉及脉序

叶脉是贯穿叶内的维管束,其中与叶柄相连最粗大的叶脉称主脉或中脉(midrib),主脉分枝形成侧脉(lateral vein),侧脉分枝形成细脉(veinlet)。叶片中叶脉的分布式样称脉序(venation),常见有3种类型(图3-50)。双子叶植物多为网状脉,单子叶植物多是平行脉、弧形脉、射出脉,偶见网状脉。裸子植物常为单一的主脉,叉状脉多见于蕨类植物,偶见于银杏等种子植物。

1. **网状脉序**(netted venation)　主脉粗大明显,侧脉和细脉交织呈网状。根据主脉的分支情况不同,常分为下列几种。

(1)羽状(网)脉(pinnate venation):叶片中部具一条明显的主脉,各侧脉从主脉逐步分出并排列成羽状,侧脉分出的细脉交织成网状,如桂花、茶、枇杷等。

(2)掌状(网)脉(palmate venation):从叶柄顶端发出数条近等粗的叶脉,叶脉数回分支并排列成掌状,细脉交织成网状,如南瓜、蓖麻等。

(3)三出脉(ternately venation):主脉基部两侧仅产生1对侧脉,这对侧脉明显较其他侧脉发达。若这1对侧脉由主脉基部或近基部生出,称基出三出脉,如枣;如这1对侧脉由离开主脉基部一段距离生出,称离基三出脉,如樟树、肉桂等。

笔记栏

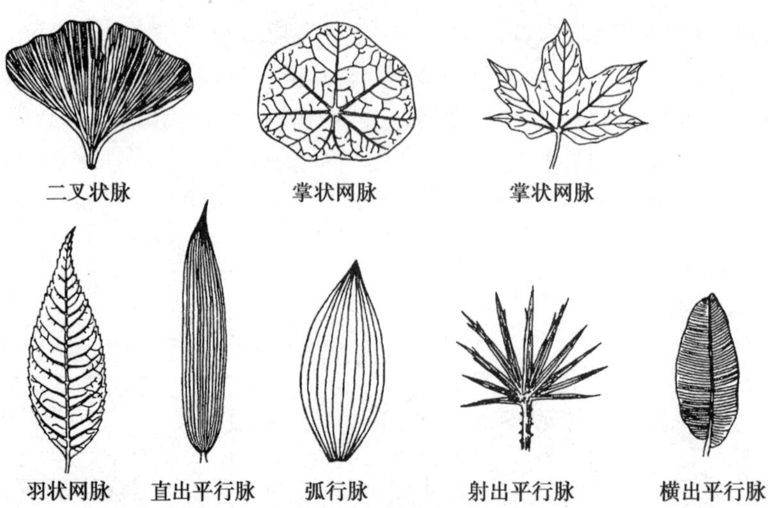

图 3-50　脉序的种类

2. **平行脉序**(parallel venation)　侧脉粗细近相等,彼此大致平行,分支细脉不交织成网状。常见于多数单子叶植物,可分为下列几种。

(1)直出平行脉(straight parallel venation):主脉和侧脉均从叶基发出,彼此平行,直达叶端汇合,如淡竹叶、麦冬、玉米等。

(2)横出平行脉(pinnately parallel venation):侧脉从主脉两侧发出,并垂直于主脉,彼此平行至叶缘,如芭蕉、美人蕉等。

(3)射出平行脉(radiate parallel venation):主脉和侧脉均从基部辐射状发出,常见于单子叶植物近圆形的叶,如棕榈类等。而盾形叶常属网状脉序,但各侧脉由叶柄顶端呈辐射状发出,也称射出脉,如荷花等。

(4)弧形脉(arc venation):叶脉和侧脉叶从叶基发出,至叶端汇合,中部明显弯曲成弧形,如玉簪、铃兰等。

3. **二叉脉序**(dichotomous venation)　每条叶脉均呈多级二叉状分枝,是比较原始的脉序,常见于蕨类植物,而裸子植物中的银杏亦具有这种脉序。

(四)单叶和复叶

1. **单叶**(simple leaf)　在一个叶柄上只着生 1 枚叶片的叶,如厚朴、枇杷等。

2. **复叶**(compound leaf)　一个叶柄上生有 2 枚以上叶片的叶(图 3-51),如细柱五加、甘草等。复叶的叶柄称总叶柄(common petiole),总叶柄上着生叶片的轴状部分称叶轴(rachis),复叶上的每片叶子称小叶(leaflet),小叶的叶柄称小叶柄(petiolule)。根据小叶的数目和在叶轴上排列的方式不同,复叶又分为下列几种(图 3-52)。

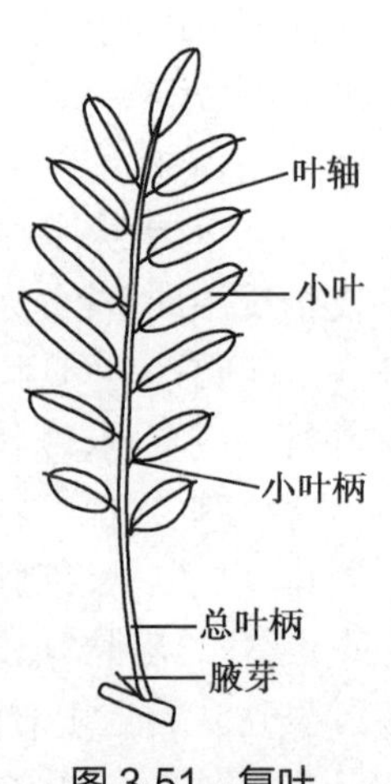

图 3-51　复叶

(1)三出复叶(ternately compound leaf):叶轴上着生 3 枚小叶的复叶,其中顶生小叶具有柄者,称羽状三出复叶,如大豆、扁豆等;顶生小叶无柄或近无柄时,称掌状三出复叶,如半夏、酢浆草等。叶轴作 2 次三出分支称二回三出复叶,如淫羊藿。

(2)掌状复叶(palmately compound leaf):3 枚以上小叶着生在总叶柄顶端,呈掌状,如细柱五加、人参、五叶木通等。

(3)羽状复叶(pinnately compound leaf):3 枚以上小叶,羽状排列叶轴两侧。根据叶轴的分支情况,又分为下列几种。

1）单（奇）数羽状复叶（odd-pinnately compound leaf）：羽状复叶的叶轴顶端仅具 1 枚小叶，如苦参、槐树等。

2）双（偶）数羽状复叶（even-pinnately compound leaf）：羽状复叶的叶轴顶端具有 2 枚小叶，如决明、蚕豆等。

3）二回羽状复叶（bipinnate leaf）：羽状复叶的叶轴作 1 次羽状分枝，在每一分枝上又形成羽状复叶，如合欢、云实等。

4）三回羽状复叶（tripinnate leaf）：羽状复叶的叶轴作 2 次羽状分枝，最后一次分枝上又形成羽状复叶，如南天竹、苦楝等。

（4）单身复叶（unifoliate compound leaf）：指一种特殊形态的复叶，可能是三出复叶两侧的小叶退化成翼状形成。叶轴顶端的小叶较大，与总叶柄间有一明显的关节，两侧的小叶成翼状，如柑橘、柚叶等。

此外，羽状复叶与着生单叶的小枝之间有时易混淆，识别时首先要弄清叶轴和小枝的区别：第一，叶轴先端无顶芽，而小枝先端具顶芽；第二，小叶叶腋无腋芽，仅在总叶柄腋内有腋芽，而小枝上每叶叶腋均具腋芽；第三，复叶的小叶与叶轴常成一平面，而小枝上单叶与小枝常成一定角度；第四，落叶时复叶是整个脱落或小叶先落，然后叶轴连同总叶柄一起脱落，而小枝一般不落，只有叶脱落。

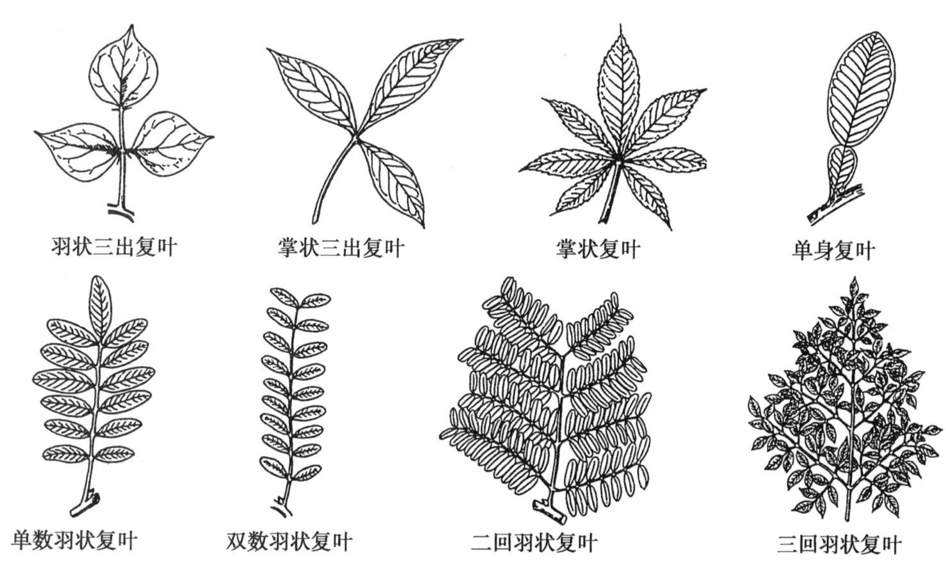

图 3-52　复叶的类型

（五）叶序

叶序（phyllotaxy）指叶在茎枝上的排列次序或方式，常见叶序如图 3-53 所示。叶无论在茎枝上以哪种方式排列，相邻两节的叶都不重叠，彼此成相当的角度镶嵌着生，称叶镶嵌（leaf mosaic）。叶镶嵌使叶片不致相互遮盖，有利于充分接受阳光进行光合作用，如常春藤、爬山虎、烟草等。此外，叶均匀排列也使茎各侧受力均衡。

互生（alternate）：每节上只着生 1 枚叶，连续的叶螺旋状排列，如桃、柳、桑等。

对生（opposite）：每节上相对着生 2 枚叶，相邻两对叶在茎两侧平行排列成二列状，称迭生，如女贞、水杉；或相邻两对叶排列成十字形，称交互对生，如薄荷、龙胆。

轮生（verticillate）：每节上着生 3 枚或 3 枚以上的叶，如夹竹桃、轮叶沙参等。

簇生（fascicled）：3 枚或 3 枚以上的叶着生节间极度缩短的侧生短枝，如银杏、枸杞、落

笔记栏

叶松等。或植株基部密集的节上，其叶如从根上生出而成莲座状，称基生叶(basal leaf)，如蒲公英、车前等。

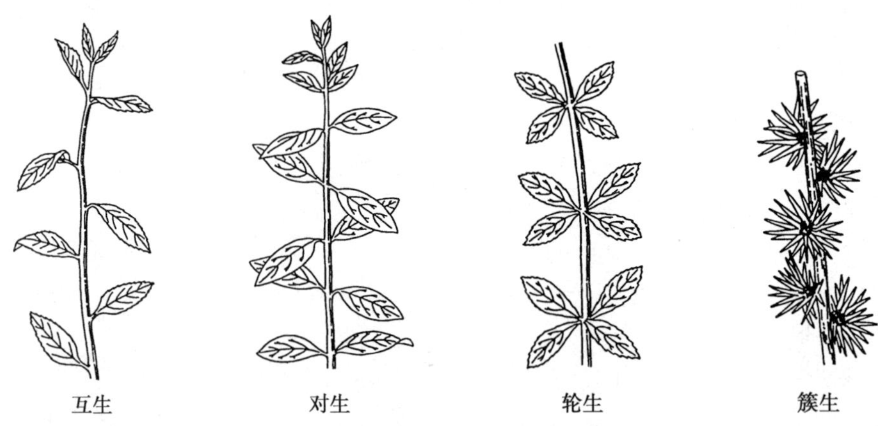

图 3-53　叶序

（六）异形叶性

同种植物的叶具有相对稳定的形状，但有一些植物在同一植株上具有不同形状的叶，这种现象称异形叶性(heterophylly)。一种是植株发育不同阶段，其叶形各异。例如，人参(图 3-54)，一年生者只有 1 枚 3 小叶的复叶，二年生者为 1 枚 5 小叶的掌状复叶，三年生者有 2 枚掌状复叶，四年生者有 3 枚掌状复叶，以后每年递增 1 叶，最多可达 6 枚掌状复叶。蓝桉幼枝上的叶对生，椭圆形叶，无柄；而老枝上的叶则互生，镰形叶，具柄。另一种是外界环境差异引起叶的形态变化，如慈菇沉水叶呈线形，漂浮的叶呈椭圆形，露出水面的叶则呈箭形(图 3-55)。

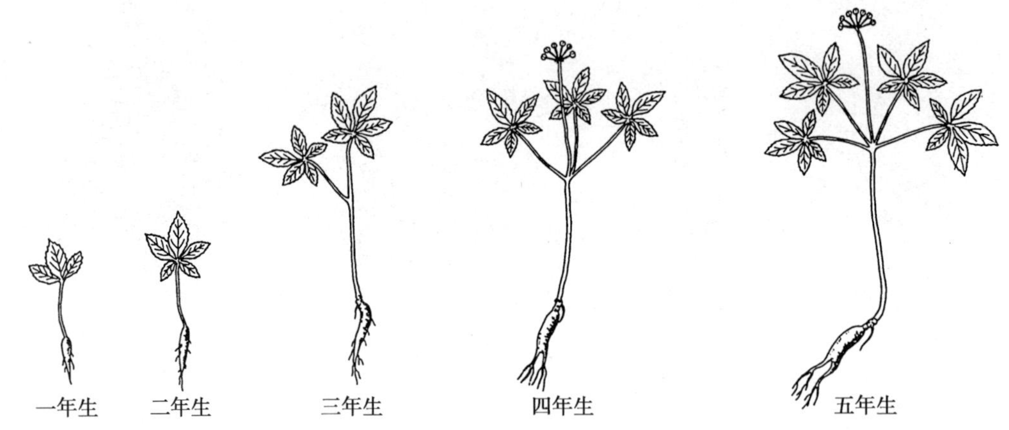

图 3-54　不同年龄人参的形态

三、叶的变态

叶的变态种类很多，常见有下列几种类型。

1. **苞片**(bract)　指生于花或花序下面的变态叶。其中，着生在花序外围或下面的苞片称总苞片(involucre)；花序中每朵小花花柄上或花萼下的苞片称小苞片(bractlet)。苞片常较叶较小，绿色，也有的大而呈其他颜色。例如，向日葵等菊科植物花序外围的总苞常由多数绿色的总苞片组成；鱼腥草花序基部的总苞则由 4 枚白色花瓣状的总苞片组成；半夏、马蹄莲等天南星科植物花序外常有 1 枚大型的总苞片，称佛焰苞(spathe)。

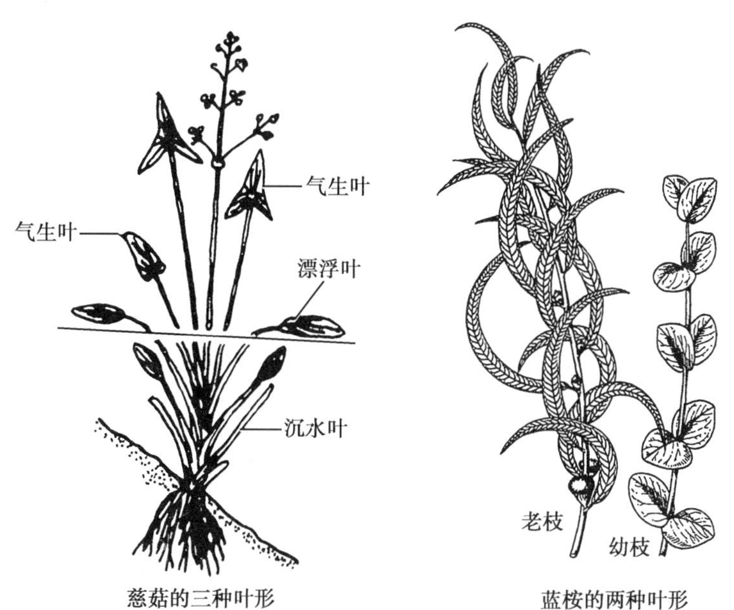

图 3-55　异形叶性

2. **鳞叶**(scale leaf)　指特化或退化成鳞片状的变态叶。有肉质和膜质两类,肉质鳞叶肥厚,能贮藏营养物质,如百合、贝母、洋葱等鳞茎上的肥厚鳞叶;膜质鳞叶菲薄,常不呈绿色,如麻黄的叶、洋葱鳞茎外层包被,以及慈菇、荸荠球茎上的鳞叶等。此外,木本植物的冬芽(鳞芽)外亦具褐色膜质鳞叶,起保护作用。

3. **叶刺**(leaf thorn)　叶片或托叶变态成刺状。例如,小檗(图 3-56)、刺槐、酸枣等的托叶变态成刺;仙人掌类植物的叶退化成刺;枸骨上叶片的刺则由叶缘变成。

4. **叶卷须**(leaf tendril)　叶全部或部分变成卷须,借以攀缘他物。例如,豌豆羽状复叶上部的小叶变成卷须,菝葜托叶变成卷须。

5. **捕虫叶**(insect-catching leaf)　捕虫植物的叶常变态成盘状、瓶状或囊状以利于捕食昆虫。其上有许多能分泌消化液的腺毛或腺体,当昆虫触及时能感应并立即自动闭合,将昆虫捕获而被消化液所消化,如猪笼草、捕蝇草等(图 3-57)。

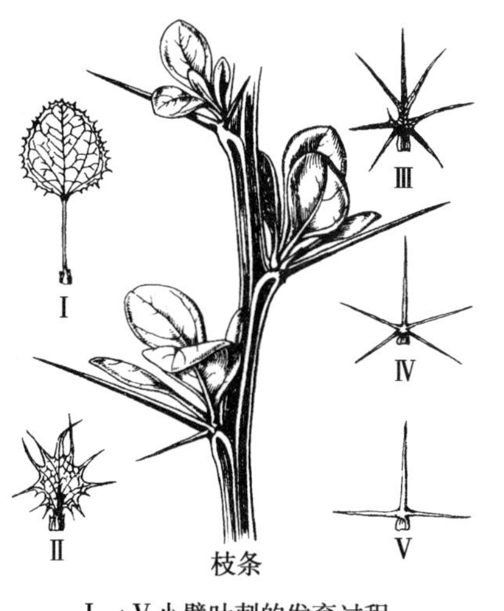

图 3-56　小檗的叶刺

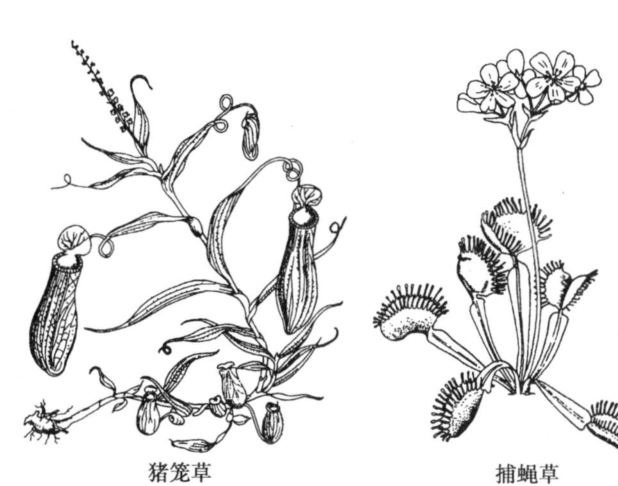

图 3-57　捕虫叶

笔记栏

四、叶的结构

叶由茎尖生长锥后方的叶原基(leaf primordium)发育而成。叶的各部分,在芽开放之前早已形成,叶片通过叶柄与茎维管组织直接相连。

(一) 双子叶植物叶的构造

1. 叶柄的结构　叶柄一般细长,横切面呈半月形、圆形、三角形等。其结构和茎的初生构造大致相似,由表皮、基本组织(皮层)和维管组织三部分组成。表皮为最外一层细胞,表皮下方的基本组织外围部分有多层厚角组织,有时也有一些厚壁组织。维管束常呈半月形排列在基本组织中,木质部位于上方(腹面),韧皮部位于下方(背面),二者之间常有短期活动的形成层。在叶柄中,维管束的数目和排列变化极大(图 3-58)。叶柄的结构特征常是叶类、全草类药材的鉴别特征之一。

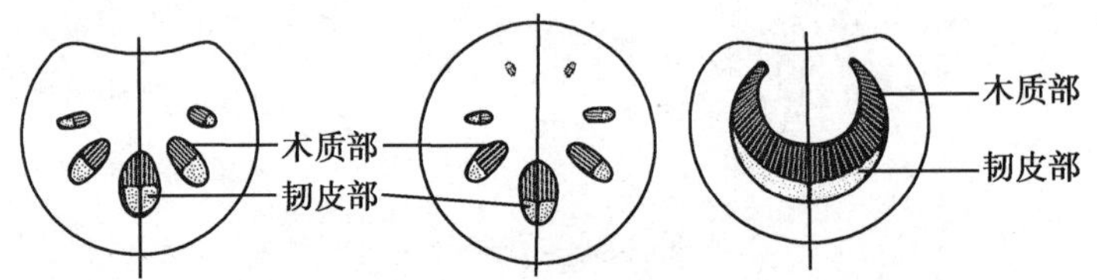

图 3-58　三种类型叶柄横切面简图

2. 叶片的结构　双子叶植物叶片横切面,由表皮、叶肉和叶脉三部分组成(图 3-59,图 3-60)。

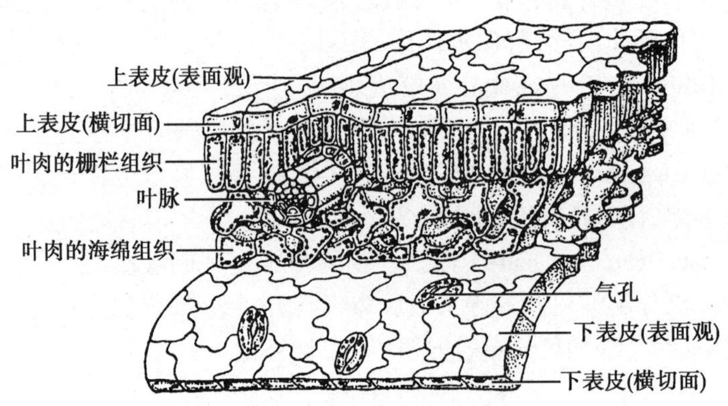

图 3-59　叶片结构的立体图解

(1) 表皮(epidermis):指覆盖整个叶片的最外层,其中覆盖在叶片腹面的称上表皮,在叶片背面的称下表皮。通常由表皮细胞、气孔器和毛状体等附属物构成。表皮细胞是生活细胞,形状不规则,彼此互相嵌合,一般不具有叶绿体,部分植物的表皮细胞内含花青素,而使叶片呈现红、紫、蓝等颜色。而桑科、爵床科等植物叶的表皮细胞中,还可见到碳酸钙结晶。

表皮细胞通常是一层细胞,侧壁(径向壁)常呈波浪状;横切面观呈方形,外切向壁较厚,常覆盖角质层。少数植物叶片的表皮由多层细胞组成,称复表皮(multiple epidermis),如夹竹桃叶片的表皮有 2~3 层细胞,印度橡胶树叶的表皮有 3~4 层细胞。同时,叶片上、下表皮上常有气孔器(stomata)分布,气孔器的数目、形态结构和分布因植物种类而异。通常下表皮的气孔较上表皮为多,旱生植物远多于水、湿生植物。

此外,表皮细胞还向外突出分裂形成了一些形态多样的表皮附属物,常见有毛状、分枝状、星状或鳞片状等形状,也有单细胞、多细胞类型。表皮附属物通过减少光伤害、水分过度蒸腾和防止病菌入侵,强化表皮的保护作用。

笔记栏

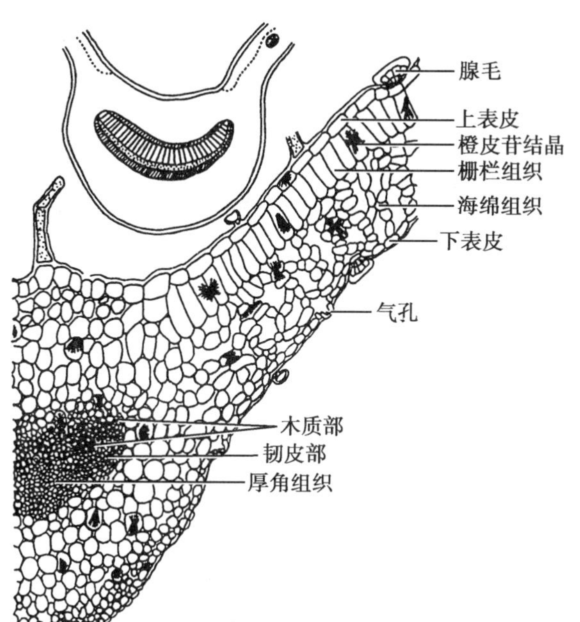

图 3-60 薄荷叶横切面简图及详图

(2) 叶肉(mesophyll):位于叶上下表皮之间,由含有叶绿体的薄壁细胞组成,是叶进行光合作用的主要场所。根据细胞形态分为栅栏组织和海绵组织两部分。

1) 栅栏组织(palisade tissue):紧接上表皮的一至数层长圆柱状的薄壁细胞,长轴垂直于上表皮,排列整齐紧密,形如栅栏。细胞内富含叶绿体,光合作用效能较强。通常一层,也有 2 层或 2 层以上的,如冬青叶、枇杷叶等。

2) 海绵组织(spongy tissue):位于栅栏组织下方,下相接下表皮,是一些近圆形或不规则形的薄壁细胞,细胞间隙大,排列疏松状,含叶绿体较少,光合作用弱,但气体交换和蒸腾作用较强。多数植物的上表皮内侧有栅栏组织,下表皮内侧为海绵组织,这种叶片上面(腹面)和下面(背面)在外部形态和内部构造上有明显区别的叶称两面叶(bifacial leaf)或异面叶(dorsi-ventral leaf)。也有一些植物的叶上下表皮内的叶肉组织形态大致相同,或都有栅栏组织或叶肉组织没有明显分化,这种叶两面的外部形态和内部结构相似的叶称等面叶(isobilateral leaf),如桉叶、番泻叶等。

此外,有些植物叶肉中具有分泌腔,如桉叶;有的有石细胞,如茶叶;还有的具有含晶异细胞,如曼陀罗叶肉细胞含有砂晶、方晶和簇晶。

(3) 叶脉(vein):贯穿叶片中的维管组织,起到输导和支持作用。各级叶脉的构造和组成不完全相同。

主脉和侧脉中的组成分子较多,常含有厚壁组织、薄壁组织和一至数个维管束。薄壁组织包围在维管束外形成维管束鞘(bundle sheath)。维管束的构造和茎的维管束大致相同,由木质部和韧皮部组成,木质部位于上面,由导管、管胞组成;韧皮部位于下面,由筛管、伴胞组成。木质部和韧皮部之间还常有少量的次生组织。在维管束的上下方,常有厚壁或厚角组织包围;在表皮下常有厚角组织起着支持作用,通常在叶的背面最发达,从而主脉和大的侧脉在叶片背面常形成显著的突起。侧脉越分越细,构造也越趋简化,最初消失的是形成层和机械组织,其次是韧皮部组分,木质部的构造也逐渐简单,组成细胞数目也减少,到了叶脉的末端,木质部中只留下 1~2 个短的螺纹管胞,韧皮部中则只有短而狭的筛管细胞和增大的伴胞。

笔记栏

主脉部位的上下表皮内方，一般为厚角组织或薄壁组织，但有些植物在主脉的上方有一层或几层栅栏组织，与叶肉中的栅栏组织相连接，如番泻叶（图 3-61）、石楠叶。

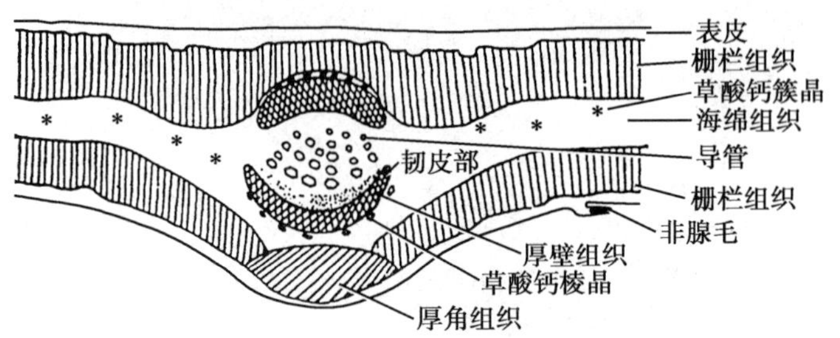

图 3-61　番泻叶横切面简图

（二）单子叶植物叶的构造

单子叶植物叶形态多样，一般为平行脉。但叶片结构也为表皮、叶肉和叶脉三部分。现以禾本科植物的叶为例加以说明。

1. **表皮**　表皮细胞的形状比较规则。上表皮由长细胞、短细胞、泡状细胞（bulliform cell）和气孔器组成，下表皮缺乏泡状细胞。长细胞为长方柱形，长径与叶的纵轴平行，多呈长方形和方形。长细胞沿叶的纵轴方向排列，因而易于纵裂，细胞外壁角质化，并含有硅质；短细胞又分为硅质细胞和栓质细胞两种。在表皮上常有乳头状突起、刺或毛茸，从而叶片表面比较粗糙。在上表皮中有一些特殊大型的薄壁细胞，叫泡状细胞（bulliform cell）；这类细胞具有大型液泡，在横切面上排列略呈扇形，干旱时由于这些细胞失水收缩，使叶子卷曲成筒，可减少水分蒸发；这种细胞与叶片的卷曲和张开有关，因此也称运动细胞（motor cell）。表皮上下两面都分布有气孔，气孔由两个狭长或哑铃状的保卫细胞组成，每个保卫细胞的外侧具有一个略呈三角形的副卫细胞。

2. **叶肉**　禾本科植物叶片多呈直立状态，叶片两面受光近似，叶肉没有栅栏组织和海绵组织的明显分化，属于等面叶类型。也有个别植物叶的叶肉组织分化为栅栏组织和海绵组织。如淡竹叶的叶肉组织中栅栏组织由 1 列圆柱形的细胞组成，海绵组织由 1~3 列排列较疏松的不规则圆形细胞组成（图 3-62）。

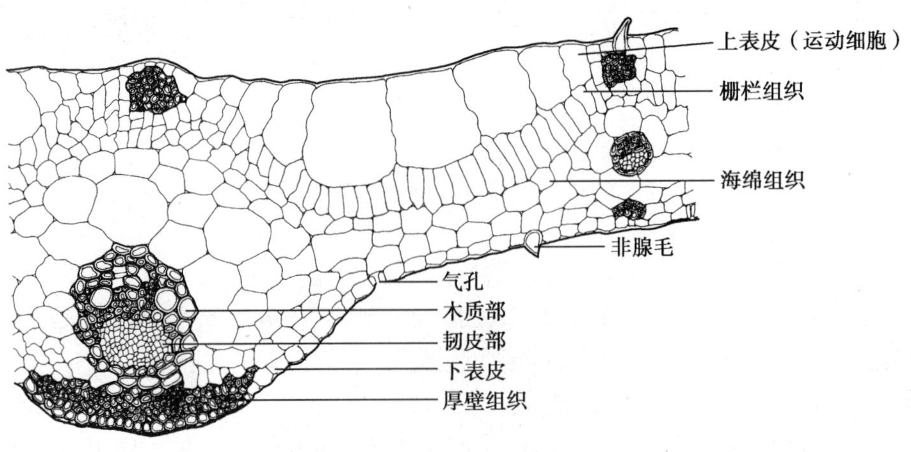

图 3-62　淡竹叶横切面详图

3. **叶脉**　叶脉内的维管束近平行排列，主脉粗大，维管束为有限外韧型。在维管束与上下表皮之间的厚壁组织发达，增强了机械支持作用。在维管束外围常有一两层或多层薄

壁组织或厚壁细胞包围，称维管束鞘（vascular bundle sheath）。例如，玉米、甘蔗中有1层较大的薄壁细胞，水稻、小麦中有1层薄壁细胞和1层厚壁细胞。

（三）气孔指数、栅表比和脉岛数

1. **气孔指数**（stomatal index）　同一植物叶的单位面积（mm^2）上气孔数与表皮细胞的比例是恒定的，这种比例关系常用气孔指数来表示，即单位面积上的气孔数目。

$$气孔指数=\frac{单位面积上的气孔数}{单位面积上的气孔数+单位面积上的表皮细胞数}\times 100\%$$

如蓼蓝 *Polygonum tinctorium* Ait. 叶片上、下表皮的气孔指数分别是8.4%~11.4%、22.4%~28.0%。

2. **栅表比**（palisade ratio）　叶肉中栅栏组织与表皮细胞间有一定的关系，一个表皮细胞下的平均栅栏细胞数目称"栅表比"。栅表比是相对恒定的，可用来区别不同种植物的叶。如尖叶番泻 *Cassia acutifolia* Delile叶片的栅表比为1∶(4.5~18)。

3. **脉岛数**（vein islet number）　叶脉中最微细的叶脉所包围的叶肉组织为一个脉岛。每平方毫米面积中的脉岛个数称脉岛数。同种植物叶的单位面积（mm^2）中脉岛数目通常是恒定的，且不受植物的年龄和叶片大小而变化，可作为鉴定的依据。如中药紫珠叶的来源中，杜虹花 *Callicarpa formosana* Rolfe. 叶的脉岛数为（11.31 ± 1.82）个 /mm^2，大叶紫珠 *C. macrophylla* Vahl. 叶的脉岛数为（3.82 ± 1.44）个 /mm^2，华紫珠 *C. cathayana* H. T. Chang叶的脉岛数为（4.66 ± 1.73）个 /mm^2。

五、叶对生境的适应

叶是植物完全暴露在空气中面积最大，响应环境变化比较敏感且可塑性大的器官。环境变化常导致叶长、宽及厚度，叶表面气孔、表皮细胞及附属物、栅栏组织、海绵组织、胞间隙、厚角组织和叶脉等形态结构的响应与适应。植物叶的形态和构造对不同生态环境的适应性变化，形成了不同的生态类型。

1. **叶片结构与水分因子**　叶片的形态结构特征与水分保持有关。植物长期生长在缺水条件下叶片具有耐旱的形态结构特征，即叶片细胞壁硬且弹性高，渗透势低；表皮细胞小，切向壁加厚，角质层厚，气孔多在下表皮，气孔密度增加且向小型化发展，气孔下陷形成气孔窝或其上有突出的角质膜；栅栏组织发达，海绵组织不发达，胞间隙小；网状叶脉发达和维管束鞘细胞较大，木质部导管直径小；比叶重和密度增大。长期生长在阴湿环境植物的叶面积大而薄，表皮细胞大且含叶绿素，气孔多分布在上表皮，叶肉组织分化程度低，气腔和通气组织发达，组织间隙较大，比叶重和密度减小，维管束和机械组织退化。

2. **叶片结构与光因子**　叶片形态解剖结构受光境因子的影响。植物长期生长在强光下，叶片小而厚，表皮角质膜和毛被等附属物发达；表皮细胞层数多且体积减小、有下皮层，栅栏组织发达和海绵组织排列紧密，随光强增加气孔密度和气孔指数也增大等。弱光环境中的植物叶片大而薄、比叶重小、柔软且叶柄较长；表皮细胞凸透、层数减少、体积增大、壁薄、常含叶绿素、角质膜薄或无，栅栏组织不发达，海绵组织发达，胞间隙较发达；叶脉稀疏，机械组织不发达。同时，叶片的结构对蓝光数量敏感性最大，而红光最小。蓝光数量与叶片厚度、栅栏组织细胞中叶绿体数目、栅栏组织和海绵组织厚度等呈正相关。

3. **叶片结构与温度因子**　生长在高温条件下的植物，比叶面积显著增加，而叶片厚度、栅栏组织和海绵组织细胞层数及厚度、叶绿素含量等则减少。随温度升高，气孔密度增加，而气孔器面积和气孔长宽指数减小，气孔导度和 CO_2 同化速率也降低；耐热植物的气孔密度大、体积小且孔径小，叶片较厚，叶肉细胞排列紧密，细胞很少出现质壁分离；但感热植物

笔记栏

的结构特征与之相反。低温环境下，植物叶面积缩小，上下表皮厚度、栅栏组织和海绵组织厚度及叶总厚度增加。随寒冷指数增大，叶片数呈现减少趋势，而叶片厚度、管胞直径、叶片的输导组织和维管束厚度、内皮层厚度以及输导组织和维管束厚度与叶片总厚度之比均呈增大趋势。

4. 叶片结构与 CO_2 浓度 不同光合途径的植物对高浓度 CO_2 的响应差异较大，CO_2 浓度倍增使 C3 植物叶片厚度明显增加，上表面气孔减少。C4 植物叶片厚度无明显变化，但表皮气孔有增加趋势。高山环境中 CO_2 和 O_2 分压低，常气孔下陷，面积减小。

思政元素

从植物顺境而生，到学无止境

植物生长需要一定的环境，而植物器官的形态结构特征，也常常随其生活环境中的水分、光照、温度和 CO_2 浓度等条件而变化。叶是最能体现植物适应环境变化的器官之一。例如，棕榈、芭蕉等热带雨林植物叶片变大，多呈圆形、椭圆形或盾形，以此接收更多的阳光进行光合作用，同时又能增强水分的蒸发，降低叶面温度；仙人掌等热带沙漠生活的植物的叶片退化成针状，以此减少水分的散失而适应干旱的环境。可见，通过自身的改变以适应环境是生物生存发展的基本策略，而"穷则思变"则是这一生物法则在人类社会活动中的表现。人类正是通过终身学习，提升自己适应社会发展变化的能力，学会适应工作、学习环境，学会与他人相处。向植物学习，要学会适应，以坦然之心面对一切，才会更好地发挥自己的特点与优势，为人类社会发展作出更大贡献。

第四节 花的形态与结构

花(flower)是种子植物花芽发育而成的特有繁殖器官。植物从种子萌发开始，首先进行根、茎、叶等营养器官的生长，称营养生长(vegetative growth)；当营养生长到一定时期以后，在适宜的外部条件和生理条件下，茎尖开始分化形成花芽，以后开花、传粉、受精并形成果实和种子等过程，称生殖生长(reproductive growth)。

裸子植物的花构造原始且简单，无花被，单性，簇拥呈球花状，称雄球花或雌球花。被子植物的花高度进化，构造复杂，形式多样，多朵花有序排列形成花序。花的形态构造特征较其他器官稳定，变异较小，且其形态、大小、颜色和组成数目因植物种类而异，并能反映植物之间的亲缘关系，所以是植物分类鉴定的重要依据。花或花部组分也常常是药用植物的重要入药部位，如菊花、旋覆花、款冬花等以花序入药，洋金花、红花、金莲花等使用开放的花，辛夷、金银花、丁香、槐米等以花蕾入药，而莲房是花托、莲须是雄蕊、玉米须是花柱、番红花是柱头、松花粉和蒲黄是花粉等。

一、花的组成及形态

被子植物的完全花(complete flower)包括花梗、花托、花萼、花冠、雄蕊群和雌蕊群等 6 部分(图 3-63)。花梗和花托是花中茎枝部分的变态，主要起支持作用；萼片、花瓣是不育的

变态叶，雄蕊、雌蕊是可育的变态叶，它们分别是组成花萼、花冠、雄蕊群和雌蕊群的基本单位。其中，花萼和花冠合称花被，雄蕊和雌蕊合称花蕊。虽然它们在形态和功能上与普通的叶差异很大，但它们的发生、生长方式和维管组织系统与叶类似。因此，花是适应生殖、节间极度缩短且不分枝的变态短枝。

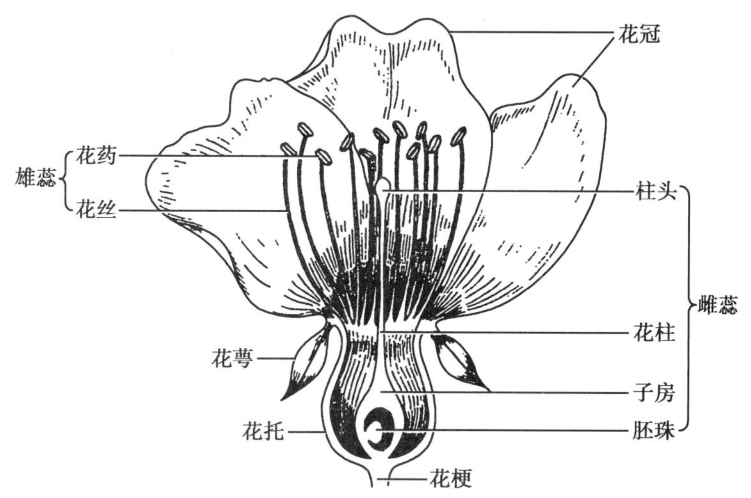

图 3-63 花的组成部分

(一) 花梗和花托

花梗（pedicel）又称花柄，是花与茎连接的柄状结构，一般呈绿色、圆柱形，其结构与茎初生构造相似。花梗既是茎向花输送各种营养物质的通道，又能支持花并伸展在一定的空间，开花结果后发育成果柄。花梗的长短、粗细因植物种类而异，如莲、垂丝海棠的花梗较长，贴梗海棠的花梗较短，地肤、车前等几乎无花梗。

花托（receptacle）位于花梗顶端略膨大的部分，是花萼、花冠、雄蕊群和雌蕊群由外至内依次着生的位置。花托的形态因植物种类而异，有的呈圆柱状（如木兰、厚朴）、圆锥状（如覆盆子、草莓）、倒圆锥状（如莲）或凹陷呈杯状（如金樱子、蔷薇、桃）；也有在雌蕊基部或雄蕊与花冠之间，扩大成扁平状、垫状、杯状或裂瓣状的结构，常能分泌蜜汁，称花盘（disk），如柑橘、卫矛、枣等。此外，花托在雌蕊基部形成短柄状，称雌蕊柄或子房柄（gynophore），如黄连、落花生等；或在花冠以内部分延伸成柄状，称雌雄蕊柄（androgynophore）或两蕊柄，如白花菜、西番莲、苹婆等；或在花萼以内部分延伸成柄状，称花冠柄（anthophore），如剪秋萝属和部分石竹科植物。

(二) 花被

花被（perianth）是花萼和花冠的总称，通常有内外两轮，外轮称花萼（calyx），内轮称花冠（corolla），如桃、杜鹃、木槿、紫荆等。有些植物的花被分化不明显，花萼和花冠形态相似而不易区分，如厚朴、五味子等，或花冠未发育而由花萼变成花冠，如百合、黄精等。花被具保护雄蕊、雌蕊和吸引昆虫传粉的作用。

1. **花萼**（calyx） 指一朵花中所有萼片（sepals）的总称，且萼片数目常是定数。花萼是花最外一轮变态叶，通常为绿色，可进行光合作用；形态和构造与叶片相似，一般叶肉组织不分化。也有一些植物的花萼颜色鲜艳呈花瓣状，称瓣状萼（petaloid sepal），如乌头、铁线莲等。根据萼片间的联合关系，又分成离生萼和合生萼两类。

一朵花中，萼片彼此分离的花萼称离生萼（chorisepalous calyx），如油菜、毛茛、菘蓝等；萼片基部或全部联合的花萼称合生萼（gemosepalous calyx），下部合生部分称萼筒或萼管

笔记栏

(calyx tube),顶端分离部分称萼裂片或萼齿(calyx lobe),如丹参、桔梗、党参等。在萼筒下部若向一侧凸起并延伸成管状物,称距(spur),如凤仙花、旱金莲等;萼片下方若有一轮类似萼片的苞片,称副萼(epicalyx),如蜀葵、锦葵等。花萼常与花冠同步绽放和脱落,当花萼在花冠开放前先脱落时,称早落萼(caducous calyx),如延胡索、白屈菜等;在果实成熟时花萼不脱落,称宿存萼(persistent calyx),如柿、酸浆等。菊科植物的花萼常变态成羽毛状、鳞片状、针刺状等,称冠毛(pappus),如蒲公英、苍术等;而苋科植物的花被变成膜质半透明,如牛膝、青葙等。

2. **花冠**(corolla)　指一朵花中所有花瓣(petals)的总称,位于花萼的内侧,可排成 1 轮至多轮。花冠的颜色主要取决于所含的有色体和花青素,不含二者的花瓣则呈白色;有的花瓣基部具蜜腺,能分泌蜜汁和香味。花瓣的结构与叶相似,上表皮细胞常呈乳头状或茸毛状突起,上、下表皮有时可见少数气孔和毛状体;相当于叶肉的部位较花萼更为简化,也无栅栏组织的分化;有的可见分泌组织和贮藏物质,如丁香的花瓣中具有油室,红花的花瓣中具有含红棕色物质的分泌道,忍冬的花瓣中具有草酸钙结晶;维管组织不发达,或仅有少数螺纹导管。

一朵花中,花瓣彼此分离的花称离瓣花冠或离瓣花(choripetalous corolla),如油菜、甘草等;花瓣彼此联合的花称合瓣花冠或合瓣花(synpetalous corolla),其联合部分称花冠筒或花筒,上部分离的部分称花冠裂片,如桔梗、丹参等;一些花瓣基部延伸成管状或囊状物,也称距,如紫花地丁、延胡索等;也有一些花冠上或花冠与雄蕊之间存在瓣状附属物,称副花冠(corona),如水仙、徐长卿等。

花冠或花萼在花芽中的排列方式,以及花冠离合、形状、大小和结构差异因植物种类不同而异,常是植物分类鉴定的依据之一。有以下花冠的特殊类型(图 3-64)。

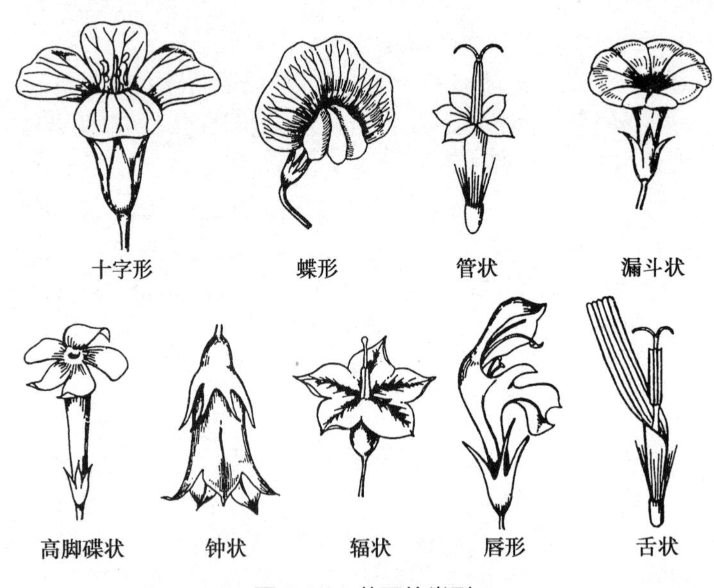

图 3-64　花冠的类型

(1) 十字形花冠(cruciform corolla):花瓣 4 枚,离生,上部外展排成十字形,如萝卜、菘蓝等十字花科植物。

(2) 石竹形花冠(caryophyllaceous corolla):5 枚具爪的分离的花瓣,在檐部和爪部相交成直角,如石竹、香石竹等石竹科植物。

(3) 蔷薇形花冠(roseform corolla):5 枚离生的无柄花瓣,彼此覆瓦状排列呈辐射对称,如

笔记栏

蔷薇、玫瑰、月季等。

(4)蝶形花冠(papilionaceous corolla):5 枚离生花瓣排列成蝶形,最上 1 枚最大称旗瓣;两侧 2 枚较小称翼瓣,被旗瓣覆盖;最下面 2 枚最小,位于翼瓣之间,下缘稍合生并向上弯曲呈龙骨状,称龙骨瓣;如豌豆、黄芪、槐等蝶形花亚科植物。若旗瓣最小,位于两翼瓣内,称假蝶形花冠,如紫荆、决明、皂荚等云实亚科植物。二者的区别在于花瓣大小和排列顺序不同。

(5)唇形花冠(labiate corolla):花冠下部联合呈筒状,上部裂片略呈二唇形,上唇由 2 枚裂片联合而成,下唇由 3 枚裂片联合而成,如丹参、益母草等唇形科植物。

(6)管状花冠(tubular corolla):花冠大部分合生呈筒状或管状,花冠裂片向上伸展,如向日葵、红花等菊科植物的管状花。

(7)舌状花冠(liguliform corolla):花冠基部联合成短筒,上部向一侧延伸并联合成扁平舌状,如蒲公英、菊花等菊科植物的舌状花。

(8)漏斗状花冠(funnel-form corolla):花冠合生呈筒状,并自下而上逐渐扩大,上部外展,整体呈漏斗状,如牵牛、曼陀罗等。

(9)高脚碟状花冠(salverform corolla):花冠合生部呈细长管状,上部突然水平展开呈碟状,整体呈高脚碟状,如水仙花、长春花等。

(10)钟状花冠(companulate corolla):花冠筒宽而稍短,上部裂片斜向外展呈钟形,如沙参、桔梗等桔梗科植物。

(11)辐状或轮状花冠(wheel-shaped corolla):花冠筒极短,裂片由基部向四周辐状伸展,状如车轮,如茄、枸杞、龙葵等部分茄科植物。

(12)坛状花冠(urceolate corolla):花冠筒膨大呈卵形或球形,上部收缩成一短颈,短小的花冠裂片向四周辐射状伸展,如柿树、荷包牡丹、乌饭树等。

3. **花被卷迭式**　指花被在花蕾时的排列方式和相互间的叠压关系,因植物种类不同而异。常见以下几种卷迭方式(图 3-65):

图 3-65　花被卷迭式

(1)镊合状(valvate):花被各片边缘彼此互不覆盖排成一圈,如桔梗、葡萄的花冠。若花被片的边缘稍向内弯称内向镊合,如沙参的花冠;若花被片的边缘向外弯称外向镊合,如蜀葵的花萼。

(2)旋转状(contorted):花被片中一片的边缘覆盖相邻另一片的边缘,而另一边又被相邻另一片的边缘所覆盖,如夹竹桃、龙胆的花冠。

(3)覆瓦状(imbricate):花被边缘彼此覆盖,但必有 1 片完全在外、1 片完全在内,如紫草的花冠、山茶的花萼。若在覆瓦状排列的花被中,有 2 片全在外、2 片全在内,称重覆瓦状(quincuncial),如桃、野蔷薇的花冠。

(三)雄蕊群

雄蕊群(androecium)指一朵花中所有雄蕊的总称,位于花冠内方。常与花瓣同数或其倍数,超过 10 枚者称雄蕊多数;也有仅有 1 个雄蕊的花,如京大戟、姜、白及等。一朵花中雄蕊的数目和结构特征随植物种类而异。

1. **雄蕊的组成**　绝大多数植物的雄蕊可分为花丝和花药两部分,花丝上着生花药。花

笔记栏

丝(filament)是雄蕊下部细长的柄状部分,基部一般着生在花托上,顶端承托花药;有的下部与花冠合生,称冠生雄蕊(epipetalous stamen),如茄、龙胆等;也有的花丝扁平呈带状(如莲)或完全消失(如栀子),或呈花瓣状(如姜、姜黄、美人蕉)。花药(anther)是花丝顶部膨大呈囊状体的部分,由2个或4个花粉囊(pollen sac)或称药室(anther cell)组成,分成左右两半,中间以药隔(connective)相联。一些植物的部分雄蕊不具花药,或仅见痕迹,称不育雄蕊或退化雄蕊,如丹参、鸭跖草等。

(1)花药开裂:花粉粒成熟后,花药一般在2个花粉囊接触点缝合的位置开裂,但缝合的位置有多种,形成以下常见的开裂方式(图3-66)。

纵裂:花粉囊纵向开裂,最常见,如百合、桃等。

孔裂:花粉囊顶端裂开一小孔,花粉由孔中散出,如茄、罂粟等。

瓣裂:花粉囊有2个或4个瓣状盖,成熟时瓣盖打开,花粉散出,如樟、淫羊藿等。

横裂:花粉囊沿中部横裂1缝,花粉粒从裂缝中散出。如锦葵科1室花药。

(2)花药的着生方式:花药在花丝上常见着生方式如下(图3-67)。

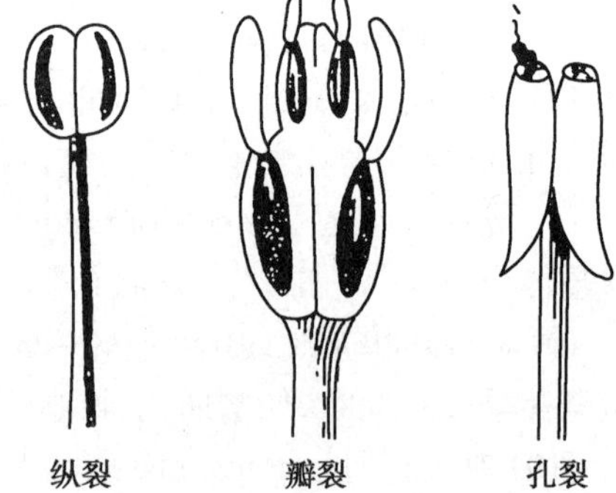

图3-66 花药开裂方式

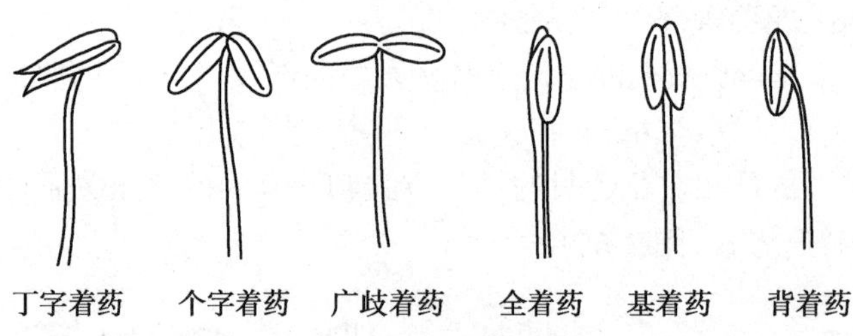

图3-67 花药的着生方式

全着药:花丝延伸至药隔,药隔较宽大,如紫玉兰、玉兰等。

基着药:花药仅基部着生在花丝顶端,以致花药直立,如樟等。

背着药:花丝连接在药隔基部以上,以致花药稍倾斜,如马鞭草等。

丁字着药:花丝几乎着生在药隔的中部,以致花药能自由摆动,如百合等。

个字着药:花粉囊呈个字形,联合处与花丝连接,如玄参等。

广歧着药:两花粉囊近平展,联合处着生花丝上,如薄荷等。

2. 雄蕊的类型 植物不同,花中雄蕊的数目、花丝的长短、花丝和花药分离或联合方式等不同,从而形成了不同的形态类型(图3-68)。

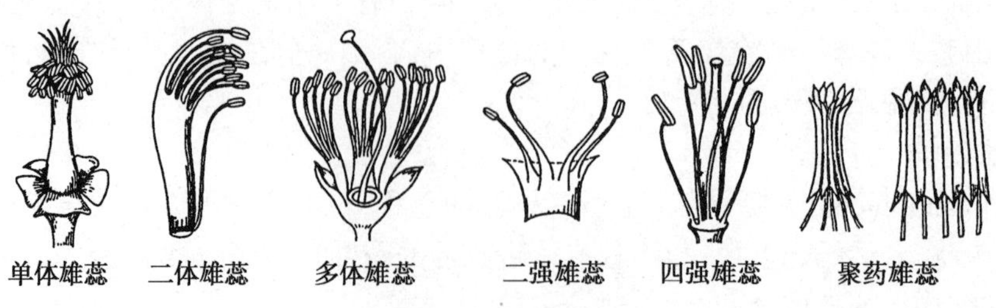

图3-68 雄蕊的类型

笔记栏

(1)离生雄蕊(distinct stamen):一朵花中雄蕊彼此分离,仅花丝基部与花托连接,是被子植物最常见的雄蕊类型。如桃、李、连翘、芍药等。

(2)二强雄蕊(didynamous stamen):一朵花中雄蕊4枚,且2枚花丝较长,2枚花丝较短,如薄荷、益母草、牡荆、马鞭草、地黄、玄参等。

(3)四强雄蕊(tetradynamous stamen):一朵花中雄蕊6枚,且4枚花丝较长,2枚花丝较短,如菘蓝、独行菜等十字花科植物。

(4)单体雄蕊(monadelphous stamen):一朵花中全部雄蕊的花丝联合成一束,呈筒状,而花药分离,如蜀葵、木槿、远志、香椿、苦楝等。

(5)二体雄蕊(diadelphous stamen):一朵花中雄蕊的花丝联合并分成2束,如甘草、黄芪等蝶形花亚科植物有10枚雄蕊,9枚联合,1枚分离,而紫堇、延胡索等罂粟科紫堇属植物有6枚雄蕊,每3枚为1束。

(6)多体雄蕊(polyadelphous stamen):一朵花中雄蕊的花丝联合成数束,如元宝草、金丝桃以及柑橘、酸橙等。

(7)聚药雄蕊(synantherous stamen):一朵花中雄蕊的花丝分离,花药合生呈筒状,如红花、白术等菊科植物。

此外,雄蕊由外向内发育,导致最外侧的雄蕊先成熟,称雄蕊向心发育;雄蕊由中心向外发育,以致中心的雄蕊先成熟,称雄蕊离心发育。雄蕊短于花冠,称雄蕊内藏;萝藦科植物的花丝与柱头合生并包在雌蕊上面,称合蕊冠(gynostegium)。

(四)雌蕊群

一朵花中所有雌蕊(pistil)总称雌蕊群(gynoecium),位于花的中心部位。雌蕊构成的单位是心皮(carpel),裸子植物的心皮伸展成叶片状,常称大孢子叶或珠鳞,以致胚珠裸露在外;被子植物的心皮边缘结合成封闭的囊状结构,常称雌蕊,胚珠包被在雌蕊内,这是二者区别的主要特征。

1. 雌蕊的组成及类型 大多数被子植物的花中只有1枚雌蕊,由一至多枚心皮组成。在形成雌蕊时分化出柱头、花柱、子房3部分。心皮卷合生成雌蕊后,心皮边缘愈合处称腹缝线(ventral suture),胚珠着生在腹缝线上;心皮中肋处称背缝线(dorsal suture),相当于变态叶的中脉。根据一朵花中心皮数目和心皮分离联合的情况不同,常分为单雌蕊、离生雌蕊和复雌蕊(图3-69)。单雌蕊(simple pistil)指一朵花中仅由1枚心皮发育成的雌蕊,如甘草、野葛、桃、杏等;离生雌蕊(apocarpous pistil)指一朵花中有多枚彼此分离的心皮,各自发育成雌蕊,如毛茛、乌头、厚朴、五味子等;复雌蕊(syncarpous pistil)指由2枚或2枚以上心皮联合发育成1枚雌蕊,又称合生雌蕊,如丹参、百合、南瓜、卫矛、桔梗、木槿等。

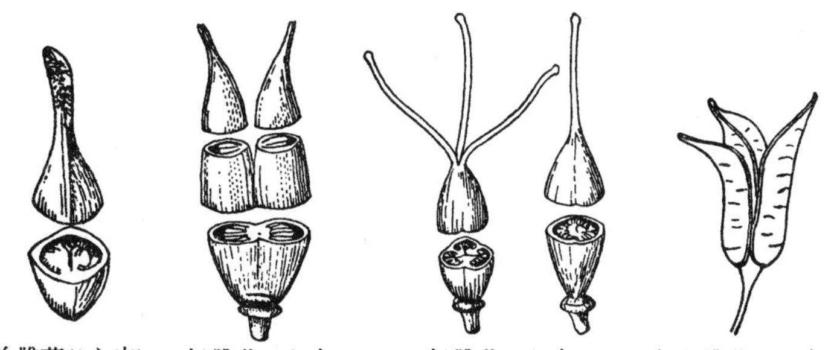

图3-69 雌蕊的类型

(1)柱头(stigma):位于雌蕊的上部,是承接花粉的部位,常扩展成各种形状。风媒花的

笔记栏

柱头常呈羽毛状，以增加柱头接收花粉的表面积，柱头表面无黏液而具亲水的蛋白质膜，称干型柱头，如禾本科植物；虫媒花的柱头常呈圆盘状、星状或头状等，表皮细胞呈乳突状或毛状等，表面能分泌水分或黏液等，可黏附花粉和提供花粉萌发所需水分和其他物质，称湿型柱头，如甘草、洋金花等。

(2) 花柱(style)：位于柱头和子房之间的部位，是花粉管进入子房的通道，有空心和实心两类。空心花柱中央中空，称花柱道；实心花柱中央是引导组织，花粉管穿过引导组织进入子房。花柱的有无、长短、粗细随植物种类而异，如玉米的花柱细长如丝，莲的花柱粗短如棒；而木通、罂粟则无花柱；唇形科和紫草科植物的花柱插生于纵向分裂的子房基部，称花柱基生(gynobasic)；兰科植物的花柱与雄蕊合生成一柱状体，称合蕊柱(gynostemium)，如白及、天麻等。

(3) 子房(ovary)：位于雌蕊基部并膨大呈囊状，着生在花托上。外为子房壁，内有一至多室，每室具有一至多枚胚珠。受精后，子房发育成果实，子房壁成为果皮，胚珠发育成种子。子房室的数目因植物种类不同而异，单雌蕊或离生雌蕊的每一个子房只有 1 室，称单子房，如甘草、野葛等豆科植物。复雌蕊有一至多室，有时多个心皮仅边缘在周边联合，形成的子房只有 1 室，称单室复子房，如栝楼、丝瓜等葫芦科植物；若心皮边缘向内卷入，在中心联合形成柱状结构，称中轴(axis)，形成的子房室数与心皮数相等，称复室复子房，而复室复子房室的间壁称隔膜(diaphragm)，如百合、黄精等百合科植物和桔梗、南沙参等桔梗科植物；有的子房室被次生间壁完全或不完全地分隔，次生间壁称假隔膜(false diaphragm)，如菘蓝、芥菜等十字花科植物。雌蕊的心皮数常依据柱头和花柱的分裂数目、子房上背缝线以及子房室数等来判断。

2. **子房的位置**　子房着生在花托上，且与花托的连接因植物种类不同而异，从而导致子房与花被、雄蕊之间的关系也不同，常有以下类型(图 3-70)。

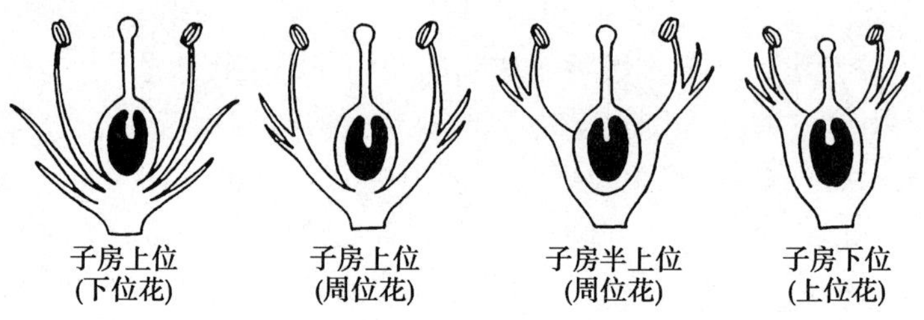

图 3-70　子房的位置简图

(1) 子房上位(superior ovary)：子房仅底部与花托愈合。有 2 种类型：花托扁平或隆起，花被和雄蕊着生位置较子房低，称花下位或下位花(hypogynous flower)，如油菜、金丝桃、百合等；子房着生于杯状花托或花筒内壁上，仅基部与花托愈合，花被和雄蕊着生在花托或花筒边缘，称花周位或周位花(perigynous flower)，如桃、杏、月季等。

(2) 子房下位(inferior ovary)：子房全部埋于凹陷的花托或花筒内并与其愈合，花被和雄蕊着生于子房上部的花托或花筒边缘，称花上位或上位花(epigynous flower)，如苹果、贴梗海棠、丝瓜等。

(3) 子房半下位(half-inferior ovary)：子房下半部与凹陷的花托或花筒愈合，子房上半部、花柱和柱头仍独立外露，花被和雄蕊着生在子房周围的花托或花筒边缘。这种花也称花周位或周位花，如桔梗、党参、马齿苋等。

3. **胎座的类型**　胚珠着生的部位称胎座(placenta)。胎座因雌蕊的心皮数目及心皮联合的方式不同有多种类型(图 3-71)。

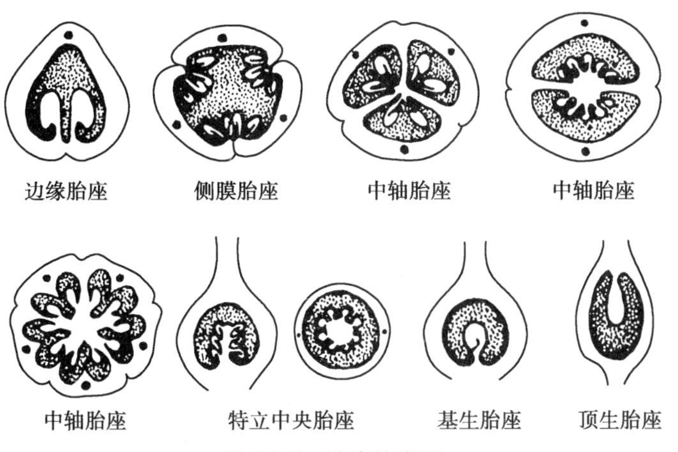

图 3-71　胎座的类型

(1)边缘胎座(marginal placenta):单雌蕊或离生雌蕊,子房 1 室,多枚胚珠沿腹缝线边缘着生,如野葛、甘草、芍药、乌头等。

(2)侧膜胎座(parietal placenta):多枚心皮仅在边缘愈合形成单室复子房,多数胚珠着生在子房壁的腹缝线上,如罂粟、延胡索、栝楼、丝瓜等。

(3)中轴胎座(axial placenta):多枚心皮边缘向内延伸至中央并愈合成中轴,形成复室复子房,多枚胚珠着生在中轴上,其子房室数常与心皮数目相等,如玄参、地黄、桔梗、沙参、百合、贝母等。

(4)特立中央胎座(free-central placenta):早期或为复室复子房的中轴胎座,随着发育,子房室的隔膜和中轴上部消失,形成 1 室,多枚胚珠仍着生在独立的中轴上,如石竹、太子参、过路黄、点地梅等。

(5)基生胎座(basil placenta):雌蕊 1 枚,子房 1 室,心皮 1~3 枚,1 枚胚珠着生在子房室基部,如大黄、何首乌、向日葵、白术等。

(6)顶生胎座(apical placenta):雌蕊 1 枚,子房 1 室,心皮 1~3 枚,1 枚胚珠着生在子房室顶部,如桑、构树、草珊瑚、及己等。

(7)全面胎座(superficial placenta):胚珠着生在子房内壁和隔膜上,是少数植物一种原始的胎座类型,如睡莲、芡等。

4. 胚珠的构造及其类型　胚珠(ovule)指着生在子房内胎座上的卵形小体,常呈椭圆形或近圆形,其数目、类型随植物种类而异。大多数被子植物的胚珠具有 2 层珠被(integument),包围珠心(nucellus),外层为外珠被,内层为内珠被,裸子植物和少数被子植物仅有 1 层珠被,极少数种类无珠被。胚珠基部与胎座相联的短柄称珠柄(funicle);顶端的珠被常不相联合而留下一小孔,称珠孔(micropyle),是花粉管进入珠心完成受精的通道。珠心中央发育产生胚囊(embryo sac),成熟胚囊常由 1 个卵细胞、2 个助细胞、3 个反足细胞和 2 个极核细胞等 8 个细胞组成。珠被、珠心基部和珠柄相结合处称合点(chalaza)。胚珠生长发育过程中,珠柄、珠被、珠心等的细胞分裂和生长速度不同,形成了不同的胚珠类型(图 3-72)。

(1)直生胚珠(atropous ovule):珠柄、珠孔、合点在一条直线上,胚珠直立着生在珠柄上,即珠柄在下,珠孔在上,如三白草科、胡椒科、蓼科植物。

(2)倒生胚珠(anatropous ovule):胚珠的一侧生长迅速,另一侧生长缓慢,使胚珠呈 180°倒转,合点在上,珠孔下弯并靠近珠柄,珠柄细长并与珠被愈合,形成一明显的纵向凸起称珠脊(raphe)。大多数被子植物的胚珠属此种类型。

笔记栏

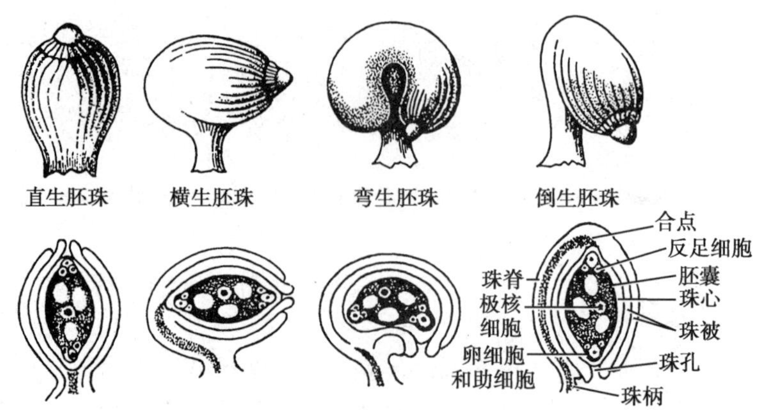

图 3-72　胚珠的构造及类型

(3) 横生胚珠(hemitropous ovule):胚珠的一侧生长较另一侧快,使胚珠在珠柄形成近90°扭曲,珠孔和合点之间的连线与珠柄垂直,如毛茛科、玄参科的部分植物。

(4) 弯生胚珠(campylotropous ovule):胚珠下半部生长速度均匀,上半部一侧生长速度快于另一侧,使胚珠下部保持直立,上半部向另一侧弯曲,珠孔弯向珠柄,胚珠呈肾形,如十字花科和豆科部分植物的胚珠。

(5) 拳卷胚珠(circinotropous ovule):珠柄较长,并且卷曲,包住胚珠,如仙人掌、漆树等。

二、花的类型

被子植物花的形态构造多种多样。依据不同特征,常有多种类型的划分体系。

1. **完全花和不完全花**　一朵花中具有花萼、花冠、雄蕊群、雌蕊群四部分称完全花(complete flower),如油菜、桔梗等;缺少其中一部分或几部分的花称不完全花(incomplete flower),如鱼腥草、南瓜等。

2. **重被花、单被花、无被花和重瓣花**　多数被子植物的花中同时具有花萼和花冠称重被花(double perianth flower),如桃、甘草等。仅一轮花被的花称单被花(simple perianth flower),如芫花、大麻、荞麦等;有一些单被花的花被片不显著甚至呈膜状,如菠菜、桑等。有些植物的花被明显有两轮或两轮以上,但内、外瓣片在色泽等方面并无明显的区分,称同被花(homochlamydeous flower),它们的每一瓣片称花被片(tepal),如厚朴、玉兰的花被片为白色带紫斑,白头翁的花被片为紫色等。一些植物的花不具花被,称无被花(achlamydeous flower)或裸花(naked flower)。无被花常具显著的苞片,如杨、胡椒、杜仲等(图 3-73)。植物的花瓣排列层数和数目常常稳定,但一些栽培植物的花瓣可呈多层排列且数目比正常情况下多,称重瓣花(double flower),如樱花、月季、碧桃等栽培植物。

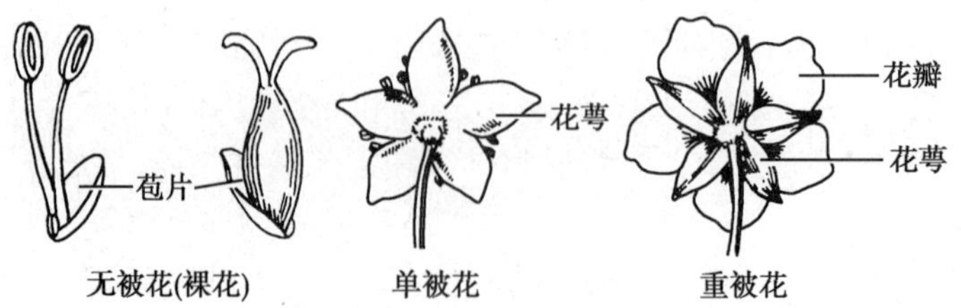

图 3-73　花的类型

3. **两性花、单性花和无性花**　一朵花中同时有正常发育的雄蕊和雌蕊,称两性花(bisexual flower),如桔梗、油菜等;花仅有正常发育的雄蕊或雌蕊,称单性花(unisexual

flower),其中只有雄蕊者称雄花(male flower),仅有雌蕊者称雌花(female flower)。雄花和雌花生于同一株植物上,称单性同株或雌雄同株(monoecism),如南瓜、半夏等;若雌花和雄花分别生于不同植株上,称单性异株或雌雄异株(dioecism),如银杏、天南星等。同一株植物上既有两性花,又有单性花,称杂性同株,如朴树;若同种植物的两性花和单性花分别生于不同植株上,称杂性异株,如葡萄、臭椿等。有些植物花中雄蕊和雌蕊均退化或发育不全,称中性花或无性花(asexual flower),如八仙花花序周围的花。

4. **辐射对称花、两侧对称花和不对称花** 通过花的中心具两个或以上对称面的花,称辐射对称花(actinomorphic flower)或整齐花;十字形、幅状、管状、钟状、漏斗状等花冠均属此类型,如桃花、油菜花等。若花被各片的形状、大小不一,通过其中心只可作一个对称面的花,称两侧对称花(zygomorphic flower)或不整齐花;蝶形、唇形、舌状花冠属此类型,如蚕豆、蒲公英等。经花的中心不能作出任何对称面的花,称不对称花(asymmetric flower),如美人蕉、缬草等极少数植物。

5. **五数花、四数花和三数花** 花的每轮以 5 为基数(雄蕊和心皮除外),称五数花或花五基数,是双子叶植物花的典型类型;每轮以 4 为基数,称四数花或花四基数,如十字花科植物;每轮以 3 为基数,称三数花或花三基数,如樟和单子叶植物。

三、花程式和花图式

1. **花程式** 采用字母、符号及数字等简要描述花部的主要特征的方式,称花程式(flower formula)。内容包括花的性别、对称性、花萼、花冠、雄蕊群、雌蕊群;若为单性花,需分别记录,一般雄花在前,雌花在后。用⚥表示两性花,以♀表示雌花,以♂表示雄花;* 表示辐射对称花,↑或·|·表示两侧对称花;K(或 Ca)代表花萼,C(或 Co)代表花冠;A 代表雄蕊群;G 代表雌蕊群,在 G 的上方或下方加“—”表示子房位置,如 $\underline{G}$ 表示子房上位,$\overline{G}$ 表示子房下位,$\overline{\underline{G}}$ 表示子房半下位。花各部分的数目在各字母的右下角以 1、2、3、4、…、10 表示,以 ∞ 表示 10 枚以上或数目不定;以 0 表示该部分缺少或退化;在雌蕊的右下角依次以数字表示心皮数、子房室数、每室胚珠数,并用“：”相联。各部分的数字加“( )”表示联合;数字之间加“+”表示排列的轮数或按形态分组。

桑的花程式 ♂P_4A_4;♀$P_4\underline{G}_{(2:1:1)}$表示:桑为单性花;雄花花被片 4 枚,分离;雄蕊 4 枚,分离;雌花花被片 4 枚,分离,雌蕊子房上位,由 2 心皮合生,1 室,每室 1 枚胚珠。

玉兰的花程式⚥$*P_{3+3+3}A_\infty\underline{G}_{\infty:1:2}$表示:玉兰为两性花,辐射对称;单被花,花被片 3 层,每层 3 枚,分离;雄蕊多数,分离;雌蕊子房上位,心皮多数,分离,每室 2 枚胚珠。

紫藤的花程式⚥↑$K_{(5)}C_5A_{(9)+1}\underline{G}_{(1:1:\infty)}$表示:紫藤为两性花,两侧对称;萼片 5,联合;花瓣 5,分离;雄蕊 10,9 合 1 离二体雄蕊;雌蕊子房上位,1 心皮,1 室,每室胚珠多数。

桔梗的花程式⚥$*K_{(5)}C_{(5)}A_5\overline{\underline{G}}_{(5:5:\infty)}$表示:桔梗为两性花,辐射对称;萼片 5,联合;花瓣 5,联合;雄蕊 5 枚,分离;雌蕊子房半下位,由 5 心皮合生,5 室,每室胚珠多数。

贴梗海棠的花程式⚥$*K_{(5)}C_5A_\infty\overline{G}_{(5:5:\infty)}$表示:贴梗海棠为两性花,辐射对称;萼片 5,联合;花瓣 5,分离;雄蕊多数,分离;雌蕊子房下位,由 5 心皮合生,5 室,每室胚珠多数。

2. **花图式** 以花的横剖面投影为依据,采用特定图形表示花各部分的数目、相互位置、排列方式和形状等的简略图解,称花图式(flower diagram)(图 3-74)。花图式上方用小圆圈表示花轴或茎轴的位置,在花轴对方用部分涂黑带棱的新月形图案示苞片,苞片内方用由斜线组成或黑色的带棱的新月形图案示花萼,花萼内方用黑色或空白的新月形图案示花瓣,雄蕊用花药横断面形状、雌蕊用子房横断面形状绘于中央。

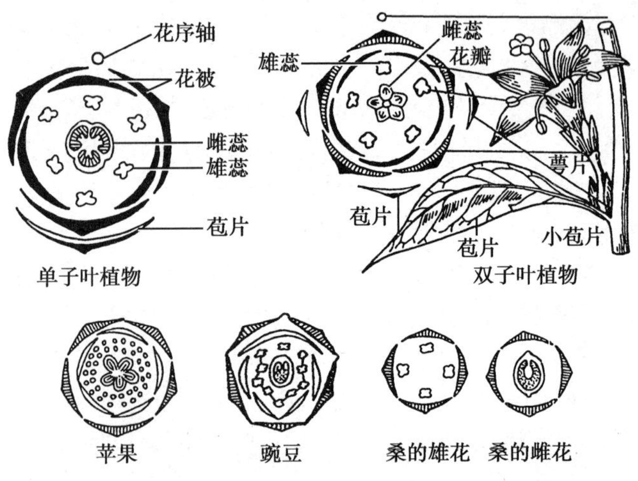

图 3-74 花图式

花程式和花图式记录花结构的方式各有优劣。花程式可以简单清晰地表现花的主要结构，但不能完整表达出花各轮的相互关系以及花被的卷迭情况等特征；花图式直观形象，但需要训练绘制技巧，且不能表达子房与花其他部分的相对位置等。花程式和花图式常单独或联合用于表示某分类单位（如科、属）的花部特征。

四、花序

花序（inflorescence）指花在花轴或花枝上的排列方式和开放次序。花在植物体上可以单生或组成明显的花序。有些植物的花单生于茎顶端或叶腋，称花单生，如玉兰、牡丹等。多数植物的花在花枝上按一定次序集中排列形成花序，花序中的花称小花，着生小花的茎轴状部分称花序轴（rachis）或花轴，花序轴分枝或不分枝；支持整个花序的茎轴称总花梗（柄），小花的花梗称小花梗，无叶的总花梗称花葶（scape）。根据花在花轴上的排列方式和开放次序，常分为无限花序和有限花序两大类。

1. **无限花序**（indefinite inflorescence）**或向心花序**（centripetal inflorescence） 指一类单轴分枝形式的花序。花序轴下部或周围的花先发育、开放，逐渐向上部或向中心依次开放。根据小花柄长短和花的排列常有以下类型（图 3-75）。

（1）总状花序（raceme）：花序轴单一不分枝，小花梗明显且近等长，如油菜、菘蓝、荠菜等十字花科植物。

（2）复总状花序（compound raceme）：花序轴多分枝，每一分枝上又形成总状花序，整个花序呈圆锥状，又称圆锥花序（panicle），如槐树、女贞等。

（3）穗状花序（spike）：花序轴细长且不分枝，小花梗极短或无梗，如车前、马鞭草等。

（4）复穗状花序（compound spike）：花序轴产生许多近等长的分枝，每一分枝上又形成短穗状花序，如小麦、香附等。

（5）柔荑花序（ament，catkin）：花序轴柔软，下垂，着生许多无梗的单性或两性小花，如柳、枫杨等。

（6）肉穗花序（spadix）：花序轴肉质肥大呈棒状，着生许多无梗的单性小花，花序下面常有一个大型苞片，称佛焰苞（spathe），如天南星、半夏等天南星科植物。

（7）伞房花序（corymb）：花序轴较短，下部的小花梗较长，上部的小花梗依次渐短，整个花序的花近乎排列在一个平面上，如山楂、苹果等部分蔷薇科植物。

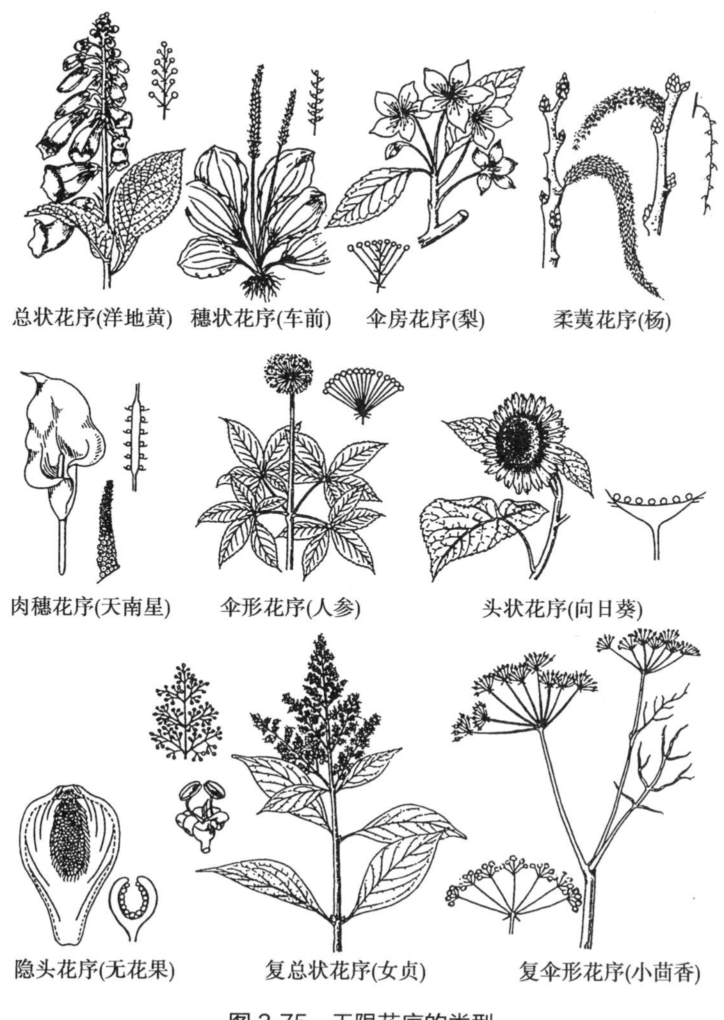

图 3-75 无限花序的类型

(8) 复伞房花序(compound corymb):花序轴上的分枝呈伞房状,每一分枝上又形成伞房花序,如绣线菊、花楸、石楠等。

(9) 伞形花序(umbel):花序轴极短,许多小花从顶部一起伸出,小花梗近等长,状如张开的伞,如五加、人参等五加科植物。

(10) 复伞形花序(compound umbel):花序轴顶端丛生数个长短近等长的分枝,排成伞形,每一分枝上又形成伞形花序,如前胡、野胡萝卜等伞形科植物。

(11) 头状花序(capitulum):花序轴顶端缩短膨大成头状、盘状的花序托,集生多数无梗小花,下方常有一至数层苞片组成的总苞,如向日葵、旋覆花等菊科植物。

(12) 隐头花序(hypanthodium, hypanthium, syconium):花序轴肉质肥厚膨大而下凹成中空的囊状体,其凹陷的内壁上着生许多无梗的单性小花,顶端仅具一小孔与外面相通,小孔为榕小蜂进入进行传粉的通道,如无花果、薜荔等部分桑科植物。

2. **有限花序**(definite inflorescence)**或离心花序**(centrifugal inflorescence)、**聚伞花序**(cymose inflorescence) 指一类合轴分枝形式的花序。花序顶端或中心的花先发育、开放,花逐渐向下面或向周围依次开放,花序轴顶端不能继续延伸,仅在顶花下方产生侧轴,侧轴又是顶芽先发育为花。常见以下类型(图 3-76)。

(1) 单歧聚伞花序(monochasium):花序轴顶端生 1 朵花,而后在其下方依次产生 1 侧

笔记栏

轴，侧轴顶端同样生1朵花，如此逐次连续分枝，各次分枝的方向又有所不同。若花序轴的分枝均在同一侧产生，使花序卷曲呈螺旋状，称螺旋状聚伞花序（hericoid cyme），如紫草、附地菜等；若侧生分枝在左右两侧间隔交互产生，称蝎尾状聚伞花序（scorpioid cyme），如唐菖蒲、射干等。

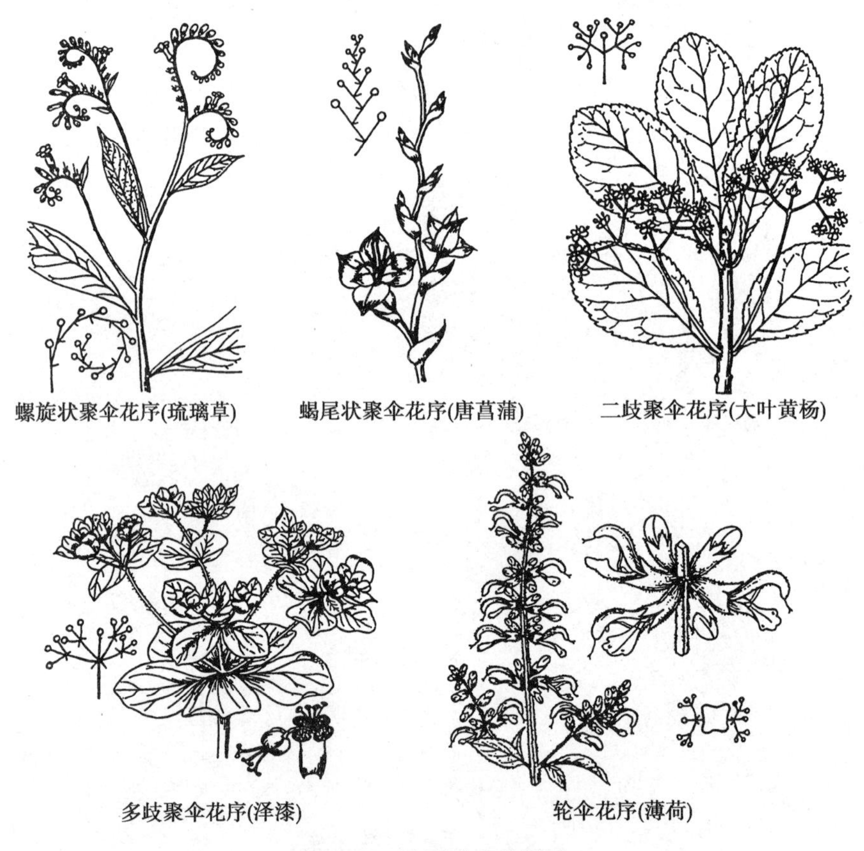

图3-76　有限花序的类型

（2）二歧聚伞花序（dichasium）：花序轴顶端生1朵花，而后在其下方两侧同时产生两个近等长的侧轴，每一侧轴再以同样方式开花并分枝，称二歧聚伞花序，如大叶黄杨、卫矛等卫矛科植物。

（3）多歧聚伞花序（pleiochasium）：花序轴顶端生1朵花，而后在其下方同时产生数个侧轴，侧轴常比主轴长，各侧轴又形成小的聚伞花序，称多歧聚伞花序，如大戟、泽漆等大戟科植物。大戟属许多植物花序的末回花序，由1枚位于中央的雌花和多枚周围的雄花生于同一杯状总苞内，常称大戟花序或杯状聚伞花序（cyathium）。

（4）轮伞花序（verticillaster）：聚伞花序着生在对生叶腋，因花序轴及花梗极短而呈轮状排列，称轮伞花序，如益母草、丹参等唇形科植物。

花序的类型常随植物种类而异，有时在同一花序上出现多种典型的无限花序或有限花序类型，称混合花序（mixed inflorescence）。混合花序的主花序轴常形成无限花序，侧生花序轴常形成有限花序，如紫丁香、葡萄为圆锥状聚伞花序，丹参、紫苏为假总状轮伞花序，楤木为圆锥状伞形花序，茵陈蒿、豨莶草为圆锥状头状花序等。

五、花的功能

植物经过一定时期的营养生长后，在适宜的光照、温度和营养条件下，从营养生长转变

到以生殖生长为主的阶段，形成花芽并发育形成花和花序，通过开花、传粉、受精等实现有性生殖过程。例如，萝卜需要经历一段长日照才能抽苔开花，冬小麦需一定的低温才能形成麦穗；利用菊花开花需要短日照的规律，可调节菊花实现四季开花。

（一）花芽发育

被子植物的生殖生长从形成花序原基(inflorescences primordium)和花原基(floral primordia)开始。花序原基的顶端生长使花序轴延长，侧面突起发育为花原基。花原基生长锥侧面依次分化出花萼原基(sepal primordia)、花冠原基(petal primordia)和雄蕊原基(anther primordia)，形成花萼、花冠和雄蕊群；花原基生长锥中央部分最后分化为雌蕊原基(pistil primordia)，发育为子房和胚珠。花萼、花冠的发育过程简单清晰，雄蕊和雌蕊的发育则极其复杂，包含了花药发育与花粉粒形成、胚珠发育和胚囊形成等连续过程，最终经过传粉、受精形成果实和种子。

（二）花药发育与花粉粒的形成

1. **花药的发育** 花芽中雄蕊原基经细胞分裂、生长和分化，基部迅速生长形成花丝，顶端四棱形的花药原始体膨大发育为花药。在花药原始体 4 个角隅处的表皮内方均分化出细胞核大、细胞质浓、分裂能力强的孢原细胞(archesporial cell)，孢原细胞进行 1 次平周分裂，产生内外两层细胞，外层为初生壁细胞(primary parietal cell)或称周缘细胞(parietal cell)，内层为造孢细胞(sporogenous cell)；中部的细胞发育形成药隔细胞和维管束。以后初生壁细胞进行平周和垂周分裂产生同心排列的 3~5 层细胞，自外向内依次为药室内壁(endothecium)细胞 1 层、中层(middle layer)细胞 1~3 层和绒毡层(tapetum)细胞 1 层，与花药表皮共同构成花粉囊壁，包被造孢细胞及其衍生的细胞。当花药接近成熟时，药室内壁细胞垂周壁和内切向壁出现不均匀的条状增厚，增厚成分为纤维素，称纤维层(fibrous layer)；同侧两个花粉囊相接处的内壁细胞不增厚，始终保持薄壁状态，花药成熟时即在此处开裂，散出花粉粒。中层细胞在花药发育成熟过程中常被破坏、吸收。绒毡层调节花粉粒的发育，也是其重要的营养来源；花粉粒成熟时，绒毡层细胞多已解体(图 3-77)。

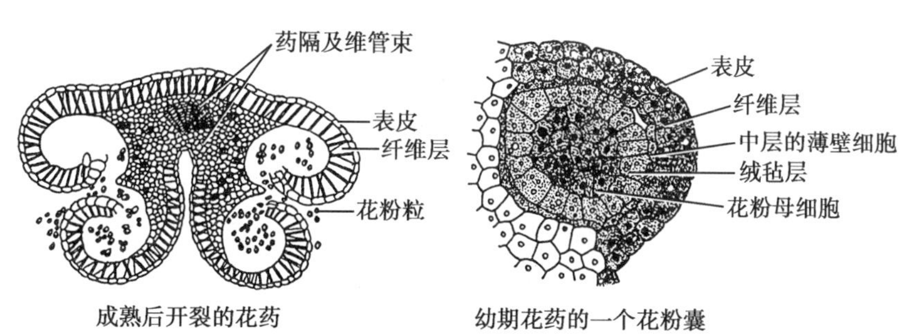

图 3-77 花药的构造

在周缘细胞分裂发育成花粉囊壁的同时，造孢细胞进行几次有丝分裂产生更多的造孢细胞，在最后 1 次有丝分裂后发育成多个体积大、核大、细胞质浓、近圆形的花粉母细胞(pollen mother cell)或称小孢子母细胞(microspore mother cell)，每个花粉母细胞经减数分裂形成 4 个单倍体的子细胞，每个子细胞发育成 1 个花粉粒。最初的 4 个花粉粒集合在一起，称四分体(tetrad)；四分体常进一步发育成 4 个单粒花粉粒。

2. **花粉粒的发育和构造** 花粉母细胞经减数分裂形成四分体后，在绒毡层分泌的胼胝体酶作用下，四分体的胼胝体壁溶解，四分体分离并游离在花粉囊中。由四分体分离的单核细胞是尚未成熟的花粉粒，相当于小孢子，它从解体的绒毡层细胞吸取营养，发育长大后进

笔记栏

行一次细胞质不均等的有丝分裂，产生 2 个大小不等的细胞，大者为营养细胞，小者为生殖细胞。营养细胞的功能主要与花粉粒发育中营养以及花粉管的生长有关，生殖细胞最初呈凸透镜状，紧贴花粉粒内壁，与营养细胞之间仅被两层质膜隔开，以后生殖细胞壁变薄并向营养细胞延伸，逐步脱离花粉壁，成为一个圆形的裸细胞，游离在营养细胞中。花粉粒散出时只含有营养细胞和生殖细胞，称 2- 细胞型花粉粒或二核花粉粒，这种花粉粒在传粉后随花粉管的生长，生殖细胞在花粉管内再进行一次有丝分裂形成 2 个精子，大部分植物属于这种类型。有些植物在传粉前生殖细胞已经进行了一次有丝分裂，形成 2 个裸细胞结构的精子。花粉粒含有营养细胞和两个精子，称 3- 细胞型花粉粒或三核花粉粒，如小麦、水稻等禾本科植物和部分菊科植物。精子即雄配子，成熟花粉粒就是雄配子体，少数植物传粉时同时具有 2- 细胞型花粉粒和 3- 细胞型花粉粒，如堇菜属、百合属植物（图 3-78）。

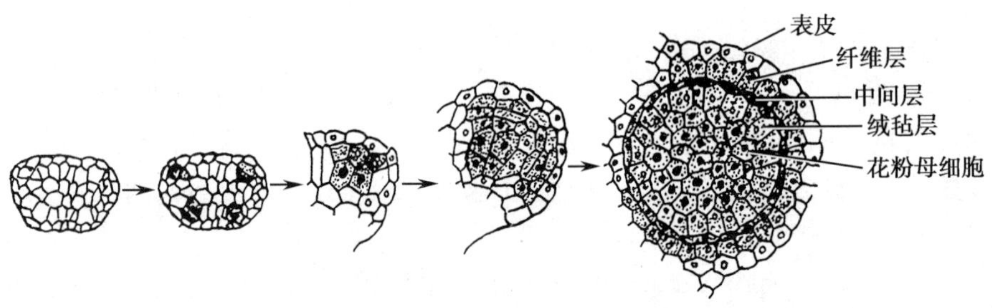

图 3-78　花粉粒的发育

大多数植物的花粉粒成熟时单独存在，称单粒花粉。花粉粒的形状、颜色、大小随植物种类而异，常呈圆球形、椭圆形、三角形、四角形或五边形等，直径约在 15~50μm，有淡黄色、黄色、橘黄色、墨绿色、青色、红色或褐色等不同颜色。有些植物的花粉粒是 2 个以上（多数为 4 个）集合在一起，称复合花粉；极少数植物的许多花粉粒集合在一起，称花粉块，如兰科、萝藦科等植物。

花粉粒一般具有极性和对称性，其极性取决于在四分体中所处的位置。花粉母细胞经减数分裂产生四分体，分离后形成 4 粒花粉。由四分体中心点通过花粉粒中央向外引出的线为花粉的极轴（polar axis）；花粉粒朝向四分体中心一端为近极（proximal），远离的一端为远极（distal）；与极轴垂直的线为赤道轴（equatorial axis）。大多数植物的花粉粒均具明显的极性，根据萌发孔排列和花粉粒形态可在单粒花粉上观察到其极面和赤道面的位置（图 3-79）。

成熟的花粉粒有内壁和外壁 2 层结构，内壁较薄，主要由纤维素和果胶质组成。外壁较厚而坚硬，主要由花粉素组成，其化学性质极稳定，能抗高温、抗高压、耐酸碱、抗生物分解等，使花粉粒在自然界中能保持数万年不腐败，成为鉴定植物、考古和地质探矿的重要依据。花粉粒外壁表面光滑或有各种雕纹，如瘤状、刺突、凹穴、棒状、网状、条纹状等；花粉粒外壁上保留一些没有增厚的部分，与花粉萌发有关，短的称萌发孔（germ pore），长的称萌发沟（germ furrow），花粉管就是从孔或沟处向外突出生长（图 3-80）。

不同种类的植物，花粉粒萌发孔或萌发沟的数目、形状和位置，以及花粉粒外壁表面特征不同，是鉴定花粉的重要依据。如香蒲科、禾本科为单孔花粉，百合科、木兰科为单沟花粉，桑科为 2 孔花粉，沙参、丁香等为 3 孔花粉，商陆科为 3 沟花粉，夹竹桃为 4 孔花粉，凤仙花为 4 沟花粉，瞿麦为 5 萌发孔，薄荷为 5 萌发沟等。

花粉粒上萌发孔（沟）的分布位置有 3 种类型：极面分布，即萌发孔位于远极面或近极面上；赤道分布，即萌发孔在赤道面上，若是萌发沟，其长轴与赤道垂直；球面分布，即萌发

孔散布整个花粉粒上。极面分布的常称远极沟(anacolpate),如许多裸子植物和单子叶植物的具沟花粉,或称远极孔(anaporate),如禾本科植物的花粉;而近极孔(cataporate)仅在蕨类植物孢子中见到。赤道分布沟或孔是双子叶植物的主要类型,故可不必特别标明赤道沟或孔。球面分布的称散沟(pantocolpate,pericolpate),如马齿苋属植物的花粉,或称散孔(pantoporate,periporate),如藜科植物的花粉。若花粉的极性不能判明时,一律称沟或孔。此外,在花粉粒的萌发沟内中央部位,具一圆形或椭圆形的内孔,称具孔沟(colporate)花粉。有时花粉粒上的萌发孔不典型,孔、沟或孔沟不明显,常在前面冠以“拟”(-oid)字,如拟孔、拟沟。

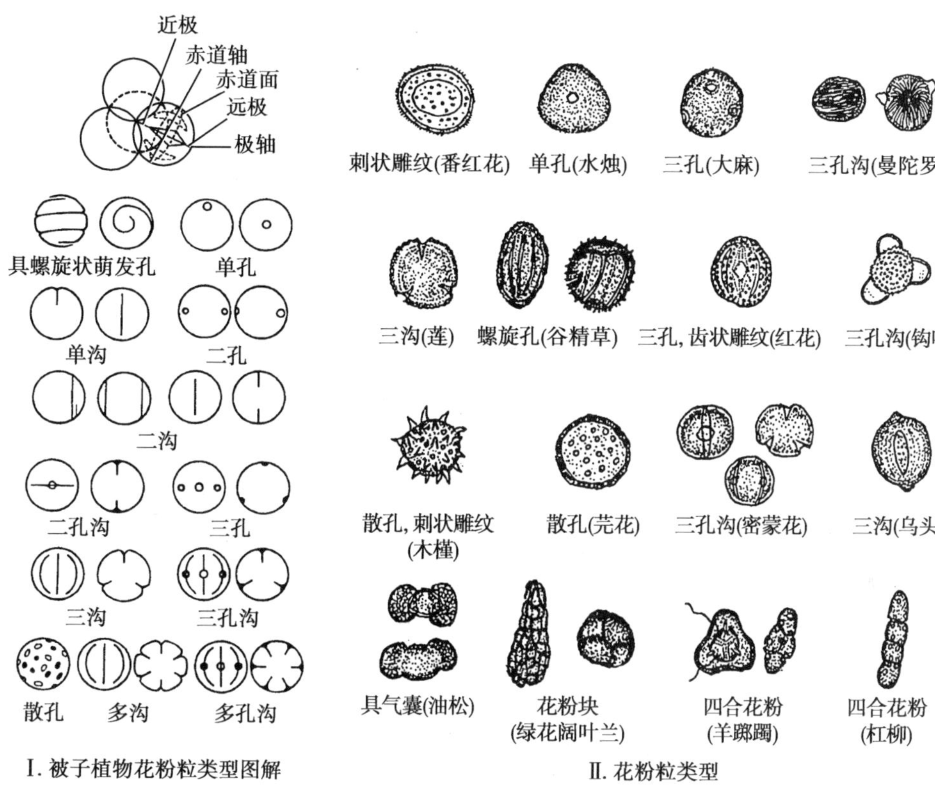

图 3-79 花粉粒类型

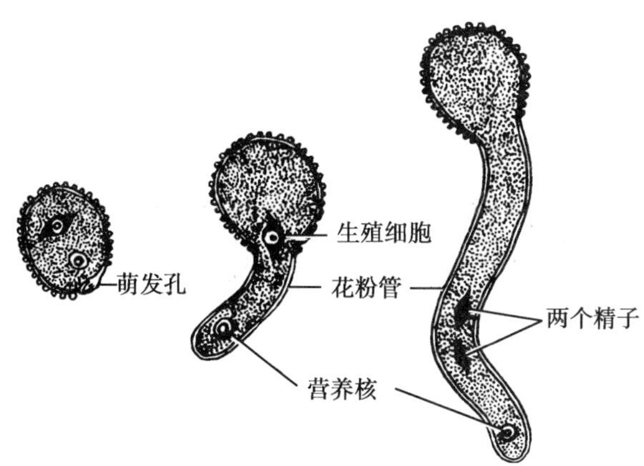

图 3-80 花粉粒的萌发

笔记栏

花粉中含有人体必需的氨基酸、维生素、脂类、多种矿物成分、微量元素以及激素、黄酮类化合物、有机酸等，对人体有保健作用；但有些花粉有毒或引起变态反应，产生哮喘、枯草热等花粉疾病，如黄花蒿、艾、三叶豚草、蓖麻、葎草、野苋菜、苦楝及木麻黄等植物的花粉可引起花粉病。

（三）胚珠发育和胚囊的形成

幼小的子房中，腹缝线处的子房壁内表皮下的细胞分裂增生产生胚珠原基，其基部发育成珠柄，前端发育成珠心，珠心基部外围部分细胞分裂较快，逐渐向上扩展形成包围珠心的珠被，珠被以内是大小均匀一致的珠心细胞。以后，在靠近珠孔端的表皮下，逐渐发育出一个与周围细胞显著不同并具分生能力的孢原细胞（archesporial cell）。孢原细胞进一步发育长大成胚囊母细胞（embryo sac mother cell）或称大孢子母细胞（megaspore mother cell），也有些植物的孢原母细胞分裂成为 2 个细胞，靠近珠孔端的称周缘细胞，远离珠孔端的称造孢细胞，造孢细胞直接发育成为胚囊母细胞，再经减数分裂形成 4 个单倍体的大孢子。由于参与胚囊形成的大孢子不同，胚囊的发育分成单孢子胚囊、双孢子胚囊和四孢子胚囊。

绝大多数被子植物属单孢子胚囊，即减数分裂产生的 4 个大孢子中，仅 1 个继续发育为胚囊，其余 3 个退化消失。胚囊发育过程中，首先是大孢子萌发，体积增大，大孢子的细胞核进行第一次有丝分裂，形成 2 个核，随即分别移到胚囊两端，然后再进行两次有丝分裂，以致每端有 4 个核，以后两端各有一核移向胚囊中央形成 2 个极核（polar nuclei），有些植物这 2 个极核融合并与周围的细胞质共同组成中央细胞（central cell），同时近珠孔端的 3 个核分化形成 1 个较大的、位于中央的卵细胞（egg cell）和 2 个位于两边的助细胞（synergid），近合点端的 3 个核也分化形成 3 个反足细胞（antipodal cell），至此，单孢子就形成了 8 个细胞的胚囊（即雌配子体）。胚囊发育过程中，吸取了珠心的养分，以致珠心组织逐渐被侵蚀，而胚囊逐渐扩大，直至占据胚珠中央大部分（图 3-81）。有些植物的反足细胞可再分裂，形成多个细胞，如水稻、小麦等。

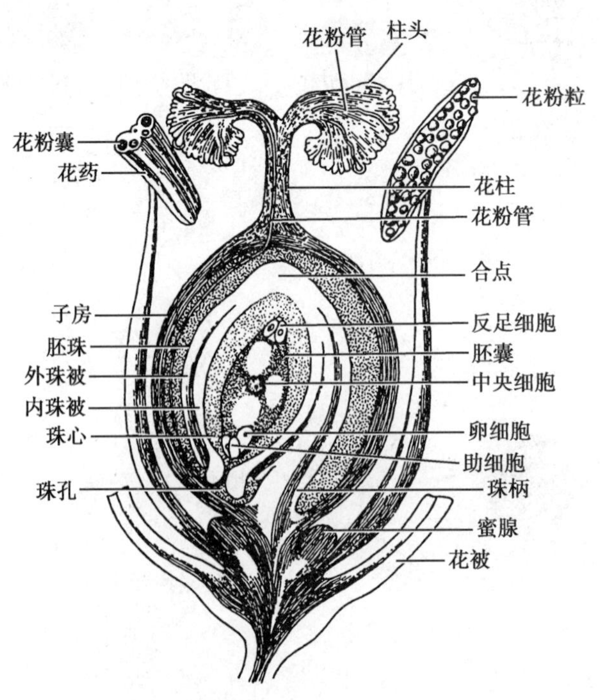

图 3-81　花的纵切面图解

笔记栏

（四）开花与传粉

1. **开花**　花被片绽放的过程称开花。开花时花丝直立，花冠呈现特有颜色，湿柱头则分泌黏液，柱头裂片张开，腺毛突起等。不同种类植物的开花年龄、季节和花期不完全相同。一年生草本植物当年开花结果；二年生草本植物常第一年主要进行营养生长，第二年开花后完成生命周期；大多数多年生植物到达开花年龄后可年年开花；但竹类一生中只开花一次。有的植物先花后叶，有的花叶同放，有的先叶后花。

2. **传粉**（pollination）　花粉囊散出的成熟花粉，借助一定媒介，被传送到本花或其他花雌蕊柱头上的过程称传粉。当雄蕊的花粉粒和雌蕊的胚囊成熟时，或两者之一达到成熟时，花被便逐渐展开，露出雄蕊和雌蕊，使传粉过程得以进行。一些植物不待开花就完成了传粉，甚至结束受精作用，称闭花授粉（cleistogamy）或闭花受精。传粉的媒介有风、水、虫、鸟等，传粉方式有自花传粉和异花传粉两种。

（1）自花传粉（self-pollination）：指雄蕊的花粉自动落在本花柱头上的传粉现象，如小麦、棉花、番茄等，而豌豆、落花生等属闭花授粉。该类植物通常是两性花，雄蕊围绕雌蕊，雄蕊与雌蕊同时成熟，花药位置高于柱头，柱头可接受自花的花粉。

（2）异花传粉（cross pollination）：指花粉借助风或昆虫等媒介传送到另一朵花柱头上的现象，是被子植物最普遍的传粉方式。借风传粉的花称风媒花，通常是单性花，单被或无被花，花粉量多，柱头面大并有黏液质，雌蕊、雄蕊异长或异位，自花不育性等，如大麻、玉蜀黍、杨树等。借昆虫传粉的花称虫媒花，通常是两性花，雄蕊和雌蕊不同时成熟，花有蜜腺、香气，花被颜色鲜艳，花粉量少，花粉粒表面多具突起，花的形态构造较适应昆虫传粉，如益母草、桔梗、南瓜以及兰科植物。此外，还有鸟媒花和水媒花等。风媒花和虫媒花等的多样性特征是植物长期自然选择的结果。

（五）受精

植物的雌、雄配子（即卵细胞和精子）结合形成合子的过程称受精（fertilization）。首先，成熟花粉粒经传粉后落到柱头上，花粉粒内壁穿过萌发孔向外伸出形成花粉管，最终仅有一个花粉管能持续生长，经由花柱伸入子房。若是3-细胞型花粉粒，营养细胞和2个精子细胞都进入花粉管；若是2-细胞型花粉粒，营养细胞和生殖细胞亦都进入花粉管，生殖细胞在花粉管内再分裂成2个精子。大多数植物的花粉管到达胚珠时，经珠孔进入胚囊，称珠孔受精。少数植物则由合点进入胚囊，称合点受精。花粉管进入胚囊后，先端破裂，释放出的2个精子均进入胚囊，其中一个精子与卵结合，称受精，形成二倍体的受精卵（合子），进而发育成胚；另一精子则与2个极核结合或与1个次生核结合，也称受精，形成三倍体的初生胚乳核，将来发育成胚乳。这一过程称双受精（double fertilization），是被子植物特有的现象。双受精过程中，合子既恢复了植物体原有的染色体数目，保持了物种的相对稳定性，又将来自父本和母本遗传物质进行了重组，并在同样具有父、母本的遗传性的胚乳中孕育，增强了后代的生活力和适应性，也为后代提供了出现变异的基础。

第五节　果实的形态与结构

果实（fruit）指成熟子房及其与之相连并伴随其成熟的其他结构，是被子植物有性生殖的产物和特有结构。一般由受精的子房发育形成，外被果皮，内含种子；具有保护和散布种子的作用。果实形态和结构是被子植物分类以及药材鉴别的依据之一。

笔记栏

一、果实的形成与结构

（一）果实的形成

被子植物的花经传粉和受精后，各部分发生显著变化，花萼、花冠一般脱落，雄蕊、雌蕊的柱头及花柱枯萎脱落，仅子房逐渐膨大发育成果实，胚珠发育成种子。这种完全由子房发育而成的果实称真果（true fruit），如桃、柑橘、番茄、枸杞等。也有些植物除了子房以外，花的其他部分如花托、花被、花柱及花序轴等也参与果实的形成，这种果实称假果（spurious fruit，false fruit），如苹果、黄瓜、凤梨、无花果等。

绝大多数植物由子房受精后发育成果实，少数植物只经传粉而未经受精也能发育成果实，这种果实无籽，称单性结实（parthenocarpy）。单性结实如是自发形成的称自发单性结实（autonomic parthenocarpy），如香蕉、无籽葡萄、无籽柿子、无籽柑橘等。无籽果实不一定都是由单性结实形成，若植物花期经人为诱导，形成无籽果实，称诱导单性结实（induced parthenocarpy），如马铃薯花粉刺激番茄柱头，或用近缘植物的花粉浸出液喷洒到柱头上，也可形成无籽果实；胚珠受精后发育受阻也可形成无籽果实；还有由 4 倍体和 2 倍体杂交而产生不孕性的 3 倍体植株也形成无籽果实，如无籽西瓜。

（二）果实的组成和构造

果实由果皮和种子两部分构成。果实的构造常指果皮的构造。果皮由外向内可分为外果皮、中果皮、内果皮 3 层。如桃、杏、李等植物果实的果皮可明显地观察到外、中、内 3 层结构，而落花生、向日葵、番茄、玉米等植物果实的 3 层果皮之间没有明显界限。果实类型不同，其果皮的分化程度亦不一致。

1. **外果皮**（exocarp）　位于果实的最外层，常由 1~2 层表皮细胞或表皮与某些相邻组织构成。外果皮表面常被角质层或蜡被，偶有毛茸或气孔，如桃、吴茱萸具有腺毛及非腺毛；还有的具刺、瘤突、翅等附属物，如榴莲、荔枝、榆树钱等；有的在表皮中含色素或有色物质，如花椒；也有的在表皮细胞间嵌有油细胞，如北五味子。

2. **中果皮**（mesocarp）　位于果皮中层，占果皮的大部分，多由薄壁细胞组成，具多数细小的维管束，是果实主要的可食用部分；而荔枝、花生等的果实成熟后中果皮变干收缩成膜质或革质。此外，中果皮中有的含石细胞、纤维，如马兜铃、连翘等；有的含油细胞、油室及油管等，如胡椒、陈皮、花椒、小茴香、蛇床子等。

3. **内果皮**（endocarp）　位于果皮的最内层，因果实类型的不同有很大的变化。有些内果皮与中果皮合生不易分离，有些木质化（具石细胞）坚硬并加厚，如桃、杏等核果中的硬核；有的分化为革质薄膜（木质化的厚壁组织），如梨、苹果等；有的内果皮膜质，向内生出许多肉质多汁的囊状毛，如柑橘、柚子等。

值得注意的是，严格意义的果皮是指成熟的子房壁，但假果类的果皮包括了非子房壁的组分。因此，果皮的 3 层结构有时不能和子房壁的 3 层结构完全对应起来。

二、果实的类型与特征

果实的类型很多，按其发育的来源和结构特征不同可分为单果、聚合果和聚花果；根据果实成熟时果皮的性质不同又可分为肉质果和干果。

（一）单果

单果（simple fruit）指一朵花中由单雌蕊或复雌蕊发育形成的果实。依据其果皮质地和结构可分为肉质果和干果两类。

1. **肉质果**（fleshy fruit）　指果实成熟后肉质多汁，不开裂。有以下几种（图 3-82）。

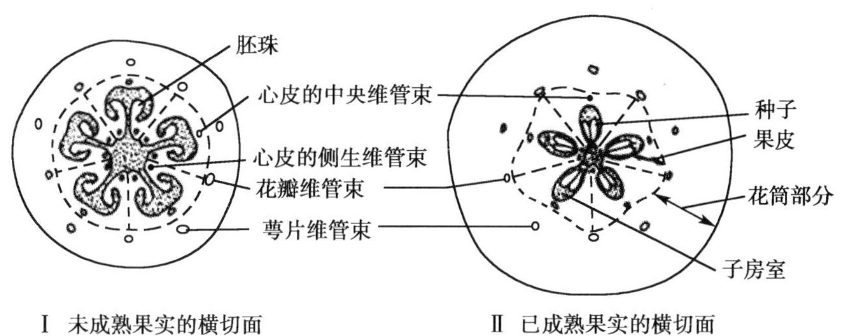

图 3-82　梨果的结构

(1) 浆果(berry)：为外果皮薄，中果皮、内果皮均肉质多浆，内含一至多粒种子的果实，如葡萄、枸杞、番茄、忍冬等。

(2) 柑果(hesperidium)：柑橘类特有的果实类型，由上位子房的复雌蕊发育形成。外果皮厚，外表革质，散布多数油室；中果皮疏松呈白色海绵状，具多分支的维管束(橘络)，与外果皮之间无明显界限；内果皮膜质，分隔成多室，内壁生有许多肉质多汁的囊状毛，是果实的可食用部分，如橘、橙、柚、柠檬等。

(3) 核果(drupe)：为外果皮薄，中果皮肉质，内果皮形成木质坚硬的果核，每核常含 1 粒种子的果实，如桃、杏、胡桃、枣等。果皮浆液丰富的核果，如人参、三七的果实，称浆果状核果。

(4) 梨果(pome)：由下位子房的复雌蕊与花筒一起发育形成的假果，其肉质部分是由强烈膨大和肉质化的花筒与外果皮、中果皮共同发育而成，各部分之间没有明显界限，内果皮革质或木质，坚韧，常分隔成 2~5 室，每室常含种子 2 粒，是蔷薇科梨亚科植物特有的果实，如苹果、梨、山楂等(图 3-82)。

(5) 瓠果(pepo)：由 3 心皮合生的具侧膜胎座的下位子房与花托共同发育而成的假果。花托与外果皮形成坚韧的果实外层，中、内果皮及胎座均肉质，为果实的可食部分，是葫芦科植物特有的果实，如西瓜、葫芦、瓜蒌、罗汉果等(图 3-83)。

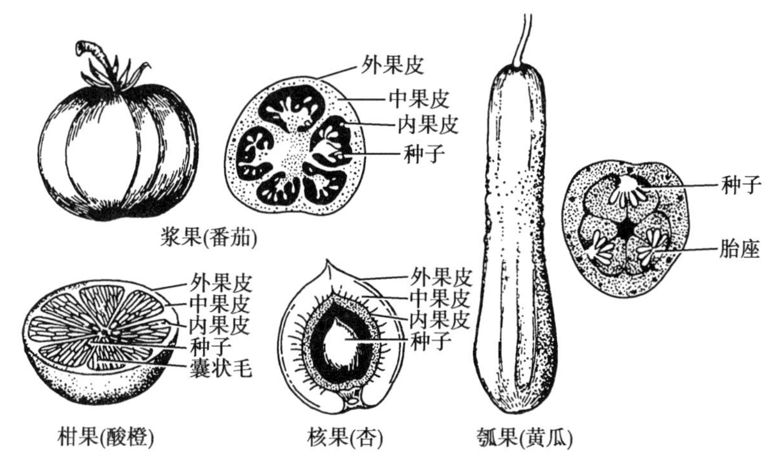

图 3-83　单果(肉质果)

2. **干果**(dry fruit)　成熟果皮干燥，又分为裂果和不裂果(图 3-84)。

(1) 裂果(dehiscent fruit)：果实成熟后果皮自行开裂。开裂方式有下列类型：

笔记栏

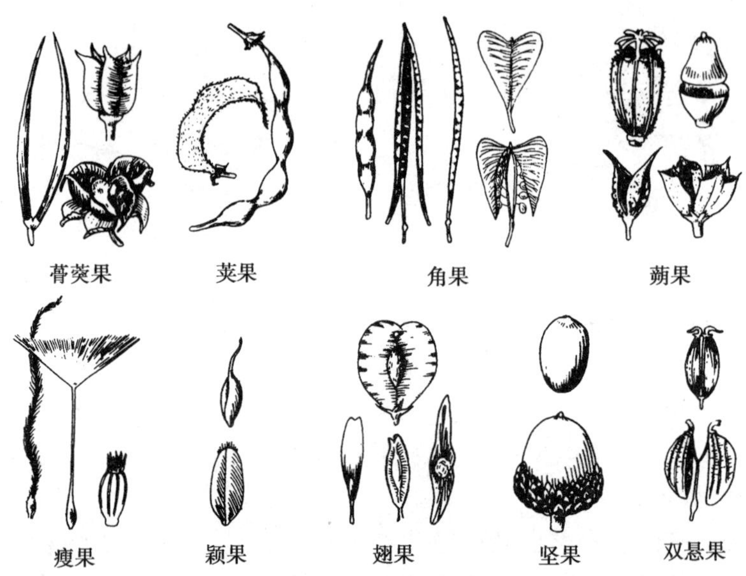

图 3-84　单果(干果)

蓇葖果(follicle):果实成熟时沿腹缝线或背缝线一侧开裂。由心皮离生雌蕊发育形成的蓇葖果较多,如淫羊藿、杠柳、徐长卿、萝藦等由两心皮离生雌蕊形成2个蓇葖果;而八角茴香、芍药、玉兰等则由多个心皮离生雌蕊形成聚合蓇葖果。

荚果(legume):豆科植物特有的果实类型。由单雌蕊发育形成的果实,成熟时沿腹缝线和背缝线裂成两瓣或不开裂。如赤小豆、黄豆等的荚果成熟时裂成2片,落花生、紫荆、皂荚等呈节状缢缩而不开裂;含羞草、山蚂蟥等的荚果成熟时不开裂,但在种子间呈节节状断裂,每节含1粒种子,称荚节;也有的荚果呈螺旋状,具刺毛,如苜蓿;以及荚果肉质呈念珠状,如槐。

角果:十字花科特有的果实类型。由2心皮复雌蕊发育成的果实,中央有一片由侧膜胎座向内延伸而形成的假隔膜将果实隔成2室,种子着生在假隔膜的两侧,果实成熟后,果皮沿两侧腹缝线自下而上开裂成两片脱落,假隔膜仍残留在果柄的顶端。根据果实长与宽比例不同又有长角果(silique)和短角果(silicle)之分;长角果细长,长为宽的多倍,如萝卜、油菜等;短角果宽短,长与宽近等,如菘蓝、荠菜等。

蒴果(capsule):由复雌蕊发育而成的果实,子房一至多室,每室含多数种子。成熟后开裂的方式较多,常见的有:背裂,又称室背开裂,果实沿背缝线开裂,如百合、鸢尾、棉花等;腹裂,又称室间开裂,果实沿腹缝线开裂,如马兜铃、蓖麻等;背腹裂,又称室轴开裂,果实沿背缝线和腹缝线同时开裂,但子房室之间的隔膜仍与中轴相连,如牵牛、曼陀罗等;孔裂,果实成熟时,果瓣上部出现许多小孔,种子由小孔散出,如罂粟、桔梗等;盖裂,又称周裂,果实中、上部呈环状开裂,上部果皮呈帽状脱落,如马齿苋、车前、莨菪等;齿裂,果实顶端呈齿状开裂,如王不留行、瞿麦等。

(2)不裂果(闭果)(indehiscent fruit):果实成熟后,果皮不开裂。

瘦果(achene):子房1室,种子1枚,果皮与种皮容易分离的果实,如白头翁、毛茛、荞麦等。菊科植物的瘦果由下位子房与萼筒共同发育而成,称连萼瘦果或菊果,如蒲公英、红花、向日葵等。

颖果(caryopsis):禾本科植物特有的果实。果皮与种皮愈合难以分离,内含1粒种子的果实,如小麦、玉米、薏苡等。

坚果(nut)：果皮木质坚硬且不易与种皮分离，内含1粒种子的果实，如板栗、栎等的褐色硬壳是果皮，果实外面常有壳斗附着于基部，是由花序的总苞发育而成；有的坚果特小，无壳斗包围，称小坚果，如益母草、薄荷、紫草等。

翅果(samara)：果皮一侧、两侧或周边向外延伸成翅状，以适应风力传播，内含1粒种子的果实，如杜仲、榆、臭椿等。

胞果(utricle)：又称囊果，由上位子房的复雌蕊发育而成的果实，果皮薄，膨胀疏松地包围1粒种子，与种皮极易分离，如青葙、地肤子、藜等藜科植物。

双悬果(cremocarp)：伞形科特有的果实类型。由2心皮复雌蕊发育而成的果实，成熟后心皮分离成2个分果(schizocarp)，并双双悬挂在心皮柄(carpophore)上端，每个分果内各含1粒种子，如当归、白芷、前胡、小茴香、蛇床子等。

(二) 聚合果

聚合果(aggregate fruit)指一朵花中由离生雌蕊共同发育而成的果实，每1枚雌蕊都形成1个单果，聚生于同一花托上。根据单果类型的不同，有下列类型(图3-85)。

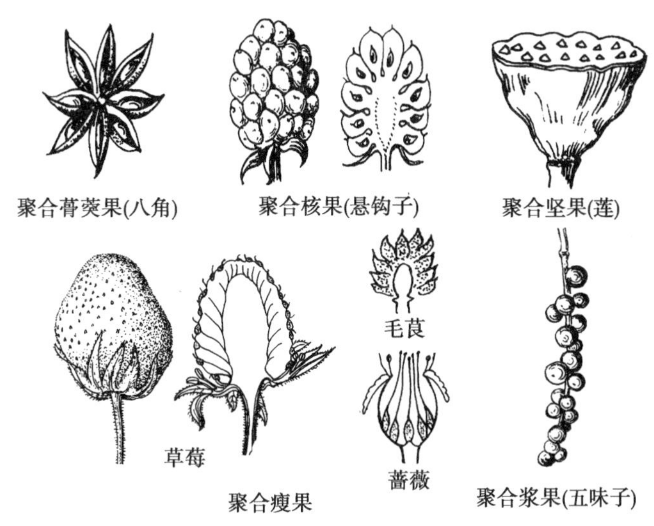

图3-85　聚合果

聚合蓇葖果：多枚蓇葖果聚生在同一花托上，如八角茴香、乌头、厚朴等。

聚合瘦果：多枚瘦果聚生于同一花托上，花托常突起，如草莓、白头翁、毛茛等。金樱子、蔷薇等蔷薇属植物中，许多骨质瘦果聚生于凹陷的花托内，称蔷薇果。

聚合核果：多枚核果聚生于同一突起的花托上，如悬钩子、覆盆子等。

聚合坚果：多枚坚果嵌生于膨大、海绵状的花托中，如莲等。

聚合浆果：多枚浆果聚生在延长或不延长的花托上，如五味子、南五味子等。

(三) 聚花果

聚花果(collective fruit，multiple fruit)又称复果，指由整个花序发育而成的果实，花序中每一朵花独立发育成的单果，聚集在花序轴上，外形似一个果实。例如，桑椹是花被在开花后变成肥厚多汁，包被1枚瘦果，其可食部分是肥厚的花被；凤梨(菠萝)由多数不孕花着生在肉质肥大的花序轴上而成；无花果是由隐头花序形成的复果，称隐头果(syconium)，其花序轴肉质膨大并内陷成囊状，囊内壁上着生许多小瘦果；凤梨、无花果的可食用部分是其肉质化的花序轴(图3-86)。

笔记栏

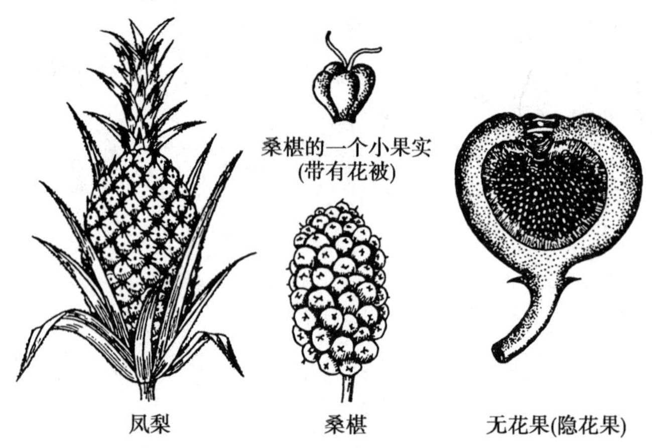

图 3-86　聚花果

第六节　种子与幼苗

种子(seed)是种子植物特有的繁殖器官。种子的休眠增强了植物适应环境的能力,也是植物度过严寒、干旱等不良环境和抵御病虫害蔓延的最佳方法。一旦环境条件适宜,休眠的种子就可萌发,同时种子还有一些适应传播的机制,与环境及动物相配合,使植物能在新的分布地定居和繁殖。因此,种子的出现促进了植物界的繁荣。

被子植物完成受精作用后,胚珠发育成种子(seed),子房(有时还有其他结构)发育成果实。种子中的胚(embryo)由合子发育而来,胚乳由初生胚乳核(受精极核)发育形成,种皮来自珠被,多数情况下珠心、胚囊中的助细胞和反足细胞均被吸收而消失。

一、种子的发育与结构

(一) 种子的形态特征

种子形状、大小、色泽、表面纹理等随植物种类不同而异。常见圆形、椭圆形、肾形、卵形、圆锥形、多角形等,如蚕豆、菜豆的种子呈肾形,花生为椭圆形,豌豆、龙眼为圆形。大小差异亦很大,如椰子种子直径达 15~20cm,菟丝子、葶苈子的种子较小,天麻、白及等兰科植物的种子极小,呈粉末状。表面颜色亦多样,如绿豆为绿色,赤小豆为红紫色,白扁豆为白色,相思子为一端红色、另一端黑色。表面纹理也各不相同,如五味子、红蓼等的种子表面光滑,具光泽;天南星、长春花等的种子表面粗糙,乌头、车前等的种子表面具褶皱,木蝴蝶、枫香等的种子具翅,太子参的种子表面密生瘤刺状突起,白前、萝藦等的种子顶端具毛茸,称种缨。植物种子的形态和结构特征,是种子植物分类和药材鉴别的依据之一。

(二) 种子的发育与结构

种子在形态上虽然变化多样,但大多数种子都由种皮、胚、胚乳三部分组成。在发育过程中,也有一些植物的胚乳被胚的子叶吸收利用,种子成熟时消失,这类种子只有胚和种皮,如蚕豆、菜豆等。

1. 种皮(seed coat,testa)　指包被在种子外面的保护层结构,由珠被发育而成,可避免水分丧失、物理损伤和病害侵染,起到保护胚和胚乳的作用,以及控制种子萌发。种皮常由几层细胞构成,其层数、厚薄、色泽和附属物等随植物种类不同而异。通常胚珠具有一层珠被者只形成一层种皮,如向日葵、番茄等;具有两层珠被者常形成内外两层种皮,外种皮常呈

硬壳状，内种皮薄膜状，如蓖麻、油菜等；也有具有两层珠被但发育后两层区分不明显，或内珠被退化消失。成熟的种皮上常见以下结构。

(1) 种脐(hilum)：指种子成熟后从种柄或胎座上脱落后留下的疤痕，一般呈圆形或椭圆形，其颜色、形状、大小随植物种类不同而异。

(2) 种孔(micropyle)：指珠孔在种皮上留下的痕迹，是种子萌发时吸收水分和胚根伸出的部位。

(3) 合点(chalaza)：指种皮上维管束汇合之处，来源于胚珠的合点。

(4) 种脊(raphe)：指种脐到合点之间的隆起线，内含维管束，来源于珠脊。倒生胚珠发育的种子种脊较长；弯生或横生胚珠形成的种子种脊短；直生胚珠发育的种子因种脐与合点重合，而无种脊。

(5) 种阜(caruncle)：一些植物的种皮在珠孔处有一个由珠被扩展形成的海绵状小隆起，称种阜，有助于种子萌发吸收水分；如蓖麻、巴豆等种子下端的白色海绵状突起物。少数植物的种子，种皮外尚有一些由珠柄或胎座部位延伸而成的组织，称假种皮(aril)，如龙眼、荔枝、苦瓜、卫矛等具肉质假种皮，而砂仁、豆蔻等的假种皮则呈菲薄的膜质。

2. **胚乳**(endosperm)　指有胚乳种子中储藏淀粉、蛋白质、脂肪等营养物质的薄壁组织，由极核细胞受精后发育而成，位于种皮和胚之间围绕胚周围，以供胚发育所需。大多数植物在胚发育和胚乳形成时，胚囊外面的珠心组织被胚乳吸收而消失；也有少数植物在种子发育过程中珠心或珠被组织未被完全吸收而是形成营养组织，并包围在胚乳和胚的外部，称外胚乳(perisperm)，如槟榔、胡椒、肉豆蔻等。有些植物的种皮内层和外胚乳(红色)常插入胚乳(白色)中形成错入组织，如槟榔(图3-87)；少数植物的外胚乳内层细胞向内伸入，与类白色的胚乳交错，亦形成错入组织，如肉豆蔻。

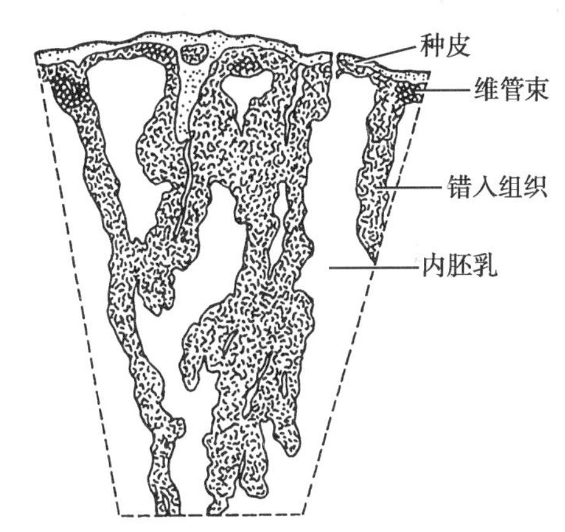

图3-87　槟榔(种子)横切面简图

3. **胚**(embryo)　指种子中尚未发育的新个体的雏体，由卵细胞受精后发育而来，是种子最重要的部分，常由以下4部分组成。

(1) 胚根(radicle)：由根端生长点和根冠组成，常呈圆锥形，体积小，正对着种孔，种子萌发时最先生长，从种孔伸出，发育成植物的主根。

(2) 胚轴(hypocotyl)：指连接胚芽、胚根和子叶的部分，在种子中不显著；种子萌发时，胚轴随之生长、变长，形成根、茎间的过渡区。

(3) 胚芽(plumule)：由分生区、叶原基、腋芽原基和幼叶组成，体积很小，呈顶芽雏形状态；种子萌发后，发育成植物的主茎和叶。

(4) 子叶(cotyledon)：指新植物体最早的叶，是胚吸收和贮藏养料的器官，占胚的较大部分；子叶的数目、生理功能因植物种类不同而异。有些植物的子叶在种子萌发后变成绿色进行短期光合作用，也有些植物的子叶主要分泌酶类，以消化吸收胚乳的营养。单子叶植物常具1枚子叶，双子叶植物具2枚子叶，裸子植物具多枚子叶。

二、种子的类型

被子植物成熟种子常根据胚乳的有无，而分为两类。

1. **有胚乳种子**(albuminous seed)　由种皮、胚、胚乳组成，种子发育成熟时，胚乳发达，

笔记栏

而胚相对较小，子叶薄，如蓖麻、大黄、稻等（图 3-88）。

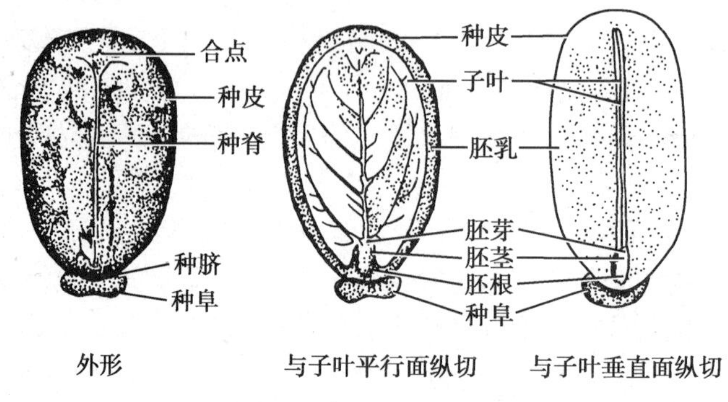

图 3-88　有胚乳种子（蓖麻种子）

2. **无胚乳种子**（exalbuminous seed）　由种皮、胚组成，在胚发育过程中胚乳的养料被胚吸收并贮藏于子叶中，故种子发育成熟后，胚乳不存在或仅残留一薄层，这类种子的子叶较肥厚，如大豆、杏仁、泽泻等（图 3-89）。

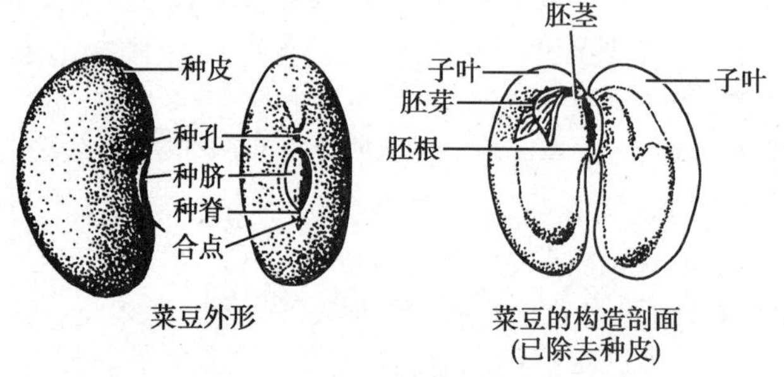

图 3-89　无胚乳种子（菜豆种子）

三、种子的萌发与幼苗类型

种子形成幼苗的过程称种子萌发。种子的胚成熟后在适宜条件下，其内部经过一系列同化和异化作用，胚开始生长发育形成幼苗。

1. **种子寿命和休眠**　种子传播到适宜的生长环境中，有的能立即萌发产生幼苗，有的则不萌发；种子保持生活力的时间长短也不一致。

（1）种子寿命（seed longevity）：指种子在一定环境条件下能保持生活力的最长时间，常指种子发芽率 ≥ 60% 的贮藏时间。寿命在 3 年以内的种子称短命种子，有的仅有几天或几周的寿命；该类种子在采收后必须迅速播种，如金鸡纳树属、荔枝属、咖啡属等热带植物的种子，以及白头翁、辽细辛、黄连等春花夏熟植物的种子。寿命在 3~15 年的种子称中命种子，如桃、杏、郁李、黄芪、甘草、皂角等硬实特性的种子，发芽年限达 5~10 年；繁缕和车前种子在土壤中能存活约 10 年，马齿苋可达 10~20 年。寿命在 15~100 年或更长的种子称长命种子，尤以豆科植物居多，其次是锦葵科植物。如豆科植物野决明的种子寿命超过 158 年，莲子寿命可达 200~400 年。

种子寿命除与植物种类有关外，还与贮藏条件和时间密切相关。贮存越久种子生活力也越衰退，以至死亡。在低温、干燥状态下，种子寿命一般较长；高温、湿润状态下则易失去生活力。但细辛、黄连、明党参、孩儿参等少数植物的种子不耐干藏，宜湿藏；槟榔、肉豆蔻、

笔记栏

肉桂、沉香等的种子不耐脱水干燥，也不耐低温贮藏，这类种子称顽拗性种子（recalcitrant seeds），寿命短，常仅几天，若使种子保持一定含水量，贮藏在适宜温度环境，寿命可到几个月甚至更长。

（2）种子休眠（seed dormancy）：指部分植物的种子成熟后，即使在适宜条件下，也不立即进入萌发阶段，而必须经过一段时间的休眠才能萌发的现象。种子休眠的原因较多：一是胚尚未发育完全，如人参、银杏等；二是胚虽在形态上发育完全，但贮藏物质尚未转化成胚发育所能利用的状态，如苹果、梨、桃等；三是胚的分化虽已完成，但胚细胞原生质出现孤离现象，在原生质体外包有一层脂类物质。上述3种情况均需经过一定时期的后熟过程才能萌发。四是在果皮、种皮或胚乳中存在有机酸、生物碱、某种激素等生长抑制物质，阻碍胚的萌发；五是种皮太坚厚或有蜡质，不易透气透水，影响种子萌发。许多种子休眠原因不止1种，常常是多因素的综合作用，如人参属于胚发育未完全类型，同时也含发芽抑制物质。

2. **幼苗的形成和类型**　种子萌发形成幼苗的过程是一个复杂的过程。首先，干燥成熟种子吸水膨胀，坚硬的种皮变软，通透性增加，透入氧气，酶的活性增加，呼吸作用加强，胚乳或子叶中贮藏的营养物质在酶作用下被分解为简单可溶性物质运往胚，胚获得营养后胚根、胚芽分生区和胚轴的部分细胞不断进行分裂，使细胞数目增加，体积增大，整个胚体迅速伸长、长大，先是胚根突破种皮向下生长，形成主根，与此同时胚芽或连同下胚轴细胞相应生长和伸长并突出种皮向上生长，伸出土面形成茎叶系统。至此，一株能独立生活的幼小植株全部长成（即幼苗）。但禾本科植物的种子萌发时，胚根鞘和胚芽鞘首先突破种皮，然后胚根和胚芽再分别突破胚根鞘和胚芽鞘继续生长。

按子叶留在土里还是露出土面，常将幼苗分为子叶出土幼苗和子叶留土幼苗两种类型。

（1）子叶出土幼苗（epigaeous seedling）：种子萌发时，随着胚根突出种皮，下胚轴背地性迅速伸长，将上胚轴和胚芽一起推出地面，结果是子叶出土。幼苗在子叶以下的主轴部分是由下胚轴伸长而成，子叶以上和第1片真叶之间的主轴是由上胚轴形成。如甘草、当归、大豆等。幼苗在真叶未发育前，子叶出土后产生叶绿体，并变成绿色，可暂时进行光合作用，以后胚芽发育形成地上茎和真叶，子叶内营养耗尽即枯萎脱落。

（2）子叶留土幼苗（hypogaeous seedling）：种子萌发时，仅子叶以上的上胚轴或中胚轴伸长生长，它们连同胚芽向上伸出地面，子叶留于土壤中，如薏苡、百合、山药等。该类型的子叶是吸收和贮藏营养物质的器官，营养耗尽后脱落。

（刘宝密　毕　博　尹海波　俞　冰）

复习思考题

1. 试从形成层和木栓形成层的活动来阐明根由初生构造向次生构造转化的过程。
2. 茎的初生构造从外至内由哪几部分组成？与根相比，其有何特点？
3. 试述单叶与复叶的主要区别。
4. 常见的花冠类型有哪些？花冠类型在药用植物鉴定中有何意义？
5. 如何判断组成雌蕊的心皮数目？
6. 简述被子植物的双受精现象。
7. 如何判断植物子房位置？常见的子房位置有哪些？
8. 果实是由什么发育而来的？在形成果实的过程中，花的各部分有何变化？

扫一扫
测一测

笔记栏

PPT 课件

第四章 药用植物分类的基础知识

学习目标

分类是人类从蒙昧走向文明，不断认识和理解世界的基础方法和能力。尽管根据不同的目的和用途有不同的植物分类方法，但系统发育分类方法是植物分类的根本和其他分类的基础和依靠。通过学习植物分类的思想和方法，奠定药用植物分类鉴定的基础知识和基本能力。

掌握植物类群划分的方法和依据，物种内涵和外延；熟练使用植物分类检索表；熟悉植物界的类群划分和演化规律，植物学名组成的规则。

分类（classification）指在本质上寻找事物共同点和不同点，通过归类将无规律事物转变为有规律可循的一种思想和方法。它是理清事物关系，便于记录记忆，获取新知或更高层次知识的重要方法，也是人类认识和理解世界的基础方法和能力。分类以比较为基础，比较是分类的前提，分类是比较的结果。常用的分类方法有二分法、矩阵法、要素法、过程法和多维度分类法等。在《易经》中以“同则同之，异则异之”为基本分类思想和方法，利用阴爻和阳爻两种特性，按三个一组排列组合成八卦，又衍生出六十四卦，用以表征人、事和各种自然现象，把宇宙万事万物纳入其中，这是一种“相互独立，完全穷尽”的多维度分类思想和方法。

植物分类是认识和利用植物的基础。人类最早根据植物用途和生境，依据少数几点特征或特性进行分类，随后又按植物间性状的相似程度进行分类。进化论思想普及后，出现了按植物间亲缘关系和演化规律进行的分类，并以林奈双名法为基础，二分法为主要分类方法，建立植物界各类群间的逻辑关系。植物分类思想既是一种重要的科学思想，又是一种重要的逻辑方法，也是将学习的各领域知识系统化最有用的指导思想。

第一节　植物分类的目的和任务

地球上约有 50 万种植物，它们种类繁多，形态、结构和习性各异。人类要认识、利用植物，就必须对它们进行识别、命名和分类。植物分类学（plant taxonomy）不仅要认识植物，给植物命名和描述特征，还要建立能体现各种演化关系的分类系统。利用植物分类学知识，可进行药用植物的鉴定、引种、驯化和育种等，服务于生产和经济建设。

一、植物分类的主要任务

植物分类就是将植物界现存的所有分类群，按照亲缘关系逻辑划归于不同分类等级系统中，形成全球或区域、国家或地区的植物名录，并以此为线索将各研究领域收集的相关信

笔记栏

息和资料有机组织起来，建立植物分类群名录、图像、描述、同源植物、分子信息和各种用途的联机检索数据库，形成资料储存、交换、利用和保护的平台，便于不同领域工作者利用，指导生产和满足科研需求。这就决定植物分类有下列主要任务。

1. **分类群的描述和命名**　比较植物个体间形态结构和遗传特性等的异同，将具有相似性状特征和遗传背景的个体归并为“种”（species）一级分类单位，确定其在各级分类阶元的归属和描述植物，并按照《国际藻类、菌物和植物命名法规》（*International Code of Botanical Nomenclature for Algae Fungi and Plants*，ICBN）确定拉丁学名。这是植物分类学的首要任务。

2. **探索植物“种”的起源与演化**　借助植物生态学、植物地理学、古植物学、生物化学、分子生物学等学科的研究资料，探索植物“种”的起源和演化，为建立科学的分类系统提供依据。

3. **建立系统发育分类系统**　根据植物各分类群间亲缘关系的研究资料，按照亲缘关系远近，确定各自的等级和排列顺序，建立或修订能反映演化过程的系统发育分类系统。

4. **编写和修订植物志**　运用植物分类学知识，根据不同需要，对某国家、地区、用途或特定分类群的植物进行采集、鉴定和描述，编写不同用途的植物志。

二、药用植物分类的主要任务

药用植物分类指运用植物分类知识和手段开展药用植物鉴定分类工作。首先，确定药用植物的科学名称，澄清名实混乱，保证临床用药安全有效，提供一种药用植物研究便利的国际交流方法。其次，从各研究领域收集相关信息资料，借助计算机统计学分析，构建全球或区域或国家或地区的药用植物数据库，存储药用植物名录、分布区域、图像、描述、同源植物、分子信息、临床用途和其他用途等信息，并提供资料的上传、下载和利用的联机检索平台，不仅有利于中药药源的深入发掘，开展药用植物引种、驯化、育种和种质保存与交换等工作，还能提供珍稀濒危药用植物以及药用植物遗传和生态多样性等有重要价值的数据和资料，使药用植物资源更合理地服务于人类健康事业。

第二节　植物分类的方法和依据

人类认识和利用植物的第一步就是进行植物分类，最初只是依据食用、药用、建筑等用途和少数几点特征或特性进行分类，而随着人类积累的植物学知识不断丰富和用途的进一步拓展，植物分类的方法和依据也更加丰富。特别是进化论思想的出现和普及，使植物分类更加符合自然界演化的客观历史。

一、植物分类方法与分类系统

人类在文明发展的历史长河中，出现了多种植物分类方法和分类系统。

1. **人为分类方法与人为分类系统**　从远古到 19 世纪初，人们常常依据经济用途、颜色、质地等易辨识和掌握的特征进行植物分类，称人为分类（artificial classification）。例如，古希腊《植物的历史和植物本原》（*De Historia et De Causis Plantarum*，公元前 371—前 286 年）中将近 500 种植物分为“乔木”“灌木”“半灌木”“草本”4 类；《神农本草经》的三品分类；《本草经集注》的自然属性分类；李时珍（1518—1593）在《本草纲目》中将 1 094 种植物药材分为“草、谷、菜、果、木”五部等，均属人为分类系统（system of artificial classification）。目前，人为分类方法仍被广泛应用，如粮食作物、经济植物，以及临床中药学的功效分类系统等。

笔记栏

2. **自然分类方法与自然分类系统**　从17世纪中叶至进化论思想确立期间，植物分类主要是依据植物间的性状相似程度来进行，称自然分类法（method of natural classification）。例如，C. Linnaeus（1707—1778）的《自然系统》（1735年）和《植物种志》（1753年）中根据雄蕊的数目、特征和雌性关系的性分类系统，以及Augustin Pyrame de Candolle（1778—1841）的《植物学的基本原理》（1813年）中将植物分成135目（科）的体系等，均属于自然分类系统（system of natural classification）。这些植物分类系统虽有一定的客观性，但缺乏进化论思想的指导，没有能正确反映生物类群在演化中遵循的规律和路径。

3. **系统发育分类方法与系统发育分类系统**　达尔文发表《物种起源》（1859年）及其进化论思想的传播和普及，使植物分类学从植物进化理论出发，按照性状演化趋势、类群形成和发展过程，采用系统发育分析方法推演植物界的演化路径，并依据系统分类法建立了能反映植物各类群间亲缘关系和演化规律的分类系统，即系统发育分类系统（system of phylogeneticclassification）。例如，德国学者Adolf Engler（1844—1930）与Karl Prantl（1849—1893）合著的《植物自然分科志》（1897年），美国学者Arthur Cronquist（1919—1992）的《有花植物的一个整合的分类系统》（1981年），以及建立在分子系统学之上的APG系统（1998年）等。目前有数十个系统发育分类系统，它们从不同侧面反映了植物界的发生和演化关系，但仍处于不断修订和完善中。

二、植物分类知识和依据

植物分类知识最早来源于观察和应用体验，早期主要通过形态观察、标本采集、特征比对和性状描绘等进行植物分类和命名。在进化论思想指导下，增加了植物形态、地理分布、生态特征等分类依据。随着植物形态学、解剖学、胚胎学、细胞学、孢粉学、遗传学、生态学、植物化学等各分支学科的不断发展，更加丰富了植物分类的研究方法，特别是数学、计算机科学等成果在该领域的应用，推动植物分类系统不断趋于客观合理。

1. **经典分类学**（classical taxonomy）　指采用形态比较的方法，基于模式标本，以植物形态特征，尤其是花、果实的形态结构和发育作决定性分类标准的方法。首先，在野外观察、记录植物并采集标本，然后在实验室进行标本鉴定研究。通过查阅分类学文献、核对模式标本、利用检索表等工具，确定研究对象的科、属、种等分类地位并命名。通过植物鉴定、比较、分析和归纳，进行原有分类系统的修订或建立新的分类系统。例如，芍药属从毛茛科独立成芍药科（Paeoniaceae），最早也是基于其外部形态和发育特征与毛茛科其他植物有显著区别而提出。目前建立的大多数分类系统都是采用经典分类学研究资料。经典分类法是植物研究工作和其他分类法的基础，简便、有效，也是药用植物研究中必须掌握的重要内容。

2. **实验分类学**（experimental taxonomy）　指结合生态学和遗传学，利用引种栽培、杂交等试验手段，通过改变生态条件以验证过去所划分种的客观性；补充细胞学、遗传学等资料，弥补经典分类学的不足。例如，芍药属植物X=5，与毛茛科大多数属X=6~10、13不同，支持了将芍药属独立成科的观点。此外，实验分类学也可通过细胞质及细胞核移植，加速人工控制物种的发展，服务人类的生产需求，而基因移植又使实验分类学进入更高级阶段。

3. **化学分类学**（chemotaxonomy）　指将植物化学组成（大分子和小分子）成分的差异作为分类的参考依据，探索植物化学成分与植物发育系谱之间的内在联系，修正和补充植物分类系统。如芍药属植物不含毛茛科植物普遍存在的毛茛苷和木兰花碱，也支持将芍药属独立成科。同时，植物类群中“亲缘相近、化学成分相似”的基本原则，有利于扩大和利用稀缺药用植物资源。此外，基于蛋白质免疫原性的血清分类方法（serotaxonomy）能反映植物蛋白质同源性，也能力证植物间的亲缘关系。

4. **分子系统学**(molecular systematics) 指利用蛋白质和核酸生物信息大分子,特别是核酸序列数据作为植物分类指标,借助统计学方法进行生物体之间以及基因间进化关系的系统学研究。本世纪,分子系统学研究发展迅速并取得了众多成果,如建立了被子植物种系发生系统 APG Ⅳ(Angiosperm Phylogeny Group Ⅳ,2016 年),蕨类和裸子植物分类的克里斯滕许斯(Maarten J. M. Christenhusz)系统(2011 年),以及蕨类植物分类系统 PPG Ⅰ(Pteridophyte Phylogeny Group,2016 年)等。

分子系统学研究中目的基因的选择是至关重要的问题,要根据所研究的具体分类群选择适宜的基因,通常在科及以上分类群间系统发生分析中,选择一些进化中较保守的基因或基因片段,而科以下类群间分析中选择那些进化速率较快的基因或基因片段则更有成效。目前,分子系统学分析中常用的基因或基因片段有核基因组的 ITS、5.8S、18S 和 28S 基因,其中 5.8S、18S 和 28S 进化速率较慢而常用于科级和科级以上等级,ITS 进化速率较快而一般用于属间、种间甚至居群间等;叶绿体基因组以母系遗传为主,有上百个基因,一些基因常用于分类群间亲缘关系的研究,主要有 *rbcL*、*makt*、*rps*4 和 *Ndhhf* 等叶绿体编码区基因,*trnF-L*、*rps*4-*trns* 和 *psbA-trnH* 等非编码区的间隔序列及其内含子 rpl16、rps16 等,常用于属间、种间的系统发育研究;线粒体基因组的 *COI*、*coxI*、*nad*1、*nad*2 和 *atpA* 等,常用于分析亲缘关系密切的种、亚种及地理种群之间的系统关系。

在研究种内居群或品种之间的关系时,常采用分子标记技术,如限制性片段长度多态性(restriction fragment length polymorphism,RFLP)、扩增片段长度多态性(amplified fragment length polymorphism,AFLP)、可变数目串联重复序列(variable number of tandem repeat,VNTR)、随机扩增多态性 DNA(random amplified polymorphic DNA,RAPD)、简单重复序列(simple sequence repeat,SSR)、序列特异性扩增区(sequence-characterized amplified region,SCAR)、单引物扩增反应(single primer amplification reaction,SPAR)、单链构象多态性(single strand conformation polymorphism,SSCP)、单核苷酸多态性(single nucleotide polymorphism,SNP)等是目前常用的分子标记技术。

5. **植物微形态学**(micromorphology) 指采用微观研究的技术设备,观察花粉形态、果皮和种子微形态、叶表面结构等,获取其细胞形态、细胞壁纹饰、气孔器形态、叶脉形态等的精细构造,其中的稳定特征可作为植物分类的支持证据,弥补植物器官宏观性状不稳定的不足,在修订科以下分类群时有一定的意义。例如,种皮的超微结构为兰科植物的分类提供证据,叶表皮细胞的排列方式有助于禾本科种和属间分类单位的划分等。值得注意的是,同一植物器官不同位置上的超微结构可能会有差异,常需要定位比较。

6. **数值分类学**(numerical taxonomy) 指利用数学、统计学原理,结合计算机技术,用数量方法评价植物类群间的相似性,来解决植物分类鉴定的问题。综合利用植物形态学、解剖学、生态学、古生物学、细胞学、生物化学和分子生物学等提供的资料,按一定的数学模型,应用电子计算机运算,快速、无偏差地全面分析植物的性状相似度,从而更客观地反映植物类群间的亲缘关系和进化规律。

第三节 植物分类等级和命名法则

一、植物分类等级

植物分类等级又称分类阶元,常采用多级分类单位(表 4-1)以表示植物类群间的

笔记栏

相似性和亲缘关系。必要时常增设亚级单位，如亚门（subdivision）、亚纲（subclassis）、亚目（suborder）、亚科（subfamily）、亚属（subgenus）等。科内有时还分族（tribus）和亚族（subtribus），属内还有组（sectio）、系（series）等分类单位。

表 4-1　植物分类阶元系统

中文	英文	拉丁文
界	Kingdom	Regnum
门	Division	Divisio（phylum）
纲	Class	Classis
目	Order	Ordo
科	Family	Familia
属	Genus	Genus
种	Species	Species

植物的各级分类单位均有拉丁名，且常有特定的词尾。如门拉丁名词尾通常是 -phyta，纲名词尾是 -opsida；目名词尾是 -ales，科名词尾是 -aceae，亚科名词尾是 -oideae。但一些分类单位的拉丁名词尾习用已久，如双子叶植物纲（Dicotyledoneae）和单子叶植物纲（Monocotyledoneae）等，经国际植物分类学会（IAPT）协商可保留沿用。此外，IAPT 同意保留被子植物 8 个科的习用名并与规范化科名等同使用：十字花科 Brassicaceae（Cruciferae）、豆科 Fabaceae（Leguminosae）、藤黄科 Hypercaceae（Guttiferae）、伞形科 Apiaceae（Umbelliferae）、唇形科 Lamiaceae（Labiatae）、菊科 Asteraceae（Compositae）、棕榈科 Arecaceae（Palmae）和禾本科 Poaceae（Gramineae）。

二、物种的概念和意义

物种（species）是自然界生物与环境相互作用中，在时间和空间上都表现出高度多样性的生命有机体的集群，又简称种。即指具有一定的自然分布区和一定的形态、生理和生态特征，能相互繁殖、共同享一个基因库的个体群，非同种个体间存在生殖隔离。但植物学家们理解种的含义不完全相同。其一，生殖隔离的形成是类群独立发展进化的起点，也是造成生物多样性的根本原因，严格按生殖隔离标准来划分的物种称生物学种（biological species）；其二，以形态特征的相关与间断（种内连续性，种间间断性）划分的种称分类学种（taxonomical species）或形态学种（morphological species），这种凭视力就能辨认的物种概念有较强的可操作性，在分类和鉴定实践中非常有用，满足了多种用途的分类需求。综上，物种是自然界客观存在的、可依据表型特征识别和区分的分类单位，也是 ICBN 支配的分类等级系统中基本的分类单位，多数分类群没有种以下单位。同时，物种也是中药药味独立的遗传学基础，以及中药与天然药物质量控制的基本分类单位。

物种由居群（population）组成。居群是生物物种在其分散的、不连续的生长地所形成的、共享一个基因库的、大小不等的群体。生物个体聚合就构成居群，但居群不等于多个个体的简单相加。同一物种的不同居群，会因为分布地理区域、生境条件等不同，出现遗传和表型上的差异，前者称地理宗（geographical race），后者称生态宗（ecological race），甚至随着地形条件渐次变化而形成地形梯度变异（topocline）居群，但这些居群间的个体互交能育。因此，正确地鉴定一个物种，不应仅仅凭借个别标本的特征，而要收集多份标本，统计分析其种内的变异幅度，才能确定其分类等级，以避免产生主观性分类混乱。

ICBN 中也设立了种以下分类等级，有亚种、变种、亚变种、变型和亚变型等 5 种，其中亚种、变种和变型广泛应用。亚种（subspecies，缩写为 subsp. 或 ssp.）是指形态上多少有变异，并与其他亚种有地理分布、生态或季节上隔离的居群。变种（varietas，缩写为 var.）是指形态上有稳定的变异，并与其他变种有共同的分布区，但分布范围比亚种小的居群。变型（forma，缩写为 f.）是指有共同的分布区，但个体间有细小变异的居群。此外，在植物栽培中，将种内变异居群称品种（cultivar，缩写为 cu.）。它们常在色、香、味、形状、大小、植株高矮、产量、适宜栽培区等经济性状上有差异表现，如栽培的药用菊花有亳菊、滁菊、贡菊等品种。品种一旦失去了经济价值，必将被淘汰。品种有时也被视为变型。但中药学领域所说“品种”常指物种或栽培品种，内涵并不明确。

三、植物的命名

人类在生产和科学研究中，常常给不同的植物取不同的名称以资区别。在不同国家、地区或民族间对同一种植物都有各自的通俗名称，即俗名。俗名常具描述性和形象性，在一定区域内通用，一说皆知，如七叶一枝花、三枝九叶草、人参等；但俗名也有局限性，“同物异名”或“异物同名”比比皆是，如我国 4 科 16 种植物均有“白头翁”之称，这就造成识别、利用植物以及科学普及与成果交流的障碍。因此，在 1900 年的巴黎国际植物学大会上制定和通过了《国际植物命名法规》（*International Code of Botanical Nomenclature*，ICBN），作为全球植物学家处理植物名称时必须遵守的规则（见后文知识链接），规定植物命名以拉丁语为标准，给每一植物“种”制定世界各国可统一使用的科学名称，简称“学名”（scientific name）。

国际植物学大会常 6 年定期召开 1 次，大会上进行 ICBN 的修订和颁布。2011 年在墨尔本召开的第 18 届国际植物学大会，将《国际植物命名法规》更名为《国际藻类、菌物和植物命名法规》（*International Code of Botanical Nomenclature for Algae Fungi and Plants*，ICBN）；2017 年在我国深圳召开的第 19 届国际植物学大会又进行了修订，颁布了新版《国际藻类、菌物和植物命名法规（深圳）》，简称“深圳法规”，适用至 2025 年。而栽培植物的命名需遵循《国际栽培植物命名法规》（*International Code of Nomenclature for Cultivated Plants*，ICNCP）。

（一）植物“种”的命名

根据 ICBN 规定，采用了林奈倡导的“双名法”，即由两个拉丁词组成植物的名称，第一个是属名，第二个是种加词（specific epithet），后附命名人的姓名缩写。即：植物学名 = 属名 + 种加词 + 命名人缩写。例如，厚朴的学名 *Magnolia officinalis* Rehd. et Wils. 中，属名为 *Magnolia*（木兰属），种加词为 *officinalis*（药用的），命名人为 Rehd.、Wils. 两人，而“et”表示“和”的意思。

1. **属名**　植物学名的主体，也是种加词依附的支柱，使用拉丁名词的单数主格，斜体，首字母大写。属名来源于形态特征、生活习性、用途、地方俗名、神话传说等的名词。例如，桔梗属 *Platycodon* 来自希腊语 platys（宽广）+kodon（钟），表示该属植物花冠为宽钟形；人参属 *Panax*，拉丁语的 panax（能医治百病的）指其用途；荔枝属 *Litchi*，来自荔枝的中国广东俗名 Litchi；芍药属 *Paeonia*，来自希腊神话中的医生名 Paeon。

2. **种加词**　用于区别同属植物中的不同种，斜体，全部字母小写。种加词多使用形容词，有时也用名词的主格或属格。

（1）形容词：常用表示该植物形态特征、习性、用途、产地等的形容词，其性、数、格要与属名保持一致。例如，掌叶大黄 *Rheum palmatum* L.，种加词来自 *palmatus*（掌状的）表示该植物叶掌状分裂，与属名均是中性、单数、主格；黄花蒿 *Artemisia annua* L.，种加词 *annua*（一年生的）表示其为一年生植物，与属名均是阴性、单数、主格。

笔记栏

(2) 同格名词：数、格与属名一致，而性属则不必一致。例如，薄荷 *Mentha haplocalyx* Briq.，种加词为名词单数主格，但 *haplocalyx* 为阳性，而 *Mentha* 为阴性。

(3) 属格名词：多引用人名姓氏，有时也用普通名词的单数或复数属格。例如，掌叶覆盆子 *Rubus chingii* Hu，种加词 chingii 是纪念蕨类植物学家秦仁昌；高良姜 *Alpinia officinarum* Hance，种加词 *officinarum* 为 *officina*（药房）的复数属格。

3. **命名人** 引证命名人的姓名用拉丁字母拼写，正体，首字母大写。常只用其姓，姓氏较长时可用缩写；如遇同姓者研究同一门类植物，则加注名字缩写；我国人名姓氏，现统一用汉语拼音拼写。例如，银杏 *Ginkgo biloba* L. 中，L. 为瑞典 Carolus Linnaeus 的姓氏缩写。共同命名的植物，用 et 连接不同作者；例如，紫草 *Lithospermum erythrorhizon* Sieb. et Zucc. 由德国 P. F. von Siebold 和 J. G. Zuccarini 共同命名。当某一植物名称为某研究者所创建，但未合格发表，后来的特征描记者在发表该名称时，保留原作者姓名，引证时在两作者之间用 ex（从、自）连接，如需缩短引证，位于后面的正式发表者姓氏应予保留；例如，延胡索 *Corydalis yanhusuo* W. T. Wang ex Z. Y. Su et C. Y. Wu，该植物名称由王文采创建，但未发表，苏志云和吴征镒在整理紫堇属（*Corydalis*）植物时，同意王文采的命名，并描记其特征并合格发表。

(二) 植物种以下单位的命名

植物种下分类群常有亚种、变种和变型，这些分类群的名称，一般在学名后面加上类群缩写符号（subsp./var./f.），再加上种以下单位加词，最后附以命名人名缩写，这种方法称三名法。例如，窄叶野豌豆 *Vicia sativa* L. subsp. *nigra* Ehrhart，是救荒野豌豆 *Vicia sativa* L. 的亚种；山里红 *Crataegus pinnatifida* Bge. var. *major* N. E. Br.，是山楂 *Crataegus pinnatifida* Bge. 的变种；紫花重瓣玫瑰 *Rosa rugosa* Thunb. f. *plena*（Regel）Byhouwer，是玫瑰 *Rosa rugosa* Thunb. 的变型。

(三) 植物学名的重新组合

植物学名若发生了重新组合，即属名发生变动了，原命名人应予保留，加括号置于新学名命名人姓氏之前。例如，紫金牛 *Ardisia japonica*（Thunb.）Blume，原先 C. P. Thunberg 将其命名为 *Bladhia japonica* Thunb.，后经 Karl Ludwig von Blume 研究列入紫金牛属 *Ardisia*，这是植物学名的重新组合。

(四) 栽培植物的命名

根据 ICNCP 规定，栽培植物品种命名是在植物学名的种加词后直接加带单引号的栽培品种加词（cultivar epithet），正体，首字母大写，不加定名人姓名。例如，菊花 *Dendranthema morifolium*（Ramat.）Tzvel. 在长期栽培中，形成了不同药用品种，根据道地药材命名为：亳菊 *Dendranthema morifolium* ‘Boju’，贡菊 *Dendranthema morifolium* ‘Gongju’，小黄菊 *Dendranthema morifolium* ‘Xiaohuangju’ 等。

知识链接

《国际植物命名法规》简介

《国际植物命名法规》（*International Code of Botanical Nomenclature*，ICBN）是专门处理植物（藻类、真菌、植物）命名的国际法规，在每届国际植物学大会后加以修订补充。第 1 届国际植物学大会于 1900 年在巴黎举行。第 18 届于 2011 年在澳大利亚墨尔本举行，会后将《国际植物命名法规》更名为《国际藻类、菌物和植物命名法规》（*International Code of Botanical Nomenclature for Algae Fungi and Plants*）；第 19 届于

2017 年在我国深圳召开时又进行了修订，颁布了新版《国际藻类、菌物和植物命名法规（深圳）》，简称“深圳法规”，决定未来 6 年的全球藻类、菌物和植物命名规范。下一届大会将于 2023 年在巴西里约热内卢举行。

ICBN 独立于动物命名法，其规则和辅则普遍适用于林奈二界分类中植物分类群的命名，是各国植物学者命名工作所共同遵循的文献和规章。其中要点如下：

（1）一个分类群名称的应用由命名模式来决定。科或科以下各级新类群的发表，必须指明其命名模式。如新科应指明模式属；新属应指明模式种；新种应指明模式标本。

（2）一个分类群的命名基于其发表的优先权。

（3）每个具有特定范围、位置和等级的分类群只能有一个正确名称，即最早发表并符合各项规则的那个名称。若某一植物有 2 个或以上的拉丁学名，应是最早发表的名称（不早于 1753 年林奈的《植物种志》发表的年代），并且按“法规”正确命名者，方为合法名称。如西伯利亚蓼 *Polygonum sibiricum* Laxm. 发表于 1773 年，而 Murr. 将此植物命名为 *Polygonum hastatum* Murr. 发表于 1774 年，故应以前者有效，后者为异名（synonym）。若一种植物的属名已改，但种加词不变时，原拉丁学名为基名（basionym）。如白头翁［*Pulsatilla chinensis*（Bge.）Regel］的基名为 *Anemone chinensis* Bge.。

（4）每种植物只有一个合法的拉丁学名，其他只能作异名或废弃。拉丁学名包括属名和种加词，另加命名人名。

（5）不管其词源如何，分类群的名称均需处理为拉丁文；一个植物合法有效的拉丁学名，还必须具备有效发表的拉丁语或英语描述。

模式标本即将种（或种以下分类群）的拉丁学名与一个或一个以上选定的植物标本相联系。该选定的标本作为新种描述和发表的根据，称模式标本。因而模式标本对于鉴别植物具有重要价值，需妥善保存。我国分布种的大部分模式标本都在国外，给中国植物鉴定分类工作带来诸多不便。模式标本有 7 类：

（1）全模式标本（正模式标本、主模式标本、模式标本，holotype，type）：由命名人指定的模式标本，用作新种的描述、命名和绘图。

（2）同号模式标本（isotype）：与全模式标本同一采集号的标本，只有一份为全模式标本，其余为同号模式标本。

（3）合用模式标本（syntype）：当命名人未指定模式标本，或有 2 号以上的模式标本（如一号为雌株，另一号为雄株）时，凡是命名人所引用的标本均称合用模式标本。

（4）同举模式标本（paratype）：命名人在原描述中，除模式标本以外同时指出的同种植物标本。

（5）选定模式标本（lectotype）：原描述中没有确定模式标本时，以后的学者在其原始材料中选用一号符合原始描述的标本。

（6）原产地模式标本（topotype）：当得不到某种植物的模式标本时，根据记载到该植物模式标本产地采集的同种植物标本，并选定的那份标本。

（7）新模式标本（neotype）：当某种植物的所有原始标本都丧失时，从同种植物标本中重新选定的模式标本。

笔记栏

第四节　植物界的基本类群和演化规律

地球上最早出现的植物是原核藻类，诞生在约38亿年前的海洋。陆生真核植物出现至少也有20亿年历史了，在长期与环境的协同互作与发展中，出现了形态结构、生活习性等复杂表现的各种类群，其间有些类群衰退，有的种类繁荣，老的物种不断消亡，新的物种不断产生，呈现着地球各时期的植物繁荣景象。总体上，植物沿着从无到有，从简单到复杂，从少到多，从水生到陆生，从低级到高级的进化方向演化至今。

一、植物界的分门别类

植物界最大的分类等级是门，而门的数目至今尚无定论，现常采用16门的分类观点(图4-1)。若把具有某些共同特征的门归为更大的“类”别，植物界就形成7类：藻类植物、菌类植物、地衣植物、苔藓植物、蕨类植物、裸子植物和被子植物；同时依据一些特征再将此7类再聚类，形成多组“门”之上的植物类群概念。

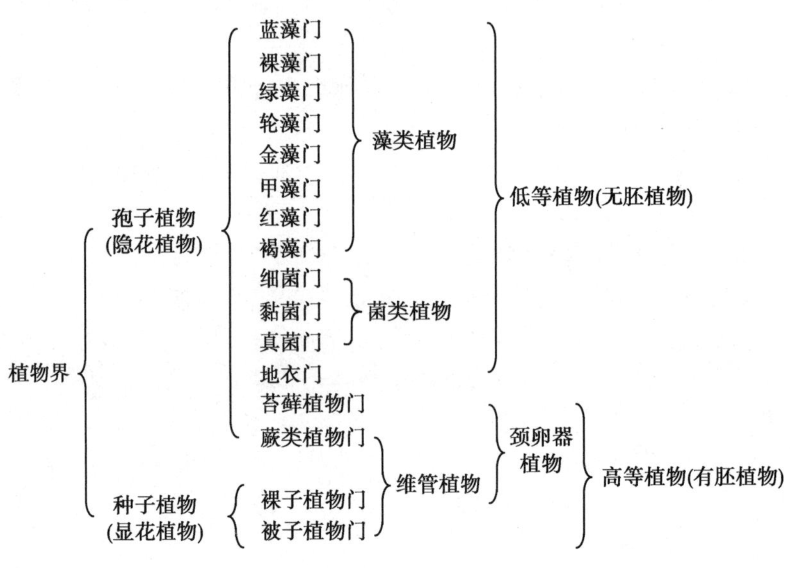

图4-1　植物界的分门

1. **低等植物**(lower plant)**和高等植物**(higher plant)　植物界中，藻类、菌类及地衣植物合称低等植物、无胚植物(non-embryophyte)或原植体植物(thallophyte)。它们无根、茎、叶分化，也常无组织分化；生殖器官单细胞；合子发育时离开母体，不形成胚；常为水生。苔藓植物、蕨类植物、裸子植物和被子植物合称高等植物或有胚植物(embryophyte)。它们有根、茎、叶，也有组织分化；生殖器官多细胞；合子在母体内发育成胚；常为陆生。

2. **孢子植物**(spore plant)**和种子植物**(seed plant)　植物界中，藻类、菌类、地衣植物、苔藓植物和蕨类植物生殖时产生孢子，不开花结果，称孢子植物或隐花植物(cryptogamia)；裸子植物和被子植物能开花并形成种子完成生殖，称种子植物或显花植物(phanerogams)。

3. **颈卵器植物**(archegoniatae)　高等植物中，苔藓植物、蕨类植物和裸子植物有性生殖过程中，配子体上能产生多细胞结构的颈卵器(archegonium)，特称颈卵器植物。

4. **维管植物**(vascular plant)　蕨类植物、裸子植物和被子植物体内有维管系统，称维管

植物；其他植物类群为无维管植物（non-vascular plant）。

二、植物界的演化规律

植物界发生和演化经历了漫长的历史进程，且与地球环境的改变紧密相关，每次环境的巨大变迁，必然导致某些不适应的类群衰退甚至绝迹，也一定会出现某些生命力更强的类群，他们更适应变化后的环境，会得到进一步的发展，走向繁盛。

（一）植物界进化的一般规律

1. **由简单到复杂** 营养体的结构和组成由单细胞个体到多细胞群体、丝状体、片状体、再到茎叶体，最后发展成具根、茎、叶等器官的个体；植物体中细胞从无功能分工、无组织分化到有明细分工、有组织分化；生殖方式由营养繁殖到无性生殖，进而演化出有性生殖，有性生殖又由同配生殖到异配生殖，最后演化到卵式生殖；生活史中，由无核相交替到有核相交替再到世代交替，从同形世代交替到配子体占优势再到孢子体占优势的异型世代交替发展；从无胚到有胚等。

2. **由水生到陆生** 最原始的植物从水中起源，在地球沧海桑田的变迁中，植物逐渐由水域向陆地发展。植物体由无根到有根再到出现真根；输导组织的形成和进一步完善；机械组织、保护组织的分化，以及叶表面积的扩展和内部组织精细化等，均有利于植物在陆生环境生存时营养物质和水分的吸收、输导、同化和积累；种子植物的精子失去原始鞭毛而形成花粉管，使受精作用不再受水环境的限制；由获得双亲遗传物质的合子发育成的孢子体逐渐替代配子体成为植物生活史的优势阶段，能更好地适应多变的陆地环境。当然，植物界的发展也绝不是简单的直线式上升，某些进化类群在特殊环境中会朝着性能独特、表观简单的“特化”方向发展，如兰科植物的简单结构、生殖方式以营养繁殖为主等就是极为典型的特化现象，造就了现今最进化、种类最多的兰科类群。

（二）植物的繁殖与生活史

繁殖方式和生活史演化不仅推动植物对环境的适应，还能体现植物类群间的演化关系。

1. **植物的繁殖** 有营养繁殖、无性生殖和有性生殖3种方式。较进化的植物类群产生专司生殖的生殖细胞，再发育为后代个体的方式称生殖（reproduction）。

⑴营养繁殖：植物体的一部分脱离母体后直接发育为新植物，称营养繁殖（vegetative propagation）。虽然是生物最原始的生殖方式，但营养繁殖在进化类群中尤其是被子植物中也普遍存在，如“插柳柳成荫”就是典型实例。

⑵无性生殖：植物体产生的生殖细胞不经结合，直接发育为新植物体，称无性生殖（asexual reproduction）。无性生殖的生殖细胞称孢子（spore）。产生孢子进行无性生殖的植物体称孢子体。孢子体上产生孢子的囊状结构或细胞称孢子囊。这是出现较早的生殖方式。

⑶有性生殖：植物体产生的生殖细胞必须两两结合为合子，由合子发育为新植物体，称有性生殖（sexual reproduction）。有性生殖的生殖细胞称配子（gamete）。产生配子进行有性生殖的植物体称配子体。配子体上产生配子的囊状结构或细胞称配子囊。根据两两结合的配子是否相同，又分为同配、异配和卵配3种有性生殖形式。同配是指结合的配子形态、结构、行为均相同；异配是指结合的配子形态相似，但大小和行为不同，小配子较灵活，大配子行动一般较迟缓；如果小配子水滴状、具鞭毛、可灵活运动，称精子，而大配子类圆形、行为迟缓，称卵，这种特殊的异配生殖称卵配生殖，是植物最进化的生殖方式。

2. **植物的生活史** 植物生命周期中以细胞分裂、组织分化、增殖繁衍为特征，经过生长、发育和生殖等阶段，最终产生与亲代基本相同的子代的循环过程称生活史（life history）。

笔记栏

每一种植物的生活史都呈现着一定的稳定性。单细胞或丝状原始植物生活史简单，往往只有营养繁殖，无生殖。有性生殖出现后，植物不同阶段的细胞染色体组成会发生变化，即有了 2n 和 n 的规律性变化，称核相交替。进化植物类群不仅有核相交替，2n 和 n 的核相时期各自还有植物个体形式出现，称世代交替。有世代交替的植物，其孢子体(2n)的生殖器官为孢子囊(2n)，其中产生的孢子(n)经过了减数分裂可直接发育形成配子体(n)；配子体(n)的生殖器官为配子囊(n)，其中产生的配子(n)两两结合成合子(2n)，由合子发育形成孢子体(2n)，完成一个生活史周期。通常将具有 2n 核相的时期称无性世代或孢子体时代，具有 n 核相的时期称有性世代或配子体时代。若孢子体与配子体形态结构相似，称同形世代交替；二者形态结构存在明显差异，称异形世代交替。高等植物均有异型世代交替现象。

第五节　药用植物分类鉴定的程序和方法

药用植物的分类鉴定是中药基源鉴定最重要的部分，也是中药生产、开发和利用的基础。药用植物分类鉴定有解剖学、微形态学、化学分析和分子生物学等多种方法，而基于形态学的经典分类法是最根本的，主要包括 4 个步骤，具体操作程序如下：

1. **观察并描述植物形态**　观察活体或完整植物标本的各个器官，特别注意其繁殖器官(花、果实或孢子囊、子实体等)的特征，同时做好详细记录。依据的原则有“自下而上、自内而外、从突出到一般、从具体到概况”等，一般顺序是：根、茎、叶、花序、花、果实、种子；先叶片、后叶柄和托叶；先雄蕊的花丝，后花药和花粉；雌蕊先子房，后花柱和柱头等。如果标本特征不全，还需深入产区，采集实物标本，以便进一步鉴定。

2. **核对文献**　结合产地、别名、效用等线索，查考植物分类方面的专著，如《中国植物志》《中国高等植物图鉴》和《植物分类学报》期刊等，鉴定待定植物的种及种以下分类群，确认其学名。在此过程中，要使用一种重要的分类工具，即植物分类检索表。

3. **核对标本**　各文献记述不一致时，还须核对已定学名的模式标本及原始文献。自己无法完成时，需送有关分类专家请求帮助鉴定。

4. **深入研究**　如果有条件，可以把野外采回来的植物栽培在植物园内进行动态观察，不仅可提高鉴别的准确性，而且还可对其进行深入研究，取得更多成果。

思政元素

守正创新，不负韶华

植物分类的基本思想是寻求事物的本原，基本方法是通过归纳分析表象发现内在规律。几个世纪以来，植物分类学家们运用经典分类学的形态比较法逐步建立了比较完整的植物自然分类系统。作为中药学类专业学生应守其正，充分利用这些宝贵的知识体系服务于中药资源的鉴定、开发和应用。本世纪以来，随着生物学各分支学科的发展，以及计算机科学、网络信息技术的应用，促进了植物分类系统的完善，尤其是基于分子系统学的成果，打破了几百年来沿用的被子植物中双子叶纲和单子叶纲的分类框架，创新性地建立了 APG 分类系统。作为新世纪的蓬勃青年，要以史为鉴，以梦为马，勇于创新，不负韶华，深入挖掘中医药传统知识的宝藏，坚守中医药走向世界、服务人类健康的宗旨，强健人民体魄，实现中医药文化和民族复兴。

笔记栏

第六节　植物分类检索表的使用和编制

一、植物分类检索表的结构和类型

植物分类检索表(key)是把许多植物编排在一起,同时又可将它们区分开来的、有特定结构的信息表。植物检索表是识别鉴定药用植物的钥匙和不可缺少的工具,通过查阅检索表可以初步确定某一植物的分类地位。

1. 植物分类检索表的结构　植物分类检索表包括三部分内容。

(1)性状编号:使用自然数 1、2、3、…,在检索表中每一组编号只能出现 2 次。

(2)性状描述:每一个编号后面记述一条植物特征的描述信息,相同编号的信息描述相同方面、互相矛盾的相对性状,如"子房上位"对应于"子房下位或半下位"。

(3)检索目标类群:检索表自上向下,每检索一步,就能将原来的大类群分为两个分支,经过若干步分类,若出现了某个我们需要的目标类群时,这个类群的名称借…连接,写在该条性状描述的最右侧。

2. 植物分类检索表的类型　根据编排形式,植物分类检索表可分为定距式检索表、平行式检索表和连续平行式检索表 3 种类型,其中定距式检索表最为常用,现以植物界的七大类群分类检索表(表 4-2)进行说明。

表 4-2　植物界七大类群的定距式检索表

1. 植物体构造简单,无根、茎、叶分化,无胚 ……………………………… 低等植物
　2. 植物体不为藻类和菌类所组成的共生体。
　　3. 植物体内含叶绿素或其他光合色素,自养生活方式 ……………………… 藻类植物
　　3. 植物体内无叶绿素,寄生或腐生 ……………………………… 菌类植物
　2. 植物体为藻类和菌类所组成的共生体 ……………………………… 地衣植物
1. 植物体构造复杂,有根、茎、叶分化,有胚 ……………………………… 高等植物
　4. 植物体有茎、叶和假根,无维管束 ……………………………… 苔藓植物
　4. 植物体有真正的茎、叶和根,有维管束。
　　5. 植物以孢子繁殖 ……………………………… 蕨类植物
　　5. 植物以种子繁殖。
　　　6. 胚珠裸露,种子外无包被 ……………………………… 裸子植物
　　　6. 胚珠着生在子房内,种子外有包被,形成果实 ……………………… 被子植物

定距式(级次式)检索表的特点是相同编号的性状描述间隔一定距离;紧邻的下一项编号及性状描述要向右退 1 字之距开始书写。这种检索表的优点是脉络清晰,条理性强,使用时不易出错,出现错误时也容易查出错处。《中国植物志》《中国高等植物图鉴》和很多教材采用这种形式。

平行式检索表的编排形式与定距式检索表基本相同,只是每一对相同编号的矛盾特征紧邻排列,特征描述行末注明向下路径或检索目标类群。平行式检索表整齐、节省篇幅,但层级关系不如定距式检索表清晰。连续平行式检索表是将互相矛盾的特征编成两个编号,既平行排列于同一行,又间隔在按自然数从小到大排列的不同位置。这种检索表既整齐也节约篇幅,但性状编号翻了 1 倍,条目过多时编写和使用都较为困难。(见知识链接)

笔记栏

知识链接

植物界七大类群的平行式检索表

1. 植物体构造简单，无根、茎、叶分化，无胚 ……………………………… （低等植物）(2)
1. 植物体构造复杂，有根、茎、叶分化，有胚 ……………………………… （高等植物）(4)
2. 植物体为菌类和藻类所组成的共生体 ………………………………………… 地衣植物
2. 植物体不为菌类和藻类所组成的共生体 ………………………………………… (3)
3. 植物体内含有叶绿素或其他光合色素，自养生活方式 ………………………… 藻类植物
3. 植物体内不含叶绿素，寄生或腐生 …………………………………………… 菌类植物
4. 植物体有茎、叶和假根，无维管束 ……………………………………………… 苔藓植物
4. 植物体有真正的茎、叶和根，有维管束 …………………………………………… (5)
5. 植物以孢子繁殖 ……………………………………………………………… 蕨类植物
5. 植物以种子繁殖 ……………………………………………………………… (6)
6. 胚珠裸露，种子外无包被 ……………………………………………………… 裸子植物
6. 胚珠着生在子房内，种子外有包被，形成果实 ………………………………… 被子植物

植物界七大类群的连续平行式检索表

1. (6) 植物体构造简单，无根、茎、叶分化，无胚。（低等植物）
2. (5) 植物体不为藻类和菌类所组成的共生体。
3. (4) 植物体内有叶绿素或其他光合色素，自养生活方式 ……………………… 藻类植物
4. (3) 植物体内不含叶绿素，寄生或腐生 …………………………………………… 菌类植物
5. (2) 植物体为藻类和菌类的共生体 ……………………………………………… 地衣植物
6. (1) 植物体构造复杂，有根、茎和叶分化，有胚。（高等植物）
7. (8) 植物体有茎、叶和假根，无维管束 …………………………………………… 苔藓植物
8. (7) 植物体有真正的茎、叶和根，有维管束。
9. (10) 植物以孢子繁殖 …………………………………………………………… 蕨类植物
10. (9) 植物以种子繁殖。
11. (12) 胚珠裸露，种子外无包被 ………………………………………………… 裸子植物
12. (11) 胚珠着生在子房内，种子外有包被，形成果实 ……………………………… 被子植物

二、植物分类检索表的使用和编制

植物分类检索表根据检索目标类群不同，还有分门、分纲、分目、分科、分属、分种检索表等类型。所以，使用和编制检索表时，应根据植物的形态特征，初步确定分类阶元，再选用或编制相应阶元的检索表。

1. 植物分类检索表的使用　植物鉴定工作中分科、分属、分种 3 种检索表最常用。要正确检索一种药用植物，首先要选择适宜而完整的检索表资料；其次要掌握检索对象的详细特征，并能正确理解检索表中使用的专业术语，否则就难以获得确切结果。因此，植物的检索过程不仅需要细心和耐心，同时也是学习和掌握分类知识的实践过程。

(1) 了解检索对象：选择完备且具有代表性的植物标本，仔细观察其各部位形态特征，只有针对检索表中的专业术语作出准确判断，才能正确地鉴定植物。

笔记栏

(2)查找检索目标：从检索表1-1开始，逐项仔细查对，每经过一步检索，必须选择相同编号描述中的一个。符合某条目描述，即可查阅紧邻其下的那个条目继续向下核对；若不符合，则跳转至与其相同编号的描述，符合时，直接查阅该条目下紧邻的那个描述。若遇到所查相同编号的两个相对性状与该植物均不符，则说明在此项之前的某处已经出错了，应向上追溯，找出错选之处，再从此处重新开始，一步一步地查找目标，直至得到确切的检索结果。

(3)核验查阅结果：当得到检索结果时，还须与该分类等级的文献记录进行全面核对，若两者相符，表示检索结果正确。否则，需重新检索，直到获得正确结果。

2. **植物分类检索表的编制**　植物分类检索表采用二歧分类原则进行编制，采用的特征要明显，最好选利用肉眼、手持放大镜或解剖镜就能看到的特征。首先要深入了解需要鉴定的全部植物类群的特征，按照各种特征的异同进行汇总和辨析，找出相互对立的主要特征。其次，依照显著程度，排列出主、次。然后，从植物的主要区别开始，用两个相对立的特征把植物分为两大组，每组中再用两个最显著的相对特征将其分为两小组，以此类推，严格按照二歧原则逐级分下去，直至分出所应包含的全部植物为止。编写时，顺次设置自小到大的性状编号，不可跳跃空缺数字；逐条添加性状描述；最后将全部植物类群名称安放在检索表中相应位置，编制成按一定格式排列的、不同分类单位为目标的分类检索表。

（严玉平）

复习思考题

1. 学习植物分类学的主要任务有哪些？
2. 植物分类的常用阶元单位有哪些？
3. 植物完整的学名包括哪几部分？举例说明。
4. 植物界的七类十六门指的是哪些类群？
5. 植物繁殖有哪些类型？什么是异型世代交替？
6. 植物分类检索表有哪些类型？

扫一扫
测一测

笔记栏

PPT 课件

第五章 孢子植物

学习目标

藻类、菌类和地衣的生殖器官为单细胞，不形成胚；苔藓和蕨类具颈卵器，合子在母体内发育成胚。通过孢子植物代表性分类群和代表性药用植物等的学习，奠定学习藻类、菌类、地衣、苔藓和蕨类植物分类鉴定和相关中药鉴定的基础知识和技能。

掌握孢子植物的概念、分类群类型以及各类群的系统位置等相关知识；熟悉藻类、菌类、地衣、苔藓和蕨类植物的特征，主要药用类群以及蕨类植物中常用中药基源植物的应用情况。

孢子植物(spore plant)指生殖时产生孢子，不开花结果，又称隐花植物(cryptogamia)，包括藻类、菌类、地衣、苔藓和蕨类植物。藻类、菌类及地衣植物无根、茎、叶，以及组织分化，生殖器官单细胞、合子发育时离开母体，不形成胚，常合称低等植物或无胚植物(non-embryophyte)或原植体植物(thallophyte)。而苔藓、蕨类植物有根、茎、叶，也有组织分化，生殖器官多细胞；合子在母体内发育成胚，常与裸子植物和被子植物一起合称高等植物(higher plant)。苔藓、蕨类植物在有性生殖过程中，配子体上产生多细胞结构的颈卵器(archegonium)，常与裸子植物一起合称颈卵器植物。蕨类植物有维管系统，常与裸子植物和被子植物一起合称维管植物(vascular plant)；而藻类、菌类、地衣、苔藓植物则称无维管植物(non-vascular plant)。

第一节 藻类植物

藻类植物(algae)是一类含有光合色素的自养型原植体植物，属最原始的植物类群。

一、藻类植物的特征

1. **藻类植物形态与结构** 藻类植物大小不一、形态各异、结构多样。例如，单细胞藻类小球藻等只有几微米，叶状体的海带和树枝状的石花菜等可达到100m以上。藻细胞含特有的结构色素体(载色体)，除含有叶绿素等光合色素外，还有多种非光合色素。由于不同藻细胞的色素成分不同，以致藻体呈现不同的颜色，通过光合作用制造和贮藏的营养物质也不同。例如，蓝藻贮存蓝藻淀粉、蛋白质粒，绿藻贮存淀粉、脂肪，红藻贮存红藻淀粉、红藻糖，褐藻贮存褐藻淀粉、甘露醇等。

2. **繁殖与生活史** 原始藻类植物只有营养繁殖和无性生殖，进化类群可进行有性生殖。藻类进行营养繁殖和无性生殖时无核相交替，如念珠藻；行有性生殖的较原始类群有核

笔记栏

相交替，但无世代交替，如水绵；世代交替也有多种类型，如石莼为同形世代交替，海带为异型世代交替等。

3. **生境与分布** 全球有3万多种，分布广泛，大多数生活于水中，少数生活在潮湿的土壤、树皮、石头或花盆壁上；有些藻类能生活在南北极或终年积雪的高山，有些蓝藻能生活在温度高达85℃的温泉中；部分藻类与真菌共生形成共生复合体，如地衣。

知识链接

赤潮与水华

“赤潮”或“红潮”(red tide)指在特定的环境条件下，由海水中某些浮游藻类植物、原生动物或细菌爆发性增殖引起水体变色的一种生态现象。根据引发赤潮的生物种类和数量不同呈现红、黄、绿、褐等不同颜色。赤潮常造成渔业减产。

“水华”或“水花”(water bloom)指在营养丰富的淡水水体中，一些漂浮性蓝藻在夏、秋季节因迅速繁殖，在水表形成一层具腥味的浮沫。水华使水体的含氧量降低，导致鱼类等水生生物大量死亡。不少水华分解后会产生毒素，对水生动物、人、畜等带来更多危害。

二、藻类植物的分类

藻类常依据细胞内所含色素种类、贮存的营养物质、植物形态构造、繁殖方式、鞭毛的有无、数目、着生位置、类型、细胞壁成分等进行分类。一般将藻类分为蓝藻门、裸藻门、绿藻门、轮藻门、金藻门、甲藻门、红藻门、褐藻门等八门。其中，蓝藻门分类地位特殊，绿藻门、红藻门、褐藻门具有较多大型的药用藻类，这里重点介绍。

(一) 蓝藻门 Cyanophyta

蓝藻又称蓝绿藻，是原核生物和最原始的藻类。藻体为单细胞、多细胞群体或丝状体，不具鞭毛，细胞壁的主要成分是肽葡聚糖。细胞结构分为中心质和周质两部分。中心质即原核或拟核，无核膜和核仁，DNA环状并裸露；周质位于中心质四周，无质体、线粒体等细胞器，但有原始的核糖体；具有很多扁平囊状结构的类囊体，光合色素均存在于类囊体表面。光合色素有叶绿素a、β-胡萝卜素、叶黄素、藻蓝蛋白、藻红蛋白等。细胞贮藏的营养物质分散在周质中，主要是蓝藻淀粉和蓝藻颗粒体。有些蓝藻周质中有气泡，以适应浮游生活，显微镜下呈黑色、红色或紫色。

蓝藻的繁殖方式有营养繁殖或无性生殖，无世代交替。丝状体繁殖时从异形胞处断裂形成藻殖段(homogonium)，再经细胞分裂形成新的丝状体；无性生殖时有些细胞增大，细胞壁增厚，形成休眠的厚垣孢子(akinete)，条件适宜时，细胞壁破裂，细胞分裂形成新的丝状体。单细胞和多细胞群体主要靠细胞分裂、群体破裂等进行繁殖；极少数种类可进行孢子繁殖。

全球约150属1 500种，分布广泛，从两极到赤道，从高山到海洋。主要生活在淡水中，海水中也有分布。

【药用真菌】**葛仙米** *Nostoc commune* Vauch.，念珠藻科。藻体为不分枝的单列丝状体，呈念珠状(图5-1)。丝状体外面有胶质鞘，形成片状或团块状的胶质体。丝状体上可间隔产生多个比营养细胞大的厚壁异形胞，而两个异形胞之间，或由于丝状体中某些细胞的死亡，

笔记栏

形成许多小段，每小段即为可繁殖的藻殖段(连锁体)。产于全国各地，生于湿地或地下水位较高的草地上，习称“地木耳”；藻体能清热，收敛，明目；也可食用。

常见药用植物还有：**发菜** *Nostoc flagilliforme* Born. et Flah.，念珠藻科。产于西北地区，藻体可食用。

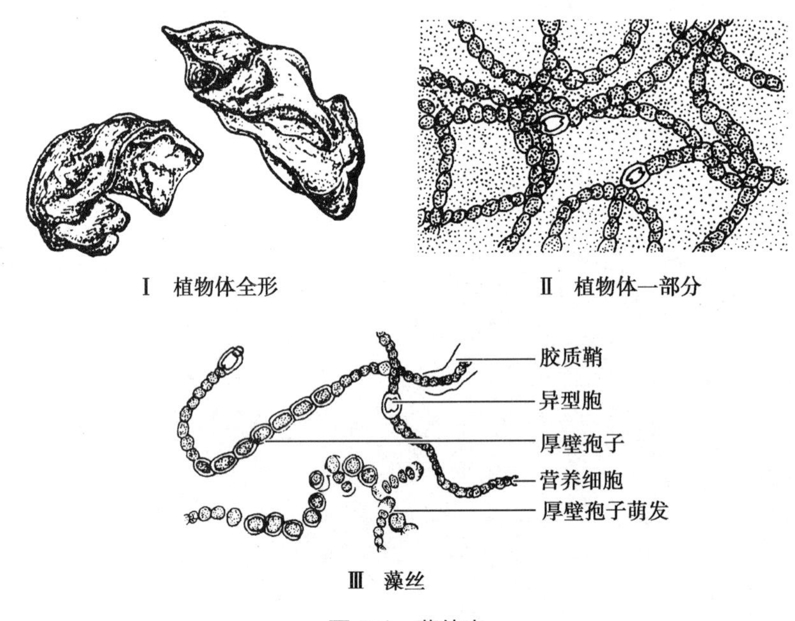

图 5-1 葛仙米

(二) 绿藻门 Chlorophyta

绿藻属真核生物，形态结构多样，有单细胞、群体型的球状体、丝状体和叶状体等类型，游动或静生。细胞壁两层，内层主要是纤维素，外层是果胶质，常黏液化。细胞内具叶绿体，主要有叶绿素 a、叶绿素 b、α- 胡萝卜素、β- 胡萝卜素和叶黄素等色素；贮存的营养物质主要是叶绿体合成的淀粉、蛋白质和油脂。绿藻具有与高等植物相同的色素和贮藏物质，也是与高等植物原生质体最接近的一类藻类。

绿藻的繁殖方式有营养繁殖、无性生殖和有性生殖(同配、异配和卵式生殖)。单细胞绿藻依靠细胞分裂，或产生多种孢子进行繁殖，如衣藻产生的游动孢子，小球藻产生的不动孢子等；多细胞丝状体可直接断裂成片段，再长成新个体。有性生殖由配子结合形成合子，合子直接萌发成为新个体；或经减数分裂形成孢子，孢子再发育形成新个体。不少种类出现世代交替现象，其中有性世代较显著。

全球约 430 属，8 600 种，是藻类中最大的一门；主要分布在淡水、海水中或潮湿处。某些绿藻能寄生在动物、植物体内，或与真菌共生形成地衣。

【药用真菌】**蛋白核小球藻** *Chlorella pyrenoidosa* Chick.(图 5-2)，小球藻科。藻体单细胞，微小，细胞壁很薄，内有细胞质、细胞核、1 个近似杯状的载色体和 1 个淀粉核。繁殖时，原生质体在壁内分裂产生不能游动的拟亲孢子。孢子成熟后，母细胞壁破裂散于水中，逐渐长成与母细胞一样大小。分布很广，多生于淡水中。藻体富含蛋白质、维生素 C、维生素 B 和抗生素(小球藻素)，可用作营养剂，防治贫血、水肿、肝炎等。

石莼 *Ulva lactula* L.(图 5-3)，石莼科。藻体为黄绿色膜状体，基部具多细胞的固着器。无性生殖产生具有 4 条鞭毛的游动孢子，孢子萌发产生配子体。配子体进行有性生殖，产生具有 2 条鞭毛的配子，配子结合成合子，合子直接萌发成新一代孢子体，完成一个生活周期，

生活史为同形世代交替。产于各海湾水域，习称“海白菜”或“海青菜”；藻体能软坚散结，清热祛痰，利水解毒。

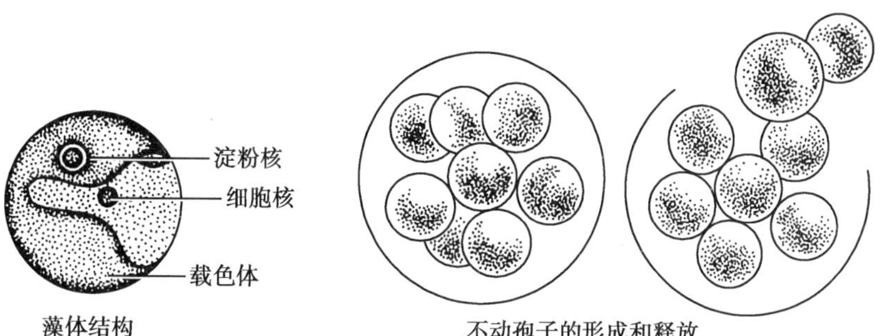

图 5-2 蛋白核小球藻

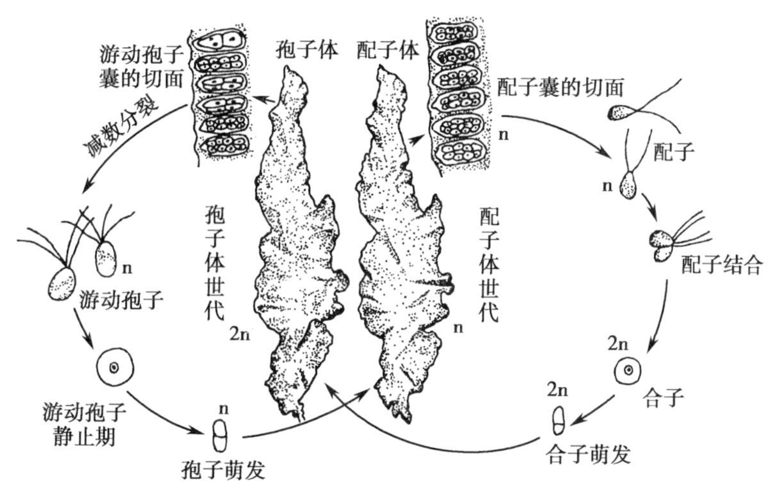

图 5-3 石莼的形态构造和生活史

水绵 *Spirogyra nitida*(Dillow.) Link.(图 5-4)，双星藻科。藻体为 1 列细胞构成的不分枝丝状体，原生质中有 1 至数条螺旋状环绕的带状载色体，其上纵列有多数蛋白核。水绵有性生殖为结合生殖，没有世代交替。常见淡水藻，生长在小河、池塘、水田或沟渠中；藻体治疮疡、烫伤。

（三）红藻门 Rhodophyta

藻体多数为多细胞的丝状体、片状体或树枝状体，少数为单细胞个体或群体。细胞壁外层为果胶质，由红藻特有的果胶类化合物构成，内层主要为纤维素。载色体含藻红素、叶绿素 a、叶绿素 b、β- 胡萝卜素、叶黄素、藻蓝素等，因藻红素占优势以致藻体常呈紫色或玫瑰红色。贮藏的营养物质主要是红藻淀粉和红藻糖。

红藻门的繁殖方式有营养繁殖、无性生殖和有性生殖。无性生殖产生无鞭毛的不动孢子；有性生殖为卵式生殖。一些种类生活史过程极其复杂。

全球约 558 属，4 000 余种，多数种类固着生活在海水中，少数为气生。

【药用真菌】**甘紫菜** *Porphyra tenera* Kjellm.，红毛菜科。藻体紫红色或微带蓝色，薄叶状体，边缘多少具有皱褶。产于辽东半岛至福建沿海，有大量栽培。藻体能清热利尿，软坚散结，消痰；也是食用藻类。

笔记栏

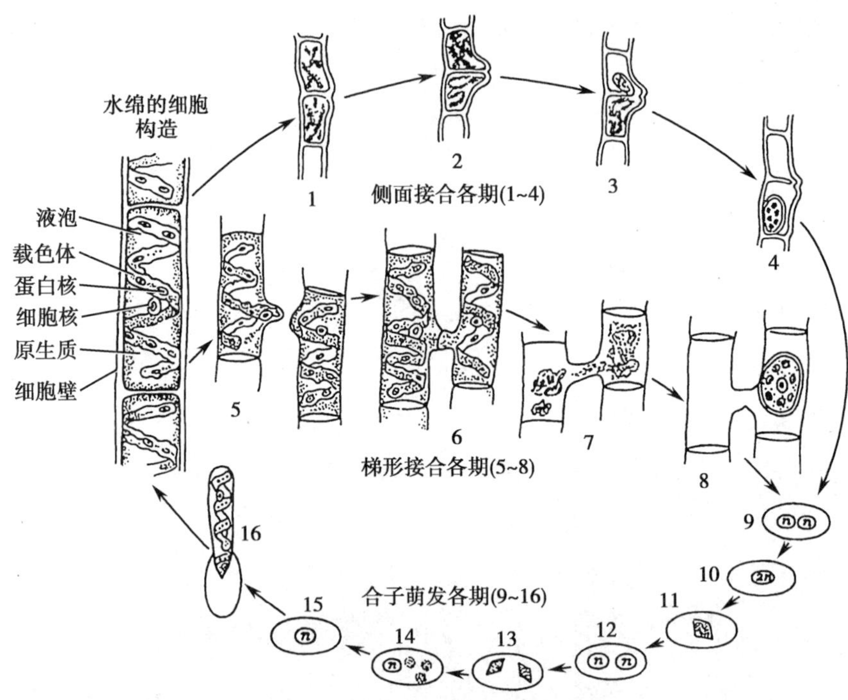

图 5-4 水绵的细胞构造和生活史

红藻门的药用植物(图 5-5)还有:石花菜科植物**石花菜** *Gelidium amansii* Lamouroux,藻体能清热解毒,缓泻;或提取的琼胶(琼脂)用于医药、食品和培养基,藻体也食用。红翎菜科植物**琼枝** *Eucheuma gelatinae*(Esp.) J. Ag,藻体能清热解毒,缓泻,降血脂;全藻含琼胶、多糖及黏液质。红叶藻科植物**鹧鸪菜**(美舌藻)*Caloglossa leprieurii*(Mont.) J. Ag.,藻体能驱蛔,化痰,消食;全藻含美舌藻甲素(海人藻酸)及甘露醇甘油酸钠盐(海人藻素)。**海人草** *Digenea simplex*(Wulf.) C. Ag.,藻体能驱蛔,化痰,消食。

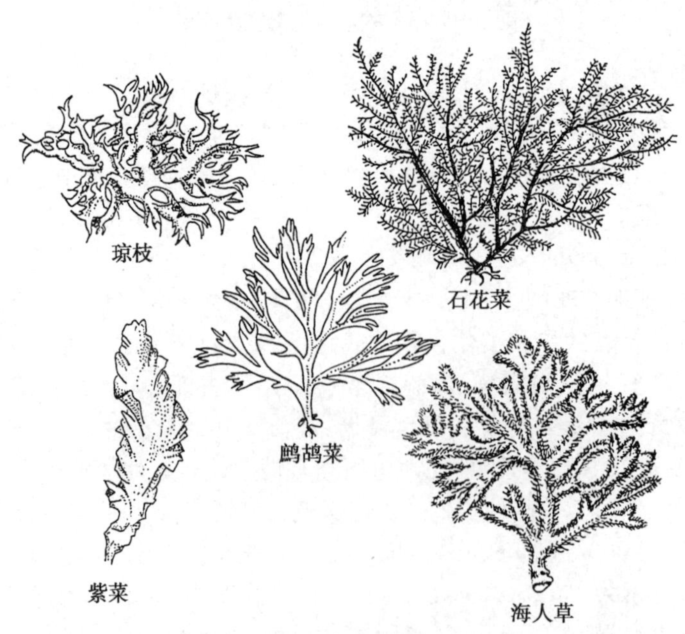

图 5-5 5 种药用红藻

（四）褐藻门 Phaeophyta

藻体为多细胞分枝或不分枝的丝状体、叶状体、管状体或囊状体等，有类似"表皮""皮层"和"髓部"分化的假组织体，或有假根、假茎和假叶分化的树状体。营养细胞有明显的两层细胞壁，外层主要是褐藻胶，能使藻体保持润滑，减少摩擦；内层主要是纤维素，比较坚固。细胞内有细胞核和形态不一的载色体，载色体含叶绿素 a、c 和胡萝卜素与叶黄素，以能利用短波光的墨角藻黄素含量最大，以致藻体呈褐色。贮藏的营养物质主要是褐藻淀粉、甘露醇、油脂等，有些种类的碘含量较高。

红藻门的繁殖方式有营养繁殖、无性生殖和有性生殖。一些种类以藻体断裂方式进行营养繁殖；无性生殖产生游动孢子和静孢子；有性生殖有同配、异配和卵式生殖；游动孢子和配子均有 2 根不等长的鞭毛。褐藻有同型世代交替和异型世代交替。

全球约 250 属，1 500 余种，绝大多数种类是固着生活在海水中的冷水藻类，也是构成海底"森林"的主要类群。

【药用真菌】**海带** *Laminaria japonica* Aresch（图 5-6），海带科。藻体长可达十多米，基部为根状固着器，借以固着于岩石或他物上；中部是柄，柄顶端的细胞具有分生能力，能不断产生新的细胞形成带片；上部为带片，即柄以上的扁平叶状体，分化为表皮、皮层和髓，表皮和皮层细胞具有色素体，能进行光合作用，髓部细胞有输导作用。海带有孢子体世代处于优势地位的异型世代交替。海带的孢子体一般长到第二年的夏末秋初，带片两面"表皮"上有些细胞形成棒状的单室孢子囊，间隔于长形营养细胞（隔丝）中形成深褐色、斑块状的孢子囊群。孢子成熟后，囊壁破裂，孢子散出，附在岩石上萌发成极小的配子体。雄配子体细胞小，数目多，多分枝，分枝顶端形成 1 个小的精子囊，每囊产生 1 个具 2 根侧生鞭毛的精子。雌配子体细胞大，数目少，不分枝，顶端细胞膨大成卵囊，每囊产生 1 个圆形不能游动的卵。精子游动与

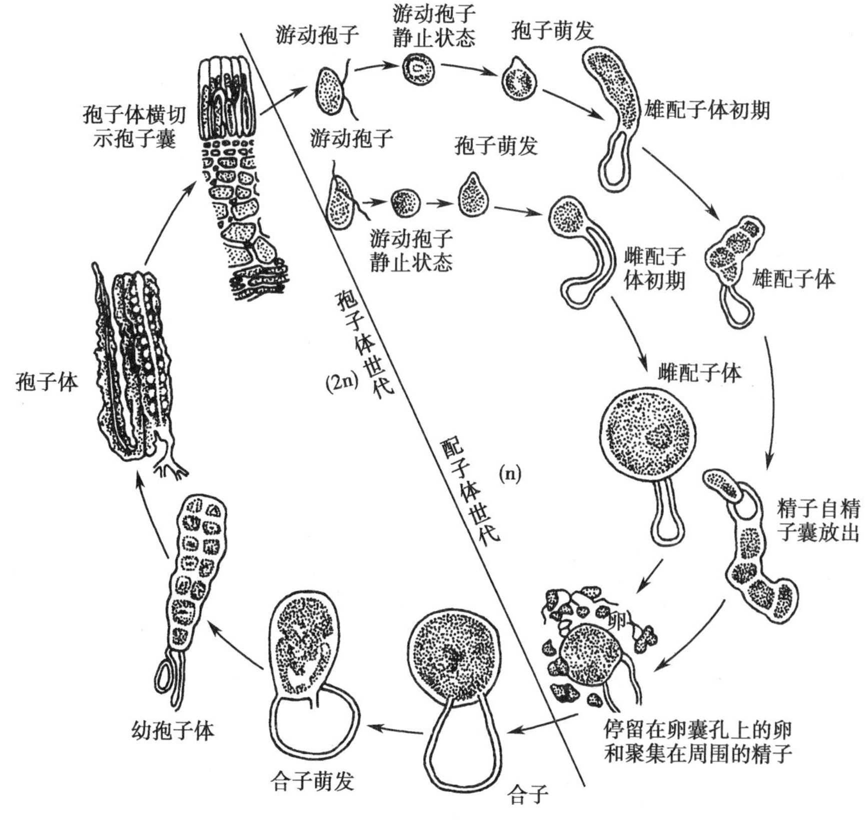

图 5-6 海带生活史

卵结合形成合子,合子萌发形成新的孢子体,几个月便可长成大型的海带。产于辽宁、河北、山东沿海,我国人工养殖产量居世界首位;藻体(昆布)能软坚散结,清热利水,镇咳平喘,降脂降压,防治缺碘性甲状腺肿大;也是提取碘和褐藻淀粉的原料,食用藻类。翅藻科植物**昆布** *Ecklonia kurome* Okam.,产于辽宁、浙江、福建、台湾等海域;藻体与昆布同等入药。

褐藻门的药用植物(图 5-7)还有:翅藻科植物**裙带菜** *Undaria pinnatifida*(Harv.) Suringar,产于辽宁、山东、浙江、福建沿海地区,藻体功效类似昆布。马尾藻科植物**海蒿子** *Sargassum pallidum*(Turn.) C. Ag.,产于黄海、渤海沿岸;**羊栖菜** *Sargassum fusiforme*(Harv.) Setch.,产于辽宁至海南,长江口以南为多;二者的藻体(海藻)能软坚散结、消痰、利水;前者的药材习称大叶海藻,后者习称小叶海藻。

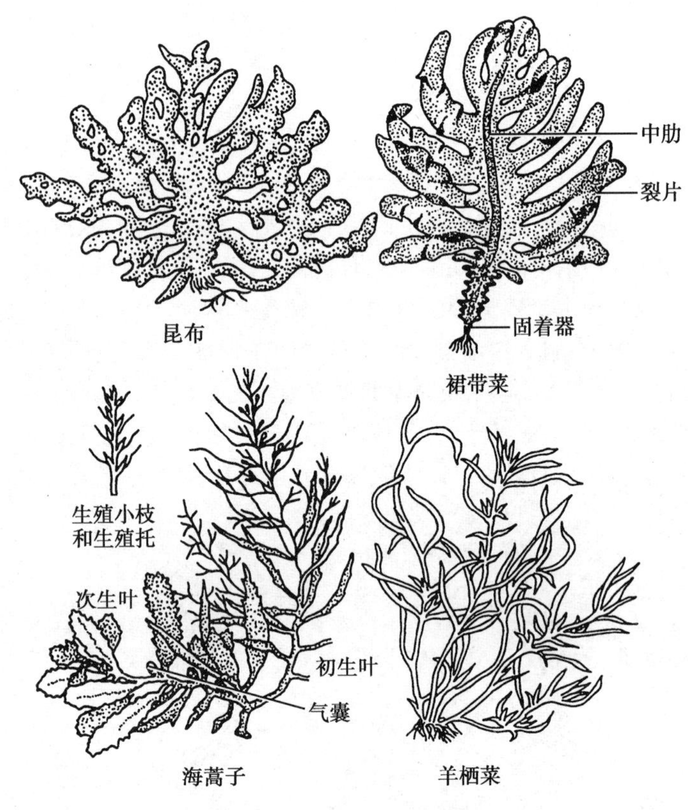

图 5-7 常见的药用褐藻

第二节 菌类植物

菌类植物(fungi)指一类形态结构简单并不含光合色素的异养型植物。菌类具有形体微小、代谢类型多、适应能力强、繁殖快、种类多、分布广等特点,种已超过数十万种,分属细菌门 Bacteriophyta、黏菌门 Myxomycophyta 和真菌门 Eumycophyta。尽管它们专营寄生(parasitism)、腐生(saprophytism)和共生(symbiosis)营养方式,但它们之间不是一个具有自然亲缘关系的类群,主要依靠现存有机物质生活,属低等植物。

一、细菌门 Bacteriophyta

细菌(bacteria)是单细胞的原核生物,体积小,长宽约 0.5~5μm;绝大多数异养,少数化

能自养（如硝化细菌）或光合自养（如着色杆菌）；主要以裂殖方式繁殖，少数芽殖。细菌的种类多，数量大，分布于全球，以及动、植物体内外。

细菌的细胞壁主要是肽聚糖（peptidoglycan）。根据细胞壁组成差异，细菌常分为革兰氏阳性菌和革兰氏阴性菌；根据菌体形态，细菌又分为球菌、杆菌、螺旋菌和放线菌等类型；根据亲缘关系，细菌又分为古细菌和真细菌两类。而在药物开发中放线菌引起了更多的关注。

放线菌（actinomyces）是一类丝状、有分支的、以孢子繁殖的单细胞原核生物。放线菌生长通常比细菌慢而比真菌弱，菌丝按形态和功能分为营养菌丝、气生菌丝和孢子丝 3 种（图 5-8）。在菌体形态和繁殖方式上，放线菌和真菌相似，但呈革兰氏阳性反应，菌丝在培养基上呈放射状生长。放线菌种类多，分布广。土生放线菌的代谢产物导致土壤具有土腥味。同时，放线菌是抗生素、免疫抑制剂、酶抑制剂和抗癌药等开发的重要来源，迄今约 70% 的抗生素来自放线菌。

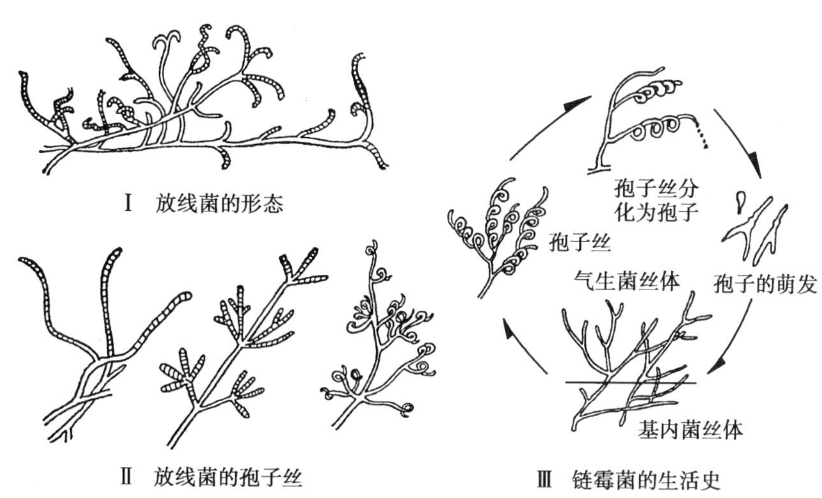

图 5-8　放线菌

二、黏菌门 Myxomycophyta

黏菌（myxomycetes）指在生长期或营养期为无细胞壁多核的原生质团（称变形体），生活史中不出现菌丝但会形成具细胞壁孢子的异养型真核生物。黏菌的营养构造、运动和摄食方式与原生动物的变形虫相似，但繁殖方式又类似真菌，可形成子实体，产生具纤维素细胞壁的孢子，孢子再发育成新的个体。可见，黏菌是介于真菌和原生动物之间的生物类群，大多数腐生生活，1995 年 Hawksworth 将其归入原生生物界。

三、真菌门 Eumycophyta

真菌（fungi）指一群具有细胞壁和真核、能产生孢子的异养型生物。一般有菌丝（hypha）和孢子两种基本形态，大多数为多细胞体，少数为单细胞，如酵母和一些低等的壶菌。真菌的细胞壁由几丁质、纤维素、葡聚糖、甘露聚糖、半乳聚糖等构成，低等真菌以纤维素为主，高等真菌以几丁质为主，而酵母以葡聚糖为主。细胞结构有特殊的隔膜、鞭毛、膜边体、微体、壳质体（几丁质酶体）、伏鲁宁体等。绝大多数真菌的营养体由纤细、管状的菌丝（图 5-9）盘绕而成无定型的菌丝体（mycelium）；菌丝多数无色透明，营养菌丝伸入培养基或基质中吸取营养物质，气生菌丝向空气中生长，气生菌丝产生孢子时称生殖菌丝。菌丝分为有隔菌丝（septate hypha）和无隔菌丝（nonseptate hypha）两种。有隔菌丝的每个细胞有一至多个细胞

笔记栏

核且菌丝内有横隔膜，属于进化类型；无隔菌丝是原始类型，菌丝内有多个细胞核而无隔膜。

真菌的繁殖方式有营养繁殖、无性生殖和有性生殖3种，无明显的世代交替。营养繁殖以营养细胞分裂、出芽（或为芽孢子）或菌丝断裂（或为节孢子）形式产生新的菌丝体。无性生殖则产生厚垣孢子、游动孢子、孢囊孢子（内生孢子）、分生孢子（外生孢子）等形式形成新个体。有性生殖以细胞核结合为特征，结合方式有游动配子配合、配子囊接触配合、配子囊配合和体细胞配合等；结合过程包括质配、核配两个阶段，核配后很快经过减数分裂形成可直接萌发为新植物体的孢子，故称有性孢子。一些高等真菌在不良环境条件下或进入有性生殖阶段，菌丝相互紧密缠绕形成具有一定外部形态和内部结构的菌丝组织体，常见的有根状菌索、菌核、子实体和子座等。根状菌索（rhizomorph，funiculus）由大量菌丝聚集而成，似根、绳索状，可促进菌体蔓延和抵御不良环境，常引起木材腐朽，极少药用。菌核（sclerotium）指在环境不良时，由菌丝聚集成颜色深、质地坚硬的核状休眠体，贮藏糖类和脂类等营养物质，耐干燥和高、低温度，如中药材雷丸、茯苓、猪苓等。高等真菌在进入有性生殖阶段后由菌丝形成膨大密集缠绕的团块、棒状、柱状或垫状等能容纳子实体的褥座，称子座（stroma）；子座形成以后，随即在上面形成具有一定形态和构造并能产生孢子的菌丝组织体，称子实体（fruiting body，sporophore），如伞状的蘑菇和中药材马勃、灵芝等。

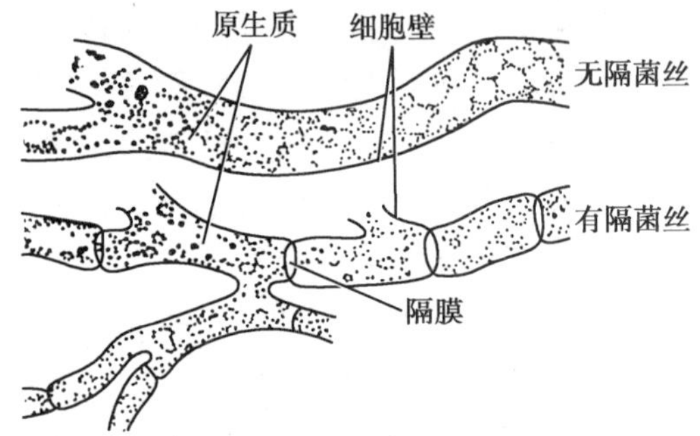

图5-9 营养菌丝

目前，已知的真菌有12万余种，分布广泛，以腐生和共生营养方式为主，少寄生，约300余种危害人类健康。五界系统中真菌独立于动物、植物和其他真核生物而自成一界，习惯上又根据其外观形态分为霉菌、酵母、蕈菌3类。Ainsworth等（1973）将真菌分为鞭毛菌亚门 Mastigomycotina、接合菌亚门 Zygomycotina、子囊菌亚门 Ascomycotina、担子菌亚门 Basidiomycotina、半知菌亚门 Deuteromycotina（表5-1）。

表5-1 真菌各亚门的主要特征比较表

类别	菌丝特征	无性繁殖	有性繁殖	代表类群
鞭毛菌亚门	无隔多核、分枝菌丝	孢囊孢子（游动）	卵孢子	绵霉
接合菌亚门	无隔多核、分枝菌丝	孢囊孢子（静止）	接合孢子	毛霉、根霉
子囊菌亚门	有隔菌丝、分枝菌丝	分生孢子	子囊孢子	酵母菌、赤霉
担子菌亚门	有隔菌丝、分枝菌丝	多数无无性繁殖	担孢子	伞菌属、木耳属
半知菌亚门	有隔菌丝、分枝菌丝	分生孢子	至今没发现	曲霉、青霉

（一）子囊菌亚门 Ascomycotina

子囊菌（sac fungi）中绝大多数都是多细胞体，菌丝有隔，如酵母菌等少数低等类群为单细胞。全球有2 720余属，28 650余种；《中华人民共和国药典》收载1种中药材。

生活史分无性阶段和有性阶段，无性繁殖时单细胞类群出芽繁殖，多细胞类群产生分生孢子、节孢子和厚垣孢子等。有性阶段始于菌丝融合变成的二核体，聚集成紧密的一团；涉及二核阶段、二倍体阶段和减数分裂3个阶段，但二核阶段短，无锁状结构。有性生殖形成子囊（ascus），内生子囊孢子（ascospore），每个子囊内有4、8、16…子囊孢子。除半子囊菌纲

等原始真菌的子囊裸生外，进化类群的子囊菌均产生子实体，称子囊果（ascocarp）。产生子囊果、子囊和子囊孢子是子囊菌最突出的特征。子囊果的形态是子囊菌分类的重要依据。子囊果有闭囊壳（cleistothecium）、子囊壳（perithecium）和子囊盘（apothecium）等类型（图 5-10）。

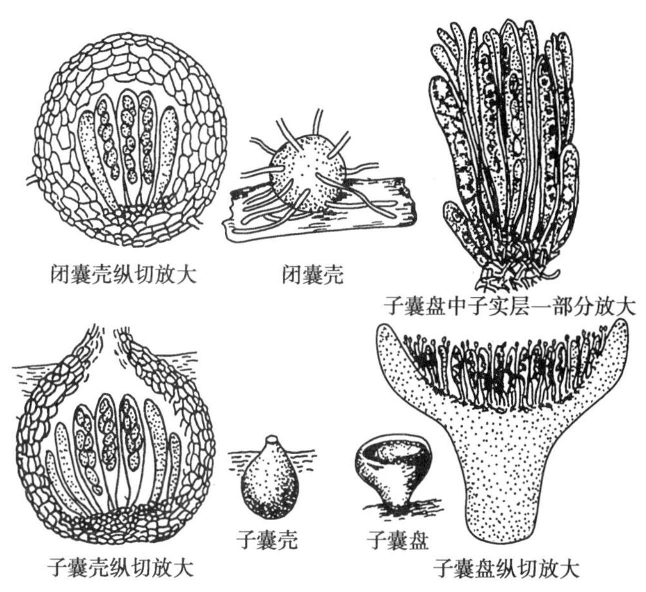

图 5-10　子囊果类型

【药用真菌】**酿酒酵母菌** *Saccharomyces cerevisiae* Hansen（图 5-11），酵母菌科。单细胞，球形或卵形，无性繁殖方式为芽殖。有性生殖时形成子囊孢子。用于酿酒和制作面包、馒头等，其菌体还制成酵母菌片，治疗消化不良，或用于提取核酸、谷胱甘肽、细胞色素 C、辅酶 A（CoA）等。还是现代生物学研究中的真核模式生物。

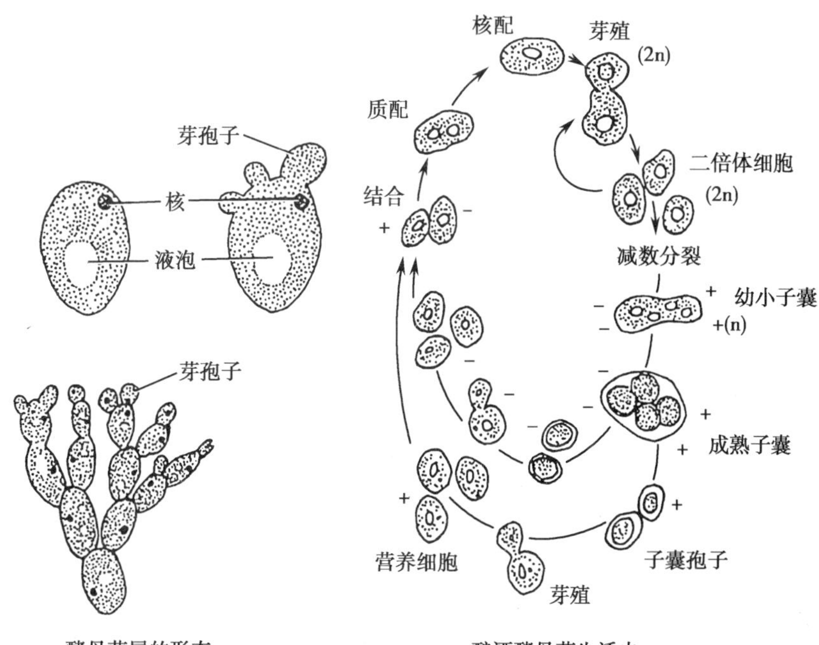

图 5-11　酿酒酵母菌

笔记栏

麦角菌 *Claviceps purpurea*(Fr.) Tul.(图 5-12),麦角菌科。寄生在禾本科麦类植物的子房内,菌核形成时伸出子房外,紫黑色,质地坚硬,形如角状,称麦角。产于东北、西北、华北等地。麦角含麦角毒碱、麦角胺、麦角新碱等多种活性成分,常用作子宫收缩和内脏器官出血的止血剂。麦角胺可治疗偏头痛和放射病。

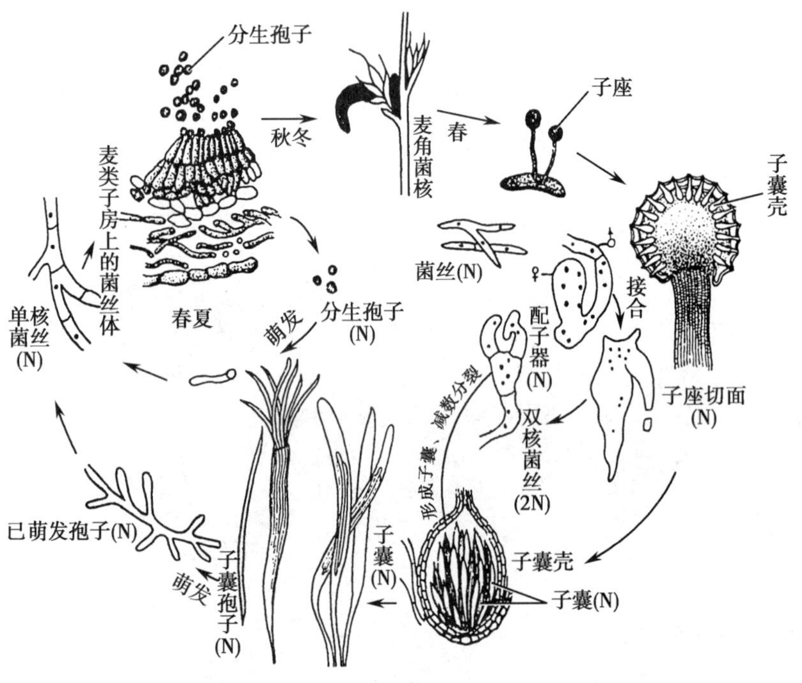

图 5-12 麦角菌的生活史

冬虫夏草 *Cordyceps sinensis*(Berk.) Sacc.(图 5-13),麦角菌科。寄主为鳞翅目蝙蝠蛾科昆虫的幼虫。夏、秋季子囊孢子侵入寄主幼虫体内,发育成菌丝体。染病幼虫钻入土中越冬,菌丝在虫体内生长并充满虫体后形成僵虫状菌核。翌年夏初,从虫体头部长出有柄的棒状子座,伸出土层,子座上部膨大,表层下埋有一层子囊壳,壳内生有许多长形的子囊,子囊各产生 8 个线性多细胞的子囊孢子,通常只有 2 个成熟。子囊孢子散发后,断裂成许多段重新侵染其他寄主幼虫。产于西南、西北等海拔 3 000m 以上的高山草甸;带子座的菌核(冬虫夏草)能补肺益肾、止血化痰。目前,从冬虫夏草中获得的蝙蝠蛾拟青霉菌株,发酵培养物制成多种增强免疫、预防心脑血管疾病的制剂。

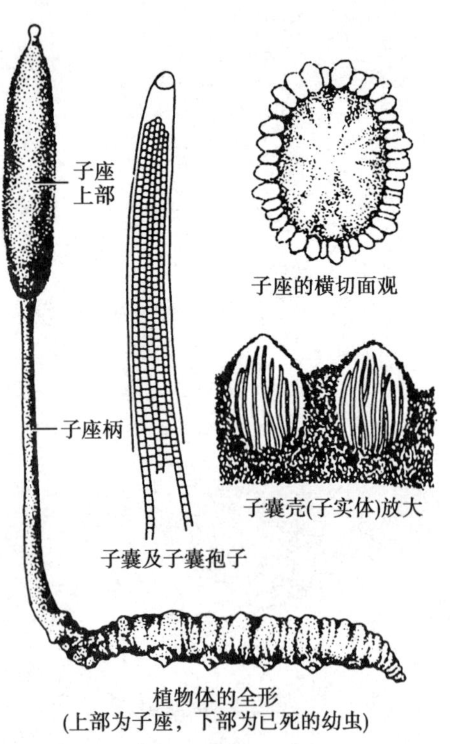

图 5-13 冬虫夏草

虫草属有 400 多种,我国约 110 种,其中**蛹虫草** *Cordyceps militaris*(L.) Link.、**凉山虫草** *Cordyceps liangshanensis* Zang, Hu et Liu 和**亚香棒虫草** *Cordyceps hawkesii* Gray. 等带子座的菌

核在部分地区是“冬虫夏草”地方习用品；**蝉花菌** *Cordyceps sobolifera* Hill Berk. et Br. 的带子座的菌核（蝉花）能散风热，退翳障，透疹。

子囊菌的重要药用种类还有：**竹黄** *Shiraia bambusicola* P. Henn. 的菌核能祛风除湿，活血舒经，止咳。**红曲** *Monascus purpureus* Went. 的培养物能活血止痛，健脾消食和胃。

（二）担子菌亚门 Basidiomycotina

担子菌（basidiomycetes）指一类由多细胞的菌丝体组成的有机体。绝大多数担子菌具有发达的菌丝体，菌丝有隔，都能产生担子和担孢子的高等真菌。全球约 1 100 属，20 000 余种；《中华人民共和国药典》收载 7 种中药材；也是食用和药用菌的重要来源。

担子菌有性阶段的子实体称担子果（basidiocarp），可形成担子（basidium）和担孢子（basidiospore）。由担孢子萌发形成单核的菌丝，称初生菌丝体（primary mycelium），生活期短。有性阶段始于菌丝融合，初生菌丝进行质配而不进行核配形成的双核菌丝，称次生菌丝体（secondary mycelium），生活期长，是担子菌的特征之一。双核菌丝的细胞分裂形式称锁状联合（clamp connection）。分裂时，在两核之间的细胞壁一侧形成一个喙状突起并向下弯曲，1 个核移入突起中之后，两核分裂各形成 2 个子核，子核分别移向细胞的两端，同时中部产生横隔，形成两个子细胞。当突起中的 1 个子核移入上端细胞后，突起基部形成隔膜，突起向下与原细胞壁融合沟通后，留在突起中的 1 个子核移入下端细胞，即由一个双核细胞形成两个相同的双核细胞。绝大多数担子菌以锁状联合方式发育成繁茂的担子果，担子果的大小、形态、质地、颜色差异很大，是担子菌分类的重要依据。担子果成熟后，双核菌丝顶端膨大成为担子，担子顶端或侧面伸出 4 个小梗，减数分裂产生的 4 个单倍体的核进入小梗，发育成 4 个担孢子（图 5-14）。

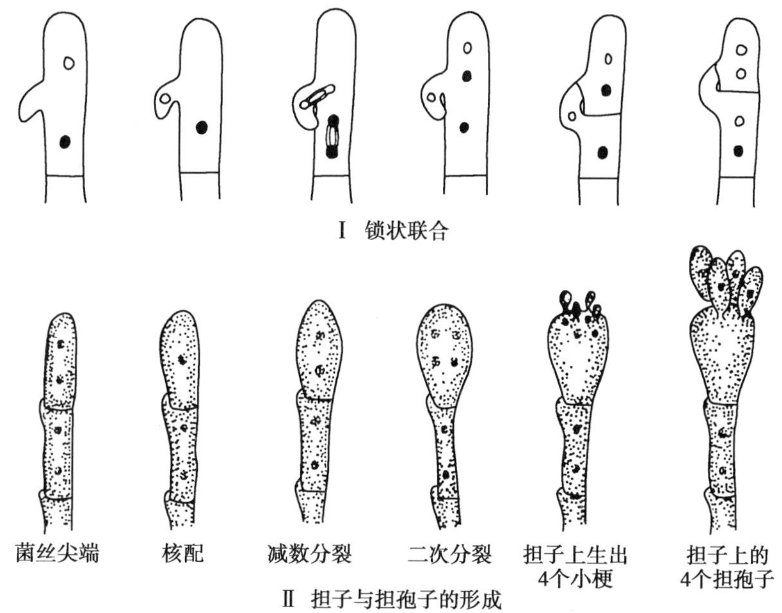

图 5-14　锁状联合与担子、担孢子的形成

许多食用和药用的大型担子菌属层菌纲，其中最常见的是伞菌类（图 5-15）。伞菌的担子果包括菌盖（pileus）、菌褶（gills）、菌柄（stipe）等结构。菌盖常为伞状、半球形。菌盖下面为菌褶，菌褶表面为子实层，子实层内有担子和侧丝，担子上形成担孢子。菌盖下面的柄称菌柄，部分伞菌子实体幼小时，菌盖边缘与菌柄之间连有一层菌膜，称内菌幕（partial veil），菌盖打开时残存在菌柄上的部分称菌环（annulus）；一些类群在幼小子实体外面包被一层膜，称外菌幕（universal veil），实体扩大菌柄伸长时，外菌幕破裂，在菌柄基部留下杯状的菌托

笔记栏

（volva）。这些结构的有无可作为伞菌鉴别的依据。

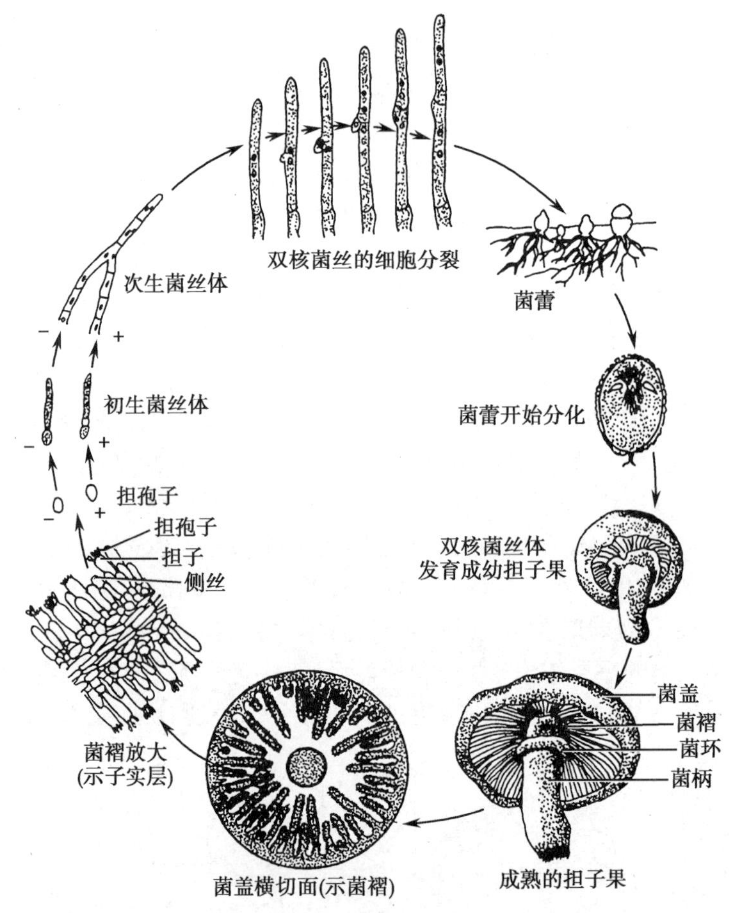

图 5-15　伞菌的形态和生活史

【药用真菌】**茯苓** *Poria cocos*（Schw.）Wolf.（图 5-16），多孔菌科。菌核球形或不规则块状，表面粗糙，呈瘤状皱缩，灰棕色或黑褐色，内部白色或淡棕色，粉粒状。子实体平伏菌核表面，微小伞形，菌管单层，孔为多角形，担孢子长椭圆形，表面平滑，无色。生全国各地的松属植物根上，或栽培。菌核（茯苓）能利水渗湿，健脾宁心。

图 5-16　茯苓的菌核

猪苓 *Polyporus umbellatus*（Pers.）Fr.，多孔菌科。菌核呈长块状或不规则块状，表面皱缩或有瘤状突起，灰色、棕黑色或黑色。子实体多数合生，菌柄基部相连成一丛菌盖，菌盖伞形或半圆形，表面浅褐色至茶褐色；菌管口微小，呈多角形，担孢子卵圆形。生各省区的枫、槭、柞、桦、椴等树根上。菌核（猪苓）能利水渗湿，抗肿瘤。

灵芝 *Ganoderma lucidum*（Leyss ex Fr.）Karst.（图 5-17），多孔菌科。子实体木栓质。菌盖半圆形或肾形，初生为黄色后渐变成红褐色，有漆样光泽，具环状棱纹和辐射状皱纹，子实层生于菌盖下的菌管内。菌柄近圆柱形，侧生或偏生。担孢子卵形，褐色，内壁有许多小疣。生多省区的阔叶树木基部，多栽培。子实体（灵芝）能补气安神，止咳平喘。**紫芝** *Ganoderma sinense* Zhao，Xu et Zhang 的子实体与灵芝同等入药。

脱皮马勃 *Lasiosphaera fenzlii* Reich.（图 5-18），马勃科。子实体近球形或长圆形，成熟时浅褐色。外包被薄，成熟时成碎片状剥落；内包被纸状，浅烟色，成熟后破碎消失，遗留成

一团孢体。孢体紧密，有弹性。孢子球形，褐色，外具小刺。产于全国多地；子实体（马勃）能清肺利咽，止血。同科**大马勃** *Calvatia gigantea*（Batsch ex Pers.）Lloyd、**紫色马勃** *Calvatia lilacina*（Mont. et Berk.）Lloyd 的子实体与马勃同等入药。

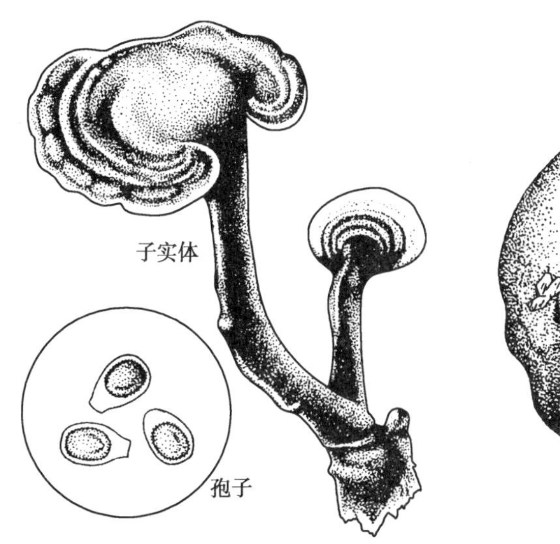

图 5-17　灵芝的子实体和孢子

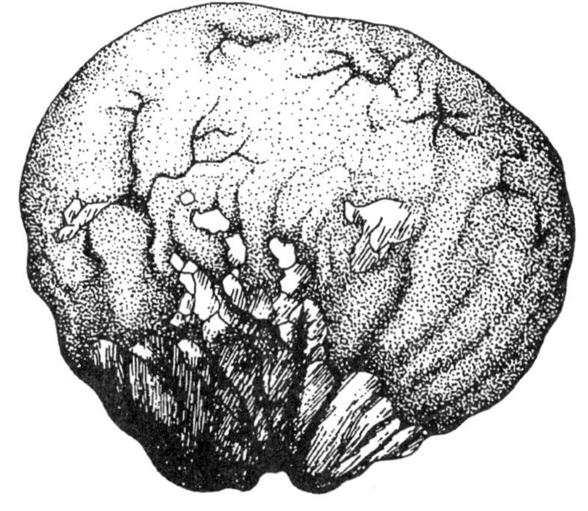

图 5-18　脱皮马勃

担子菌亚门常见药用真菌还有：多孔菌科真菌**彩绒革盖菌** *Coriolus versicolor*（L. ex Fr.）Quel，子实体（云芝）能健脾利湿，清热解毒，其云芝多糖具有抗肿瘤、增强免疫和保护肝脏的作用。白蘑科真菌**雷丸** *Omphalia lapidescens* Schroet.，菌核（雷丸）能消积，杀虫。木耳科**木耳** *Auricularia auricula*（L. ex Hook.）Underw. 的子实体（黑木耳）能补气益血，润肺止血；也是著名的药食两用菌。银耳科**银耳** *Tremella fuciformis* Berk. 的子实体（白木耳）能滋阴，养胃，润肺，生津，益气和血；也是著名的滋补品。齿菌科**猴头菌** *Hericium erinaceus*（Bull. ex Fr.）Pers. 的子实体能利五脏，助消化，滋补，抗癌。鬼笔科**长裙竹荪** *Dictyophora indusiata*（Vent. Pers.）Fisch 的子实体能补气养阴，补脑宁神，润肺止咳，清热利湿，抗肿瘤。白蘑科**蜜环菌** *Armillariella mellea*（Vahl. ex Fr.）Kummer. 是人工栽培天麻不可缺少的共生菌，子实体能明目，利肺，益肠胃。

（三）半知菌亚门 Deuteromycotina

半知菌类（imperfect）指有性世代不明的真菌，一旦发现有性阶段，可分别使用无性阶段和有性阶段两个名称。大多半知菌具有隔菌丝，菌丝发达。分生孢子梗单生、簇生或集结成孢梗束，其内（外）合生或离生产孢细胞，产孢细胞产生形形色色的分生孢子。半知菌以分生孢子或菌丝的断片进行繁殖。目前有 1 880 属，约 26 000 种，许多种类是动植物和人类的寄生菌。《中华人民共和国药典》收载 1 种中药材。

半知菌常依据分生孢子梗的细节，分生孢子的颜色、形态和分隔数、产生方式来进行分类。分子研究表明，30 000 种子囊菌仅有 5 000 种能与无性态挂上了钩，但结果往往很杂乱；而有些种发现了其有性阶段，或通过分子系统分析，则分别归属于子囊菌亚门（多数）和担子菌亚门（少数）中。

【药用植物】**曲霉菌** *Aspergillus*（Micheli）Link.（图 5-19），丛梗孢科。菌丝多分枝，无色或有明亮的颜色。分生孢子梗从特化的厚壁而膨大的菌丝细胞（足细胞）垂直生出，顶部膨大形成顶囊（vesicle），顶囊表面产生很多放射状排列的小梗（sterigma），小梗单层或双层，分生孢子自小梗顶端相继形成，多呈球形。

笔记栏

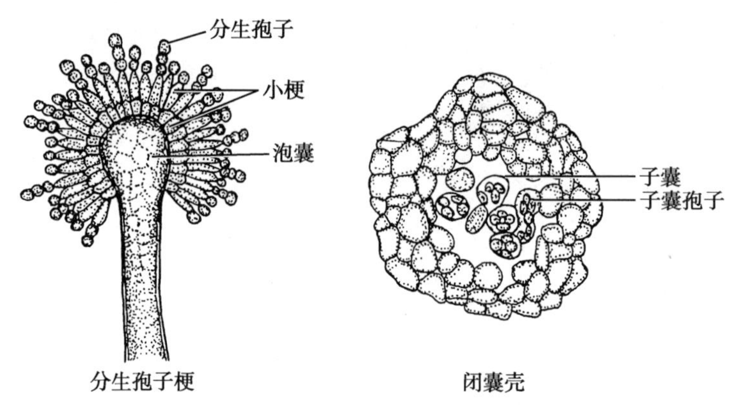

图 5-19　曲霉菌

曲霉菌类是酿造工业和食品工业的重要菌种，也有些种类则对农作物和人类产生极大危害。例如，**黑曲霉** *Aspergillus niger* Van Tieghen. 能够引起粮食和中药霉变；**烟曲霉** *Aspergillus fumigatus* Fresen. 可引起人、畜和禽类的肺曲霉病；**杂色曲霉** *Aspergillus versicolor*（Vuill.）Tirab. 产生的杂色曲霉素损伤肝脏；**黄曲霉** *Aspergillus flavus* Link. 产生的黄曲霉素能引起肝癌。

青霉 *Penicillium* Link.（图 5-20），丛梗孢科。菌丝无色、淡色或颜色鲜明。分生孢子梗具横隔，光滑或粗糙，顶端生有扫帚状分枝，称帚状枝。帚状枝最顶端的小梗上产生分生孢子。青霉属种类多，分布广，与人类生活密切相关。例如，**产黄青霉** *Penicillium chrysogenum* Thom、**特异青霉** *Penicillium notatum* Westling 等产生青霉素；**黄绿青霉** *Penicillium citreo-viride* Bioruge、**橘青霉** *Penicillium citrinum* Thom.、**岛青霉** *Penicillium islandicum* Sopp 能引起大米霉变，产生“黄变米”，它们产生的毒素损害动物的神经系统、肝和肾。

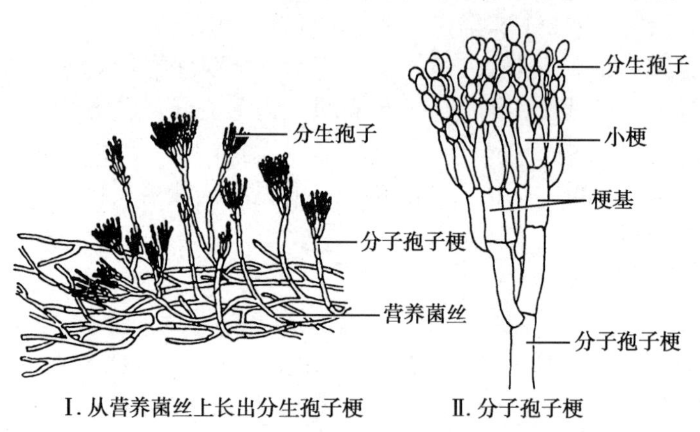

图 5-20　青霉菌

球孢白僵菌 *Beauveria bassiana*（Bals.）Vuill.，丛梗孢科。寄生于家蚕幼虫体内，使家蚕病死，干燥后的尸体（僵蚕）能祛风定惊、化痰散结。

第三节　地衣植物门 Lichens

地衣（lichen）指一种藻类和一种真菌建立紧密共生关系而形成的藻菌共生复合体。藻类和菌类之间的共生关系具有相对专一性，组成地衣的真菌绝大多数是子囊菌，少数是担子菌，

而藻类主要是绿藻门和蓝藻门的部分藻类；菌类占地衣的大部分，并主导地衣的形态结构，真菌菌丝缠绕藻细胞，将从外界吸收水分、无机盐、二氧化碳等供给藻细胞；藻细胞则通过光合作用制造整个植株的养分。全球广布，常附生在树干、树枝、树叶、地表、岩石上；耐寒和耐旱性强，对 SO_2 敏感。地衣分布有地衣多糖、异地衣多糖等抗肿瘤、抗病毒成分，以及缩酚酸类及其衍生物等抗菌、抗氧化、抗辐射成分。此外，地衣也可作为空气污染的指示植物。

一、地衣植物的特征

按照地衣的主要形态特征，常将地衣分为壳状地衣（crustose lichens）、叶状地衣（foliose lichens）和枝状地衣（fruticose lichens）3 个基本类型（图 5-21）。

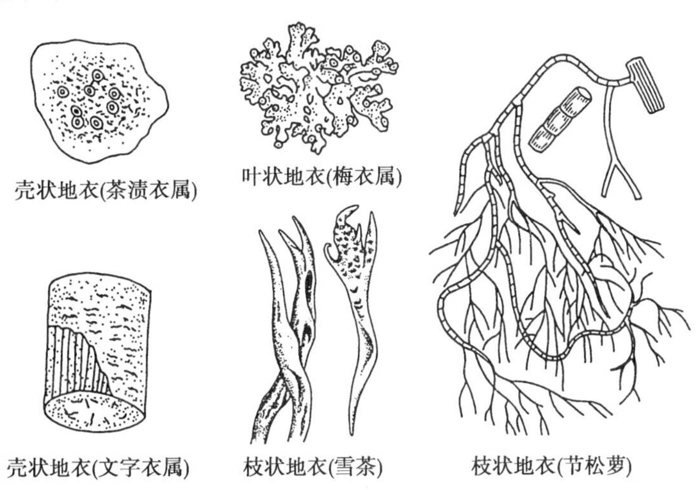

图 5-21　地衣的形态

叶状地衣的横切面观包括上皮层、藻层（藻胞层）、髓层和下皮层。根据地衣体中藻细胞的分布情况，在结构层次上常分为同层地衣和异层地衣两种结构类型。同层地衣（homolomerous lichen）没有明显的藻胞层，藻细胞分散在上皮层之下髓层菌丝之中，同层地衣种类较少；异层地衣（heteromerous lichen）具有明显的藻胞层，藻细胞集中排列在上皮层和髓层之间，形成绿色藻层；叶状地衣和枝状地衣大多数为异层型，枝状地衣只是各层的排列是圆环状，中央有 1 条中轴（如松萝属），也有的中空（如地茶属）（图 5-22）。壳状地衣多数无皮层，或仅具上皮层，髓层菌丝直接与基物密切紧贴。

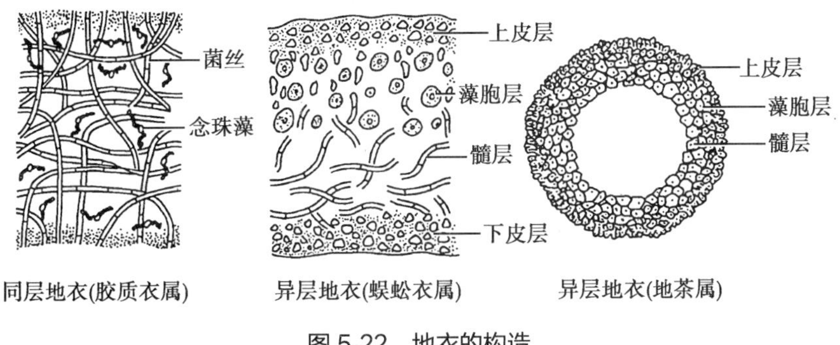

图 5-22　地衣的构造

地衣繁殖主要取决于地衣型真菌的类型和特性，一般有营养繁殖、无性繁殖和有性生殖 3 种类型。营养繁殖是地衣最普遍的繁殖方式，地衣母体产生的珊瑚芽、粉芽或裂片或分枝断裂等都可繁殖新个体。无性繁殖是以地衣的藻和真菌产生的无性孢子进行繁殖，藻类的

笔记栏

孢子可以独立发育，真菌的孢子萌发后必须有适宜的藻类才能生长。地衣有性生殖是以其共生的真菌独立进行，即有性生殖主要是真菌的有性生殖，因共生真菌以子囊菌为多，故有性过程中产生子囊孢子的类型最为多见。

二、地衣植物分类和药用类群

地衣有500余属，30 000余种。常根据地衣中共生真菌的类型，将地衣分为子囊衣纲(Ascolichens)、担子衣纲(Basidiolichens)和不完全衣纲(Lichens imperfectii)。

【药用植物】**松萝** *Usnea diffracta* Vain.(图5-21)，菘萝科。植物体枝状，二叉式分枝，基部分枝少，先端分枝多。产于全国大部分省区，生于深山老林树干上或岩壁上；全草能止咳平喘，活血通络，清热解毒。**长松萝** *Usnea longissima* Ach.，全株细长不分枝，两侧密生细而短的纤枝，形似蜈蚣。分布和功效同松萝。

地茶(雪茶) *Thamnolia vermicularis* (Sw.) Ach. ex Schaer.，地茶科。生于高寒山地或积雪处，产于四川、陕西、云南；全草能清热解毒，平肝降压，养心明目。

第四节 苔藓植物门 Bryophyta

苔藓植物(bryophyte)是一群形态矮小、结构简单，有类似茎、叶的形成，出现多细胞的生殖器官，而无维管组织分化的高等植物。苔藓植物能初步适应陆生环境，但仅具假根，缺乏维管组织，受精过程离不开水等特征，使其只能生活在阴湿环境。生活史是配子体占优势的异型世代交替，孢子减数分裂，但孢子体不能独立生活，寄生在配子体上，从而有别于其他高等植物。苔藓植物是植物界的拓荒者之一，对SO_2、HF敏感性高，可作空气污染的指示植物。

一、苔藓植物的特征

1. **配子体绿色自养** 苔藓植物配子体是小型绿色自养的单倍体植物体。一般分为两类，一类是扁平的叶状体，有背腹之分，背面常有气孔，腹面有单细胞假根和多细胞鳞片。另一类是有似茎、叶分化的“拟茎叶体”，有单细胞或单列细胞的假根；茎中无维管束，表皮细胞壁厚，内部有薄壁细胞和中轴；叶由1层细胞构成，含叶绿体，兼具吸收功能，无叶脉，有多层细胞的中肋，起机械支持作用。

2. **孢子体寄生** 苔藓植物孢子体的形态简单，由胚在颈卵器内发育形成，大多数由孢蒴、蒴柄和基足三部分组成，基足深入配子体组织内摄取养料和水分，供孢子体生长，孢子体只能寄生在配子体上，不能独立生活。孢蒴结构复杂，是产生孢子的器官，生蒴柄顶端，幼时绿色，成熟后常褐色或棕红色。孢蒴内的孢原细胞经多次分裂后再经减数分裂形成孢子，孢子成熟后散出，在适宜环境中萌发成原丝体(protonema)，原丝体发育形成配子体。

3. **有性生殖器官和生殖过程** 苔藓植物配子体上产生多细胞结构的有性生殖器官(图5-23)。雄性生殖器官称精子器(antheridium)，呈棒状或球形，外有1层不育细胞构成的精子器壁，内部的精原细胞各自发育成长形弯曲并具2条长而卷曲鞭毛的精子。雌性生殖器官称颈卵器(archegonium)，呈花瓶状，有细长的颈部和膨大的腹部，颈部周围有1层细胞，中央有1条沟称颈沟，内有1列颈沟细胞(neck canal cell)；腹部内有1个大型卵细胞，周围有腹沟细胞(ventral canal cell)。受精前颈沟细胞和腹沟细胞均解体，精子借助水游动通过颈沟进入颈卵器，与卵受精形成合子。颈卵器和精子器等多细胞生殖器官的出现是水生植物向陆地发展的过渡类型，保证了陆生植物最初具有固定的受精场所。

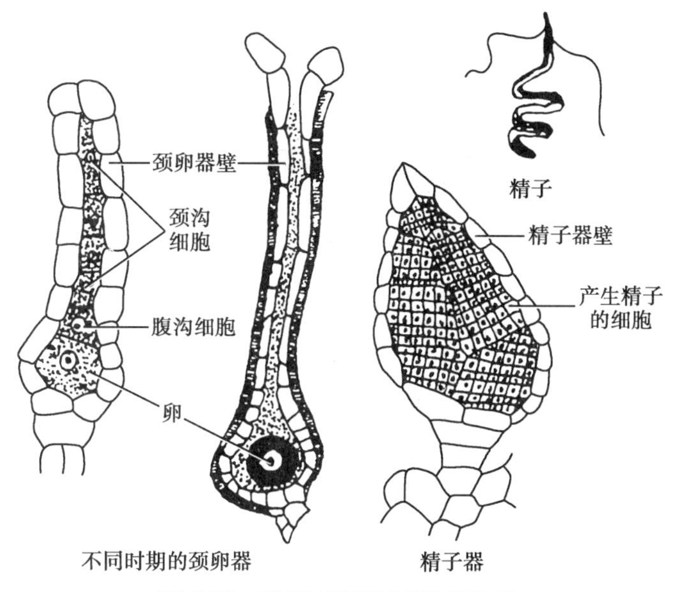

图 5-23 钱苔属的精子器和颈卵器

4. **苔藓植物的生活史** 苔藓植物的生活史中，孢蒴散发的孢子发育为原丝体，再发育为雌配子体和雄配子体，同株或异株。雌、雄配子体上分别形成颈卵器和精子器，颈卵器内产生卵，精子器内产生精子，精子和卵受精形成合子，这一阶段为配子体世代（有性世代）；合子在颈卵器内发育成胚，胚不经过休眠发育形成孢子体，孢子体的孢蒴内产生新一代的孢子，这一阶段为孢子体世代（无性世代）（图 5-24）。有性世代和无性世代过程相互交替形成了世代交替。苔藓植物生活史中配子体阶段（n）处于优势地位，孢子体营寄生生活的形式限制了该类群的进一步发展，使其成了演化历程的盲支。

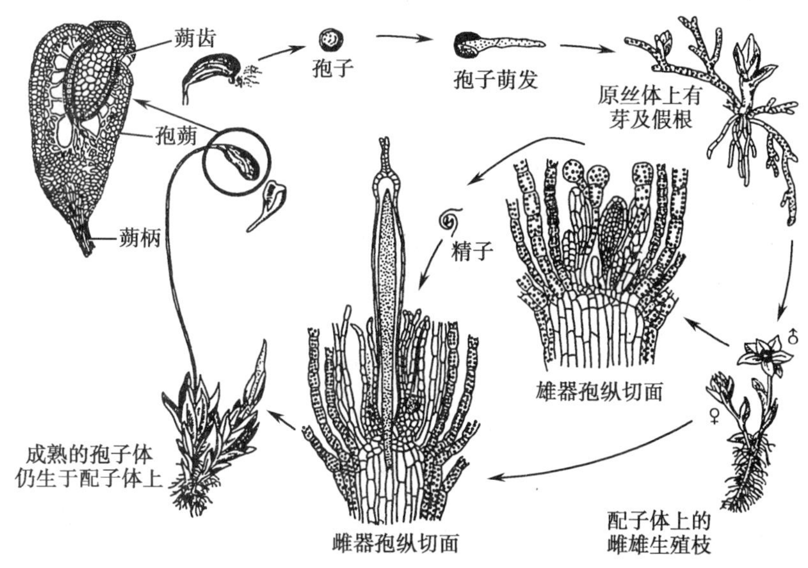

图 5-24 藓的生活史

二、苔藓植物分类和药用类群

苔藓植物是除被子植物之外物种最丰富的一类高等植物，全球约 23 000 种，中国有 2 500 多种，药用的有 21 科，50 余种；但缺乏常用中药。根据苔藓植物的形态、结构和原丝

笔记栏

体发育程度等特征，苔藓植物门分为苔纲（Hepaticae）和藓纲（Musci）（表 5-2）。也有学者把角苔类从苔纲分出成角苔纲（Anthocerotae）。

表 5-2　苔纲和藓纲主要特征的比较

	苔纲	藓纲
配子体	呈叶状体或少为拟茎叶体；有背腹之分；叶无中肋；假根单细胞	多为辐射对称的拟茎叶体；无背腹之分；叶常有中肋，假根多细胞
孢子体	孢蒴内多无蒴轴；孢蒴内有弹丝；孢蒴不规则开裂	孢蒴常有蒴盖、蒴齿和蒴轴；孢蒴内无弹丝；孢子成熟时孢蒴多为盖裂
原丝体	不发达，无芽体，不分枝，1 个原丝体形成 1 个新植株	通常发达，有分枝，1 个原丝体常形成多个新植株

（一）苔纲

【形态特征】植物体（配子体）常为两侧对称和有背腹之分的叶状体，少拟茎叶体；有单细胞假根，孢子体蒴柄短，孢蒴无蒴齿和蒴轴，蒴盖不明显。孢蒴成熟后不规则开裂，具孢子和弹丝（elater），弹丝可帮助孢子散放；原丝体不发达。

苔类植物生长要求温度和湿度较高，多数分布于热带或亚热带地区，少数可生于高寒和沙漠地区。

【药用植物】**地钱** *Marchantia polymorpha* L.（图 5-25），地钱科。配子体为扁平、多回二叉分枝的绿色叶状体，边缘呈波曲状，有裂瓣，生长点在分叉凹陷处。背面具六角形、整齐排列的气室分隔，每室中央具 1 个烟囱型气孔；中层是含叶绿体的薄壁组织。腹面贴地，有 4~6 列多细胞紫色鳞片，单细胞假根多数。雌雄异株。生殖时期叶状体长出伞状具柄的生殖托（雄器托与雌器托）；雄器托盘状，7~8 瓣波状浅裂，背面生有精子器，精子有 2 条

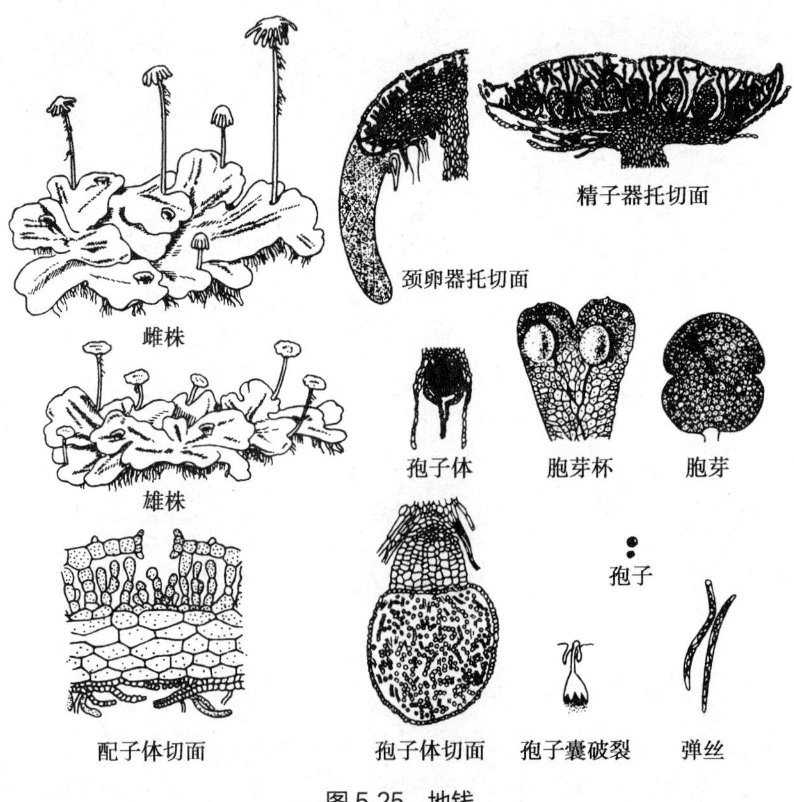

图 5-25　地钱

等长鞭毛。雌托扁平，9~11 个星芒状深裂，腹面倒悬多个颈卵器；孢蒴着生托的腹面，托柄长约 6cm。叶状体背面常生有绿色圆形杯状的胞芽杯（cupule），内生多枚绿色带柄的胞芽（gemma），胞芽脱落后可直接发育成新植物体。全球广布，全国各地均产；全草能解毒，祛瘀，生肌；治黄疸性肝炎，外用治烧烫伤等。

苔纲的药用植物还有：**蛇苔** *Conocephalum conicum*（L.）Dum.，全草能清热解毒，消肿止痛，外用可治疔疮、蛇咬伤。**石地钱** *Reboulia hemisphaerica*（L.）Raddi.，全草能清热解毒，消肿止血；治疮疥肿毒，烧烫伤，跌打肿痛，外伤出血。

（二）藓纲

【形态特征】植物体（配子体）多为有茎、叶分化辐射对称的拟茎叶体；叶在枝上呈螺旋状排列，常具中肋；假根为单列多细胞，分枝或不分枝。孢子萌发形成分枝原丝体，通常发达，每个原丝体常形成多个植株。孢子体构造比苔类复杂，蒴柄坚挺常伸长，孢蒴常有蒴盖、蒴齿、蒴轴，无弹丝，成熟时多为盖裂。雌、雄生殖器官常分别生在不同枝的顶端，形似小花。雄枝顶端称雄器苞，雌枝顶端称雌器苞。

藓类比苔类适应环境的能力更强，形态结构复杂多样，种类繁多，遍布世界各地，少数种类可耐受低温和干旱等极端环境。

【药用植物】**大金发藓**（土马鬃）*Polytrichum commune* L. Ex Hedw.，金发藓科。植株高 10~30m，常丛生成片群落。幼时深绿色，老时呈黄褐色。茎直立，下部假根多数。叶丛生茎上部，渐下渐稀而小，中肋突出，叶基部鞘状。颈卵器和精子器分生在不同枝顶端，早春精子成熟，借水与颈卵器中的卵受精，发育形成孢子体。孢蒴四棱柱形。原丝体生芽，长成配子体（图 5-26）。全国各地均产；全草能清热解毒，凉血止血。

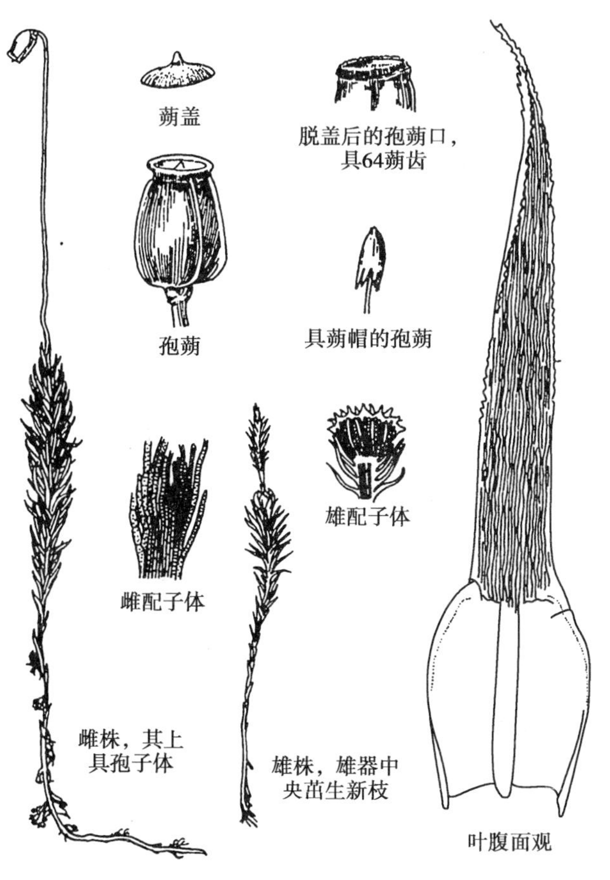

图 5-26 大金发藓

笔记栏

藓纲的药用植物还有：**葫芦藓** *Funaria hygrometrica* Hedw.，全草能除湿、止血；**暖地大叶藓**（回心草）*Rhodobryum giganteum*（Schwaegr.）Par.，全草能清心明目、安神；**尖叶提灯藓** *Mnium cuspidatum* Hedw.，全草能清热止血；**仙鹤藓** *Atrichum undulatum*（Hedw.）P. Beauv.，全草能抗菌消炎。

第五节　蕨类植物门 Pteridophyta

蕨类植物（pteridophyte）又称羊齿植物（fern），有真正的根、茎、叶和维管组织的分化，从而区别于苔藓和真核藻类，只产生孢子而不产生种子以别于种子植物。蕨类植物的有性生殖器官为精子器和颈卵器，常与苔癣植物、裸子植物合称颈卵器植物。因此，蕨类植物既是高等的孢子植物，又是原始的维管植物。蕨类是地球上古老的植物类群之一，在地球的历史上曾盛极一时，化石记录可追溯到中泥盆纪（3.83 亿 ~3.93 亿年前）或更古老（约 4.30 亿年前）。化石记录蕨类植物最早的祖先是 Rhacophytales 类群及古树蕨类、假齿目蕨类和短齿目蕨类，如鳞木、封印木、芦木等，还有绝大多数灌木状小型蕨类，现都已灭绝，是构成化石植物和煤层的重要组成部分。

一、蕨类植物的特征

（一）孢子体

1. 植物形态和营养器官　植物体（孢子体）发达，绿色自养，多年生草本，少一年生，稀为木本植物，如多数桫椤科植物和**苏铁蕨** *Brainea insignis*（Hook.）J. Sm. 等。

（1）根：蕨类植物由不定根组成须根系，根的横切面从外向内分为表皮、皮层和中柱三部分；但松叶蕨等少数原始种类仅具假根。

（2）茎：蕨类植物有地上气生茎（aerial stem）和地下根状茎，低等蕨类多有气生茎，部分也具根状茎；高等蕨类多数仅有根状茎。茎上常被有各种鳞片或毛茸（图 5-27），蕨类的原始类群既无毛茸也无鳞片，如石松类的松叶蕨等；蕨类的进化类群有大型多样的鳞片，如真蕨类的石韦、槲蕨等。

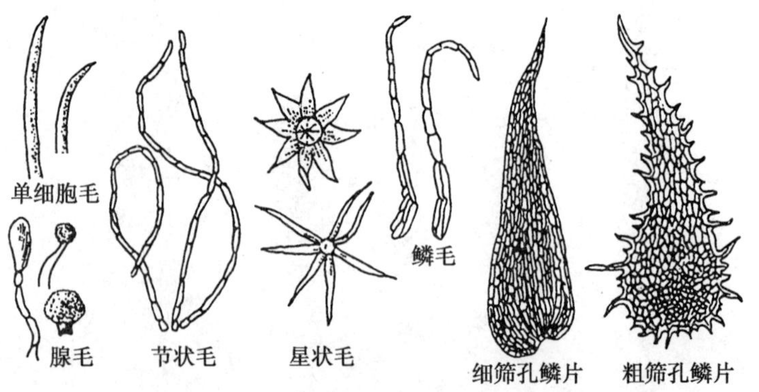

图 5-27　蕨类植物的毛茸和鳞片类型

（3）叶：蕨类植物的叶常从根状茎上长出，有簇生、近生或远生等。从进化水平上分为小型叶（microphyll）和大型叶（macrophyll）两类。小型叶仅具 1 条单一不分枝的叶脉，无叶柄（stipe）和叶隙（leaf gap）；大型叶幼时拳卷（circinate），叶脉常多级羽状分枝，有叶柄和叶隙，属于进化类型。大型叶蕨类占绝大多数。从功能上又分为孢子叶（sporophyll）和营养叶

(foliage leaf)。营养叶仅进行光合作用，又称不育叶（sterile frond）；孢子叶指能产生孢子囊和孢子的叶，又称能育叶（fertile frond）。有些蕨类的叶既能进行光合作用，又能产生孢子囊和孢子，称同型叶（homomorphic leaf），如石韦、贯众、鳞毛蕨等；孢子叶和营养叶的形状和功能不同时，则称异型叶（heteromorphic leaf），如紫萁、槲蕨、荚果蕨等（图 5-28）。

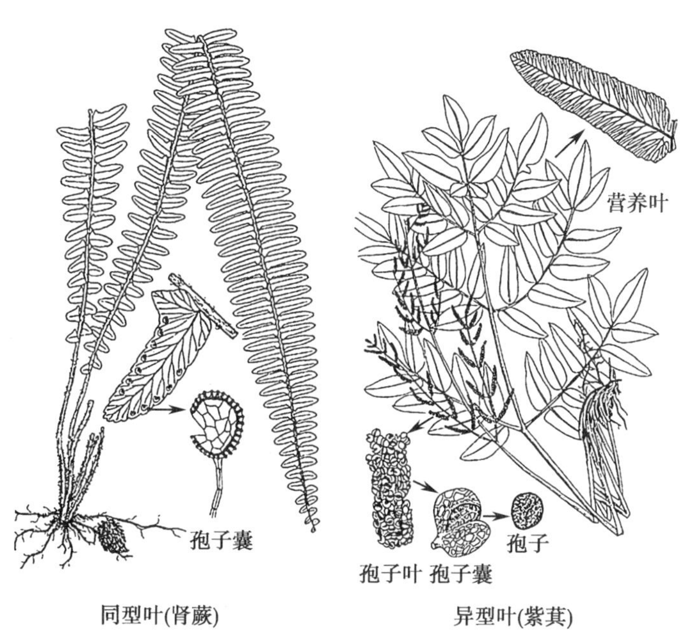

图 5-28 蕨类植物的营养叶与孢子叶，同型叶和异形叶的形态

2. **维管组织和中柱** 蕨类植物的维管组织分化程度不高，由木质部和韧皮部构成，木质部多由环纹、螺纹或梯纹管胞及木薄壁细胞组成，仅卷柏属、蕨属等少数种类具原始导管；韧皮部由筛胞和韧皮纤维组成，现存蕨类没有形成层，无次生结构。蕨类植物的中柱（stele）类型多样，主要有原生中柱、管状中柱、网状中柱和散状中柱等（图 5-29）。原生中柱简单，被认为是最原始的类型。网状中柱、散状中柱是最进化的类型，在种子植物中更多见。根状茎和叶柄中的维管束的数目、类型及排列方式常是蕨类植物及其药材鉴别的依据之一。例如，贯众药材中，绵马鳞毛蕨 *Dryopteris crassirhizoma* Nakai. 的叶柄横切面有 5~13 个大小相似的维管束，排列成环；荚果蕨 *Matteuccia struthiopteris*（L.）Todaro. 有 2 个条状维管束，排成八字形；狗脊蕨 *Woodwardia japonica*（L. f.）Sm. 有 2~4 个肾形维管束，排成半圆形；紫萁 *Osmunda japonica* Thunb. 为 1 个呈 U 字形的维管束（图 5-30）。

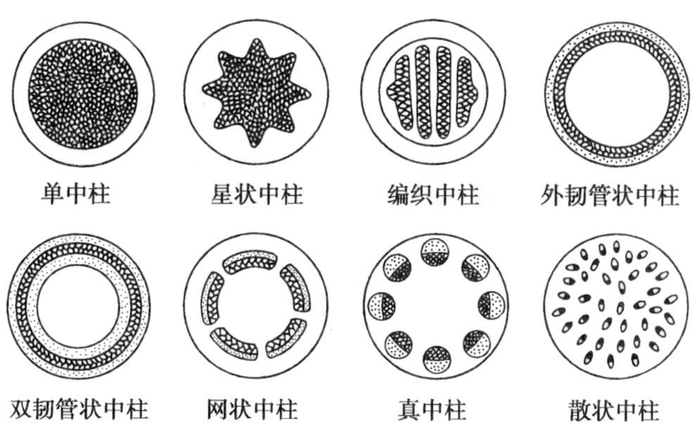

图 5-29 蕨类植物茎的中柱类型

笔记栏

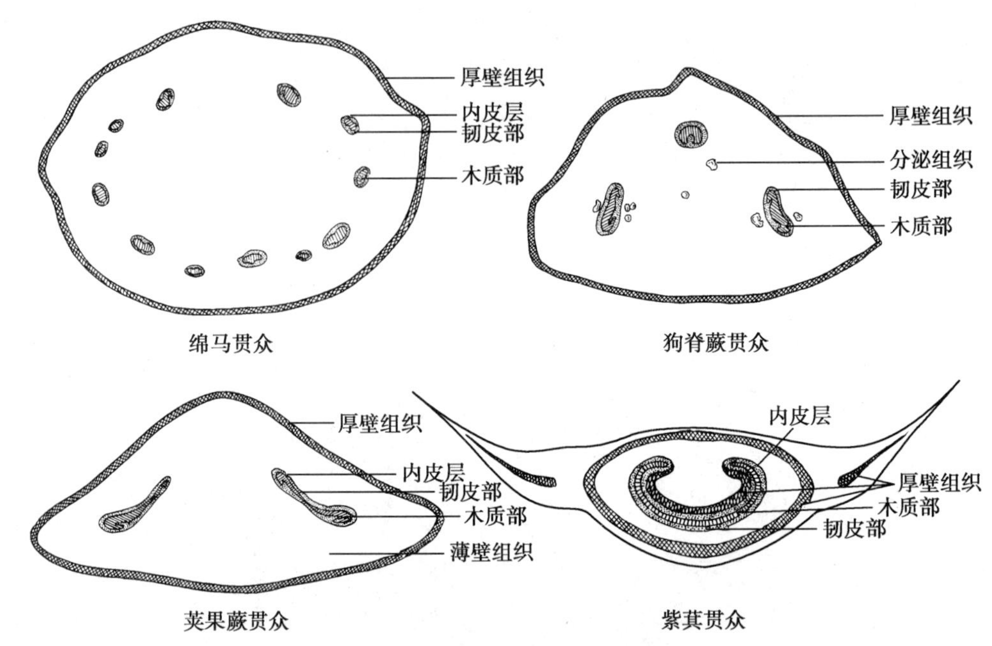

图 5-30 4 种贯众药材的叶柄横切面简图

3. **孢子囊和孢子** 孢子囊（sporangium）是蕨类植物孢子体上产生的多细胞无性生殖器官。孢子囊群的发育、着生方式、形态与结构是鉴别蕨类植物的重要特征。孢子囊根据发育情况和结构，常分为厚孢子囊（eusporangium）和薄孢子囊（leptosporangium）。厚孢子囊由孢子叶的一群原始细胞发育产生，常具多层囊壁，孢子囊较大，孢子较多，属较原始类型；薄孢子囊由孢子叶上一个原始细胞发育产生，仅有 1 层囊壁，属较进化类型。孢子囊壁有一行细胞壁上不均匀增厚形成的环带（annulus），有助于孢子囊开裂和孢子散播；环带在孢子囊上的位置有顶生（海金沙属）、横行中部（芒萁属）、斜行（金毛狗属）、纵行（水龙骨属）等形式（图 5-31）。

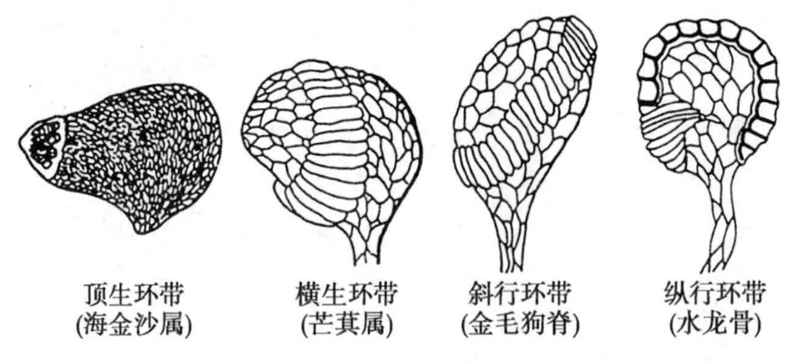

图 5-31 孢子囊的环带

小型叶的蕨类植物，孢子囊单生于孢子叶近轴面叶腋或叶的基部，孢子叶紧密或疏散集生于枝的顶端，形成球状或穗状的孢子叶球（strobilus）或孢子叶穗（sporophyll spike），如石松、木贼等。大型叶的蕨类植物，孢子囊常生于孢子叶的背面、边缘，多数孢子囊还可聚集成不同形状和颜色的孢子囊群（sporangiorus）或孢子囊堆（sorus）。水生蕨类的孢子囊群生在特化的孢子果或孢子荚（sporocarp）内，如苹、满江红等。孢子囊群有圆形、长圆形、肾形、线形、马蹄形、蚌壳形等形状（图 5-32），孢子囊之间常混生起保护作用的附属物，称夹丝或隔丝（paraphysis）。原始类群蕨的孢子囊群裸露，进化类群常有各种形状的囊群盖（indusium）覆盖或包被。

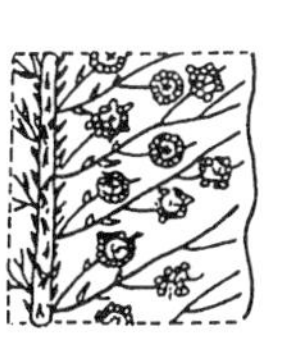

图 5-32 蕨类植物孢子囊群的类型及着生位置

蕨类的孢子常呈两面形、四面形或球状四面形，多棕色或褐色，寿命较长，仅少数种类的孢子为绿色，寿命很短。孢子壁常分为外壁和内壁，外壁坚硬，棕色，不规则加厚，表面具各种纹饰，是蕨类植物重要的分类学特征（图 5-33）。多数蕨类植物产生的孢子大小相同，称孢子同型（isospore）。卷柏属植物和少数水生蕨类的孢子大小不同，即有大孢子（macrospore）和小孢子（microspore）之分，称孢子异型（heterospore），其中能产生大孢子者为大孢子囊（megasporangium），能产生小孢子者为小孢子囊（microsporangium）；大孢子萌发后形成雌配子体，小孢子萌发后形成雄配子体。

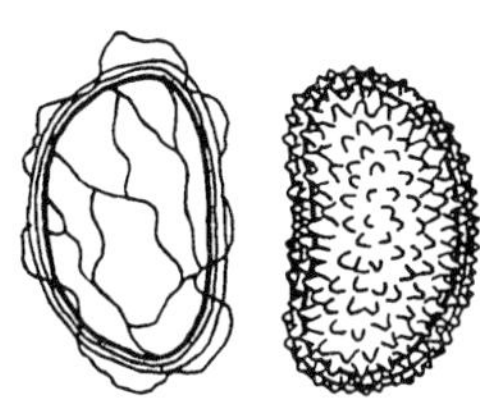

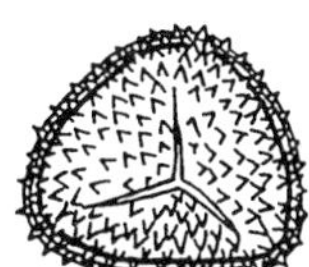

图 5-33 孢子的类型

（二）配子体

孢子囊内的孢子母细胞减数分裂产生的单倍体孢子，在适宜环境下萌发形成小型、结构简单、生活期短、独立生活的配子体，雌雄同体或异体。绝大多数蕨类的配子体略呈心形，有腹背分化，仅具单细胞的假根，常绿色自养，能独立生活，又称原叶体（prothallus）。原叶体成熟时，在腹面产生颈卵器、精子器，精子器内产生有多数鞭毛的精子，精卵成熟后以水为媒介在颈卵器内受精形成合子，合子发育成胚，胚进一步发育成孢子体。孢子体幼时暂寄生在配子体上，配子体不久死亡后，即行独立生活。

（三）生活史

蕨类植物的孢子体和配子体均能独立生活，但孢子体发达，占优势；配子体微小，结构简单，生活期较短。有明显的世代交替（图 5-34）。

（四）化学成分分布

蕨类植物分布有黄酮类、酚类、生物碱、三萜类和甾体类化合物，以及二萜类、香豆素、挥发油和鞣质等。黄酮类化合物在蕨类植物中分布广泛，主要有异槲皮苷、问荆苷、山柰酚、芹菜素、芫花素、木犀草素、橙皮苷、芒果苷、异芒果苷等；在松叶蕨属、卷柏属植物中还含有穗花杉双黄酮和扁柏双黄酮等双黄酮类化合物。二元酚及其衍生物在真蕨中分布较普遍，如咖啡酸、阿魏酸、绿原酸等；尤其是多元酚类的间苯三酚衍生物，如绵马酚、绵马酸类、东北贯众素等分布在鳞毛蕨属（*Dryopteris*），具有较强的驱虫作用，但毒性较大。生物碱类普遍分布在小叶型蕨类植物中，如石松属（*Lycopodium*）植物含石松碱、石松毒碱、垂穗石松碱等；石杉科植物含石杉碱甲能防治阿尔茨海默病。蕨类植物普遍分布有三萜类化合物，如石杉

笔记栏

素、石松醇、石松、千层塔醇、托何宁醇等；昆虫蜕皮激素仅在紫萁、狗脊蕨、多足蕨中发现，是一类促进蛋白质合成、降血脂、降血糖等的活性成分。

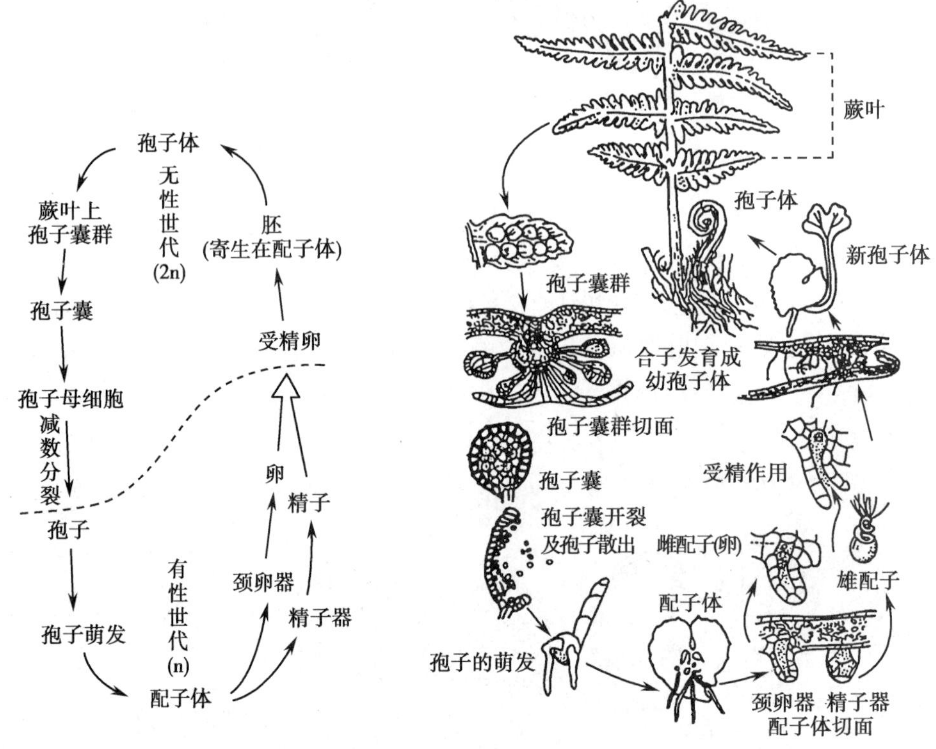

图 5-34　蕨类植物的生活史

（五）蕨类植物与人类的关系

现存的蕨类植物占维管植物生物多样性的 2%~5%，其中 85% 的蕨类分布在热带地区。同时已灭绝的古蕨类是现今石化能源的来源。许多蕨类植物的嫩叶或根茎可供食用，如菜蕨、荚果蕨、水蕨、西南凤尾蕨等；一部分是肥料和饲料的来源，也有不少种类药用。同时，不少蕨类植物还是园艺品种，如翠云草、巢蕨、肾蕨、大叶骨碎补、鹿角蕨等；也可作为环境指示植物等。蕨类植物化石和孢子可作为鉴定地层年代的指标。

二、蕨类植物分类和药用类群

蕨类植物是一个自然分类群，现存 12 000 多种，以热带、亚热带为分布中心。我国有 2 600 多种，多分布在西南地区和长江流域以南地区，云南有 1 000 多种；药用 400 多种，《中华人民共和国药典》收载的 9 种中药材涉及 12 种基源植物。

目前，蕨类植物的分类存在多个分类系统，蕨类植物新系统（PPG Ⅰ,2016 年）将现存蕨类分成 2 纲、14 目、51 科和 337 属。本教材采用秦仁昌系统。1987 年，我国蕨类植物学家秦仁昌教授将蕨类植物门分为 5 个亚门（表 5-3），即松叶蕨亚门（Psilophytina）、石松亚门（Lycophytina）、水韭亚门（Isoephytina）、楔叶亚门（Sphenophytina）和真蕨亚门（Filicophytina）。前 4 个亚门称小型叶蕨类，真蕨亚门是现存最繁盛的蕨类。

（一）松叶蕨亚门

松叶蕨亚门大多已灭绝，仅有松叶蕨科松叶蕨属（*Psilotum*）和梅溪属（*Tmesipteris*），17 种。亚门特征同科特征。

表 5-3 蕨类植物门分亚门检索表

1. 植物体无真根，仅具假根；2~3 个孢子囊形成聚囊 ………………………………… 松叶蕨亚门 Psilophytina
1. 植物体具真根；不形成聚囊，孢子囊单生或聚集成孢子囊群
  2. 节与节间明显，叶退化成鳞片状，不能进行光合作用；孢子具弹丝 ………………… 楔叶亚门 Sphenophytina
  2. 植物体非如上述状，叶绿色，可进行光合作用；孢子不具弹丝。
    3. 小型叶，幼叶不拳曲；孢子囊单生于叶腹部边缘或凹穴内。
      4. 气生茎二叉分枝；叶鳞片状，孢子叶穗由孢子叶在枝顶端聚集成；孢子同型或异型，精子具 2 条鞭毛 ……………………………………………………………………………… 石松亚门 Lycophytina
      4. 块茎粗壮；叶条形，不形成孢子叶穗；孢子同型，精子具多条鞭毛 ……………… 水韭亚门 Isoephytina
    3. 大型叶，幼叶拳曲；孢子囊在孢子叶背面或边缘聚集成孢子囊群 ………………… 真蕨亚门 Filicophytina

1. 松叶蕨科 Psilotaceae

【形态特征】孢子体小至中型，附生；无真根，匍匐的根状茎上有毛状假根；气生茎二叉分枝；孢子囊 2~3 个聚生叶基成孢子囊群，孢子同型。配子体块状，不规则分枝；精子具多数鞭毛。我国仅有松叶蕨 1 种。

【药用植物】**松叶蕨**（松叶兰）*Psilotum nudum*（L.）Beauvr.：地上茎直立或下垂，高 15~80cm，绿色，上部多回二叉分枝，小枝三棱形，密生白色气孔。叶退化。孢子囊球形，3 个聚生于叶腋，初生时绿色，成熟后金黄色，背侧纵裂。孢子同型（图 5-35）。产于大巴山脉以南各省区，附生于树干上或岩石缝中；全草称“松叶蕨”，能祛风湿，舒筋活血，化瘀。

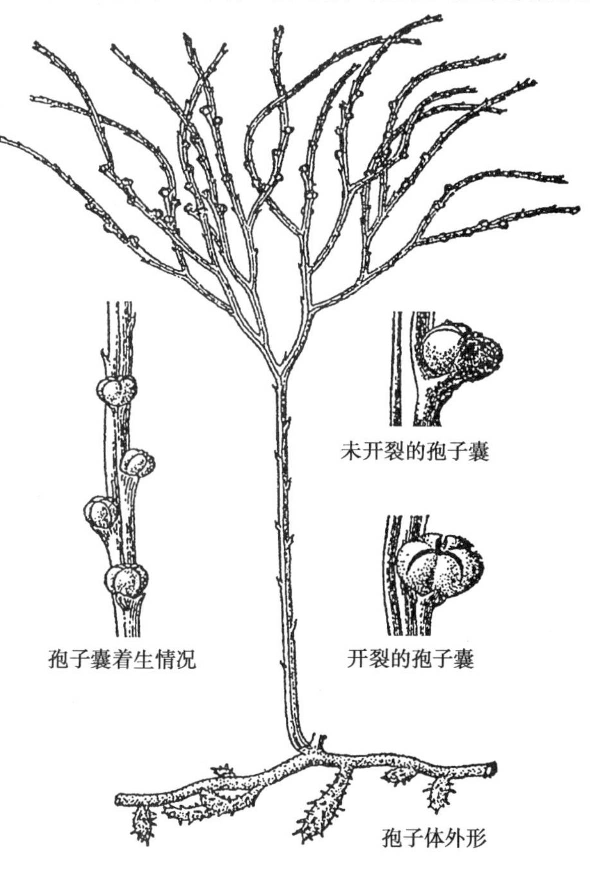

图 5-35 松叶蕨

（二）石松亚门

孢子体发达，气生茎二叉分枝，原生中柱或管状中柱。小型叶，具 1 条中肋，螺旋状排列

笔记栏

或对生。厚孢子囊,单生于孢子叶基部腹面或叶腋,常聚生成孢子叶穗。孢子同型或异型。配子体形状不一,与真菌共生或绿色自养;精子鞭毛2条。现存石松目和卷柏目,共4科,6~9属,1 100余种;我国有4科,近140种,药用50余种。

2. 石松科 Lycopodiaceae

【形态特征】陆生或附生草本。主茎长,匍匐状或攀缘状,具根状茎和不定根。小型叶螺旋状或轮状排列;孢子叶的形状与大小不同于营养叶。孢子囊圆球状肾形,单生孢子叶叶腋或近叶腋处,孢子叶常聚生成孢子叶球,通常生于孢子枝顶端或侧生。孢子同型,球状四面形,常具网状或拟网状纹饰。

全球7属,40多种。我国有5属,14种;分布于华东、华南、西南等地;已知药用4属,9种;《中华人民共和国药典》收载1种中药材。分布有黄酮类和生物碱类成分。

【药用植物】**石松** *Lycopodium japonicum* Thunb.(图5-36):常绿匍匐草本,高达30cm,茎二叉分枝。叶小型,披针形或线状披针形,无柄,草质,中脉不明显。孢子枝高出营养枝,孢子叶穗长2~5cm,有短柄,厚囊型孢子囊生于孢子叶近叶腋处。孢子叶聚生枝顶形成孢子叶穗,3~8个直立集生于总柄上。孢子囊肾形;孢子黄色,为三棱状锥形,外壁有网纹。我国除东北、华北以外的其他各省区均产;全草(伸筋草)能祛风散寒,舒筋活血,利尿通经;孢子也可作丸剂的包衣。

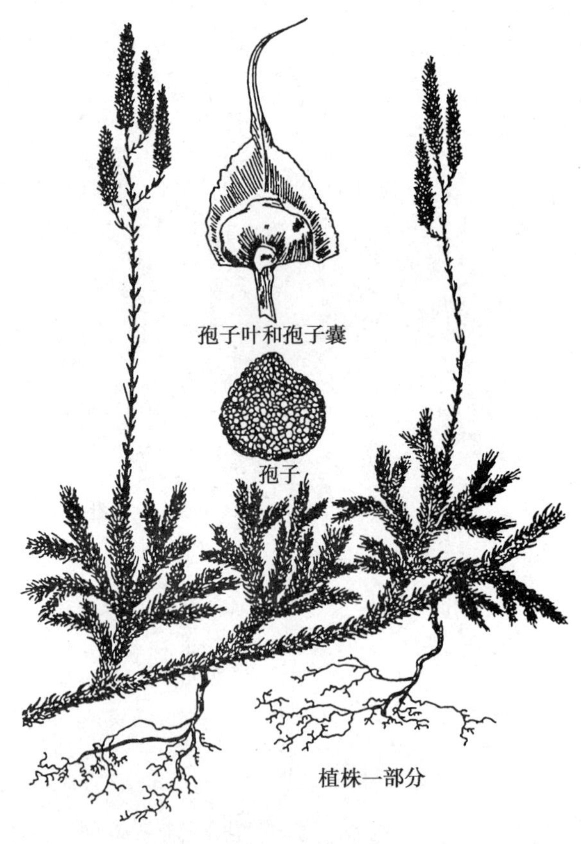

图5-36　石松

同属植物**垂穗石松**(铺地蜈蚣、灯笼草)*Lycopodium cernuum* L.,不同于石松的是,茎叶较细弱,孢子叶穗无柄,下垂;产于华东、华南、西南。**扁枝石松** *Lycopodium complanatum* L.,不同于石松的是,孢子枝远高于营养枝,孢子囊穗1个;产于东北、华北、华南、西南。前2种和**玉柏** *Lycopodium otscurum* L. 等的全草与石松功效类似。

3. 卷柏科 Selaginellaceae

【形态特征】常绿草本，茎多背腹扁平，匍匐横走或直立。小型叶，鳞片状，无柄，有中脉，背腹各2列，交互对生，腹面基部有一叶舌，成熟时脱落。孢子叶穗四棱柱形或扁圆形。孢子囊二型，单生于叶腋基部，1室；孢子异型，大孢子囊通常产生1~4个大孢子，小孢子囊有小孢子多数，均球状四面形。

全球1属，700余种。我国50余种，已知药用25种；《中华人民共和国药典》收载1种中药材。分布有黄酮类、生物碱类和挥发油等成分。

【药用植物】**卷柏**（还魂草）*Selaginella tamariscina*（P. Beauv.）Spring（图5-37）：常绿直立草本，莲座状，干燥时枝叶向顶上卷缩，雨水充足时又舒展开。主茎短，下生多数须根，上部分枝多而丛生。叶鳞片状，有中叶（腹叶）与侧叶（背叶）之分，覆瓦状排成4列。孢子叶穗着生枝顶，四棱形，孢子叶卵状三角形，4列交互排列。孢子囊圆肾形，二型，孢子异型。产于全国各地，生于向阳山或岩石上。全草（卷柏）生用能活血通经；炒炭能化瘀止血。**垫状卷柏** *Selaginella pulvinata*（Hook. et Grev.）Maxim.，腹叶并行，指向上方，肉质，全缘；全草与卷柏等同入药。

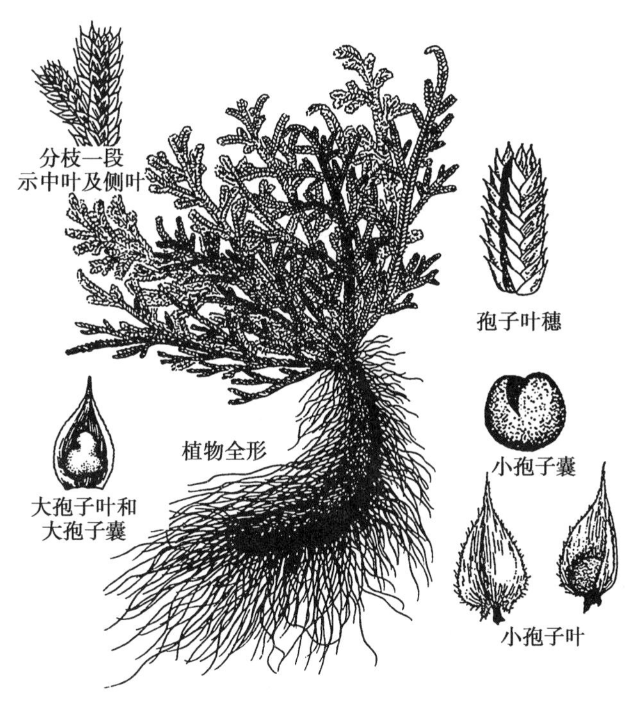

图5-37 卷柏

常见药用植物还有：**翠云草** *Selaginella uncinata*（Desv.）Spring，主茎伏地蔓生，禾秆色，有棱，侧枝疏生，多回分叉；营养叶二型，背腹各2列，淡绿色，嫩时有翠蓝色荧光。产于华东、华南、西南；全草能清热解毒，利湿通络，止血生肌。**深绿卷柏** *Selaginella doederleinii* Hieron. 的全草能消肿，祛风。**江南卷柏** *Selaginella moellendorfii* Hieron. 的全草能清热，止血，利湿。

（三）水韭亚门

草本。茎粗短块状，原生中柱，有螺纹及网纹导管。叶小型，细长条形，丛生，近轴面具叶舌。大孢子叶多生于茎外周，小孢子叶生于中央；孢子囊生于孢子叶叶舌下方的特化凹穴内，凹穴常被不育细胞组成的横隔分开，外有缘膜；孢子异型，孢子囊壁腐烂后才能释放

笔记栏

出来。雄配子体具1个营养细胞、4个壁细胞和1个精原细胞；游动精子有多条鞭毛。现仅有水韭目(Isoetales)水韭科(Isoetaceae)水韭属(*Isoetes*)，约70种。我国有5种，常见有**中华水韭** *Isoetes sinensis* Palmer分布于长江下游，**云贵水韭** *Isoetes yunguiensis* Q. F. Wang & W. C. Taylor分布于云南，均为国家一级保护植物(图5-38)。

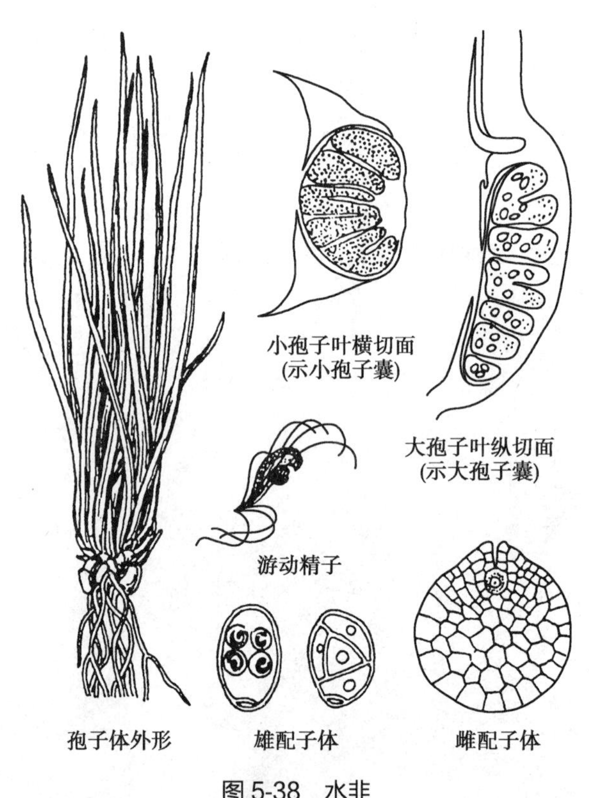

图5-38 水韭

(四) 楔叶亚门(木贼亚门)

孢子体发达，茎具明显的节与节间，有的节上有轮生分枝，节间中空，表面有纵棱，茎内有管状中柱。小型叶膜质鳞片状，轮生，彼此联合成筒状轮生的叶鞘。孢子叶球(穗)聚集枝顶。孢子同型或异型，周壁有弹丝。精子螺旋形，具多条鞭毛。楔叶亚门在古生代石炭纪曾盛极一时，有高大木本，也有矮小草本；现存仅木贼科。

4. 木贼科 Equisetaceae

【形态特征】直立草本。根状茎横走，茎分枝或不分枝，表面粗糙，表皮细胞壁富含硅质，有多条纵脊。叶小，膜质鳞片状，轮生，基部连合成鞘状。孢子叶盾形，在小枝顶端排成穗状或球形；孢子圆球形，同型或异型，表面着生十字形弹丝4条。

全球2属，约30种。我国有木贼属(*Hippochaeta*)和问荆属(*Equisetum*)，10种；已知药用8种；《中华人民共和国药典》收载1种中药材。分布有黄酮类和酚酸类化合物。

【药用植物】**木贼** *Equisetum hiemale* L.(图5-39)，多年生草本。地上茎上部不分枝，下部偶有分枝，表面极粗糙，中空，纵棱脊16~22条，在棱脊上有疣状凸起2行。叶片膜质，基部合生成筒状的叶鞘，叶鞘基部和鞘齿成黑色两圈。孢子叶球生于茎顶，长圆形，孢子同型。产于东北、华北、西北和四川；全草(木贼)能疏散风热，明目退翳。

常见药用植物还有，**笔管草** *Equisetum ramosissimum* subsp. *debile*(Roxb. ex Vauch.) Hauke，地上茎有分枝，叶鞘基部有黑色圈，鞘齿非黑色；产于华南、西南、长江中上游各省

笔记栏

区。**节节草** *Equisetum ramosissimum* Desf.，地上茎多分枝；叶鞘基部无黑色圈，鞘齿黑色；产于全国各地。以上 2 种的全草功效和木贼相似。**问荆** *Equisetum arvense* L.（图 5-40），地上茎直立，二型；生殖枝早春先发，肉质不分枝，孢子散后枯萎，后生出营养茎，分枝轮生，中实；叶鞘齿披针形，黑色。产于东北、华北、西北、西南；全草称“小木贼”，能利尿，止血，清热止咳。

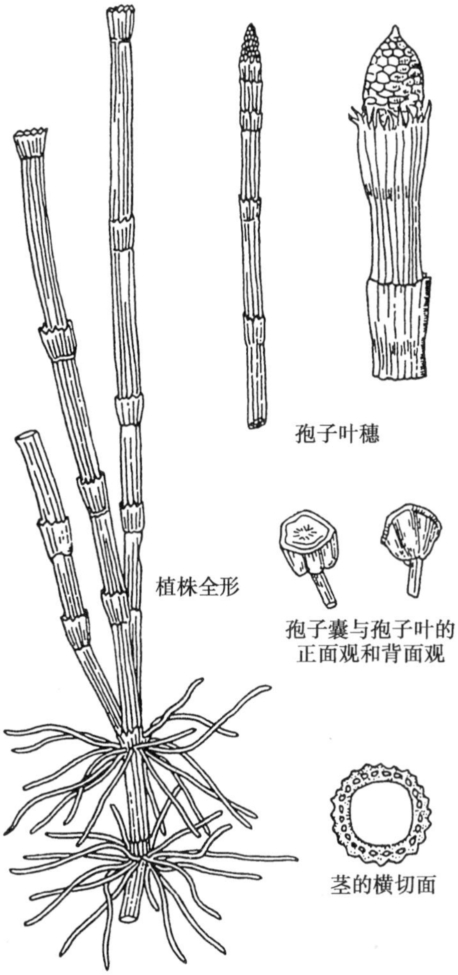

孢子叶穗
植株全形
孢子囊与孢子叶的正面观和背面观
茎的横切面

图 5-39　木贼

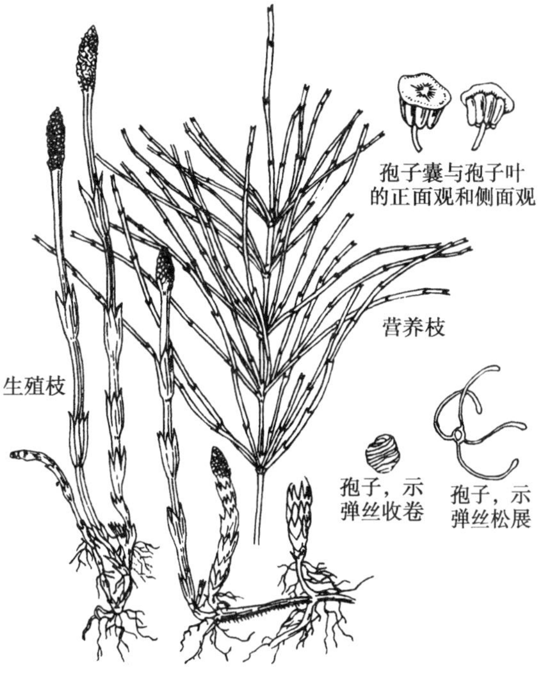

孢子囊与孢子叶的正面观和侧面观
营养枝
生殖枝
孢子，示弹丝收卷
孢子，示弹丝松展

图 5-40　问荆

（五）真蕨亚门

植物体具不定根，除树蕨等少数种类具木质气生茎外，绝大多数为根状茎，常被鳞片或毛。茎内中柱类型多样。大型叶，幼叶拳卷，叶型多样，脉序各式。绝大多数为薄孢子囊，常聚生成各式孢子囊群，生于叶背面或边缘，多数有囊群盖。孢子同型，少数水生种类异型。真蕨亚门是现存蕨类中种类最多的一个类群，全球 40~58 科，约 10 000~15 000 种，分布于热带、亚热带。我国有 47 科，2 000 余种；已知药用 400 种。

5. 紫萁科 Osmundaceae

【形态特征】陆生中型或树状草本，根茎粗短，直立，宿存有叶柄残基，无鳞片。叶二型或同型，叶片大，幼时被棕色腺状茸毛，老时光滑，一至二回羽状分裂，二叉脉序。薄孢子囊大，生于孢子叶羽片两侧，环带盾状。孢子圆球状四面体。原叶体绿色。

笔记栏

全球4属,20种,分布于温带、热带。我国2属,8种,已知药用6种;《中华人民共和国药典》收载1种中药材。分布有黄酮、内酯和甾酮(昆虫变态激素)等成分。

【药用植物】**紫萁** *Osmunda japonica* Thunb.(图5-41):根状茎粗短,斜升,集有残存叶柄。叶丛生,二型,幼时密被茸毛,营养叶三角状阔卵形,顶部以下二回羽状;孢子叶小羽片卷缩成线形,沿主脉两侧密生孢子囊,成熟后枯死。产于秦岭以南温带及亚热带地区。根状茎及叶柄残基(紫萁贯众)能清热解毒,止血杀虫,有小毒。

图5-41 紫萁

6. 海金沙科 Lygodiaceae

【形态特征】陆生攀缘植物。根状茎横走,被毛,无鳞片。叶远生,叶轴细长,能无限生长,缠绕攀缘;近二型,不育叶羽片生于叶轴下部,能育叶羽片生于上部,孢子囊生于能育叶羽片边缘的小脉顶端,排成两行呈穗状;孢子囊梨形,横生于短柄上。环带顶生。孢子四面形,表面有瘤状突起。

全球1属,45种,分布于热带、亚热带和温带;我国10种,已知药用5种;《中华人民共和国药典》收载1种中药材。分布有黄酮类、三萜和二萜类、对香豆酸和肉豆蔻酸、棕榈酸、脂肪酸类等化合物。

【药用植物】**海金沙** *Lygodium japonicum*(Thunb.)Sw.(图5-42):攀缘多年生草质藤本。叶二型,能育叶羽片卵状三角形,不育叶羽片三角形,二至三回羽状。孢子囊穗生于孢子叶羽片的边缘,排列成流苏状,成熟后暗褐色。孢子表面有瘤状突起。分布于秦岭南坡以南长江流域及南方各省区。多生于山坡林边、灌木丛、草地中。孢子(海金沙)能清利湿热,通淋止痛;并可作丸剂包衣。此外,海金沙和**小叶海金沙** *Lygodium scandens*(L.)Sw.、**曲轴海金沙** *Lygodium flexuosum*(L.)Sw.的根状茎称"海金沙根"、茎藤称"海金沙藤",能清热解毒,利湿热,通淋。

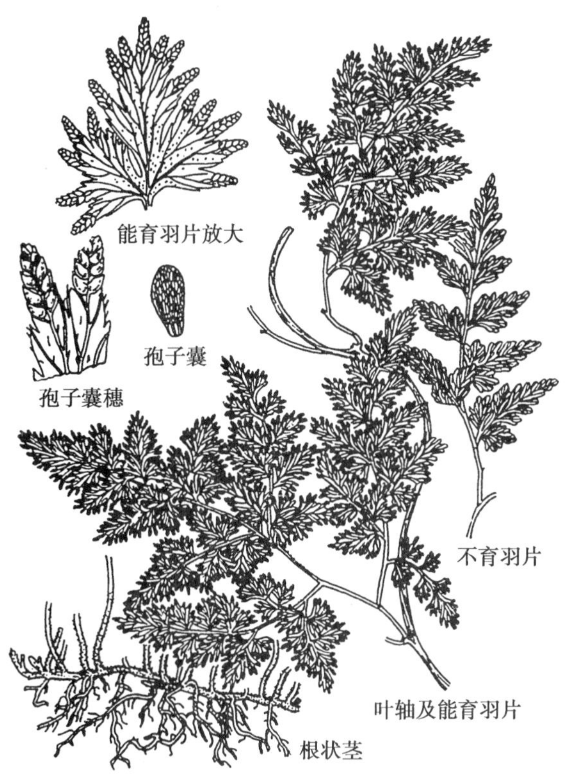

图 5-42　海金沙

7. 蚌壳蕨科 Dicksoniaceae

【形态特征】植株树状，主干粗大，或短而平卧，密被金黄色长柔毛，无鳞片。叶片大，三至四回羽状，革质；叶柄长而粗。孢子囊群生于叶背面，囊群盖两瓣开裂，似蚌壳状，革质。孢子囊梨形，环带稍斜生，有柄。孢子四面形。

全球 5 属，40 种，分布于热带地区及南半球。我国 1 属，2 种；《中华人民共和国药典》收载 1 种中药材。分布有酚酸类、甾醇类和脂肪酸类化合物。

【药用植物】**金毛狗** *Cibotium barometz* (L.) J. Sm.（图 5-43）：植株高 2~3m。根状茎粗壮肥大，密生金黄色长茸毛。叶大型，三回羽状全裂，末回羽片披针形，具粗锯齿。孢子囊群生于羽片下面小脉顶端，囊群盖坚硬，成熟时张开如蚌壳，孢子三角状四面体，透明。产于华东、华南及西南地区；根状茎（狗脊）能补肝肾，强腰脊，祛风湿，止血；根状茎顶端的长茸毛可作止血剂。

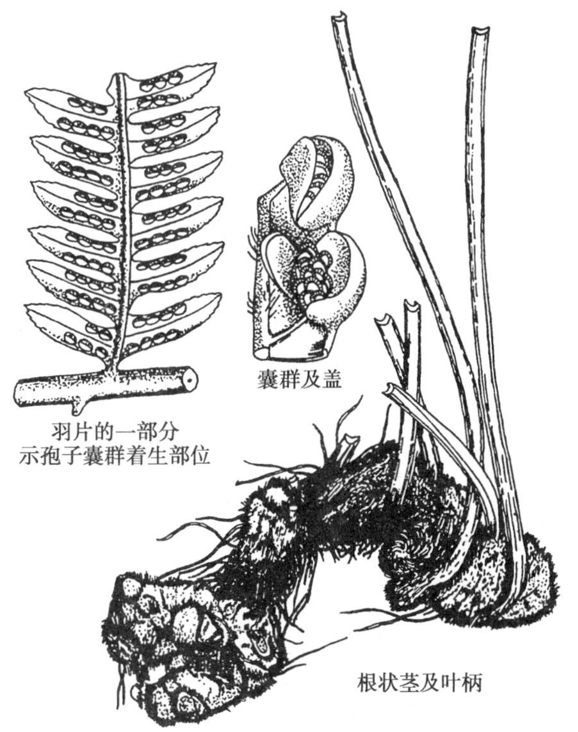

图 5-43　金毛狗

笔记栏

8. 中国蕨科 Sinopteridaceae

【形态特征】中小型草本，根状茎直立或倾斜，被栗褐色至红褐色鳞毛。叶簇生，一至三回羽状分裂，叶柄栗色或近黑色。孢子囊群圆形或长圆形，沿叶缘小脉顶端着生，被反卷的膜质叶缘所形成的囊群盖包被；孢子囊球状梨形，有短柄；孢子球形、四面形或两面形。

全球14属，约300种，分布于亚热带地区。我国8属，约60种；已知药用6属，16种。分布有黄酮类和酚酸类化合物。

【药用植物】**野雉尾金粉蕨** *Onychium japonicum*（Thunb.）Kunze.（图5-44）：常绿草本，根状茎横走，具棕色鳞片。叶二型，叶柄光滑，禾秆色；叶片四至五回羽状分裂。孢子囊群生裂片背面边缘横脉上。囊群盖膜质。孢子圆形，表面具颗粒状纹饰。主产于长江流域各省。全草药用称"野鸡尾"，能清热解毒，利尿，退黄，止血，解毒。

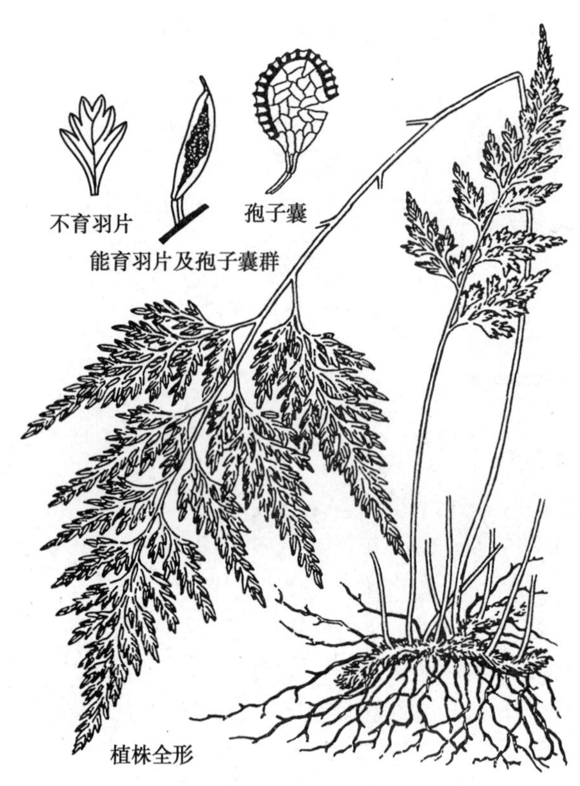

图5-44 野雉尾金粉蕨

9. 鳞毛蕨科 Dryopteridaceae

【形态特征】陆生草本。根状茎粗短，直立或斜生，网状中柱。叶簇生，一至多回羽裂，叶轴上面有纵沟。孢子囊群顶生或背生于小脉，囊群盖盾形或圆形，有时无盖。孢子两面形，表面有疣状突起或有翅。

全球20属，1 200余种；分布于温带、亚热带。我国14属，700余种；已知药用5属，60余种；《中华人民共和国药典》收载1种中药材。分布有黄酮类、多元酚类、三萜类等。

【药用植物】**粗茎鳞毛蕨**（绵马鳞毛蕨、东北贯众）*Dryopteris crassirhizoma* Nakai（图5-45）：多年生草本。根状茎粗大，直立，连同叶柄密生棕色大鳞片。叶簇生于根状茎顶端，叶片二回羽状全裂。孢子囊群生于叶片中部以上的羽片背面。孢子具周壁。产于东北

及河北东北部；根状茎及叶柄残基(绵马贯众)能驱虫、止血、清热解毒；有小毒。

贯众 *Cyrtomium fortunei* J. Sm.(图 5-46)：根状茎短，斜生或直立。叶羽状，叶脉网状，叶柄密被黑褐色大鳞片。孢子囊群圆形，散生于羽片下面。产于华北、西北、长江以南各地。根状茎及叶柄残基曾是历史上中药“贯众”的来源之一，能清热解毒、止血、杀虫，并治高血压、头晕、头痛等。

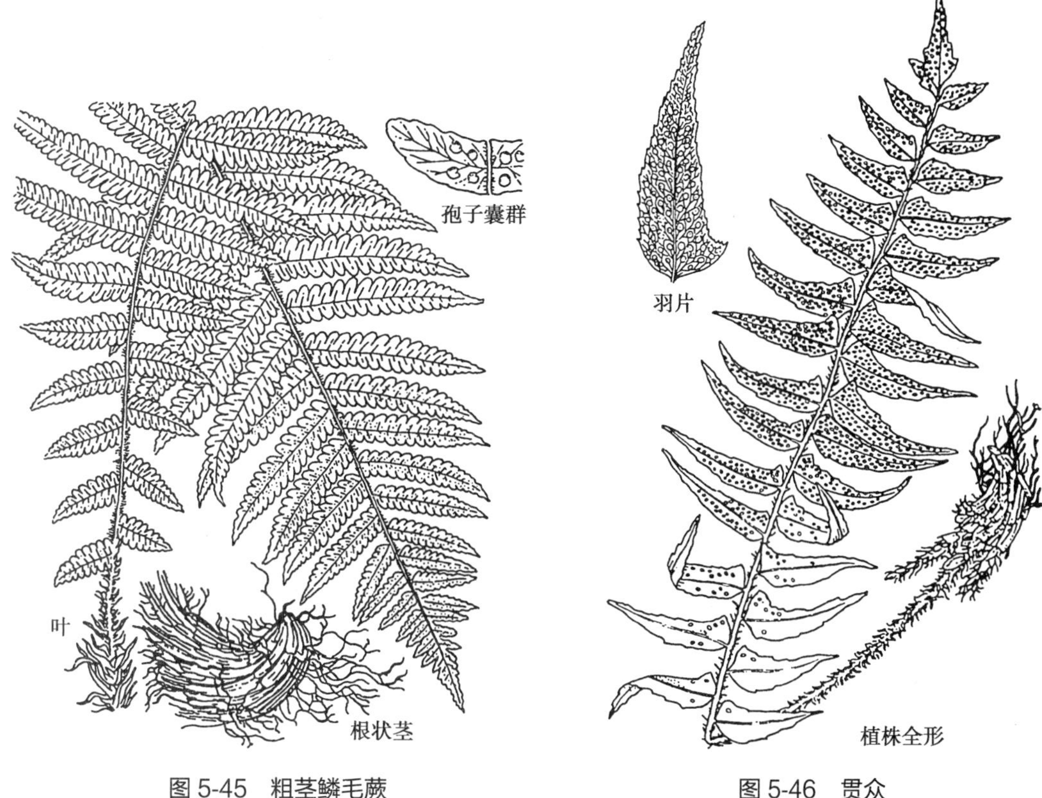

图 5-45　粗茎鳞毛蕨　　图 5-46　贯众

10. 水龙骨科 Polypodiaceae

【形态特征】陆生或附生草本。根状茎横走，被阔鳞片。叶同型或二型，以关节着生于根状茎上，单叶，全缘，或羽状半裂至一回羽状分裂，网状脉。孢子囊群圆形或线形，或有时布满能育叶背，无囊群盖；孢子囊梨形或球状梨形，孢子两面形。

全球约 50 属，600 余种。我国 27 属，150 余种，分布于长江以南各省区；已知药用 18 属，86 种；《中华人民共和国药典》收载 1 种中药材。分布有黄酮类、芒果酸、绿原酸等。

【药用植物】**石韦** *Pyrrosia lingua*(Thunb.)Farwell(图 5-47)，常绿附生草本，高 10~30cm。根状茎长而横走，密生褐色针形鳞片。叶远生，叶片长圆形，中部最宽，长达 20cm，宽 1~1.5(~4)cm，平展，光滑无毛，叶柄短于叶片，侧脉明显。产于长江以南各省，北至甘肃文县、西到西藏墨脱、东至台湾；叶(石韦)能利尿通淋，清肺止咳，凉血止血。**庐山石韦** *Pyrrosia sheareri*(Bak.)Ching，株高 30~60cm；叶片阔披针形，基部近心形或圆截形，最宽，常对称。产于长江以南各省。**有柄石韦** *Pyrrosia petiolosa*(Christ.)Ching，叶片长圆形，长 3~6 cm，常内卷，被密毛，侧脉不显，柄长常为 1~2 倍叶片长。产于东北、华北、西南和长江中下游各省区。以上 2 种的叶与石韦同等入药。此外，同属植物**光石韦** *Pyrrosia calvata*(Baker)Ching、**毡毛石韦** *Pyrrosia drakeana*(Franchet)Ching、**贴生石韦** *Pyrrosia adnascens*(Swartz)Ching 等在产地常是“石韦”的地方习用品。

笔记栏

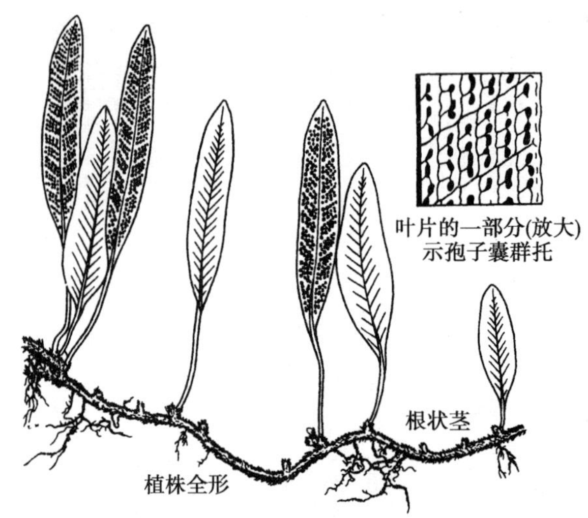

图 5-47　石韦

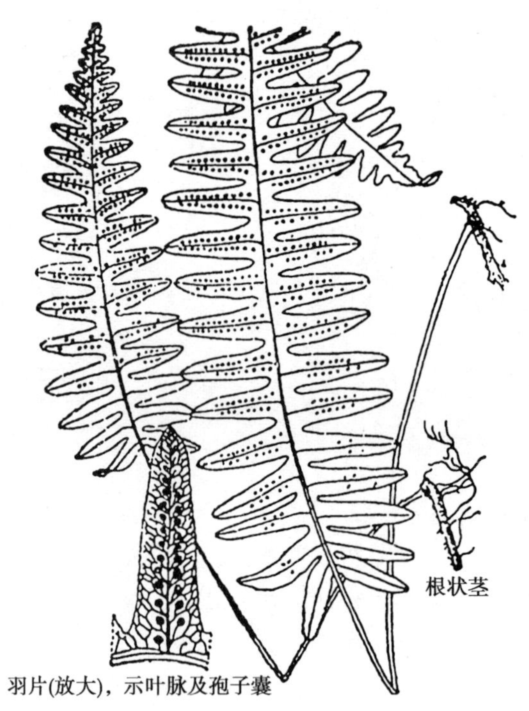

图 5-48　日本水龙骨

常见药用植物还有：**日本水龙骨**(石蚕)*Polypodium niponicum* Mett.(图 5-48),植株高15~40cm;根状茎长而横走,黑褐色,带白粉,似蚕体状;叶远生,薄纸质;孢子囊群生于主脉两侧各成1行。分布于长江流域及以南各省;根状茎能清热解毒,明目,祛风除湿,止咳。**瓦韦** *Lepisorus thunbergianus*(Kaulf.)Ching 的全草能清热利湿,祛风通络,消肿止血。

11. 槲蕨科 Drynariaceae

【形态特征】附生植物。根状茎粗壮,横生,肉质,常被大而狭长鳞片;鳞片基部盾状着生,边缘有睫毛状锯齿。叶常二型,羽状或深羽裂,叶脉粗而明显,形成大小四方形的网眼,内有游离脉梢。孢子囊群圆形,无囊群盖。孢子囊梨形;孢子四面形。

全球 8 属,32 种。我国 4 属 12 种,药用 2 属 5 种;《中华人民共和国药典》收载 1 种中

笔记栏

药材。分布有何帕烷型和羊齿烷型五环三萜、环劳顿醇型四环三萜和黄酮类等。

【药用植物】**槲蕨** *Drynaria fortunei*(Kunze)J. Sm.(图 5-49):附生草本。根状茎肉质,长而横走,密被盾形鳞片,边缘锯齿状。叶二型,基生不育叶圆形,无柄,黄绿色或枯棕色,厚干膜质;正常能育叶羽状深裂,叶柄具狭翅,叶片干后纸质。孢子囊群圆形或椭圆形,沿裂片下面中肋两侧排列成行。产于中南、西南地区和台湾、福建、浙江等地;根状茎(骨碎补)能疗伤止痛,补肾强骨;外用可消风祛斑。

图 5-49 槲蕨

常用药用植物还有:槲蕨属植物**秦岭槲蕨** *Drynaria baronii* Diels、**团叶槲蕨** *Drynaria bonii* Christ、**石莲姜槲蕨** *Drynaria propinqua*(Wall. ex Mett.)J. Sm. ex Bedd.,以及崖姜蕨属植物**崖姜** *Pseudodrynaria coronans*(Wall.)Ching 等的根状茎常是"骨碎补"的地方习用品。

(杜 勤 崔治家)

复习思考题

1. 藻类植物、菌类植物和地衣植物各有哪些特征?列举代表性药用植物。
2. 试述子囊菌亚门、担子菌亚门的主要特征。列举代表性药用植物。
3. 查阅 2020 年版《中华人民共和国药典》收录的真菌类药材,简述其基源、入药部位和功效。
4. 地衣植物门有哪些常见的药用植物?属于哪种类型的地衣?
5. 为什么说从苔藓植物进入了高等植物系统?分析苔藓植物在植物界的进化地位。
6. 举例说明苔纲和藓纲植物的典型区别。
7. 总结蕨类植物的生活史,叙述或用简图示之。
8. 蕨类植物的形态特征从哪些方面考察?有何表现?
9. 列举重要药用蕨类植物,说明药用部位和功效。

扫一扫
测一测

笔记栏

PPT 课件

第六章

裸子植物门 Gymnospermae

学习目标

裸子植物既具有颈卵器，又能产生种子而无果实，是介于蕨类植物和被子植物间的过渡类群；花粉管和种子的出现具有里程碑式的意义。通过裸子植物代表性分类群，如银杏科、松科、柏科、红豆杉科、麻黄科等的学习，奠定裸子植物分类鉴定以及中药鉴定的基础知识和技能。

掌握裸子植物进化地位，种子出现的意义，裸子植物及其各分类群的特征；熟悉裸子植物相关的名词术语以及其与蕨类植物和被子植物的联系，裸子植物各分类群中的重要药用植物。

裸子植物（gymnospermae，gymnosperm）和被子植物（angiospermae，angiosperm）合称种子植物（seed plant，spermatophyte），它们的最大特征是产生种子。种子最早出现在上泥盆纪的裸子植物种子蕨目。由于花粉管的出现，使受精作用完全摆脱了水环境的限制；胚珠包裹1~2层珠被并有心皮的保护，提高了抵抗和适应不良环境的能力；种子的出现为植物繁殖、散布和保障下一代成长提供了更有利的条件。因此，花粉管和种子的出现在植物进化史上具有里程碑式的意义。

种子植物生活史中，孢子体处于优势地位，其有性生殖过程隐秘而不同于蕨类植物。配子体结构简单，雌配子体寄生，雄配子体游离，有性生殖完成后精子和卵形成的合子发育为胚，与胚乳和种皮（由珠被形成）共同发育成种子，完成其独特的异形世代交替生活史。在此过程中，孢子体的无性生殖、配子体发育及配子体的有性生殖，均通过孢子体“开花”的表型变化来完成，故种子植物又称显花植物。

裸子植物在有性生殖过程中，既具有颈卵器，又产生胚珠而不同于蕨类植物；心皮不合生成子房，胚珠裸露，在受精前形成胚乳（即雌性原叶体）而不同于被子植物。因此，裸子植物是一群介于蕨类植物与被子植物之间的高等植物，既是颈卵器植物，又是种子植物。原始裸子植物出现于距今约3.5亿年前的古生代泥盆纪。自古生代二叠纪到中生代白垩纪早期的约1亿年间是裸子植物最繁盛的时期。在地球地质气候多次重大变化过程中，裸子植物不断演替更新，现存的裸子植物不少是第三纪孑遗植物，也称“活化石植物”，如银杏、水杉、银杉、水松、红豆杉、台湾杉等。

第一节　裸子植物特征

裸子植物现存类群在全球分布较广泛，主要分布于北半球亚热带高山地区及温带至寒

笔记栏

带地区，常形成大面积的森林。我国是裸子植物生物多样性和资源最丰富的国家之一，其中不少是中国特产种，或重要的传统中药。

一、裸子植物的一般特征

1. **孢子体特别发达** 多常绿乔木，有长、短枝之分；直根系强大；网状中柱，有形成层和次生生长；叶针形、条形或鳞形，少阔叶（如银杏、倪藤），在长枝上螺旋状排列，短枝顶部簇生。

2. **花单性聚生成球花，产生花粉管** 花单性同株或异株，无花被，仅买麻藤纲具类似花被的盖被。小孢子叶（雄蕊）聚生成小孢子叶球，称雄球花（male cone），每小孢子叶下面生有贮满小孢子（单核期花粉粒）的小孢子囊（花药，花粉囊），无柄或有柄；花粉成熟后借风力传至珠孔处，花粉管中生殖细胞分裂成 2 个精子，其中 1 个精子与卵细胞受精。大孢子叶（心皮）不合生成子房，丛生或聚生成大孢子叶球，称雌球花（female cone），每大孢子叶近轴面（腹面）或边缘生有裸露的胚珠，大孢子叶常因变态而名称各异，如羽状大孢子叶（苏铁）、珠鳞（松柏类）、珠托（银杏）、珠托（红豆杉）及套被（罗汉松）等。

3. **配子体寄生孢子体上，雌配子体具颈卵器** 雌配子体寄生孢子体上，雄配子体游离，胚珠常 1 层珠被，稀 2 层，顶端有珠孔。雄配子体（花粉粒）成熟时具有 2 个退化的原叶体细胞（简称原叶细胞），1 个管细胞和 1 个生殖细胞。雌配子体在近珠孔端产生 2 至多个结构简单的颈卵器，颈卵器埋藏于原叶体细胞中，仅 2~4 个颈壁细胞露在外面，里面有 1 个腹沟细胞和 1 个卵细胞，无颈沟细胞，比蕨类植物的颈卵器更为简化；除买麻藤纲外，均具有颈卵器构造。下端的多数细胞为原叶体部分，充满丰富的营养物质，将来残留的部分形成胚乳。

4. **胚珠裸露，不形成果实** 大孢子叶平展，腹面着生倒生或直立胚珠，在颈卵器内卵细胞受精后，发育成二倍体的胚（下一代幼孢子体，2n），胚具 2 枚或多枚子叶；雌配子体发育时残留的原叶体细胞（n）可以继续对胚起营养作用，称胚乳（n），裸子植物往往胚乳丰富；珠被发育为种皮（上一代孢子体，2n）。种皮包裹胚和胚乳形成种子，种子裸露于大孢子叶形成的心皮上，这是裸子植物与被子植物的显著区别之一。从种子萌发到下一代种子产生，即完成一轮裸子植物的完整生活史，如松属（图 6-1）。

5. **具多胚现象** 裸子植物普遍存在多胚现象。若是由一个雌配子体上一个胚囊的 2 个或多个颈卵器的卵细胞同时受精形成者，称简单多胚（simple polyembryony）或真多胚（true polyembryony）；若是由一个受精卵在发育过程中，原胚组织分裂为几个部分而形成者，称裂生多胚（cleavage polyembryony）。

二、裸子植物的化学成分特征

裸子植物分布有黄酮类、生物碱、有机酸、木脂素、昆虫蜕皮激素、萜类及挥发油等化学成分。黄酮类及双黄酮类化合物普遍有分布，双黄酮类是裸子植物的特征性成分，所含双黄酮类如银杏双黄酮、扁柏双黄酮、穗花杉双黄酮等。生物碱类分布于红豆杉科、三尖杉科、罗汉松科、麻黄科及买麻藤科，多具有较强的生理活性，如麻黄碱、伪麻黄碱和紫杉醇等。挥发油主要含蒎烯、樟脑、小茴香酮等。松柏类植物所含丰富的挥发油及油树脂，常是化工、医药的原料。

笔记栏

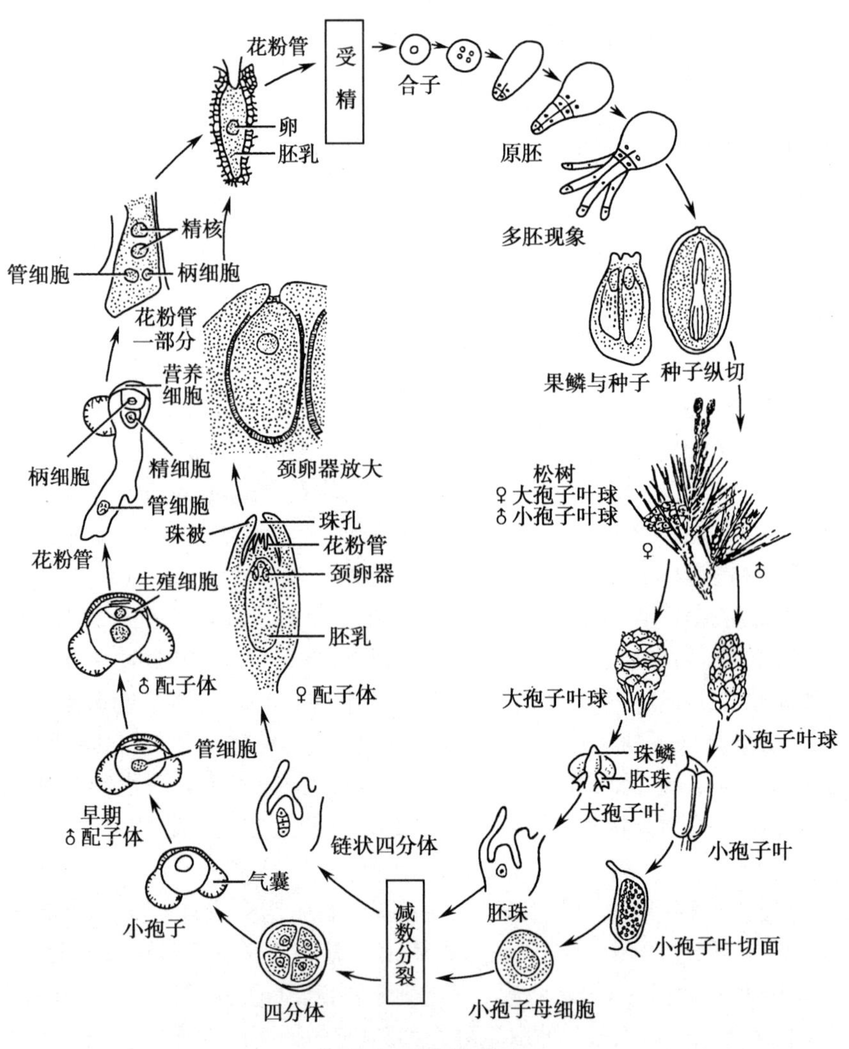

图 6-1　松属生活史

第二节　裸子植物分类和药用类群

裸子植物是一个自然类群，现存 12 科，71 属，800 余种；我国有 11 科，41 属，236 种；我国引种栽培有 1 科，7 属，51 种。关于裸子植物的分类意见分歧很大，也有把裸子植物作为一个亚门甚至作为一个纲分别置于种子植物门或羽叶植物门。本教材采用 5 纲分类，即苏铁纲（Cycadopsida）、银杏纲（Ginkgopsida）、松柏纲（Coniferopsida）、红豆杉纲（Taxopsida）及买麻藤纲（Gnetopsida）（表 6-1）。

一、苏铁纲 Cycadopsida

常绿木本，茎干粗壮，常不分枝。叶羽状深裂，螺旋状排列，有鳞叶及营养叶之分，二者相互成环状着生；鳞叶小，密被褐色毡毛，营养叶大，聚生于茎上部。孢子叶球生于茎顶，雌雄异株。精子具多数鞭毛。全球仅 1 目，2 科；我国仅有苏铁属。

笔记栏

表6-1 裸子植物分纲检索表

1. 花无假花被；茎的次生木质部无导管；乔木或灌木。
  2. 叶大型羽状深裂，聚生于茎顶，茎不分枝 ………………………………………… 苏铁纲
  2. 叶不为大型羽状深裂，不聚生于茎顶端，茎有分枝。
    3. 叶扇形，二叉状脉序；花粉萌发时产生 2 个有纤毛的游动精子 …………………… 银杏纲
    3. 叶针形或鳞片状，非二叉状脉序；花粉萌发时不产生游动精子。
      4. 大孢子叶两侧对称，常集成球果状；种子有翅或无 …………………………… 松柏纲
      4. 大孢子叶特化为鳞片状的珠托或套被，不形成球果；种子有肉质假种皮 ………… 红豆杉纲
1. 花有假花被；茎的次生木质部有导管；亚灌木或木质藤本 ……………………………… 买麻藤纲

1. 苏铁科 Cycadaceae

【形态特征】木本，茎上宿存叶基形成甲胄结构。营养叶羽状深裂，聚生于茎顶。雌雄异株。雄球花木质长棒状，小孢子叶鳞片状或盾状，下面生无数小孢子囊，精子多数具纤毛。雌球花丛生茎顶，大孢子叶中上部扁平羽状，中下部柄状，边缘生 2~8 个胚珠，或大孢子叶呈盾状而下面生一对向下的胚珠。种子胚乳丰富，胚具子叶 2 枚。

全球现存 9 属，110 余种，分布于热带及亚热带地区。我国 1 属，8 种；已知药用 4 种，分布于西南、东南、华东等地区。分布有氰苷、双黄酮衍生物和棕榈酸等。

【药用植物】**苏铁**（铁树）*Cycas revoluta* Thunb.（图 6-2）：小乔木，雌雄异株，茎具甲胄结构。营养叶一回羽状深裂，螺旋状排列聚生于茎顶；小羽片 100 对左右，条形，边缘向背面卷曲。雄球花圆柱形，小孢子叶常 3~5 个聚生；大孢子叶丛生茎顶，密被淡黄色茸毛，上部羽状分裂，两侧各裸生 1~5 枚胚珠。种子核果状，9—10 月成熟，熟时橙红色。产于台湾、福建、广东、广西、云南及四川等，常见栽培观赏树种；种子能理气止痛、益肾固精；叶能收敛止痛、止痢、止咳；根能祛风、活络。

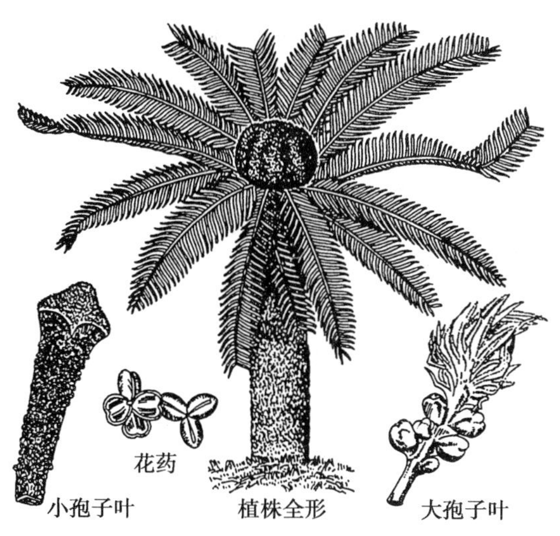

图 6-2 苏铁

常见药用植物还有：**篦齿苏铁** *Cycas pectinata* Buch.-Ham. 的根能清热解毒、消炎、消肿。**宽叶苏铁** *Cycas balansae* Warb. 的根能清热燥湿，叶能平肝清热。

二、银杏纲 Ginkgopsida

落叶乔木，叶扇形，种子核果状。仅 1 目，1 科，1 属，1 种；中国特产树种。

笔记栏

2. 银杏科 Ginkgoaceae

【形态特征】落叶大乔木，雌雄异株。单叶，扇形，有长柄，顶端 2 浅裂或 3 深裂；二叉脉序；长枝上的叶螺旋状排列，短枝上的叶簇生。球花生于生殖短枝上；雄球花成柔荑花序状，小孢子叶多数；雌球花具长梗，顶端二分叉，大孢叶特化成一环状突起，称珠托（collar）或珠座，在珠托上生 1 对裸露的直立胚珠。种子核果状，椭圆形或近球形；9—10 月成熟，外种皮肉质，橙黄色，外被白粉，味臭；中种皮白色，骨质坚硬；内种皮棕红色，膜质。胚乳丰富，胚具子叶 2 枚。

全球现存 1 属，1 种；世界各地均栽培，我国南北各地广泛栽培。《中华人民共和国药典》收载 2 种中药材。分布有银杏双黄酮、异银杏双黄酮、银杏内酯、白果内酯；白果酸类是有毒成分。

【药用植物】**银杏**（公孙树，白果树）*Ginkgo biloba* L.（图 6-3），形态特征同科特征。主产于长江流域；叶（银杏叶）能活血化瘀，通络止痛，敛肺平喘，化浊降脂；种子（白果）能敛肺定喘、止带缩尿，也可食用。叶是提取银杏提取物的原料。

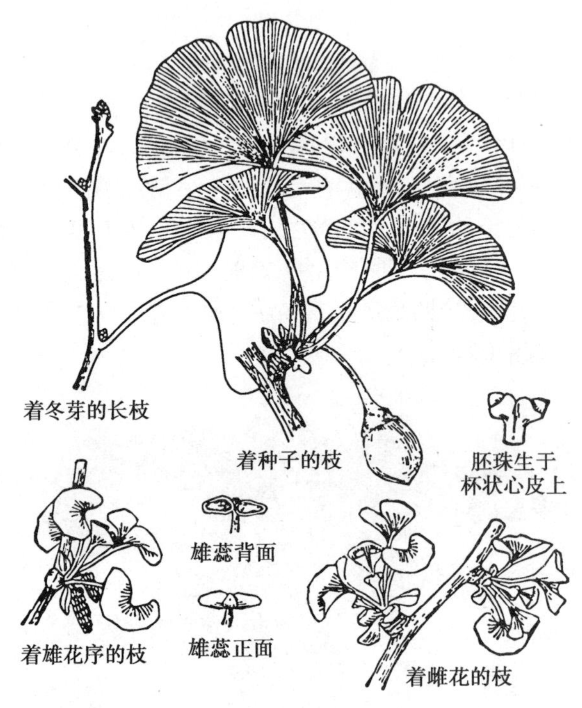

图 6-3　银杏

三、松柏纲（球果纲）Coniferopsida

乔木，稀灌木，常绿或落叶；单轴分枝，常有长枝和短枝之分；次生木质部发达，无导管；具树脂道（resin duct）。叶单生或成束，针形、鳞形、线形、刺形或为条状，螺旋着生、交互对生或轮生，表皮细胞壁厚，气孔深陷。单性同株或异株；孢子叶常常集成球果状；花粉常具气囊，精子无鞭毛；大孢子叶两侧对称，种子有翅或无。

松柏纲在现代裸子植物中种类最多，全球 4 科，44 属，400 余种，以北半球温带、寒温带的高山地带最普遍。我国是松柏纲的起源地，多样性最丰富，富有特有属、种和第三纪孑遗植物；有 3 科，23 属，150 余种；《中华人民共和国药典》收载 5 种中药材。

3. 松科 Pinaceae

【形态特征】乔木，稀灌木；常绿，少落叶；常有树脂。叶针形或条形，在长枝上散生，短

枝上簇生，基部具叶鞘。花单性同株；雄球花穗状，小孢子叶多数，各具 2 药室，花粉粒有气囊或无；雌球花由多数螺旋状排列的珠鳞与苞鳞（苞片）组成，珠鳞与苞鳞分离，每珠鳞腹面有 2 枚倒生胚珠。珠鳞花后增大成种鳞，球果直立或下垂，当年或次年或第三年成熟，种鳞木质或革质。种子具单翅，稀无翅，胚具子叶 2~16 枚。

全球 10 属，230 余种；我国 10 属，142 种；已知药用 8 属，48 种；《中华人民共和国药典》收载 3 种中药材。分布有黄酮类、多元醇、生物碱、树脂、挥发油、鞣质和酚类等。

【药用植物】

(1) 松属（*Pinus* L.）：常绿乔木；针形叶常 2、3、5 针 1 束，着生于短枝顶端，基部包有叶鞘；球果第 2 年成熟，种鳞宿存，背面上方具鳞盾与鳞脐。全球约 80 种，我国有 30 余种和变种，多数供药用。**马尾松** *Pinus massoniana* Lamb.（图 6-4），下部树皮灰褐色，裂片较厚；枝条斜展，小枝微下垂；叶 2 针 1 束，细柔，长 12~20cm；雌球花淡紫红色，常 2 个生新枝顶端。球果卵圆形；种子具单翅；子叶 5~8 枚。产于长江流域各省区；花粉（松花粉）能燥湿、收敛、止血；树脂称“松香”，能燥湿祛风、生肌止痛；瘤状节或分枝节（油松节）能祛风除湿、活血止痛；松树皮能收敛生肌；叶称“松针”，能祛风活血、安神、解毒止痒。**油松** *Pinus tabuliformis* Carr.，不同于马尾松的是，针叶较粗硬，长 10~15cm；球果卵圆形，熟时不脱落；种子具单翅。北方常见树种；各药用部位与马尾松同等入药。**红松** *Pinus koraiensis* Sieb. et Zucc.，叶 5 针 1 束，树脂道 3 个，中生；球果大，种鳞先端反卷；产于东北小兴安岭及长白山地区。**云南松** *Pinus yunnanensis* Franch.，叶 3 针 1 束，柔软下垂，树脂道 4~6 个，中生或边生；产于西南地区。**黑松** *Pinus thunbergii* Parl.，叶 2 针 1 束，粗硬；冬芽银白色；产于辽东半岛和华东沿海各省。

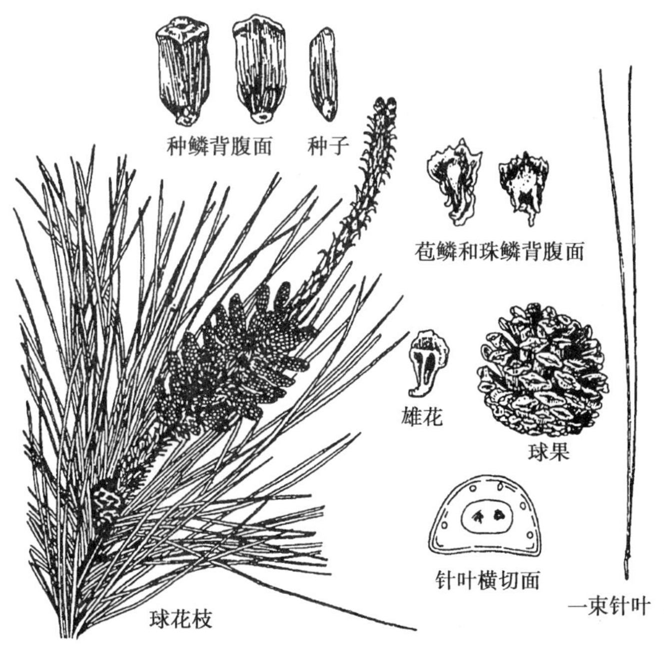

图 6-4　马尾松

(2) 金钱松属（*Pseudolarix* Gord.）：落叶乔木，树皮灰褐色粗糙；叶条形，柔软，长 2~2.5cm，宽 2~4 mm；雄球花数个簇生于短枝顶端；雌球花紫红色，直立，苞鳞较珠鳞大；种鳞木质，成熟后脱落；球果 10 月成熟，种子具宽翅。我国特产单种属树种。**金钱松** *Pseudolarix kaempferi* Gord. [*Pseudolarix amabilis* (Nelson) Rehd.]（图 6-5），产于长江中下游

笔记栏

各省温暖地带；根皮及近根树皮（土荆皮）能杀虫，疗癣，止痒。

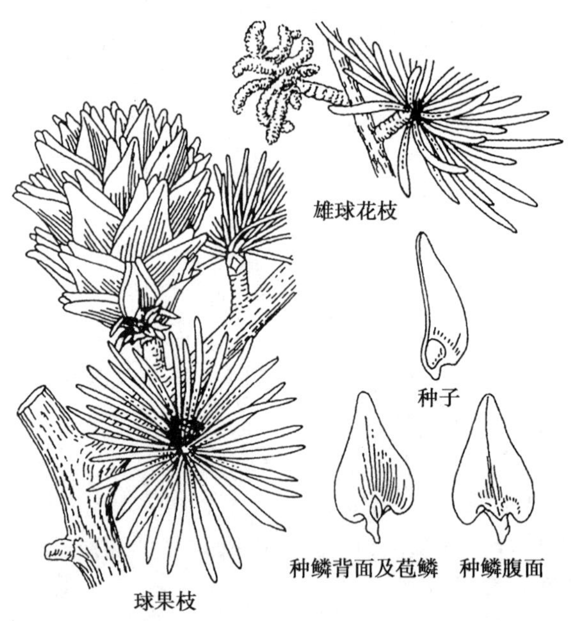

图 6-5　金钱松

4. 柏科 Cupressaceae

【形态特征】常绿乔木或灌木。叶交互对生或轮生，鳞形或刺形，同型或异型。球花单性同株或异株；雄球花单生枝顶，小孢子叶 3~8 对交互对生，花粉囊 2~6 个；雌球花球形，珠鳞交互对生或 4~8 枚轮生，胚珠 1 至数枚；珠鳞与苞鳞完全合生。球果圆球形，卵圆形或长圆形，成熟时种鳞张开或浆果状不裂。种子有窄翅或无翅。

全球 22 属，150 余种；我国 8 属，30 余种；已知药用 6 属，20 种；《中华人民共和国药典》收载 2 种中药材。分布有双黄酮类、香豆素、挥发油和树脂等。

【药用植物】

(1) 侧柏属（*Platycladus* Spach）：常绿乔木，树皮浅灰色，具条状纵裂；生鳞叶的小枝扁平，直展或斜展；叶鳞形，交互对生；单性同株，雄球花黄绿色，6 对小孢子叶交互对生；雌球花近球形，4 对珠鳞交互对生，鳞背有一尖头，仅中间 2 对各生 1~2 枚胚珠；球果当年成熟，开裂；种子常无翅。我国特产单种属树种。**侧柏** *Platycladus orientalis*（L.）Franco（图 6-6），产于除新疆、青海外的各地；枝梢和叶（侧柏叶）能凉血止血，化痰止咳，生发乌发；种仁（柏子仁）能养心安神，润肠通便，止汗。

(2) 柏木属（*Cupressus* L.）：与侧柏属的区别是，生鳞叶的小枝不排列成平面，球果第 2 年成熟；种鳞 4 对，盾形；发育的种鳞各有 5 至多粒种子，种子具窄翅。全球约 20 种，我国产 5 种，分布于秦岭以南各地；常见用材树种，不少种类也药用。

(3) 刺柏属（*Juniperus* L.）：常绿乔木或灌木，直立或匍匐；有叶小枝不排成一平面；叶全为刺叶或鳞叶，或兼有刺叶和鳞叶；雌球花具 3~8 片轮生或交叉对生的珠鳞，胚珠生于珠鳞腹面的基部；球果肉质，球形或卵圆形，熟时不张开或仅顶端微张开；种子无翅。全球约 60 种，我国约产 25 种，分布于西北部、西部及西南部的高山地区。**刺柏** *Juniperus formosana* Hayata 和**杜松** *Juniperus rigida* Sieb. et Zucc. 的嫩枝叶称"刺柏叶"，藏医、蒙医用于清肾热，利尿，燥"协日乌素"，愈伤，止血；也是生产刺柏叶膏的原料。**圆柏** *Juniperus chinensis* L. [*Sabina chinensis*（L.）Ant.]、**祁连圆柏** *Juniperus przewalskii* Kom. [*Sabina przewalskii*

Kom.］和**垂枝柏** *Juniperus recurva* Buch.-Hamilt. ex D. Don［*Sabina recurva*（Hamilt.）Ant.］的嫩枝叶称"圆柏"，藏医、蒙医用途似"刺柏叶"。**叉子圆柏** *Juniperus sabina* L.［*Sabina vulgaris* Ant.］的果实称"新疆圆柏实"；嫩枝叶称"圆柏叶"，维医用药。

图 6-6　侧柏

四、红豆杉纲（紫杉纲）Taxopsida

常绿乔木或灌木。叶条形、披针形、鳞形。单性异株，稀同株。胚珠生于盘状或漏斗状的珠托上，或由囊状或杯状的套被所包围，不形成球果。种子具肉质的假种皮或外种皮。全球 3 科，14 属，约 160 种；我国 3 科，7 属，33 种。

5. 三尖杉科（粗榧科）Cephalotaxaceae

【形态特征】常绿乔木或灌木。叶条形至披针形，常扭转排成 2 列，上面中脉隆起，下面有两条宽气孔带。球花单性异株，稀同株。雄球花头状，小孢子叶 6~11 枚，具 2~4 个花粉囊；大孢子叶成囊状珠托，成对生于小枝基部。种子第 2 年成熟，核果状，外被珠托发育而来的假种皮。

全球仅 1 属，9 种；我国有 10 种和变种，分布于秦岭以南；已知药用 5 种及 3 变种。分布有生物碱、双黄酮类，种子含脂肪油，树皮含鞣质等。

【药用植物】**三尖杉** *Cephalotaxus fortunei* Hook. f.（图 6-7）：常绿乔木，树皮褐色或红褐色，片状脱落。叶螺旋状着生，排成 2 行，线形，常弯曲，长 4~13cm。种子核果状，椭圆状卵形。成熟时假种皮常紫色。产于长江流域及以南各省区；种子能驱虫、润肺、止咳、消食。本种及**海南粗榧** *Cephalotaxus hainanensis* Li.、**粗榧** *Cephalotaxus sinensis*（Rehd. et Wils.）Li.、**篦子三尖杉** *Cephalotaxus oliveri* Mast. 等的枝叶是提取三尖杉碱与高三尖杉酯碱的原料。

笔记栏

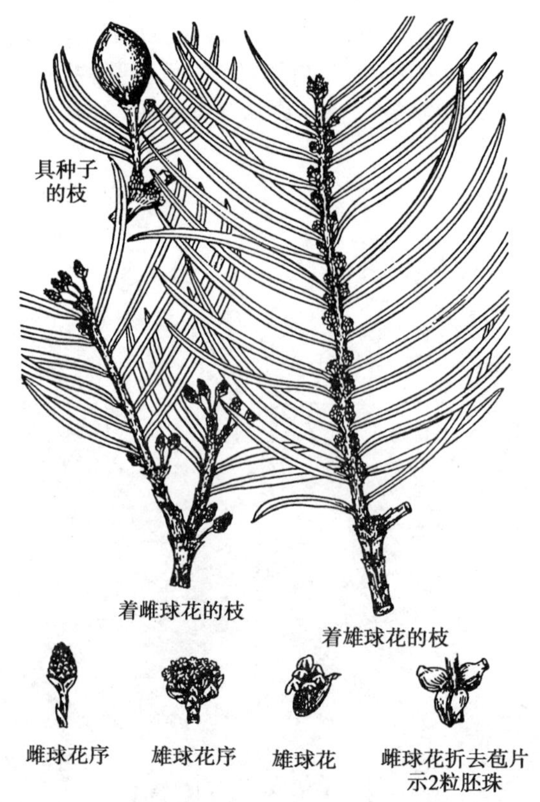

图 6-7　三尖杉

6. 红豆杉科(紫杉科)Taxaceae

【形态特征】常绿乔木或灌木。叶披针形或条形,螺旋状排列或交互对生。单性异株,稀同株;雄球花单生叶腋或苞腋,小孢子叶各具 4~9 个花粉囊,花粉无气囊;大孢子叶单生或成对组成球状,生于叶腋或苞腋,胚珠 1 枚,生于盘状或漏斗状大孢子叶(珠托)中。成熟种子浆果状或核果状,包于杯状肉质假种皮中。

全球 5 属,23 种,主要分布于北半球。我国 4 属,12 种;已知药用 3 属,10 种。分布有黄酮类、生物碱类、萜类、挥发油和鞣质等,紫杉醇类是重要的抗癌药。

【药用植物】

(1) 红豆杉属(Taxus L.):常绿乔木、灌木,小枝不规则互生;叶螺旋状着生,叶下面有两条淡黄色或淡灰绿色的气孔带,内无树脂道;单性异株,雌、雄球花单生叶腋;种子成熟时肉质假种皮红色。全球约 11 种,分布于北半球;我国 4 种 1 变种。

红豆杉 *Taxus chinensis* (Pilger) Rehd. (图 6-8):常绿乔木,树皮条裂片状脱落。叶条形,微弯或直,长 1.5~3cm,宽 2~4mm,先端具

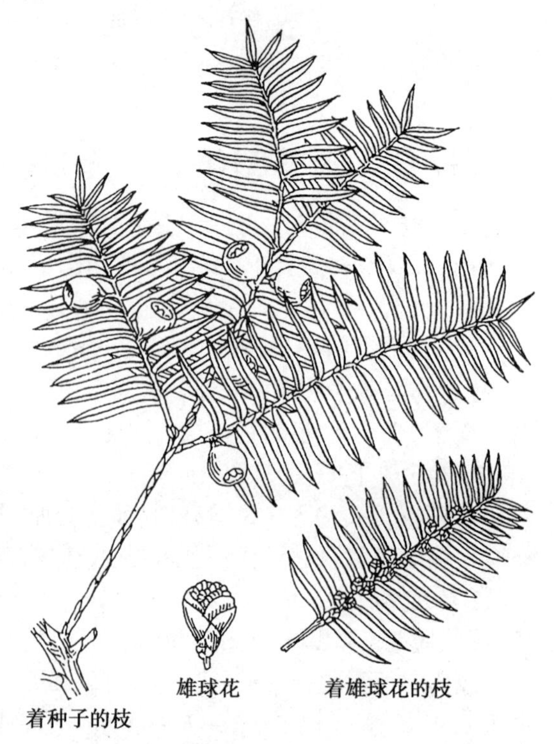

图 6-8　红豆杉

微突尖头，下面中脉上密生细小的乳状突起。假种皮肉质，熟时鲜红色。种子扁卵圆形，有2棱。产于秦岭及以南各地；叶能利尿、通经；种子能消积、驱虫。本种和**西藏红豆杉** *Taxus wallichiana* Zucc.、**东北红豆杉** *Taxus cuspidata* Sieb. et Zucc.、云南红豆杉 *Taxus yunnanensis* Cheng et L. K. Fu、**南方红豆杉** *Taxus chinensis*（Pilger）Rehd. var. *mairei*（Lemée et Lévl.）Cheng et L. K. Fu 等同属植物的树皮、枝叶、根皮均是提取抗癌成分紫杉醇类的原料。但国产种类均属保护物种，必须由人工栽培、组织培养、半合成等技术保证药源。

（2）榧树属（*Torreya* Arn.）：常绿乔木，枝轮生；叶上面中脉不明显或微明显，叶内有树脂道；雄球花单生叶腋，雄蕊的花药向外一边排列有背腹面区别；雌球花两个成对生于叶腋，无梗；种子全部包于肉质假种皮中。全球7种，我国产5种。

榧树 *Torreya grandis* Fort. et Lindl（图6-9）：树皮不规则条状纵裂，二年和三年生枝暗绿黄色或灰褐色。叶条形，扭转排成2列；叶先端有凸起的刺状短尖头，基部圆或微圆，长1~2.5cm。雌雄异株，小孢子各有4个花粉囊；种子椭圆形、卵圆形，熟时淡紫褐色，背白粉。我国特有树种，产于江苏、浙江、福建、江西、安徽、湖南；种子（榧子）能杀虫消积，润肺止咳，润燥通便。

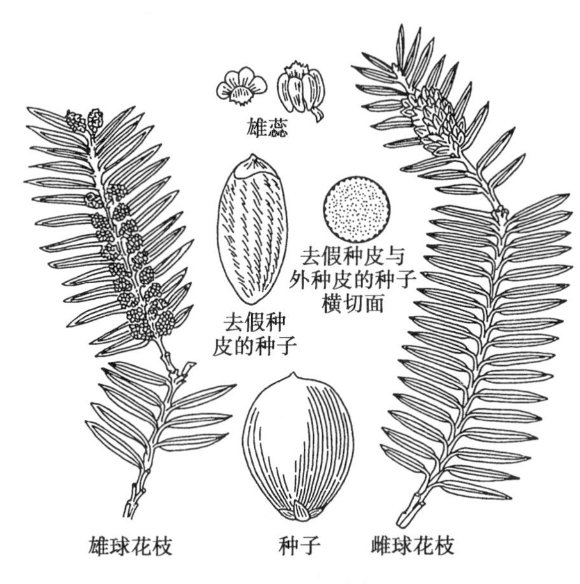

图6-9 榧树

香榧 *Torreya grandis* Fort. et Lindl cv. Merrilli：主产于浙江诸暨、枫桥等地，种子是著名干果。

五、买麻藤纲（倪藤纲）Gnetopsida

灌木或藤本；次生木质部有导管，无树脂道。叶对生或轮生，细小膜质鞘状或宽阔似双子叶植物叶，或肉质带状似单子叶植物叶。单性同株或异株，孢子叶球有类似于花被的盖被，也称假花被；每雌花有胚珠1枚，珠被1~2层，上端延长成珠孔管（micropylar tube），除麻黄外无颈卵器；精子无鞭毛。种子包于由盖被发育而成的假种皮中，胚乳丰富，子叶2枚。全球3目3科，3属约80种；我国产2目2科，2属19种。

7. 麻黄科 Ephedraceae

【形态特征】常绿小灌木；小枝对生或轮生，节明显，节间具纵沟；木质部有导管。叶对生或轮生，2~3枚合生成膜质鞘状，先端有三角形裂齿。单性异株，少同株。雄球花单生，假

笔记栏

花被 2~4 枚，圆形或倒卵形，膜质，大部分合生；雄蕊 2~8，花丝合生成 1~2 束，花药 1~3 室。雌球花有 2~8 对交互对生的苞片，生有 1~3 枚胚珠，每胚珠均有顶端开口的囊状假花被包围，珠被 1~2 层，珠被上部延长成珠被（孔）管，并伸出假花被。成熟时雌球花的苞片发育增厚成肉质，红色，富含黏液和糖质，俗称 "麻黄果"；假花被发育成革质假种皮。种子 1~3 枚，子叶 2 枚，胚乳丰富。

全球仅麻黄属，40 余种；分布于亚洲、美洲、欧洲东南部及非洲北部等干旱、荒漠地区。我国 12 种 4 变种，分布于西北、华北、东北及西南部分地区；已知药用 15 种。分布有生物碱类、挥发油及鞣质等。

【药用植物】**草麻黄** *Ephedra sinica* Stapf（图 6-10）：亚灌木，株高 30~60cm。木质茎短，小枝草质，丛生，节间长 3~6cm，粗近 1.2~2mm。叶鳞片状，膜质，基部鞘状，上部 2 裂，裂片锐三角形，反曲。雌雄异株，雄球花多成复穗状，雌球花单生于枝顶，苞片 4 对，仅先端 1 对苞片有 2~3 雌花；雌球花成熟时苞片增厚成肉质，红色，内含种子 1~2。产于河北、山西、河南、陕西、内蒙古、辽宁、吉林等；草质茎（麻黄）能发汗散寒，宣肺平喘，利水消肿；根及根状茎（麻黄根）能固表止汗。**木贼麻黄** *Ephedra equisetina* Bge. 不同于草麻黄的是，木质茎发达，高达 1m；节间长 1~2.5cm，粗约 1mm；雌球花常 2 个对生；种子常 1 粒；产于华北、西北大部分地区及四川。**中麻黄** *Ephedra intermedia* Schr. et Mey. 不同于草麻黄的是，小灌木，高达 1m 以上，节间长 3~6cm，粗 2~3mm，叶裂片常 3 片；珠被管长达 3mm，常呈螺旋状弯曲，种子常 3 粒；产于东北、华北、西北大部分地区。上述 2 种与草麻黄同等入药；以上 3 种也是提取麻黄碱、伪麻黄碱等的原料。**丽江麻黄** *Ephedra likiangensis* Florit 和**膜果麻黄** *Ephedra przewalskii* Stapf 等在部分地区是 "麻黄" 的地区习用品。

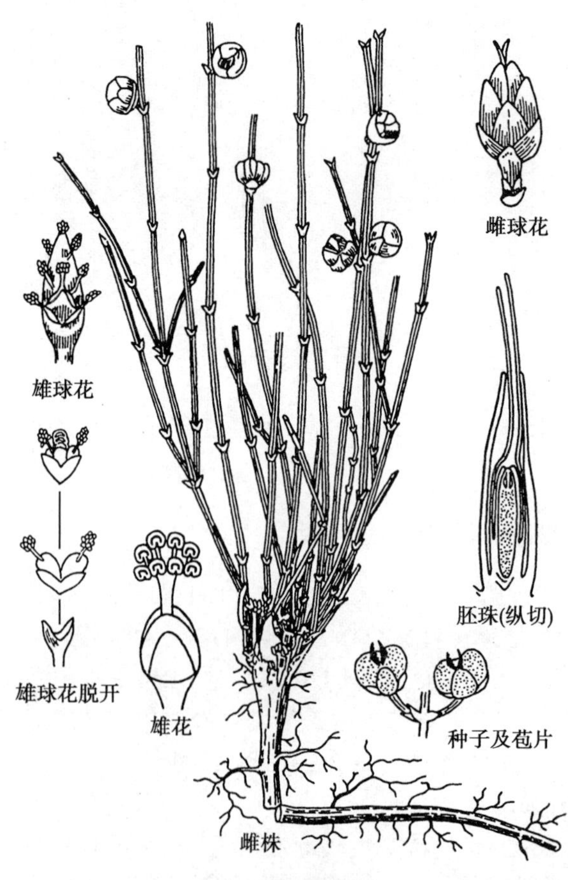

图 6-10 草麻黄

笔记栏

8. 买麻藤科 Gnetaceae

【形态特征】常绿木质藤本；茎节膨大，次生木质部有导管。单叶对生，叶片革质，具羽状脉及网状脉。单性异株，稀同株；球花伸长成细长穗状，顶生或腋生，具多轮合生环状总苞片；雄球花穗单生或数穗组成聚伞状，生叶腋或枝顶，各轮总苞内有多数雄花，排成 2~4 轮，雄花具肉质杯状假花被；雌球花穗单生或数穗组成聚伞圆锥状，常生老枝上，每轮总苞有 4~12 朵雌花，雌花的假花被囊状，紧包着胚珠，珠被 2 层。种子核果状，成熟时假种皮红色或橘红色，胚乳丰富，肉质。

全球仅买麻藤属，30 余种；分布于南亚和中亚热带地区。我国 10 余种，分布于长江流域及以南和西南部；已知药用 8 种。分布有买麻藤定类(gnetins)、买麻藤叶林类(gnetinfolin)。

【药用植物】**小叶买麻藤**（麻骨风）*Gnetum parvifolium*（Warburg）W. C. Cheng（图 6-11）：常绿木质大藤本，皮孔明显。叶常椭圆形，长 4~10cm。花单性同株；雄球花序不分枝或三出分枝，其上有 5~13 轮杯状总苞，每轮总苞有多数雄花；雌球花序多生于老枝上，三出分枝，每轮总苞有雌花 5~7 朵。种子无柄，成熟时肉质假种皮呈红色或黑色。产于华南；茎、叶能祛风除湿、活血祛瘀、消肿止痛、行气健胃、接骨。**买麻藤**（倪藤）*Gnetum montanum* Markgr.，产于华南，用途同小叶买麻藤。

图 6-11　小叶买麻藤

（沈昱翔）

复习思考题

1. 裸子植物的主要形态特征是什么？

2. 简述银杏科、松科、柏科、红豆杉科、麻黄科等科的主要识别特征，并写出相关科的代表性药用植物和药用部位。

3.《中华人民共和国药典》(2020 年版）收载了哪些来源于裸子植物的药材？它们分别隶属于哪一个纲？药用部位分别是什么？

4. 紫杉纲有哪些药用植物被发现有抗肿瘤活性？它们都含哪一类活性物质？

5. 如何根据植物形态区分 3 种基源麻黄药材？

扫一扫
测一测

笔记栏

PPT 课件

第七章

被子植物门 Angiospermae

学习目标

被子植物具有真正的花和果实，种类最多，分布最广；药用类群也最多，治疗疾病种类也最多，《中华人民共和国药典》收载的药材涉及 42 目 113 科。通过代表性分类群典型特征、代表性药用植物的学习，奠定被子植物分类鉴定以及中药鉴定的基础知识和技能。

掌握被子植物的主要特征和分类原则，20~30 个重点科和 20 个重点属的识别特征，以及代表性药用植物。熟悉被子植物的起源演化和主要分类系统，30~40 个常见科的识别特征，重点科、属的化学成分种类，常用中药涉及的分类群。

被子植物(angiospermae，angiosperm)又称有花植物(flowering plant)，是植物界种类最多、适应能力强、分布最广的类群。全球已知的被子植物约 25 万种，占植物界的一半。在陆地生态系统中占主导地位，直接或间接为人类的生产、生活、医疗保健等提供了重要资源。我国被子植物近 3 万种，其中药用种类约 1 万种，占药用植物资源总数的 90%，是药用种类最多的植物类群。

第一节　被子植物的主要特征和分类原则

一、被子植物的主要特征

被子植物生存在多种多样的自然环境中，并在地球上占绝对优势，这与其在生活型、生长习性、器官构造、繁殖方式等方面高度复杂、完善和多样化密不可分。被子植物与裸子植物相比主要有以下方面的特征。

1. **具有真正的花**　被子植物典型的花由花萼、花冠、雄蕊群和雌蕊群 4 部分组成，各部分在形态和数量上高度特化和多样化。花萼和花冠的出现加强了保护雌、雄蕊的作用，同时花部出现了适应虫媒、鸟媒、风媒、水媒等多种传粉媒介的特化构造，提高了传粉效率和繁殖成功率。传粉方式的多样化是被子植物繁盛的重要原因之一。

2. **具有雌蕊和果实**　雌蕊由心皮构成，包括子房、花柱和柱头。胚珠包被在子房内，有效避免了昆虫啃食破坏和水分丧失。受精后胚珠发育成种子，子房壁发育成果皮，两者共同构成果实。果实既能保护种子，又具不同色、香、味和开裂方式，以及钩、刺、翅、毛等附属物，这些都有助于种子传播。

3. **具有双受精现象**　被子植物特有双受精现象，受精过程中两个精细胞通过花粉管进入胚囊后，其中 1 个与卵细胞结合形成合子(受精卵)，另 1 个与 2 个极核结合形成受精极

核。受精卵发育成胚,受精极核发育成3倍体的胚乳。胚乳具有双亲的特性,为幼胚的发育提供营养,保证了下一代植株体具有旺盛的生命力。

4. **孢子体高度发达和分化**　被子植物的孢子体在形态、构造、生活型和营养方式等方面高度复杂和多样化。生活型有乔木、灌木、草本,常绿或落叶,直立或藤本,一年生、两年生或多年生。生活习性有陆生、水生、沙生、石生或盐碱地生;有自养、寄生或腐生。在构造上,木质部出现了导管,韧皮部出现了筛管和伴胞,输导组织更加发达,水分和营养物质运输更加高效。

5. **配子体进一步简化**　被子植物的雌、雄配子体均无独立生活能力,寄生在孢子体上。雄配子体由小孢子(单核花粉粒)发育而成,成熟时仅具2个细胞(2核花粉),其中1个为营养细胞,1个为生殖细胞。少数被子植物花粉粒成熟前生殖细胞会分裂1次,产生2个精子,即成熟雄配子体具有3个细胞(3核花粉)。雌配子体为胚珠内由大孢子发育成的胚囊,成熟时常为7细胞8核结构,包括3个反足细胞、1个中央细胞(具2个极核)、2个助细胞、1个卵细胞,无颈卵器构造。

二、被子植物的分类原则

被子植物分类一方面要按照一定的原则将所有物种归置到一定的分类阶元(纲、目、科、属、种)位置上,同时还要建立一个能反映出它们之间亲缘演化关系的分类系统。被子植物在距今约1.4亿年前的白垩纪(Cretaceous Period)几乎同时兴起,从而难以根据化石年龄确定哪个类群更原始。同时,被子植物分类主要以形态特征,尤以花、果实的形态特征作为重要依据,由于缺乏花的化石,使得整个演化历程出现间断和片段化,各类群之间系统演化关系的推断困难重重。

植物系统学家根据零星的化石资料研究表明,地球上最早出现的被子植物多为常绿、木本植物,随后地球经历了干燥、冰川等几次反复气候巨变,并随之出现了一些落叶、草本植物类群。由此推断,落叶、草本、叶形多样化、输导功能完善化等应属于次生的性状。此外,根据花、果实具有向着经济、高效方向演化发展的特点,推断花被分化或退化、花序复杂化、子房下位等应为次生的性状。基于大多数学者对植物形态特征演化趋势的认识,总结出普遍接受的被子植物形态构造的演化规律和分类原则(表7-1)。

表7-1　被子植物形态构造特征的一般演化规律和分类原则

	初生的、原始的性状特征	次生的、较进化的性状特征
根	直根系(主根发达)	须根系(主根不发达)
茎	木本	草本
	直立	藤本
	无导管,仅具管胞	具导管
	环纹、螺纹导管	网纹、孔纹导管
叶	常绿	落叶
	单叶全缘	复叶、叶形复杂化
	互生或螺旋排列	对生或轮生
花	单生	形成花序
	有限花序	无限花序
	两性花	单性花

笔记栏

续表

	初生的、原始的性状特征	次生的、较进化的性状特征
花	雌雄同株	雌雄异株
	花部螺旋排列	花部轮生
	各部多数且不定	各部数目不多,有定数(3、4或5)
	花被同形,无花瓣和萼片之分	花被分化为萼片和花瓣,或退化为单被花或无被花
	花部离生	花部合生
	辐射对称(整齐花)	两侧对称或不对称(不整齐花)
	子房上位	子房下位
	胚珠多数	胚珠少数或1枚
	边缘、中轴胎座	侧膜胎座
	花粉粒具单沟	花粉粒具3沟或多孔
果实	单果、聚合果	聚花果
	真果	假果
种子	种子多数	种子少数
	胚小、有发达胚乳	胚大、无胚乳
	子叶2枚	子叶1枚
生活型	多年生	一或二年生
	绿色自养植物	寄生、腐生植物

应该注意的是,植物不同性状的演化并非同步,在同一植物体上,常同时存在着较为原始和相对进化的特征,因而不能片面地认为不具有某些进化性状的植物类群就是原始的,或者具有某些进化性状的植物就一定是进化的类群。如常绿植物不一定都是原始类群,落叶植物也并非都是进化类群。其次,同一个性状,在不同物种中的进化意义也不是绝对的。如两性花、胚珠多数、胚小是多数植物类群的原始性状,但在兰科 Orchidaceae 植物中,这些特征却是进化的标志。此外,各性状在分类上的价值或重要性也并非完全相等,在具体的分类学研究中,往往倾向于生殖器官比营养器官性状更为重要,即对不同性状进行加权。因此,表 7-1 中列举的只是植物形态性状演化的一般规律,在实际应用中不能孤立地、片面地根据某一条或几条原则对一个类群进行判断评价,必须全面、综合地进行分析比较,才有可能得出更客观、准确的结论。

第二节 被子植物的起源和分类系统

一、被子植物的起源与演化

被子植物是植物界多样性最高、最为繁盛的类群。那么,被子植物从什么时候开始在地球上出现?是如何演化而来?它们的祖先是什么?经历了怎样的演化过程?由于化石资料缺乏等原因,这些问题目前尚未得到明确解决。然而,随着早期被子植物化石不断被发现和分子生物学研究的不断发展,被子植物起源与演化问题开始逐渐明了。

（一）起源时间

被子植物的起源与早期演化一直是植物学、古生物学和进化生物学等研究中的热点问题。被子植物的起源时间有古生代起源说、三叠纪起源说、白垩纪（或晚侏罗纪）起源说等多种观点，化石证据表明被子植物可能起源于早白垩纪。由于白垩纪以前地层中没有发现开花植物或花粉化石，白垩纪起源说长期得到多数学者赞同。随着侏罗纪末期被子植物化石的发现，被子植物起源于侏罗纪晚期的观点得到认可。而主要根据在二叠纪地层中发现的一种介于蕨类和裸子植物中间类型的舌羊齿 *Glossopteris* 化石，一些学者主张被子植物起源不迟于古生代的二叠纪。我国植物学家张宏达提出的华夏植物区系理论也支持有花植物起源不晚于二叠纪的观点。

目前，采用分子钟估算的被子植物起源时间大多指向侏罗纪，甚至更早的三叠纪。被子植物系统发育基因组学研究结合化石校准点，估算被子植物科级分支分化时间的结果显示，被子植物起源于三叠纪晚期的瑞替期（Rhaetian Age，~209Ma），明显早于有明确记录的被子植物最早化石年龄。

（二）起源地

被子植物的起源地，主要存在两种对立观点，即“高纬度——北极或南极起源说”和“低纬度——热带或亚热带起源说”。

瑞典古植物学家赫尔（O. von Heer）提出的北极起源假说认为被子植物起源于北半球高纬度地区（即泛北极地区），之后逐渐向南扩展，并传播全球。然而，一方面大量被子植物化石在中、低纬度地区出现的时间早于高纬度地区；另一方面，现存被子植物中有半数以上的科多集中分布于中、低纬度地区，尤其是一些较原始的科，如木兰科 Magnoliaceae、八角科 Illiciaceae、连香树科 Cercidiphyllaceae、昆栏树科 Trochodendraceae、水青树科 Tetracentraceae 等均集中分布于低纬度热带地区。因此，多数学者支持被子植物起源于低纬度热带地区的观点，认为被子植物首先在中、低纬度出现，之后逐渐向高纬度地区扩展。

塔赫他间（A. Takhtajan）等通过对现代被子植物科的分布和化石证据分析，提出西南太平洋和东南亚地区原始毛茛类型（广义的木兰目）分布占优势，认为该地区是被子植物的早期分化和可能发源地。吴征镒院士从植物区系研究的角度提出：整个被子植物区系早在第三纪以前，即在古代“统一的”大陆上的热带地区发生；中国南部、西南部和中南半岛特有的古老科、属丰富，该地区即是近代东亚亚热带、温带和北美、欧洲等北温带植物区系的开端和发源地。

然而，由于化石证据不足和地质气候的历史变化尚不十分清楚，关于被子植物的起源地点尚无明确的定论。

（三）起源途径与可能祖先

被子植物的起源问题存在单元论、二元论、多元论等多种假说。被子植物的可能祖先也存在着多种不同的观点。

单元论（单系起源）：主张被子植物起源于裸子植物中已灭绝的具有两性孢子叶球的本内苏铁（球花说）或起源于种子蕨（种子蕨说），认为木兰目 Magnoliales 是被子植物最原始的类群。哈钦松（J. Hutchinson）、塔赫他间和克朗奎斯特（A. Cronquist）等是单元论的代表。

二元论（双系起源）：主张被子植物起源于两个不同的祖先类群，二者之间平行演化和发展，无直接关系。拉姆（Lam）和恩格勒（A. Engler）是二元论的代表。拉姆把被子植物分为轴生孢子类（stachyosporae）和叶生孢子类（phyllosporae），前者起源于盖子植物（买麻藤目 Gnetales），其心皮为假心皮，并非来源于叶性器官，大孢子囊直接起源于轴性器官，包括单花被类、部分合瓣类以及部分单子叶植物；后者起源于苏铁类，其心皮是叶起源，具有真正的孢子叶，孢子囊着生于孢子叶上，雄蕊常有转变成花瓣的趋势，包括多心皮类及其后裔，以及大

笔记栏

部分单子叶植物。恩格勒认为，木麻黄目 Casuarinales 及荨麻目 Urticales 等具柔荑花序无花被类与木兰目多心皮类之间是平行演化的关系。

多元论（多系起源）：主张被子植物起源于多个不同的祖先类型，彼此之间没有近缘关系，平行发展。维兰（G. R. Wieland）、胡先骕、米塞（Meeuse）等是多元论的代表。维兰认为，被子植物的祖先包括种子蕨类的苏铁蕨、开通蕨、本内苏铁、银杏、科得狄、松柏类、苏铁等；单子叶植物也有多个起源。胡先骕认为，被子植物来源于 15 个（双子叶植物 12 个，单子叶植物 3 个）支派的原始被子植物。米塞认为，被子植物至少从 4 个不同的祖先型发生，单子叶植物通过露兜树属 *Pandaus* 由五柱木目 Pentexyloles 起源，而双子叶植物则分为 3 个亚纲，各自从不同的本内苏铁类起源。

现代多数植物分类学家赞同单元论的观点，认为被子植物起源于一个祖先类群。主要依据是被子植物在形态、胚胎发生中的一些高度特化特征，包括：具有筛管和伴胞；雌、雄蕊在花中的排列位置固定不变，雄蕊在雌蕊的下部或周围；雄蕊都有 4 个孢子囊和特有的绒毡层；大孢子叶特化为雌蕊，顶端为柱头；都有双受精现象和 3 倍体胚乳；花粉萌发，花粉管通过退化的助细胞进入胚囊并与卵细胞结合；花粉粒外壁具有花粉鞘。统计分析也表明，上述这些特征在现存被子植物中共同发生的概率不可能多于 1 次。因此，被子植物不可能是在不同时期由不同的祖先分别演化而来。然而，同样由于化石资料不足，被子植物究竟是如何演化而来这一问题仍然有待进一步研究明确。

二、被子植物的系统演化与主要分类系统简介

（一）被子植物系统演化两大学派

被子植物区别于其他植物类群的最典型特征是出现了真正的花，因而花器官的起源是研究被子植物起源与早期演化的关键。植物分类与系统学家对被子植物“花”的起源持有不同观点，形成“假花学派”和“真花学派”两个主要学派，也称“柔荑学派”和“毛茛学派”，其理论分别称假花学说和真花学说（图 7-1）。

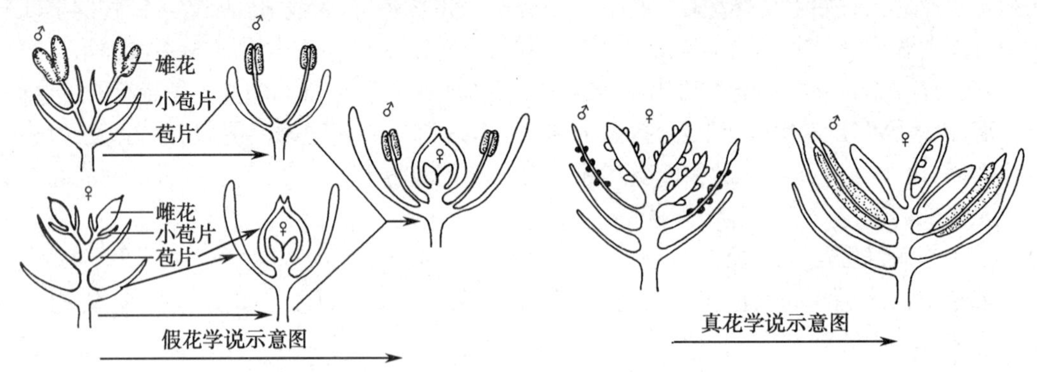

图 7-1　假花学说和真花学说模式图

1. 假花学说（pseudoanthium theory）　恩格勒学派的韦特斯坦（R. von Wettstein）提出假花学说。该学说认为，被子植物的花与裸子植物中球果目 Coniferales 和倪藤纲 Gnetopsida 的孢子叶球同源，并由裸子植物的单性孢子叶球演化而来。设想被子植物来自裸子植物中已绝灭的弯柄麻黄 *Ephedra campylopoda* C. A. Mey.，其中小孢子叶球（雄花）的苞片演变成花被，小苞片退化消失；大孢子叶球（雌花）的苞片演变为心皮，小苞片退化消失，仅剩胚珠着生于子房基部。由于裸子植物，尤其是麻黄和买麻藤等都以单性花为主，因而该学说认为原始被子植物具有单性花，将具有小而单性、单被、风媒传粉的花，心皮具单一胚珠类型的植

物视为被子植物中的原始类群。据此，现存被子植物中具有单性花的柔荑花序类植物是原始的类型，而木兰目、毛茛目 Ranunculales 是比较进化的类型。

2. **真花学说**(euanthium theory) 哈笠尔(H. Hallier)最先提出真花学说，并由柏施(C. E. Bessey)等进一步发展。该学说认为，被子植物的花与原始裸子植物苏铁目 Cycadales 和本内苏铁目 Benettitales 的孢子叶球同源，是由裸子植物的两性孢子叶球演化而来。设想被子植物是来自裸子植物中已灭绝的本内苏铁目，特别是拟苏铁 Cycadeoidea，其孢子叶球基部的苞片演变成花被，小孢子叶演变为雄蕊，大孢子叶演变为雌蕊(心皮)，孢子叶球的轴则缩短演变为花轴。依此观点，原始被子植物具有两性花，单性花由两性花演变而来；现代被子植物中的多心皮类，尤其是木兰目植物是被子植物的原始类群。

(二) 被子植物主要的分类系统简介

植物分类和系统学家们长期努力追求建立一个反映植物类群间演化和谱系发生关系的自然分类系统。自 19 世纪以来，分类学家们依据系统发育理论，结合形态学、解剖学、古植物学、遗传学、生物化学、生物地理学和分子生物学等证据，相继提出或修订了数十个分类系统。这里主要介绍应用较为广泛的几个现代分类系统。

1. **恩格勒系统** 德国植物学家恩格勒(A. Engler)和勃兰特(K. Prantl)在 1897 年合著的《植物自然分科志》(*Die Natürlichen Pflanzenfamilien*)中发表了该系统。在 H. Melchior 修订的《植物分科志要》第 12 版(1964 年)中，将植物界分成 17 门，其中被子植物独立成 1 个门，包括 62 目 343 科，分双子叶植物纲 Dicotyledoneae(离瓣花亚纲 Choripetalae 37 目 226 科，合瓣花亚纲 Sympetalae 11 目 64 科)和单子叶植物纲 Monocotyledoneae(14 目 53 科)。恩格勒系统以假花学说为理论基础，将“柔荑花序类”视为原始的有花植物，而认为“合瓣花类”是进化的类群。该观点已被大量的研究结果否定，但单子叶植物起源于原始双子叶植物的观点仍被大多数植物学家接受。该系统是植物分类学史上第一个包括整个植物界的系统发育分类系统。目前，《中国植物志》《中国高等植物图鉴》、多数地方植物志、标本馆和《中国药用植物志》等都采用该系统编排。

2. **哈钦松系统** 英国植物学家哈钦松(J. Hutchinson)在 1926 年和 1934 年相继出版的两卷《有花植物科志》(*The Families of Flowering Plants* Ⅰ, Ⅱ)中发表了该系统。在 1973 年修订版中，共有 111 目 411 科，其中双子叶植物 82 目 342 科(木本支 54 目 246 科，草本支 28 目 96 科)，单子叶植物 29 目 69 科。哈钦松系统以真花学说为理论基础，认为两性花比单性花原始，花部分离、多数、螺旋状排列比花部合生、定数、轮状排列原始，木本比草本原始，双子叶植物以木兰目和毛茛目为起点分别演化出木本、草本两个分支；单子叶植物比双子叶植物进化，起源于双子叶植物中的毛茛目。该系统使用较少，中国科学院华南、昆明和广西植物研究所的标本馆，以及广东、广西、海南和云南等省区的地方植物志采用该系统编排。

3. **塔赫他间系统** 苏联植物学家塔赫他间(A. Takhtajan)在 1954 年出版的《被子植物起源》(*Flowering Plants: Origin and Dispersal*)中发表了该系统。在 1997 年修订版《有花植物多样性和分类》(*Diversity and Classification of Flowering Plant*)中，将被子植物分为木兰纲 Magnoliopsida(双子叶植物)和百合纲 Liliopsida(单子叶植物)2 纲，共 17 亚纲 71 超目，232 目 591 科。其中，木兰纲包括 11 亚纲 55 超目，175 目 458 科；百合纲包括 6 亚纲 16 超目，57 目 133 科。塔赫他间系统以真花学说为理论基础，主张种子蕨是被子植物的可能祖先；木兰目是最原始被子植物的代表，草本植物由木本植物演化而来；单子叶植物起源于双子叶植物中的睡莲目 Nymphaeales。该系统在编排上打破将双子叶植物分为离瓣花亚纲和合瓣花亚纲的分类方法，并在亚纲和目之间增设了“超目”一级分类单元。

4. **克朗奎斯特系统** 美国植物学家克朗奎斯特(A. Cronquist)在 1957 年发表的《双子叶

笔记栏

植物科、目新系统纲要》(*Outline of a new system of families and orders of dicotyledons*)中提出该系统。在 1981 年修订版《有花植物的综合分类系统》(*An integrated system of classification of flowering plants*)中，将被子植物称木兰门 Magnoliophyta，分为木兰纲（双子叶植物）和百合纲（单子叶植物），共 11 亚纲，83 目 383 科。其中，木兰纲包括 6 亚纲，64 目 318 科；百合纲包括 5 亚纲，19 目 65 科。克朗奎斯特系统以真花学说为理论基础，赞同单元论，认为有花植物起源于已灭绝的种子蕨；现存被子植物各亚纲之间没有直接演化关系，木兰目是现存木兰亚纲中最原始的类群；单子叶植物起源于类似现存睡莲目的水生双子叶类群。该系统接近塔赫他间系统，但更为简化，取消了“超目”一级分类单元，并压缩了目、科的数目。

5. **APG 系统**　被子植物系统发育研究组（Angiosperm Phylogeny Group，APG）基于分支分类学和分子系统学研究，在 1998 年提出了一个目、科分类阶元上的被子植物新分类系统，即“APG 分类系统”，也简称“APG 系统”，并相继进行过 3 次修订（APG Ⅱ,2003；APG Ⅲ,2009；APG Ⅳ,2016）。该系统主要依据 DNA 分子证据，以单系性为标准划分目和科。在 APG IV 系统中，被子植物被分为 64 目，416 科。

6. **八纲系统**　中国植物学家吴征镒等综合古植物学、形态学、分子系统学、生物地理学及生物化学等研究成果，于 1998 年提出该系统并经 2002 年修订，也称“多系 - 多期 - 多域”系统。该系统主张在早白垩纪，被子植物经 8 条主传代线（principal lineage）进化至现存的被子植物 8 个纲，即木兰纲 Magnoliopsida、樟纲 Lauropsida、胡椒纲 Piperopsida、石竹纲 Caryophyllopsida、百合纲 Liliopsida、毛茛纲 Ranunculopsida、金缕梅纲 Hamamelidopsida 和蔷薇纲 Rosopsida，包括 40 亚纲，202 目，572 科。

7. **张宏达系统**　中国植物学家张宏达综合形态学、胚胎学、古植物学以及系统发育等的研究成果，于 1986 年提出该系统并经 2000 年修订。该系统认为，种子植物是一个单元多系的进化系统，把种子植物和已发现的种子蕨共同作种子植物门，而将种子植物门划分为 6 个亚门，即前种子蕨植物亚门 Prepteridospermatophytina、蕨叶种子植物亚门 Pteridospermatophytina、肉籽植物亚门 Sarcocarpidiophytina、松柏植物亚门 Coniferophytina、前有花植物亚门 Preanthophytina 和有花植物亚门 Anthophytina。

第三节　药用被子植物的分类概述

按照恩格勒系统，被子植物分为双子叶植物纲（Dicotyledoneae）和单子叶植物纲（Monocotyledoneae）。两纲植物的主要区别特征如表 7-2 所示。

表 7-2　双子叶植物纲和单子叶植物纲的主要区别

	双子叶植物纲	单子叶植物纲
根	主根发达，多为直根系	主根不发达，多为须根系
茎	维管束常呈环状排列，具有形成层	维管束散生，呈星散状排列，无形成层
叶	常具网状脉	常具平行脉或弧形脉
花	花部常 5 或 4 基数，极少 3 基数 花粉粒常具 3 个萌发孔	花部常为 3 基数 花粉粒具单个萌发孔
胚	常具 2 枚子叶	常具 1 枚子叶

需要注意的是，上述这些特征具有相对性和综合性，有些特征存在交错现象。如双子叶的毛茛科 Ranunculaceae、睡莲科 Nymphaeaceae、罂粟科 Papaveraceae、伞形科 Apiaceae、

报春花科 Primulaceae 中有些植物仅具 1 枚子叶，毛茛科、车前科 Plantaginaceae、菊科 Asteraceae 部分植物具有须根系，樟科 Lauraceae、木兰科 Magnoliaceae 中有些植物的花部 3 基数；而单子叶植物纲天南星科 Araceae、百合科 Liliaceae 中部分植物叶片具网状脉，眼子菜科 Potamogetonaceae、百合科中有些植物花部为 4 基数。

一、双子叶植物纲 Dicotyledoneae

双子叶植物纲包括离瓣花亚纲 Choripetalae（原始花被亚纲 Archichlamydeae）和合瓣花亚纲 Sympetalae（后生花被亚纲 Metachlamydeae）。

离瓣花亚纲 Choripetalae

离瓣花亚纲，又称原始花被亚纲或古生花被亚纲。无花被、单被、同被或重被，花瓣分离，雄蕊和花冠离生，胚珠多具 1 层珠被是该亚纲植物的主要特征。

（一）胡桃目 Juglandales

木本。羽状复叶，互生，无托叶。花小，雌雄同株或异株，无花被或具单轮鳞片状花被；雄花构成柔荑花序；子房下位，2 心皮，1 室，1 直立胚珠。核果或坚果，种子无胚乳。有 2 科，分布于热带、亚热带和温带。《中华人民共和国药典》收载胡桃科 1 种中药材。

1. 胡桃科 Juglandaceae $\male\ P_{1\sim4}A_{3\sim\infty};\ \female\ P_{2\sim4}\overline{G}_{(2:1:1)}$

【突出特征】落叶或半常绿乔木、小乔木，具树脂。叶互生，奇数羽状复叶，无托叶。花单性，雌雄同株；雄花序为柔荑花序，花被片 1~4 枚，雄蕊 3 至多枚；雌花花序常穗状，顶生，花被片 2~4 枚，子房下位，2 心皮合生，1 室或 2~4 不完全室，柱头 2 裂或稀 4 裂，胚珠 1，直立。假核果或坚果，种子无胚乳，子叶皱褶，富含油脂。

全球 8 属约 70 种，分布于北半球热带到温带地区。我国 7 属 27 种，主要分布在长江以南；已知药用 6 属 9 种，《中华人民共和国药典》收载 1 种中药材。分布最多的化合物是黄酮类，以及萜类、萘醌类等。

【药用植物】胡桃属（*Juglans* L.）：落叶乔木；雄花具短梗，花被片 3 枚；雌花无梗，花被片 4 枚，柱头 2；假核果，外果皮肉质，熟时不规则裂开，内果皮（核壳）硬骨质。

胡桃 *Juglans regia* L.（图 7-2）：小叶 5~9 枚；果实近球状，果核具 2 条纵棱。分布于西北、西南、华中和华东等地区，栽培品种较多。成熟种子（核桃仁）能补肾，温肺，润肠；根能止泻，止痛，乌须发；叶能收敛止带，杀虫消肿；内果皮能止血，止痢，散结消痈，杀虫止痒；果隔称"分心木"，能涩精缩尿，止血止带，止泻痢。胡桃也是重要的油料作物。

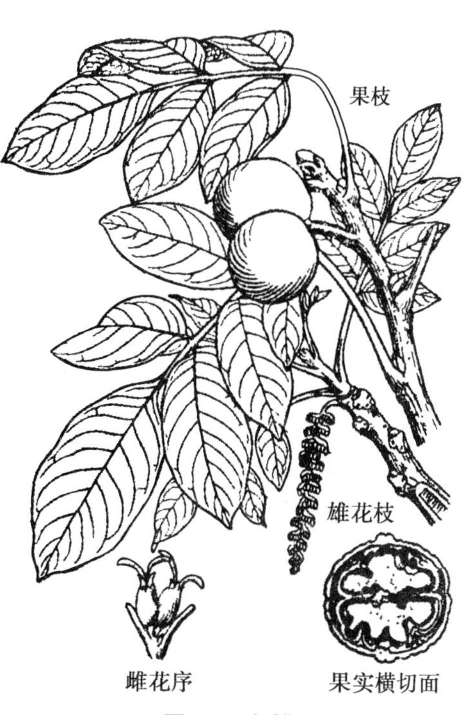

图 7-2 胡桃

常见的药用植物还有：**黄杞** *Engelhardia roxburghiana* Wall.，树皮能行气、化湿、导滞；叶能清热、止痛。**化香树** *Platycarya strobilacea* Sieb. & Zucc.，果实能活血行气、止痛、杀虫止痒；叶能解毒疗疮、杀虫止痒。**山核桃** *Carya cathayensis* Sarg.，种仁能润肺滋养；根皮及外果皮能清热解毒、杀虫止痒。

笔记栏

知识拓展

在《中国植物志》(FRPS)中，胡桃目仅包括胡桃科1科，杨梅科Myricaceae独立为杨梅目Myricales；在APG系统中，胡桃科和杨梅科同时被归入壳斗目Fagales。

(二) 荨麻目 Urticales

乔木、灌木或草本。常具托叶。花小，单性、两性或杂性，萼小，无花瓣，雄蕊与花被片同数且对生，1~2心皮，1~2室，胚珠单生。坚果、核果、瘦果或翅果。有5科，分布于热带、亚热带和温带地区。《中华人民共和国药典》收载桑科6种、杜仲科2种中药材。

2. 桑科 Moraceae ♂ $P_{4\sim6}A_{4\sim6}$；♀ $P_{4\sim6}\underline{G}_{(2:1:1)}$

【突出特征】乔木、灌木或藤本，稀草本；常有乳汁。单叶互生或对生，稀复叶，托叶早落。花小，单性，雌雄同株或异株；头状、柔荑、穗状或隐头花序；花被片4~6，雄蕊与花被片同数且对生，雌花花被有时肉质；子房上位、下位或半下位，2心皮合生，1室，1胚珠。瘦果或核果，常与花被或花轴等形成肉质复果(聚花果)。

全球53属约1 400种，分布于热带和亚热带。我国12属153种，以长江以南各省区分布最多；已知药用12属约80种，《中华人民共和国药典》收载6种中药材。分布有黄酮类、强心苷、昆虫变态激素、生物碱、三萜类、皂苷和酚类等化合物，如见血封喉 *Antiaris toxicaria* Lesch. 中含见血封喉苷(antiarin)，大麻属 *Cannabis* L. 植物中含具致幻作用的大麻酚(cannabinol)、大麻酚酸(cannabinolic acid)、四氢大麻酚类等。叶片中常含有碳酸钙结晶(钟乳体)。

【药用植物】

(1) 桑属(*Morus* L.)：落叶乔木或灌木；叶互生，基出脉3~5；花序穗状，花被片4枚；瘦果包于肉质花被内，聚花果。

桑 *Morus alba* L.(图7-3)：叶广卵形至卵形，托叶披针形；花单性，与叶同出；雄花序下垂，雌花无梗，无花柱；聚花果卵状椭圆形，成熟时红色或暗紫色。全国各地均有分布，野生或栽培。根皮(桑白皮)能泻肺平喘，利水消肿；嫩枝(桑枝)能祛风湿，利关节；叶(桑叶)能疏风清热，清肺润燥，清肝明目；果穗(桑椹)能滋阴补血，生津润燥。

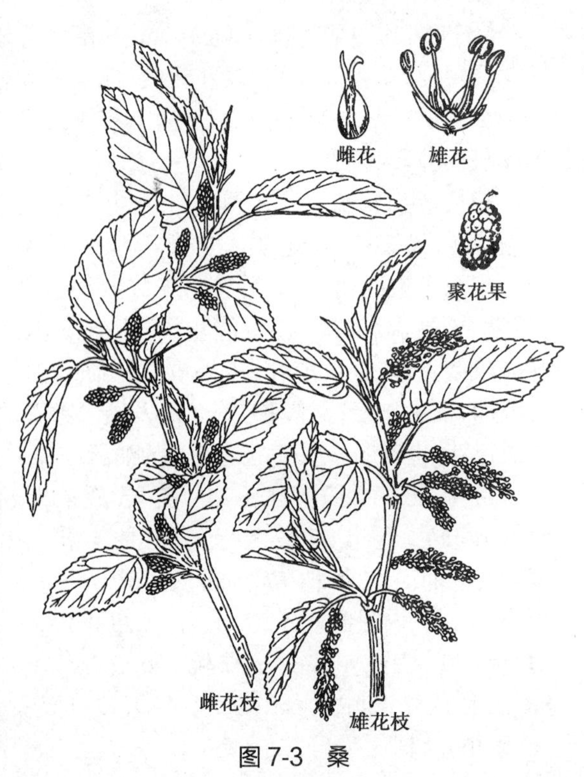

图7-3 桑

(2) 榕属(*Ficus* L.)：乔木或灌木，有时攀缘状或附生；托叶合生，早落，疤痕环状；隐头花序。

无花果 *Ficus carica* L.(图7-4)：落叶灌木；叶互生，厚纸质，卵形或近圆形，3~5裂；隐头花序单生叶腋，梨形，成熟时紫红色或黄色。原产于地中海沿岸，我国南北均有栽培。隐花果称“无花果”，能润肺止咳，清热润肠；根、叶能散瘀消肿，止泻。

薜荔 *Ficus pumila* L.：攀缘或匍匐灌木，分布于华东、华南、西南，隐花果能补肾固精、活血、催乳；茎能祛风利湿，活血解毒。

(3) 大麻属(*Cannabis* L.):一年生直立草本;叶互生或下部对生,掌状全裂,托叶线形;雌雄异株或稀同株,雄花花被片 5,雄蕊 5,雌花具 1 枚叶状苞片,花被膜质;瘦果单生于宿存苞片内。

大麻 *Cannabis sativa* L.(图 7-5):原产于亚洲西部,我国南北均有栽培。果实(火麻仁)能润肠、通便,雌花序能祛风镇痛、定惊安神。

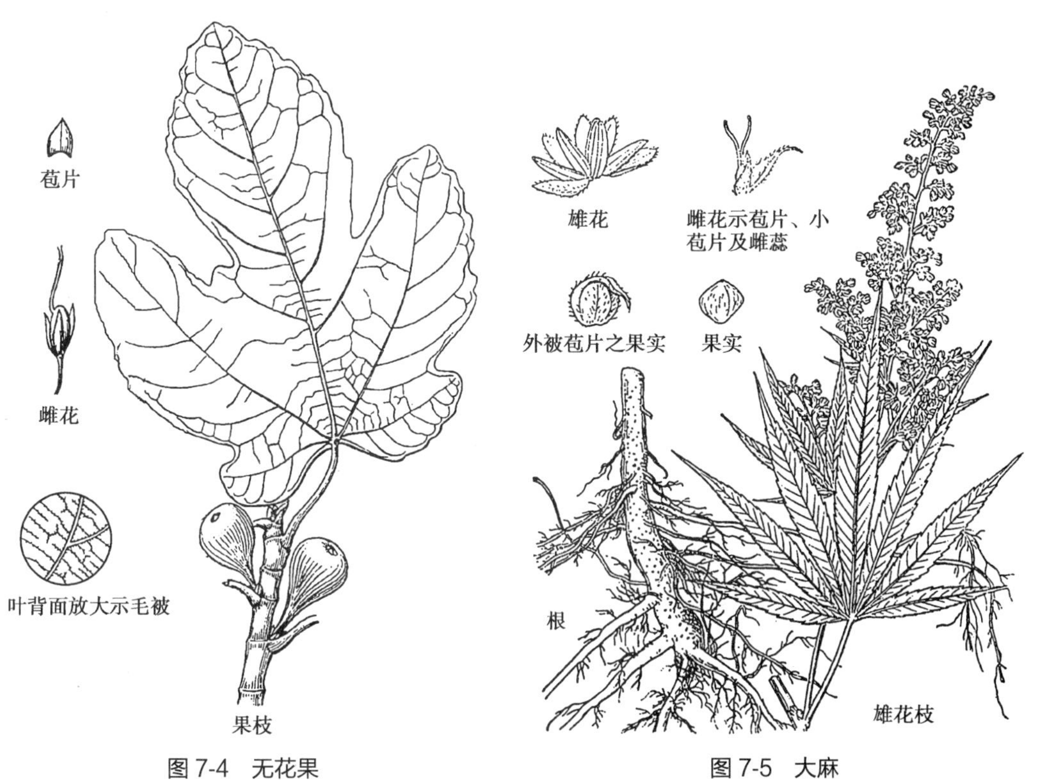

图 7-4　无花果　　　　图 7-5　大麻

常用的药用植物还有:**构树** *Broussonetia papyrifera*(L.)L′ Hér. ex Vent.,落叶乔木;叶广卵形至长椭圆状卵形,边缘具粗锯齿,托叶大;雌雄异株;聚花果成熟时橙红色,肉质。全国各地均产;果实(楮实子)能补肾清肝,明目,利尿;根皮能行水,止血;叶能凉血,利水;白色乳汁能利水,杀虫解毒。**柘树** *Cudrania tricuspidata*(Carr.)Bur. ex Lavalle [*Maclura tricuspidata* Carriere],产于华北、华东、中南、西南各省区;根皮称"穿破石",能祛风通络,清热除湿,解毒消肿。**葎草** *Humulus scandens*(Lour.)Merr.,缠绕草本,全株具倒钩刺;南北常见杂草;全草能清热解毒、利尿消肿。**啤酒花** *Humulus lupulus* L.,全国各地多栽培;未成熟果穗能健胃消食,安神,利尿。

知识拓展

Flora of China(FOC)和 APG 系统均将大麻属、葎草属从桑科中独立出来,归于大麻科 Cannabaceae;此外,APG 系统将桑科归于蔷薇目 Rosales 下。

3. 杜仲科 Eucommiaceae

♂ $P_0A_{5\sim10}$; ♀ $P_0\underline{G}_{(2:1:2)}$

【突出特征】落叶乔木,枝、叶折断后有银白色胶丝。单叶互生,无托叶。花单性异株,无花被;雄蕊 5~10 枚,花丝极短;雌花具苞片,子房上位,2 心皮合生,仅 1 心皮发育,1 室,胚珠 2,1 个不育。翅果,种子具膜质外种皮,胚大,胚乳丰富。

笔记栏

全球仅1属1种，中国特有种，各地广泛栽培。《中华人民共和国药典》收载2种中药材。植物体含木脂素类、苯丙素类、环烯醚萜类、黄酮类和杜仲胶等化合物。

【药用植物】**杜仲** *Eucommia ulmoides* Oliv.(图7-6)，特征同科。树皮(杜仲)能补肝肾、强筋骨，安胎；叶(杜仲叶)能补肝肾、强筋骨。

知识拓展

《中国植物志》(FRPS)将杜仲科归于蔷薇目Rosales；APG系统将杜仲科归于丝缨花目Garryales。

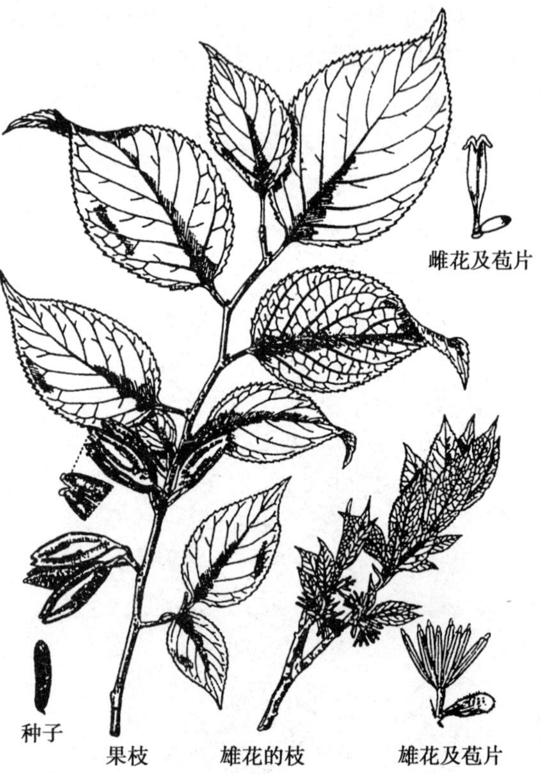

图7-6　杜仲

(三) 檀香目 Santalales

乔木、灌木或草本，自养、半寄生或寄生。单叶，互生或对生，或退化为鳞片状，无托叶。花两性或单性，2~5基数，雄蕊与花被片同数且对生，或花瓣数2~3倍；子房1室或2~5室。核果、坚果或浆果。种子1枚，胚小，胚乳丰富。有7科，分布于热带、亚热带及温带。《中华人民共和国药典》收载桑寄生科2种和檀香科1种中药材。

4. 桑寄生科 Loranthaceae

$*P_{3\sim6}A_{3\sim6}\overline{G}_{(3\sim6:1:1\sim\infty)}$

【突出特征】寄生或半寄生灌木、亚灌木。叶对生，全缘或鳞片状，无托叶。花两性或单性，雌雄同株或异株；花被片3~6，离生或下部合生成管状；雄蕊与花被片同数、对生、且着生其上；子房下位，3~6心皮合生，1室，无胚珠，仅具1至数个胚囊细胞。浆果，稀核果。种子1枚，无种皮，具胚乳。种子主要由鸟类传播。

全球约65属1 300余种，分布于热带地区，温带较少。我国11属约64种，南北各省均有分布；已知药用10属44种，《中华人民共和国药典》收载2种中药材。普遍分布有黄酮、三萜、外源凝集素和肽类等化合物，植物体所含化合物受寄主影响较大。

【药用植物】

(1) 钝果寄生属(*Taxillus* Tiegh.)：寄生性灌木；花两性，花序伞形或总状，腋生。

广寄生 *Taxillus chinensis*(DC.) Danser(图7-7)：常绿小灌木；伞形花序腋生，花1~4朵；花冠狭管

图7-7　广寄生

状，紫红色，裂片 4；浆果椭圆形或近球形。产于华南和西南等地，寄生于多种落叶乔木树种。带叶茎枝（桑寄生）能祛风湿，补肝肾，强筋骨，安胎元。

（2）槲寄生属（*Viscum* L.）：寄生性灌木或亚灌木，叶对生，脉基出，或叶退化呈鳞片状；雌雄同株或异株；聚伞花序，顶生或腋生。

槲寄生 *Viscum coloratum*（Kom.）Nakai：灌木，雌雄异株，浆果球形。全国大部分省区均产，寄生于多种落叶乔木树种。带叶茎枝（槲寄生）能祛风湿，补肝肾，强筋骨，安胎元。

同科的钝果寄生属、槲寄生属等多属植物的枝、叶在产区常作桑寄生的地方习用品。如**北桑寄生** *Loranthus tanakae* Franch. et Sav.，产于西北、华北和四川北部、东北部；**桑寄生** *Taxillus sutchuenensis*（Lec.）Dans.，产于长江流域及以南地区；**枫寄生** *Viscum liquidambaricolum* Hayata，产于长江流域及以南地区、西藏南部和东南部、甘肃、陕西南部等。

知识链接

Flora of China（FOC）将槲寄生属置于槲寄生科 Viscaceae，而 APG 系统中槲寄生属被并入檀香科 Santalaceae。

本目重要的药用类群尚有檀香科 Santalaceae 植物**檀香** *Santalum album* L.，半寄生常绿小乔木，叶对生，花两性，核果球形，成熟时黑色；原产于太平洋岛屿，我国广东、台湾等地引种栽培；树干的心材（檀香）能行气温中，开胃止痛。

（四）蓼目 Polygonales

本目仅有蓼科，特征与科相同。

5. 蓼科 Polygonaceae

$⚥ {*}P_{3\sim6,(3\sim6)}A_{3\sim9}\underline{G}_{(2\sim4:1:1)}$

【突出特征】草本，稀灌木；茎节常膨大。单叶互生，节部托叶鞘膜质。花序穗状、总状或圆锥状，顶生或腋生；花两性，整齐，单被花；花被片 3~6，花瓣状，常两轮，宿存；雄蕊 3~9，与花被片对生；子房上位，2~3 心皮，1 室，1 胚珠。瘦果双凸镜状、三棱形或近圆形，常包在宿存的花被内。种子有胚乳。

全球 50 属约 1 150 种，世界性分布，主产于北温带。我国 13 属，235 种，37 变种，全国各地均有分布；已知药用 10 属，136 种（表 7-3），《中华人民共和国药典》收载 11 种中药材。分布有蒽醌类、黄酮类、鞣质和吲哚苷等。蒽醌类如大黄素（emodin）、大黄酚（chrysophanol）等，黄酮类如槲皮苷（quercetin）、芸香苷（rutin）等。

表 7-3 蓼科部分属检索表

1. 瘦果无翅。
    2. 花被片 6，柱头画笔状；果时内轮花被片增大 ······ 酸模属 *Rumex*
    2. 花被片 5 或 4，柱头头状；果时常不增大。
        3. 瘦果包裹在宿存的花被内或略超出。
            4. 花被片 5（稀 4、6），果时常不增大或增大成浆果，或背部生翅 ······ 蓼属 *Polygonum*
            4. 花被片 4，果时不增大；花柱 2，果时变硬成钩状，宿存 ······ 金线蓼属 *Antenorum*
        3. 瘦果长为花被片的 1~2 倍；花被片 5 ······ 荞麦属 *Fagopyrum*
1. 瘦果具翅；花被片 6，果时不增大；大型草本 ······ 大黄属 *Rheum*

【药用植物】

（1）大黄属（*Rheum* L.）：粗大草本；根及根状茎粗壮，断面黄色；基生叶宽大，具长柄，托叶鞘长筒状；圆锥花序，花白绿色或紫红色；花被片 6，2 轮，果时不增大；雄蕊 9；花柱 3，柱

笔记栏

头头状或近盾状；瘦果具3棱，棱缘翅状。该属中，叶浅裂、深裂到条裂的类群（掌叶组）均具有泻下作用，而叶全缘或波状的类群泻下作用不明显。

掌叶大黄 *Rheum palmatum* L.（图7-8）：基生叶长宽近等，掌状浅裂到半裂，裂片成较窄三角形；花较小，红紫色，大型圆锥花序，分枝聚拢。主产于甘肃、四川、青海、西藏，野生或栽培。根及根状茎（大黄）泻下攻积，清热泻火，凉血解毒，逐瘀通经，利湿退黄。

唐古特大黄 *Rheum tanguticum* Maxim. ex Balf.（图7-8），叶小裂片窄披针形；主产于青海、甘肃、四川、西藏。**药用大黄** *Rheum officinale* Baill.（图7-8），叶浅裂，裂片大齿状三角形，花白色；主产于陕西、重庆、湖北、四川、云南。二者根及根状茎与掌叶大黄同等入药。

（2）蓼属（Polygonum L.）：草本，少灌木；单叶互生；花被5裂，宿存；雄蕊8；花柱2~3；瘦果三棱或双凸镜状，包藏宿存的花被内。

何首乌 *Polygonum multifloraum* Thunb.（图7-9）：多年生草质藤本，茎多分枝，基部木化；块根肥大，红褐色或黑褐色，断面有异型维管束形成的"云锦花纹"；叶卵状心形，托叶鞘短筒状；大型圆锥花序，花白色，花被外部3片背部有翅；瘦果黑褐色、三棱形。全国各地均产。块根（何首乌）能解毒，消痈，截疟，润肠通便；炮制后（制首乌）能补肝肾、强筋骨、益精血、乌须发；藤茎（首乌藤）养血安神，祛风通络；叶可治疮肿、疥癣。

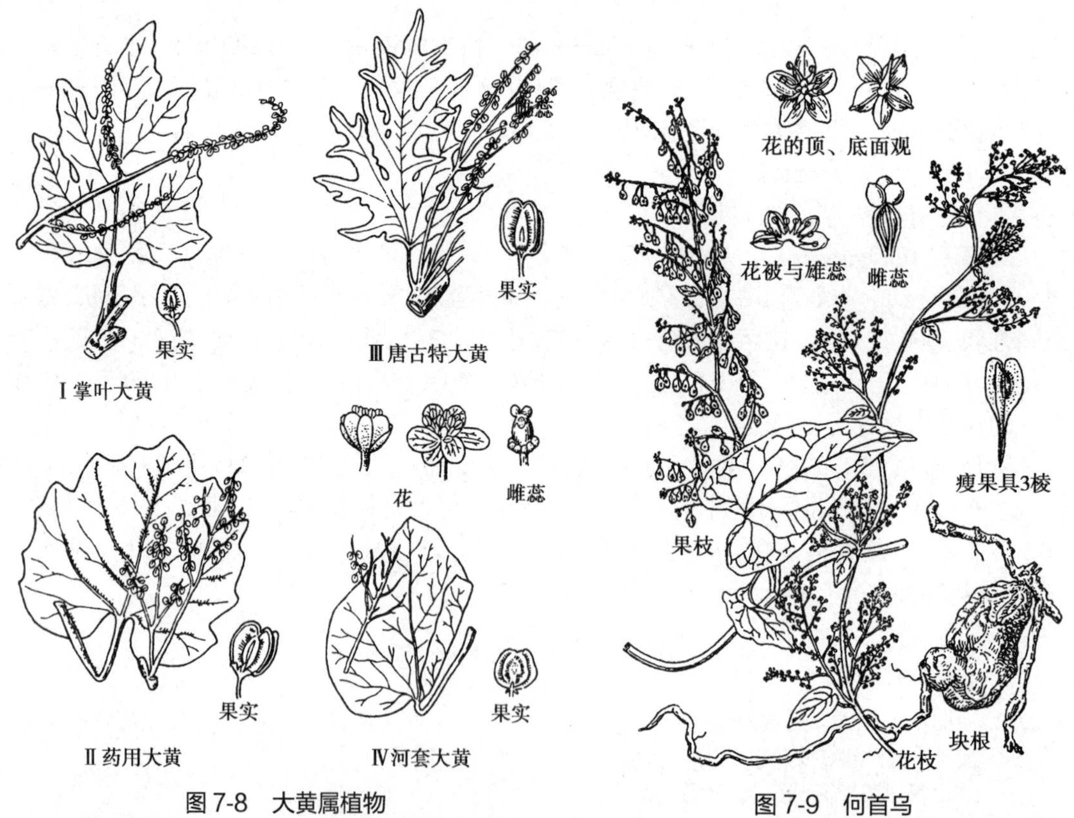

图7-8 大黄属植物　　图7-9 何首乌

虎杖 *Polygonum cuspidatum* Sieb. et Zucc.（图7-10）：粗壮草本；根状茎粗壮，横走；茎直立中空，散生红色或紫红色斑点；叶阔卵形，柄短，托叶鞘短筒状；雌雄异株，花被外轮3片果时增大；雄蕊8；花柱3；瘦果卵形，具3棱。主产于长江流域及以南各地。根状茎及根（虎杖）能祛风利湿，散瘀定痛。

常用的药用植物还有：蓼属植物**拳参** *Polygonum bistorta* L.，主产于长江流域及以北；根

状茎(拳参)能清热解毒、消肿、止血。**红蓼** *Polygonum orientale* L.,各地有野生或栽培;果实(水红花子)能散血消癥,消积止痛,利水消肿。**蓼蓝** *Polygonum tinctorium* Ait.,各省区有栽培或半野生;叶(蓼大青叶)能清热解毒、凉血消斑。**萹蓄** *Polygonum aviculare* L.,全国各地均产;全草(萹蓄)能利尿通淋、杀虫、止痒。**杠板归** *Polygonum perfoliatum* L.,产于全国大部分地区,地上部分(杠板归)能清热解毒,利水消肿,止咳。荞麦属植物**金荞麦** *Fagopyrum dibotrys*(D. Don)Hara.,主产于陕西、华东、华中、华南及西南地区;根状茎(金荞麦)能清热解毒,活血消肿,祛风除湿。

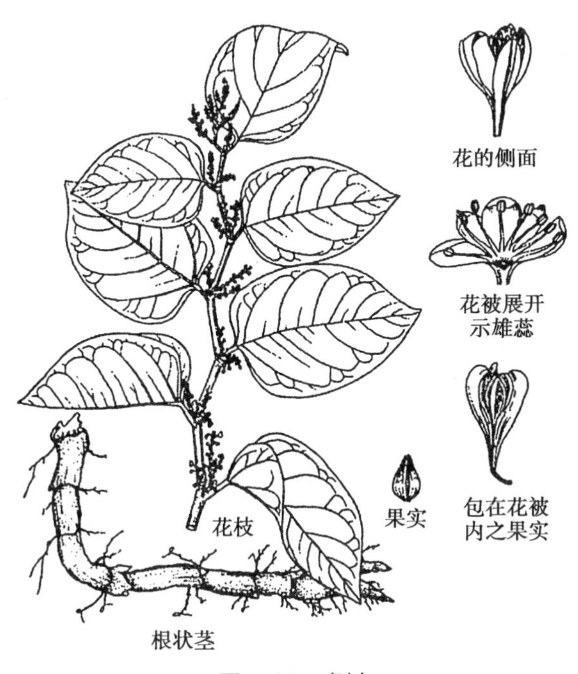

图 7-10　虎杖

知识拓展

《中华人民共和国药典》和药学文献通常将何首乌、虎杖放在蓼属,但《中国植物志》分别将其学名变更成何首乌 *Fallopia multiflora*(Thunb.)Harald.、虎杖 *Reynoutria japonica* Houtt.。

(五)中央子目 Centrospermae

草本。单叶互生。花两性,5 基数,花被 1 轮或 2 轮;雄蕊与花被裂片同数且对生;心皮 1~5,合生或离生;子房上位,胚珠 1~8,特立中央胎座,少基生胎座。坚果、蒴果、胞果、瘦果或浆果。有 12 科,世界性分布。《中华人民共和国药典》收载石竹科 5 种、苋科 4 种,藜科、商陆科和马齿苋科各 1 种中药材。

6. 石竹科 Caryophyllales　⚥ $*K_{5\sim4,(5\sim4)}C_{5\sim4,0}A_{5\sim10}\underline{G}_{(2\sim5:1:\infty)}$

【突出特征】草本。茎节常膨大。单叶对生或轮生,基部常连合。花两性,辐射对称;花单生或集成聚伞花序;萼片 4~5,离生或合生成筒状,宿存;花瓣 4~5,常具爪,稀无瓣;雄蕊常为花瓣倍数;子房上位,2~5 心皮,合生,特立中央胎座。蒴果,顶端裂瓣或齿裂,稀瘦果

笔记栏

或浆果；种子多数，稀 1 枚。

全球 80 属 2 000 余种；主要分布于北半球的温带及寒带地区。我国约 30 属，388 种，58 变种，南北各地均分布；已知药用 21 属 106 种，《中华人民共和国药典》收载 5 种中药材。分布有皂苷、黄酮类和挥发油，皂苷类如丝石竹皂苷元（gypsogenin）等。

【药用植物】**瞿麦** *Dianthus superbus* L.（图 7-11）：多年生草本。叶条状披针形或披针形。花萼圆筒形，基部具长爪，喉部有须毛；花瓣紫色或粉紫色，先端深细裂成丝状；雄蕊 10。蒴果长于萼筒，4 齿裂。全国大部分地区均产。地上部分（瞿麦）能利尿通淋、破血通经。

石竹 *Dianthus chinensis* L.：花瓣先端边缘有细齿，地上部分与瞿麦同等入药。

孩儿参 *Pseudostellaria heterophylla*（Miq）Pax（图 7-12）：块根长纺锤形，肉质。茎顶部 2 对叶大形并排呈十字形。花二型，开花受精花 1~3 朵，萼片 5；花瓣 5，长倒卵形，白色；闭花受精花，萼片 4，无花瓣。蒴果宽卵形，种子长圆状肾形。分布于东北、华北、西北和华中地区。块根（太子参）能益气健脾、生津润肺。

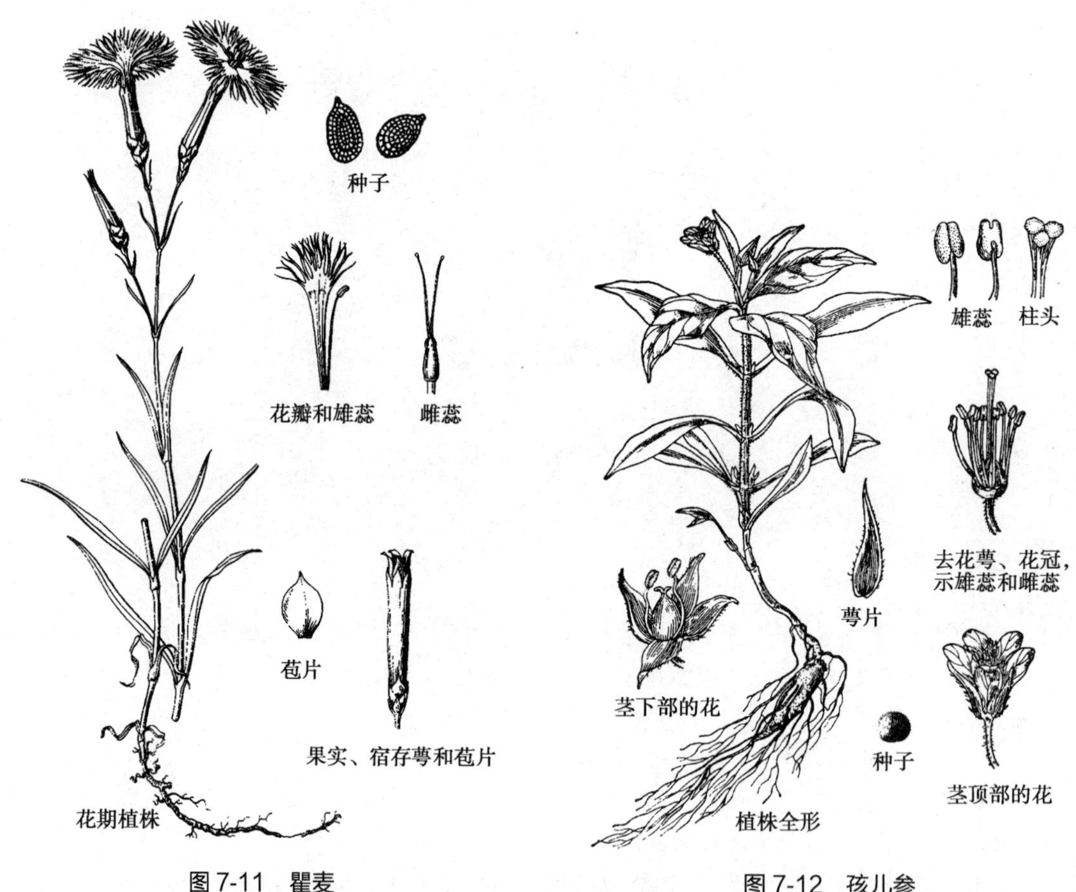

图 7-11　瞿麦　　图 7-12　孩儿参

常用的药用植物还有：**麦蓝菜** *Vaccaria segetalis*（Neck.）Garcke［*Vaccaria hispanica*（Miller）Rauschert］，除华南外，全国都产；种子（王不留行）能活血调经、下乳消肿、利尿通淋。**银柴胡** *Stellaria dichotoma* L. var. *lanceolata* Bge.，产于内蒙古、辽宁、陕西、甘肃、宁夏，根（银柴胡）能清热凉血、除疳热。**金铁锁** *Psammosilene tunicoides* W. C. Wu et C. Y. Wu，产于金沙江和雅鲁藏布江沿岸，根（金铁锁）能祛风除湿，散瘀止痛，解毒消肿。

7. 苋科 Amaranthaceae　⚥ $*P_{3\sim5}A_{3\sim5}\underline{G}_{(2\sim3:1:1\sim\infty)}$

【突出特征】草本，少木本。单叶对生或互生，全缘，无托叶。花小，两性，辐射对称；聚

伞或圆锥花序，腋生；单被花，花被片 3~5，每花有 1 枚苞片和 2 枚小苞片，干膜质；雄蕊常 5 枚；心皮 2~3，子房上位，1 室，1 胚珠。胞果，稀浆果、瘦果或坚果，果皮薄膜质，不裂或不规则开裂或顶端盖裂。

全球 65 属约 900 种；分布于热带和亚热带。我国 13 属 39 种，南北均产；已知药用 9 属 28 种；《中华人民共和国药典》收载 4 种中药材。分布有皂苷、甾类、蜕皮素和生物碱，昆虫蜕皮素如牛膝甾酮（inokosterone）、杯苋甾酮（cyasterone）等。

【药用植物】**牛膝** *Achyranthes bidentata* Blume（图 7-13）：宿根草本；根长圆柱形。茎四棱形，节膨大。叶对生，全缘。穗状花序顶生或腋生；花被片 5；雄蕊 5，花丝下部合生。胞果长圆形或矩圆形，包于宿萼内，向下折贴近花序轴。全国均有分布，河南等地栽培品的根（牛膝、怀牛膝）能补肝肾，强筋骨，逐瘀通经。

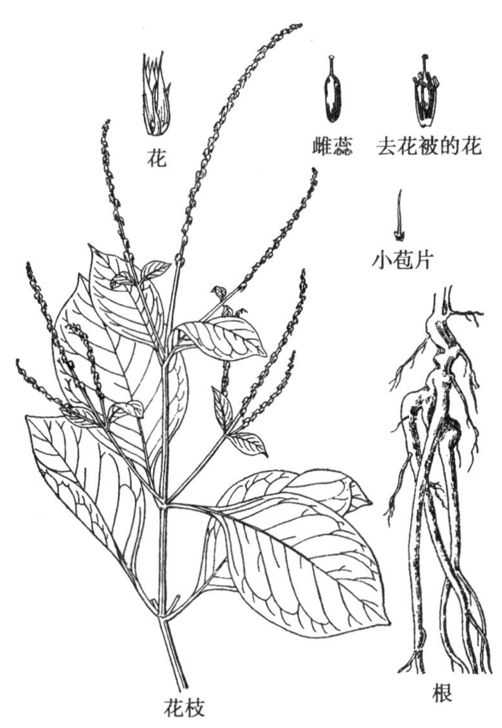

图 7-13　牛膝

川牛膝 *Cyathula officinalis* Kuan（图 7-14）：宿根草本；根圆柱形。茎中部以上四棱形，疏被糙毛。花小，绿白色，由多数聚伞花序密集成圆球状；苞片顶端刺状。主产于四川西南部，栽培或野生。根（川牛膝）能逐瘀通经，通利关节，利尿通淋。

常用的药用植物还有：**青葙** *Celosia argentea* L.，全国各地有野生或栽培；种子（青葙子）能清肝火、明目、退翳。**鸡冠花** *Celosia cristata* L.，全国各地栽培；花序（鸡冠花）能收涩止血，止痢。**土牛膝** *Achyranthes aspera* L. 和**柳叶牛膝** *Achyranthes longifolia*（Makino）Makino 的根称“土牛膝”，能清热解毒、利尿。

本目重要的药用类群还有：商陆科植物**商陆** *Phytolacca acinosa* Roxb. 和**垂序商陆** *Phytolacca americana* L.，全国各地栽培或野生，根（商陆）能逐水消肿，通利二便；外用解毒散结。马齿苋科植物**马齿苋** *Portulaca oleracea* L.，全国各地均产；地上部分（马齿苋）能清热解毒，凉血止血，止痢。藜科植物**地肤** *Kochia scoparia*（L.）Schrad.，全国各地均产；果实（地肤子）能清热利湿，祛风止痒。

笔记栏

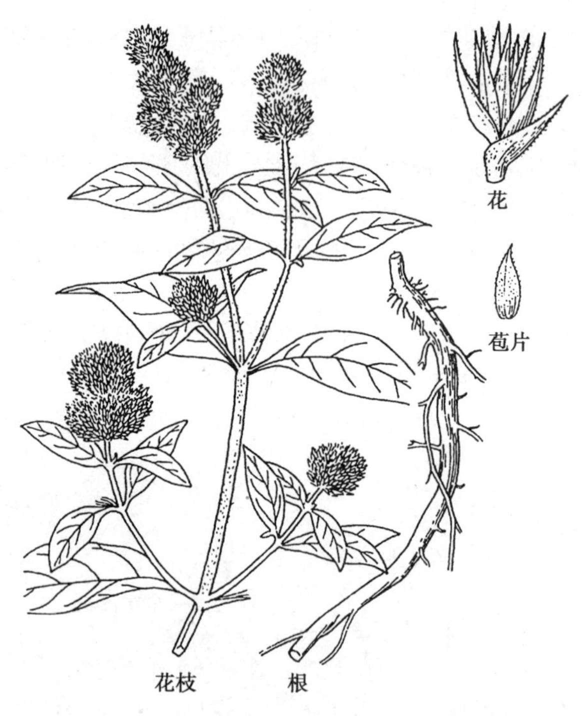

图 7-14 川牛膝

(六) 木兰目 Magnoliales

木本。叶互生，单叶不分裂。花单生，两性，花被片常瓣状；雄蕊多数，心皮多数，离生，虫媒传粉。胚小，胚乳丰富。有 22 科，主要分布于亚洲东南部、南部。《中华人民共和国药典》收载木兰科 8 种、樟科 5 种和肉豆蔻科 1 种中药材。

8. 木兰科 Magnoliaceae

$⚥ *P_{6\sim15}A_{\infty}\underline{G}_{\infty:1:1\sim2}$

【突出特征】木本，具油细胞，有香气。单叶互生，托叶有或缺，托叶包被幼芽，早落，在节处留一环状托叶痕。花单生，两性，稀单性，辐射对称；花被片常多数，有时分化为萼片和花瓣，每轮 3 枚；雄蕊多数，离生，螺旋状排列在花托下半部；心皮多数，离生，螺旋状排列在花托上半部，每心皮含胚珠 1~2 枚。聚合蓇葖果或聚合浆果。

全球 18 属 335 种，主要分布于亚洲东南部和南部。我国 14 属 165 种，主要分布于东南部和西南部；已知药用 9 属 91 种，9 亚种或变种（表 7-4）；《中华人民共和国药典》收载 8 种中药材。分布有异喹啉类生物碱、木脂素、倍半萜和挥发油，其中生物碱类如木兰花碱（magnoflorine）、木兰箭毒碱（magnocurarine）等，木脂素类如厚朴酚（magnolol）、和厚朴酚（honokiol）、五味子素（schizandrin）、戈米辛（gomisin）等。

表 7-4 木兰科部分属检索表

1. 木质藤本；叶纸质或近膜质，罕革质；花单性，雌雄异株或同株；聚合浆果（五味子亚科）。
    2. 果期花托不伸长，聚合果排成近球状或椭圆体状……………………南五味子属 *Kadsura*
    2. 果期花托伸长，聚合果排成穗状……………………五味子属 *Schisandra*
1. 乔木或灌木；叶革质或纸质，全缘；花两性；聚合蓇葖果。
    3. 托叶包被幼芽；小枝具环状托叶痕；雄蕊和雌蕊螺旋状排列于伸长的花托上（木兰亚科）。
        4. 花顶生，雌蕊群无柄或具柄。
            5. 每心皮具 3~12 胚珠……………………木莲属 *Manglietia*
            5. 每心皮具 2 胚珠……………………木兰属 *Magnolia*
        4. 花腋生，雌蕊群具明显的柄……………………含笑属 *Michelia*
    3. 无托叶，芽具多枚芽鳞；雄蕊和雌蕊轮状排列于花托上（八角亚科）……………………八角属 *Illicium*

笔记栏

【药用植物】

(1) 木兰属(*Magnolia* L.): 木本,小枝具环状托叶痕。单花顶生;花 3 数,花被片 9~15;雄蕊和雌蕊多数,雌蕊群无柄;每心皮 2 胚珠。聚合蓇葖果。种子成熟时外种皮肉质红色,悬挂在细丝状的种柄上。

厚朴 *Magnolia officinalis* Rehd. et Wils.(图 7-15): 落叶乔木,芽无毛;叶大,革质,集生枝顶,倒卵形;花白色,内轮花被片直立。聚合蓇葖果基部圆。主产于四川、重庆、湖北、陕西;栽培。干皮、根皮和枝皮(厚朴)能燥湿消痰,下气除满;花蕾(厚朴花)能芳香化湿,理气宽中。

凹叶厚朴 *Magnolia officinalis* var. *biloba*(Rehd. et Wils.) Law: 叶先端凹缺,主要在浙江、湖南、江西等地栽培,与厚朴同等入药。

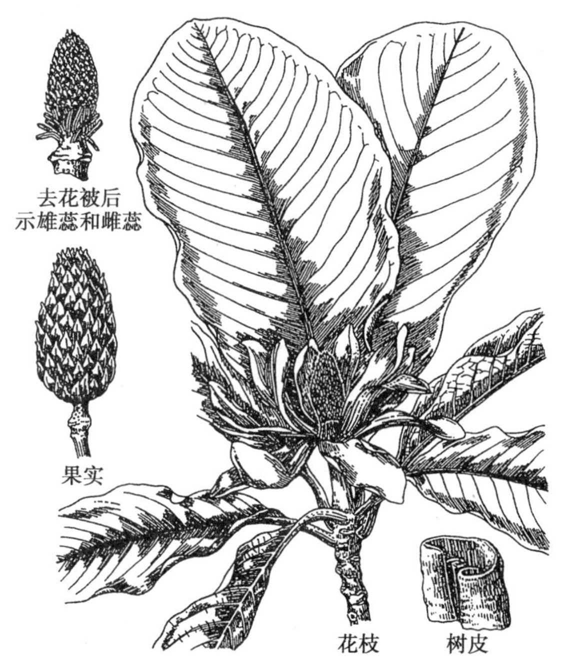

图 7-15　厚朴

望春玉兰 *Magnolia biondii* Pamp.(图 7-16): 落叶乔木;叶椭圆状披针形,基部不下延;花先叶开放;萼片 3,近线形;花瓣 6,匙形,白色,外面基部带紫红色;聚合蓇葖果圆柱形,稍扭曲。主产于陕西、甘肃、河南、湖北、四川等地。花蕾(辛夷)能散风寒,通鼻窍。**玉兰** *Magnolia denudata* Desr.、**武当玉兰** *Magnolia sprengeri* Pamp. 的花蕾与望春花同等入药。

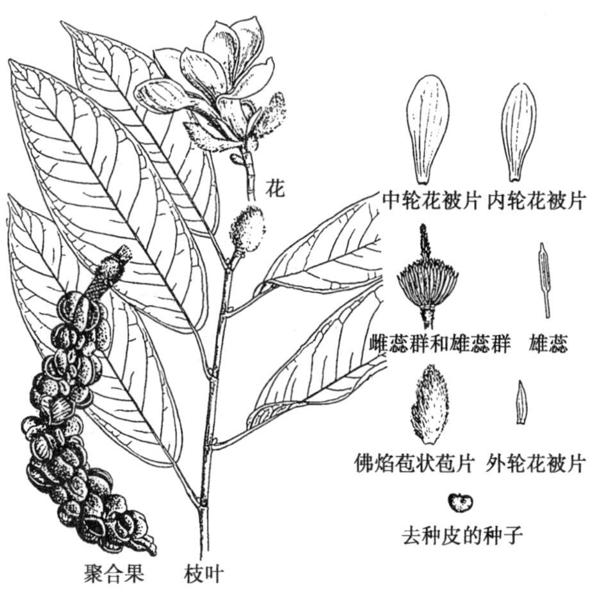

图 7-16　望春玉兰

(2) 五味子属(*Schisandra* Michx.): 木质藤本;叶纸质,边缘常具腺齿,无托叶;雌雄异株,稀同株;花被片 5~12(20),2~3 轮,中轮最大;雄蕊 4~60 枚;心皮 12~120 枚;结果时花托延长,聚合

笔记栏

浆果排列成长穗状。

五味子 *Schisandra chinensis*（Turcz.）Baill.（图 7-17）：叶阔椭圆形或倒卵形；花被 6~9，乳白色至粉红色；雄蕊 5；心皮 17~40；聚合浆果红色。主产于东北、华北及宁夏、甘肃、山东。果实（五味子、北五味子）能收敛固涩，益气生津，补肾宁心。

华中五味子 *Schisandra sphenanthera* Rehd. et Wils.：主产于山西、陕西、甘肃、华中和西南；果实（南五味子）能收敛固涩，益气生津，补肾宁心。

（3）八角属（*Illicium* L.）：常绿乔木或灌木；全株无毛，具香气；花两性，花被片数轮，雄蕊 4 至多数，心皮 7~15，离生，排成 1 轮；蓇葖果单轮排列，呈星状。

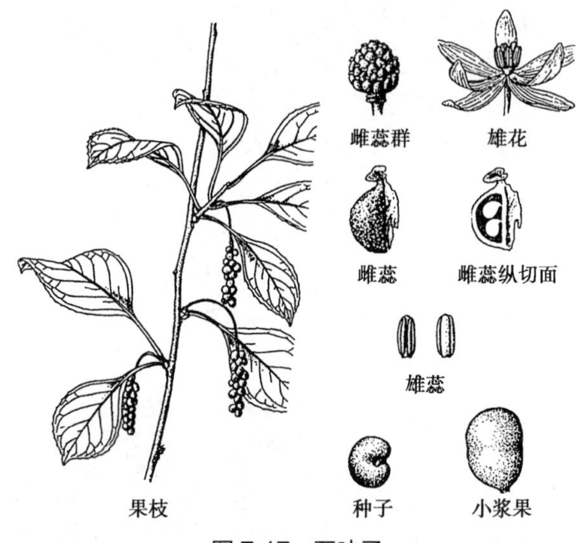

图 7-17　五味子

八角 *Illicium verum* Hook. f.（图 7-18）：叶革质，倒卵状椭圆形至椭圆形；单花腋生或顶生，粉红至深红色；心皮常 8 枚；蓇葖果饱满平直，常 8 个排成八角形。主产于广西西部和南部，其他地区有引种。果实（八角茴香）能温阳散寒，理气止痛。同属植物多有毒，如**红毒茴** *Illicium lanceolatum* A. C. Smith、**红茴香** *Illicium henryi* Diels 等的果实，外形与八角相似，常因误用而中毒。

常用的药用植物还有：**地枫皮** *Illicium difengpi* B. N. Chang et al.，主产于广西，树皮（地枫皮）能祛风除湿，行气止痛。**异型五味子** *Kadsura heteroclita*（Roxb.）Craib，主产于云南，藤茎（滇鸡血藤）能活血补血，调经止痛，舒筋通络；**南五味子** *Kadsura longipedunculata* Finet et Gagn.，根称“红木香”，能理气止痛，祛风通络，活血消肿。**木莲** *Manglietia fordiana* Oliv.，果实能通便，止咳；**白兰花** *Michelia alba* DC.，花能化湿，行气，止咳。

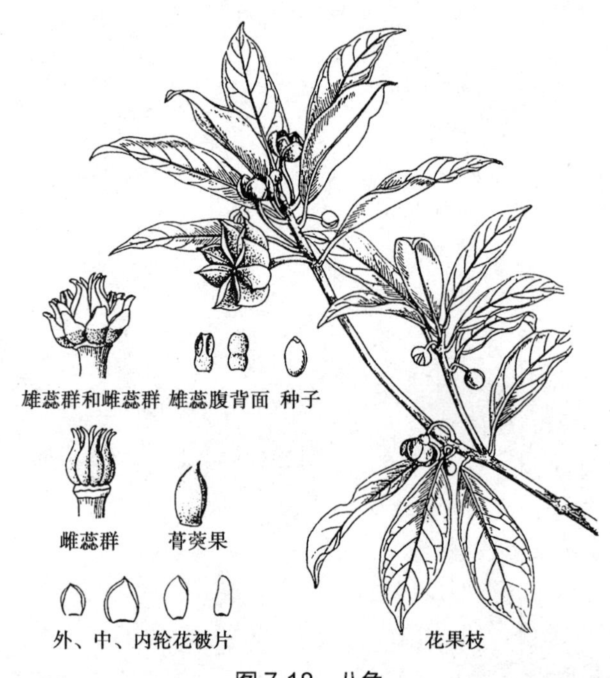

图 7-18　八角

知识拓展

木兰科在恩格勒系统的修订版、哈钦松系统、克郎奎斯特和塔赫他间系统中均划分成3个科，即木兰科 Magnoliaceae、八角科 Illiciaceae 和五味子科 Schisandraceae。但本教材考虑与《中华人民共和国药典》《中国植物志》等工具书和其他学科知识的衔接问题，仍归并在一起。

9. 樟科 Lauraceae

$☿ *P_{3+3,3+3+3}A_{3+3+3,3+3+3+3}\underline{G}_{(3:1:1)}$

【突出特征】木本，具油细胞，有香气，稀寄生草本（无根藤属 *Cassytha*）。单叶，互生，革质全缘，三出脉或羽状脉，无托叶。圆锥花序、总状花序或丛生成束；花小，两性整齐，稀单性；单被，3基数，2或3轮；雄蕊常9（3~12），3或4轮，花药2或4瓣裂，外2轮内向，第3轮外向，花丝基部具2腺体或无，第4轮退化雄蕊；3心皮合生，子房上位，1室，1顶生胚珠。核果或浆果状，基部有时被宿存花被形成的肉质果托包围。种子无胚乳。

全球45属，2 000~2 500种，分布于热带、亚热带地区。我国20属400余种，多分布于长江以南各省区；已知药用13属，125种；《中华人民共和国药典》收载5种中药材。分布有异喹啉类生物碱、缩合鞣质和挥发油，以阿朴菲型生物碱最广泛；挥发油集中在樟属、山胡椒属、木姜子属，其中樟脑（camphor）、芳樟醇（linalool）、柠檬醛（citral）、桂皮醛（cinnamialdehyde）等具有重要药用价值。

【药用植物】肉桂 *Cinnamomum cassia* Presl.（图7-19）：常绿乔木。叶革质，长椭圆形或近披针形，离基三出脉，横脉波状。圆锥花序腋生或近顶生。花小，白色。果实椭圆形，黑紫色，果托浅杯状。华南地区和云南、广西栽培。树皮（肉桂）能补火助阳，引火归原，散寒止痛，温通经脉；嫩枝（桂枝）能发汗解肌，温经通脉，助阳化气。

樟 *Cinnamomum camphora*（L.）Persl（图7-20）：常绿乔木。叶卵状椭圆形，离基三出脉，

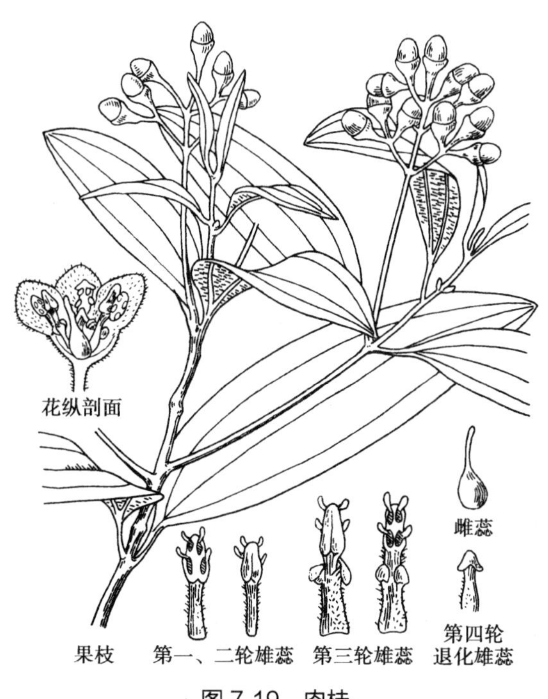

图7-19 肉桂

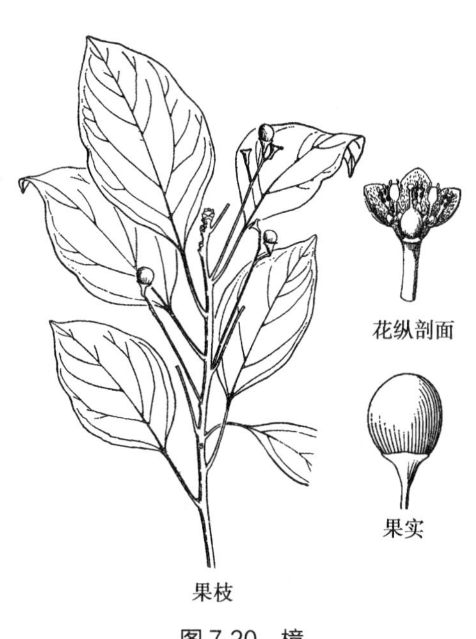

图7-20 樟

笔记栏

脉腋具腺体。圆锥花序腋生；萼片 6；雄蕊 4 轮，最内轮退化；果球形，紫黑色。主产于长江以南。新鲜枝叶提取加工制品（天然冰片）能开窍醒神，清热止痛。

常用的药用植物还有：**乌药** *Lindera aggregata*（Sims）Kosterm.，主产于长江以南；块根（乌药）能行气止痛，温肾散寒。**山鸡椒** *Litsea cubeba*（Lour.）Pers.，主产于长江流域及以南地区；果实（荜澄茄）能温中散寒，行气止痛。

本目重要的药用类群尚有：肉豆蔻科植物**肉豆蔻** *Myristica fragrans* Houtt.，热带地区广泛栽培，台湾、广东、云南等有引种；种仁（肉豆蔻）能温中行气，涩肠止泻。

（七）毛茛目 Ranunculales

草本或藤本。花两性或单性，辐射对称，少两侧对生；花被瓣状或萼、瓣明显；雄蕊多数，螺旋状排列或定数而与花瓣对生；心皮多数，离生，螺旋状排列。种子胚乳丰富。有 7 科，世界各地均有分布，多见于北半球温带和寒温带。《中华人民共和国药典》收载毛茛科 11 种、睡莲科 7 种、防己科 6 种、小檗科 5 种、木通科 4 种中药材。

10. 毛茛科 Ranunculaceae　　⚥ * ↑ $K_{3\sim\infty}C_{3\sim\infty}A_{\infty}\underline{G}_{1\sim\infty:1\sim\infty}$

【突出特征】草本，少藤本或亚灌木。叶互生，少对生；叶掌状或羽状分裂，少复叶；无托叶。花单生或排成聚伞、总状或圆锥花序；花两性，常 5 数，辐射对称或两侧对称；萼片 3 至多数，常瓣状；花瓣 3 至多数或缺；雄蕊和心皮多数，离生，螺旋状排列在隆起的花托上；子房上位。聚合瘦果或聚合蓇葖果。

全球约 50 属，2 000 余种；主要分布于北温带及寒温带。我国 42 属，约 800 种，全国各省区均有分布；已知药用 30 属 500 余种（表 7-5）；《中华人民共和国药典》收载 11 种中药材。分布有苄基异喹啉类生物碱，如木兰花碱、小檗碱；二萜类生物碱，如乌头碱；三萜类及其皂苷类、强心苷等。其中，毛茛苷（ranunculin）是其特征性成分。

表 7-5　毛茛科部分属检索表

1. 草本；叶互生或基生。
    2. 花两侧对称，上面萼片呈盔状……………………乌头属 *Aconitum*
    2. 花辐射对称。
        3. 蓇葖果，每心皮具 2 枚以上胚珠。
            4. 叶互生；萼片无爪；花排成穗状或圆锥花序……………………升麻属 *Cimicifuga*
            4. 叶基生；萼片有爪；花数朵生于花茎上……………………黄连属 *Coptis*
        3. 瘦果，每心皮具 1 胚珠。
            5. 花梗无苞片；叶基生或茎生。
                6. 有花瓣，花少而显著……………………毛茛属 *Ranunculus*
                6. 无花瓣，花多而小……………………唐松草属 *Thalictrum*
            5. 花梗有苞片；叶全部基生。
                7. 果期花柱不延长……………………银莲花属 *Anemone*
                7. 果期花柱强烈伸长成羽毛状……………………白头翁属 *Pulsatilla*
1. 藤本；复叶对生……………………铁线莲属 *Clematis*

【药用植物】

（1）毛茛属（*Ranunculus* L.）：直立草本；叶基生兼茎生；花两性，黄色，5 数，花瓣基部具蜜腺；聚合瘦果。

猫爪草 *Ranunculus ternatus* Thunb.：一年生铺散草本，多数纺锤形的肉质小块根，簇生。主产于长江流域。块根（猫爪草）能化痰散结，解毒消肿。

毛茛 *Ranunculus japonicus* Thunb.（图 7-21）：全体被粗毛；叶 3 深裂，中裂片又 3 浅裂，侧裂片 2 裂；花瓣亮黄色；聚合瘦果近球形。全国均有分布。全草能利湿消肿，止痛，退翳，截疟杀虫。

（2）乌头属（*Aconitum* L.）：有毒植物。宿根草本；常具块根；叶掌状分裂；总状花序；花两侧对称；萼片5，瓣状，多蓝紫色，上萼片呈盔状或圆筒状；花瓣2，特化成蜜腺叶，由距、唇、爪三部分组成；雄蕊多数；心皮3~5；聚合蓇葖果。

乌头 *Aconitum carmichaeli* Debx.（图7-22）：块根圆锥形，黑色，母根旁生1~2枚膨大不定根的更新芽，称"附子"；萼片5，蓝紫色，上萼片盔帽状。分布于长江中、下游地区。四川、陕西、云南等地栽培品的母根（川乌）能祛风除湿，温经散寒，止痛；膨大不定根的更新芽（附子）能回阳救逆，补火助阳。

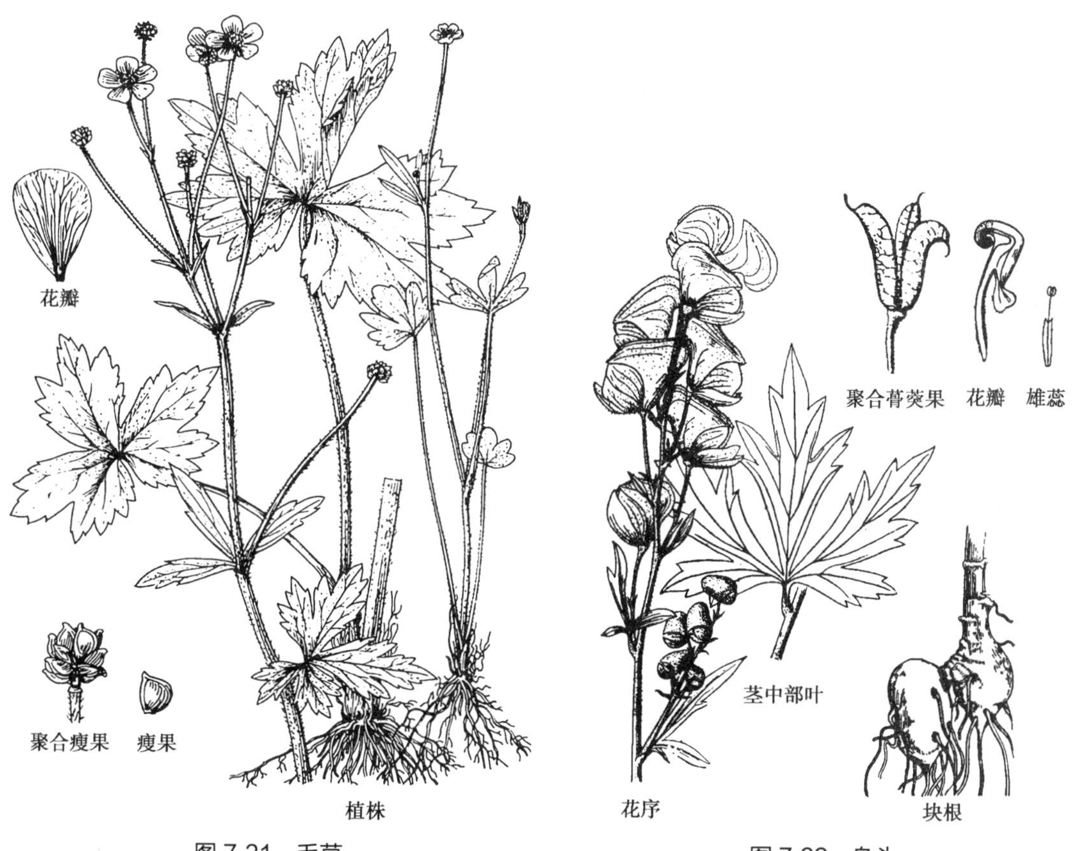

图7-21 毛茛　　图7-22 乌头

同属植物**北乌头** *Aconitum kusnezoffii* Reichb.，主产于东北、华北；块根（草乌）能祛风除湿，温经散寒，止痛；叶（草乌叶）能清热解毒、止痛。**黄花乌头** *Aconitum coreanum*（Lévl.）Raipaics，主产于东北和河北北部；块根称"关白附"，能祛寒湿、止痛。**短柄乌头** *Aconitum brachypodum* Diels，主产于四川、云南；块根称"雪上一枝蒿"，能祛风止痛。

（3）黄连属（*Coptis* Salisb.）：常绿草本；根状茎黄色，须根多数；叶基生，3或5全裂；萼片5，瓣状，花瓣比花萼窄短；雄蕊多数；心皮5~14，基部具细柄；聚合蓇葖果。

黄连 *Coptis chinensis* Franch.（图7-23）：根状茎分支簇生；叶片3全裂，中裂片具细柄，卵状菱形；花瓣线状披针形，中央有蜜腺。主产于重庆、湖北、四川、陕西、湖南等地，生于海拔500~2 000m的山地林下阴湿处，多栽培；根状茎（黄连）能清热燥湿，泻火解毒。**三角叶黄连** *Coptis deltoidea* C. Y. Cheng et Hsiao 和**云南黄连** *Coptis teeta* Wall. 的根状茎与黄连同等入药；三者的商品药材分别称"味连""雅连"和"云连"。

（4）铁线莲属（*Clematis* L.）：藤本或直立草本；叶对生，羽状复叶或单叶全缘。萼片4~5，瓣状，无花瓣；瘦果具宿存的羽毛状花柱，聚成头状。

笔记栏

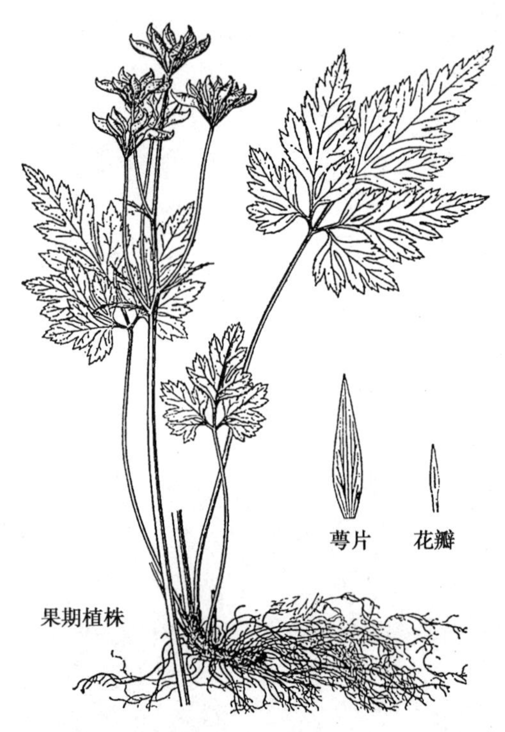

图 7-23 黄连

威灵仙 *Clematis chinensis* Osbeck（图 7-24）：藤本，茎叶干后变成黑色；羽状复叶对生，小叶 5，狭卵形；圆锥花序；萼片 4，白色，矩圆形。主产于长江中、下游及以南各省区。根及根状茎（威灵仙）能祛风除湿，通络止痛。**棉团铁线莲** *Clematis hexapetala* Pall 和**东北铁线莲** *Clematis manshurica* Rupr. 的根及根状茎与威灵仙同等入药。

图 7-24 威灵仙

同属植物**小木通** *Clematis armandii* Franch.，分布于华中、华南、西南地区；**绣球藤**

Clematis montana Buch.-Ham. ex DC.，分布于华东、西南和河南、陕西、甘肃等地；二者的茎藤（川木通）能清热利尿、通经下乳；同属多种植物的茎藤在产区也常作“川木通”药用。

常用的药用植物还有：**白头翁** *Pulsatilla chinensis*（Bge.）Regel.，主产于黄河和淮河流域，根（白头翁）能清热解毒，凉血止痢。**升麻** *Cimicifuga foetida* L. 主产于横断山脉中段，**大三叶升麻** *Cimicifuga heracleifolia* Kom. 和**兴安升麻** *Cimicifuga dahurica*（Turcz. ex Fischer et C. A. Meyer）Maxim. 主产于东北和西北地区，三者的根状茎（升麻）能清热解毒，升阳透疹。**天葵** *Semiaquilegia adoxoides*（DC.）Makino 主产于长江流域，块根（天葵子）能清热解毒，消肿散结。**腺毛黑种草** *Nigella glandulifera* Freyn et Sint，新疆有栽培，种子（黑种草子）能补肾健脑，通经，通乳，利尿。**多被银莲花** *Anemone raddeana* Regel 主产于东北，根茎（两头尖）能祛风湿，消痈肿。

11. 小檗科 Berberidaceae

$⚥ *K_{3+3}C_{3+3}A_{3\sim9}\underline{G}_{(1:1:1\sim\infty)}$

【突出特征】灌木或草本。叶互生，无托叶。花两性；瓣萼相似，2 至数轮，每轮 3 枚，离生，早落；雄蕊 3~9，与花瓣对生，花药瓣裂或纵裂；子房上位，1 心皮，1 室，胚珠多数，花柱极短，柱头盾状。浆果、蒴果或蓇葖果；胚小，胚乳丰富。

全球 17 属，约 650 种；分布于北温带和亚热带高山地区。我国 11 属，约 320 种；全国广布，以西南地区为多；已知药用 11 属，约 140 种；《中华人民共和国药典》收载 5 种中药材。分布有生物碱、三萜皂苷、鬼臼素类木脂素、黄酮类、蒽醌、香豆素等。

【药用植物】

（1）小檗属（*Berberis* L.）：灌木，茎内皮黄色，枝常具刺；单叶，叶片和叶柄连接处有关节；花黄色，萼片、花瓣、雄蕊常 6，花药活瓣状开裂；浆果。本属约 500 种，中国约 250 种，主产于西部和西南部，根皮和茎皮可提取小檗碱。

匙叶小檗 *Berberis vernae* Schneid.（图 7-25）：叶纸质，匙状倒披针形，先端圆钝，基部渐狭，叶缘全缘；穗状总状花序着花 15~35 朵；花黄色，萼片 2 轮；花瓣先端近急尖，基部具爪和 2 枚腺体；雄蕊药隔先端平截；浆果顶端无宿存花柱。分布于甘肃、青海、四川。根（三颗针）能清热燥湿、泻火解毒。**金花小檗** *Berberis wilsonae* Hemsl.、**细叶小檗** *Berberis poiretii* Schneid. 和**假豪猪刺** *Berberis soulieana* Schneid. 的根与匙叶小檗同等入药。

图 7-25 匙叶小檗

（2）十大功劳属（*Mahonia* Nuttall）：似小檗属，但具羽状复叶，枝无刺。根皮和茎皮常可提取小檗碱。**阔叶十大功劳** *Mahonia bealei*（Fort.）Carr. 和**十大功劳** *Mahonia fortunei*（Lindl.）Fedde. 主产于长江流域及以南，茎（功劳木）清热燥湿，泻火解毒。

（3）淫羊藿属（Epimedium L.）：草本，根状茎横生。单叶或一至三回羽状复叶，小叶革质，具齿；花瓣 4，常呈距状。

箭叶淫羊藿 *Epimedium sagittatum*（Sieb. et Zucc.）Maxim.（图 7-26）：又称**三枝九叶草**，常绿草本；一回三出复叶，小叶基部心形，侧生小叶不对称；圆锥花序顶生；花小，白色；萼片 2 轮，外萼片 4 枚，内轮瓣状，白色；花瓣 4，囊状，淡棕黄色，有矩；雄蕊 4；蓇葖果卵形。分布于长江以南各地，以及陕西、甘肃。地上部分（淫羊藿）能补肾阳，强筋骨，祛风湿。**淫羊藿** *Epimedium brevicornu* Maxim.、**柔毛淫羊藿** *Epimedium pubescens*

笔记栏

Maxim. 和**朝鲜淫羊藿** *Epimedium koreanum* Nakai 等的地上部分与箭叶淫羊藿同等入药。**巫山淫羊藿** *Epimedium wushanense* T. S. Ying 主产于重庆、四川、贵州、湖北、广西，地上部分（巫山淫羊藿）能补肾阳，强筋骨，祛风湿。

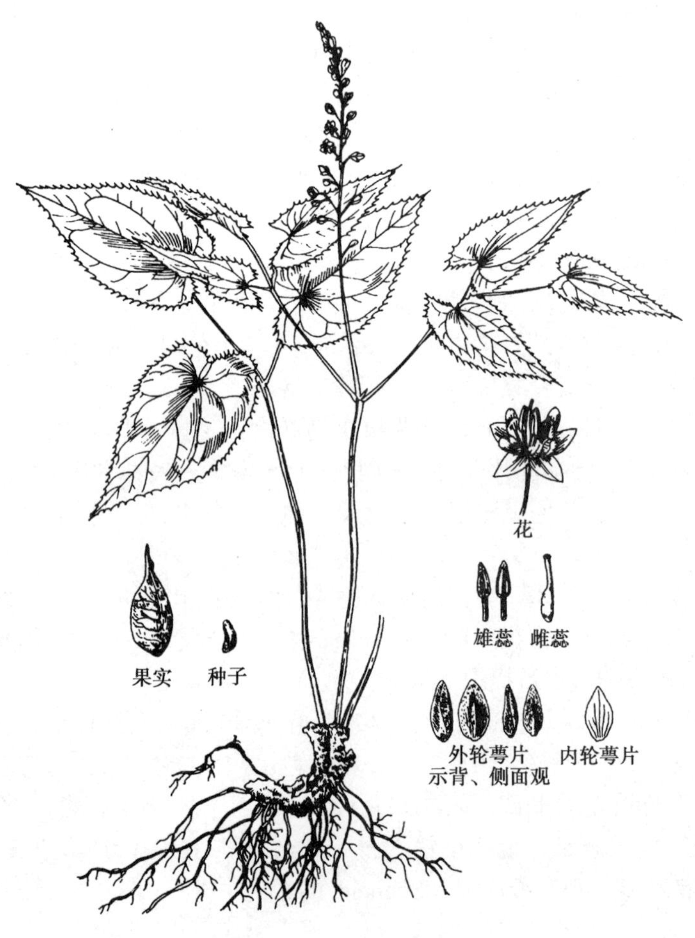

图 7-26 箭叶淫羊藿

常用的药用植物还有：**桃儿七** *Sinopodophyllum hexandrum*（Royle）Ying，主产于横断山脉地区，果实（小叶莲）能调经活血；根和根状茎称“桃儿七”，能祛风除湿，活血解毒，止咳，止痛；根和根状茎也是提取抗癌药“鬼臼毒素”的原料。**八角莲** *Dysosma versipellis*（Hance）M. Cheng ex Ying 和**六角莲** *Dysosma pleiantha*（Hance）Woodson 的根状茎能化痰散结、祛瘀止痛、清热解毒。**南天竹** *Nandina domestica* Thunb. 的根、茎、叶清热除湿，通经活络；果实称“南天竹子”，能止咳平喘。**鲜黄连** *Plagiorhegma dubia* Maxim. 的根和根状茎能清热燥湿、凉血止血。

12. 防己科 Menispermaceae ♂ $*K_{3+3}\ C_{3+3}\ A_{3\sim6,\infty}$；♀ $*K_{3+\underline{3}}C_{3+3}G_{3\sim6:1:1}$

【突出特征】藤本。单叶互生，叶柄两端常肿胀；无托叶。花小，单性异株；聚伞花序或圆锥花序；萼片、花瓣各常 6，每轮 3 枚；雄蕊常 6~8 枚，分离或合生；心皮 3~6，分离，子房上位，1 室，胚珠 2，其中 1 枚早期退化。核果，核常呈马蹄形或肾形。

全球 65 属，350 余种；分布于热带和亚热带地区。我国 19 属，约 80 种，分布于长江流域及其以南各地。已知药用 15 属，67 种；《中华人民共和国药典》收载 6 种中药材。分布有生物碱、皂苷、硬脂酸、苦味素、挥发油等，富含原小檗碱类（proto-berberine alkaloids）和阿朴啡类（aporphine alkaloids）、双苄基异喹啉类生物碱。

【药用植物】**粉防己** *Stephania tetrandra* S. Moore（图 7-27）：草质藤本。根圆柱形，长而弯

曲。叶三角状阔卵形，全缘，盾状着生。聚伞花序集成头状；单性花，4数，瓣、萼明显，雄蕊4，花丝合生成柱状，1心皮，花柱3。核果球形，核马蹄形，具瘤状突起和横槽纹。主产于我国东部及南部。根（防己）能利水消肿，祛风止痛。

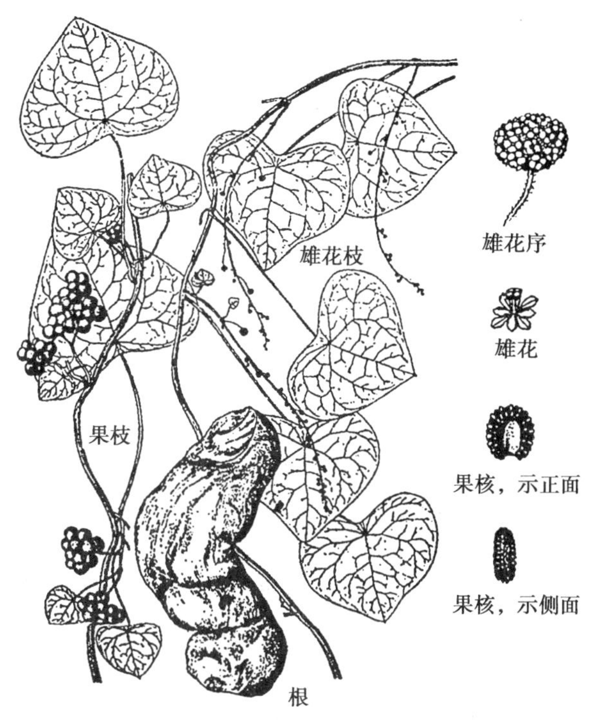

图 7-27　粉防己

常用的药用植物还有：**青牛胆** *Tinospora sagittata*（Oliv）Gagnep.［*Tinospora capillipes* Gagnep.］，主产于长江流域，块根（金果榄）能清热解毒，利咽，散结，消肿。**蝙蝠葛** *Menispermum dauricum* DC.，主产于东北，根状茎（北豆根）能清热解毒，祛风止痛。**风龙** *Sinomenium acutum*（Thunb.）Rehd. Et Wils.［*Sinomenium acutum* var. *cinereum* Rehd. et Wils］，主产于长江流域及以南各省区，藤茎（青风藤）能祛风湿，通经络，利小便。**天仙藤** *Fibraurea recisa* Pierre.，主产于云南、广西、广东，藤茎（黄藤）能清热解毒，泻火通便。**锡生藤** *Cissampelos pareira* L. var. *hirsuta*（Buch. ex DC.）Forman，主产于云南、广西、贵州，全株（亚乎奴）能消肿止痛，止血，生肌。**木防己** *Cocculus orbiculatus*（L.）DC. 的根能祛风止痛，利尿消肿，降压。**金线吊乌龟** *Stephania cepharantha* Hayata 的块根称“白药子”，能散瘀消肿，止痛。

13. 睡莲科 Nymphaeaceae　　⚥ $*K_{3-\infty}\ C_{3-\infty}\ A_{\infty}\ \underline{G}_{3-\infty,(3-\infty)}$ or $\overline{G}_{3-\infty,(3-\infty)}$

【突出特征】水生草本。根状茎横走，粗大。叶两型，出水叶心形或盾状。花单生，常大而美丽；两性，辐射对称，浮于或挺出水面；萼片3至多数；花瓣3至多数；子房上位或下位；心皮3至多数离生或合生。坚果埋于海绵质花托内或为浆果状。

全球8属，约100种，广布全球；我国5属，13种；已知药用5属，8种；《中华人民共和国药典》收载7种中药材。分布有生物碱，如莲碱（roemerine）和荷叶碱（nuciferine）。

【药用植物】**莲** *Nelumbo nucifera* Gaetn.（图 7-28）：叶片圆盾形，柄长，有刺毛。萼片4~5，早落；花瓣多数，粉红色或白色；雄蕊多数，离生。坚果椭圆形。各地均有栽培。根状茎的节部（藕节）能止血，消瘀；种子（莲子）能补脾止泻，止带，益肾涩精，养心安神；种子的幼叶及胚根（莲子心）能清心安神，涩精止血；花托（莲房）能化瘀止血；雄蕊（莲须）固肾涩精；叶片（荷叶）能清暑化湿。

笔记栏

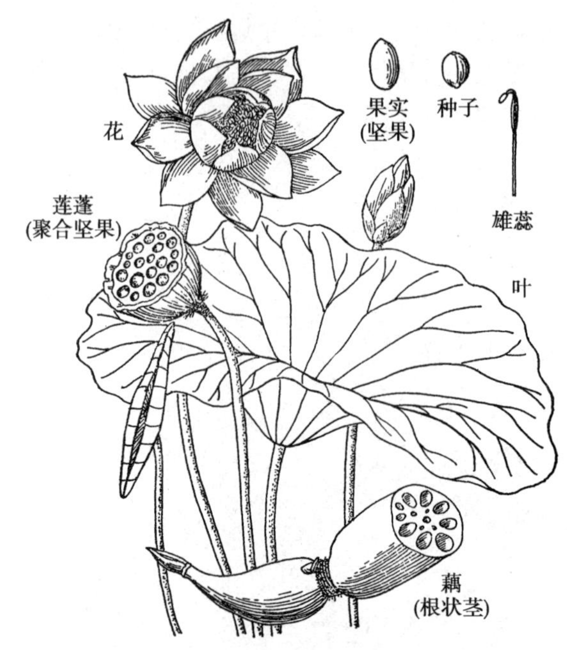

图 7-28　莲

芡实 *Euryale ferox* Salisb ex DC.：一年生草本。叶盾圆形或盾状心形，上面多皱褶，脉上有刺。花萼宿存，外面密生钩状刺。果实浆果状，密生硬刺；种子球形，黑色。我国南北各地均产。种仁（芡实）能益肾固精，补脾止泻，除湿止带。

本目的重要药用类群尚有：木通科**大血藤** *Sargentodoxa cuneata*（Oliv.）Rehd. et Wils，主产于长江流域及以南各省区，藤茎（大血藤）能清热解毒，活血，祛风止痛。**木通** *Akebia quinata*（Thunb.）Decne.、**三叶木通** *Akebia trifoliata*（Thunb.）Koidz.、**白木通** *Akebia trifoliata*（Thunb.）Koidz. subsp. *australis*（Diels）T. Shimizu，主产于长江流域各省区，成熟果实（预知子）能疏肝理气，活血止痛，散结，利尿；藤茎（木通）能利尿通淋，清心除烦，通经下乳。**野木瓜** *Stauntonia chinensis* DC.，主产于长江中下游及以南各省区，带叶茎枝（野木瓜）祛风止痛，舒筋活络。

（八）胡椒目 Piperales

草本、灌木或藤本，有时维管束散生。单叶不裂，常有托叶。花小，两性或单性，无花被或单花被，穗状或总状花序，常有苞片；雄蕊 1~10，心皮 1~5，离生或合生。浆果、核果或蒴果。胚小，胚乳丰富，具外胚乳。有 4 科，国产 3 科。《中华人民共和国药典》收载三白草科 2 种、胡椒科 3 种和金粟兰科 1 种中药材。

14. 三白草科 Saururaceae　　$⚥ *P_0 A_{3\sim8} \underline{G}_{3\sim4:1:2\sim4,(3\sim4:1:\infty)}$

【突出特征】多年生草本。单叶互生，托叶与叶柄合生或缺。穗状或总状花序，基部常有总苞片；花小，两性，无花被；雄蕊 3~8；心皮 3~4，离生或合生，每离生心皮有胚珠 2~4，或心皮合生成 1 室子房，侧膜胎座，胚珠多数。蒴果或浆果。

全球有 4 属，7 种，分布于东亚和北美。我国有 3 属，4 种，均药用；《中华人民共和国药典》收载 2 种中药材。分布有黄酮类和挥发油。

【药用植物】**蕺菜** *Houttuynia cordata* Thunb.（图 7-29）：全株具鱼腥气。叶心形，具腺点；托叶下部与叶柄合生。穗状花序顶生，总苞片 4，白色瓣状；雄蕊 3，花丝下部与子房合生；雌蕊 3 心皮合生，子房上位。分布于长江流域及以南各省。全草（鱼腥草）能清热解毒，消痈排脓。

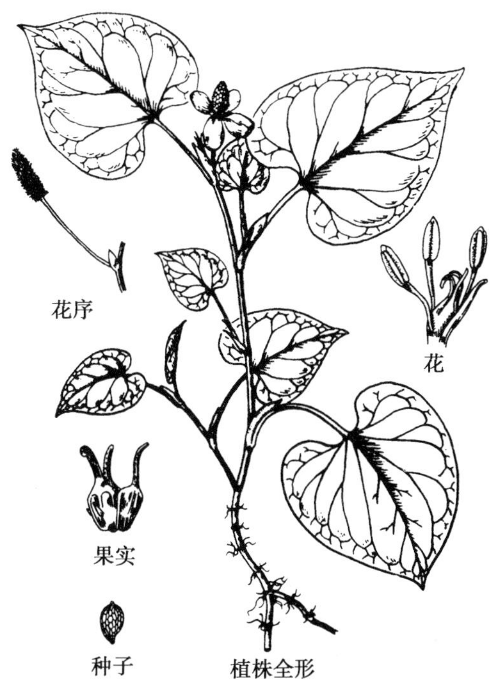

图 7-29 蕺菜

常用的药用植物还有：**三白草** *Saururus chinensis*（Lour.）Baill.，分布于河北、山东、河南和长江流域及以南各省；地上部分（三白草）能利尿消肿，清热解毒。

15. 胡椒科 Piperaceae ♂ $P_0 A_{1\sim10}$；♀ $P_0 \underline{G}_{(2\sim5:1:1)}$；⚥ $P_0 A_{1\sim10} \underline{G}_{(2\sim5:1:1)}$

【突出特征】藤本、灌木或草本，常有辛辣香气。单叶，互生，稀对生或轮生，全缘，托叶常与叶柄合生或缺。穗状花序或再排成伞形花序，基部具总苞；花小，无花被，两性或单性异株，或间有杂性；雄蕊 1~10；子房上位，心皮 2~5，1 室，1 直立胚珠。浆果小，果皮肉质、薄或干燥。种子具有丰富的外胚乳。

全球有 9 属，3 100 种，分布于热带和亚热带等地区。我国有 4 属，70 余种，分布于东南至西南部。已知药用 2 属，34 种，《中华人民共和国药典》收载 3 种中药材。分布有生物碱和挥发油，生物碱如胡椒碱（piperine）、胡椒新碱（piperanine）等。

【药用植物】**胡椒** *Piper nigrum* L.（图 7-30）：常绿藤本，节膨大，常具不定根。叶阔卵形至卵状长圆形。雌雄异株，穗状花序与叶对生，苞片匙状长圆形，腹面贴生于花序轴上，仅边缘和顶部分离；雄蕊 2。浆果球形。原产于东南亚，我国海南、广西、台湾、云南等地有栽培。新鲜成熟果实红色，除去果皮后呈白色，称"白胡椒"；而未成熟果实干燥后果皮皱缩、黑色，称"黑胡椒"。果实（胡椒）能温中散寒，下气，消痰。

同属植物**荜茇** *Piper longum* L.，在广东、广西和福建等地有栽培；果穗（荜茇）能温中散寒，下气止痛。**风藤** *Piper Kadura*（Choisy）Ohwi，分布于台湾、福建、浙江等；茎藤（海风藤）能祛风湿，通经络，止痹痛。**石南藤** *Piper wallichii*（Miq.）Hand. -Mazz. 的茎能祛风湿，强腰膝；**山蒟** *Piper hancei* Maxim. 的叶或根能祛风除湿，活血消肿，行气止痛，化痰止咳；**毛蒟** *Piper puberulum*（Benth.）Maxim. 的全株能祛风散寒，行气活血，除湿止痛。

笔记栏

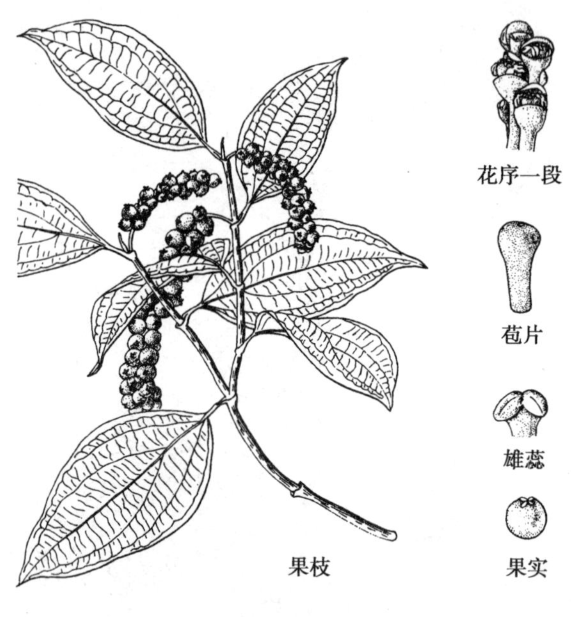

图 7-30　胡椒

本目重要的药用类群还有：金粟兰科植物**草珊瑚** *Sarcandra glabra*（Thunb.）Nakai，亚灌木，茎节膨大；单叶对生，革质。分布于华中、华南、西南和台湾等。全草（肿节风）能清热凉血，活血消斑，祛风通络。

（九）马兜铃目 Aristolochiales

草本、藤本或肉质寄生草本。花两性或单性，单被，花瓣状，轮生；花被片 3~10，合生；雄蕊 6 至多数，子房下位，3~6 室，中轴胎座或侧膜胎座。蒴果或浆果。有 3 科，国产 2 科；《中华人民共和国药典》收载马兜铃科 1 种中药材。

16. 马兜铃科 Aristolochiaceae　　$⚥ * \uparrow P_{(3)}A_{6\sim12}\overline{G}_{(4\sim6:4\sim6:\infty)}\overline{G}_{(4\sim6:4\sim6:\infty)}$

【突出特征】草本或藤本。单叶互生，叶基常心形，无托叶。总状、聚伞花序或花单生；花两性，单被，辐射或两侧对称，常具腐肉臭气，下部合生并膨大成管状、球状、钟状或瓶状，顶端 3 裂或向一侧延伸成舌状；雄蕊 6~12，花丝短，分离或与花柱合生；心皮 4~6，合生，子房下位或半下位，中轴胎座。蒴果。

全球有 8 属，600 余种，分布于热带和亚热带，以南美洲较多。我国有 4 属，71 种，6 变种，全国多数地区有分布；已知药用 3 属，70 余种；《中华人民共和国药典》收载 1 种中药材。分布有生物碱、挥发油和硝基菲类化合物。硝基菲类的马兜铃酸（aristolochic acid）及其同系物是马兜铃科特征性成分，也是肾毒性和潜在致癌的物质；挥发油主要含甲基丁香酚（methyl eugenol）、细辛醚（asaricin）、黄樟醚（safrole）等，而黄樟醚也是致癌物质。

【药用植物】

（1）马兜铃属（*Aristolochia* L.）：藤本；单叶，基部常心形。总状花序；花被管状常膨大，檐部开展，常有腐肉臭味；合蕊柱肉质；子房下位，侧膜胎座；种子具翅。

马兜铃 *Aristolochia debilis* Sieb. et Zucc.（图 7-31）：草质藤本；根圆柱形；叶三角状卵形；单花腋生，花被管稍弯曲，基部球形；雄蕊 6；子房下位。分布于黄河以南各省。果实称“马兜铃”，能清肺降气，止咳平喘；藤茎称“天仙藤”，能行气活血，通络止痛；根称“青木香”，能平肝止痛，行气消肿。**北马兜铃** *Aristolochia contorta* Bge. 主要分布在东北、华北和西北；果实、根、茎与马兜铃同等入药。

（2）细辛属（*Asarum* L.）：多年生草本；根茎纤细，横走；根稍肉质，芳香辛辣。茎无或短。

叶近心形。单花腋生，花被裂片整齐，辐射对称，雄蕊 12 枚，2 轮；子房半下位，中轴胎座；蒴果浆果状。

辽细辛(北细辛)*Asarum heterotropoides* Fr. Schmidt var. *mandshuricum*(Maxim.) Kitag.(图 7-32)：根多而细长；基生叶常 2 枚，叶片心形至肾状心形；花被壶状，紫褐色，顶端 3 裂向下反卷；蒴果半球形。主产于东北。根及根状茎(细辛)能祛风散寒，通窍止痛，温肺化饮。**汉城细辛** *Asarum sieboldii* Miq. var. *seoulense* Nakai 和**华细辛** *Asarum sieboldii* Miq. 的根及根状茎与辽细辛同等入药。

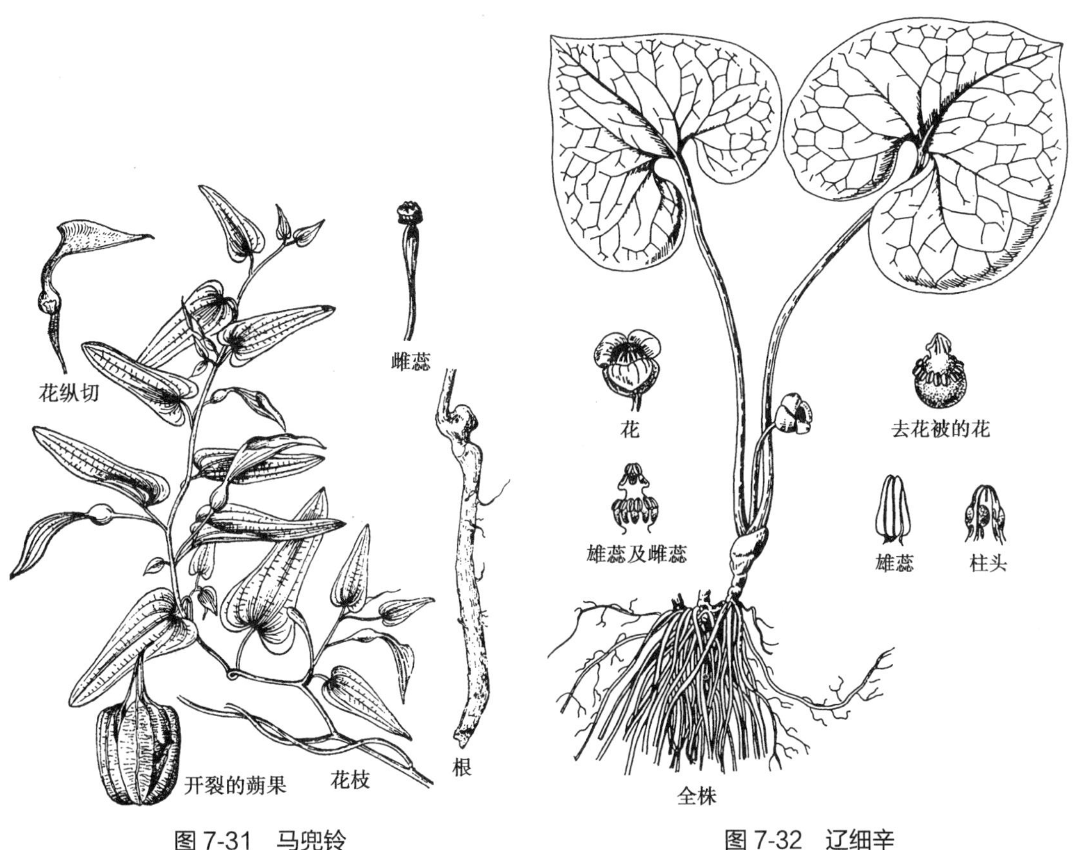

图 7-31　马兜铃　　　　图 7-32　辽细辛

(十) 藤黄目 Guttiferales

木本、草本。单叶，托叶有或无。花两性，整齐，各部常轮生，萼、瓣均覆瓦状排列；雄蕊多数，离心式发育；子房上位，稀下位；心皮离生或 2 至多数，中轴胎座或侧膜胎座。有 16 科，国产 8 科；《中华人民共和国药典》收载芍药科 2 种、藤黄科 1 种中药材。

17. 芍药科 Paeoniaceae　　⚥ $*K_5C_{5\sim0}A_{\infty}\underline{G}_{2\sim5:1:\infty}$

【突出特征】草本或亚灌木，根肥大。一至二回三出羽状复叶，互生，无托叶。花大，整齐，顶生或腋生；萼片 5，革质，宿存；花瓣 5~10(栽培品常重瓣)，覆瓦状，颜色各异；雄蕊多数，离心发育；花盘杯状或盘状，不同程度包裹心皮；心皮 2~5，离生。聚合蓇葖果。种子具假种皮，胚小，胚乳丰富。

全球有 1 属，35 种；分布于亚欧大陆、北美西部等温带地区。我国有 17 种，全国多数地区有分布；国产种类全部药用；《中华人民共和国药典》收载 2 种中药材。分布有单萜苷类、酚酸类、鞣质类和三萜、挥发油等，其中单萜苷类的芍药苷(paeoniflorin)和酚酸类丹皮酚(paeonol)及其衍生物是芍药科的主要和特征性成分。

【药用植物】**芍药** *Paeonia lactiflora* Pall.(图 7-33)：宿根草本。根粗壮，圆柱形。二回

笔记栏

三出复叶，小叶狭卵形，叶缘具骨质细乳突。花大，顶生或腋生；心皮 2~5 枚，肉质花盘仅包裹心皮基部。蓇葖果先端具钩状外弯的喙。全国各地均有栽培，北方有野生。栽培品刮去外皮，经水煮后的干燥根（白芍）能平肝止痛，养血调经，敛阴止汗。野生者不去皮直接干燥的根（赤芍）能清热凉血，散瘀止痛。**川赤芍** *Paeonia veitchii* Lynch 主产于青藏高原的东缘和南缘，其根与野生芍药同等作赤芍入药。

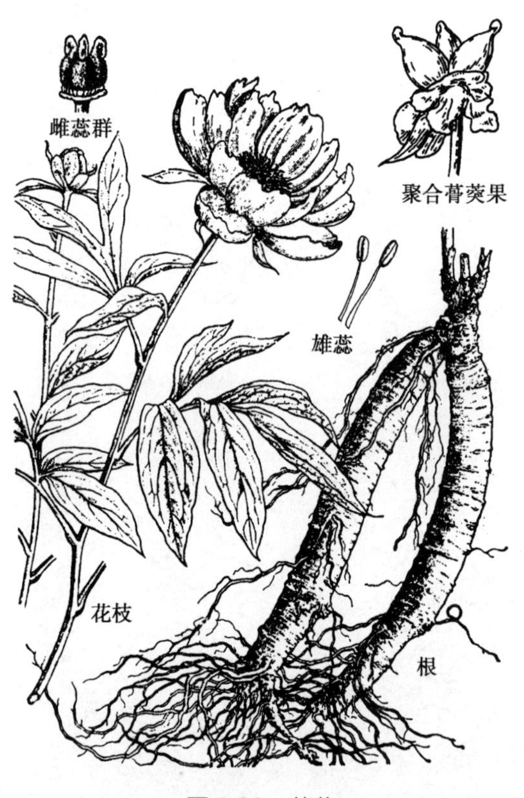

图 7-33 芍药

牡丹 *Paeonia suffruticosa* Andr.（图 7-34）：落叶灌木，根皮厚，表面灰褐色至紫棕色。二回三出复叶，顶生小叶宽卵形，3 裂至中部，侧生小叶不等 2 浅裂。单花顶生，花瓣 5，花盘杯状，革质，包裹心皮。蓇葖果密生褐黄色毛。全国各地均有栽培。根皮（牡丹皮）能清热凉血，活血化瘀。

本目重要的药用类群还有：藤黄科植物**贯叶金丝桃** *Hypericum perforatum* L.，草本；小枝对生；单叶无柄，对生抱茎，叶片具黑色腺点。主产于长江和黄河流域。地上部分（贯叶金丝桃）能疏肝解郁，清热利湿，消肿通乳。

知识拓展

芍药科仅 1 属，原属毛茛科芍药属，经研究认为，它与毛茛科的其他类群明显不同：如芍药属的雄蕊是离心发育，有花盘，染色体大，基数 5，不含毛茛苷和木兰花碱，从而由毛茛科独立出来，但所放置的位置有一定差异。但《中华人民共和国药典》仍将其放在毛茛科。

笔记栏

（十一）罂粟目 Rhoeadales

草本或木本，具乳汁。单叶或复叶，有托叶或缺。花两性，稀单性；花萼有时早落，花瓣常 4~6 枚，覆瓦状排列；子房上位，侧膜胎座，稀中轴胎座。蒴果、角果或浆果。有 6 科，国产 5 科；《中华人民共和国药典》收载罂粟科 5 种和十字花科 7 种中药材。

图 7-34　牡丹

18. 罂粟科 Papaveraceae　　⚥ * ↑ $K_{2\sim3}C_{4\sim6}A_{\infty,4\sim6}\underline{G}_{(2\sim\infty:1:\infty)}$

【突出特征】草本，常具乳汁或有色汁液。单叶基生或互生，无托叶。总状、聚伞或圆锥花序，或花单生；花两性，辐射或两侧对称；萼片 2，早落；花瓣 4~6，覆瓦状排列；雄蕊多数，离生，或 4、6 枚合成 2 束；子房上位，心皮 2 至多数，1 室，侧膜胎座，花柱短，柱头盾状或头状。蒴果，瓣裂或顶孔开裂；胚小，胚乳丰富。

全球有 40 属，700 余种；主要分布于北温带。我国有 18 属，362 种，以西南部最多；已知药用 15 属，130 种；《中华人民共和国药典》收载 5 种中药材。分布有多种类型的异喹啉类生物碱，其中原托品型生物碱是罂粟科最普遍的成分，小檗碱型和苯丙菲啶型生物碱次之。

【药用植物】

(1) 罂粟属（*Papaver* L.）：草本，稀亚灌木；具乳汁；花单生，大而鲜艳，柱头盘状，具放射状分枝与胎座对生；蒴果孔裂。

罂粟 *Papaver somniferum* L.（图 7-35）：草本，具白色乳汁；叶互生，基部抱茎，具粗齿或缺刻；花大，单生；花瓣 4，绯红色、白色或紫红色；蒴果卵状球形，孔裂。原产于南欧，相关药物研发单位有栽培，严禁非法种植。未成熟果实已割取乳汁的成熟果壳（罂粟壳）能敛肺，涩肠，止痛。割后所取乳汁是镇痛、镇咳类药品生产的原料，也是非法制造鸦片等毒品的原料。

(2) 紫堇属（*Corydalis* DC.）：草本，无乳汁；叶一至多回羽状分裂或掌状分裂；花两侧对称，总状花序具苞片；花瓣 4 枚，2 轮，1 或 2 枚外花瓣的基部呈囊状或距，内轮异形；雄蕊 6 枚，合成 2 束，对生于有距花瓣的雄蕊束基部有腺体；蒴果线形至卵形，2 瓣裂。

延胡索 *Corydalis yanhusuo* W. T. Wang ex Z. Y. Su et C. Y. Wu（图 7-36）：块茎球状；叶二回三出全裂，末回裂片披针形；总状花序顶生；苞片全缘或有少数牙齿；花冠紫红色；2 心皮，

笔记栏

侧膜胎座；蒴果条形。全国各地有栽培，主产于安徽、江苏、浙江、湖北、河南。块茎（延胡索）能行气止痛，活血散瘀。

同属植物**夏天无** *Corydalis decumbens*（Thunb.）Pers.，分布于华东及湖南、福建、江西、台湾等地；块茎（夏天无）活血止痛，舒筋活络，祛风除湿。**地丁草** *Corydalis bungeana* Turcz.，分布于东北、西北、华北等地；全草（苦地丁）能清热解毒，散结消肿。

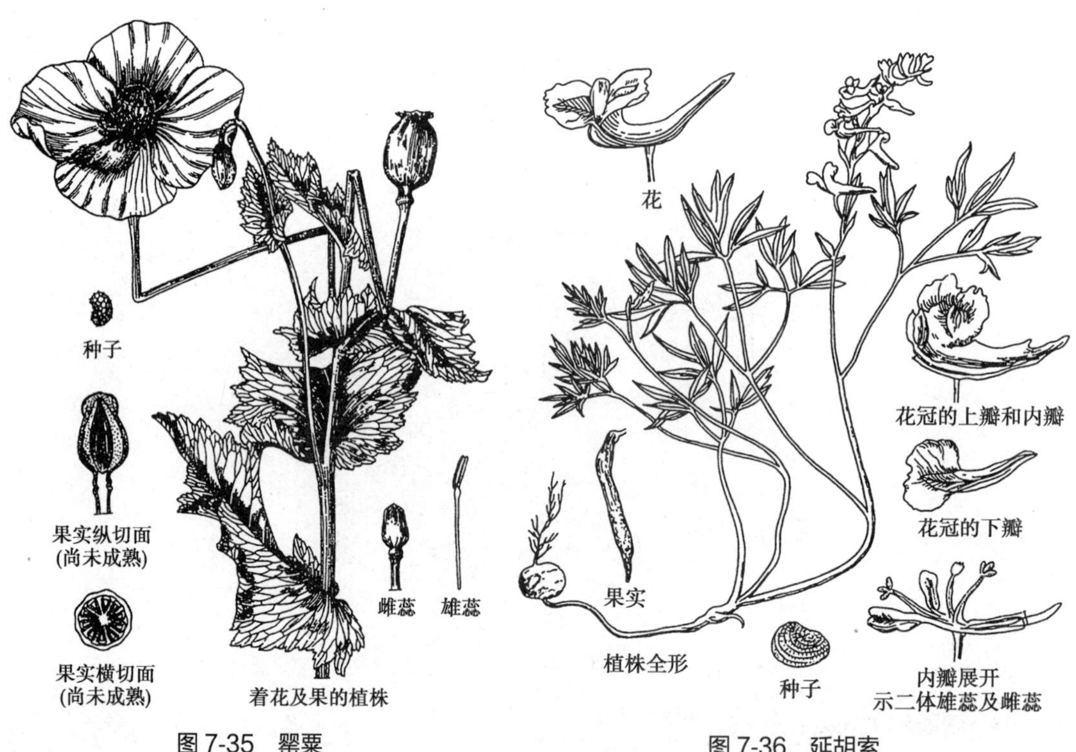

图 7-35　罂粟　　图 7-36　延胡索

常用的药用植物还有：**白屈菜** *Chelidonium majus* L.，分布于东北、华北及新疆、四川等地；全草（白屈菜）能镇痛，止咳，消肿毒。**博落回** *Macleaya cordata*（Willd.）R. Br.，分布于华中、华南和西南；全草称“博落回”，能消肿，止痛，杀虫；也是生产生物农药的原料。**血水草** *Eomecon chionantha* Hance 的根茎及全草能清热解毒。

思政元素

阿芙蓉从良药到全面禁毒

鸦片（英语 opium，阿拉伯语 Afyūm）别名阿片、阿芙蓉，俗称大烟，来源于罂粟植物蒴果乳汁的干燥品，含有 20 多种苯丙菲啶型和异喹啉类生物碱。在唐乾封二年（667）就有从阿拉伯进口的记录，一直是治疗久痢、赤白痢疾的良药。18 世纪，荷兰殖民者将地理大发现获得的吸食方法带入中国。从此，中国人民经历 100 多年不屈不挠的禁止鸦片和反侵略、反殖民的民族独立斗争，直到 20 世纪中期中国大陆才全面禁止了吸食鸦片。罂粟甚至被称为“罪恶之花”，但阿芙蓉并没有改变，改变的是人发现和利用了它的“恶”，而“瘾君子”难以克服自己的脆弱，毒贩克服不了贪欲；阿芙蓉之毒，非罂粟之罪，而是人心中滋生的“毒”。珍爱生命，远离毒品，远离脆弱和贪欲之心。

知识拓展

恩格勒系统的罂粟科在哈钦松系统和克朗奎斯特系统中分成罂粟科 Papaveraceae 和紫堇科 Fumariaceae；在塔赫他间系统中分成罂粟科、紫堇科和角茴香科 Hypecoaceae。

19. 十字花科 Cruciferae（Brassiaceae） ⚥ $*K_{2+2}C_4A_{2+4}\underline{G}_{(2:1\sim2:1\sim\infty)}$

【突出特征】草本。单叶互生，无托叶。总状花序；花两性，整齐；萼片 4，2 轮；花瓣 4，有爪，十字形排列；蜜腺与萼片对生；雄蕊 6，四强雄蕊；子房上位，心皮 2，合生，侧膜胎座，由假隔膜分隔成假 2 室。长角果或短角果，常 2 瓣开裂。

全球有 350 属，3 200 余种，主要分布于北温带。我国有 96 属，420 余种，南北各地均分布；已知药用 30 属，103 种；《中华人民共和国药典》收载 7 种中药材。分布有吲哚苷、强心苷、脂肪酸和黄酮类物质，以硫苷最普遍，黄酮类有槲皮素、山柰酚、黄酮醇、芸香苷等。

【药用植物】**菘蓝** *Isatis indigotica* Fort.（图 7-37）：二年生草本，植株光滑无毛，主根圆柱形。基生叶长圆状椭圆形，茎生长圆形或长圆状披针形，基部半抱茎。复总状花序顶生；花黄色。短角果不开裂，边缘有翅。种子 1 枚，长圆形。各地均有栽培。根（板蓝根）能清热解毒，凉血消肿；叶（大青叶）能清热解毒，凉血止血，消瘢。

图 7-37　菘蓝

萝卜（莱菔）*Raphanus sativus* L.（图 7-38）：二年生草本，直根肉质粗壮。基生叶和茎下部叶大头羽状半裂。长角果圆柱形，不裂，种子间收缩成节，形成海绵状横隔。各地普遍栽培。

笔记栏

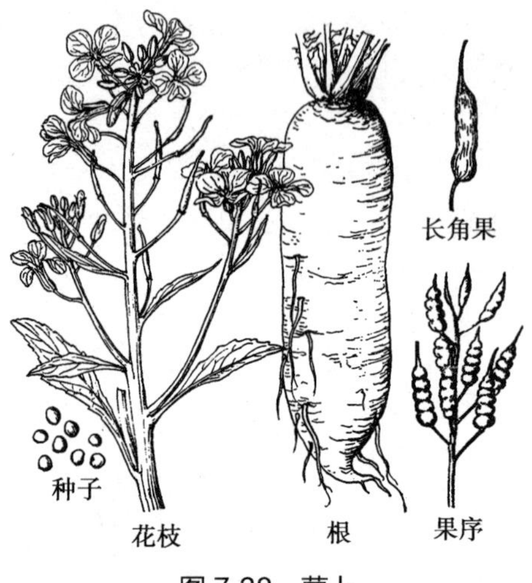

图 7-38　萝卜

种子(莱菔子)能消食导气,降气化痰;老根“地骷髅”能清肺利咽,散瘀消肿,消食理气;鲜根“莱菔”能消食化痰,下气,解渴,利尿。

常用的药用种类还有:**白芥** *Sinapis alba* L. 和**芥** *Brassica juncea*(L.)Czern. et Coss.,在全国各地有栽培;种子(白芥子)能温肺豁痰利气,散结通络止痛。**独行菜** *Lepidium apetalum* Willd. 和**播娘蒿** *Descurainia sophia*(L.)Webb. ex Prantl,主产于东北、华北、西北和西南地区,种子(葶苈子)能祛痰平喘,利水消肿;商品药材中,前者称“北葶苈子”,后称“南葶苈子”。**菥蓂** *Thlaspi arvense* L.,全国广布;全草(菥蓂)能清热解毒,利水消肿。**单花荠** *Pegaeophyton scapiflorum*(Hook. f. Thoms.)Marq. et Shaw,主产于青藏高原;根茎与根(高山辣根菜)能清热解毒,清肺止咳,止血消肿,是常用藏药。**蔊菜** *Rorippa indica*(L.)Hiern 的全草能祛痰止咳,解表散寒,利湿退黄,活血解毒。

(十二) 蔷薇目 Rosales

木本或草本;单叶或复叶,互生,稀对生,常具托叶。花两性,稀单性,辐射对称,花 5 基数,轮生;雄蕊多数至定数;子房上位至下位,心皮多数分离至合生,或仅单心皮,胚珠多数至 1 枚。有 19 科,国产 8 科;《中华人民共和国药典》收载豆科 31 种、蔷薇科 20 种、金缕梅科 3 种、景天科 3 种和虎耳草科 2 种中药材。

20. 金缕梅科 Hamamelidaceae

$⚥ *K_{(4\sim5)}C_{4\sim5}A_{4\sim5,0}\overline{G}_{(2:2:\infty)},\underline{\overline{G}}_{(2:2:\infty)}$

【突出特征】乔木或灌木,常有星状毛。单叶互生,托叶宿存。花两性或单性同株;头状、穗状或总状花序;萼筒与子房多少合生,4~5 裂,镊合状或覆瓦状排列;花瓣与萼裂片同数或缺;雄蕊 4~5,或多数;子房半下位或下位,2 心皮基部合生,中轴胎座,2 室。蒴果,常室间或室背裂开成 4 片,外果皮木质或革质;种子具狭翅。

全球 27 属,约 140 种;分布于亚热带和温带。我国约 17 属,76 种,分布于西南、华中、华南至台湾;已知药用 11 属 32 种;《中华人民共和国药典》收载 3 种中药材。分布有黄酮类、三萜、甾醇类、环烯醚萜类、挥发油和鞣质等,其中黄酮类成分分布最普遍。

【药用植物】**枫香树** *Liquidambar formosana* Hance(图 7-39):落叶乔木。叶掌状 3 裂,基部心形,边缘具锯齿;托叶早落。雄花序由短穗状排成总状,雄蕊多数,花丝不等长;雌花序头状;萼齿 4~7,针形;子房下半部藏于头状花序轴内,花柱先端卷曲。头状果序圆球形,木质。分布于我国秦岭及淮河以南各省。果序(路路通)能祛风活络,利水通经;树脂(枫香脂)能解毒生肌,止血止痛;根能祛风止痛。

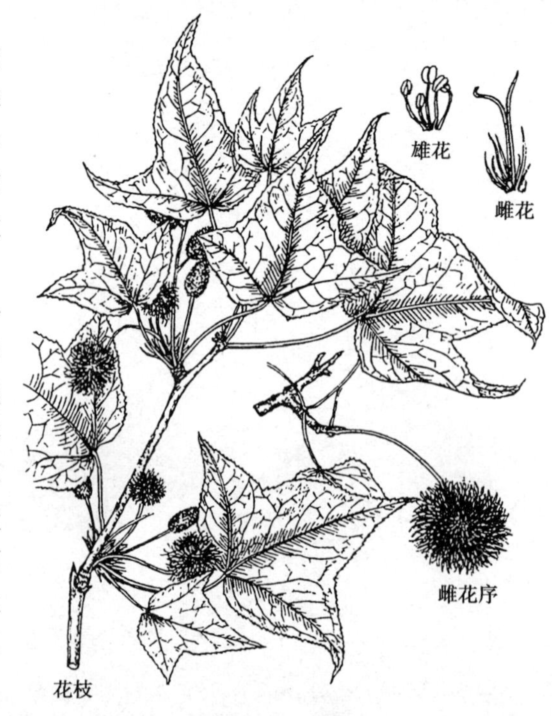

图 7-39　枫香树

常用的药用植物还有:**苏合香树** *Liqui-*

dambar orientalis Mill.,分布于小亚细亚南部,树脂(苏合香)能开窍辟秽、开郁豁痰、行气止痛。**檵木** *Loropetalum chinensis*(R. Br.)Oliv. 的根、叶、花能清热止血,止痛生肌,活血祛瘀;**半枫荷** *Semiliquidambar cathayensis* H. T. Chang 的根、茎枝能祛风除湿,舒筋活血。

21. 景天科 Crassulaceae　　$⚥ * K_{4\sim5,(4\sim5)} C_{4\sim5} A_{4\sim5,8\sim10} \underline{G}_{4\sim5:1:\infty}$

【突出特征】肉质草本或亚灌木。单叶互生、对生或轮生,无托叶。花两性,少单性异株,辐射对称;花萼与花瓣4~5,分离或合生;雄蕊与花瓣同数或其2倍;子房上位,心皮4~5,分离或基部合生,基部各具1鳞片状腺体,胚珠多数。聚合蓇葖果。

全球35属,1 600余种,主要分布于北半球。我国10属,260余种,全国均有分布;已知药用8属,68种;《中华人民共和国药典》收载3种中药材。分布有黄酮类、香豆素类、苷类、生物碱和挥发油等。

【药用植物】**垂盆草** *Sedum sarmentosum* Bunge(图7-40):多年生肉质草本。全株无毛。茎匍匐生长。叶3枚轮生,肉质。聚伞花序顶生;花瓣5,黄色;雄蕊10,2轮;心皮5。聚合蓇葖果。大部分地区有分布。全草(垂盆草)能利湿退黄、清热解毒。

常用的药用植物还有:**大花红景天** *Rhodiola crenulata*(Hook. f. et Thoms.)H. Ohba 分布于西藏、云南西北部、四川西部等地;根和根茎(红景天)能益气活血、通脉平喘。**瓦松** *Orostachys fimbriatus*(Turcz.)Berg. 的地上部分(瓦松)能凉血止血、解毒、敛疮。**景天三七** *Sedum aizoon* L. 的全草能散瘀止痛、宁心安神。

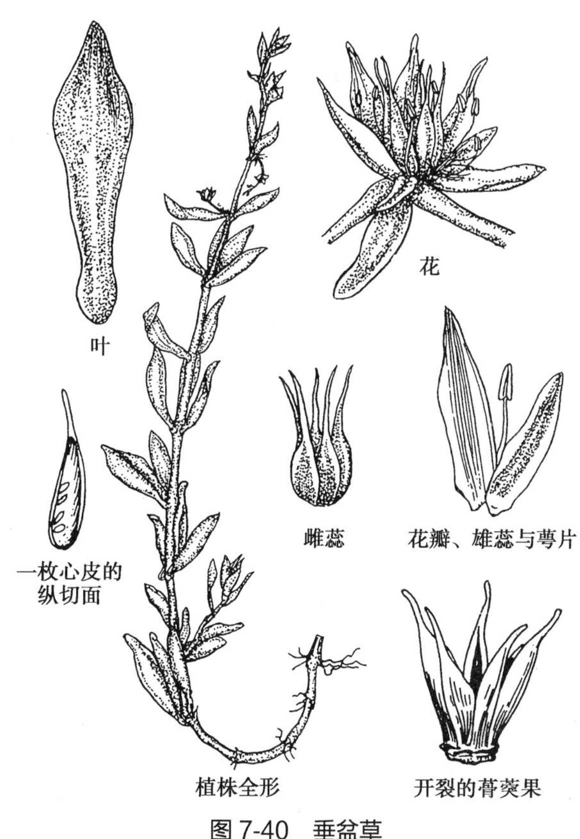

图7-40　垂盆草

22. 虎耳草科 Saxifragaceae　　$⚥ * \uparrow K_{4\sim5} C_{4\sim5,0} A_{4\sim5,8\sim10} \underline{G}, \overline{\underline{G}}, \overline{G}_{(2\sim5:2\sim5:\infty)}$

【突出特征】草本或木本。叶常互生,无托叶。花序多种,花两性,整齐,稀两侧对称;花萼与花瓣4或5,或缺;雄蕊与花瓣同数或倍数,瓣生;心皮2~5,全部或基部合生,子房上位至下位,中轴胎座,或侧膜胎座1室,胚珠多数。蒴果、蓇葖果、浆果或核果;胚小,胚乳丰富，稀无胚乳。

全球约 80 属，1 200 余种，几遍全球，主产于温带。我国 28 属，约 500 种，南北均有分布，主产于西南地区；已知药用 24 属，155 种；《中华人民共和国药典》收载 2 种中药材。分布有黄酮类、香豆素类、环烯醚萜类、三萜类、生物碱类和鞣质等。

【药用植物】**虎耳草** *Saxifraga stolonifera* Curt.（图 7-41）：常绿草本，匍匐枝细长。单叶基生，肾状心形，被长柔毛。圆锥花序；花 5 数，雄蕊 10；雌蕊 2 心皮合生。蒴果。分布于长江流域以南和河南、陕西。全草称“虎耳草”，能疏风清热、凉血解毒。

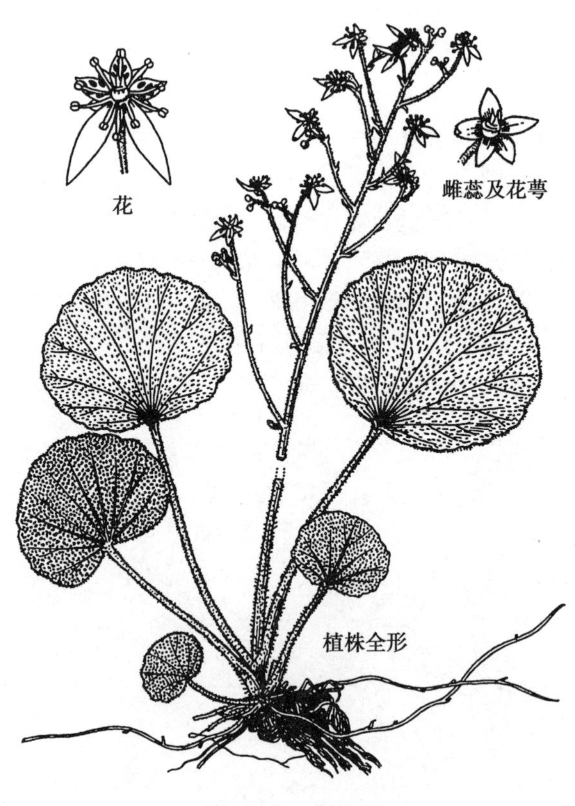

图 7-41　虎耳草

常用的药用植物还有：**岩白菜** *Bergenia purpurascens*（Hook. f. et Thoms.）Engl.，分布于四川、云南和西藏；根状茎（岩白菜）收敛止泻，止血止咳，舒筋活络。**常山** *Dichroa febrifuga* Lour.，分布于长江流域及以南地区；根（常山）能涌吐痰涎、截疟。**落新妇** *Astibe chinensis*（Maxim.）Franch. et Sav. 的根状茎能祛风除湿、清热解毒、止咳。

23. 蔷薇科 Rosaceae

$⚥ *K_5C_5A_{\infty}\underline{G}_{1\sim\infty:1:1\sim\infty}\overline{G}_{(2\sim5:2\sim5:2)}$

【突出特征】木本或草本，木本常具刺。单叶或复叶，常互生，具托叶。花序各样；花两性，整齐，常 5 数，雄蕊多数，花轴上端与花被和雄蕊愈合发育成一碟状、杯状、坛状或壶状的托杯（hypanthium）或称被丝托、花托筒，萼片、花瓣和雄蕊均着生在托杯的边缘；花瓣和雄蕊均分离；心皮一至多数，分离或结合，子房上位或下位；花柱与心皮同数。聚合瘦果或聚合核果、梨果、核果、聚合蓇葖果。

全球 124 属，3 300 余种，广布全球，以北温带较多。我国 51 属，1 100 余种，全国均有分布；已知药用 48 属 400 余种；《中华人民共和国药典》收载 20 种中药材。分布有多种酚类、有机酸、氰苷、香豆素、二萜、三萜类和生物碱；氰苷（如苦杏仁苷，amygdalin）和黄酮苷在木本类群最普遍。

根据托杯的形状、花部位置、心皮数目、子房位置和果实类型，分为绣线菊亚科、蔷薇亚科、苹果亚科（梨亚科）和梅亚科（李亚科）4 个亚科（图 7-42，表 7-6）。

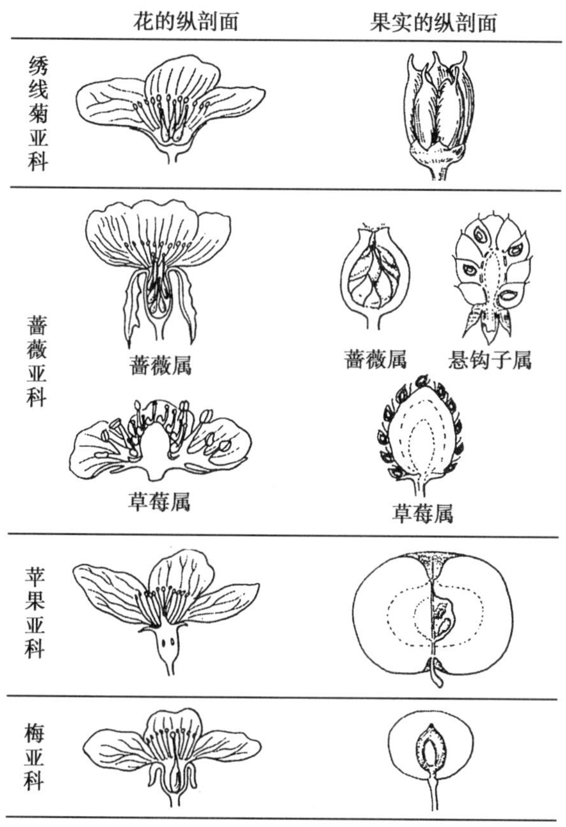

图 7-42 蔷薇科各亚科花、果实比较图解

表 7-6 蔷薇科的亚科及主要植物属检索表

1. 果开裂；心皮 1~5；常无托叶 ……………… 绣线菊亚科 Spiraeoideae（绣线菊属 *Spiraea*）
1. 果不开裂，有托叶。
    2. 子房上位。
        3. 心皮通常多数，分离；聚合瘦果或聚合核果；萼宿存；多为复叶 ……………… 蔷薇亚科 Rosoideae
            4. 雌蕊由杯状或坛状的被丝托包围。
                5. 雌蕊多数，果实成熟时被丝托肉质而有色泽，灌木 ……………… 蔷薇属 *Rosa*
                5. 雌蕊 1~3，果实成熟时被丝托干燥坚硬，草本。
                    6. 有花瓣，花萼裂片 5，被丝托上部有钩状刺毛 ……………… 龙芽草属 *Agrimonia*
                    6. 无花瓣，花萼裂片 4，被丝托上无钩状刺毛 ……………… 地榆属 *Sanguisorba*
            4. 雌蕊生于平坦或隆起的被丝托上。
                7. 心皮内着生 2 枚胚珠，聚合核果，植株有刺 ……………… 悬钩子属 *Rubus*
                7. 心皮内着生 1 枚胚珠，瘦果，分离，植株无刺。
                    8. 花柱顶生或近顶生，在果期延长 ……………… 路边青（兰布政）属 *Geum*
                    8. 花柱侧生，基生或近基生，在果期不延长。
                        9. 果实成熟时被丝托干燥 ……………… 委陵菜属 *Potentilla*
                        9. 果实成熟膨大被丝托肉质。
                            10. 花白色，副萼片比萼片小 ……………… 草莓属 *Fragaria*
                            10. 花黄色，副萼片比萼片大 ……………… 蛇莓属 *Duchesnea*
        3. 心皮常 1，稀 2 或 5；核果；萼不宿存；单叶 ……………… 梅亚科（李亚科）Prunoideae
            11. 果实有沟。

笔记栏

续表

12. 侧芽 3，两侧为花芽，具顶芽；核常有孔穴 ……桃属 *Amygdalus*
12. 侧芽 1，顶芽缺；核常光滑。
13. 子房和果实常被短茸毛，花先叶开放 ……杏属 *Armeniaca*
13. 子房和果实均光滑无毛，花叶同开 ……李属 *Prunus*
11. 果实无沟 ……樱属 *Cerasus*
2. 子房下位或半下位 ……苹果亚科（梨亚科）Maloideae
14. 果实成熟时内果皮骨质，果实含 1~5 小核 ……山楂属 *Crataegus*
14. 果实成熟时内果皮革质或纸质，每室子房含一至多数种子。
15. 伞房花序或总状花序，有时单生
16. 每室子房含 1~2 枚种子 ……梨属 *Pyrus*
16. 每室子房含 3 至多枚种子 ……木瓜属 *Chaenomeles*
15. 复伞房花序或圆锥花序
17. 心皮全部合生，子房下位；叶常绿 ……枇杷属 *Eriobotrya*
17. 心皮部分合生，子房半下位；常绿或落叶 ……石楠属 *Photinia*

【药用植物】

(1) 绣线菊亚科 Spiraeoideae：灌木。多单叶，互生，常无托叶。托杯杯状；心皮 1~5 (-12)，离生；子房上位，聚合蓇葖果，稀蒴果。

绣线菊 *Spiraea salicifolia* L.（图 7-43）：灌木。叶长圆状披针形至披针形，边缘具锯齿。花瓣粉红色。聚合蓇葖果，常具反折裂片。全株能通经活血、通便利水。

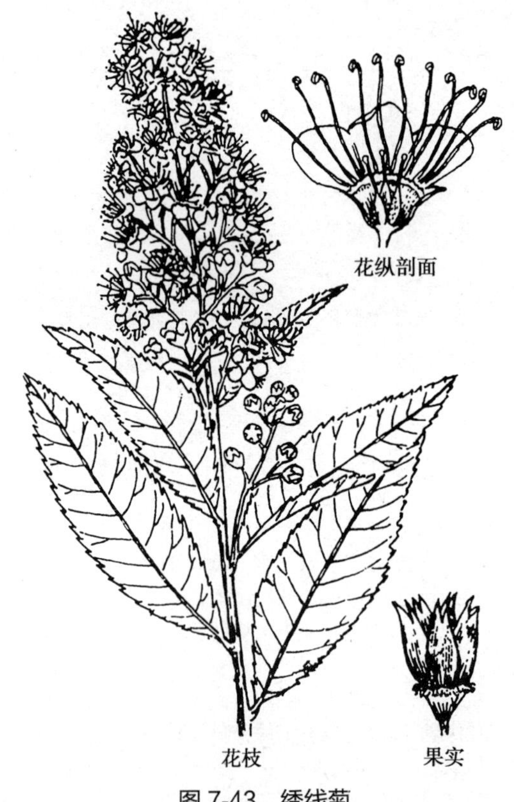

图 7-43 绣线菊

(2) 蔷薇亚科 Rosoideae：灌木或草本。常羽状复叶，有托叶。托杯壶状或凸起；心皮多数，离生，子房上位，周位花；萼宿存。瘦果、聚合瘦果或聚合核果。

1) 蔷薇属（*Rosa* L.）：灌木，皮刺发达；托叶贴生于叶柄上；托杯壶状，雄蕊生于托杯口部；多数瘦果集于肉质壶状托杯内组成一个聚合瘦果，称蔷薇果。

笔记栏

金樱子 *Rosa laevigata* Michx.(图 7-44):常绿攀缘灌木;3 小叶,近革质,光亮;花单生枝顶,白色;蔷薇果倒卵形,密生直刺,具宿存萼片。分布于华东、华中及华南地区。果实(金樱子)能固精缩尿、固崩止带、涩肠止泻。

同属植物**月季** *Rosa chinensis* Jacp.,各地有栽培,花(月季花)能活血调经、疏肝解郁。**玫瑰** *Rosa rugosa* Thunb.,各地有栽培,花蕾(玫瑰花)能行气解郁、活血止痛。

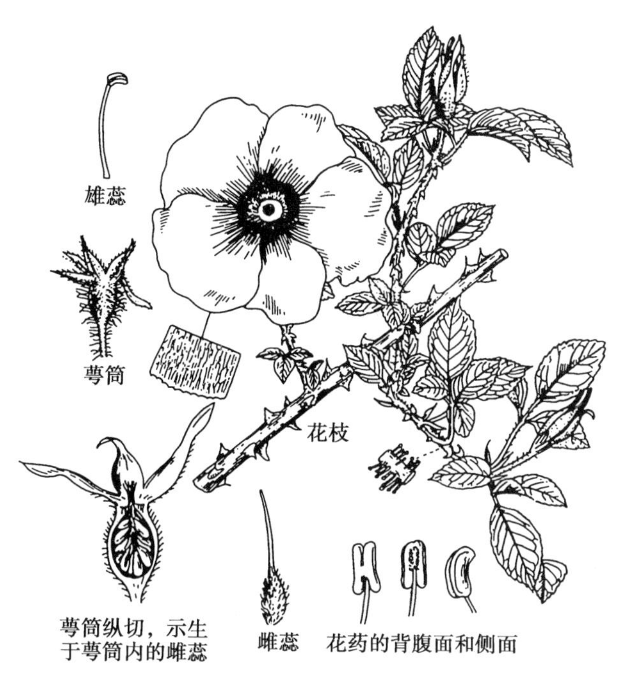

图 7-44 金樱子

2)悬钩子属(*Rubus* L.):灌木,茎有刺;掌状或羽状复叶,托叶与叶柄连合,花托球形或圆锥形,心皮各含胚珠 2 枚,聚合小核果。

掌叶覆盆子 *Rubus chingii* Hu(图 7-45):落叶灌木;叶掌状深裂,托叶条形,具重锯齿;聚合小核果球形,红色。分布于江苏、安徽、浙江、江西、福建等省;果实(覆盆子)能益肾、固精缩尿、养肝明目。

图 7-45 掌叶覆盆子

本亚科常用药用植物还有:**龙牙草** *Agrimonia pilosa* Ledeb.,各地均有分布;地上部分(仙鹤草)能收敛止血,截疟,止痢,解毒,补虚;冬芽称"鹤草芽",能驱虫。**地榆** *Sanguisorba officinalis* L. 和 **长叶地榆** *Sanguisorba officinalis* L. var. *longifolia*(Bertol.) Yu et Li,大部分地区有分布;根(地榆)能凉血止血、解毒敛疮。**委陵菜** *Potentilla chinensis* Ser.,大部分地区有分布;全草(委陵菜)能清热解毒、凉血止痢。**翻白草** *Potentilla discolor*

笔记栏

Bge.,大部分地区有分布;全草(翻白草)能清热解毒、止痢、止血。**路边青** *Geum aleppicum* Jacq. 和**柔毛路边青** *Geum japonicum* Thunb. var. *chinense* Bolle,分布于北温带及暖温带;全草(蓝布正)能益气健脾,补血养阴,润肺化痰。

(3) 苹果亚科(梨亚科)Maloideae:灌木或乔木。单叶或复叶;有托叶。心皮 2~5,多数与托内壁愈合;子房下位,2~5 室,每室具 2 枚胚珠。梨果。

山楂属(*Crataegus* L.):落叶灌木或小乔木,具枝刺;单叶互生,有锯齿或裂片;心皮 1~5,各有成熟的胚珠 1 枚。

山楂 *Crataegus pinnatifida* Bge.(图 7-46):小枝紫褐色,有刺;叶羽状深裂,重锯齿尖锐;托镰形;伞房花序;花瓣白色;梨果近球形,熟时深红色,直径 1~1.5cm。黄河以北栽培或野生;果实(山楂)能消食健胃、行气散瘀、化浊降脂;叶片(山楂叶)能活血化瘀、理气通脉、化浊降脂。**山里红** *Crataegus pinnatifida* Bge. var. *major* N. E. Br. 的果较大,直径可达 2.5cm;果实和叶与山楂同等入药。

图 7-46 山楂

本亚科常用药用植物还有:**枇杷** *Eriobotrya japonica*(Thunb.)Lindl.,南方栽种果树;叶(枇杷叶)能清肺止咳、降逆止呕。**贴梗海棠** *Chaenomeles speciopsa*(Sweet)Nakai,长江和淮河流域常见栽培;近成熟果实(木瓜)能舒筋活络、和胃化湿。**野山楂** *Crataegus cuneats* Sieb. et Zucc. 的果实称"南山楂",能消食健胃、行气散瘀;**木瓜** *Chaenomeles sinensis*(Thouin) Koehne 的果实称"光皮木瓜",能平肝舒筋,和胃化湿;**石楠** *Photinia serrulata* Lindl. 的叶称"石楠叶",能祛风湿、强筋骨、益肝肾;**白梨** *Pyrus bretschneideri* Rehd.、**沙梨** *Pyrus pyrifolia* (Burm. f.)Nakai 和**秋子梨** *Pyrus ussuriensis* Maxim. 等的果实能清肺止咳,也是常见水果。

(4) 梅亚科(李亚科)Prunoideae:木本。单叶,有托叶。花 5 数,子房上位,1 心皮,1 室,2 胚珠。核果,种子 1 枚。

李属(*Prunus* L.):落叶小乔木,常顶芽缺;单叶互生,叶片基部边缘或叶柄顶端常有 2 小腺体;周位花,1 室具 2 个胚珠,花柱顶生。

杏 *Prunus armeniaca* L.［*Armeniaca vulgaris* L.］(图 7-47)：落叶小乔木；单叶互生，叶片卵圆形或宽卵形；花无柄或有短柄，先叶开花，单花顶生，白色或浅粉红色；核果球形，种子卵状心形。各地常栽种果树；种子(苦杏仁)能降气止咳平喘、润肠通便。**山杏** *Prunus armeniaca* L. var. *ansu* Maxim.［*Armeniaca vulgaris* L. var. *ansu* Maxim.］、**西伯利亚杏** *Prunus sibirica* L.［*Armeniaca sibirica* L.］、**东北杏** *Prunus mandshurica*(Maxim.) Koehne［*Armeniaca mandshurica*(Maxim.) Skv.］的种子与杏同等入药。

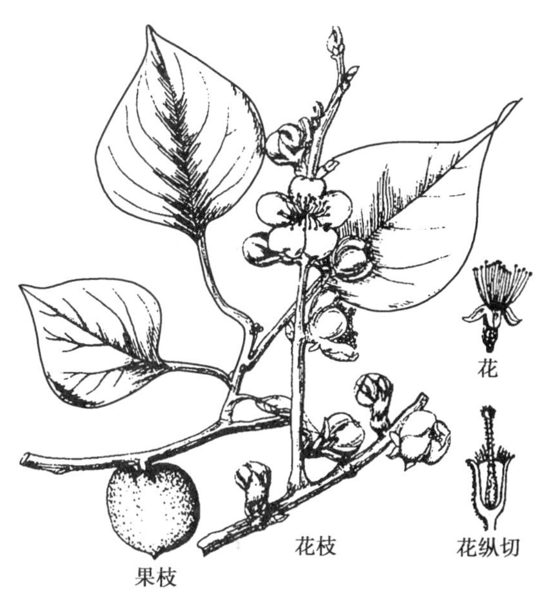

图 7-47　杏

梅 *Prunus mume*(Sieb.) Sieb. et Zucc.［*Armeniaca mume* Sieb.］，各地多栽培；近成熟果实(乌梅)能敛肺、涩肠、生津、安蛔；花蕾(梅花)能疏肝和中，化痰散结。**桃** *Prunus persica*(L.) Batsch［*Amygdalus persica* L.］，各地常栽种果树；种子(桃仁)能活血祛瘀、润肠通便、止咳平喘；枝条(桃枝)能活血通络，解毒杀虫。**山桃** *Prunus davidiana*(Carr.) Franch.［*Amygdalus davidiana*(Carr.) C. de Vos］的种子与桃同等入药。**郁李** *Prunus japonica* Thunb.［*Cerasus japonica*(Thunb.) Lois.］和**欧李** *Prunus humilis* Bge.［*Cerasus humilis*(Bge.) Sok.］主产于黄河以北地区，**长梗扁桃** *Prunus pedunculata* Maxim.［*Amygdalus pedunculata* Pall.］主产于内蒙古和宁夏，三者的种子(郁李仁)能润肠通便、下气利水。

本亚科常用药用植物还有：**蕤核** *Prinsepia uniflora* Batal. 和**齿叶扁核木** *Prinsepia uniflora* Batal. var. *serrata* Rehd，分布于河南、山西、陕西、内蒙古、甘肃和四川等省区；两者的果核(蕤仁)能疏风散热，养肝明目。

24. 豆科 Leguminosae，Fabaceae

⚥ $* \uparrow K_{5,(5)}C_5A_{(9)+1,10,\infty}\underline{G}_{(1:1:1\sim\infty)}$

【突出特征】草本、木本或藤本。叶互生，常复叶，有托叶。花两性，两侧对称或辐射对称；萼5裂；花瓣5，花冠常蝶形或假蝶形；雄蕊10，二体雄蕊，少分离或下部合生，稀多数；心皮1，子房上位，胚珠一至多数，边缘胎座。荚果。种子无胚乳。

全球约650属，18 000种，是被子植物第3大科，广布；我国172属，1 539种；已知药用109属，600余种；《中华人民共和国药典》收载31种中药材。分布有黄酮类、生物碱类、萜类、香豆素类、蒽醌类、甾类、鞣质类等多种类型成分，黄酮类如甘草苷(liquiritin)、葛根素(puerain)、芦丁等；生物碱如苦参碱(matrine)、毒扁豆碱(physostigmine)等，萜类如甘草甜素

笔记栏

(glycyrrhizin)、黄芪甲苷(astragaloside)等;香豆素类如补骨脂素(psoralidin)等。

依据花冠形态、对称性、花瓣排列方式、雄蕊数目与类型等,分为含羞草亚科、云实亚科(苏木亚科)和蝶形花亚科(表 7-7)。

表 7-7　豆科各亚科和主要属检索表

1. 花辐射对称,花瓣镊合状排列,雄蕊多数或有定数……含羞草亚科 Mimosoideae
  2. 雄蕊多数,荚果成熟时不裂为数节。
    3. 花丝连合成管状……合欢属 *Albizia*
    3. 花丝分离……金合欢属 *Acacia*
  2. 雄蕊 5 或 10 枚,荚果成熟时裂为数节……含羞草属 *Mimosa*
1. 花两侧对称,花瓣覆瓦状排列,雄蕊常为 10 枚。
  4. 花冠假蝶形,旗瓣小并位于最内方,雄蕊分离……云实亚科(苏木亚科)Caesalpinioideae
    5. 单叶。……紫荆属 *Cercis*
    5. 偶数羽状复叶。
      6. 植株有刺。
        7. 花杂性或单性异株,小叶边缘有齿……皂荚属 *Gleditsia*
        7. 花两性,小叶全缘……云实属 *Caesalpinia*
      6. 植株无刺……决明属 *Cassia*
  4. 花冠蝶形,旗瓣大并位于最外方……蝶形花亚科 Papilionoideae
    8. 雄蕊分离或仅基部合生……槐属 *Sophora*
    8. 雄蕊合生成单体或二体。
      9. 单体雄蕊。
        10. 三出复叶,藤本。
          11. 花萼钟形,具块根……葛属 *Pueraria*
          11. 花萼二唇形,不具块根……刀豆属 *Canavalia*
        10. 单叶,草本。
          12. 荚果不肿胀,常含 1 枚种子,成熟时不开裂……补骨脂属 *Psoralea*
          12. 荚果肿胀,含种子 2 枚以上,成熟时开裂……猪屎豆属 *Crotalaria*
      9. 二体雄蕊。
        13. 三出复叶。
          14. 小叶边缘有锯齿,托叶与叶柄连合……胡芦巴属 *Trigonella*
          14. 小叶全缘或具裂片,托叶不与叶柄连合。
            15. 花序轴无节无瘤……大豆属 *Glyine*
            15. 花序轴于花着生处常凸出为节,或隆起如瘤
              16. 花柱不具须毛。
                17. 旗瓣大于翼瓣和龙骨瓣。枝条有刺……刺桐属 *Erythrina*
                17. 所有花瓣长度近相等。枝条无刺……密花豆属 *Spatholobus*
              16. 花柱上部具须毛,或柱头周围具毛茸。
                18. 柱头倾斜,其下方具须毛……豇豆属 *Vigna*
                18. 柱头顶生,其周围或下方具须毛……扁豆属 *Dolichos*
        13. 奇数羽状复叶。
          19. 木质藤本,圆锥花序……崖豆藤属 Millettia
          19. 草本,总状、穗状或头状花序。
            20. 花药等大;荚果通常肿胀,常因背缝线深延而纵隔为 2 室……黄芪属 *Astragalus*
            20. 花药不等大;荚果通常有刺或瘤状突起,1 室……甘草属 *Glycyrrhiza*

【药用植物】

(1)含羞草亚科 Mimosoideae:乔木或灌木,稀藤本或草本。一至二回羽状复叶。花辐射对称,萼下部合生;花瓣镊合状排列,基部合生;雄蕊多数,稀与花瓣同数,花丝离生或合生,伸出花冠外。荚果横裂或不裂。

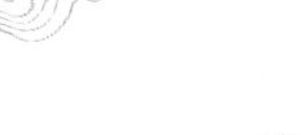

合欢属（*Albizia* Durazz.）：木本；二回羽状复叶；花小，两性，头状花序；花瓣常在中部以下合生成漏斗状，雄蕊多数，基部合生成管。

合欢 *Albizia julibrissin* Durazz.（图 7-48）：落叶乔木，皮孔椭圆形横向；小叶镰刀状；头状花序；萼小，筒状，花冠淡红色；花丝伸出冠外，淡红色。荚果扁条形。产于东北至华南及西南部各省区；树皮（合欢皮）能解郁安神、活血消肿；花序或花蕾（合欢花）能解郁、安神。

本亚科常用药用植物还有：**儿茶** *Acacia catechu*（L. f.）Willd.，在浙江、台湾、广东、广西、云南有栽培，心材和去皮枝干的干燥煎膏（儿茶）能活血止痛、止血生肌、收湿敛疮、清肺化痰。**榼藤** *Entada phaseoloides*（L.）Merr.，产于台湾、福建、广东、广西、云南和西藏等地；种子（榼藤子）能补气补血，健胃消食，除风止痛，强筋硬骨。**含羞草** *Mimosa pudica* L. 的全草称“含羞草”，能安神、散瘀止痛。

（2）云实亚科（苏木亚科）Caesalpinioideae：乔木或灌木，少藤本，稀草本。单叶或复叶，互生。花两侧对称；萼 5，常分离；花冠假蝶形；雄蕊 10，多分离。

决明属（*Cassia* L.）：木本或草本；偶数羽状复叶；花近辐射对称，常黄色，总状花序腋生，或圆锥花序顶生；雄蕊（4-）10 枚，常不相等，其中有些花药退化。

决明 *Cassia obtusifolia L.*［*Senna tora* L. var. *obtusifolia*（L.）X. Y. Zhu］（图 7-49）：一年生草本。偶数羽状复叶；小叶 3 对，倒卵形或倒卵状长圆形。花黄色，成对腋生；雄蕊 10，能育雄蕊 7。荚果细长，近四棱形。种子多数，菱柱形，淡褐色，光亮。产于长江以南各省区；种子（决明子）能清热明目、润肠通便。**小决明** *Cassia tora* L.［*Senna tora*（L.）Roxb.］的种子与决明同等入药。

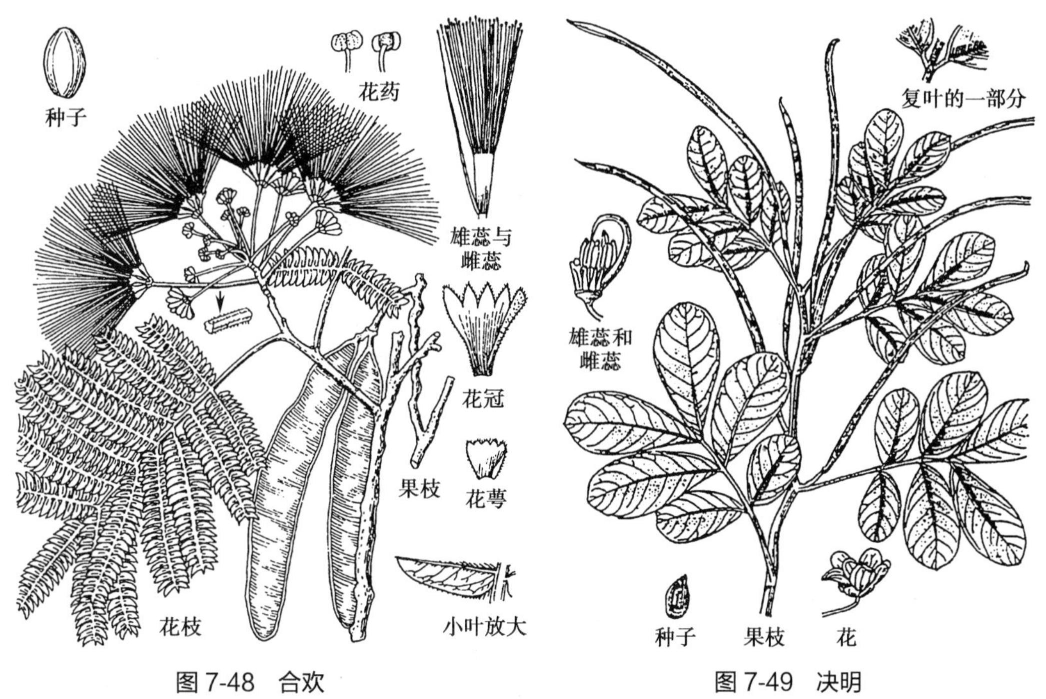

图 7-48 合欢　　图 7-49 决明

本亚科常用药用植物还有：**皂荚** *Gleditsia sinensis* Lam.（图 7-50），各地多栽培，不育果实（猪牙皂）能祛痰开窍、散结消肿；棘刺（皂角刺）能消肿托毒、排脓、杀虫。**狭叶番泻** *Cassia angustifolia* Vahl［*Senna alexandrina* Mill.］和 **尖叶番泻** *Cassia acutifolia* Delile［*Senna acutifolia*（Delile）Batka］，原产于热带非洲和埃及，我国南方有栽培；小叶（番泻叶）能泻热行滞、通便、利水。**苏木** *Caesalpinia sappan* L.，原产于东南亚，华南、云南和四川有栽培，心材

笔记栏

(苏木)能活血祛瘀、消肿止痛。**云实** *Caesalpinia decapetala* (Roth) Alston 的种子称"云实",能解毒消积、止咳化痰、杀虫。

(3) 蝶形花亚科 Papilionoideae:草本或木本。羽状复叶或三出复叶,稀单叶,有时具叶卷须;有托叶。花两侧对称;蝶形花冠;雄蕊 10,二体雄蕊,稀分离。

1) 黄耆属(*Astragalus* L.):草本,常具单毛或丁字毛;奇数羽状复叶,小叶全缘,不具小托叶;龙骨瓣与翼瓣近等长或稍短,龙骨瓣先端钝;花柱比子房长;荚果 1 室。

膜荚黄芪 *Astragalus membranaceus* (Fisch.) Bge.(图 7-51):主根圆柱形,粗长;小叶 9~25 枚,椭圆形或长卵圆形,两面被白色长柔毛;荚果膨胀,膜质,被黑色短柔毛。产于东北、华北及西北,栽培或野生;根(黄芪)能补气升阳、固表止汗、利水消肿、生津养血、行滞通痹、托毒排脓、敛疮生肌。**蒙古黄芪** *Astragalus membranaceus* (Fisch.) Bge. var. *mongholicus* (Bge.) Hsiao 的根与膜荚黄芪同等入药。**扁茎黄芪** *Astragalus complanatus* R. Br.,产于东北、华北及西北;种子(沙苑子)能补肾助阳、固精缩尿、养肝明目。

图 7-50　皂荚

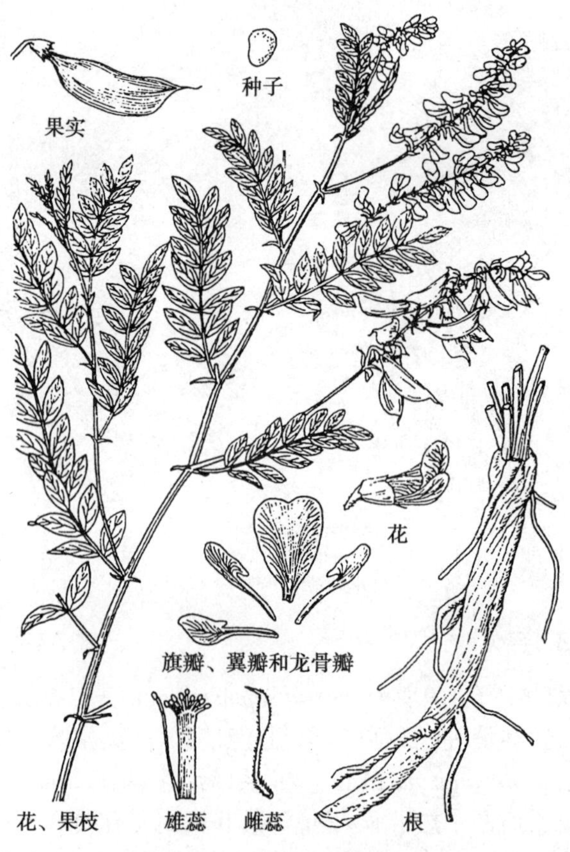

图 7-51　膜荚黄芪

2）甘草属（*Glycyrrhiza* L.）：多年生草本，根和根状茎极发达，茎多分枝，全体被鳞片状腺点或刺状腺体；托叶 2 枚，分离；小叶 5~17 枚；翼瓣短于旗瓣，花药 2 型，药室顶端连合。

甘草 *Glycyrrhiza uralensis* Fisch.（图 7-52）：主根粗长，外皮红棕色或暗棕色；总状花序腋生，花冠蓝紫色；荚果呈镰刀状或环状弯曲，密被刺状腺毛及短毛。产于东北、华北、西北；根及根茎（甘草）能补脾益气、清热解毒、祛痰止咳、缓急止痛、调和诸药。**胀果甘草** *Glycyrrhiza inflate* Bat. 和**光果甘草** *Glycyrrhiza glabra* L. 的根和根茎与甘草同等入药。

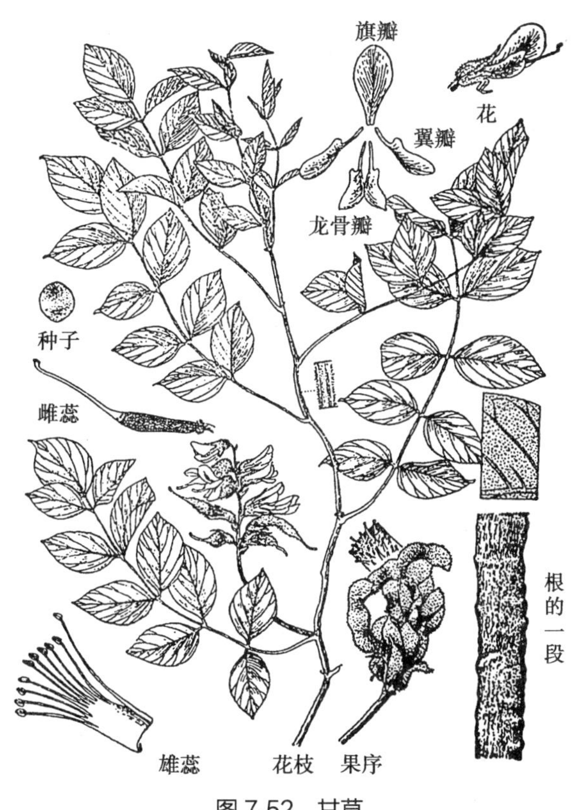

图 7-52　甘草

3）槐属（Sophora L.）：乔木、灌木或草本；奇数羽状复叶；花序总状或圆锥状，萼齿近等长，花丝全部分离，或近基部处连合，花药同型。荚果圆柱形，串珠状。

苦参 *Sophora flavescens* Ait.（图 7-53）：落叶半灌木；根圆柱状，粗大，外皮黄白色；花淡黄白色；雄蕊 10，离生；荚果呈不明显的串珠状。全国各地均产；根（苦参）能清热燥湿、杀虫、利尿。

同属植物**槐** *Sophora japonica* L.，各地有栽培；花及花蕾（槐花）能凉血止血、清肝泻火；果实（槐角）能清热泻火、凉血止血。**柔枝槐**（越南槐）*Sophora tonkinensis* Gagnep.，产于广西、广东；根和根茎（山豆根）能清热解毒、消肿利咽。

本亚科常用药用植物还有：**野葛** *Pueraria lobata*（Willd.）Ohwi（图 7-54），产于全国各地；根（葛根）能解肌退热，生津止渴，透疹，升阳止泻，通经活络，解酒毒；花称“葛花”，能解酒毒，止渴。**甘葛藤** *Pueraria thomsonii* Benth. 的根（粉葛）与野葛的根功效相同。**多序岩黄芪** *Hedysarum polybotrys* Hand. -Mazz.，产于四川、甘肃；根（红芪）能补气升阳，固表止汗，利水消肿，生津养血，行滞通痹，托毒排脓，敛疮生肌。**补骨脂** *Psoralea corylifolia* L.，产于云南西双版纳和金沙江干热河谷；果实（补骨脂）能温肾助阳、纳气平喘、温脾止泻，外用消风祛斑。**密花豆** *Spatholobus suberectus* Dunn，产于云南、广西、广东和福建；藤茎（鸡

笔记栏

血藤)能活血补血、调经止痛、舒筋活络。**广东相思子** *Abrus cantoniensis* Hance,产于湖南、广东、广西;全株(鸡骨草)能利湿退黄、清热解毒、舒肝止痛。**广东金钱草** *Desmodium styracifolium*(Osb.)Merr.,产于广西、广东;地上部分(广金钱草)能利湿退黄,利尿通淋。**胡芦巴** *Trigonella foenum-graecum* L.,南北各地均有栽培;种子(胡芦巴)能温肾助阳,祛寒止痛。**降香檀** *Dalbergia odorifera* T. Chen,产于海南;心材(降香)能化瘀止血、理气止痛。**刀豆** *Canavalia gladiata*(Jacq.)DC.,长江以南各省区间有栽培;种子(刀豆)能温中、下气、止呃。**扁豆** *Dolichos lablab* L.,各地广泛栽培;种子(白扁豆)能健脾化湿、和中消暑。**赤小豆** *Vigna umbellate* Ohwi et Ohashi 和**赤豆** *Vigna angularis* Ohwi et Ohashi,各地广泛栽培;种子(赤小豆)能利水消肿、解毒排脓。**大豆** *Glycine max*(Linn.)Merr.,各地广泛栽培;发芽种子(大豆黄卷)能解表祛暑,清热利湿;成熟种子的发酵加工品(淡豆豉)能解表,除烦,宣发郁热;黑色种子(黑豆)能益精明目,养血祛风,利水,解毒。

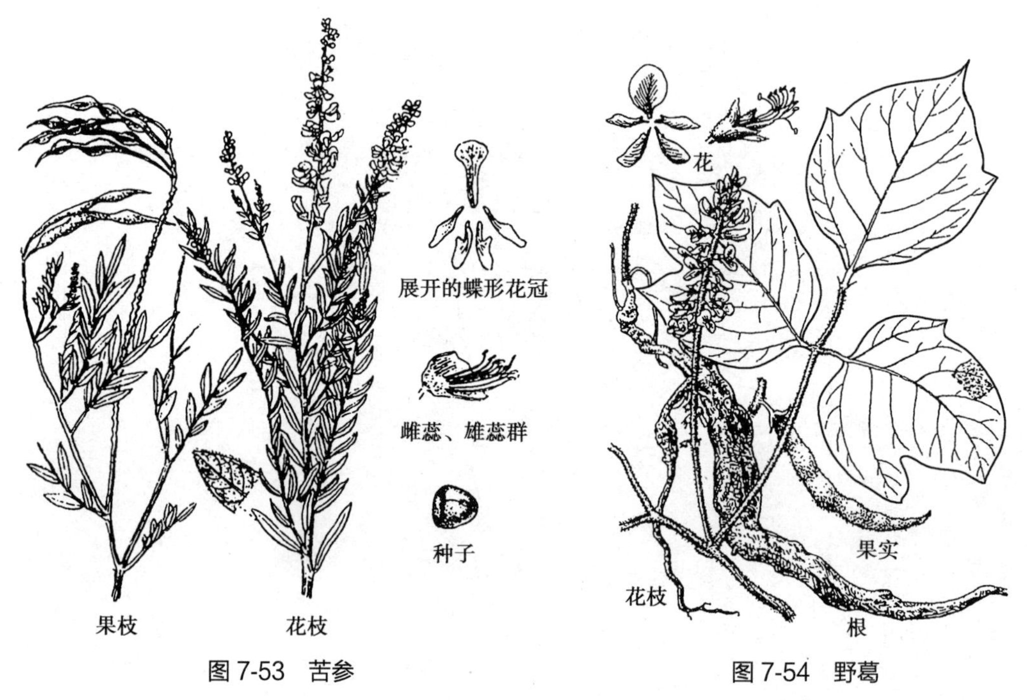

图 7-53　苦参　　图 7-54　野葛

知识拓展

恩格勒系统的豆科在哈钦松、克朗奎斯特和塔赫他间系统中均划分成含羞草科 Mimosaceae、苏木科(云实科)Caesalpiniaceae 和蝶形花科 Fabaceae 等 3 个科。

(十三) 牻牛儿苗目 Geraniales

木本或草本,有的具乳汁或汁液。单叶或复叶。花单性或两性,伞形或伞房状花序;花 5 基数,分离,轮生;雄蕊 2 轮;子房上位,心皮 5(3),合生,中轴胎座。蒴果、核果或少浆果;种子无胚乳。有 9 科,国产 8 科;《中华人民共和国药典》收载大戟科 10 种,牻牛儿苗科、蒺藜科和亚麻科各 1 种中药材。

25. 大戟科 Euphorbiaceae　　♂ $*K_{0\sim5}C_{0\sim5}A_{1\sim\infty}$; ♀ $*K_{0\sim5}C_{0\sim5}\underline{G}_{(3:3:1\sim2)}$

【突出特征】乔木、灌木或草本,常有乳汁。单叶互生,有时叶基部或顶端具 1~2 枚腺

体；托叶早落或缺。花单性，同株或异株，聚伞或杯状聚伞花序或单花；单被或无被，少具花冠，有时具花盘或退化成腺体；雄蕊 1 枚至多数，分离或合生；子房上位，3 心皮，3 室，中轴胎座，每室胚珠 1~2。蒴果或浆果状，或核果。

全球有 300 属，8 000 余种，主要分布于热带和亚热带。我国有 70 余属，460 种，主要分布在西南地区；已知药用 39 属，160 余种；《中华人民共和国药典》收载 10 种中药材。分布有生物碱、没食子鞣质、二萜、四环和五环三萜、氰苷、硫苷等，而以二萜的结构和活性最丰富。

【药用植物】

(1) 大戟属（*Euphorbia* L.）：草本或木本，乳汁白色；叶互生或对生，叶全缘，常无柄和托叶；杯状聚伞花序（即大戟花序）或组成复花序，每大戟花序由 1 雌花和多数雄花构成，雌花位于花序中央，雌、雄花均无花被；雄花仅 1 雄蕊，花丝与花柄相接处有关节；雌花仅 1 雌蕊，具子房柄，3 心皮，3 室，每室 1 胚珠；花序外由 4~5 苞片联合成花萼状总苞，常具腺体；蒴果裂成 3 个分果。

大戟 *Euphorbia pekinensis* Rupr.（图 7-55）：草本；根长圆锥状；茎上部分枝，被白色短柔毛；单叶互生；总花序常有 5 伞梗，苞片 5 枚，卵形或卵状披针形；杯状总苞顶端 4 裂，腺体 4；蒴果表面具疣状突起。全国各地均有分布。根（京大戟）能泄水逐饮，消肿散结，有毒。**狼毒大戟** *Euphorbia fischeriana* Steud. 和**甘肃大戟**（月腺大戟）*Euphorbia kansuensis* Prokh.［*Euphorbia ebracteolata* Hayata］，主产于东北和西北；根（狼毒）能散结，杀虫；有毒。

图 7-55　大戟

同属植物**续随子** *Euphorbia lathyris* L.，分布于全国各地，种子（千金子）能逐水消肿，破血消瘀。**甘遂** *Euphorbia kansui* T. N. Liou ex T. P. Wang，分布于河南、山西、陕西、甘肃和宁夏，块根（甘遂）能泻水逐饮，消肿散结。**地锦** *Euphorbia humifusa* Willd.，分布于除海南外的各地；全草（地锦草）能清热解毒，凉血止血。**斑地锦** *Euphorbia maculata* L.，分布于江苏、江西、浙江、湖北、河南、河北和台湾，与地锦草同等入药。**飞扬草** *Euphorbia hirta* L.，分布于长江下游及以南地区；全草（飞扬草）能清热解毒，利湿止痒，通乳。

(2) 叶下珠属（*Phyllanthus* L.）：草本或灌木，无乳汁；叶互生，常在侧枝上排成 2 例，呈羽状复叶状；托叶 2，早落；单性同株或异株；花小，无花瓣，单生叶腋或排成聚伞花序；花盘腺体状；雄蕊 2~6；子房 3 室，每室胚珠 2；蒴果扁球形，种子无假种皮和种阜。

余甘子 *Phyllanthus emblica* L.：乔木或灌木，小枝被锈色短柔毛；叶条状长圆形，互生 2 列似羽状复叶；花小，簇生叶腋，雄花具多数、雌花 1 朵；雄花具腺体，雄蕊 3，花丝合生；花盘杯状，包围子房；蒴果球形。主产于金沙江干热河谷地带和福建。果实（余甘子）能清热凉血，消食健胃，生津止渴。

笔记栏

叶下珠 *Phyllanthus urinaria* L.(图 7-56)：一年生小草本；叶长椭圆形，全缘，几无柄；雌雄同株，雄花簇生叶腋，雌花单生；果圆表面具凸刺或瘤体。分布于长江流域及以南地区。全草能清热利尿，明目，消疳止痢。

图 7-56　叶下珠

常用的药用植物还有：**巴豆** *Croton tiglium* L.，分布于长江以南各省；种子(巴豆)有大毒；生品外用蚀疮；炮制品(巴豆霜)能峻下冷积，逐水退肿，豁痰利咽。**龙脷叶** *Sauropus spatulifolius* Beille，分布于福建、广东、广西；叶(龙脷叶)能润肺止咳，通便。**蓖麻** *Ricinus communis* L.，全国各地均有栽培；种子(蓖麻子)能泻下通滞，消肿拔毒。

本目重要的药用类群尚有：牻牛儿苗科植物**老鹳草** *Geranium wilfordii* Maxim.，分布于除西北和华南以外地区；地上部分(老鹳草)能祛风湿，通经络，止泻痢。**野老鹳草** *Geranium carolinianum* L. 分布于长江流域及山东、安徽，**牻牛儿苗** *Erodium stephanianum* Willd. 分布于长江中下游以北地区，二者与老鹳草同等入药。蒺藜科植物**蒺藜** *Tribulus terrestris* L.，分布于全国各地；成熟果实(蒺藜)能平肝解郁，活血祛风，明目，止痒。亚麻科植物**亚麻** *Linum usitatissimum* L.，分布于全国各地；种子(亚麻子)能润燥通便，养血祛风；种子榨油也是食用油的来源。

(十四) 芸香目 Rutales

木本，稀草本。单叶或复叶，互生、对生或轮生。花两性、单性或杂性，辐射对称，少两侧对称，4 或 5 基数；雄蕊 8 或 10，2 轮，稀 4~5 或更多；常具花盘；子房上位，常 2~5 心皮合生，每室 1~2 胚珠。有 12 科，国产 7 科；《中华人民共和国药典》收载芸香科 16 种、苦木科 3 种、楝科 2 种、远志科 2 种和橄榄科 2 种中药材。

26. 芸香科 Rutaceae

$\text{⚥} *K_{4\sim5}C_{4\sim5}A_{3\sim\infty}\underline{G}_{(2\sim\infty:2\sim\infty:1\sim2)}$

【突出特征】木本，稀草本。叶互生，稀对生；羽状复叶或单身复叶，稀单叶；无托叶；叶、花、果常具透明腺点。花单生或排成各式花序；花两性或杂性，整齐；萼片、花瓣 4 或 5，萼合生，花瓣分离；雄蕊与瓣同数或其倍数；心皮 2~5 或更多，常合生，子房上位，生蜜腺盘上，每室 1 至多胚珠。柑果、蓇葖果、核果、蒴果，稀翅果。

全球约 150 属，1 600 种；主要分布于热带、亚热带，少数分布于温带。我国 28 属，约 150 种；已知药用 23 属，约 105 种；《中华人民共和国药典》收载 16 种中药材。分布有挥发油、香豆素、黄酮类、三萜类和生物碱等，其中喹啉类生物碱和三萜类苦味素是芸香科的化学特征。

芸香科常根据植物习性、叶形态特征和果实类型划分和鉴别属(表 7-8)。

表 7-8　芸香科重要属检索表

1. 草本，有时基部木质化。
  2. 常绿，茎基部木质化。叶为二至三回羽状深裂；花黄色 ························ 芸香属 *Ruta*
  2. 冬季落叶的宿根草本。二至三回指状三出复叶或单数羽状复叶。花粉红色或白色。
    3. 二至三回指状三出复叶。聚伞圆锥花序；花白色 ························ 石椒草属 *Boenninghausenia*
    3. 单数羽状复叶。顶生总状花序；花白色或红色 ························ 白鲜属 *Dictamnus*
1. 木本。
  4. 羽状复叶。

续表

5. 叶对生，枝无刺。
    6. 芽生于叶柄基部内，核果 …… 黄檗属 *Phellodendron*
    6. 芽腋生，蓇果裂成蓇葖果 …… 吴茱萸属 *Evodia*
5. 叶互生，枝有刺，蓇果开裂成蓇葖果状 …… 花椒属 *Zanthoxylum*

4. 单叶，单身复叶或三出复叶。
    7. 单叶或单身复叶。
        8. 单叶。花单性异株；花瓣 4 数。蒴果 …… 臭常山属 *Orixa*
        8. 单身复叶。花两性，花瓣常 5 数。柑果。
            9. 子房 8~15 室 …… 柑橘属 *Citrus*
            9. 子房 3~6 室 …… 金橘属 *Fortunella*
    7. 三出复叶 …… 枳属 *Poncirus*

(1) 柑橘属(*Citrus* L.)：常绿小乔木，枝有刺，新枝扁而具棱。单身复叶，具透明油点；单花腋生或数花簇生，5 基数，花萼杯状，花盘有密腺；柑果。

橘 *Citrus reticulata* Blanco(图 7-57)：单身复叶，翼叶甚狭窄，叶柄较长；单花腋生或少花簇生，花瓣白色；果皮易剥，子叶绿色。常见栽培果树，果皮(陈皮)能理气化痰、和胃降逆；外层果皮(橘红)能理气宽中，燥湿化痰；未成熟果实的果皮(青皮)能疏肝破气，消积化滞；中果皮及内果皮间的维管束群称"橘络"，能通络、化痰；种子(橘核)能理气，散结，止痛；叶称"橘叶"，能行气、散结。

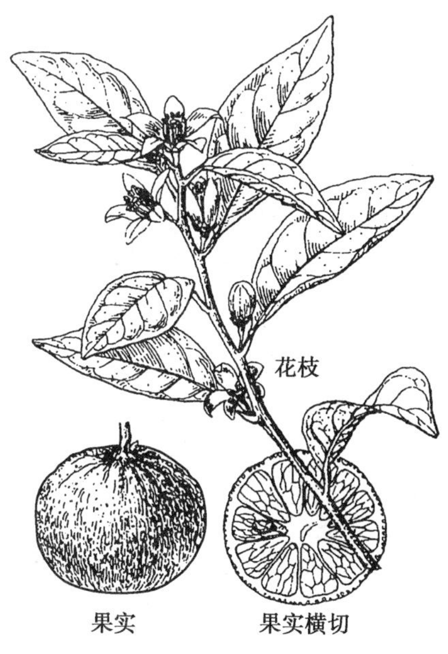

图 7-57 橘

柚 *Citrus grandis* (L.) Osbeck 和**化州柚** *Citrus grandis* "Tomentosa" 在长江流域以南各地有栽培；成熟果皮(化橘红)能燥湿祛痰，健胃消食；前者习称"青光橘红"，后者习称"毛橘红"。**枸橼** *Citrus medica* L. 和**香圆** *Citrus wilsonii* Tanaka 在长江流域及以南有栽培；成熟果实(香橼)能理气宽中，化痰。**佛手** *Citrus medica* L. var. *sarcodactylis* (Noot.) Swingle 在长江流域及以南有栽培；果实(佛手)能行气，开郁化痰。

(2) 花椒属(*Zanthoxylum* L.)：有刺小灌木或小乔木；奇数羽状复叶，有透明油腺点；花小，单性或杂性，排成圆锥花序；蓇葖果，外果皮有油点，成熟时内外果皮彼此分离成 1~5 个

笔记栏

果瓣，内有种子 1 粒。

花椒 *Zanthoxylum bungeanum* Maxim.：小叶 5~13 枚，叶轴有甚狭窄的叶翼；花被片 6~8 枚，黄绿色；雌花少有发育雄蕊，心皮 3 或 2 枚；蓇葖果成熟时外果皮紫红色。四川、甘肃等常栽培，栽培品种较多；成熟果皮（花椒）能温中止痛，杀虫止痒；种子称“椒目”，能利水消肿。

同属植物**青椒** *Zanthoxylum schinifolium* Sieb. et Zucc. 的果皮草绿色或暗绿色，与花椒同等入药。**两面针** *Zanthoxylum nitidum*（Roxb.）DC.，产于华南及广西、贵州、云南；根（两面针）能活血化瘀，行气止痛，祛风通络，解毒消肿。

（3）黄檗属（*Phellodendron* Rupr.）：落叶乔木，树皮内层黄色，味苦；奇数羽状复叶，对生；花单性，雌雄异株，圆锥状聚伞花序，顶生；萼片、花瓣、雄蕊和心皮均 5 数；雌花的退化雄蕊鳞片状，子房 5 室，每室 2 胚珠。核果，近圆球形。

黄檗 *Phellodendron amurense* Rupr.（图 7-58）：树皮木栓层发达；小叶 5~13 枚，卵形或卵状披针形，中脉基部具长柔毛；浆果状核果，紫黑色。产于东北及华北地区；除去栓皮的树皮（关黄柏）能清热泻火，燥湿解毒。

同属植物**黄皮树** *Phellodendron chinense* Schneid.，产于西南地区和湖南、湖北，树皮木栓层薄；树皮（黄柏）习称川黄柏，功效同关黄柏。

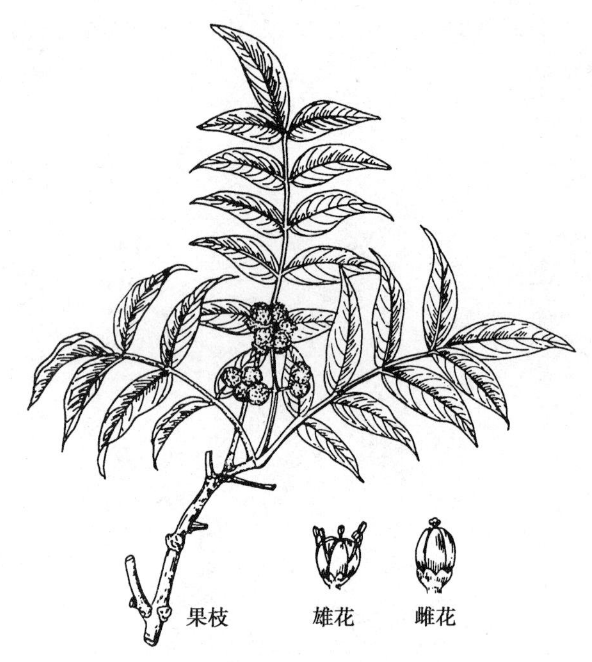

图 7-58 黄檗

常用的药用植物还有：**吴茱萸** *Evodia rutaecarpa*（Juss.）Benth.，产于秦岭以南各地（除海南外），多见栽培；近成熟果实（吴茱萸）能散寒止痛，降逆止呕。**石虎** *Evodia rutaecarpa*（Juss.）Benth. var. *officinalis*（Dode）Huang 和**疏毛吴茱萸** *Evodia rutaecarpa*（Juss.）Benth.var. *bodinieri*（Dode）Huang 的近成熟果实与吴茱萸同等入药。**白鲜** *Dictamnus dasycarpus* Turcz.，产于东北、西北和河南、安徽等；根皮（白鲜皮）能清热解毒，燥湿，祛风止痒。**九里香** *Murraya exotica* L.，产于台湾、福建、广东、海南和广西；叶及带叶嫩枝（九里香）能行气止痛，活血散瘀。

27. 楝科 Meliaceae ⚥ $*K_{(4\sim5),(6)}C_{4\sim5,3\sim10}A_{(8\sim10)}G_{(2\sim5:2\sim5:1\sim2)}$

【突出特征】木本。叶互生，羽状复叶；无托叶。聚伞或圆锥花序；花两性，整齐；萼片、花瓣 4 或 5，离生或合生；雄蕊 8~10，花丝合生成管；心皮 2~5 合生，子房上位，中轴胎座，每

室1至多胚珠；具花盘或缺。蒴果、浆果或核果；种子具假种皮。

全球有50属，1 400种；分布于热带、亚热带地区。我国有18属，65种；主要分布于长江以南各省；已知药用13属，30种；《中华人民共和国药典》收载2种中药材。分布有三萜类、生物碱类成分。

【药用植物】**楝** *Melia azedarach* L.（图7-59）：落叶乔木。二至三回奇数羽状复叶，互生，幼时被星状毛，小叶卵形至椭圆形，具钝齿。圆锥花序与叶近等长；花5数，淡紫色，芳香；雄蕊10；子房5~6室。核果长不足2cm。在黄河以南各地多栽培。树皮和根皮（苦楝皮）能清热，燥湿，杀虫；有小毒。**川楝** *Melia toosendan* Sieb. et Zucc. 不同于楝的是，小叶全缘或钝齿不明显；花序约为叶长的1/2，子房6~8室；果长约3cm。根皮和茎皮与楝同等入药；果实（川楝子）能舒肝，行气，止痛，杀虫；有小毒。

香椿 *Toona sinensis*（A. Juss.）Roem.：野生或栽培，嫩芽作蔬菜，果实称"香铃子"，能祛风、散寒、止痛，根皮与树皮能清热燥湿、涩肠、止血、止带、杀虫。

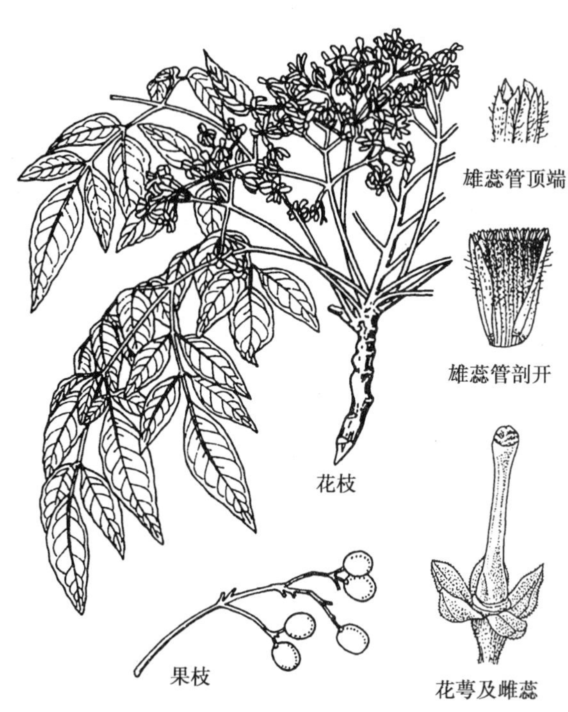

图7-59 楝

28. 远志科 Polygalaceae $⚥\uparrow K_5C_{3,5}A_{(4\sim8)}\underline{G}_{(1\sim3:1\sim3:1\sim\infty)}$

【突出特征】草本或木本。单叶互生、对生或轮生，全缘，无托叶。总状或穗状花序；花两性，两侧对称；萼片5，不等长，内面2呈花瓣状；花瓣5或3，不等长，中间1枚呈龙骨状，顶端常具鸡冠状附属物；雄蕊4~8，花丝常合生成鞘，花药顶孔开裂；1~3心皮合生，子房上位，常2室，每室胚珠1枚。蒴果、坚果或核果。

全球13属，近1 000种，分布于温带和热带地区。我国4属，51种和9变种，全国均有分布；已知药用3属，27种，3变种；《中华人民共和国药典》收载2种中药材。分布有三萜皂苷、屾酮和生物碱类化合物，如远志皂苷（tenuigenin）和远志碱（tenuidine）等。

【药用植物】**远志** *Polygala tenuifolia* Willd.（图7-60）：多年生小草本，根圆柱形，茎丛生。叶互生，线状披针形至线形，全缘，无柄。总状花序；花淡蓝紫色；瓣状萼2，宿存；花瓣3，淡紫色，龙骨状花瓣先端流苏状。蒴果扁倒心形，边缘有窄翅。产于东北、华北、西北等地。根（远志)能祛痰利窍、安神益智。同属植物**西伯利亚远志** *Polygala sibirica* L. 的根与远志同等入药。

常用的药用植物还有：**瓜子金** *Polygala japonica* Houtt.，产于东北、华北、西北、华东、华中和西南地区；全草(瓜子金)能祛痰止咳、散瘀止血、安神。**黄花远志** *Polygala arillata* Buch.-Ham. ex D. Don 的根能祛风除湿，补虚消肿，调经活血；**蝉翼藤** *Securidaca inappendiculata* Hassk. 的根茎能活血化瘀、消肿止痛、清热利尿。

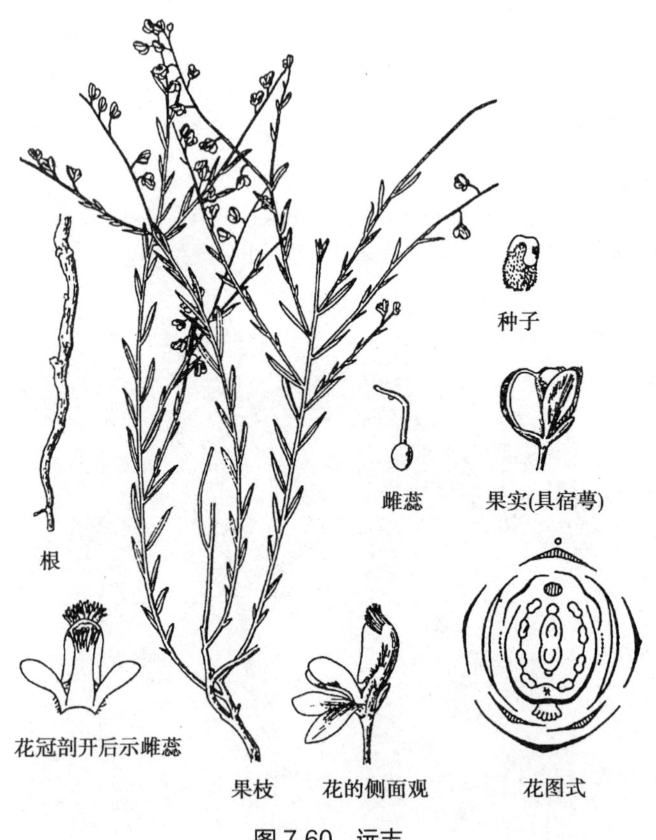

图 7-60　远志

本目重要的药用类群尚有：苦木科植物**苦木** *Picrasma quassioides*(D. Don) Benn，产于黄河流域及其以南各省区；枝和叶(苦木)能清热解毒，祛湿。**臭椿** *Ailanthus altissima*(Mill.) Swingle，产于西北和东北外的大部分地区；根皮或干皮(椿皮)能清热燥湿，收涩止带，止泻，止血。**鸦胆子** *Brucea javanica*(L.) Merr，产于福建、台湾、广东、广西、海南和云南等地；成熟果实(鸦胆子)能清热解毒，截疟，止痢，外用腐蚀赘疣。橄榄科植物**橄榄** *Canarium album* Raeusch.，产于福建、台湾、广东、广西、云南、四川；成熟果实(青果)能清热解毒，利咽，生津。**地丁树** *Commiphora myrrha* Engl. 或**哈地丁树** *Commiphora molmol* Engl.，干燥树脂(没药)能散瘀定痛，消肿生肌；进口药材。**乳香树** *Boswellia carterii* Birdw. 和 *Boswellia bhaw-dajiana* Birdw.，树皮渗出的树脂(乳香)能活血定痛，消肿生肌；进口药材。

(十五) 无患子目 Sapindales

木本，稀草本。叶互生、对生或轮生，复叶或单叶；花两性、单性或杂性，辐射对称，少两侧对称，花 4~5 基数；雄蕊常 8~10，2 轮；具花盘；子房上位，2~5 心皮。有 10 科，国产 8 科。《中华人民共和国药典》收载无患子科 2 种、漆树科 2 种、七叶树科和凤仙花科各 1 种中药材。

29. 无患子科 Sapindaceae

$⚥ * \uparrow K_{4\sim5} C_{4\sim5,0} A_{8\sim10} \underline{G}_{(2\sim4:2\sim4:1\sim2)}$

【突出特征】乔木或灌木。羽状复叶或掌状复叶，互生，无托叶。花小，雌雄异株或同

笔记栏

株，稀两性或杂性，辐射对称或两侧对称，花 4 或 5 数；聚伞圆锥花序；萼离生或合生；花瓣离生或缺；花盘肉质；雄蕊 5~10，常 8 枚；2~4 心皮合生，子房上位，中轴胎座，常 3 室，每室胚珠 1 或 2。核果、蒴果、浆果或翅果；种子常具假种皮。

全球约 150 属，2 000 种，分布于热带、亚热带。我国 25 属，56 种，主要分布于长江以南；已知药用 11 属，19 种；《中华人民共和国药典》收载 2 种中药材。分布有三萜皂苷、鞣质、黄酮、脂肪酸和生物碱等。三萜皂苷是本科特征性成分。

图 7-61　龙眼

【药用植物】**龙眼**（桂圆）*Dimocarpus longan* Lour.（图 7-61）：常绿乔木。偶数羽状复叶，互生，小叶 4~5 对，长椭圆形至矩圆状披针形。圆锥花序密被锈色星状柔毛；花杂性，黄白色；花 5 数；雄蕊 8；子房 2~3 室，常仅 1 室发育。果近球形，核果状，外面具扁平瘤点；种子被肉质假种皮包裹。主要在华南、西南地区栽培；假种皮（龙眼肉）能益脾，健脑，养血安神；也供食用。

常用的药用植物还有：**荔枝** *Litchi chinensis* Sonn.（图 7-62），主要在华南地区栽培；种子（荔枝核）理气、散结、止痛；假种皮能生津、补脾，也供食用。**无患子** *Sapindus mukorossi* Gaertn.，产于东部、南部至西南部；果实清热解毒，止咳化痰。

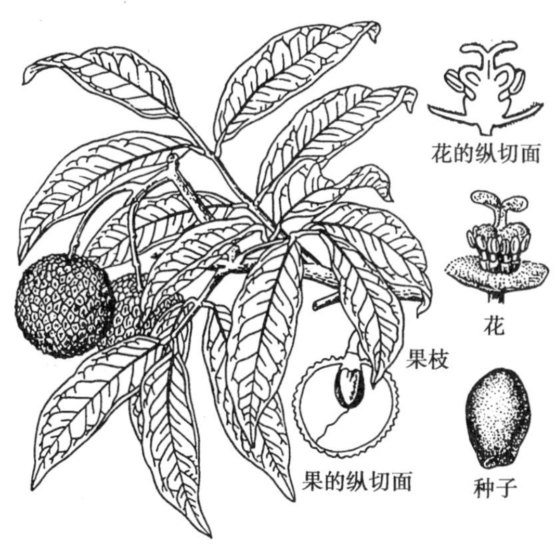

图 7-62　荔枝

本目重要的药用类群尚有：漆树科植物**漆树** *Toxicodendron vernicifluum*（Stokes）F. A. Barkl.，产于除西北和东北外的大部分地区；树脂（干漆）能破瘀通经，消积杀虫。**南酸枣** *Choerospondias axillaris*（Roxb.）Burtt et Hill，产于长江流域及以南各地；果实（广枣）能行气活血，养心，安神。七叶树科植物**七叶树** *Aesculus chinensis* Bge.、**浙江七叶树** *Aesculus chinensis* Bge. var. *chekiangensis*（Hu et Fang）Fang 或**天师栗** *Aesculus wilsonii* Rehd，产于河南、湖北、湖南、江西、浙江、广东、四川、贵州和云南；种子（娑罗子）能疏肝理气，和胃止痛。凤仙花科植物

笔记栏

凤仙花 *Impatiens balsamina* L.，各地庭园广泛栽培；种子（急性子）能破血，软坚，消积。

（十六）卫矛目 Celastrales

木本，稀草本。单叶，对生或互生。花小，两性，稀单性，4~5 基数；具下位花盘；2 至多心皮合生，子房上位或部分埋入花盘内。蒴果、核果、浆果或翅果。有 13 科，国产 10 科；《中华人民共和国药典》收载冬青科 3 种、省沽油科 1 种中药材。

30. 冬青科 Aquifoliaceae

♂ $*K_{(3\sim5)}C_{4\sim5,(4\sim5)}A_{4\sim5}$；♀ $*K_{(3\sim5)}C_{4\sim5,(4\sim5)}\underline{G}_{(3\sim\infty:3\sim\infty:1\sim2)}$

【突出特征】乔木或灌木。单叶互生，托叶早落。花小，整齐，单性异株，稀杂性；花萼 4~6 裂，宿存；花瓣 4~6，分离或基部合生；雄蕊与花瓣同数且互生；子房上位，2~5 心皮，2 至多室，每室胚珠 1（~2）枚。浆果状核果。

全球 3 属，400 多种，分布于亚洲、美洲热带至温带地区。我国仅有冬青属，约 200 种；44 种药用；《中华人民共和国药典》收载 3 种中药材。分布有 β- 香树脂型和齐墩果烷型三萜酸及其皂苷，以及黄酮类、鞣质等。

【药用植物】**枸骨** *Ilex cornuta* Lindl. ex Paxt.（图 7-63）：常绿灌木。叶四角状长圆形而具宽刺齿。花单性异株，4 数，子房 4 室。核果红色，分核 4 枚。产于长江流域及以南地区；叶（枸骨叶）能清热养阴，平肝益肾；嫩叶常加工“苦丁茶”。

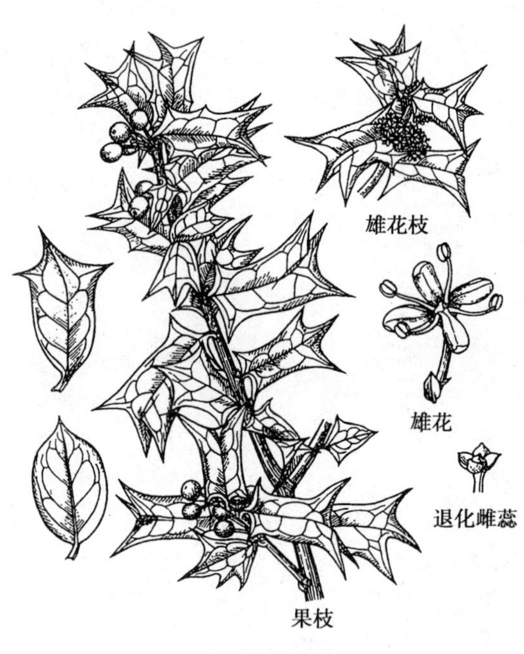

图 7-63 枸骨

同属植物**冬青** *Ilex chinensis* Sims，产于全国大部分地区，常见的庭园观赏树种；叶（四季青）能清热解毒，消肿祛瘀。**铁冬青** *Ilex rotunda* Thunb.，产于全国大部分地区，树皮（救必应）能清热解毒，利湿止痛。**大叶冬青** *Ilex latifolia* Thunb.，叶能清热解毒、清头目；嫩叶加工“苦丁茶”；**毛冬青** *Ilex pubescens* Hook. et Arn.，根、叶能活血通络、清热解毒。

31. 卫矛科 Celastraceae

⚥ $*K_{(4\sim5)}C_{4\sim5}A_{(4\sim5)}\underline{G}_{(2\sim5:2\sim5:2)}$

【突出特征】灌木或乔木，常攀缘状。单叶互生或对生。聚伞或总状花序；花两性，少单性，辐射对称；萼 4~5 裂，宿存；花瓣 4~5；雄蕊与瓣同数且互生；子房上位，2~5 室，花柱短或缺。蒴果、核果、翅果或浆果；种子具红色假种皮。

全球约 60 属，850 余种，分布于温带、亚热带和热带地区。我国 12 属，200 余种，分布于

长江流域及以南；已知药用 9 属，99 种。分布有二萜内酯、大环生物碱和橡胶类物质，二萜内酯如雷公藤素甲（triptolide）、雷公藤素乙（tripdiolide）等。

【药用植物】**卫矛**（鬼箭羽）*Euonymus alatus*（Thunb.）Sieb.（图 7-64）：灌木，小枝具 2~4 条木栓质阔翅。叶对生，倒卵形或椭圆形。花 4 数，花盘肥厚方形；花丝短。蒴果 4 瓣裂，假种皮肉质，红色或黄色。带翅的枝称"鬼箭羽"，能破血通经、杀虫。

常用的药用植物还有：**雷公藤** *Tripterygium wilfordii* Hook. f. 的根称"雷公藤"，大毒，能祛风、解毒、杀虫。**昆明山海棠** *Tripterygium hypoglaucum*（Lévl.）Hutch. 的用途同雷公藤。

本目重要的药用类群尚有：省沽油科植物**山香圆** Turpinia arguta Seem，产于福建、江西、湖南、广东、广西、贵州；叶（山香圆叶）能清热解毒，利咽消肿，活血止痛。

（十七）鼠李目 Rhamnales

乔木、灌木或藤本。单叶或复叶，互生，稀对生。花小，两性，稀单性，辐射对称，花部 4~5 数；雄蕊与花瓣同数且对生；具花盘围，子房上位，2 至多室。核果、浆果。有 3 科，我国均产。《中华人民共和国药典》收载鼠李科 2 种和葡萄科 1 种中药材。

32. 鼠李科 Rhamnaceae

$☿ *K_{(4\sim5)}C_{(4\sim5)}A_{4\sim5}\underline{G}_{(2\sim4:2\sim4:1)}$

【突出特征】灌木或乔木，稀攀缘状，常有枝刺或托叶刺。单叶互生，托叶小或刺状。花小，两性，整齐，花 4~5 数，或无花瓣；雄蕊 4~5，与花瓣对生；2~4 心皮，子房上位，或部分埋藏花盘中，2~4 室，每室 1 胚珠。核果或蒴果。

全球 58 属，约 900 种，分布于温带至热带地区。我国 15 属，130 余种，分布于南北各地，以西南和华南地区最丰富；已知药用 12 属，77 种；《中华人民共和国药典》收载 2 种中药材。分布有蒽醌类、黄酮类、三萜皂苷、环肽和异喹啉类生物碱等成分。

【药用植物】**枣** *Ziziphus jujuba* Mill.（图 7-65）：落叶小乔木或灌木。托叶刺 2 枚，长刺粗直，短刺下弯。叶卵形，基出三脉。花黄绿色，两性，5 基数；雄蕊 5；子房下部与花盘合生，2 室，每室 1 胚珠。核果矩圆形或卵圆形，熟时红色，后变红紫色，核顶端锐尖。全国各地栽培，主产于黄河流域。果实（大枣）能补中益气，养血安神。

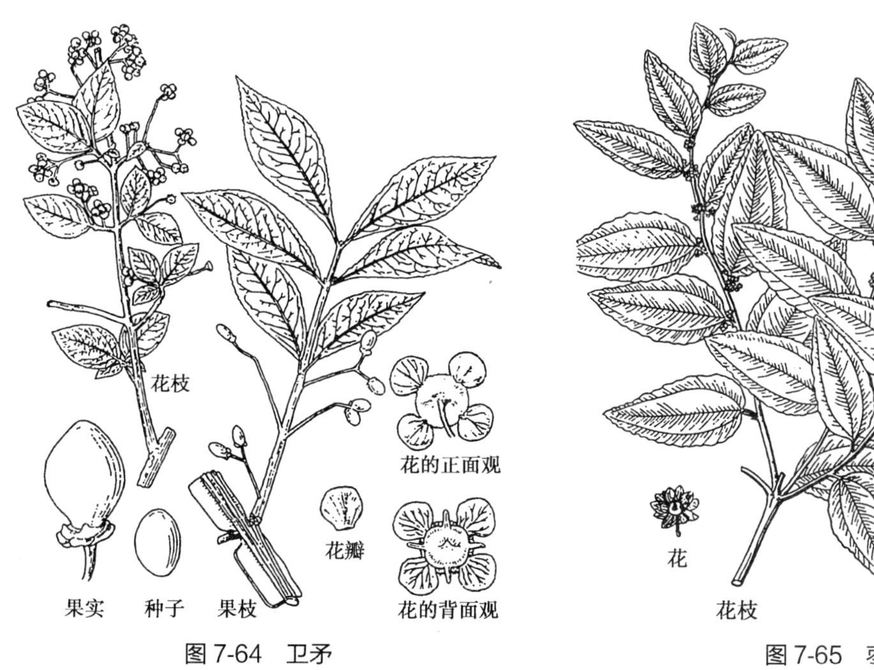

图 7-64　卫矛

图 7-65　枣

笔记栏

常用的药用植物还有：**酸枣** *Ziziphus jujuba* Mill. var. *spinosa*(Bunge) Hu ex H. F. Chow，灌木，叶较小，核果小，近球形，核两端钝。产于黄河和淮河以北地区；种子（酸枣仁）能养心补肝，宁心安神，敛汗，生津。**枳椇** *Hovenia acerba* Lindl.，产于秦岭以南；种子称“枳椇子”，能止渴除烦、清湿热、解酒毒；肉质果序轴能健胃补血。**鼠李** *Rhamnus dahurica* Pall. 产于东北和河北、山西；树皮能清热通便，果能消炎、止咳。**铁包金** *Berchemia lineata*(L.) DC. 的茎藤或根称“铁包金”，能消肿解毒、止血镇痛、祛风除湿。

33. 葡萄科 Vitaceae　$⚥ *K_{(4\sim5)}C_{4\sim5}A_{4\sim5}\underline{G}_{(2\sim6:2\sim6:1\sim2)}$

【突出特征】落叶藤本，卷须与叶对生。叶互生，掌状分裂、掌状或羽状复叶，有托叶。聚伞或圆锥花序与叶对生；花小，淡绿色，两性或单性，辐射对称；萼齿 4~5；花瓣 4~5，镊合状排列，顶端粘合或分离；雄蕊与花瓣同数，并对生于环状花盘基部；2(~3) 心皮合生，子房上位，2(~3) 室，每室 1~2 枚胚珠。浆果。

全球 16 属，700 余种，广布于热带及温带地区。我国 9 属，150 种，分布于南北各地。已知药用 7 属，100 余种；《中华人民共和国药典》收载 1 种中药材。分布有黄酮类、萜类、酚酸类、甾醇和挥发油等，葡萄属（*Vitis*）和蛇葡萄属（*Ampelopsis*）富含聚芪类化合物（oligostilbenes）。

【药用植物】**白蔹** *Ampelopsis japonica*(Thunb.) Mak.（图 7-66）：攀缘藤本，全株无毛。根块纺锤形。掌状复叶，小叶 3~5，羽状分裂或羽状缺刻，叶轴有阔翅。聚伞花序；花小，黄绿色，花 5 数；子房 2 室。浆果球形，熟时白色或蓝色。分布于东北南部、华北、华东、中南地区。根（白蔹）能清热解毒，消肿止痛。

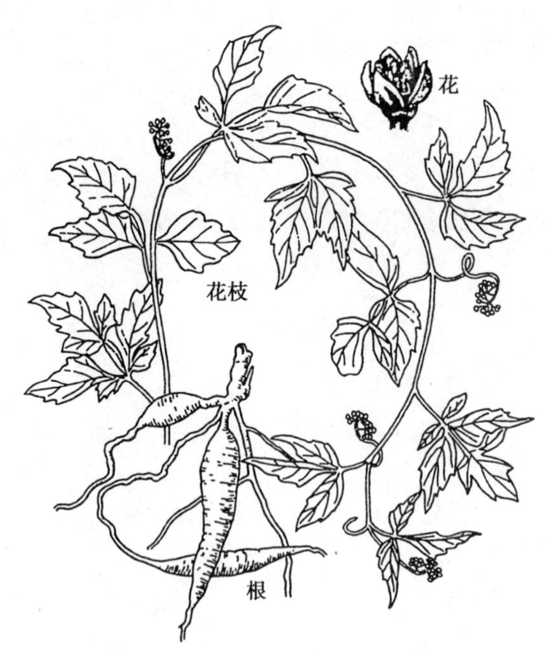

图 7-66　白蔹

常用的药用植物还有：**葡萄** *Vitis vinifera* L.，茎皮片状剥落，髓褐色；花瓣粘合成冒状脱落；各地均有栽培，品种较多；果实能解表透疹、利尿，也供食用和酿酒。**乌蔹莓** *Cayratia japonica*(Thunb.) Gagnep. 的全草能凉血解毒，利尿消肿，凉血散瘀；**三叶崖爬藤** *Tetrastigma hemsleyanum* Diels et Gilg，产于秦岭以南各地，块根称“三叶青”，能清热解毒、祛风化痰、活血止痛。

（十八）锦葵目 Malvales

木本或草本。单叶互生，掌状脉，有托叶，幼时被星状毛。花两性，整齐，5 基数，常有副

萼；萼片镊合状，花瓣旋转状；子房上位，5 心皮，中轴胎座。有 7 科，国产 5 科。《中华人民共和国药典》收载锦葵科 4 种，椴树科、梧桐科和木棉科各 1 种中药材。

34. 锦葵科 Malvaceae $⚥ *K_{5,(5)}C_5A_{(\infty)}\underline{G}_{(3\sim\infty:3\sim\infty:1\sim\infty)}$

【突出特征】草本或灌木；幼枝、叶常具星状毛。单叶互生，掌状脉；托叶早落。花单生或聚伞花序；花两性，整齐，5 基数；萼片常基部合生，常有副萼，萼宿存；花瓣旋转状排列，基部与雄蕊管贴合；单体雄蕊，包围子房和花柱，花药 1 室；子房上位，2 至多室，中轴胎座。蒴果，常几枚果爿分裂；种子肾形或倒卵形。

全球 50 属，1 000 余种，分布于温带和热带。我国 16 属，80 余种，分布于南北各地；已知药用 12 属，60 种。分布有黄酮苷、生物碱、简单苯丙素、木脂素、香豆素等。

【药用植物】

(1) 木槿属（*Hibiscus* L.）：木本或草本；叶掌状分裂或不分裂，具托叶；单花腋生，萼钟状或杯状，宿存；子房 5 室，花柱分枝 5；蒴果长圆形至圆球形，种子被毛或腺状乳突。

木芙蓉 *Hibiscus mutabilis* L.：灌木，全株密被星状毛和短棉毛；叶基部心形、截形或圆形，5~11 掌状脉；单花腋生，花柱枝有毛；果扁球形，种子肾形，背面被长柔毛。辽宁以南各地多有栽培；叶（木芙蓉叶）能凉血、解毒、消肿、止痛。花称“芙蓉花”，能清热解毒、凉血消肿；根或根皮称“芙蓉根”，能清热解毒、凉血消肿。

木槿 *Hibiscus syriacus* L.（图 7-67）：全国各地栽培；根、茎皮称“木槿皮”，能清热燥湿，杀虫止痒；花称“木槿花”，能清热，止痢；果实称“朝天子”，能清肝化痰，解毒止痛。

玫瑰茄 *Hibiscus sabdariffa* L.，台湾、福建、广东和云南引种栽培；花萼能清热解渴，敛肺止咳。

图 7-67 木槿

(2) 锦葵属（*Malva* L.）：草本；叶掌状分裂；小苞片（副萼）3 片，花瓣倒心形或微缺，花柱分枝与心皮同数；每室仅有胚珠 1 个，上举；果分裂成分果，与果轴脱离。

笔记栏

野葵（冬苋菜）*Malva verticillata* L.：草本，全株被星状长柔毛；叶肾形或圆形，掌状 5~7 裂；花 3 至多朵簇生叶腋；小苞片线状披针形；分果瓣两侧具网纹；种子肾形，紫褐色。产于全国各省区；果实（冬葵果）能清热利尿、消肿。

(3) 苘麻属（*Abutilon* Miller）：草本或灌木；无小苞片；心皮 8~20，无假横隔膜，每室胚珠 2~9。蒴果近球形。

苘麻 *Abutilon theophrasti* Medic.：草本，茎枝被柔毛；叶圆心形，具细圆锯齿，两面密被星状柔毛；单花腋生；心皮 15~20，顶端平截。分果瓣 15~20，顶端具 2 长芒；种子肾形，褐色，被星状柔毛。产于除青藏高原外的各地，栽培或野生；种子（苘麻子）能清热解毒、利湿、退翳。

(4) 秋葵属（*Abelmoschus* Medic.）：不同于木槿属的是，草本，花萼佛焰苞状，花后在一边开裂而早落；果长尖，种子平滑无毛。

黄蜀葵 *Abelmoschus manihot*（L.）Medic.：植株疏被长硬毛；叶缘具粗钝锯齿；花单生枝端叶腋，小苞片卵状披针形；花大，淡黄色，内面基部紫色，柱头紫黑色，匙状盘形。蒴果卵状椭圆形，被硬毛；种子肾形。产于河北以南各省区；花冠（黄蜀葵花）能清利湿热、消肿解毒。

常用的药用植物还有**草棉** *Gossypium herbaceum* L.，云南、四川、甘肃和新疆均有栽培；种子称“棉籽”，能补肝肾、强腰膝、止痛、止血、避孕。

本目重要的药用类群尚有：梧桐科植物**胖大海** *Sterculia lychnophora* Hance，产于越南、泰国、印度尼西亚和马来西亚等国；种子（胖大海）能清热润肺、利咽开音、润肠通便。木棉科植物**木棉** *Bombax ceiba* L.［*Gossampinus malabarica*（DC.）Merr.］，产于华南、西南和江西、台湾等亚热带地区；花（木棉花）能清热利湿、解毒。椴树科植物**破布叶** *Microcos paniculata* L.，产于广东、广西、云南；叶（布渣叶）能消食化滞、清热利湿。

（十九）瑞香目 Thymelaeales

木本。单叶互生或对生，托叶有或无。花两性，整齐，4 或 5 数；花萼常冠状，合生或分离；花瓣缺或鳞片状；雄蕊 1~2 轮；子房上位或下位，心皮 1 或 2~5 合生。包括 5 科，国产 3 科；《中华人民共和国药典》收载瑞香科 2 种和胡颓子科 1 种中药材。

35. 瑞香科 Thymelaeaceae

⚥ $*K_{(4\sim5),(6)}C_0A_{4\sim5,8\sim10,2}\underline{G}_{(2:1\sim2:1)}$

【突出特征】灌木，少乔木或草本；茎韧皮纤维发达。单叶互生或对生，全缘，无托叶。花两性，整齐；总状或头状花序；萼管 4~5 裂，瓣状；花瓣缺或鳞片状；雄蕊与萼裂片同数或其 2 倍，稀 2 枚；子房上位，1~2 室，每室胚珠 1 枚。浆果、核果或坚果，稀蒴果；胚直立，子叶厚而扁平，稍隆起，胚乳丰富或无胚乳。

全球约 50 属，500 余种，广布温带及热带地区。我国 9 属，90 余种，主要分布于长江流域及以南地区；已知药用 7 属，40 余种；《中华人民共和国药典》收载 2 种中药材。分布有香豆素、黄酮、二萜酯、木脂素和挥发油等化合物。

【药用植物】**芫花** *Daphne genkwa* Sieb. et Zucc.（图 7-68）：落叶灌木，幼枝被淡黄色绢毛。单叶对生，椭圆状至卵状披针形。花簇生，先叶开放，淡紫色或淡紫红色；萼管 4 裂，花瓣状；雄蕊 8，2 轮，花盘环状；子房 1 室，密被黄色柔毛。核果。产于长江流域和黄河中下游地区；花蕾（芫花）能泻水逐饮，外用杀虫疗疮，有毒。

白木香 *Aquilaria sinensis*（Lour.）Gilg：常绿乔木。叶互生，革质，长卵形、倒卵形或椭圆形。伞形花序顶生或腋生；花钟形，黄绿色，被柔毛；花瓣 10，退化成鳞片状；雄蕊 10；子房 2 室。蒴果木质；种子黑棕色，基部具红棕色角状附属物。福建、海南、广东、广西和台湾栽培；含树脂的木材（沉香）能行气止痛、温中止呕、纳气平喘。

常用的药用植物还有：**黄芫花**（黄瑞香）*Daphne giraldii* Nitsche，产于东北、西北和四川；茎

笔记栏

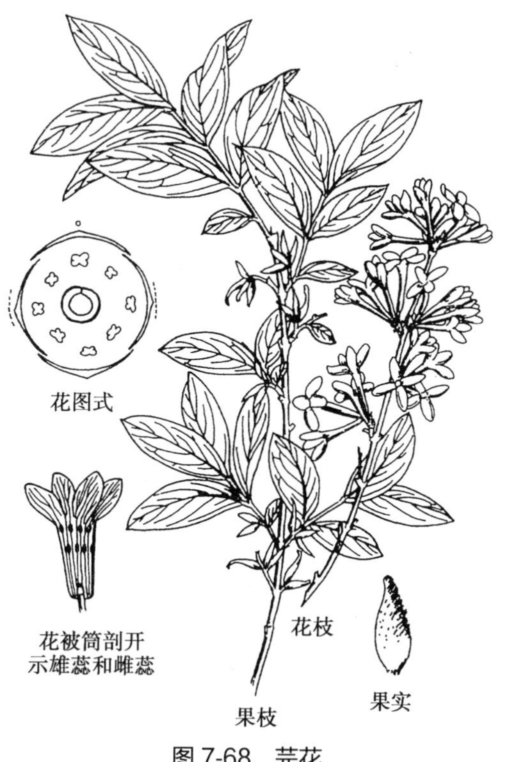

图 7-68　芫花

皮和根皮称“祖师麻”，能麻醉止痛、祛风通络，有小毒。**甘肃瑞香** *Daphne tangutica* Maxim. 和**凹叶瑞香** *Daphne retusa* Hemsl. 的茎皮、根皮与黄芫花同等入药。**狼毒** *Stellera chamaejasme* L.，产于北方各省区和西南地区；根称“瑞香狼毒”，能散结、杀虫，有毒。**了哥王** *Wikstroemia indica* (L.) C. A. Mey.，产于长江流域以南；全株称“了哥王”，能消肿散结、泻下逐火、止痛，有毒。

36. 胡颓子科 Elaeagnaceae

⚥ $*K_{(2\sim4)}C_0A_{4\sim8}\underline{G}_{(1:1:1)}$

【突出特征】木本，全株被银色或褐色盾状鳞片或星状茸毛。单叶互生，革质。花两性或单性，整齐；两性花或雌花萼管状，2~4 裂，果时变肉质；无花瓣；雄蕊 4~8 枚；子房上位，1 室，1 胚珠。瘦果或坚果，包藏肉质花被内。种子坚硬，无胚乳。

全球 3 属，50 余种，分布于温带和亚热带地区。我国 2 属，41 种，全国均有分布；已知药用 2 属，32 种；《中华人民共和国药典》收载 1 种中药材。分布有黄酮、生物碱、三萜、甾体类和维生素等化合物。

【药用植物】**沙棘** *Hippophae rhamnoides* L.（图 7-69）：落叶乔木或灌木，棘刺粗壮，嫩枝密被银色而带褐色的鳞片。叶条形或条状披针形，背面密被白色鳞片。花小，淡黄色，先叶开放，雌雄异株；花被 2 裂；雄蕊 4。坚果核果状，近球形，橙黄色。产于东北、华北、西北和四川、云南等地；果实（沙棘）能健脾消食、止咳祛痰、活血散瘀。

常用的药用植物还有：**西藏沙棘** *Hippophae thibetana* Schlecht.，产于甘肃、青海、四川和西藏；果实是藏医制取“沙棘膏”的原料。**胡颓子** *Elaeagnus pungens* Thunb.，产于长江流域及以南各省区；根能祛风利湿、行瘀止血；叶能止咳平喘；花能治皮肤瘙痒；果能消食止痢。**沙枣** *Elaeagnus angustifolia* L.，产于东北、华北、西北及山东、河南等地，效用似胡颓子。

（二十）堇菜目 Violales

木本或草本。单叶互生或对生，常有托叶。花两性，整齐，少两侧对称，5 数；雄蕊 5 至多数；子房上位，3~5 心皮，侧膜胎座，胚珠多数。有 20 科，国产 12 科；《中华人民共和国药典》收载堇菜科、旌节花科和柽柳科各 1 种中药材。

笔记栏

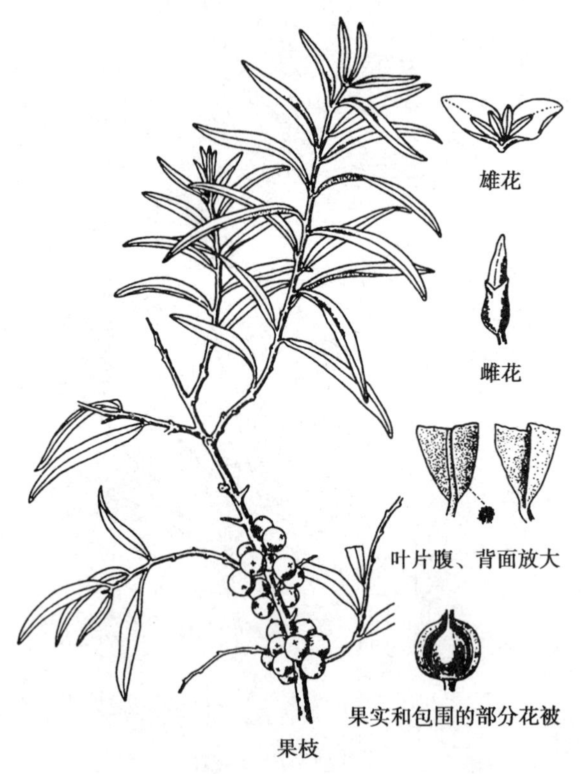

图 7-69 沙棘

37. 堇菜科 Violaceae

$⚥\uparrow K_{5,(5)}C_5A_5\underline{G}_{(3:1:\infty)}$

【突出特征】草本或灌木。单叶基生或互生，具托叶。花两性，两侧对称，小苞片 2 枚；萼片 5，宿存；花瓣 5，大小相等或下面 1 枚基部囊状或有距；雄蕊 5；子房上位，侧膜胎座 3~5，1 室，胚珠多数。蒴果室背弹裂或为浆果状；种子种皮坚硬。

全球约 22 属，900 余种，广布于温带和热带。我国 4 属，130 余种，南北均产；已知药用 2 属，50 余种；《中华人民共和国药典》收载 1 种中药材。分布有黄酮类、香豆素、三萜类等化合物；黄酮类如山柰酚、槲皮素、异鼠李素及其苷类衍生物。

【药用植物】

堇菜属（*Viola* L.）：草本；花冠两侧对称，萼片基部下延，花瓣基部延伸成距。**紫花地丁**（光瓣堇菜）*Viola yedoensis* Makino（*Viola philippica* Cav.）（图 7-70）：根茎短，无地上茎和匍匐枝；叶基生，叶片长圆状卵形，先端圆钝，基部截形或稍呈心形；托叶膜质，1/2~2/3 与叶柄合生；花紫堇色或淡紫色，距短细管状；花柱基部微膝曲，顶部前方具短喙。产于全国大部分地区；全草（紫花地丁）能清热解毒、凉血消肿。

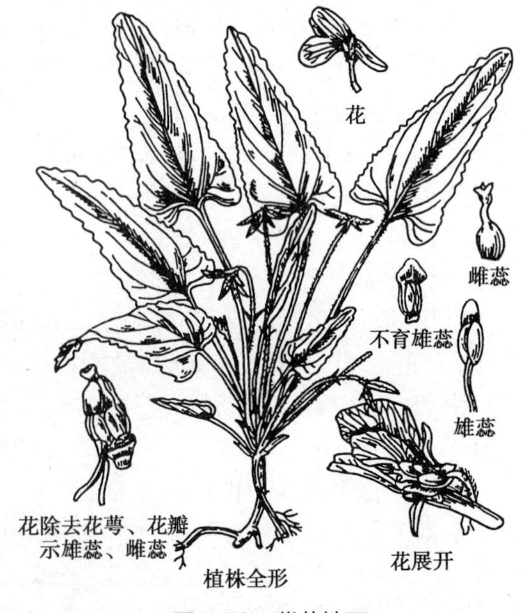

图 7-70 紫花地丁

本属 500 余种，我国 111 种，常有清热解毒、凉血消肿、止痛等功效，叶基生的种类在产地常是紫花地丁的地方习用品。例如，

长萼堇菜 *Viola inconspicua* Bl.、**戟叶堇菜** *Viola betonicifolia* Sm.、**浅圆齿堇菜** *Viola schneideri* W. Beck. 和**早开堇菜** *Viola prionantha* Bunge 等。

本目重要的药用类群尚有：旌节花科植物**喜马山旌节花** *Stachyurus himalaicus* Hook. f. et Thoms. 和**中国旌节花** *Stachyurus chinensis* Franch.，产于长江流域及以南各省区；茎髓（小通草）能清热、利尿、下乳。柽柳科植物**柽柳** *Tamalix chinensis* Lour.，东部至西南部各省区有栽培；细嫩枝叶（西河柳）能发表透疹、祛风除湿。

（二十一）葫芦目 Cucurbitales

本目仅葫芦科，目的特征同科特征。

38. 葫芦科 Cucurbitaceae　　$♂ *K_{(5)}C_{(5)}A_{5,(3\sim5)}$；$♀ *K_{(5)}C_{(5)}\overline{G}_{(3:1:\infty)}$

【突出特征】草质藤本，具卷须。常单叶互生，掌状浅裂及深裂，少鸟趾状复叶。花单性，整齐，同株或异株；花萼和花冠裂片 5，合生，稀离瓣；雄蕊 5 枚，分离，或两两联合，1 枚分离，形似 3 雄蕊，花药弯曲成 S 形；子房下位，3 心皮 1 室，侧膜胎座，胎座肥大，胚珠多数；花柱 1，柱头膨大，3 裂。瓠果。（图 7-71）

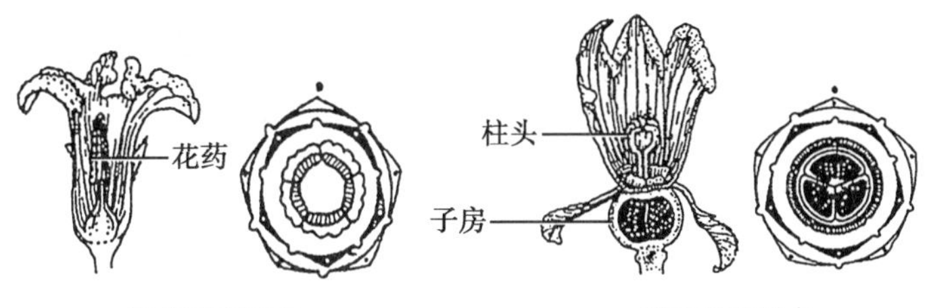

图 7-71　南瓜花纵切及花图式

全球 110 属，700 余种，主要分布于热带和亚热带。我国 32 属，150 余种，南北各地均产；已知药用 25 属，92 种；《中华人民共和国药典》收载 11 种中药材。分布有葫芦素类四环三萜、达玛烷型四环三萜、齐墩果烷型五环三萜、木脂素类和酚性化合物等，其中葫芦素类是本科的特征性成分。

【药用植物】

（1）栝楼属（*Trichosanthes* L.）：草质藤本，茎多分枝，具卷须；单叶互生；雌雄异株；花冠裂片先端流苏状；雄蕊 3，药室对折；果实肉质，种子多数。

栝楼 *Trichosanthes kirilowii* Maxim.（图 7-72）：块根圆柱状，肥厚，淡棕黄色；叶近心形，3~5 浅裂至中裂；卷须 2~3 分枝；花冠白色，中部以上细裂成流苏状；瓠果卵圆形或圆形，熟时橙黄色、橘红色或橘黄色；种子卵状椭圆形，扁平，浅棕色。产于华北、华中、华东及辽宁、陕西等地；果实（瓜蒌）能清热化痰、宽胸散结、润燥滑肠；果皮（瓜蒌皮）能清肺化痰、利气宽胸；种子（瓜蒌子）能润肠通便、润肺化痰；块根（天花粉）能生津止渴、降火润燥。

中华栝楼（双边栝楼）*Trichosanthes rosthorinii* Harms：叶常 5 深裂几达基部；种子距边缘稍远处有一圈明显的棱线；产于西南和陕西、甘肃、湖北等地，与栝楼同等入药。

（2）罗汉果属（*Siraitia* Merr.）：多年生攀缘草本，根肥大；植株常被红色或黑色疣状腺鳞；卷须在分歧点上下同时旋卷；叶卵状心形，全缘或波状，具长柄；雄蕊 5，两两基部靠合，1 枚分离；药室 S 形折曲或弓曲；果实不开裂；种子水平生。

罗汉果 *Siraitia grosvenorii*（Swingle）C. Jeffrey ex Lu et Z. Y. Zhang（图 7-73）：植株初被柔毛后渐脱落；根纺锤形或近球形；雌雄异株；花萼裂片三角形，顶端钻状尾尖；花冠黄色，裂片长圆形急尖。果实球形；种子多数，扁压状，中央稍凹陷，周围有放射状沟纹。产于广

笔记栏

西、贵州、湖南、广东和江西；果实（罗汉果）能清肺止咳、润肠通便、清热解暑。

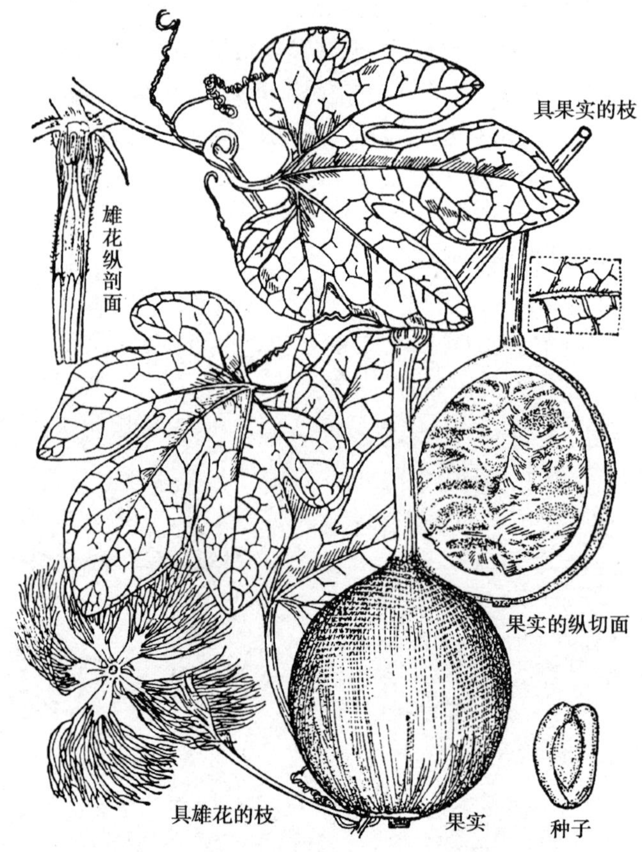

图 7-72　栝楼

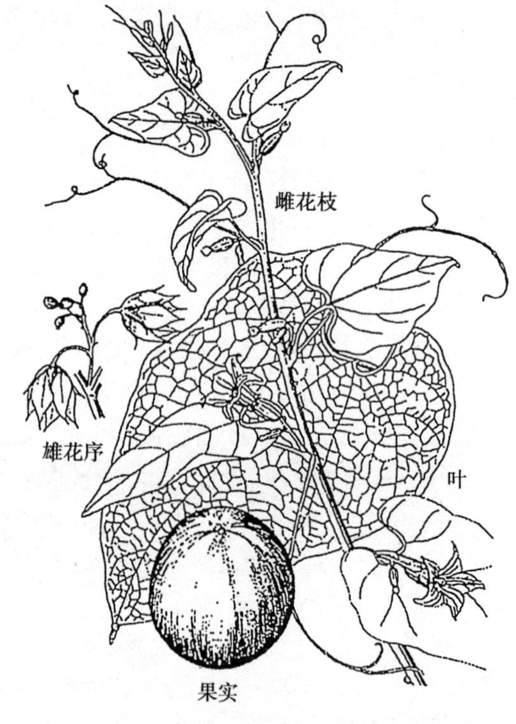

图 7-73　罗汉果

笔记栏

(3) 苦瓜属（*Momordica* L.）：攀缘或匍匐草本，卷须不分歧或二歧；叶掌状 3~7 裂；雌雄异株，花梗上具盾状苞片；萼筒短钟状或杯状，花冠辐状或宽钟状；雄蕊 3；雌花单生，柱头 3，胚珠多数；果实表面常有明显瘤状突起。

木鳖 *Momordica cochinchinensis*（Lour.）Spreng：粗壮大藤本，具块根；叶片 3~5 深裂；卷须不分歧；萼筒漏斗状；果实卵球形，红色；种子黑褐色，具雕纹。产于长江流域及以南各省区；种子（木鳖子）能散结消肿、攻毒疗疮，有小毒。

同属植物**苦瓜** *Momordica charantia* L.：常见的栽培蔬菜，果实能清热解毒、降糖。

常用的药用植物还有：**土贝母**（假贝母）*Bolbostemma paniculatum*（Maxim.）Franquet，攀缘草本，鳞叶肥厚，肉质，乳白色；叶掌状 5 深裂，卷须丝状；果实圆柱状。产于华北、西北和四川、重庆、湖南，野生或栽培；鳞茎（土贝母）能解毒、散结、消肿。**丝瓜** *Luffa cylindrical*（L.）Roem.，常见的栽培蔬菜；成熟果实的维管束（丝瓜络）能清热解毒，活血通络，利尿消肿。**冬瓜** *Benincasa hispida*（Thunb.）Cogn.，常见的栽培蔬菜，外层果皮（冬瓜皮）能利尿消肿；种子称“冬瓜子”，能清肺化痰、消痈排脓、利湿；藤茎称“冬瓜藤”，能清肺化痰、通经活络；果瓤称“冬瓜瓤”，能清热止渴、利水消肿。**甜瓜** *Cucumis melo* L.，常见的栽培果蔬；种子（甜瓜子）能清肺、润肠、化瘀、排脓、疗伤止痛。**西瓜** *Citrullus lanatus*（Thunb.）Matsum et Nakai，常见的栽培果蔬；成熟新鲜果实与皮硝的加工品（西瓜霜）能清热泻火、消肿止痛。**绞股蓝** *Gynostemma pentaphyllum*（Thunb.）Makino，产于秦岭以南各地；全草称“绞股蓝”，能清热解毒，止咳祛痰；并含有多种人参皂苷类成分。**雪胆** *Hemsleya chinensis* Cogn. ex Forbes et Hemsl.，产于湖北、四川、江西，块根称“雪胆”，能清热解毒，散结，止痛。**赤爮** *Thladiantha dubia* Bunge.，产于东北、西北和山东；果实称“赤爮”，能理气、活血、祛痰、利湿。

（二十二）桃金娘目 Myrtales

木本或草本。花整齐，稀两侧对称；萼筒碗状或管状，或缺失；花瓣离生；心皮合生，子房上位、半下位或下位。有 17 科，国产 14 科；《中华人民共和国药典》收载使君子科 4 种、桃金娘科 2 种、石榴科和锁阳科各 1 种中药材。

39. 使君子科 Combretaceae

$⚥ * ↑ K_{(4\sim5)}C_{4\sim5,0}A_{4\sim5,8\sim10}\overline{G}_{(5:1:1\sim\infty)}$

【突出特征】乔木、灌木，稀木质藤本。单叶互生或对生，稀轮生，全缘或少有锯齿，叶基、叶柄或叶下缘齿间具腺体。穗状花序、总状花序或头状花序；花两性，稀单性；萼管与子房合生，且其外延伸成一管，4~5 裂；花瓣 4~5 或缺；雄蕊与萼片同数或其 2 倍；子房下位，1 室，有下垂的胚珠数颗。坚果、核果或翅果。

全球 15 属，480 种，分布于热带和亚热带地区。我国 5 属，24 种，主产于云南和广东；已知药用 5 属，13 种；《中华人民共和国药典》收载 4 种中药材。分布有鞣质、有机酸、糖类和氨基酸。

【药用植物】**诃子** *Terminalia chebula* Retz.（图 7-74）：落叶乔木。单叶互生或近对生，长卵形或椭圆形至长椭圆形，全缘。花黄色，两性，萼筒杯状，5 齿裂，无花冠；雄蕊 10，高出花萼；子房下位；核果椭圆形或近卵形，常有 5 条钝棱。广西、广东和云南有栽培；成熟果实（诃子）能涩肠止泻、敛肺止咳、降火利咽；幼果（西青果）能清热生津、解毒。

图 7-74 诃子

绒毛诃子 *Terminalia chebula* Retz. var. *tomentella* Kurt.，幼枝、幼叶全被铜色平伏长柔毛，苞片长于花，花萼外无毛；产于云南；成熟果实与诃子同等入药。**毗黎勒** *Terminalia bellirica*

笔记栏

(Gaertn.) Roxb.,产于云南;果实(毛诃子)能清热解毒、收敛养血、调和诸药。

使君子 *Quisqualis indica* L.:落叶攀缘状灌木,小枝被棕黄色短柔毛。单叶对生,椭圆形或卵状椭圆形,全缘;叶柄在落叶后宿存,基部变刺。穗状花序,顶生或腋生;萼筒延伸于子房外成纤细管状,先端5裂;花冠初时白色,渐变成红色,芳香;雄蕊10,2轮;雌蕊1,子房下位。果实暗棕色,长圆形,两端狭,具5棱或5纵翅。产于长江流域以南;果实(使君子)能杀虫消积。

40. 桃金娘科 Myrtaceae $⚥ * K_{(4\sim5)} C_{4\sim5} A_{(2\sim\infty)} \overline{G}_{(2\sim5:1\sim5:\infty)}$

【突出特征】常绿木本。叶对生,全缘,具透明腺点,无托叶。单花腋生或各式花序;花两性,整齐;萼筒与子房合生,4或5裂;花瓣4或5,覆瓦状或粘合成帽状;雄蕊多数,生花盘边缘;子房下位或半下位,心皮2~5,一至多室。浆果、蒴果。

全球约100属,3 000余种,分布于热带和亚热带地区。我国9属,126种,分布于长江以南地区;已知药用10属,31种;《中华人民共和国药典》收载2种中药材。分布有黄酮类、三萜类和挥发油等,其中丁香、桉叶等的挥发油都是重要的化工原料。

【药用植物】**丁香** *Eugenia caryophyllata* Thunb.(图7-75):常绿乔木。单叶对生,叶片密布油腺点。萼筒肥厚;花冠短管状,4裂,白色,稍带淡紫;子房下位。浆果长倒卵形,红棕色。原产于印度尼西亚,广东、广西、云南有栽培;花蕾(丁香)能温中降逆、补肾助阳;成熟果实(母丁香)能温中降逆、补肾助阳。

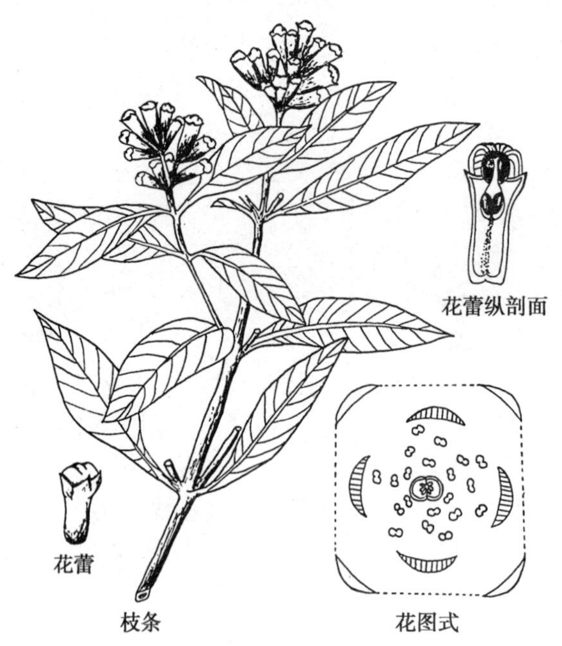

图7-75 丁香

常用的药用植物还有:**桃金娘**(岗稔)*Rhodomyrtus tomentosa* (Ait.) Hassk.,产于热带地区;果实称"桃金娘",能养血止血、涩肠固精;花称"桃金娘花",能收敛止血;根能用于慢性痢疾、风湿、肝炎和降血脂等。**蓝桉** *Eucalyptus globulus* Labill.,西南地区栽培;成长叶称"桉叶",能疏风解表、清热解毒、杀虫止痒。

本目重要的药用类群尚有:锁阳科植物**锁阳** *Cynomorium songaricum* Rupr.,产于西北各省区;肉质茎(锁阳)补肝肾、益精血、润肠通便。石榴科植物**石榴** *Punica granatum* L.,常见栽培果树;果皮(石榴皮)能涩肠止泻、止血、驱虫。

（二十三）伞形目 Myrtales

草本或木本。单叶或复叶，互生，稀对生或轮生，无托叶。花两性，辐射对称；伞形或复伞形花序，少头状花序；子房下位，常具上位花盘。有 7 科，国产 6 科。《中华人民共和国药典》收载伞形科 17 种、五加科 10 种和山茱萸科 2 种中药材。

41. 山茱萸科 Cornaceae ⚥ $*K_{4\sim5,0}C_{4\sim5,0}A_{4\sim5}\overline{G}_{(2:1\sim4:1)}$

【突出特征】乔木或灌木，稀草本。单叶对生，少互生或轮生。花两性或单性异株，聚伞、圆锥或伞形花序顶生，有的具苞片或总苞片；花萼 4~5 裂或缺；花瓣 4~5 或缺；雄蕊与花瓣同数且互生；子房下位，1~4 室，每室 1 胚珠。核果或浆果状核果。

全球 15 属，119 种，分布于温带和热带地区。我国 9 属，约 60 种，南北各省区均有分布；已知药用 6 属，44 种；《中华人民共和国药典》收载 2 种中药材。分布有环烯醚萜苷类、鞣质、黄酮类、有机酸等。

【药用植物】**山茱萸** *Cornus officinalis* Sieb. et Zucc.（图 7-76）：落叶小乔木。叶卵状披针形或椭圆形，叶背脉腋具黄色锈毛。花先叶开放，总苞 4 枚；萼裂片和花瓣 4；子房下位，2 室。核果长椭圆形，红色至紫红色。产于河南、陕西、四川，栽培；果肉（山茱萸）能补益肝肾，收涩固脱。

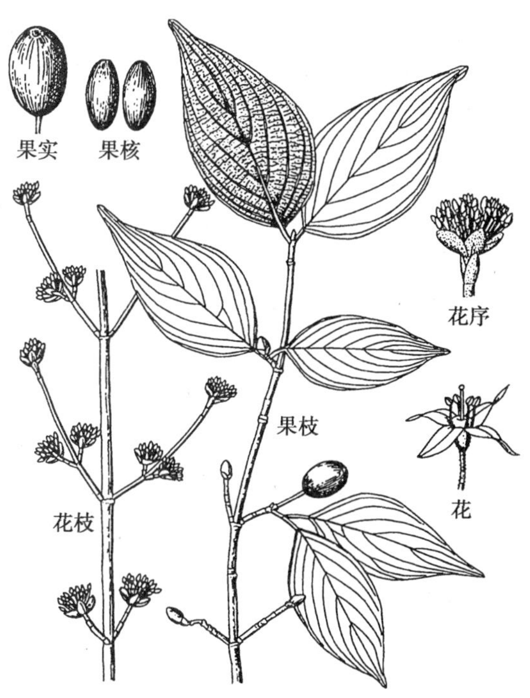

图 7-76 山茱萸

青荚叶 *Helwingia japonica*（Thunb.）Dietr.，产于黄河流域以南各地；茎髓（小通草）能清热、利尿、下乳。**西南青荚叶** *Helwingia himalaica* Hook. f. et Thoms. ex C. B. Clarke 和**中华青荚叶** *Helwingia chinensis* Batal. 的茎髓常是"小通草"的地方习用品。

42. 五加科 Araliaceae ⚥ $*K_5\,C_{5\sim10}\,A_{5\sim10}\overline{G}_{(2\sim15:2\sim15:1)}$

【突出特征】木本，少草本；茎常具刺。掌状或羽状复叶，互生，少单叶；托叶常与叶柄基部合生。花小，两性，整齐，稀单性或杂性；伞形花序或集成总状或圆锥花序；萼筒与子房合生，边缘 5 小齿；花瓣 5~10，离生；雄蕊 5~10，着生上位花盘边缘；心皮 2~15，子房下位，2~15 室，每室 1 胚珠，顶生。浆果或核果。

笔记栏

全球 80 属,900 余种;广布于热带和温带。我国 23 属,172 种,分布于除新疆外的大部分地区;已知药用 19 属,114 种(表 7-9);《中华人民共和国药典》收载 10 种中药材。分布有三萜皂苷、聚炔类、二萜类、黄酮类、香豆素、挥发油等,其中三萜皂苷主要是达玛烷型和齐墩果烷型。

表 7-9 五加科部分属检索表

1. 叶轮生;掌状复叶;草本……人参属 *Panax*
1. 叶互生;木本。
  2. 大型羽状复叶,有托叶;茎和叶常具皮刺;木本或多年生草本……楤木属 *Aralia*
  2. 单叶或掌状复叶。
    3. 单叶,或同时具有单叶和掌状复叶。
      4. 叶片掌状分裂。
        5. 植物体无刺;花柱离生,子房 2 室;有托叶……通脱木属 *Tetrapanax*
        5. 植物体有刺;花柱合生成柱状;无托叶……刺楸属 *Kalopanax*
      4. 叶片不分裂,或在同株上有不分裂、分裂和掌状复叶 3 种叶片……树参属 *Dendropanax*
    3. 掌状复叶,具皮刺……五加属 *Acanthopanax*

【药用植物】

(1)人参属(*Panax* L.):多年生草本,根状茎年生一节称“年节”,根状茎短而直立时根粗壮肉质,或根状茎匍匐呈竹鞭状或串珠状,肉质根不发达;茎单生,掌状复叶轮生茎顶;伞形花序顶生,花两性或杂性;花萼、花瓣、雄蕊均 5;花盘环状肉质;核果状浆果。

人参 *Panax ginseng* C. A. Mey.(图 7-77):根状茎短而直立或斜生(习称“芦头”)。主根圆柱形或纺锤形,肉质肥大,黄白色,须根上有瘤状凸起(习称“珍珠疙瘩”)。3~6 枚掌状复叶轮生茎顶,幼株的叶和小叶数较少。花小,淡黄绿色;子房 2 室。浆果状核果扁圆形,熟时鲜红色。主产于东北,栽培。根及根状茎(人参)能大补元气,复脉固脱,补脾益肺,生津养血,安神益智;栽培品的干燥根和根茎经蒸制后(红参)能大补元气,复脉固脱,益气摄血;叶(人参叶)能补气,益肺,祛暑,生津。

同属植物**三七** *Panax notoginseng*(Burk)F. H. Chen ex C. Chow,主产于云南、广西,根(三七)能活血散瘀、消肿止痛。**西洋参** *Panax quinquefolium* L.,原产于北美,在河北、吉林大量栽培;根(西洋参)益肺阴、清虚火、生津止渴。**竹节参** *Panax japonicus* C. A. Mey.,产于长江中上游的山区;根状茎(竹节参)能散瘀止血、消肿止痛、祛痰止咳、补虚强壮。**珠子参** *Panax japonicus* C. A. Mey. var. *major*(Burk)C. Y. Wu et K. M. Feng 或**羽叶三七** *Panax japonicus* var. *bipinnatifidus*(Seem.)C. Y. Wu et K. M. Feng,产于长江中上游的山区,串珠状的根状茎(珠子参)能补肺养阴、祛瘀止痛、止血。

(2)五加属(*Acanthopanax* Miq.):灌木或小乔木,常具皮刺;掌状复叶;花两性或杂性;萼 5 裂;花瓣 5(4);雄蕊与花瓣同数;子房下位,2(~5)室;核果浆果状。

细柱五加 *Acanthopanax gracilistylus* W. W. Smith(图 7-78):灌木;小枝无刺或叶柄基部单生扁平刺;小叶 5 枚,无毛或仅脉上疏生刚毛;花黄绿色;浆果状核果,熟时黑色。产于黄河以南大部分地区;根皮(五加皮)能祛风除湿,补益肝肾,强筋壮骨,利水消肿。

同属植物**无梗五加** *Acanthopanax sessiliflorus*(Rupr. et Maxim)Seem. 的根皮和**红毛五加** *Acanthopanax giraldii* Harms 的枝皮,在产地常是五加皮的地方习用品。**刺五加** *Acanthopanax senticosus*(Rupr. et Maxim)Harms,产于东北、华北及山西等地;根和根茎或茎(刺五加)能益气健脾、补肾安神。

(3)楤木属(*Aralia* L.):木本或草本,常有刺;二至三回羽状复叶,小叶片边缘具各种锯齿,稀波状或深缺刻;大型圆锥花序;花 5 数,花柱离生或基部合生。**楤木** *Aralia chinensis* L. 的

根皮能活血散瘀、健胃、利尿。**土当归** *Aralia cordata* Thunb. 的根和根茎称“九眼独活”，能祛风除湿、舒筋活络、散寒止痛。

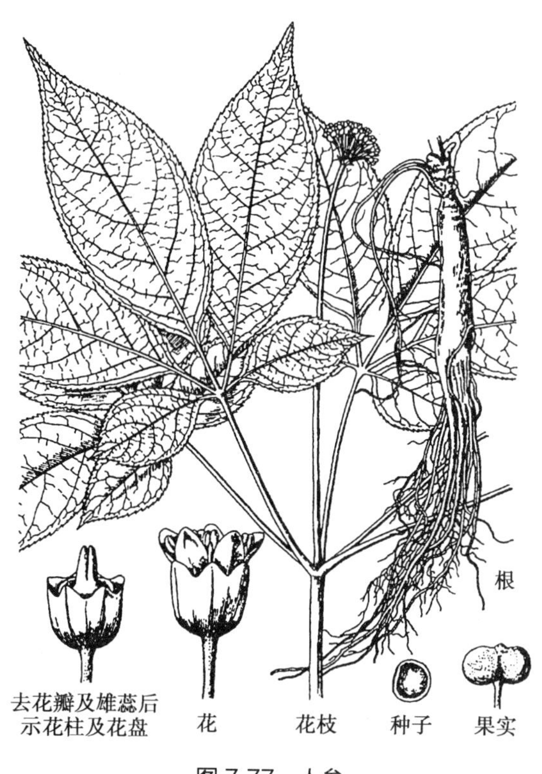

图 7-77　人参

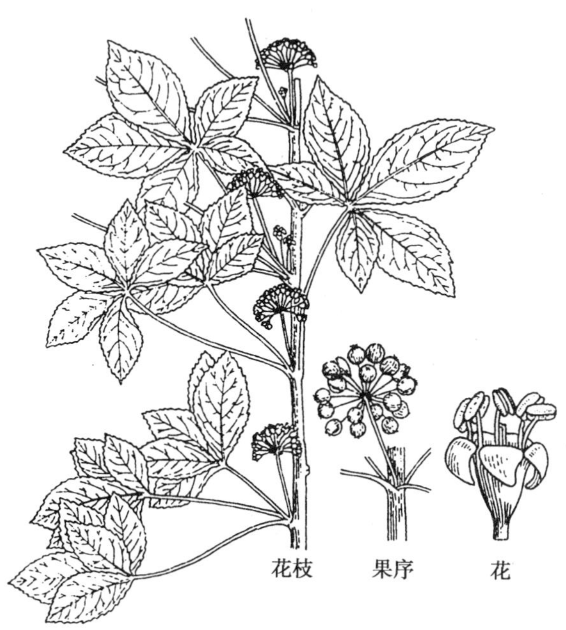

图 7-78　细柱五加

常用的药用植物还有：**通脱木** *Tetrapanax papyrifer*(Hook) K. Koch.，灌木，全株密生黄色星状厚茸毛；茎髓大，白色，层片状；叶大，集生于茎顶；花瓣 4，白色；雄蕊 4；

笔记栏

子房2室，花柱2。产于长江以南各地和陕西；茎髓（通草）能清热利尿，通气下乳。**树参** *Dendropanax dentiger*（Harms）Merr. 的根状茎能祛风湿，散瘀血，强筋骨；**刺楸** *Kalopanax septemlobus*（Thunb.）Koidz 的茎皮"川桐皮"，能祛风利湿，活血止痛。

43. 伞形科 Umbelliferae $⚥*K_{(5),0}C_5A_5\overline{G}_{(2:2:1)}$

【突出特征】芳香草本，茎中空，有纵棱。叶互生，分裂或羽状复叶，稀单叶；常具鞘状叶柄，无托叶。复伞形花序，具总苞或缺，稀单伞形或成头状；小伞形花序柄称伞辐，下有小总苞；花5基数，两性或杂性，整齐；萼和子房贴生；花瓣先端钝圆或有内折小舌片；雄蕊5，与花瓣互生；子房下位，2心皮，2室，每室1胚珠，顶部具盘状或短圆锥状的花柱基（stylopodium），花柱2。双悬果，成熟时裂为2个由1心皮柄连接的分果瓣，分果外面有5条主棱（背棱1条，中棱2条，侧棱2条），主棱下面有维管束，主棱之间沟槽处有时发育出4条次（副）棱，而主棱不发育，棱槽内和合生面有纵向的油管一至多条；种子胚小，胚乳丰富。而果实压扁方式、主棱和次棱发育程度及油管数目和形状等常是伞形科分属的重要依据（图7-79，图7-80，表7-10）。

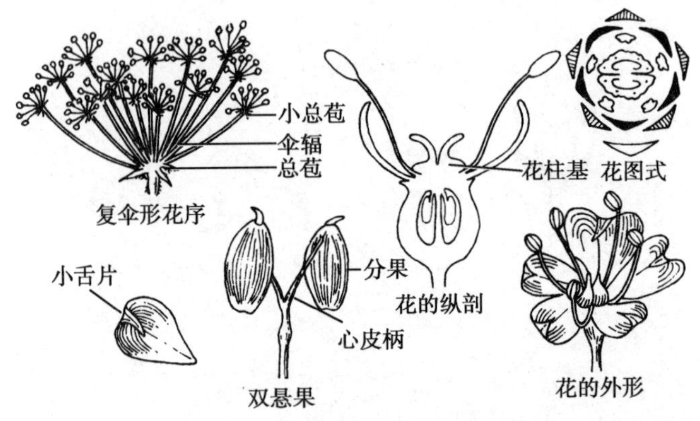

图7-79　伞形科植物花果模式图

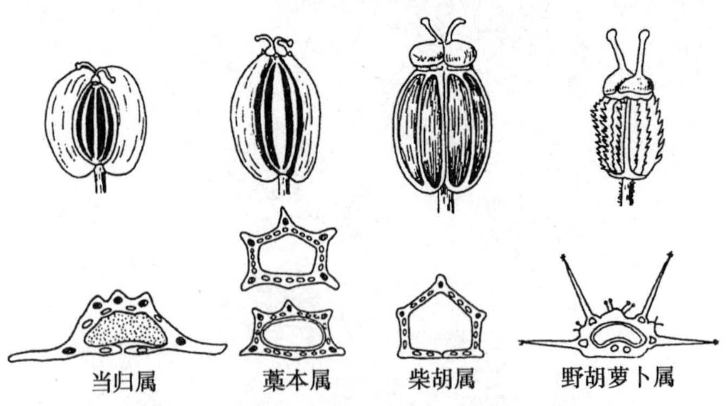

图7-80　伞形科几属植物的果实

全球约275属，4 000余种；广布于北温带、亚热带或热带高山。我国95属，约600种，全国均有分布；已知药用55属，236种；《中华人民共和国药典》收载17种中药材。分布有苯丙酸类衍生物（香豆素、黄酮和色原酮）、挥发油、三萜类皂苷、聚炔类、酚性成分和生物碱等。聚炔类、三萜类皂苷、香豆素和黄酮等是本科具有分类价值的成分。

表 7-10 伞形科部分属检索表

1. 单叶，叶圆肾形；伞形花序单生；内果皮木质；棱槽内无油管……………………天胡荽亚科 Hydrocotyloideae
    2. 花瓣在花蕾时镊合状排列；果棱间无明显小横脉，表面不呈网状……………………天胡荽属 *Hydrocotyle*
    2. 花瓣在花蕾时覆瓦状排列；果棱间有小横脉，表面具网状纹……………………积雪草属 *Centella*
1. 羽状全裂或羽状复叶，少单叶；复伞形花序；内果皮不木化，油管在主棱或棱槽内。
    3. 单叶，掌状分裂至缺刻；内果皮为薄壁组织……………………变豆菜亚科 Saniculoideae 变豆菜属 Sanicula
    3. 羽状全裂或羽状复叶，单叶则为弧形脉；内果皮具纤维层……………………芹亚科 Apioideae
        4. 单叶，叶片披针形或条形，全缘，弧形脉；直立草本；复伞形花序……………………柴胡属 *Bupleurum*
        4. 羽状全裂或羽状复叶。
            5. 果有刺或小瘤。
                6. 果有刺。
                    7. 苞片较多，羽状分裂……………………胡萝卜属 *Daucus*
                    7. 苞片较少或缺……………………窃衣属 *Torilis*
                6. 果有小瘤；小叶半裂……………………防风属 *Saposhnikovia*
            5. 果无刺或瘤
                8. 果有茸毛；叶近革质；滨海植物……………………珊瑚菜属 *Glehnia*
                8. 果无茸毛；叶非革质；非滨海植物。
                    9. 果无棱或不明显。
                        10. 一年生草本；果皮薄而硬，心皮不分离，无油管……………………芫荽属 *Coriandrum*
                        10. 二至多年生；果皮薄而柔软，心皮成熟后分离，油管明显。
                            11. 3 至 4 回羽状细裂；花金黄色；果棱尖锐，具茴香气味……………………茴香属 *Foeniculum*
                            11. 三出式 2 至 3 回羽状分裂；果棱不明显，无茴香气味……………………明党参属 *Changium*
                    9. 果有棱。
                        12. 果实全部果棱有狭翅或侧棱无翅。
                            13. 花柱短；果棱无翅或非同形翅。
                                14. 萼齿明显；背棱和中棱有翅，侧棱有时无翅……………………羌活属 *Notopterygium*
                                14. 萼齿不明显；棱翅薄膜质；总苞片或小总苞片发达……………………藁本属 *Ligusticum*
                            13. 花柱较长，较花柱基长 2~3 倍；果棱有同形翅……………………蛇床属 *Cnidium*
                        12. 果实背棱、中棱具翅或不具翅，侧棱的翅发达。
                            15. 果实背腹扁平，背棱有翅。
                                16. 侧棱的翅薄，常与果体的等宽或较宽，分果的翅不紧贴……………………当归属 *Angelica*
                                16. 侧棱的翅稍厚，较果体窄，分果的翅紧贴，熟后分离……………………前胡属 *Peucedanum*
                            15. 果实背腹极压扁，背棱条形，无翅，或不明显……………………阿魏属 *Ferula*

【药用植物】

(1) 天胡荽亚科 Hydrocotyloideae Drude：匍匐草本；单叶，叶片肾形或心状圆形；伞形花序单生 2 枚叶状苞片间，或花序梗 3~6；果实两侧扁压，内果皮木质，无分离的心皮柄；棱槽内无油管。

积雪草 *Centella asiatica* (L.) Urban：茎匍匐细长，节上生根；叶圆形、肾形或马蹄形，具钝锯齿，基部阔心形；伞形花序梗 2~4，聚生叶腋；每 1 伞形花序着花 3~4，聚集呈头状，花无柄或柄短。果实圆球形。产于黄河以南地区；全草(积雪草)能清热利湿，解毒消肿。

天胡荽 *Hydrocotyle sibthorpioides* Lam.：叶圆形或肾圆形；伞形花序与叶对生，着花 5~18。全草能清热、利尿、消肿、解毒。

(2) 变豆菜亚科 Saniculoideae Drude：草本；叶缘常有锐锯齿、缺刻或掌状分裂；伞形花序单生或集成总状或头状；萼齿卵形以至刺毛状；果实表面有鳞片、瘤或皮刺；内果皮为薄壁组织；油管明显或不明显，在主棱或棱槽内。

薄片变豆菜 *Sanicula lamelligera* Hance：矮小草本；根茎短，茎直立；基生叶圆心形或近五角形，掌状 3 裂。小伞形花序中央的两性花 1 朵，花瓣白色、粉红色或淡蓝紫色；果表面直

笔记栏

生鳞片状皮刺；油管 5。全草治疗风寒感冒、咳嗽、经闭。

(3) 芹亚科 Apioideae Drude：复叶，稀单叶；复伞形花序，少单伞形花序，伞辐多数而明显；内果皮除薄壁细胞外，有时紧贴表皮下面有纤维层；花柱位于花柱基之上，油管幼果时在棱槽内，然后以各种形式分散出现。国产大部分种类在该亚科。

1) 当归属（*Angelica* L.）：大型草本，直根圆锥状；叶三出羽状分裂或羽状多裂；叶鞘膨大成囊状；复伞形花序，具总苞片和小总苞片。果背腹压扁，背棱及主棱条形，侧棱有宽翅；分果横剖面半月形，每棱槽内油管 1 至数个；合生面 2 至数个。

当归 *Angelica sinensis*（Oliv.）Diels（图 7-81）：主根短粗，下部有数条支根；基生叶二至三回三出式羽状分裂；囊状叶鞘紫褐色；伞辐 9~30，小苞片 2~4；花白色；双悬果椭圆形，侧棱具宽翅。主要在甘肃、云南、四川、湖北等地栽培；根（当归）能补血活血，调经止痛，润肠通便。

同属植物**杭白芷** *Angelica dahurica*（Fisch. ex Hoffm.）Benth. et Hook. var. *formosana*（Boiss）Shan et Yuan，主要在四川、浙江栽培；根（白芷）能解表散寒，祛风止痛，宣通鼻窍，燥湿止带，消肿排脓。**白芷** *Angelica dahurica*（Fisch. ex Hoffm.）Benth. et. Hook f.，主要在河北、河南和安徽栽培；根与杭白芷同等入药。**重齿毛当归** *Angelica pubescens* Maxim. f. *biserrata* Shan et Yuan［*Angelica biserrata*（Shan et Yuan）Yuan et Shan］，在四川、湖北、陕西、重庆邻接的高山地区有栽培或野生，根（独活）祛风除湿，通痹止痛。

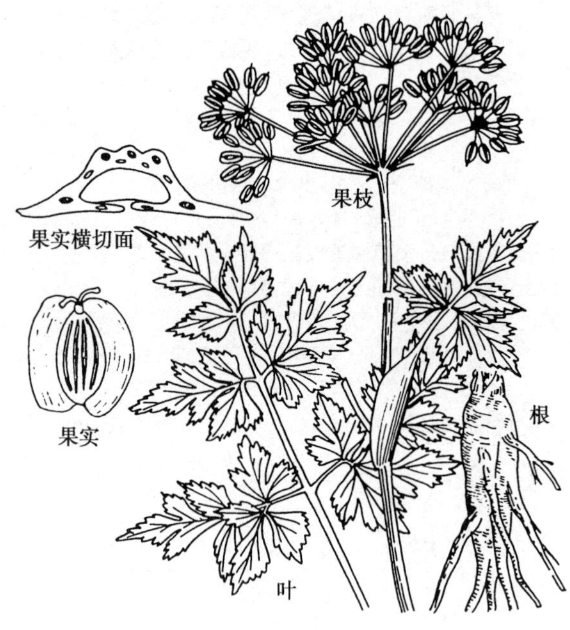

图 7-81 当归

2) 柴胡属（*Bupleurum* L.）：单叶，全缘，弧形脉，具叶鞘；复伞形花序，疏松，具总苞和小总苞；花黄色；双悬果椭圆形或卵状长圆形，两侧稍扁平；分果横剖面圆形或近五边形；每棱槽内有油管（1~）3，合生面（2~）4（~6）。国产 36 种 17 变种，多数种类在其产区常是“柴胡”的地方习用品。

柴胡 *Bupleurum chinense* DC.（图 7-82）：根多分枝，坚硬，表面黑褐色；茎上部多分枝，略呈“之”字形；叶披针形，平行脉 7~9 条，下被粉霜；果棱狭翅状，棱槽内有油管 3，合生 4。产于东北、华北、西北、华东、华中地区，栽培或野生；根（柴胡）能疏散退热，疏肝解郁，升举阳气。

狭叶柴胡 *Bupleurum scorzonerifolium* Willd. 的根与柴胡同等入药，前者的药材习称“北柴胡”，后者习称“南柴胡”。

3) 藁本属（*Ligusticum* L.）：叶片 1~4 回羽状全裂，茎上部叶简化；总苞片早落或无，小总

笔记栏

苞片发达，萼齿不明显，花柱基圆锥状；分生果的主棱突起以至翅状，每棱槽内油管 1~4，合生面油管 6~8。

川芎 *Ligusticum chuanxiong* Hort.（图 7-83）：根状茎呈不规则的结节状拳形团块；茎丛生，基部节呈团状膨大；3~4 回三出式羽状全裂，末回裂片线状披针形至长卵形，具小尖头；花白色；双悬果卵形。主要在四川盆地的都江堰和彭州等地栽培；根茎（川芎）活血行气，祛风止痛。

同属植物**藁本** *Ligusticum sinense* Oliv.，产于华中、西北、西南；**辽藁本** *Ligusticum jeholense* Nakai et Kitag，产于东北、华北，主产于河北；二者的根状茎及根（藁本）能祛风，散寒，除湿，止痛。

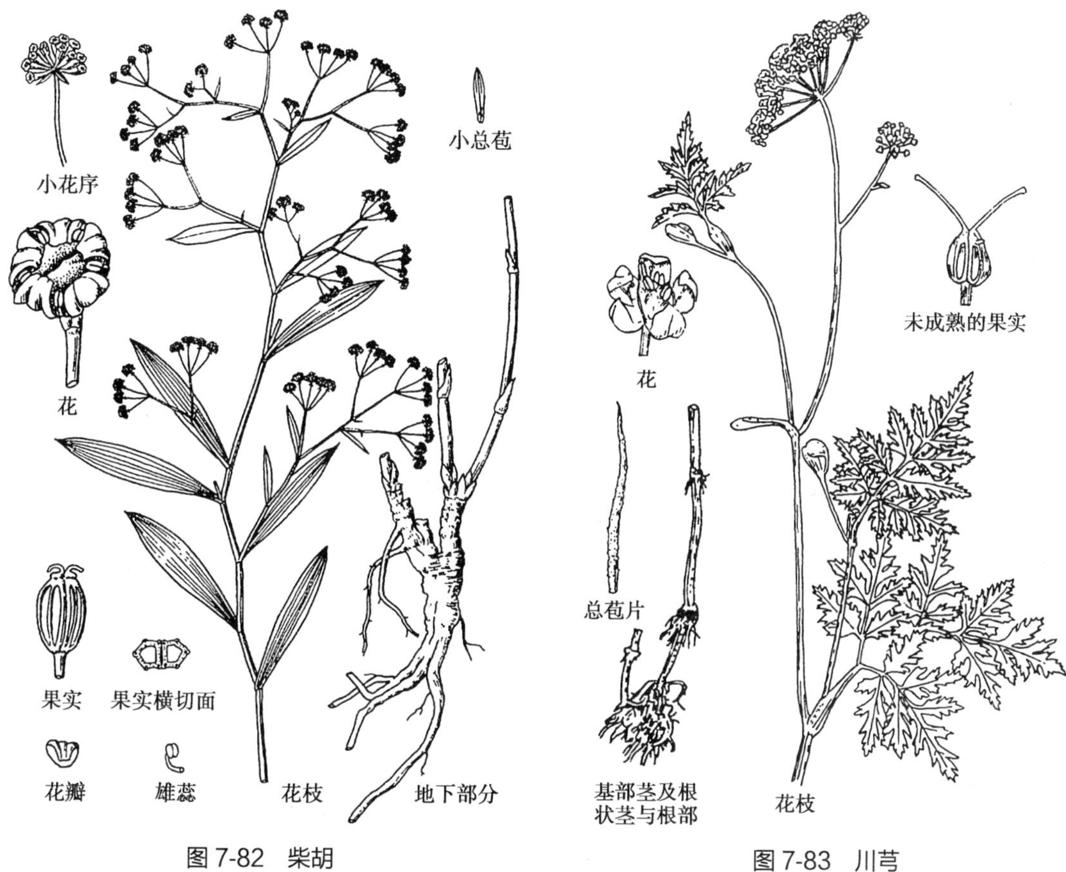

图 7-82　柴胡　　　图 7-83　川芎

4）防风属（*Saposhnikovia* Schischk.）：羽状全裂或羽状复叶，小叶半裂；果有小瘤。

防风 *Saposhnikovia divaricata*（Turcz.）Schischk.（图 7-84）：多年生草本，根粗壮，茎基残留褐色叶柄纤维；基生叶二回或近三回羽状全裂，末回裂片条形至倒披针形；花白色；双悬果矩圆状宽卵形，幼时具瘤状突起。产于东北、华北，栽培或野生；根（防风）能祛风解表，胜湿止痛，止痉。

5）前胡属（*Peucedanum* L.）：根颈短粗，常具纤维状叶鞘残迹和环状叶痕；叶羽状分裂；萼齿无或不显，花瓣白色；果实背部扁压，中棱和背棱丝线形稍突起，侧棱扩展成较厚的窄翅，合生面紧紧契合，不易分离。

白花前胡 *Peucedanum praeruptorum* Dunn.：根圆锥形，粗大，有分枝；基生和茎下部叶二至三回三出羽状分裂；伞辐 12~18；花白色；果背棱和中棱线状，侧棱呈翅状。主产于湖南、浙江、江西、四川；根（前胡）能降气化痰，散风清热。**紫花前胡** *Peucedanum decursivum*（Miq.）Maxim［*Angelica decursiva*（Miq.）Franch. et Sav.］的根（紫花前胡），功效与白花前胡类同。

笔记栏

图 7-84 防风

常用的药用植物还有：**羌活** *Notopterygium incisum* Ting et H. T. Chang 和**宽叶羌活** *Notopterygium franchetii* H. de Boiss.，产于青藏高原南缘和东缘；根和根茎（羌活）能解表散寒，祛风除湿，止痛。**茴香** *Foenicnlum vulgare* Mill.，各地常栽培蔬菜或调味品；果实（小茴香）能散寒止痛，理气和胃。**珊瑚菜** *Glehnialittoralis* F. Schmidt ex Miq.，产于山东半岛和辽东半岛；根（北沙参）能养阴润肺，益胃生津。**明党参** *Changium smyrnioides* Wolff，产于江苏、浙江和安徽，栽培或野生；根（明党参）能润肺化痰，养阴和胃，平肝，解毒。**野胡萝卜** *Daucus carota* L.，产于长江流域；果实（南鹤虱）能杀虫消积。**蛇床** *Cnidium monnieri*（L.）Cuss.，产于华东、中南、西南、西北、华北、东北；果实（蛇床子）能燥湿祛风，杀虫止痒，温肾壮阳。**新疆阿魏** *Ferula sinkiangensis* K. M. Shen 和**阜康阿魏** *Ferula fukanensis* K. M. Shen，产于新疆；树脂（阿魏）消积，化癥，散痞，杀虫。

合瓣花亚纲 Sympetalae［后生花被亚纲，Metachlamydeae］

花瓣连合成漏斗状、钟状、唇形、舌状等各式花冠类型。花部由 5 轮减为 4 轮（雄蕊由 2 轮减为 1 轮），各轮数目也逐步减少，雄蕊从与花冠裂片同数减为 4~2，心皮由 5 枚减为 2 枚。常无托叶，胚珠仅 1 层珠被。因此，合瓣花亚纲比离瓣花亚纲类群更进化。

（二十四）杜鹃花目 Ericales

灌木。单叶，无托叶。花两性，整齐，4 或 5 数；雄蕊常为花瓣 2 倍，偶同数而互生，花药有芒或距，顶孔开裂；子房上位或下位，中轴胎座，胚珠多数。胚小，胚乳丰富。包括 5 科，国产 4 科。《中华人民共和国药典》收载杜鹃花科 2 种和鹿蹄草科 1 种中药材。

44. 杜鹃花科 Ericaceae

$⚥ * K_{(4\sim5)} C_{(4\sim5)} A_{(8\sim10, 4\sim5)} \underline{G}_{(4\sim5:4\sim5:\infty)}$

【主要特征】常绿木本。单叶互生、对生或轮生，革质，全缘。花两性，整齐或稍整齐；萼宿存；花冠 4~5 裂；雄蕊常为冠裂片 2 倍，花药 2 室，顶孔开裂，具芒状或尾状附属物；子房上位，稀下位，心皮 4~5，中轴胎座。蒴果，少浆果或核果。

全球 103 属，3 350 余种，主产于温带和亚寒带，以亚热带山区最多。我国 15 属，700 余

种，以云南、四川、西藏最丰富；已知药用12属，127种；《中华人民共和国药典》收载2种中药材。分布有黄酮类、萜类、香豆素和挥发油等，其中棉子皮亭(gossypetin)、杜鹃花亭(azaleatin)和杨梅黄素(myricitrin)具有分类价值，而木藜芦烷类毒素具心脏神经毒性。

【药用植物】**兴安杜鹃** *Rhododendron dahuricum* L.(图7-85)：半常绿灌木。分枝多，小枝具鳞片和柔毛。叶集生小枝上部，椭圆形或长圆形，下面密被鳞片。先花后叶，1~2朵生枝端，紫红或粉红色；雄蕊10，花丝下部有毛。蒴果长圆形。产于黑龙江、内蒙古和吉林等；叶(满山红)能祛痰止咳；根用于治疗肠炎和痢疾。

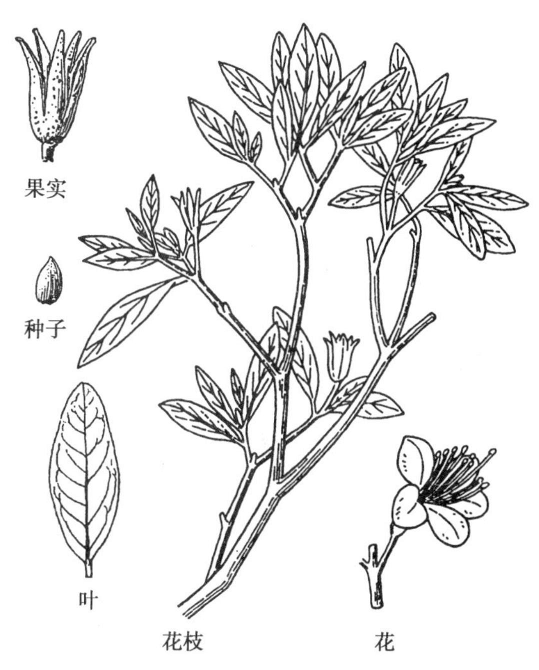

图7-85 兴安杜鹃

常用的药用植物还有：**羊踯躅** *Rhododendron molle*(Bl.) G. Don，产于西南、华中、华南地区；花(闹羊花)能祛风除湿，散瘀定痛，有大毒；果实称"八厘麻子"，能定喘、止泻、止痛。**照山白** *Rhododendron micranthum* Turcz.的枝、叶和花有大毒，能祛风、通络止痛、化痰止咳；**烈香杜鹃** *Rhododendron anthopogonoides* Maxim.的叶能祛痰、止咳、平喘；**岭南杜鹃** *Rhododendron mariae* Hance的带叶嫩枝能止咳、祛痰；**杜鹃** *Rhododendron simsii* Planch.的花称"杜鹃花"，能活血、调经、祛风湿，而叶称"杜鹃花叶"，能清热解毒、止血；**滇白珠** *Gaultheria leucocarpa* Bl. var. *crenulata*(Kurz) T. Z. Hsu的全株能祛风除湿，活血通络，止痛；**南烛**(乌饭树) *Vaccinium bracteatum* Thunb.的果实称"南烛子"，能益肾固精、强筋明目，而叶称"南烛叶"，能益精气、强筋骨、明目、止泻。

本目重要的药用植物类群尚有：鹿蹄草科植物**鹿蹄草** *Pyrola calliantha* H. Andr.和**普通鹿蹄草** *Pyrola decorata* H. Andr.，产于西南和黄河以南地区；全草(鹿衔草)能祛风湿，强筋骨，止血，止咳。

(二十五) 报春花目 Primulales

草本或木本。单叶常有腺点，无托叶。花两性或单性，整齐，4或5数。萼宿存；雄蕊与花冠裂片同数；上位子房，常1室。核果、浆果或蒴果。包括3科，国产2科。《中华人民共和国药典》收载紫金牛科2种和报春花科1种中药材。

45. 紫金牛科 Myrsinaceae

$⚥ *K_{(4\sim5)}C_{(4\sim5)}A_{(4\sim5)}\underline{G}_{(4\sim5:1:1\sim\infty)}$

【形态特征】灌木或乔木，稀藤本。单叶互生，具腺点或腺状条纹。花序各样；花两性，

笔记栏

整齐，4 或 5 数；萼宿存；花冠合生，常有腺点或腺状条纹；冠生雄蕊与花冠裂片同数且对生；子房上位，稀半下位或下位，心皮 4~5，中轴胎座或特立中央胎座，胚珠多数，常仅 1 枚发育；花柱 1，宿存。浆果核果状，内果皮坚脆。

全球约 35 属，1 000 余种，主要分布于热带和亚热带地区。我国 6 属，129 种，分布于长江流域以南各地，以云南最丰富；已知药用 5 属，72 种，集中在紫金牛属；《中华人民共和国药典》收载 2 种中药材。分布有香豆素、黄酮类、醌类、三萜皂苷等，其中岩白菜素是紫金牛属的止咳成分。

【药用植物】**紫金牛** *Ardisia japonica*(Thunb.) Blume（图 7-86）：常绿矮灌木，根茎匍匐，茎不分枝。叶对生或数叶集生茎顶，椭圆形至倒卵状椭圆形，具细锯齿。花序近伞形腋生，3~5 朵；花冠粉红色或白色；子房上位，1 室。核果球形，鲜红色。产于陕西和长江流域以南各地；全株（矮地茶）能化痰止咳，清利湿热，活血化瘀。

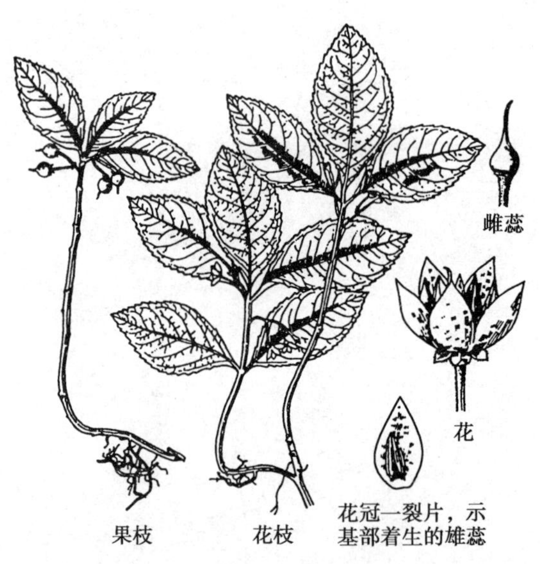

图 7-86　紫金牛

常用的药用植物还有：**朱砂根** *Ardisia crenata* Sims，产于西藏东南至台湾，湖北至海南岛；根（朱砂根）能解毒消肿，活血止痛，祛风除湿。**百两金** *Ardisia crispa*(Thunb.) A. DC. 的根、叶能清热利咽，止咳，止痛；**虎舌红** *Ardisia mamillata* Hance 的全株能清热利湿，活血化瘀，祛风除湿。**铁仔** *Myrsine africana* L. 的根或全株能活血，祛风，利湿，止咳平喘。

46. 报春花科 Primulaceae

$⚥ *K_{(5),5}C_{(5),0}A_5\underline{G}_{(5:1:\infty)}$

【形态特征】草本，常有腺点和白粉。叶基生或茎生，单叶全缘或具齿，无托叶。花两性，整齐；萼 5 裂，宿存；冠 5 裂；雄蕊着生冠管内，与冠裂片同数且对生；子房上位，1 室，特立中央胎座，胚珠多数；花柱异长（同株有短柱花和长柱花）。蒴果。

全球 22 属，1 000 余种，全球广布。我国 13 属，534 种，西南和西北地区种类最多；已知药用 7 属，119 种；《中华人民共和国药典》收载 1 种中药材。分布有黄酮类、三萜类、挥发油、有机酸和酚类化合物。

【药用植物】**过路黄** *Lysimachia christinae* Hance（图 7-87）：多年生匍匐草本，节上生根；叶、花萼和花冠具点状及条状黑色腺体。叶对生，心形或阔卵形。单花腋生，两两相对；花冠 5 裂，黄色。蒴果球形。产于长江流域及以南各地；全草（金钱草）能利湿退黄，利尿通淋，解毒消肿。

常用的药用植物还有：**灵香草** *Lysimachia foenum-graecum* Hance 的带根全草称“灵香

草”,能祛风寒、避秽浊;**点地梅**(喉咙草)*Androsace umbellate*(Lour.)Merr. 的全草能清热解毒、消肿止痛;**聚花过路黄** *Lysimachia congestiflora* Hemsl. 的全草治疗风寒感冒。

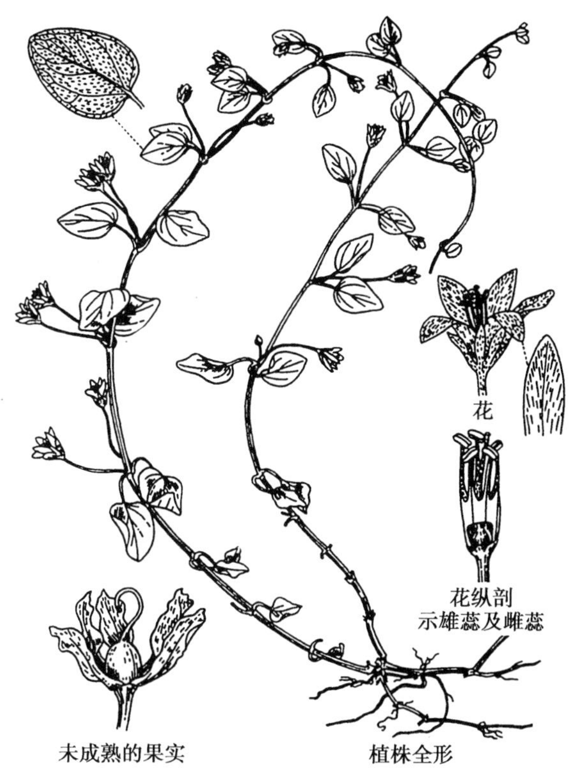

图 7-87 过路黄

(二十六) 柿树目 Ebenales

木本。单叶,互生,无托叶。花两性或单性,常整齐,4 或 5 数;合瓣合生;雄蕊常 2~3 轮,或同数;子房上位,少下位,中轴胎座。浆果、核果或蒴果。包括 5 科,国产 3 科。《中华人民共和国药典》收载柿树科和安息香科各 1 种中药材。

47. 柿树科 Ebenaceae $*K_{(7\sim3)}C_{(7\sim3)}A_{(7\sim3,14\sim6)}\underline{G}_{(2\sim16:2\sim16)}$

【形态特征】乔木或灌木。单叶互生,全缘,无托叶。雌雄异株或杂性,整齐;雌花单生,萼宿存增大;花冠钟状或壶状,裂片旋转状排列;雄蕊与花冠裂片同数、2 倍或更多,花药 2 室,纵裂。子房上位,2 至多室,每室 1~2 胚珠。肉质浆果。

全球 3 属,500 余种,分布于热带地区。我国 1 属,约 57 种;已知药用 12 种。分布有黄酮类、萜类、香豆素类、有机酸和鞣质类等。

【药用植物】**柿** *Diospyros kaki* Thunb(图 7-88):落叶乔木,嫩枝初时有棱。叶卵状椭圆形至倒卵形,或近圆形,长 5~18cm,宽 3~9cm,先端渐尖或钝,基部楔形、钝、近圆形或近截平;叶柄长 8~20mm。雌雄异株,间或雄株有少数雌花,雌株有少数雄花;花 4 数,雌花单生叶腋,花萼绿色,萼管肉质,近球状钟形,花冠壶形或近钟形;子房 8 室,每室 1 胚珠。果直径 3.5~8.5cm。栽培遍及全国;宿萼(柿蒂)降逆止呃。

本目重要的药用植物类群尚有:安息香科植物**越南安息香** *Styrax tonkinensis*(Pierre) Craib ex Hartw.,乔木,树皮有不规则纵裂纹;枝稍扁,被褐色茸毛,成长后变为无毛,近圆柱形,暗褐色。叶互生,椭圆形、椭圆状卵形至卵形。产于云南、贵州、广西、广东、福建、湖南和江西;树脂(安息香)能开窍醒神,行气活血,止痛。

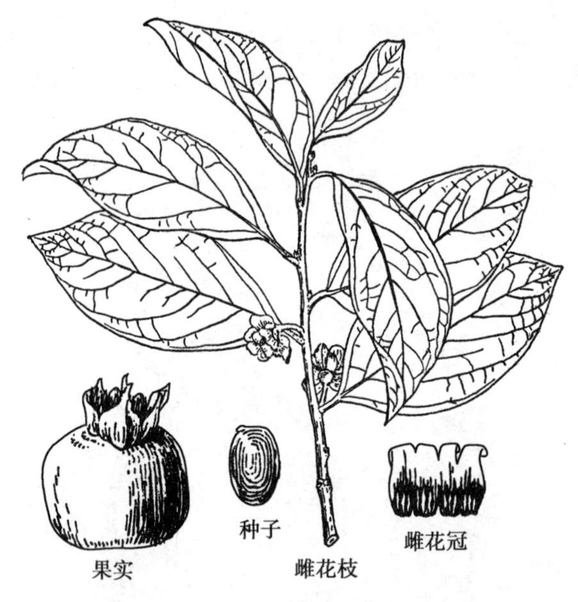

图 7-88 柿

（二十七）木犀目 Oleales

本目仅木犀科，目的特征与科特征相同。

48. 木犀科 Oleaceae $⚥ *K_{(4)}C_{(4),0}A_2\underline{G}_{(2:2:2)}$

【突出特征】灌木或乔木。叶对生，稀互生，单叶或复叶；无托叶。聚伞花序排列圆锥花序状，稀单生；花小，两性，稀单性异株，整齐；花萼、花冠常4裂，稀无瓣；雄蕊2；2心皮，子房上位，2室，每室常2枚胚珠。核果、蒴果、浆果、翅果。

本科29属，600余种，主要分布于温带、亚热带地区。我国有7属，200余种，南北各地均有分布；已知药用8属，90种；《中华人民共和国药典》收载4种中药材。分布有香豆素、苦味素、酚类、木脂素和芳香油等，如秦皮苷（fraxin）、秦皮乙素（esculetin）、连翘苷（forsythin）等。

【药用植物】**连翘** *Forsythia suspensa*（Thunb.）Vahl（图7-89）：落叶灌木；小枝具4棱，中空。叶对生。春季花先叶开放，1~3朵簇生叶腋；花冠黄色。蒴果卵形，木质，表面散生瘤点；种子具翅。除华南地区外，各地均有栽培；果实（连翘）能清热解毒、消肿散结。

女贞 *Ligustrum lucidum* W. T. Aiton（图7-90）：常绿乔木，全体无毛。单叶对生，革质，卵形或卵状披针形，全缘。花小，白色，大型圆锥花序状顶生。花冠4裂；雄蕊2；核果矩圆形，一侧稍凸，熟时紫黑色，被白粉。产于长江流域及以南各地；果实（女贞子）能滋补肝肾、明目乌发。

常用的药用植物还有：**暴马丁香** *Syringa reticulata*（Blume）H. Hara var. *mandshurica*（Maxim.）H. Hara，产于东北；干皮或枝皮（暴马子皮）能清肺祛痰、止咳平喘。**白蜡树**（梣）*Fraxinus chinensis* Roxb. 产于南北各省区，**尖叶白蜡树** *Fraxinus szaboana* Lingelsh. 产于黄河和长江流域各省区，**苦枥白蜡树**（花曲柳、大叶梣）*Fraxinus rhynchophylla* Hance［*Fraxinus chinensis* subsp. *rhynchophylla*（Hance）E. Murray］产于东北和黄河流域各省区，**宿柱白蜡树** *Fraxinus stylosa* Ling. 产于甘肃、陕西、四川、河南等省，以上4种栽培用以放养白蜡虫生产白蜡；枝皮或干皮（秦皮）能清热燥湿、收涩、明目。

笔记栏

花冠展开示雄蕊
花萼展开示雌蕊
花枝
叶枝
果实

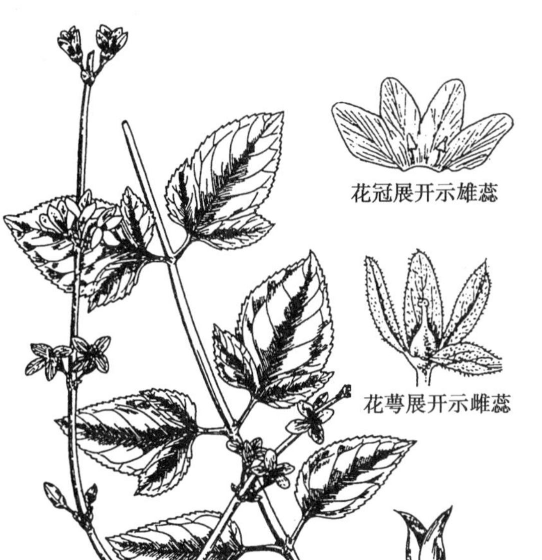

图 7-89　连翘

种子
部分花冠
与雄蕊
花
果枝
花萼展开
示雌蕊

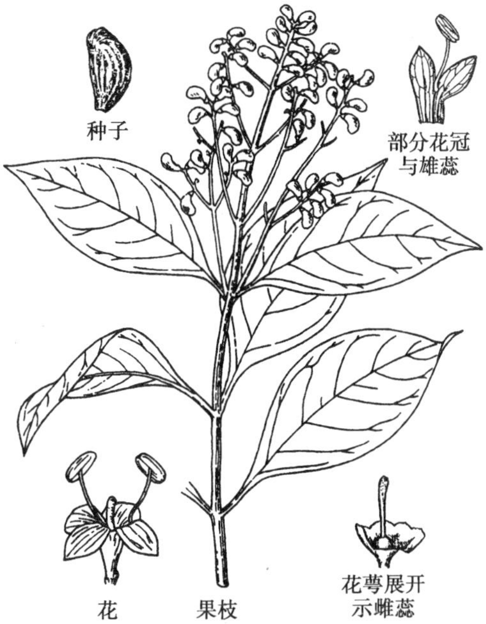

图 7-90　女贞

(二十八) 龙胆目 Gentianales

木本或草本。叶对生，无托叶。花两性，整齐，常 5 数；花冠合瓣，花蕾时旋卷；雄蕊同花冠裂片数；子房上位，2 心皮离生或合生。蒴果、浆果、核果、翅果或蓇葖果。包括 7 科，国产 6 科。《中华人民共和国药典》收载龙胆科 5 种、夹竹桃科 5 种、萝藦科 5 种、茜草科 5 种、马钱科 2 种中药材。

49. 龙胆科 Gentianaceae　⚥ $*K_{(4-5)}C_{(4-5)}A_{4-5}\underline{G}_{(2:1:\infty)}$

【突出特征】草本。单叶对生，稀轮生，全缘，无托叶。聚伞花序顶生或腋生；花两性，整齐，4~5 数；萼筒状、钟状或辐状；花冠漏斗状、辐状或筒状，裂片在蕾中右向旋转排列，有时具距；雄蕊冠生，与花冠裂片同数且互生；子房上位，2 心皮，1 室，侧膜胎座，胚珠多数。蒴果 2 瓣裂；种子小，常多数，胚乳丰富。

全球约 80 属，900 余种，全球广布，以北温带最丰富。我国 19 属，350 余种，以西南山岳地区最丰富；已知药用 15 属，105 种；《中华人民共和国药典》收载 5 种中药材。分布有环烯醚萜和裂环烯醚萜苷、𠮿酮类、黄酮类、三萜和挥发油等，前 2 类是龙胆科特征性成分。

【药用植物】

(1) 龙胆属 [*Gentiana* (Tourn.) L.]：单叶对生，无叶柄，基部常相连；花 5 基数，花冠管状钟形，裂片间有褶；雄蕊 5，冠生，内藏；子房 1 室，花柱短或长丝状；蒴果 2 裂；种子具网纹。全球约 400 种，国产 247 种。

龙胆 *Gentiana scabra* Bunge (图 7-91)：根细长，簇生，味苦；叶主脉 3~5 条；花蓝紫色，长钟形，5 浅裂。产于东北及华北；根及根状茎（龙胆）能清热燥湿、泻肝胆火。**条叶龙胆** *Gentiana manshurica* Kitag.、**三花龙胆** *Gentiana triflora* Pall. 和**坚龙胆** *Gentiana rigescens* Franch. ex Hemsl. 的根和根状茎与龙胆同等入药。

秦艽 *Gentiana macrophylla* Pall. (图 7-92)：主根细长、扭曲；茎基部具纤维状叶残基；叶长圆状披针形，主脉 5 条；花冠蓝紫色。产于西北、华北、东北和四川等地；根（秦艽）能祛风湿、清湿热、止痹痛、退虚热。**麻花秦艽** *Gentiana straminea* Maxim.、**粗茎秦艽** *Gentiana crassicaulis* Duthie ex Burk. 和**小秦艽** *Gentiana dahurica* Fisch. 的根与秦艽同等入药。

笔记栏

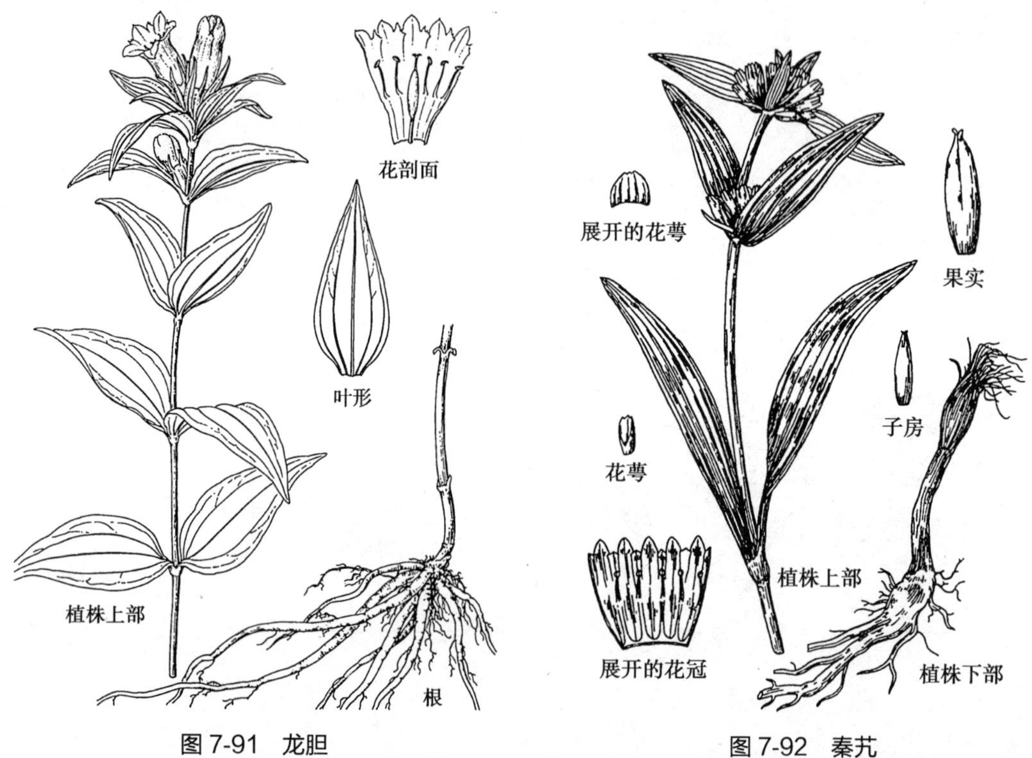

图 7-91 龙胆　　图 7-92 秦艽

(2)獐牙菜属(*Swertia* L.):花 4 或 5 数,萼筒甚短,花冠辐状,花冠裂片基部或中部具腺窝或腺斑;子房 1 室,花柱短,柱头 2 裂。蒴果常包被于宿存花被中,2 瓣裂,果瓣近革质。全球约 170 种,国产 79 种。

川西獐牙菜 *Swertia mussotii* Franch.(图 7-93):一年生草本,主根明显;茎四棱形,棱上有窄翅;叶卵状披针形至狭披针形,基部半抱茎;聚伞圆锥花序;花萼绿色,花冠暗紫红色,裂片披针形,基部具 2 个沟状腺窝。蒴果矩圆状披针形;种子深褐色,表面具细网状突起。产于西藏、云南、四川西北部、青海西南部;全草(川西獐牙菜)能清肝利胆、退诸热。

图 7-93 川西獐牙菜

同属植物**青叶胆** *Swertia mileensis* T. N. Ho et W. L. Shi,产于云南南部;全草(青叶胆)能清肝利胆,清热利湿;**瘤毛獐牙菜** *Swertia pseudochinensis* H. Hara.,产于东北、华北和内蒙古、山东、河南;全草(当药)能清热利湿、健脾。

常用的药用植物还有:**红花龙胆** *Gentiana rhodantha* Franch.,产于西南地区和甘肃、陕西、河南;全草(红花龙胆)清热除湿,解毒,止咳。**椭圆叶花锚** *Halenia elliptica* D. Don 的全草能清热、利湿。**双蝴蝶** *Tripterospermum chinense* (Migo) H. Smith 的全草能清肺止咳,解毒消肿。

50. 夹竹桃科 Apocynaceae　　⚥ $*K_{(5)}C_{(5)}A_5\underline{G}_{(2:1\sim2:1\sim\infty)}$

【突出特征】灌木、草本或乔木,多攀缘状;常具乳汁或水液。单叶对生或轮生,全缘。花单生或聚伞或圆锥花序,花两性,整齐,5 基数,稀 4;萼合生成筒状或钟状,基部内侧具腺体;花冠高脚碟状、漏斗状、坛状或钟状,裂片旋转排列,喉部具附属体或副花冠;雄蕊 5,冠生,花药常箭头状,花粉粒状;有花盘;子房上位,2 心皮,1~2 室或心皮离生。蓇葖果双生,

稀核果、浆果或蒴果；种子一端具毛或膜翅。

全球有 250 属，2 000 余种，分布于热带、亚热带地区。我国有 46 属，176 种，分布于长江以南和台湾。已知药用 35 属，95 种；《中华人民共和国药典》收载 5 种中药材。常分布有生物碱（吲哚类生物碱、甾体类生物碱）、强心苷、倍半萜和木脂素等。吲哚类生物碱和强心苷是本科的特征性成分。

【药用植物】**络石** *Trachelospermum jasminoides*（Lindl.）Lem.（图 7-94）：常绿攀缘灌木，嫩枝叶被毛，全株具白色乳汁；叶对生，叶片椭圆形或卵状披针形；聚伞花序，花冠高脚碟状，白色，裂片旋转；蓇葖果双生，种子顶端具绢质毛。产于西北、西南、华东、华南和山东、河北；茎叶（络石藤）能祛风通络、活血止痛。

萝芙木 *Rauvolfia verticillata*（Lour.）Baill.（图 7-95）：小灌木，具乳汁。单叶对生或 3~5 叶轮生，长椭圆状披针形。二歧聚伞花序顶生；花冠高脚碟状，白色；雄蕊 5；心皮 2，离生。核果卵形，离生，熟时由红色变黑色。产于华南、西南地区。全株能镇静、降压、活血止痛、清热解毒，也是提取降压灵和利血平的原料。

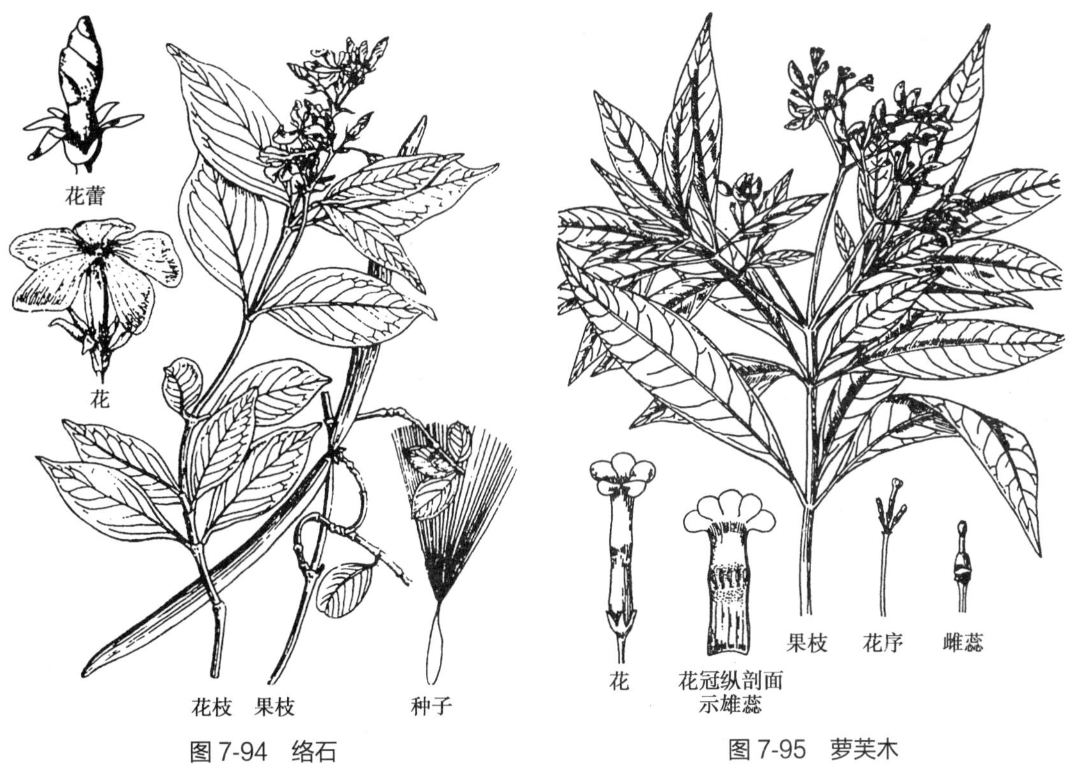

图 7-94　络石　　　　图 7-95　萝芙木

常用的药用植物还有：**罗布麻** *Apocynum venetum* L.，产于西北和华北，多地有引种栽培；叶（罗布麻叶）能平肝安神、清热利水。**杜仲藤** *Parabarium micranthum*（A. DC.）Pierre 的树皮能祛风活络、强筋壮骨。**长春花** *Catharanthus roseus*（L.）G. Don，原产于非洲，中南、华东、西南等地有栽培；全株有毒，用于提取长春碱和长春新碱。**羊角拗** *Strophanthus divaricatus*（Lour.）Hook. et Arn. 的种子用于提取羊角拗苷；**黄花夹竹桃** *Thevetia peruviana*（Pers.）K. Schum. 的种子有毒，用于提取黄夹苷（强心灵）。

51. 萝藦科 Asclepiadaceae　　$⚥ * K_{(5)} C_{(5)} A_{(5)} \underline{G}_{2:1:\infty}$

【突出特征】草本、藤本或灌木，常有乳汁。单叶对生，少轮生；叶柄顶端常具丛生腺体；无托叶。聚伞花序；花两性，整齐，5 基数；萼 5 齿，内面有腺体；花冠辐状或坛状，由 5 枚裂片或鳞

笔记栏

片组成副花冠，生于冠管、雄蕊背部或合蕊冠上；雄蕊5，与雌蕊贴生成合蕊柱；花丝合生成具蜜腺的筒包围雌蕊，称合蕊冠，或花丝离生；花药黏生成一环而紧贴于柱头基部，药隔顶端有膜片；花粉粒联合包在1层软韧薄膜内而成花粉块，经花粉块柄而系结于着粉腺上，花药有花粉块2或4，或花粉器匙形，其上部为载粉器，内藏四合花粉（图7-96），下面有1载粉器柄，基部有1粘盘，粘于柱头上，与花药互生；无花盘，2心皮，离生，子房上位，花柱2，合生，柱头顶端常与花药合生。蓇葖果双生，或1个不育而单生。种子多数，顶端具丛生的白色绢丝状毛。

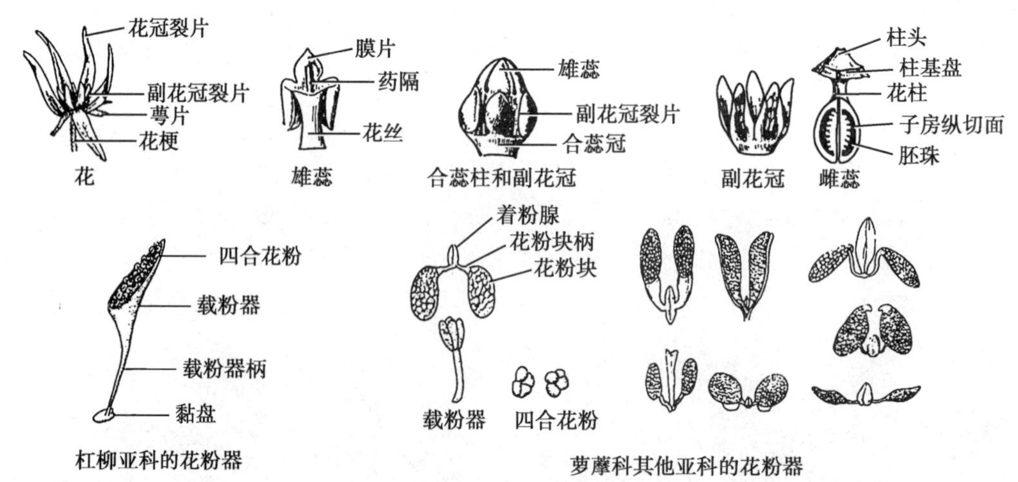

图7-96　萝藦科花和花粉器的形态结构

全球有180属，2 200种；分布于热带、亚热带地区。我国有45属，245种，全国均有分布，以西南、华南最丰富；已知药用33属112种；《中华人民共和国药典》收载5种中药材。分布有强心苷类、生物碱类、三萜类和黄酮类等。强心苷是多数属中的毒性成分。

【药用植物】

(1) 鹅绒藤属（*Cynanchum* L.）：灌木或草本，直立或攀缘；伞形状聚伞花序，花直径不足1cm，萼5深裂，内面基部小腺5~10枚或无；副花冠杯状或筒状，顶端有浅细齿或流苏状舌状片；花药顶端的膜片内向；每室花粉块1个；柱头顶端全缘或2裂；蓇葖果双生或1枚。全球约200种，国产53种，12变种。

白薇 *Cynanchum atratum* Bunge.（图7-97）：草本，全株被茸毛；聚伞花序无梗；花紫红色；蓇葖果单生。全国多数地区均产；根及根茎（白薇）能清热凉血，利尿通淋，解毒疗疮。**蔓生白薇** *Cynanchum versicolor* Bge. 的根和根茎与白薇同等入药。

同属植物**柳叶白前** *Cynanchum stauntonii*（Decne.）Schltr ex Lévl.，产于华东、华中、华南和甘肃等地；根及根茎（白前）能祛痰止咳、泻肺降气。**徐长卿** *Cynanchum paniculatum*（Bunge）Kitag.，产于辽宁以南各省区；根及根茎（徐长卿）能祛风化湿、止痛止痒。**耳叶牛皮消** *Cynanchum auriculatum* Royle ex Wight 的块根称"隔山消"，能健脾益气、补肝肾、益精血；**白首乌** *Cynanchum bungei* Decne 的块根称"白首乌"，能补肝肾、益精血、强筋骨。

(2) 杠柳属（*Periploca* L.）：藤状灌木，具乳汁；叶对生，具柄；萼裂片内面基部腺体5；花冠辐状，冠筒短；副花冠裂片钻状，异形，着生于花冠基部；雄蕊5，花丝离生，四合花粉，承载在匙形载粉器内，基部粘盘粘在柱头上；花柱极短，柱头盘状；蓇葖2，叉生。全球约12种，国产4种。

杠柳 *Periploca sepium* Bunge（图7-98）：落叶蔓生灌木。叶披针形，膜质；花萼裂片内面基部各具2小腺体；花冠紫红色。产于长江以北地区及西南各省区；根皮（香加皮）能利水消肿，祛风湿，强筋骨。

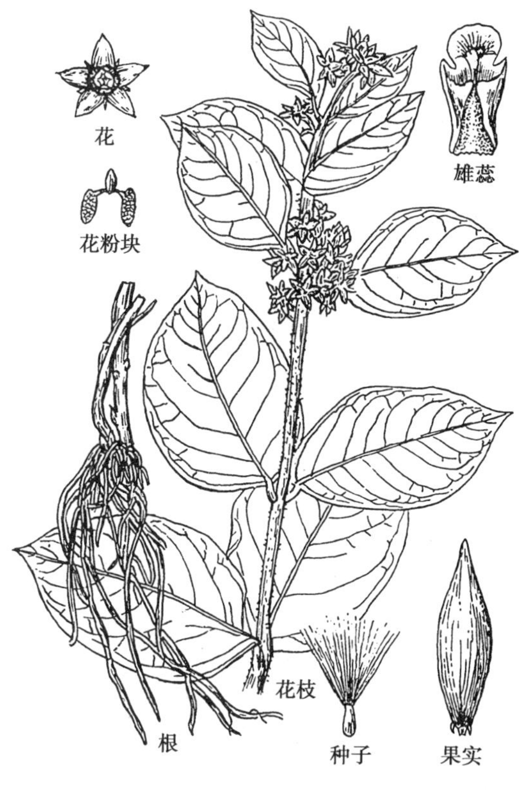

图 7-97　白薇

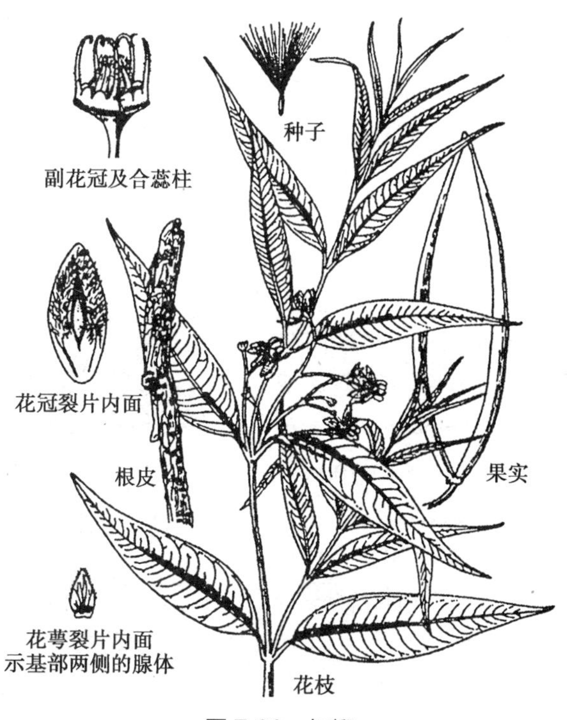

图 7-98　杠柳

常用的药用植物还有：**通关藤** *Marsdenia tenacissima*（Roxb.）Wight et Arn.，产于云南和贵州南部；藤茎（通关藤）能止咳平喘，祛痰，通乳，清热解毒。**娃儿藤** *Tylophora ovata*（Lindl.）Hook. ex Steud. 的根或全草能祛风除湿、散瘀止痛、止咳定喘、解蛇毒；

马利筋 *Asclepias curassavica* L. 的全株能清热解毒，活血止血，消肿止痛，有毒。

知识拓展

萝藦科和夹竹桃科相近，但萝藦科具花粉块或四合花粉、合蕊柱，在叶柄顶端（即叶片基部与叶柄相连处）有丛生腺体。而夹竹桃科没有花粉块和合蕊柱，腺体在叶腋内或叶腋间。萝藦科也是“一个较大的自然科”，目前对其分类不完全一致，有些学者将杠柳亚科独立成杠柳科，其余为萝藦科，而 APG 系统主张将萝藦科（含杠柳亚科）和夹竹桃科合并为夹竹桃科，将萝藦科作为夹竹桃科的一个亚科。

52. 茜草科 Rubiaceae

$⚥ *K_{(4\sim5)}C_{(4\sim5)}A_{4\sim5}\overline{G}_{(2:2:1\sim\infty)}$

【突出特征】草本，灌木或乔木，少攀缘状。单叶对生或轮生，全缘；托叶在叶柄间或叶柄内生，常 2 枚，宿存或脱落。二歧聚伞花序排成圆锥状或头状，少单生；花两性，整齐；萼 4~5(6)裂；花冠 4~5(6)裂；雄蕊与花冠裂片同数且互生；2 心皮合生，子房下位，常 2 室，每室具胚珠 1 至多枚。蒴果、浆果或核果；种子有胚乳。

全球有 500 属，6 000 余种，广布于热带和亚热带。我国有 98 属，676 种，分布于西南至东南部；已知药用 59 属，220 余种；《中华人民共和国药典》收载 5 种中药材。分布有生物碱、环烯醚萜类和蒽醌类等成分，如喹啉类生物碱的奎宁（quinine），苯并喹诺西啶类的吐根碱（emetine），吲哚类的钩藤碱（rhynchophylline），嘌呤类的吗啡碱（coffeine）等。

【药用植物】

（1）金鸡纳亚科 Cinchonoideae Raf.：每室有胚珠 2 至多数。国产 58 属，372 种。

1）栀子属（*Gardenia* Ellis）：灌木或乔木；托叶生叶柄内，常基部或下部合生；花冠裂片向左旋转状排列；浆果，胚珠和种子嵌于肥厚、肉质的胎座中。全球约 250 种，国产 5 种、1 变种。

栀子 *Gardenia jasminoides* Ellis（图 7-99）：常绿灌木；叶革质，椭圆状倒卵形，全缘，上面光亮；托叶在叶柄内合成鞘状；花大，白色，芳香，单生枝顶；萼裂片长 10~30mm，花冠高脚碟状，子房下位，侧膜胎座 2~6 个。果黄色或橙红色，长 1.5~3cm，翅状纵棱 5~9 条。产于黄河以南地区；果实（栀子）能泻火解毒、清利湿热、利尿；也可提取天然着色剂的原料。

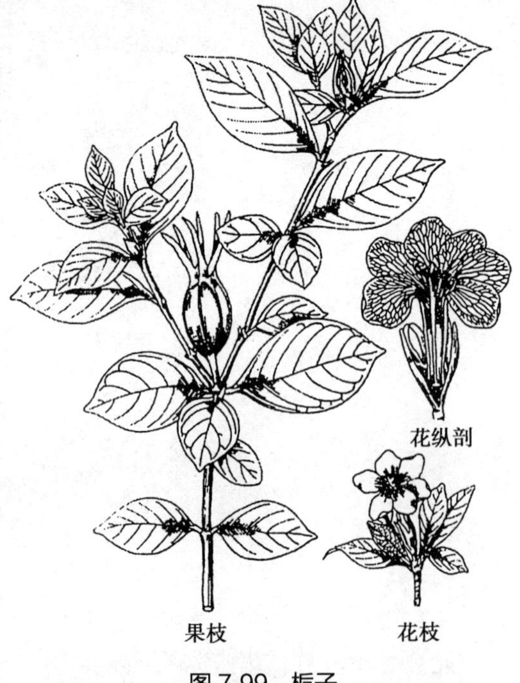

图 7-99　栀子

2）钩藤属（*Uncaria* Schreber）：木质藤本；茎、枝均有钩状刺；蒴果具厚的外果皮；种子两端具长翅，下端的翅深 2 裂。全球 34 种，国产 11 种。

钩藤 *Uncaria rhynchophylla*（Miq.）Miq. ex Havil.：小枝四棱形，叶腋有钩刺；叶对生，托叶 2 深裂；头状花序腋生；花 5 数，花冠黄色；蒴果。产于中南、西南和华南地区；带钩的茎枝（钩藤）能清热平肝、息风定惊。**大叶钩藤** *Uncaria macrophylla* Wall.、**毛钩藤** *Uncaria hirsuta* Havil.、**华钩藤** *Uncaria sinensis*（Oliv）Havil.

和**无柄果钩藤** *Uncaria sessilifructus* Roxb. 的带钩茎枝与钩藤同等入药。

本亚科常用的药用植物还有：**白花蛇舌草** *Hedyotis diffusa* Willd. 的全草能清热解毒、消肿。**金鸡纳树** *Cinchona ledgeriana* Moens，原产于玻利维亚和秘鲁等，云南和台湾引种栽培；树皮能截疟、解热镇痛；也是提取奎宁的原料。

(2) 茜草亚科 Rubioideae K. Schum.：每室有 1 颗胚珠。国产 40 属，304 种。

茜草属（*Rubia* L.）：直立或攀缘草本，常有糙毛或小皮刺，茎有直棱或翅；叶 4~6 片轮生；花小，两性，花 5 数；肉质浆果状，无毛。全球 70 余种，国产 36 种、2 变种。

茜草 *Rubia cordifolia* L.（图 7-100）：攀缘草本，根丛生，橙红色；茎四棱，棱上具倒生刺；叶 4 片轮生，具长柄，卵形至卵状披针形；花小黄白色；浆果球形，橙黄色。产于东北、华北、西北、四川和西藏；根及根状茎（茜草）能凉血止血、祛瘀通经。

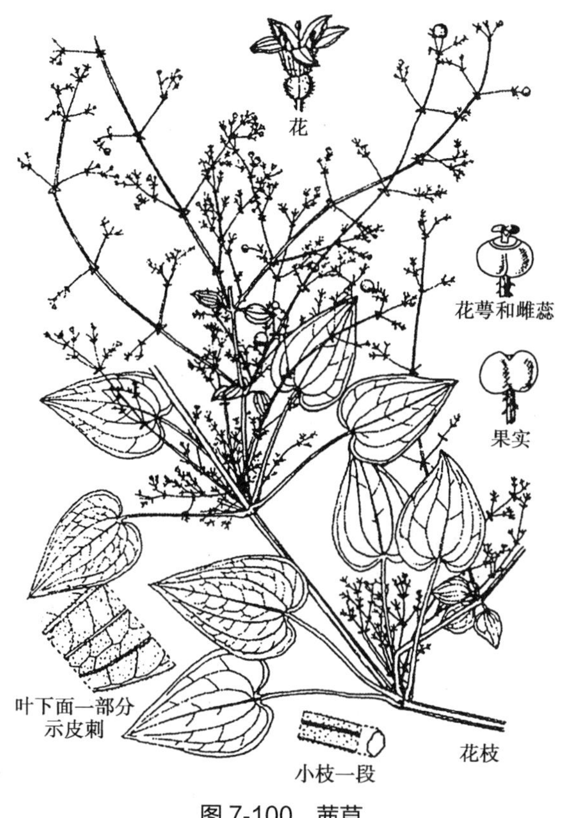

图 7-100 茜草

本亚科常用的药用植物还有：**红大戟** *Knoxia valerianoides* Thorel ex Pitard，产于华南和云南；块根（红大戟）能泻火逐饮、攻毒消肿、散结。**巴戟天** *Morinda officinalis* How，产于华南；根（巴戟天）能补肾壮阳，强筋骨，祛风湿。**鸡矢藤** *Paederia scandens*（Lour.）Merr. 的全草称“鸡矢藤”，能消食化积、祛风利湿、止咳、止痛；**咖啡** *Coffea arabica* L. 的果实能兴奋、强心、利尿、健胃；**虎刺** *Damnacanthus indicus*（L.）Gaertn. f. 的根能祛风利湿、活血止痛；**白马骨** *Serissa serissoides*（DC.）Druce 的全株能疏风解表、清热利湿、舒筋活络。

本目重要的药用植物类群尚有：马钱科植物**密蒙花** *Buddleja officinalis* Maxim.，产山西、陕西、甘肃、西藏和秦岭以南各地区，花蕾和花序（密蒙花）能清热泻火，养肝明目，退翳。**马钱子** *Strychnos nuxvomica* L.，原产南亚，华南地区以及台湾和云南有引种栽培，成熟果实（马钱子）有毒，能通络止痛，散结消肿。

笔记栏

(二十九) 管花目 Tubiflorae

草本、木本，无托叶。花两性，5 数，辐射对称或两侧对称；雄蕊冠生；2 心皮合生；胚珠少数至多数，珠被 1 层。有 26 科，国产 18 科。《中华人民共和国药典》收载唇形科 20 种、玄参科 6 种、茄科 8 种、马鞭草科 7 种、爵床科 4 种、旋花科 3 种、紫葳科 2 种，以及紫草科、胡麻科、苦苣苔科和列当科各 1 种中药材。

53. 旋花科 Convolvulaceae

⚥ $*K_5C_{(5)}A_5\underline{G}_{(2:1\text{-}4:1\text{-}2)}$

【突出特征】草质或木质藤本，有乳汁。单叶互生，无托叶。聚伞花序或单生；花两性，整齐；萼片 5，宿存；花冠漏斗状或钟状，花蕾时旋转状；雄蕊 5，冠生；2 心皮，子房上位，具花盘，1~2 室，或由假隔膜隔成 4 室，每室 1~2 胚珠。蒴果，稀浆果。

全球约 56 属，1 800 余种，主要分布在美洲和亚洲热带、亚热带地区。我国 22 属，128 种，以西南和华南地区最丰富；已知药用 16 属，54 种；《中华人民共和国药典》收载 3 种中药材。分布有黄酮、香豆素、莨菪烷类生物碱、萜类和树脂苷等。

【药用植物】**牵牛** *Pharbitis nil*（L.）Choisy（图 7-101）：一年生缠绕草本。单叶互生，掌状 3 裂。花单生或 2~3 朵腋生；花冠漏斗状，浅蓝色或紫红色；子房 3 室，每室胚珠 2。蒴果球形，种子卵状三棱形。产于南北大部分地区，野生或栽培；种子（牵牛子）能逐水消肿、杀虫；商品药材将黑色者称黑丑，淡黄白色者称白丑。**圆叶牵牛** *Pharbitis purpurea*（L.）Voigt. 的种子与牵牛同等入药。

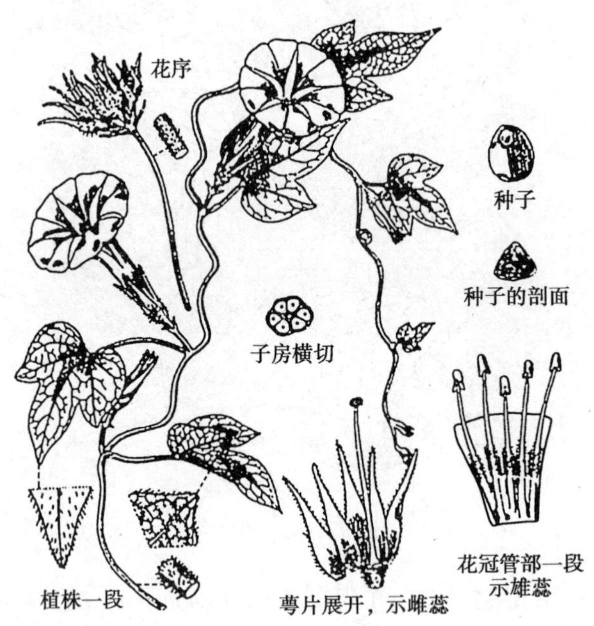

图 7-101　牵牛

菟丝子 *Cuscuta chinensis* Lam.（图 7-102）：一年生寄生草本。茎缠绕，黄色。叶退化成鳞片状。花簇生成球形；花冠壶状、黄白色。产于华北、东北、西北、华东、华中等地；种子（菟丝子）能补益肝肾、固精缩尿、安胎、明目、止泻，外用消风祛斑。**南方菟丝子** *Cuscuta australis* R. Br. 的种子与菟丝子同等入药。

常用的药用植物还有：丁公藤属植物**丁公藤** *Erycibe obtusifolia* Benth.，产于广东中部及沿海岛屿；**光叶丁公藤** *Erycibe schmidtii* Craib 产于广东和云南东南部、广西西南至东部；二者的藤茎（丁公藤）有小毒，能祛风除湿、消肿止痛。**甘薯** *Ipomoea batatas*（L.）Lam. 的块根能益气健脾、养阴补肾；**金灯藤** *Cuscuta japonica* Choisy 的种子能补益肝肾、固精缩尿；

马蹄金 *Dichondra repens* Forst. 的全草能清热利湿、解毒消肿。

54. 茄科 Solanaceae

$⚥ *K_{(5)}C_{(5)}A_{5,4}\underline{G}_{(2:2:\infty)}$

【突出特征】草本或灌木，稀小乔木。单叶互生，无托叶。聚伞花序或花单生；花两性，整齐，5 基数；萼宿存，果时常增大；花冠辐状、钟状、漏斗状或高脚碟状；雄蕊 5，冠生，花药纵裂或孔裂；2 心皮，子房上位，2 室，或因假隔膜分隔成不完全 4 室，中轴胎座，胚珠多数；柱头头状或 2 浅裂。蒴果或浆果。种子盘状或肾形。

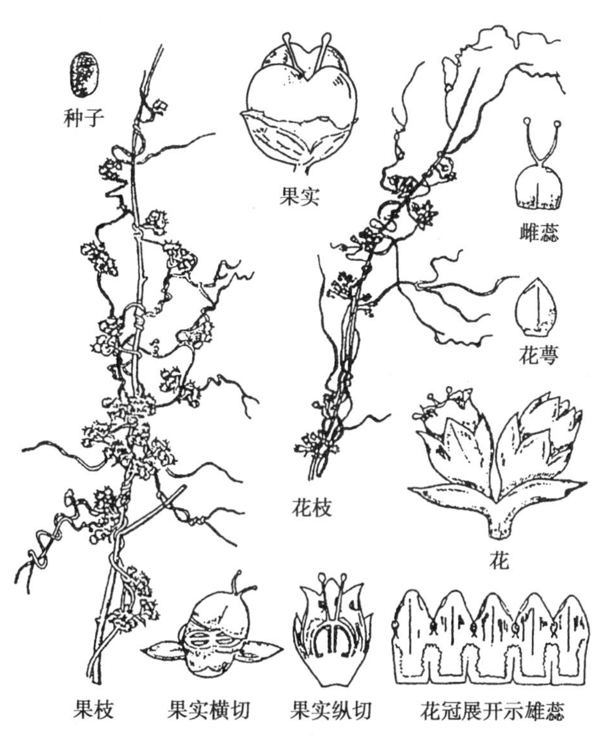

图 7-102　菟丝子

全球约 80 属，3 000 余种，分布于温带至热带，以美洲中部和南部最集中。我国 26 属，115 种；已知药用 25 属，84 种；《中华人民共和国药典》收载 8 种中药材。分布有莨菪烷型、吡啶型和甾体类生物碱，尤以莨菪烷型生物碱分布最广，多个属种是提取和生产托品类药物的原料。

【药用植物】**白花曼陀罗** *Datura metel* L.（图 7-103）：一年生草本。叶卵形或广卵形，基部不对称。花单生；花萼筒长圆筒状，先端 5 裂，宿存；花冠漏斗状或喇叭状，白色，上部 5 浅裂，裂片有短尖。蒴果近球形，疏生短刺，成熟后不规则 4 瓣开裂。产于华南和江苏、浙江等地，栽培或野生。全株及种子有毒，花（洋金花）能平喘镇咳、麻醉止痛。**毛曼陀罗** *Datura innoxia* Mill. 和**曼陀罗** *Datura stramonium* L. 的花在部分产地常是“洋金花”的地方习用品。上述 3 种是提取东莨菪碱的原料。

宁夏枸杞 *Lycium barbarum* L.（图 7-104）：有刺灌木。叶互生或短枝上簇生，长椭圆状披针

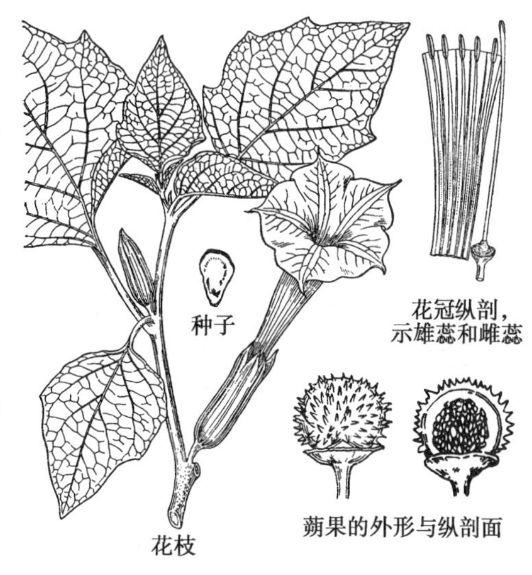

图 7-103　白花曼陀罗

笔记栏

形。花数朵簇生，粉红色或淡紫色；萼 2 中裂；冠筒部明显长于裂片，裂片无缘毛。浆果，长 1~2cm，熟时红色。产于宁夏、甘肃、青海、新疆、内蒙古、河北等地，栽培或野生。果实（枸杞子）能补肝益肾、益精明目；根皮（地骨皮）凉血除蒸、清肺降火。**枸杞** *Lycium chinense* Mill. 产于全国大部分地区，根皮与宁夏枸杞同等入药。

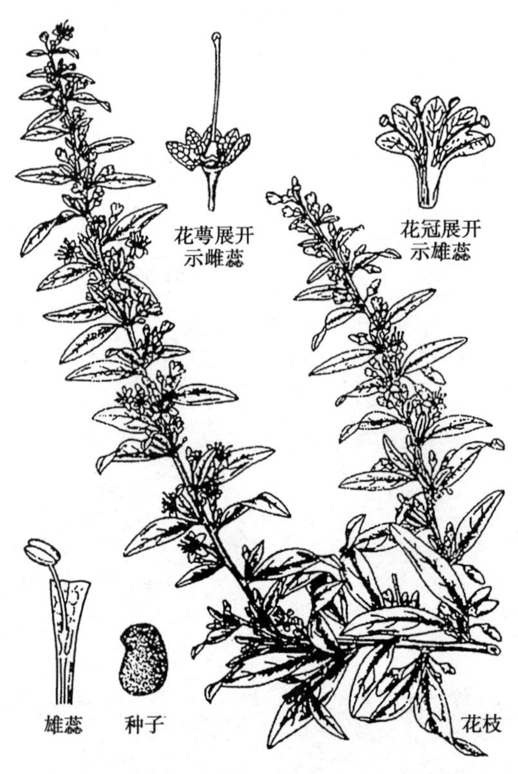

图 7-104 宁夏枸杞

常用的药用植物还有：天仙子属植物**莨菪** *Hyoscyamus niger* L.，产于华北、西北及西南，华东有栽培；种子（天仙子）能解痉止痛、平喘、安神；全草是提取莨菪碱的原料。泡囊草属植物**华山参** *Physochlaina infundibularis* Kuang，产于陕西秦岭中部到东部、河南和山西南部，根（华山参）能安神、补虚、定喘，有毒。酸浆属植物**酸浆** *Physalis alkekengi* L. var. *franchetii*（Mast.）Makino，产于除西藏外的各省区；宿萼或带果实的宿萼（锦灯笼）能清热解毒、利咽化痰。**辣椒** *Capsicum annuum* L.，各地的栽培蔬菜；果实（辣椒）能温中散寒、开胃消食。颠茄属植物**颠茄** *Atropa belladonna* L.，南北药物种植场均有引种栽培；全草（颠茄草）是生产颠茄浸膏、颠茄酊、阿托品等抗胆碱药的原料。**马尿泡** *Przewalskia tangutica* Maxim. 的根能解痉、镇痛、消肿；**山莨菪** *Anisodus tanguticus*（Maxim.）Pasch.，全株有毒，根能麻醉镇痛；二者是提取莨菪碱和东莨菪碱等的原料。**龙葵** *Solanum nigrum* L. 的全草能清热解毒、活血、利尿、消肿；**白英** *Solanum lyratum* Thunb. 的全草能清热解毒、祛风湿。

55. 紫草科 Boraginaceae ⚥ $*K_{5,(5)}C_{(5)}A_5\underline{G}_{(2:2\text{-}4:2\text{-}1)}$

【突出特征】草本，少木本，常密被粗硬毛。单叶互生，全缘。聚伞花序或成蝎尾状，顶生；花两性，整齐，稀两侧对称，5 数；萼分离或合生；花冠管状、辐状或漏斗状，喉部常有附属物；雄蕊 5，冠生；2 心皮合生，子房上位，2 室，每室 2 胚珠，或 4 深裂而成假 4 室，每室 1 胚珠；花柱顶生或基生。核果或 4 枚小坚果。

全球约 100 属，2 000 余种，分布于温带和热带地区，以地中海区域最丰富。我国 51 属，210 种，以西北、西南地区物种较多；已知药用 22 属，62 种；《中华人民共和国药典》收载 1

种中药材。分布有萘醌类色素如紫草素类(shikonin)、吡咯里西啶类生物碱等。

【药用植物】**新疆紫草** *Arnebia euchroma*(Royle)Johnst.(图 7-105):多年生草本,高 15~40cm。全株被白色或淡黄色粗毛。花冠紫色。小坚果具瘤状突起。产于甘肃、新疆、西藏。根(紫草)能清热凉血、活血解毒、透疹消斑。**内蒙紫草** Arnebia guttata Bunge 与新疆紫草同等入药。

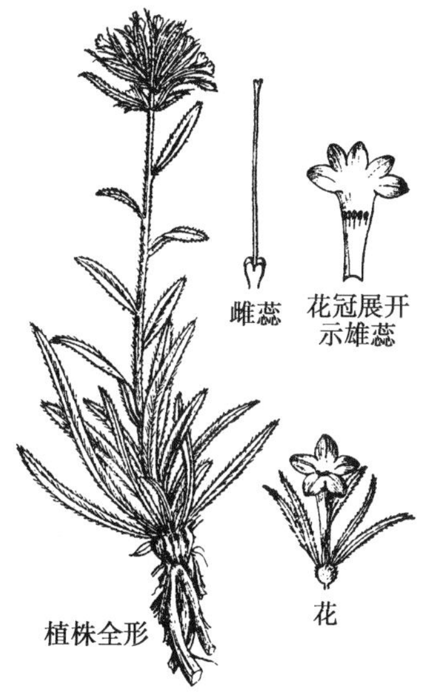

图 7-105　新疆紫草

常见的药用植物还有:紫草属植物**紫草** *Lithospermum erythrorhizon* Sieb. et Zucc. 的根,商品药材称“硬紫草”,功效同新疆紫草;滇紫草属植物**长花滇紫草** *Onosma hookeri* Clarke var. *longiflorum* Duthie、**细花滇紫草** *Onosma hookeri* Clarke、**滇紫草** *Onosma paniculatum* Bur. et Franch.、**露蕊滇紫草** *Onosma exsertum* Hemsl. 和**密花滇紫草** *Onosma confertum* W. W. Smith,在产地常是“紫草”的地方习用品。**附地菜** *Trigonotis peduncularis*(Trev.)Benth. 的全草能温中健脾、消肿止痛、止血;**鹤虱** *Lappula myosotis* V. Wolf. 的果实能杀虫消积。

56. 马鞭草科 Verbenaceae

⚥↑ $K_{(4\sim5)}C_{(4\sim5)}A_4\underline{G}_{(2:4:1\sim2)}$

【突出特征】木本,稀草本,常有特殊气味。叶对生,稀轮生或互生。花序各式;花两性,两侧对称;萼 4~5 裂,宿存;花冠二唇形或不等 4~5 裂;2 强雄蕊,稀 5 或 2,冠生;花盘不显著;2 心皮合生,子房上位,常 2~4 室,或因假隔膜分成 4~10 室,每室 1 胚珠,花柱顶生,柱头 2 裂。核果、浆果状核果或裂为 4 枚小坚果。

全球约 80 属,3 000 余种,分布于热带和亚热带地区。我国 20 属,170 余种,长江以南地区种类最丰富;已知药用 15 属,101 种;《中华人民共和国药典》收载 7 种中药材。分布有环烯醚萜类、黄酮、二萜、三萜、酚醛糖类和挥发油等,其中环烯醚萜苷和黄酮类成分具有分类价值。

【药用植物】

(1)马鞭草属(*Verbena* L.):草本或亚灌木;花稍两侧对称,无柄或近无柄,形成穗状或近头状花序,在花后延伸;雄蕊 4 或 2;2 心皮,子房 4 室,每室 1 胚珠。全球约 250 种,国产 1 种。

马鞭草 *Verbena officinalis* L.(图 7-106):多年生草本;茎四方形;叶卵圆形至矩圆形,常分裂;穗状花序细长,顶生或腋生;花冠略二唇形;雄蕊 2 强;子房 4 室,每室 1 胚珠;蒴果成熟时裂成 4 枚小坚果。各地均产;全草(马鞭草)能活血散瘀、解毒、利水、退黄、截疟。

(2)大青属(*Clerodendrum* L.):灌木或小乔木;花萼钟状或杯状,花后多少增大,宿存;花冠管通常不弯曲;雄蕊 4;浆果状核果。

海州常山 *Clerodendrum trichotomum* Thunb.(图 7-107):枝内白色髓中具淡黄色横隔;叶椭圆形至宽卵形;花冠白色或粉红色;核果蓝紫色,包藏宿萼内。叶称“臭梧桐叶”,能祛风除湿、止痛、降血压。

大青 *Clerodendrum cyrtophyllum* Turcz. 的叶是历史上“大青叶”的来源;根、茎、叶能清热解毒、消肿止痛。

(3)牡荆属(*Vitex* L.):灌木或乔木,小枝常四棱形;掌状复叶,对生,有柄,小叶 3~8,稀单叶;花序顶生或腋生,花冠 5 裂成二唇形,下唇中央 1 裂片特别大;2 强雄蕊;核果球形。全球约 250 种,国产 14 种 7 变种。**蔓荆** *Vitex trifolia* L. 和**单叶蔓荆** *Vitex trifolia* L. var. *simplicifolia* Cham.,产于从辽宁至广东的沿海各省;果实(蔓荆子)能疏散风热、清利头目。**牡荆** *Vitex negundo* L. var. *cannadifolia*(Sieb. et Zucc.)Hand. -Mazz.,产于华东、西南、华中和

笔记栏

河北等地区，果实（牡荆子）能祛痰下气、平喘止咳、理气止痛；叶（牡荆叶）能祛风解表、止咳祛痰，也是提取牡荆油的原料。**黄荆** *Vitex negundo* L. 的根、茎能清热止咳，化痰截疟。

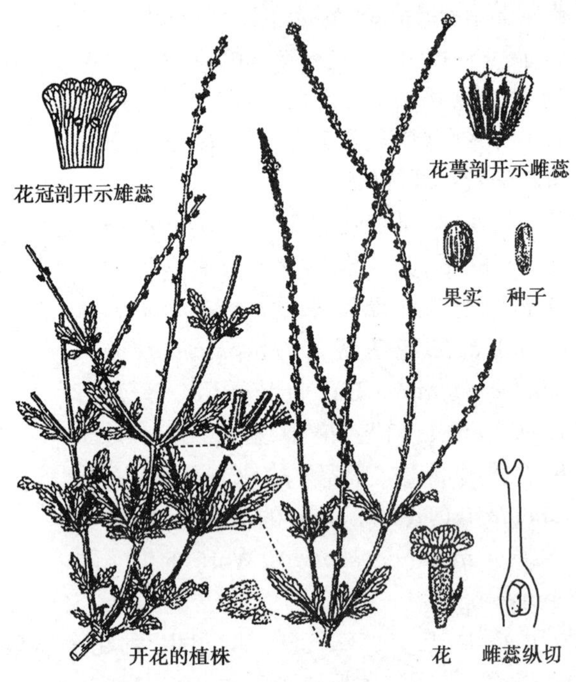

图 7-106　马鞭草

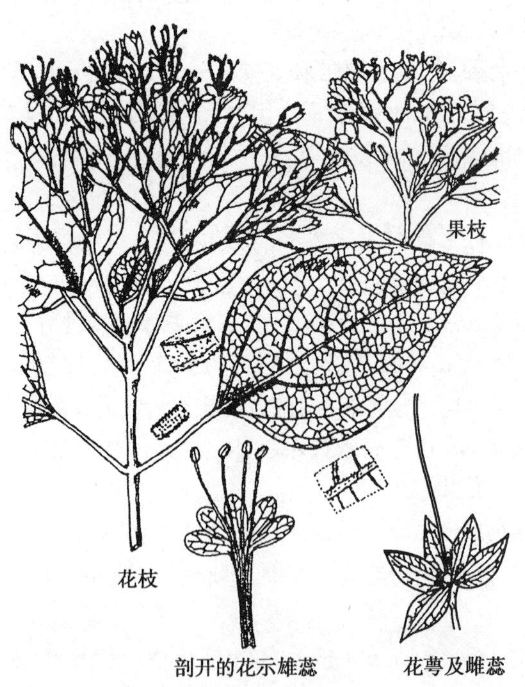

图 7-107　海州常山

（4）紫珠属（*Callicarpa* L.）：灌木，小枝和叶常被毛和腺点；无托叶；聚伞花序腋生；花小，常 4 数，整齐；花萼在结果时不增大；核果或浆果状。全球 190 余种，国产约 46 种。**杜虹花** *Callicarpa formosana* Rolfe，产于从江西南部至广东、广西的地区；叶（紫珠叶）能凉血收敛止血，散瘀解毒消肿。**大叶紫珠** *Callicarpa macrophylla* Vahl，产于广东、广西、贵州、云南；叶及带叶

嫩枝(大叶紫珠)能散瘀止血,消肿止痛。**广东紫珠** *Callicarpa kwangtungensis* Chun,产于长江下游及以南地区和广西、云南;茎枝和叶(广东紫珠)能收敛止血,散瘀,清热解毒。**裸花紫珠** *Callicarpa nudiflora* Hook. et Arn.,产于广东、广西;叶(裸花紫珠)能消炎,解肿毒,化湿浊,止血。

常见的药用植物还有:**马缨丹**(五色梅)*Lantana camara* L. 的根能解毒、散结、止痛,枝、叶能祛风止痒、解毒消肿,有小毒。莸属植物**兰香草** *Caryopteris incana*(Thunb.) Miq. 的全草能祛风除湿、散瘀止痛;**三花莸** *Caryopteris terniflora* Maxim. 的全草能宣肺解表。

57. 唇形科 Labiatae, Lamiaceae $\text{⚥}\uparrow K_{(5)}C_{(5)}A_{4,2}\underline{G}_{(2:4:1)}$

【突出特征】草本或灌木,具芳香气。茎常四棱形。叶对生或轮生。轮伞花序腋生,常集成各式复合花序;花两性,两侧对称;花萼 5 或 4 裂,宿存;花冠 5 或 4 裂,2 唇形,少单唇形(无上唇,下唇 5 裂,如草石蚕属 *Teucrium*),或假单唇形(上唇很短,2 裂,下唇 3 裂,如筋骨草属 *Ajuga*);2 强雄蕊,或退化成 2 枚,贴生花冠管上,花药纵裂;具花盘;心皮 2,子房上位,常深裂成假 4 室,每室 1 胚珠;花柱 1,生于子房基部;柱头 2 浅裂。果实裂成 4 枚小坚果的分果,稀核果状(图 7-108)。

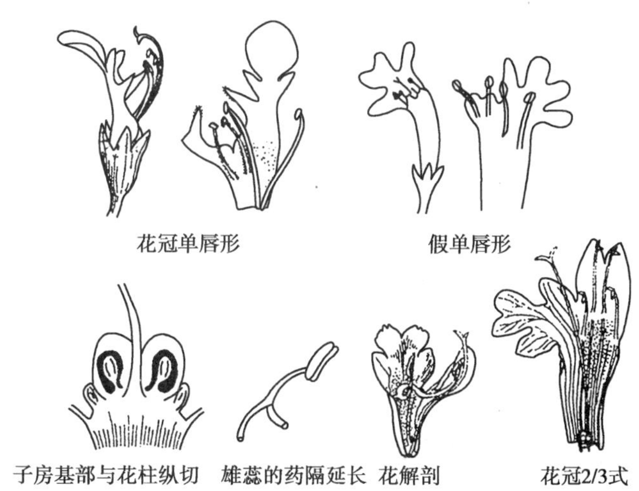

图 7-108 唇形科花的解剖特征

全球约 221 属,3 500 余种,分布于地中海和小亚细亚。我国约 99 属,800 余种;已知药用 75 属,436 种(表 7-11);《中华人民共和国药典》收载 20 种中药材。分布有单萜、倍半萜、二萜、三萜黄酮类、生物碱类、挥发油和昆虫蜕皮激素,一些种类是世界性芳香精油或昆虫蜕皮激素的资源植物。

表 7-11 唇形科部分分属检索表

1. 花冠单唇形或假单唇形。
    2. 花冠单唇,上唇很短,2 裂,下唇 3 裂,花冠管内具毛状环。叶全缘 ……………… 筋骨草属 *Ajuga*
    2. 花冠假单唇,下唇 5 裂,花冠管内平滑。叶缘有齿 ……………… 香科属(草石蚕属)*Teucrium*
1. 花冠二唇形或整齐。
    3. 花萼唇形,裂片宽钝,全缘,上萼片具盾状附属物,花冠上唇盔瓣状 ……………… 黄芩属 *Scutellaria*
    3. 花萼常 4~5 裂,或二唇形,无附属物。
        4. 花冠下唇舟形,不分裂和外折,上唇 4 圆裂片,花冠管基部为囊状 ……………… 香茶菜属 *Rabdosia*
        4. 花冠下唇片非舟形。
            5. 花冠管包于萼内;花柱顶端等分成 2 钻状裂片。单叶不分裂 ……………… 罗勒属 *Ocimum*
            5. 花冠管不包于萼内。
                6. 花药非球形,药室平行或开叉,在药室顶不贯通;花粉散出后药室不展平。
                    7. 花冠为明显二唇形,有不相等的裂片;上唇盔瓣状、镰刀形或弧形等。

笔记栏

续表

8. 雄蕊 4，花药卵形。
9. 后对（上侧）雄蕊比前对（下侧）雄蕊长。
10. 药室初平行，后叉开；后对雄蕊下倾；花序密穗状………………藿香属 *Agastache*
10. 药室初略叉开，以后叉开；
11. 后对雄蕊直立；叶有缺刻或分裂…………………………裂叶荆芥属 *Shizonepeta*
11. 4 枚雄蕊均上升；叶肾形或肾状心形，边缘有齿…………活血丹属 *Glechoma*
9. 后对雄蕊比前对雄蕊短。
12. 萼二唇形，果熟时闭合，上唇顶端截形，具 3 短齿 ………………夏枯草属 *Prunella*
12. 萼非二唇形，果熟时张开，上唇上部不凹陷。
13. 小坚果多少呈三角形，顶平截。
14. 花冠上唇穹窿成盔状；萼齿顶端无刺；叶不分裂 ………野芝麻属 *Lamium*
14. 花冠上唇直立；萼齿顶有刺；叶有裂片或缺刻 ………益母草属 *Leonurus*
13. 小坚果倒卵形，顶端钝圆；顶生假穗状花序 ……………………水苏属 *Stachys*
8. 雄蕊 2 枚，药隔延长，和花丝有关节相连；花冠二唇形……………………鼠尾草属 *Salvia*
7. 花冠近辐射对称；有上唇则扁平或略弯隆。
15. 雄蕊 4，近相等，非二强雄蕊。
16. 能育雄蕊 2，生前边，药室略叉开 ……………………………………地瓜儿苗属 *Lycopus*
16. 能育雄蕊 4，药室平行………………………………………………………薄荷属 *Mentha*
15. 雄蕊 2 或二强雄蕊。
17. 能育雄蕊 4 …………………………………………………………………………紫苏 *Perilla*
17. 能育雄蕊 2 …………………………………………………………………石荠苧属 *Mosla*
6. 花药球形，药室平叉分开，药室顶贯通，花粉散出后则平展……………………香薷属 *Elsholtzia*

【药用植物】

(1) 筋骨草属（*Ajuga* L.）：草本；花冠单唇，上唇很短，2 裂，下唇 3 裂，花冠管内具毛状环。全球约 40~50 种，国产 18 种 12 变种，多种是昆虫蜕皮激素的资源。**金疮小草** *Ajuga decumbens* Thunb.，匍匐草本，逐节生根；叶匙形，倒卵状披针形或倒披针形至几长圆形；产于长江以南各地区；全草（筋骨草）能清热解毒，凉血消肿。**筋骨草** *Ajuga decumbens* Thunb. 的全草活血止痛、清热解毒。

(2) 鼠尾草属（*Salvia* L.）：草本；花冠 2 唇形；能育雄蕊 2 枚，成杠杆雄蕊（花药裂片被延长的药隔分离，以花丝和药隔连接处为支点，像“杠杆”一样摆动，1 枚裂片不育，1 枚可育）；退化雄蕊呈棒状或不存在。全球约 700（~1 050）种，国产 84 种。

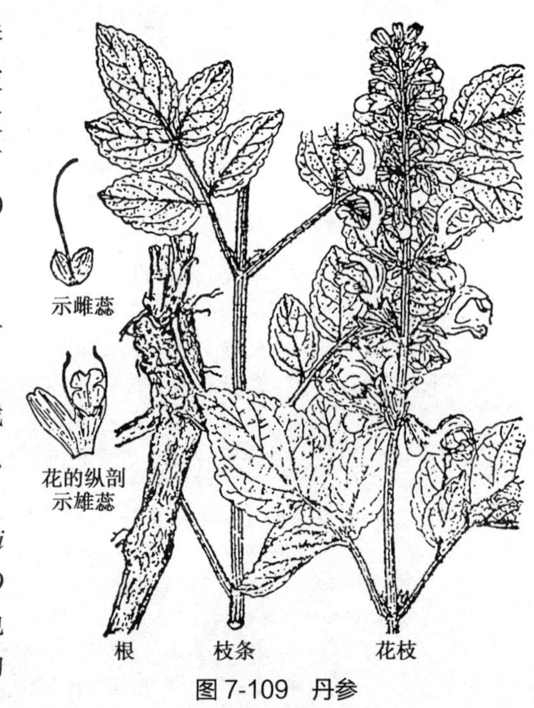

图 7-109　丹参

丹参 *Salvia miltiorrhiza* Bunge（图 7-109）：全株被腺毛；根肥厚，外赤内白；奇数羽状复叶对生；轮伞花组成假总状花序；花冠紫蓝色；小坚果椭圆形，黑色。全国大部分地区有栽培；根和根状茎（丹参）能祛瘀止痛、活血通络、清心除烦。

同属植物**甘西鼠尾草** *Salvia przewalskii* Maxim. 和**南丹参** *Salvia bowleyana* Dunn 等 9 种植物的根及根茎在部分地区是“丹参”的地方习用品。**荔枝草** *Salvia plebeia* R. Brown 的

地上部分能清热解毒，利尿消肿，凉血止血；**华鼠尾草** *Salvia chinensis* Benth. 的全草能活血化瘀，清热利湿，散结消肿。

(3) 黄芩属（*Scutellaria* L.）：草本或亚灌木；苞叶与茎叶同形或向上成苞片；花成对腋生组成顶生或侧生总状或穗状花序，花偏向一侧；花萼 2 唇形，上裂片背上有圆形、鳞片状的盾片或呈囊状突起，宿存，果时唇片闭合。全球约 300 种，国产 100 余种。

黄芩 *Scutellaria baicalensis* Georgi（图 7-110）：宿根草本；根肥厚，断面黄色；叶披针形，全缘，两面密被黑色腺点；总状花序顶生；花冠紫色、紫红色至蓝紫色。产于东北、华北；根（黄芩）能清热燥湿、泻火解毒、止血、安胎。

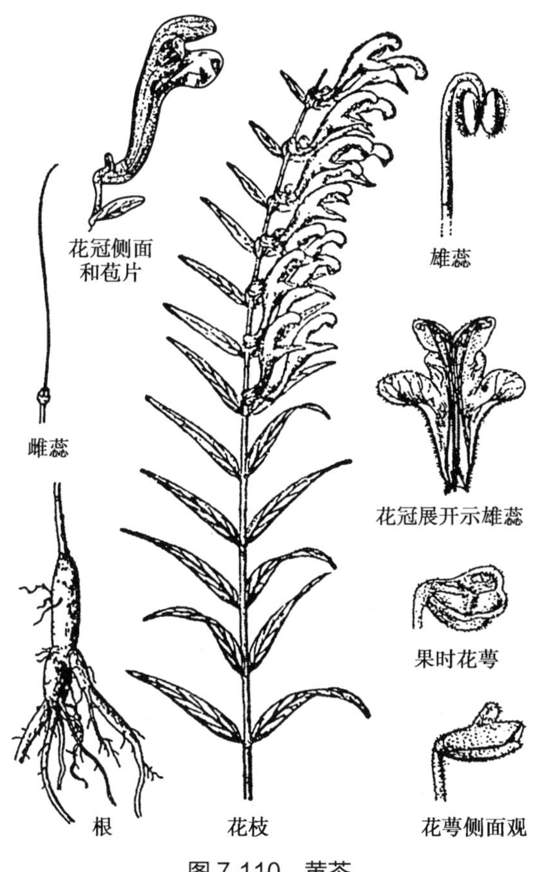

图 7-110　黄芩

同属植物**滇黄芩** *Scutellaria amoena* C. H. Wright、**黏毛黄芩** *Scutellaria viscidula* Bunge、**甘肃黄芩** *Scutellaria rehderiana* Diels 和**丽江黄芩** *Scutellaria likiangensis* Diels 的根在部分地区是"黄芩"的地方习用品。**半枝莲** *Scutellaria barbata* D. Don，产于河北、山东以南的大部分地区；全草（半枝莲）能清热解毒、活血消肿。

(4) 益母草属（*Leonurus* L.）：草本；下部叶宽大，掌状分裂，上部茎叶及花序上的苞叶渐狭，全缘，具缺刻或 3 裂；轮伞花序多花密集，腋生，多数排成长穗状花序；小坚果锐三棱形。全球约 20 种，国产 12 种 2 变型。

益母草 *Leonurus japonicus* Houtt.（图 7-111）：一年或两年生草本；叶二型，基生叶近卵形，具长柄；茎生叶掌状 3 深裂成线性；花冠粉红至淡紫色，下、上唇约等长。全国各地均有分布；地上部分（益母草）能活血调经、利尿消肿；成熟果实（茺蔚子）能活血调经、清肝明目；幼苗称"童子益母草"，能活血调经、补血。国产同属植物的地上部分在不同地区是"益母草"的地方习用品。

笔记栏

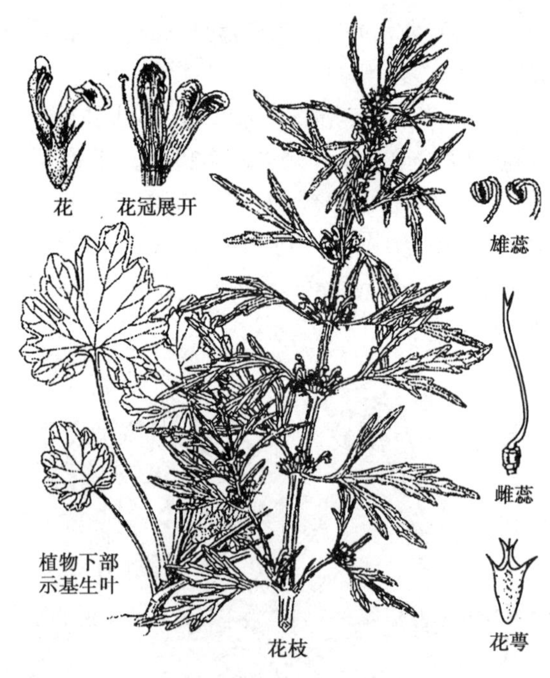

图 7-111 益母草

(5)薄荷属(*Mentha* L.):芳香草本,叶背有腺点;轮伞花序常腋生;花两性或单性,花冠漏斗形,整齐或稍不整齐,4 裂;雄蕊 4,明显伸出冠外。全球约 30 种,国产 12 种。**薄荷** *Mentha haplocalyx* Briq.(图 7-112),多年生草本,清凉浓香;叶披针状椭圆形、卵状矩圆形,具柄;轮伞花序腋生,花冠淡紫,上裂片较大,顶端 2 裂,其余 3 片近等大;各地均有分布;地上部分(薄荷)能宣散风热、清头目、透疹。**留兰香** *Mentha spicata* L. 的全草能祛风散寒、止咳、消肿解毒。

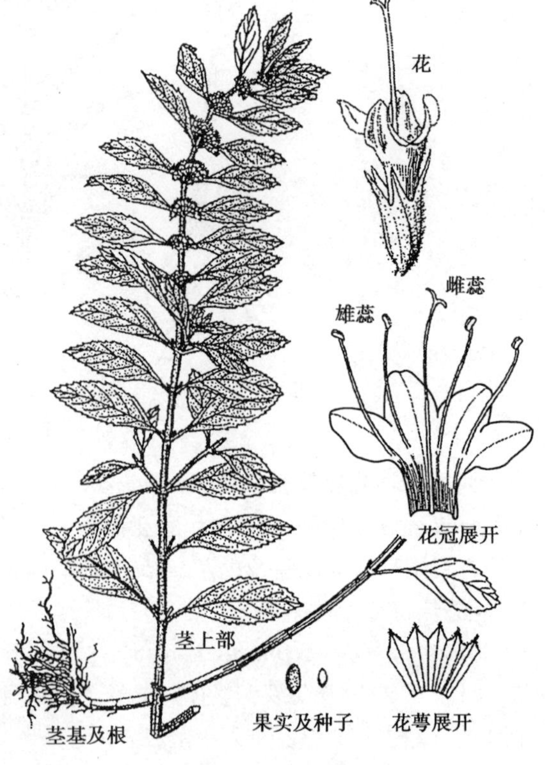

图 7-112 薄荷

常用的药用植物还有:夏枯草属植物**夏枯草** *Prunella vulgaris* L.,产于全国各地;果穗(夏枯草)能清火明目、散结消肿;地上部分是部分地区"夏枯草"的地方习用品。刺蕊草属植物**广藿香** *Pogostemon cablin*(Blanco) Benth.,产于广东、海南;茎、叶(藿香)能芳香化浊、开胃止呕、发表解暑。**紫苏** *Perilla frutescens* (L.) Britt. var. *arguta*(Benth.) Hand. -Mazz. 的叶(紫苏叶)能解表散寒、行气和胃;茎(紫苏梗)能理气宽中、止痛、安胎;果实(紫苏子)能降气消痰、平喘、润肠。**荆芥** *Schizonepeta tenuifolia* Briq. 的地上部分(荆芥)能解表散风、透疹(生用)、止血(炒炭用)。**碎米桠** *Rabdosia rubescens*(Hemsl.) Hara 的地上部分(冬凌草)能清热解毒、活血止痛。**地瓜儿苗** *Lycopus lucidus* Turcz. var. *hirtus* Regel. 的地上部分(泽兰)能活血通络、利尿。**石香薷** *Mosla chinensis* Maxim. 和

江香薷 *Mosla chinensis* 'Jiangxiangru' 的地上部分(香薷)能发汗解表,化湿和中。**独一味** *Lamiophlomis rotata*(Benth.)Kudo 的地上部分(独一味)能活血止血,祛风止痛。**灯笼草** *Clinopodium polycephalum*(Vaniot)C. Y. Wu et Hsuan 和 **风轮菜** *Clinopodium chinense*(Benth.)O. Kuntze 的地上部分(断血流)能收敛止血。**藿香** *Agastache rugosus*(Fisch. et Mey.)O. Ktze. 主要作调味品,全草能健胃、化湿、止呕、清暑热;**连钱草** *Glechoma longituba*(Nakai)Kupr. 的全草能利尿排石、清热解毒;**海州香薷** *Elsholtzia splendens* Nakai ex F. Maekawa 的全草能发汗解表、利湿消肿。

知识拓展

克朗奎斯特系统将盖裂寄生科(Lennoaceae)、紫草科、马鞭草科、唇形科4科归属于唇形目。紫草科茎圆形,叶互生,花辐射对称。马鞭草科花柱顶生,子房不深4裂,不形成轮伞花序,果实为核果或蒴果状。玄参科、爵床科中有时具对生叶和四棱茎等与唇形科外表相似的特征;但子房非深4裂,果实非小坚果,与唇形科不同。

58. 玄参科 Scrophulariaceae

$⚥\uparrow K_{(4\sim5)}C_{((4\sim5))}A_{4,2}\underline{G}_{(2:2:\infty)}$

【突出特征】草本,少灌木或小乔木。叶互生或对生,少轮生;无托叶。总状或聚伞花序;花两性,两侧对称,少辐射对称;萼4~5裂,宿存;花冠多少2唇裂,裂片4~5;2强雄蕊,生冠管上,少2或5;花盘环状或一侧退化;2心皮合生,子房上位,2室,中轴胎座,每室多胚珠;花柱顶生,宿存。蒴果,稀为浆果。种子多而细小。

全球约200属,3 000种,分布于温带至热带地区,以非洲多样性最丰富。我国约60属,634种,以西南地区最丰富;已知药用45属,233种(表7-12);《中华人民共和国药典》收载6种中药材。分布有环烯醚萜苷、强心苷、黄酮类、蒽醌类和生物碱类,是洋地黄毒苷(digitoxin)、地高辛(digoxin)、毛花洋地黄苷C(lanatoside)等强心苷的资源植物。

表7-12 玄参科部分属检索表

1. 雄蕊2枚。
  2. 萼齿5个,近于相等 ················ 腹水草属 *Veronicastrum*
  2. 萼齿4个,如有5个时则后方1个以退化状态存在 ················ 婆婆纳属 *Veronica*
1. 雄蕊4枚,如有2枚时则在花冠前方有2枚退化雄蕊。
  3. 花冠基部具距或基部突出呈囊状。
    4. 花冠基部有长距 ················ 柳穿鱼属 *Linaria*
    4. 花冠基部呈囊状 ················ 金鱼草属 *Antirrhinum*
  3. 花冠基部无距及并不突出呈囊状。
    5. 花冠上唇呈盔状。
      6. 单叶全缘 ················ 山萝花属 *Melampyrum*
      6. 羽状分裂。
        7. 花下具2枚小苞片 ················ 阴行草属 *Siphonostegia*
        7. 花下无苞片 ················ 松蒿属 *Phtheirospermum*
    5. 花冠上唇不为盔状。
      8. 能育雄蕊2枚,花冠前方有2枚退化雄蕊;生水边或湿地 ················ 水八角属 *Gratiola*
      8. 能育雄蕊4枚;陆生。
        9. 花序顶生。
          10. 圆锥花序 ················ 玄参属 *Scrophularia*
          10. 总状花序。
            11. 花冠大,长超过3cm ················ 毛地黄属 *Digitalis*

笔记栏

续表

11. 花冠小,长不超过 2cm ……………………………… 通腺草属 *Mazus*
9. 花单生叶腋。
12. 全株有腺点;沉水叶轮生,羽状全裂 ……………………… 石龙尾属 *Limnophila*
12. 全株无腺点;叶对生,全缘或有锯齿 ……………………… 母草属 *Lindernia*

【药用植物】**玄参** *Scrophularia ningpoensis* Hemsl.(图 7-113):草本。根纺锤状,数条,肥大,干后变黑。茎方形。下部叶对生,上部叶有时互生,叶片卵形至披针形。聚伞圆锥花序大而疏散;花冠紫褐色。产于华北、华东、中南、西南,常栽培。根(玄参)能凉血滋阴、泻火解毒。**北玄参** *Scrophularia buergeriana* Miq. 花序紧缩或穗状;花冠黄绿色;产于北方各地,根是一些地区"玄参"的地方习用品。

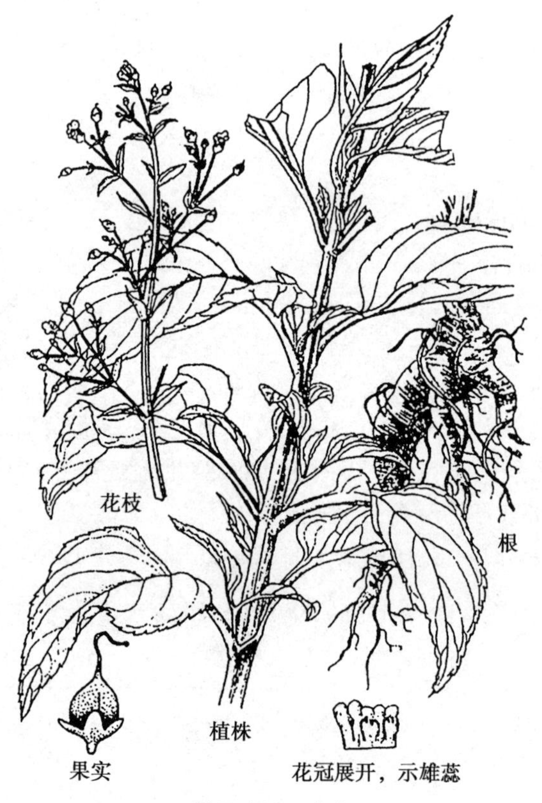

图 7-113　玄参

地黄 *Rehmannia glutinosa*(Gaertn.) Libosch.(图 7-114):多年生草本,全株密被白色长柔毛及腺毛。根状茎肥大肉质,鲜时黄色。叶多基生,倒卵形。总状花序顶生;花下垂;萼钟状,5 裂;花冠管状,紫红色,2 唇形。产于河南、山西、陕西。新鲜的根状茎(鲜地黄)能清热生津、凉血止血;干燥品(生地黄)能清热凉血、养阴生津;炮制品(熟地黄)能滋阴补血、益精填髓。

常用的药用植物还有:胡黄连属植物**胡黄连** *Picrorhiza scrophulariiflora* Pennell.,产于西藏南部、云南西北部、四川西部;根状茎(胡黄连)能退虚热、除疳热、清湿热。**阴行草** *Siphonostegia chinensis* Benth.,全国大部分地区均产;全草(北刘寄奴)能活血祛瘀,通经止痛,凉血,止血,清热利湿。**苦玄参** *Picria felterrae* Lour.,产于我国热带地区;全草(苦玄参)能清热解毒,消肿止痛。**短筒兔耳草** *Lagotis brevituba* Maxim.,产于甘肃西南部、青海东部和西藏;全草(洪连)能清热,解毒,利湿,平肝,行血,调经。**紫花洋地黄** *Digitalis purpurea* L.,我国有栽培;叶是提取强心苷的原料。

59. 紫葳科 Bignoniaceae

⚥ $\uparrow K_{(5)}C_{(5)}A_{4,2}\underline{G}_{(2:1\sim2:\infty)}$

【突出特征】乔木、灌木或藤本，稀草本。叶对生，稀互生；单叶或复叶。花序总状或圆锥状，或单生；花大，两性，两侧对称；萼管先端平截或 5 齿裂；花冠 5 裂，常 2 唇形；能育雄蕊常 4，退化雄蕊 1，或能育雄蕊 2，退化雄蕊 3；花盘肉质；子房上位，2 心皮，2 室，稀 1 室，胚珠多数。蒴果，少浆果状。种子扁平，常具翅或毛。

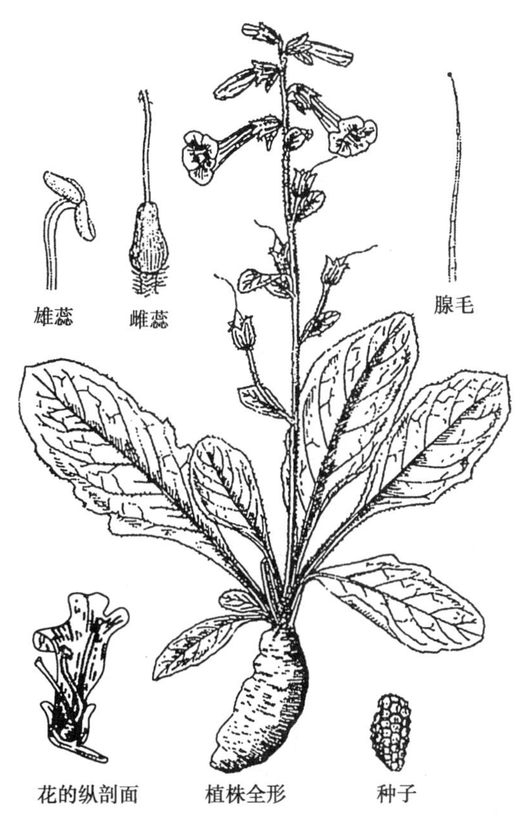

图 7-114　地黄

全球约 120 属，650 余种；分布于热带和亚热带地区。我国 22 属，49 种，大部分种类集中于南方。已知 11 属 25 种药用，《中华人民共和国药典》收载 2 种中药材。普遍含环烯醚萜苷、黄酮、生物碱和萘醌类化合物，生物碱主要是单萜类和大环精胺类生物碱，环烯醚萜苷如梓醇（catalpol），黄酮类如黄芩素（baicalein）等。

【药用植物】**木蝴蝶** *Oroxylum indicum*（L.）Vent.（图 7-115）：乔木，叶痕大而明显。3~4 回羽状复叶，对生。总状花序顶生；花冠钟状。蒴果扁平，木质。种子具白色半透明薄翅。产于西南和华南。种子（木蝴蝶）能清肺利咽、疏肝和胃，也是广东凉茶的主要原料。

常用的药用植物还有：凌霄属植物**凌霄** *Campsis grandiflora*（Thunb.）K. Schum、**美洲凌霄** *Campsis radicans*（L.）Seem.，各地常栽培，为庭院植物；花（凌霄花）能活血化瘀、祛风凉血。**梓树** *Catalpa ovata* G. Don 的果实称"梓实"，能利尿消肿，根皮及茎皮能清热利湿、降逆止呕、杀虫止痒；叶能清热解毒、杀虫止痒。**菜豆树** *Radermachera sinica*（Hance）Hemsl. 的根、叶及果实能清热解毒、散瘀止痛。

60. 列当科 Orobanchaceae

⚥ $\uparrow K_{(2\sim5)}C_{(5)}A_{4}\underline{G}_{(2\text{-}3:1:1\sim\infty)}$

【突出特征】寄生草本，异养型。叶鳞形，互生；花两性，单生于叶腋或苞腋，常集成顶生总状或穗状花序；萼 2~5 裂；花冠 5 裂，二唇形，裂片覆瓦状排列；雄蕊 4，2 强，着生花冠上；心皮 2（稀 3），常 1 室，子房上位。蒴果室背开裂。

笔记栏

全球 15 属，150 多种，主产于北温带、欧亚大陆。我国 10 属，40 余种，主要分布于气候干旱环境中；已知药用 8 属，24 种；《中华人民共和国药典》收载 1 种中药材。分布有环烯醚萜苷类和琥珀酸等。

【药用植物】**肉苁蓉** *Cistanche deserticola* Y. C. Ma（图 7-116）：多年生寄生草本。茎肉质肥厚，不分枝。鳞叶黄色，肉质，覆瓦状排列，披针形或线状披针形。穗状花序顶生于花茎；花萼 5 浅裂，有缘毛；花冠管状钟形，黄色，顶端 5 裂，裂片蓝紫色；雄蕊 4，蒴果卵形，褐色。种子极多，细小。产于内蒙古、甘肃、新疆、青海，寄生于藜科植物**梭梭** *Haloxylo nammodendron* Bunge 的根上；带鳞叶的肉质茎（肉苁蓉）能补肾阳，益精血，润肠通便。**管花肉苁蓉** *Cistanche tubulosa*（Schenk）Wight，产于新疆，常寄生于柽柳属植物的根上，肉质茎与肉苁蓉同等入药。

图 7-115 木蝴蝶

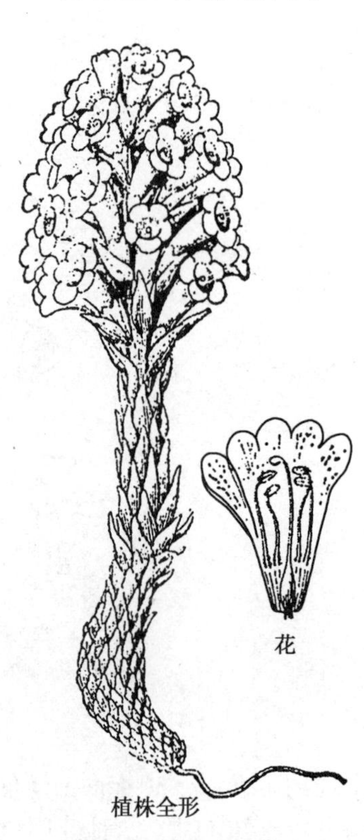

图 7-116 肉苁蓉

常见的药用植物还有：**列当** *Orobanche coerulescens* Steph. 和**黄花列当** *Orobanche pycnostachya* Harice 的全草能补肾壮阳、强筋、止泻。**野菰** *Aeginetia indica* L. 有小毒，全草能解毒消肿、清热凉血；外用治疗蛇毒咬伤、疔疮。**丁座草** *Boschniakia himalaica* Hook. f. et Thoms. 的全草能理气止痛、祛风活络、解毒杀虫。

61. 爵床科 Acanthaceae

⚥ $\uparrow K_{(4\sim5)}C_{(4\sim5)}A_{4,2}\underline{G}_{(2:2:1\sim\infty)}$

【突出特征】草本或灌木，茎节常膨大。单叶对生，稀互生；无托叶。聚伞或总状花序，每花常具 1 苞片和 2 小苞片，苞片花瓣状；花两性，两侧对称；花萼 5~4 裂；花冠 2 唇形或近等 5 裂；雄蕊 4，2 强，或仅为 2；子房上位，2 心皮，2 室，中轴胎座，每室一至多。蒴果，室背开裂，常借助珠柄钩（也称种钩）将种子弹出。

全球约 250 属，2 500 余种，广布热带和亚热带地区。我国 61 属，178 种；分布于长江以南各地；已知药用 32 属，70 余种；《中华人民共和国药典》收载 4 种中药材。分布有环烯醚萜、黄酮、生物碱、二萜内酯和木脂素等，如二萜内酯穿心莲内酯（andrographolide），生物碱类菘蓝苷和靛苷等。

【药用植物】**穿心莲** *Andrographis paniculata*(Burm. f.) Nees(图 7-117)：一年生草本。茎四棱形。叶片卵状长圆形至披针形。总状花序集成大型圆锥花序；花冠 2 唇形，白色；雄蕊 2。蒴果扁。原产于东南亚地区，华南及广西、云南、四川有栽培；地上部分(穿心莲)能清热解毒、凉血消肿。

马蓝 *Baphicacanthus cusia*(Nees) Bremek(图 7-118)：多年生草本。常对生分枝。叶卵圆形至长矩圆形。花冠 5 浅裂，淡紫色；2 强雄蕊。蒴果棒状。产于华南、西南及台湾、湖南。根状茎及根(南板蓝根)能清热解毒、凉血消斑；叶或茎叶经加工制得的干燥粉末、团块或颗粒(青黛)能清热解毒，凉血消斑，泻火定惊。

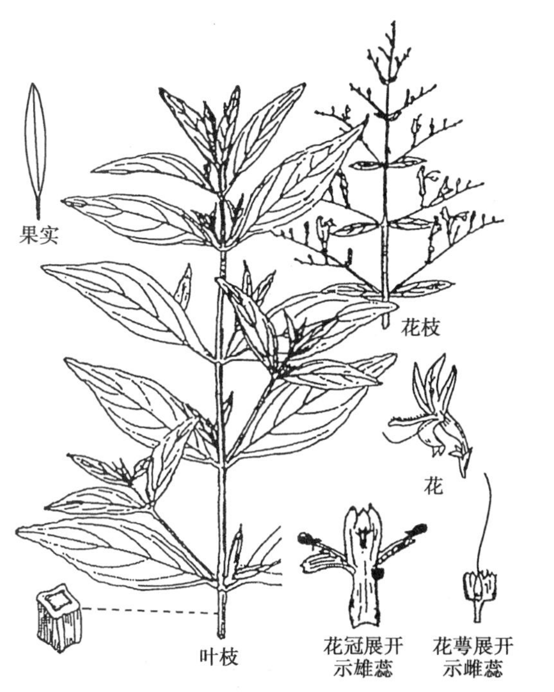

图 7-117 穿心莲

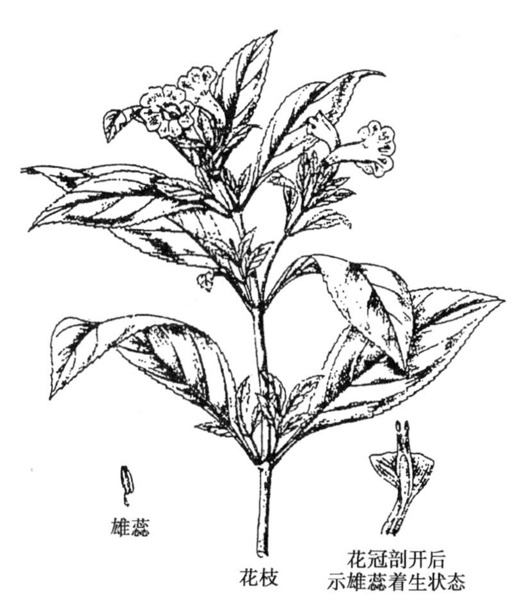

图 7-118 马蓝

常见的药用植物还有：驳骨草属植物**小驳骨** *Gendarussa vulgaris* Nees，产于华南和台湾、云南；地上部分(小驳骨)能祛瘀止痛，续筋接骨。**爵床** *Rostellularia procumbens*(L.) Nees 的全草清热解毒、利尿消肿；**九头狮子草** *Peristrophe japonica*(Thunb.) Bremek.，全草发汗解表、解毒消肿；**白接骨** *Asystasiella neesiana*(Wall.) Lind.，全草止血祛瘀、清热解毒；**水蓑衣** *Hygrophila salicifolia*(Vahl) Nees，全草能清热解毒、化瘀止痛；**孩儿草** *Rungia pectinata*(L.) Nees，全草能清肝明目、消积；**狗肝菜** *Dicliptera chinensis*(L.) Nees，全草能清热解毒、凉血利尿。

本目重要的药用植物类群尚有：胡麻科(脂麻科)植物**脂麻** *Sesamum indicum* L.，原产于印度，为各地广泛栽培的食用油料植物；种子(黑芝麻)能补肝肾，益精血，润肠燥。苦苣苔科植物**石吊兰** *Lysionotus pauciflorus* Maxim.，产于秦岭以南地区；地上部分(石吊兰)能化痰止咳，软坚散结。

(三十) 车前目 Plantaginales

本目仅 1 科，目的特征同科。

62. 车前科 Plantaginaceae

$⚥\uparrow K_{(4)}C_{(4)}A_4\underline{G}_{(2:1\sim4:1\sim\infty)}$

【突出特征】草本。叶螺旋状互生，常排成莲座状；叶片椭圆形，叶脉近平行，基部呈鞘状，无托叶。穗状花序单生花亭上，花小，两性；花萼 4 裂，宿存；花冠 4 裂；雄蕊 4，冠生；子房上位，心皮 2，1~4 室。蒴果盖裂，种子小，具黏液。

全球3属，约200种，主要分布于温带地区。我国1属，20种，分布于南北各地；已知药用15种，《中华人民共和国药典》收载2种中药材。分布有苯乙醇苷类、环烯醚萜类、黄酮类、生物碱类和多糖类黏液等成分。

【药用植物】**车前** *Plantago asiatica* L.（图7-119）：草本。须根多数。根茎短，稍粗。叶基生，宽卵形至宽椭圆形，薄纸质或纸质，两面疏生短柔毛；叶柄上面具凹槽，中部无翅。穗状花序3~10条；花冠白色，裂片狭三角形；花药长1~1.2mm。种子卵状椭圆形或椭圆形，黑褐色至黑色，背腹面微隆起。产于我国大部分地区；全草（车前草）能清热利尿通淋，祛痰，凉血，解毒；成熟种子（车前子）能清热利尿通淋，渗湿止泻，明目，祛痰。**平车前** *Plantago depressa* Willd 与车前同等入药。

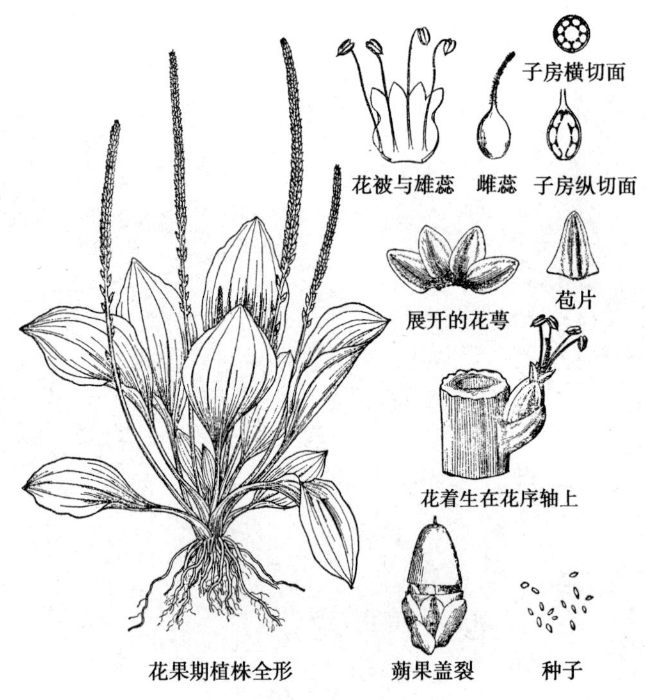

图7-119　车前

（三十一）川断续目 Dipsacales

木本或草本。叶对生，无托叶。花两性，常两侧对称，少辐射对称；聚伞花序；雄蕊和花冠裂片同数而互生；子房下位，每室常1胚珠。有4科，国产4科。《中华人民共和国药典》收载忍冬科3种、败酱科2种和川续断科2种中药材。

63. 忍冬科 Caprifoliaceae

☿ $* \uparrow K_{(4\sim5)}C_{(4\sim5)}A_{4\sim5}\overline{G}_{(2\sim5:2\sim5:1)}$

【突出特征】木本，稀草本。叶对生，单叶，少复叶；常无托叶。聚伞花序或再组成其他花序；花两性，辐射对称或两侧对称；萼与子房贴生，4~5裂；花冠管状或轮状，常5裂，有时2唇形；雄蕊和花冠裂片同数而互生，生冠管上；2~5心皮，子房下位，1~5室，常3室，每室常1胚珠或多数，或仅1室发育。浆果、核果或蒴果。

全球15属，约500种，主要分布于北温带。我国12属，260余种，多分布于华中和西南各地；已知药用9属，106种（表7-13）；《中华人民共和国药典》收载3种中药材。分布有黄酮类、环烯醚萜类、三萜类、绿原酸类、香豆素和皂苷等，其中环烯醚萜类和黄酮类的分类价值明显。

表 7-13　忍冬科部分属检索表

1. 花冠辐状，花柱短。
　2. 单叶，有时羽状分裂；核果，种子 1 枚……………………………………………………………………………………荚蒾属 *Viburnum*
　2. 羽状复叶；浆果状核果，种子 3~5 枚 ……………………………………………………………………………婆婆纳属 *Veronica*
1. 花冠管状，近两侧对称，花柱长。
　3. 雄蕊 4；子房 1 室，发育胚珠 1 枚…………………………………………………………………………………六道木属 *Abelia*
　3. 雄蕊 5；子房 2~3 室，发育胚珠 2 至多枚。
　　4. 蒴果开裂，聚伞花序腋生……………………………………………………………………………………………锦带花属 *Weigela*
　　4. 浆果，花成对生，腋生或轮生………………………………………………………………………………………忍冬属 *Lonicera*

【药用植物】

(1) 忍冬属 (Lonicera L.)：灌木，有时缠绕；小枝髓部明显或中空，老枝树皮常作条状剥落；单叶对生；花常成对腋生，每双花有苞片和小苞片各 1 对；子房常 3 或 2 室；花冠基部常一侧肿大或具囊；浆果。全球约 200 种，国产 98 种。

忍冬 *Lonicera japonica* Thunb.(图 7-120)：藤本，幼枝暗红褐色，密生毛；叶宽披针形至卵状椭圆形；花成对腋生，叶状苞片较大；花冠白色，2 唇形，上唇 4 裂，直立，下唇反卷不裂，后变黄白色。各地都有栽培；花蕾或带初开的花（金银花）能清热解毒、疏散风热；茎枝（忍冬藤）能清热解毒，疏风通络。

同属植物**灰毡毛忍冬** *Lonicera macranthoides* Hand. -Mazz.、**红腺忍冬** *Lonicera hypoglauca* Miq.、**华南忍冬** *Lonicera confusa* DC. 和**黄褐毛忍冬** *Lonicera fulvotomentosa* Hsu et S. C. Cheng 等的花蕾（山银花）能清热解毒，疏散风热；茎枝也是药材忍冬藤的地方习用品。

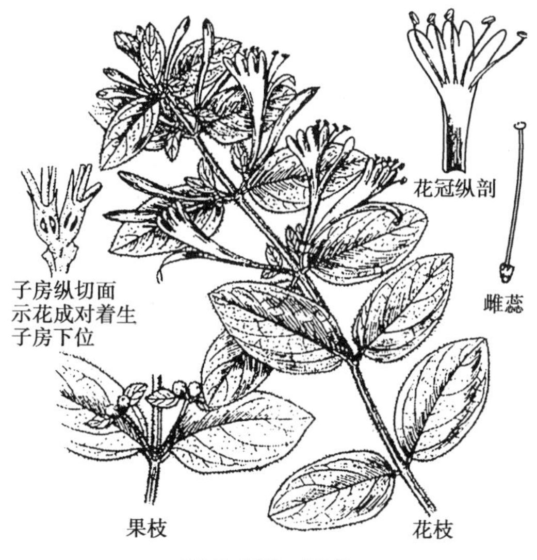

图 7-120　忍冬

(2) 接骨木属 (*Sambucus* L.)：灌木，少草本；单数羽状复叶；花序伞形式或圆锥式；花冠辐状，整齐；雄蕊 5 枚，花药外向；子房 3~5 室，每室 1 胚珠，柱头 3~5 裂。核果浆果状，颗核 3~5 枚。全球 20 余种，国产 5 种。**接骨木** *Sambucus williamsii* Hance，灌木，枝髓部浅褐色；小叶柄、小叶片下面及叶轴均光滑无毛；果实红色或黑色；茎枝能祛风通络、消肿止痛。**陆英** *Sambucus chinensis* Lindl. 的全草、根能祛风消肿，舒筋活络。

(3) 荚蒾属 (*Viburnum* L.)：灌木或小乔木，茎干有皮孔；单叶对生；伞形、圆锥或伞房花序；花冠辐状、钟状或筒状，整齐；花药内向；子房 1 室，具 1 胚珠。核果，1 颗核。全球 200 余种，国产 74 种。**荚蒾** *Viburnum fordiae* Hance. 的幼枝、叶柄和花序均密被刚毛状糙毛；叶干后不变灰黑色或黑色；枝、叶能清热解毒、疏风解表，根能祛瘀消肿。

知识拓展

茜草科与忍冬科有一系列共同特征：如叶对生；花冠合瓣；雄蕊着生在花冠管上，且与花冠裂片同数而互生；子房下位；有胚乳；无内生韧皮部。但茜草科托叶生在叶柄间或叶柄内，子房常 2 室，每室一至多胚珠；而不同于忍冬科无托叶，子房常 3 室，每室 1 胚珠。

64. 败酱科 Valerianaceae

$⚥\uparrow\ K_{5\sim15,0}C_{(3\sim5)}A_{3\sim4}\overline{G}_{(3:3:1)}$

【突出特征】草本，根和根状茎有特殊气味。叶全缘或羽状分裂。聚伞花序组成伞房花序；花小，两性，稍不整齐；萼齿小，有时裂片羽毛状，宿存；花冠筒状，基部常有偏突的囊或距；雄蕊 3 或 4，或退化成 1~2，冠生；子房下位，3 心皮，3 室，仅 1 室发育，胚珠 1。瘦果，顶端具宿存萼，并贴生于果时增大的膜质苞片上呈翅果状。

全球 13 属，约 400 种；分布于北温带。我国 3 属，40 余种；南北均有分布；已知药用 3 属，24 种；《中华人民共和国药典》收载 2 种中药材。分布有三萜皂苷类、倍半萜类、黄酮类化合物和挥发油。

【药用植物】

(1) 败酱属（*Patrinia* Juss.）：宿根草本，根状茎有陈腐味；花冠黄色或白色；萼具不明显 5 齿，果时不呈冠毛状；雄蕊 4，极少退化至 1~3；小苞片在果熟时常增大成翅状。全球 20 余种，国产 10 种 5 亚种或变种。**黄花败酱** *Patrinia scabiosaefolia* Fisch. ex Trev.（图 7-121）属于大草本，根状茎粗壮；基生叶丛生不裂或羽状分裂；花冠黄色，雄蕊 4；瘦果无翅状苞片；产于南北各地；全草称"败酱草"，能清热解毒、消肿排脓、祛痰止咳。**白花败酱** *Patrinia villosa* Juss. 与黄花败酱同等入药。**异叶败酱** *Patrinia heterophylla* Bunge. 的全草能消肿排脓、祛瘀止痛。

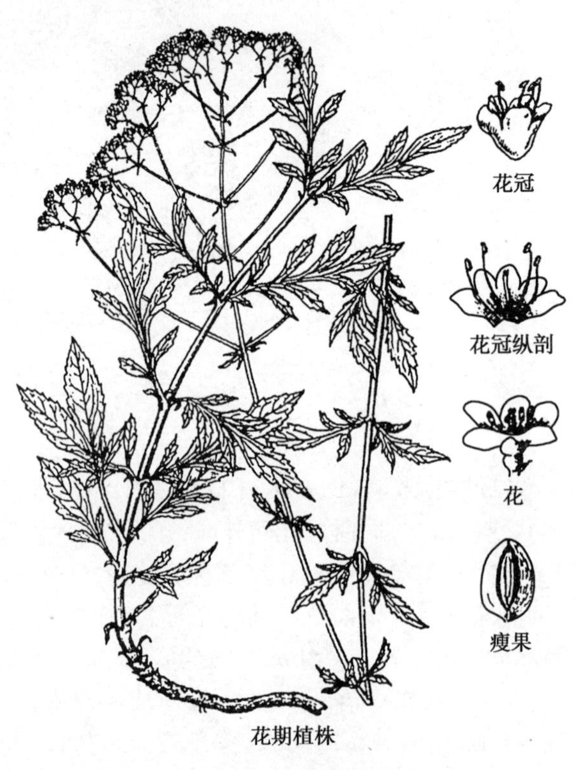

图 7-121　黄花败酱

(2) 缬草属（*Valeriana* L.）：多年生草本，根或根状茎气味浓烈；雄蕊 3；花萼多裂，开花时内卷，不明显，果期伸长并外展，成羽毛状冠毛；子房下位，3 室，仅 1 室发育。全球约 200 余种，国产 17 种 2 变种。**蜘蛛香** *Valeriana jatamansi* Jones，根茎块茎状；产于西南地区和河南、陕西、湖南、湖北；根茎和根（蜘蛛香）能理气止痛，消食止泻，祛风除湿，镇惊安神。**缬草** *Valeriana officinalis* L. 的根状茎及根能安神、理气、止痛。

常用的药用植物还有：**甘松** *Nardostachys chinensis* Batal.，产于青藏高原的东南缘；根及根茎（甘松）能理气止痛、开郁

醒脾。

本目重要的药用植物类群尚有：川续断科植物**川续断** *Dipsacus asper* Wall. ex Candolle [*Dipsacus asperoides* C. Y. Cheng et T. M. Ai]，产于西南和湖北、湖南；根（续断）补肝肾，强筋骨，续折伤，止崩漏。**匙叶翼首草** *Pterocephalus hookeri*（C. B. Clarke）E. Pritz.，产于云南、四川、西藏和青海南部；全草（翼首草）解毒除瘟，清热止痢，祛风通痹。

（三十二）桔梗目 Myrtales

草本，少亚灌木至灌木，有或无乳汁管。叶常互生，少对生至轮生。聚伞花序和头状花序、圆锥花序；花两性或单性，两侧对称；花冠筒状或钟状；雄蕊 5，偶 2 枚，离生或花药联合；子房常下位。蒴果、浆果、瘦果。有 8 科，国产 8 科。《中华人民共和国药典》收载菊科 38 种、桔梗科 4 种中药材。

65. 桔梗科 Campanulaceae

⚥ $* \uparrow K_{(5)}C_{(5)}A_5\overline{G}_{(2\sim5:2\sim5:\infty)}$

【突出特征】草本，稀灌木，常有乳汁。单叶互生，少对生或轮生，无托叶。花单生或各式花序；花两性，辐射或两侧对称；萼 5 裂，宿存；花冠钟状或管状，5 裂；雄蕊 5，与冠裂片互生；2~5 心皮合生，子房下位或半下位，2~5 室，常 3 室，中轴胎座。蒴果，稀浆果。

全球约 80 属，2 300 余种，以温带和亚热带最多。我国 16 属，160 余种，以西南地区种类最丰富；已知药用 13 属，111 种；《中华人民共和国药典》收载 4 种中药材。分布有多炔类、三萜皂苷、倍半萜、甾醇类、苯丙素类、生物碱和菊糖等。

【药用植物】

（1）桔梗属（*Platycodon* A. DC.）：宿根大草本，有白色乳汁；叶轮生或对生；花 5 基数，花冠宽漏斗状钟形，子房半下位，5 室，柱头 5 裂；蒴果室背 5 裂，裂瓣与宿萼裂片对生；种子多数，黑色。单种属类群。

桔梗 *Platycodon grandiflorus*（Jacq.）A. DC.（图 7-122）：根长圆锥状，肉质；叶对生、轮生或互生；花单生或数朵生于枝顶；花冠阔钟状，蓝色，5 裂；子房 5 室，中轴胎座，柱头 5 裂，裂片条形。全国各地有栽培；根（桔梗）能宣肺，利咽，祛痰，排脓。

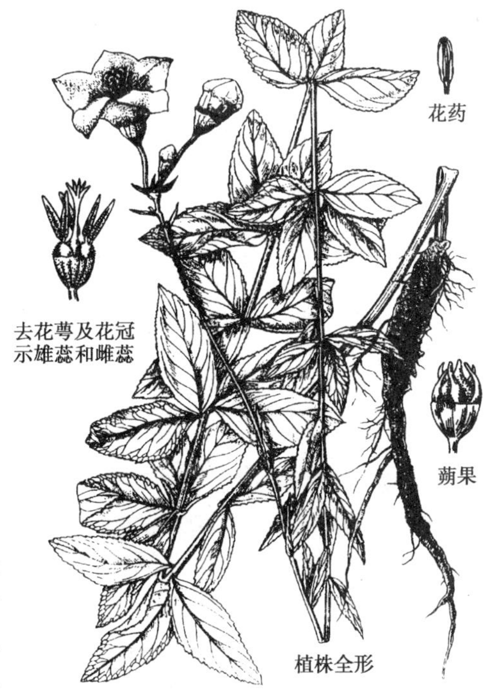

图 7-122 桔梗

（2）沙参属（*Adenophora* Fisch.）：宿根草本，有乳汁；花冠钟状、漏斗状，紫色或蓝色，浅裂；花丝下部片状扩大，镊合状排列成筒状；子房下位，3 室；柱头 3 裂，裂片狭长而卷曲；环状或筒状花盘围绕花柱基部。蒴果基部 3 孔裂。全球约 50 种，国产 40 余种。

沙参 *Adenophora stricta* Miq.（图 7-123）：根肥大肉质；叶无柄；花序假总状或狭圆锥状，花梗短，萼裂片长钻形而全缘，被毛。产于西南、华中、华东地区和陕西；根（南沙参）养阴清肺、益胃生津、化痰、益气。

同属植物**轮叶沙参** *Adenophora tetraphylla*（Thunb.）Fisch. 的根与沙参同等入药。**荠苨** *Adenophora trachelioides* Maxim. 和**宽裂沙参** *Adenophora hunanensis* Nannf. 等的根在产地常是“南沙参”的地方习用品。

笔记栏

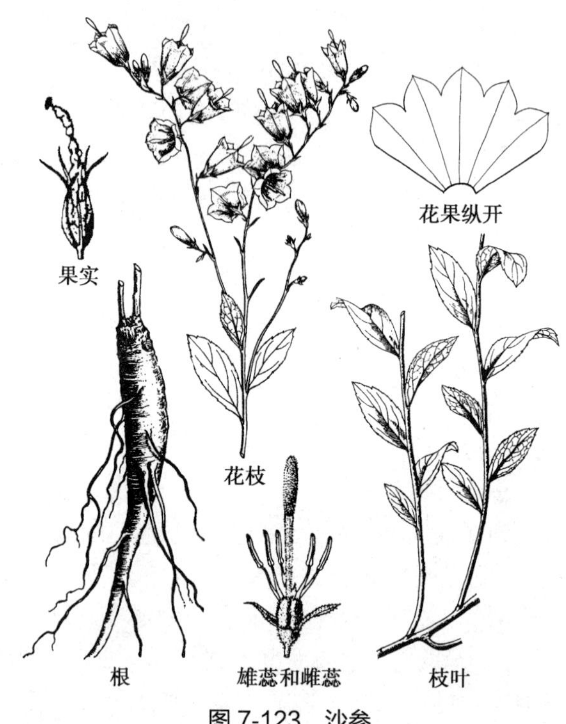

图 7-123　沙参

(3) 党参属 (*Codonopsis* Wall.): 缠绕藤本或直立，有特殊气味，根肥大；单花腋生或顶生；花绿紫色或白色；花 5 数，雄蕊花丝基部常扩大，花盘无腺体；子房下位或半下位，柱头 3~5 裂，裂片卵形或矩圆形；蒴果室背开裂。全球约 40 种，国产 39 种。

党参 *Codonopsis pilosula* (Franch.) Nannf. (图 7-124): 缠绕藤本，根肉质，圆柱状，具多数瘤状茎痕；叶互生，两面具柔毛；花冠宽钟状，浅黄绿色，内面有紫点；子房半下位，3 室；蒴果 3 瓣裂。产于秦巴山区及东北和华北；根 (党参) 能补中益气，健脾益肺。

同属植物**素花党参** *Codonopsis pilosula* Nannf. var. *modesta* (Nannf.) L. T. Shen 和**川党参** *Codonopsis tangshen* Oliv. 的根与党参同等入药。**管花党参** *Codonopsis tubelosa* Kom. 的根在产地常是"党参"的地方习用品。**羊乳** *Codonopsis lanceolata* Benth. et Hook. 的根称"四叶参"，能滋阴润肺、排脓解毒。

(4) 半边莲属 (*Lobelia* L.): 草本或灌木；叶互生；单花腋生，或总状、圆锥花序顶生；花两性，稀单性；花萼筒宿存；花冠两侧对称，背面纵裂至基部或近基部，檐部二唇形或近二唇形；子房下位或半下位，2 室；蒴果顶端 2 裂。全球 350 余种，国产 19 种。

半边莲 *Lobelia chinensis* Lour. (图 7-125): 小草本，具白色乳汁。主茎平卧，分枝直立。叶互生，近无柄，狭披针形。花单生叶腋；花冠粉红色，2 唇形，裂片偏向一侧；花丝分离而花药

图 7-124　党参

合生成一管，环绕花柱；子房下位，2 室。产于长江中下游及以南地区；全草（半边莲）能清热解毒，利尿消肿。

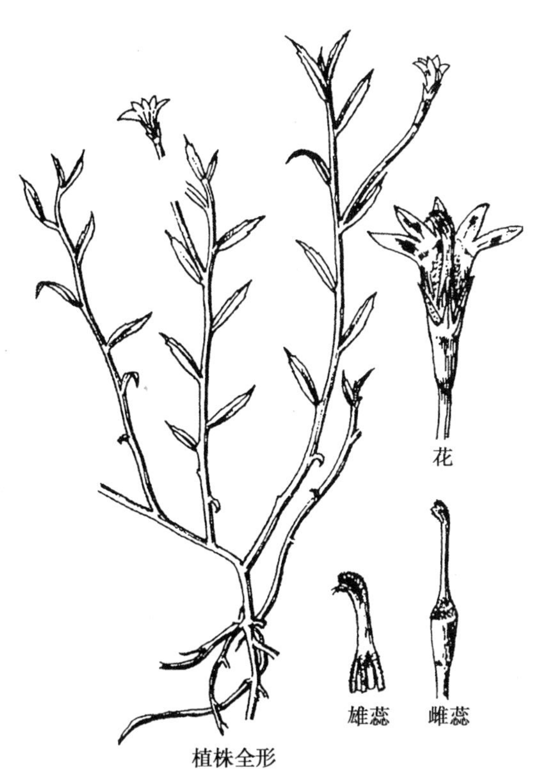

图 7-125 半边莲

常用的药用植物还有：**铜锤玉带草** *Pratia nummularia*（Lam.）A. Br. et Ascher. 的全草称“铜锤玉带草”，能活血祛瘀、除风利湿。**蓝花参** *Wahlenbergia marginata*（Thunb.）A. DC 的根或全草称“蓝花参”，能益气补虚、祛痰、截疟。

66. 菊科 Compositae，Asteraceae ⚥ $* \uparrow K_{0\sim\infty} C_{(3\sim5)} A_{(4\sim5)} \overline{G}_{(2:1:1)}$

【突出特征】草本，少灌木，稀乔木；有乳汁、树脂道或无。单叶或复叶，互生，少对生或轮生。头状花序外有 1 至数层总苞片组成的总苞，单生或排成各式花序；花序轴极度缩短成凸起或扁平的花序托，每花基部有 1 小苞片称托片，或毛状的托毛，或缺；花小，两性，稀单性或无性，萼片常冠毛状、刺毛状、鳞状或缺，宿存；花冠管状、舌状或假舌状（单性，先端 3 齿）、少 2 唇形或漏斗状；头状花序的小花同型（全管状花或舌状花）或异型（外围雌性或无性的舌状、假舌状或漏斗状花，称缘花，中央两性或无性的管状花，称盘花）；雄蕊 5，稀 4，花丝分离，花药合生成管状环绕花柱（聚药雄蕊）；2 心皮合生，子房下位，1 室，1 基生胚珠，柱头 2 裂。连萼瘦果（又称菊果），顶端常有糙毛、羽状毛或鳞片状的冠毛。

全球约 1 000 属，25 000~30 000 种，占有花植物的 1/10，是被子植物的第一大科；全球广布，以温带和亚热带种类较多。我国 227 属，2 300 余种，分布于南北各地；已知药用 155 属，778 种，占国产菊科植物种类仅 1/3（表 7-14）；《中华人民共和国药典》收载 38 种中药材。分布有黄酮、生物碱、聚炔、香豆素、倍半萜内酯、有机酸、多糖和挥发油等；黄酮类分布最普遍；吡咯里西啶生物碱和喹啉生物碱集中分布在千里光族，如水千里光碱（aquaticine）和野千里光碱（campestrine）等吡咯里西啶生物碱多具肝毒性和致癌活性。

笔记栏

表 7-14 菊科部分属检索表

1. 头状花序小花异型或同型管状花，中央非舌状花；植株无乳汁 ……………………… 管状花亚科 Carduoideae
  2. 头状花序仅有管状花（两性或单性）。
    3. 叶对生，或上部互生；每花序常有 5 朵管状花；瘦果具冠毛 ……………………… 泽兰属 *Eupatorium*
    3. 叶互生，总苞片 2 至多层。
      4. 无冠毛。
        5. 头状花序单性，雌花序仅有 2 朵小花，总苞外多钩刺 ……………………… 苍耳属 *Xanthium*
        5. 头状花序外层雌花，内层两性花，头状花序排成总状或圆锥状 ……………………… 蒿属 *Artemisia*
      4. 有冠毛。
        6. 叶缘有刺。
          7. 冠毛羽状，基部连合成环。
            8. 花序基部有叶状苞 1~2 层，羽状深裂；果被柔毛 ……………………… 苍术属 *Atractylodes*
            8. 花序基部无叶状苞；花序全为两性花；果无毛 ……………………… 蓟属 *Cirsium*
          7. 冠毛呈鳞片状或缺，总苞片外轮叶状，边缘有刺，花红色 ……………………… 红花属 *Carthamus*
        6. 叶缘无刺。
          9. 根具香气。
            10. 高大草本；基生叶互生，上面具短糙毛，下面无毛 ……………………… 云木香属 *Aucklandia*
            10. 矮草本；茎缩短，叶莲座状丛生，两面被糙伏毛 ……………………… 川木香属 *Vladimiria*
          9. 根不具香气。
            11. 总苞片顶端呈针刺状，末端钩曲；冠毛多而短，易脱落 ……………………… 牛蒡属 *Arctium*
            11. 总苞片顶端无钩刺；冠毛长，不易脱落 ……………………… 祁州漏芦属 *Rhaponticum*
  2. 头状花序有管状花和舌状花（单性或无性）。
    12. 冠毛较果长，有时单性花无冠毛或极短。
      13. 舌状花、管状花均为黄色，冠毛 1 轮；总苞片数层，舌状花较多 ……………………… 旋覆花属 *Inula*
      13. 舌状花白色或蓝紫色，管状花黄色，冠毛 1~2 轮，外轮短，膜片状 ……………………… 紫菀属 *Aster*
    12. 冠毛较果短，或缺。
      14. 叶对生，冠毛缺。
        15. 舌状花 1 层，先端 3 裂；外轮总苞 5 枚，线状匙形，有黏质腺 ……………………… 豨莶草属 *Siegesbeckia*
        15. 舌状花 2 层，先端全缘或 2 裂；总苞片数层 ……………………… 鳢肠属 *Eclipta*
      14. 叶互生，总苞片边缘干膜质。花序轴顶端无托片；果有 4~5 棱 ……………………… 菊属 *Dendranthema*
1. 头状花序全为舌状花；植物通常有乳汁 ……………………… 舌状花亚科 Cichorioideae，Liguliflorae
  16. 冠毛有细毛，瘦果粗糙或平滑，有喙或无喙部。
    17. 头状花序单生花葶上，瘦果有向基部渐厚的长喙 ……………………… 蒲公英属 *Taraxacum*
    17. 头状花序排成伞房或伞房圆锥花序，果上端狭窄，无喙部 ……………………… 苦苣菜属 *Sonchus*
  16. 冠毛有糙毛、瘦果极扁或近圆柱形。
    18. 瘦果极扁平或较扁，具两个较强的侧肋或翅；顶端有羽毛盘 ……………………… 莴苣属 *Lactuca*
    18. 瘦果近圆柱形，果腹背稍扁。
      19. 瘦果具不等形的纵肋，常无明显的喙部 ……………………… 黄鹌菜属 *Youngia*
      19. 瘦果具 10 翅；花序少，总苞片显然无肋 ……………………… 苦荬菜属 *Ixeris*

【药用植物】

(1) 管状花亚科 Carduoideae Kitam. [Asteroideae，Tubuliflorae]：植物体无乳汁；头状花序同型，全为管状花，或有异型小花（缘花舌状，盘花管状）。

1) 菊属 [*Chrysanthemum* (DC.) Des Moul.]：宿根草本；单叶互生；异型头状花序单生茎顶；缘花雌性舌状花，形色多样；盘花两性管状花，黄色；瘦果无冠毛。

菊 *Chrysanthemum morifolium* Ramat.（图 7-126）：茎基部木质，全体被白色茸毛；头状花序直径 2.5~20mm；总苞片多层；缘花雌性舌状，盘花两性管状，黄色，具托片。各地广泛栽培；头状花序（菊花）能散风清热、平肝明目；商品药材和临床使用中，又因产地、品种和加工不同而将浙江北部栽培生产的药材称"杭菊"，安徽亳州、滁县、歙县等地分别称"亳菊""滁

菊”“贡菊”，河南焦作称“怀菊”。

野菊 *Chrysanthemum* indicum L.，产于东北、华北、华中、华南及西南各地；头状花序（野菊花）能清热解毒，泻火平肝。

2）苍术属（*Atractylodes* DC.）：宿根草本，雌雄异株；单叶互生；同型头状花序单生茎枝端，小花管状，黄色或紫红色；雌花雄蕊退化，雄蕊则雌蕊退化；瘦果有羽毛冠毛。

白术 *Atractylodes macrocephala* Koidz.（图 7-127）：根状茎肥大，块状；叶 3 裂，稀羽状 5 深裂，裂片边缘具锯齿；苞片叶状，羽状分裂，裂片刺状；管状花紫红色；瘦果密被柔毛，冠毛羽状。各地多有栽培；根状茎（白术）能健脾益气、燥湿利水、止汗、安胎。

茅苍术 *Atractylodes lancea*（Thunb.）DC.（图 7-128）：根状茎结节状，横断面有红棕色油点，具香气；叶无柄，下部叶常 3 裂；头状花序直径 1~2cm，管状花白色。产于华东、中南和西南地区；根状茎（苍术）能燥湿健脾，祛风散寒，明目。

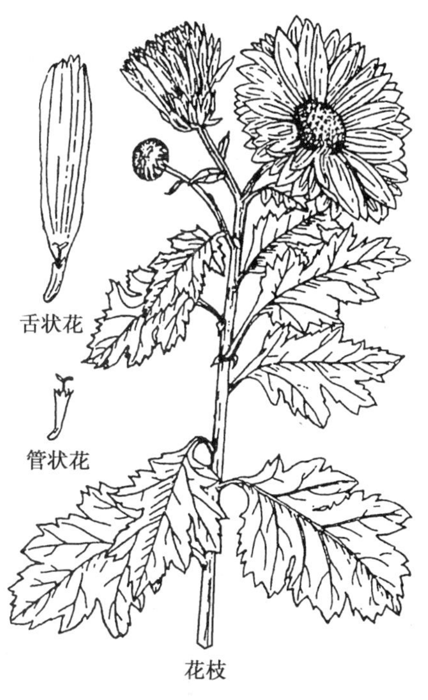

图 7-126 菊

北苍术 *Atractylodes chinensis*（DC.）Koidz.，产于黄河以北，根状茎与苍术同等入药。

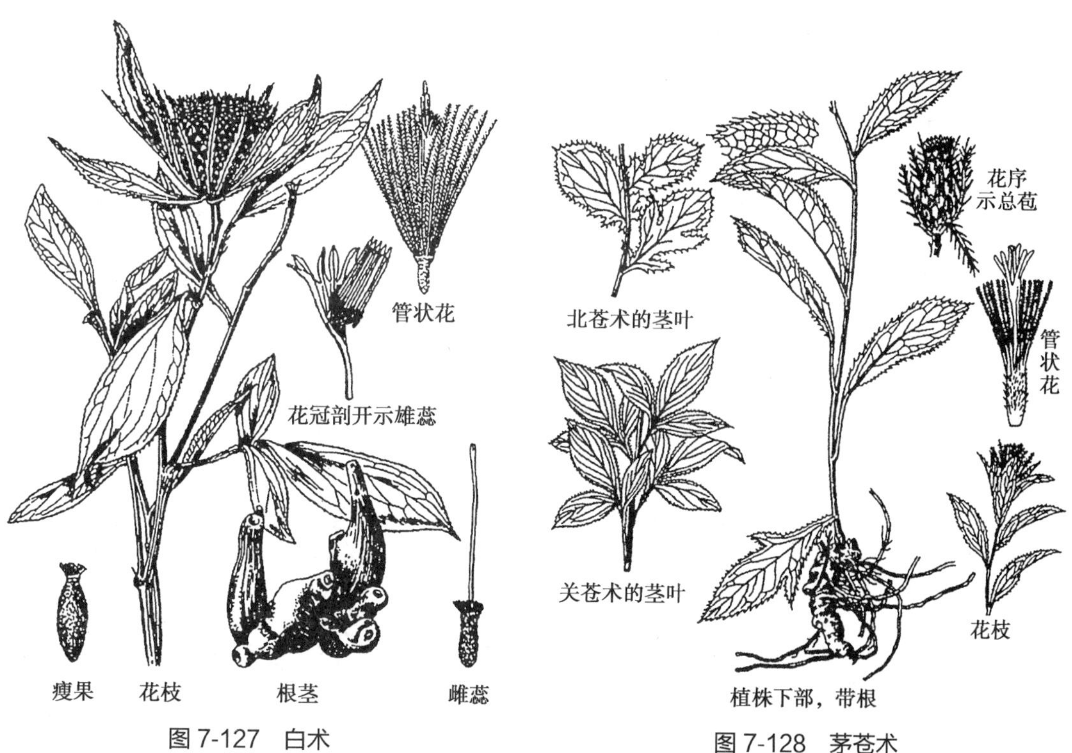

图 7-127 白术

图 7-128 茅苍术

3）蒿属（*Artemisia* L.）：草本、亚灌木或小灌木，常有浓烈气味；头状花序小而多，异型，排成各式花序，花冠管状，缘花雌性，盘花两性，结实或不育；瘦果小，无冠毛。

黄花蒿 *Artemisia annua* L.：一年生草本；茎中部叶二至三回栉齿状羽状分裂，叶背黄绿色，微有白色腺点，叶中轴与羽轴两侧通常无栉齿，中肋凸起；头状花序直径 1.5~2.5mm，

笔记栏

在茎上排成开展、尖塔形的圆锥花序。全国各地广泛分布；地上部分（青蒿）能清热解暑、除蒸、截疟，也是提取青蒿素的原料。

同属植物**茵陈** *Artemisia capillaries* Thunb.、**滨蒿** *Artemisia scoparia* Waldst. et Kit.，产于黄河流域以北地区；幼苗（绵茵陈）和地上部分（茵陈蒿）能清热利湿、利胆退黄。**艾** *Artemisia argyi* Lévl. et Vant.，产于除极干旱与高寒地区外的各地；叶（艾叶）能祛寒止痛、温经止血、平喘，也是制作灸条的材料。

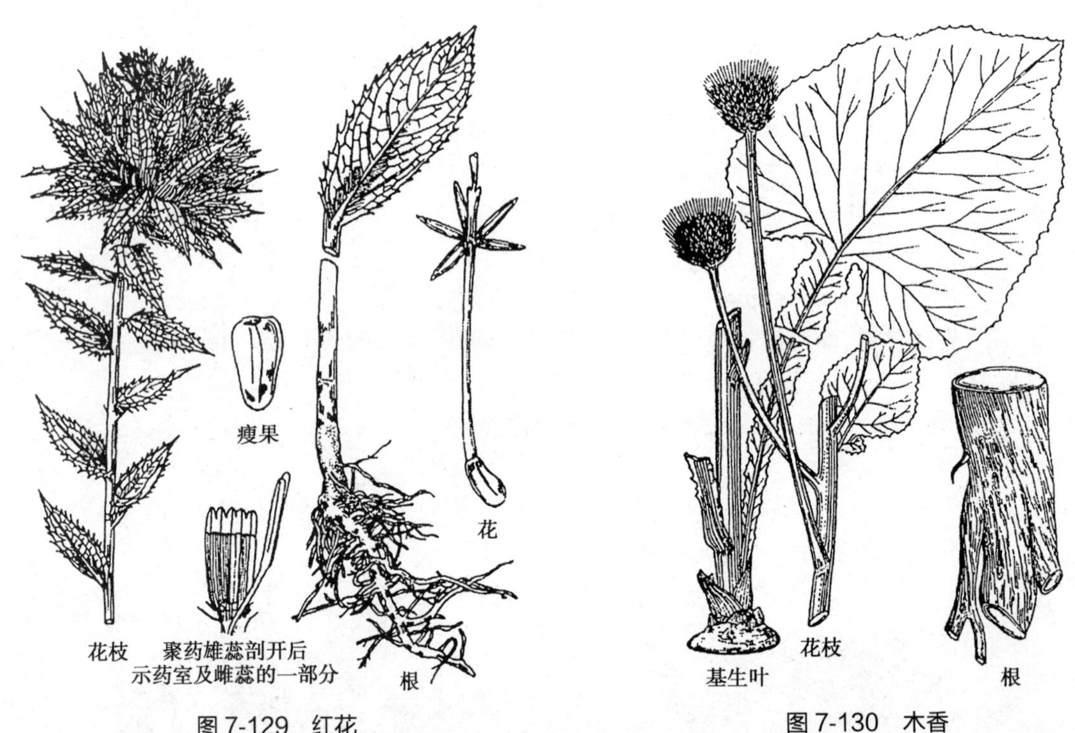

图 7-129　红花　　图 7-130　木香

本亚科常用的药用植物还有：红花属植物**红花** *Carthamus tinctorius* L.（图 7-129），原产于中亚地区，各地有栽培，主产于新疆、云南、四川和河南；管状花花冠（红花）能活血通经，散瘀止痛。木香属植物**木香** *Aucklandia lappa* Decne.［*Saussurea costus*（Falc.）Lipech.］（图 7-130），原产于克什米尔，四川、重庆、西藏南部、陕西、湖北等地有栽培；根（木香）能行气止痛，健脾消食。川木香属植物**川木香** *Vladimiria souliei*（Franch.）Y. Ling 与**灰毛川木香** *Vladimiria souliei*（Franch.）Y. Ling var. *cinerea* Y. Ling，产于青藏高原南缘；根（川木香）能行气止痛。牛蒡属植物**牛蒡** *Arctium lappa* L.，各地广泛栽培；果实（牛蒡子）能疏散风热、宣肺透疹、解毒利咽，根、茎叶能清热解毒、活血止痛。艾纳香属植物**艾纳香** *Blumea balsamifera*（L.）DC.，产于云南、贵州、广西、广东、福建和台湾；新鲜叶经提取加工制成的结晶（艾片）能开窍醒神，清热止痛。紫菀属植物**紫菀** *Aster tataricus* L. f.，产于东北和黄河流域；根（紫菀）能润肺、祛痰、止咳。旋覆花属植物**旋覆花** *Inula japonica* Thunb.、**欧亚旋覆花** *Inula britannica* L.，产于长江流域以北地区，头状花序（旋覆花）能止咳化痰、平喘。**旋覆花**和**条叶旋覆花** *Inula linariifolia* Turcz. 的干燥地上部分（金沸草）能降气、消痰、行水。**土木香** *Inula helenium* L.，原产于欧洲，新疆、河北等有栽培；根（土木香）能健脾和胃，行气止痛，安胎。豨莶草属植物**豨莶** *Siegesbeckia orientalis* L.、**腺梗豨莶** *Siegesbeckia pubescens* Makino 和**毛梗豨莶** *Siegesbeckia glabrescens* Makino，大部分地区有分布；地上部分（豨莶草）能祛风湿，利关节，解毒。鳢肠属植物**鳢肠** *Eclipta prostrata* L. 的地上部分（墨旱莲）能凉血止血、

滋阴补肾。泽兰属植物**佩兰** *Eupatorium fortune* Turcz. 的地上部分（佩兰）能化湿开胃、解暑热；**轮叶泽兰** *Eupatorium lindleyanum* DC. 的地上部分（野马追）能化痰、止咳、平喘。蓟属植物**大蓟** *Cirsium japonicum* DC. 的地上部分（大蓟）能凉血止血，散瘀，解毒消痈；**刺儿菜** *Cirsium setosum*（Willd.）MB. 的地上部分（小蓟）功效似大蓟。苍耳属植物**苍耳** *Xanthium sibiricum* Patr. et Widd. 的带总苞果实（苍耳子）能发汗解表、通鼻窍。漏芦属植物**祁州漏芦** *Rhaponticum uniflorum*（L.）DC. 的根（漏芦）能清热解毒、排脓通乳。蓝刺头属植物**蓝刺头** *Echinops latifolius* Tausch、**华东蓝刺头** *Echinops grijsii* Hance 的根（禹州漏芦）能清热解毒，消痈，下乳，舒筋通脉。天名精属植物**天名精** *Carpesium abrotanoides* L. 的果实（鹤虱）能杀虫消积。款冬属植物**款冬** *Tussilago farfara* L. 的头状花序（款冬花）能润肺下气，化痰止嗽。千里光属植物**千里光** *Senesio scandens* Buch. -Ham. 的地上部分（千里光）能清热解毒、凉血明目、杀虫止痒。水飞蓟属植物**水飞蓟** *Silybum marianum*（L.）Gaertn. 的果实（水飞蓟）能解毒，保肝。一枝黄花属植物**一枝黄花** *Solidago decurrens* Lour. 的地上部分（一枝黄花）能疏风泄热，解毒消肿。风毛菊属植物**天山雪莲** *Saussurea involucrata*（Kar. et Kir.）Sch. Bip 的地上部分（雪莲花）能温肾助阳、祛风胜湿、通经活血。六棱菊属植物**翼齿六棱菊** *Laggera pterodonta*（DC.）Benth. 的地上部分（臭灵丹草）能清热解毒、止咳祛痰。飞蓬属植物**短葶飞蓬** *Erigeron breviscapus*（Vant.）Hand.-Mazz 的全草（灯盏细辛）能活血通络止痛，祛风散寒。石胡荽属植物**石胡荽** *Centipeda minima*（L.）A. Br. et Aschers 的全草（鹅不食草）能发散风寒，通鼻窍，止咳。蓍属植物**高山蓍** *Achillea alpina* L. 的地上部分（蓍草）能解毒利湿，活血止痛。白酒草属植物**苦蒿** *Conyza blinii* Levi. 的地上部分（金龙胆草）能清热化痰，止咳平喘，解毒利湿。

（2）舌状花亚科 Cichorioideae Kitam.：植物体有乳汁；头状花序全为舌状花。

蒲公英属（Taraxacum F. H. Wigg.）：多年生葶状草本，有乳汁；全部叶根生，密集成莲座状；头状花序单生于花葶之上，总苞片数层，外层总苞片短于内层，边缘浅色；瘦果有纵沟。**蒲公英** *Taraxacum mongolicum* Hand. -Mazz.（图 7-131）属于莲座状草本，莲座状叶倒披针形，羽状深裂，顶裂片较大；花葶数个，外层总苞片先端常有小角状突起，内层总苞片远长于外层；舌状花黄色；瘦果具细长的喙，冠毛白色；南北各地均有分布；全草（蒲公英）能清热解毒，消肿散结。**碱地蒲公英** *Taraxacum borealisinense* Kitam. 以及同属数种植物的全草可与蒲公英同等入药。

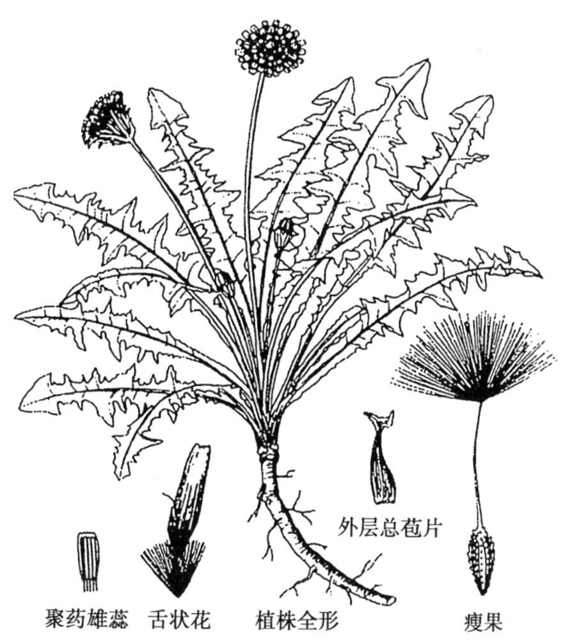

图 7-131 蒲公英

本亚科常用的药用植物还有：菊苣属植物**腺毛菊苣** *Cichorium glandulosum* Boiss. et Huet 和**菊苣** *Cichorium intybus* L.，多地有栽培；地上部分或根（菊苣）能清肝利胆，健胃消食，利尿消肿。苦荬菜属植物**苦荬菜** *Ixeris denticulata*（Houtt.）Stebb. 的全草能清热解毒、消痈散结；苦苣菜属植物**苦苣菜** *Sonchus oleraceus* L. 的全草能清热解毒、凉血；黄鹌菜属植物**黄鹌菜** *Youngia japonica*（L.）DC. 的全草能清热解毒、利尿消肿、止痛；山莴苣属植物**山莴苣** *Lactuca indica* L. 的嫩茎能清热解毒、利尿、通乳。

笔记栏

二、单子叶植物纲 Monocotyledoneae

单子叶植物纲又称百合植物纲(Liliopsida),主要特征:子叶 1 枚,顶生。花 3 数,稀 4~5 数。草本,少木本(如竹类、棕榈类)。须根系,茎内维管束散生,无形成层,叶多平行或弧形脉,稀网状或羽状(如马蹄莲属 *Zantedeschia*)。有 14 目 53 科;《中华人民共和国药典》收载 71 种中药材,涉及 17 科,2 种以上有 7 科。

(三十三) 沼生目 Helobiae

水生或沼生草本。叶互生,稀对生或簇生。花两性或单性,单被、重被或无被;单生或组成花序;雄蕊多数至 1 枚,背着药;心皮离生或合生,下胚轴发达;无胚乳或仅有微量胚乳。有 9 科,国产 8 科;《中华人民共和国药典》仅收载泽泻科 1 种中药材。

67. 泽泻科 Alismataceae ⚥ $*P_{3+3}A_{6\sim\infty}\underline{G}_{6\sim\infty:1:1}$; ♂ $*P_{3+3}A_{6\sim\infty}$; ♀ $*P_{3+3}\underline{G}_{6\sim\infty:1:1}$

【突出特征】水生或沼生草本;具根状茎、块茎或球茎。叶基生,具长柄和叶鞘。轮生总状或圆锥花序,稀单生;花两性或单性,整齐,同株或异株;花 3 基数,花萼宿存,花瓣白色;雄蕊 6 或多数,花药 2 室;心皮多数,离生,轮状或螺旋状排列,胚珠 1 枚,花柱宿存。聚合瘦果;种子无胚乳。

全球 13 属,约 100 种,分布于北半球温带至热带地区。我国 5 属,20 余种,南北均有产;已知药用 2 属,12 种。分布有原萜烷型三萜类、二萜类、倍半萜类、生物碱、有机酸和苷类化合物等。

【药用植物】**东方泽泻** *Alisma orientale*(Sam.) Juzep.(图 7-132):沼生草本。块茎类球形至卵圆形。基生叶具长柄,长椭圆形至卵状椭圆形,弧形脉 5~7 条。圆锥花序顶生;瘦果扁平,多数,狭倒卵形。福建、江西、四川等地有栽培。块茎(泽泻)能利水渗湿、泄热、化浊降脂。**泽泻** *Alisma plantagoaquatica* L. 的块茎也习作"泽泻"药用。

图 7-132 东方泽泻

笔记栏

慈姑 *Sagittaria trifolia* L. var. *sinensis*(Sims)Makino,长江以南广为栽培,球茎供食用,也能清热止血、行血通淋、消肿散结。

(三十四) 百合目 Liliales

草本,少藤本或木本,地下变态茎多种。单叶互生,少有对生或轮生。花两性,稀单性,常 3 基数,花被瓣状,常 2 轮,分离或下部连合成筒状;雄蕊常 6 枚,花丝分离或连合;心皮 3,子房上位或下位,中轴胎座,胚珠每室少至多数。蒴果,稀浆果。种子的胚乳丰富。有 16 科,国产 12 科;《中华人民共和国药典》收载 29 种中药材,其中百合科 19 种、薯蓣科 5 种、鸢尾科 2 种,百部科、灯心草科和石蒜科各 1 种。

68. 百部科 Stemonaceae

$⚥ *P_{2+2} A_{2+2} \underline{G}_{(2:1:2\sim\infty)}, \overline{G}_{(2:1:2\sim\infty)}$

【突出特征】草本,直立或攀缘,稀亚灌木。块根肉质。单叶互生、对生或轮生,基出脉、平行脉和横脉明显。花序腋生或贴生于叶片中脉;花两性,整齐;花被片 4,2 轮,花瓣状;雄蕊 4,花丝极短,花药 2 室,药隔常明显伸长,呈钻状线形或线状披针形;子房上位或半下位,2 心皮,1 室;胚珠 2 至多数。蒴果 2 瓣裂。

全球 3 属,约 30 种;分布于亚洲、美洲和大洋洲的亚热带地区。我国 2 属,11 种;分布于秦岭以南各地;已知药用 2 属,6 种;《中华人民共和国药典》收载 1 种中药材。分布有生物碱和甾体类等化合物。

【药用植物】**直立百部** *Stemona sessilifolia*(Miq.)Miq.(图 7-133):直立半灌木。块根纺锤状。叶 3~4 枚轮生。花柄常出自茎下部鳞片腋内;花被淡绿色,内侧 1/3 紫红色,药隔伸长部分钻状披针形;子房上位。主产于长江流域以南各地区。块根(百部)能润肺下气止咳、杀虫灭虱。同属植物**蔓生百部** *Stemona japonica*(Bl.)Miq.、**对叶百部** *Stemona tuberosa* Lour. 的块根与直立百部同等入药。

图 7-133　直立百部

笔记栏

69. 灯心草科 Juncaceae

⚥ $*P_{3+3}A_{3-6}\underline{G}_{(3:1\sim3:\infty)}$

【突出特征】丛生草本,茎圆柱形且具髓心或中空。叶多基生,3列,稀2列,叶片狭条形或圆柱形,叶鞘开放或闭合。花序圆锥状、聚伞状或头状;花两性,整齐,花被6,2轮;雄蕊6或3,四合花粉;3心皮合生,子房上位,中轴胎座,胚珠多数,柱头3分叉。蒴果,室背开裂。

全球约8属,300余种;分布于温带和寒带湿地。我国2属,93种;全国各地均有分布;已知药用2属,20种;《中华人民共和国药典》收载1种中药材。分布有阿拉伯聚糖(araban)、木聚糖(xylan)等。

【药用植物】**灯心草** *Juncus effusus* L.(图7-134):根状茎横走,茎丛生,充满白色髓。叶全为低出叶,呈鞘状或鳞片状,包围在茎的基部。聚伞花序假侧生,总苞片圆柱形,似茎的延伸。蒴果长圆形或卵形。生于全国各地的水边或潮湿地。茎髓(灯心草)能清心火、利小便。同属植物**江南灯心草** *Juncus prismatocarpus* R. Br.,分布于长江以南;**小灯心草** *Juncus bufonius* L.,分布于长江以北;二者的茎髓产区也作"灯心草"入药。

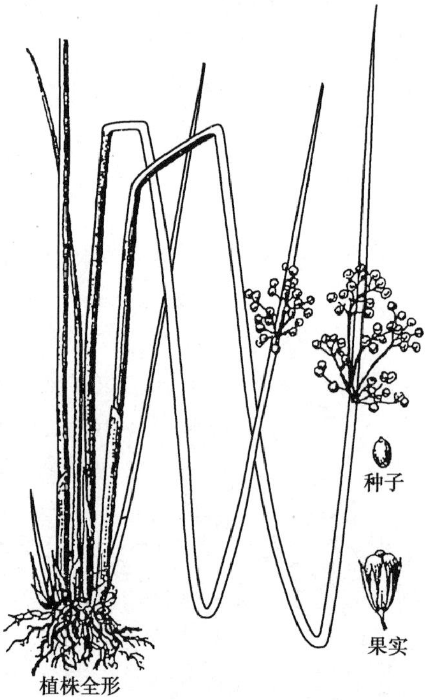

植株全形 种子 果实

图7-134 灯心草

70. 百合科 Liliaceae

⚥ $*P_{3+3,(3+3)}A_{3+3}\underline{G}_{(3:3:1\sim\infty)}$

【突出特征】草本,稀灌木或藤本;具根状茎、鳞茎、块茎或块根。茎直立、攀缘状或变态成叶状枝。单叶互生或基生,少对生、轮生或退化成鳞片状。花单生或排成总状、穗状、圆锥或伞形花序;花两性,稀单性,整齐;花被片6,瓣状,2轮,离生,每轮3枚,或合生,顶端6裂;雄蕊6,2轮,基着或丁字状着药,药室2,纵裂;3心皮合成,子房上位,3室,中轴胎座,稀半下位。蒴果或浆果(图7-135)。

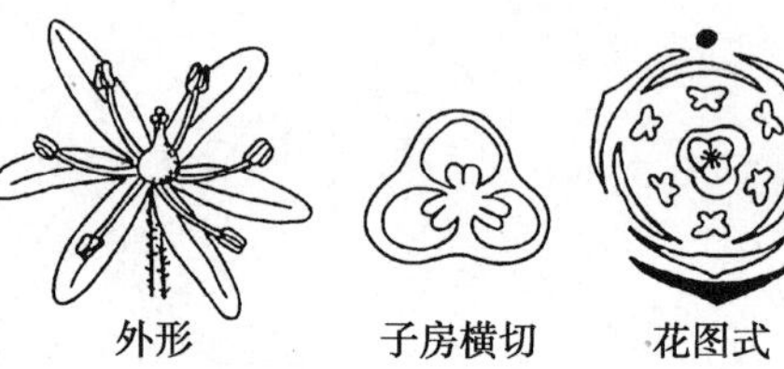

图7-135 百合科的花

全球约230属,4 000余种;全球分布,以亚热带及温带地区较多。我国60属,570多种;全国各地均有,以西南地区种类较多;已知药用52属,374种(表7-15);《中华人民共和国药典》收载19种中药材。分布有生物碱、强心苷、甾体皂苷、蒽醌类等成分,如炉贝碱(fritiminine)、藜芦碱(protoveratrine)、秋水仙碱(colchicine)、铃兰毒苷(convallatoxin)等,以及知母皂苷(timosaponine)、七叶一枝花皂苷(pariphyllin)等。

表7-15 百合科部分属检索表

1. 植株具根状茎或块根。
  2. 叶轮生茎顶端,雄蕊8~12枚……………………………………重楼属 *Paris*
  2. 叶基生或茎生,雄蕊6枚。
    3. 叶退化,具叶状枝……………………………………天门冬属 *Asparagus*
    3. 叶正常,不具叶状枝。
      4. 成熟种子小核果状。
        5. 子房上位……………………………………山麦冬属 *Liriope*
        5. 子房半下位……………………………………麦冬属 *Ophiopogon*
      4. 浆果或蒴果。

续表

6. 叶肉质肥厚 ……………………………………………………………… 芦荟属 *Aloe*
6. 叶非肉质。
7. 攀缘灌木，具托叶卷须，花单性 ……………………………………… 菝葜属 *Smilax*
7. 草本，无托叶卷须，花两性。
8. 雄蕊 3 枚 ……………………………………………………………… 知母属 *Anemarrhena*
8. 雄蕊 6 枚。
9. 蒴果 ……………………………………………………………… 萱草属 *Hemerocallis*
9. 浆果 ……………………………………………………………… 黄精属 *Polygonatum*
1. 植株具鳞茎。
10. 具有被鳞茎；植株常具葱蒜味；伞形花序 ……………………………… 葱属 *Allium*
10. 具无被鳞茎；植株无葱蒜味。
11. 花被片基部有蜜腺窝，花药基部着生 ……………………………… 贝母属 *Fritillaria*
11. 花被片基部无蜜腺窝，花药丁字着生 ……………………………… 百合属 *Lilium*

【药用植物】

(1) 百合属（*Lilium* L.）：直立草本；鳞茎，鳞叶肉质，多数，无鳞被；花大，单生或总状花序；花被常漏斗状，花被 6，2 轮，基部有蜜槽；雄蕊 6，丁字着药；子房上位，3 心皮，3 室。蒴果革质，种子多数。全球约 80 种，我国产 60 种，以西南和华中最多。

百 合 *Lilium brownii* F. E. Brown var. *viridulum* Baker（图 7-136）：鳞茎球形；叶倒卵状披针形；花喇叭形，有香气，乳白色；子房圆柱形，柱头 3 裂。蒴果矩圆形，有棱。主产于华北、华南、中南、西南，以及陕西、甘肃等地。肉质鳞叶（百合）能养阴润肺、清心安神。**卷丹** *Lilium lancifolium* Thunb. 的肉质鳞叶与百合同等入药。

图 7-136　百合

(2) 贝母属（*Fritillaria* L.）：鳞茎，肉质鳞叶少，无鳞被；茎生叶对生、轮生或散生；花钟状下垂，花被片 6，分离，基部具蜜腺窝；雄蕊 6；子房上位，3 心皮，3 室。蒴果棱上有翅。全球约 60 种，集中分布在地中海区域、北美洲和亚洲中部；我国约 20 种，多数药用。

川贝母 *Fritillaria cirrhosa* D. Don：叶常对生，少轮生，先端卷曲；花常 1(~3) 朵，花被具紫色斑点或小方格；苞叶 3 枚；蜜腺窝在背面明显凸出；雄蕊长约为花被片的 3/5。主产于横断山脉地区。鳞茎（川贝母）清热润肺、化痰止咳、散结消痈。

暗紫贝母 *Fritillaria unibracteata* Hsiao et K. C. Hsia、**甘肃贝母** *Fritillaria przewalskii* Maxim.、**梭砂贝母** *Fritillaria delavayi* Franch.、**太白贝母** *Fritillaria taipaiensis* P. Y. Li 和**瓦布贝母** *Fritillaria unibracteata* Hsiao et K. C. Hsia var. *wabuensis*（S. Y. Tang et S. C. Yue）Z. D. Liu，S. Wang et S. C. chen 等 5 种的鳞茎与川贝母同等入药；药材商品按性状不同分别习称“松贝”“青贝”“炉贝”和“栽培品”，其中“炉贝”来源于梭砂贝母，“栽培品”主要来源于太白贝、瓦布贝母和川贝母。**浙贝母** *Fritillaria thunbergii* Miq.（图 7-137），主产于浙江，鳞茎（浙贝母）能清热化痰止咳、解毒、散结消痈。**湖北贝母** *Fritillaria hupehensis* Hsiao et K. C. Hsia.，主产于湖北、重庆，鳞茎（湖北贝母）

笔记栏

能清热化痰、止咳、散结。**新疆贝母** *Fritillaria walujewii* Regel 和**伊犁贝母** *Fritillaria pallidiflora* Schrenk，主产于新疆，鳞茎（伊贝母）能清热润肺、化痰止咳。**平贝母** *Fritillaria ussuriensis* Maxim.，主产于东北，鳞茎（平贝母）能清热润肺、化痰止咳。

（3）黄精属（*Polygonatum* Mill.）：根状茎长；叶互生、对生或轮生；花腋生，花被合生成管状，顶端 6 裂，裂片顶端常具乳突状毛；雄蕊 6；子房上位，3 心皮，3 室；浆果。全球约 40 种，广布北温带；我国约 31 种。

黄精 *Polygonatum sibiricum* Delar. ex Red.（图 7-138）：根状茎结节状膨大；叶 4~6 枚轮生，条状披针形，先端卷曲；花 2~4 朵腋生，下垂；浆果黑色。主产于东北、华北、西北、华东等。根状茎（黄精）能补气养阴、健脾、润肺、益肾。**滇黄精** *Polygonatum kingianum* Coll. et Hemsl.、**多花黄精** *Polygonatum cyrtonema* Hua 的根状茎与黄精同等入药。

玉竹 *Polygonatum odoratum*（Mill.）Druce：根状茎扁圆柱形；叶互生，椭圆形至卵状矩圆形，叶柄基部扭曲成二列状；花 1~3 朵腋生。主产于东北、西北、华东、华中。根状茎（玉竹）能养阴润燥、生津止渴。

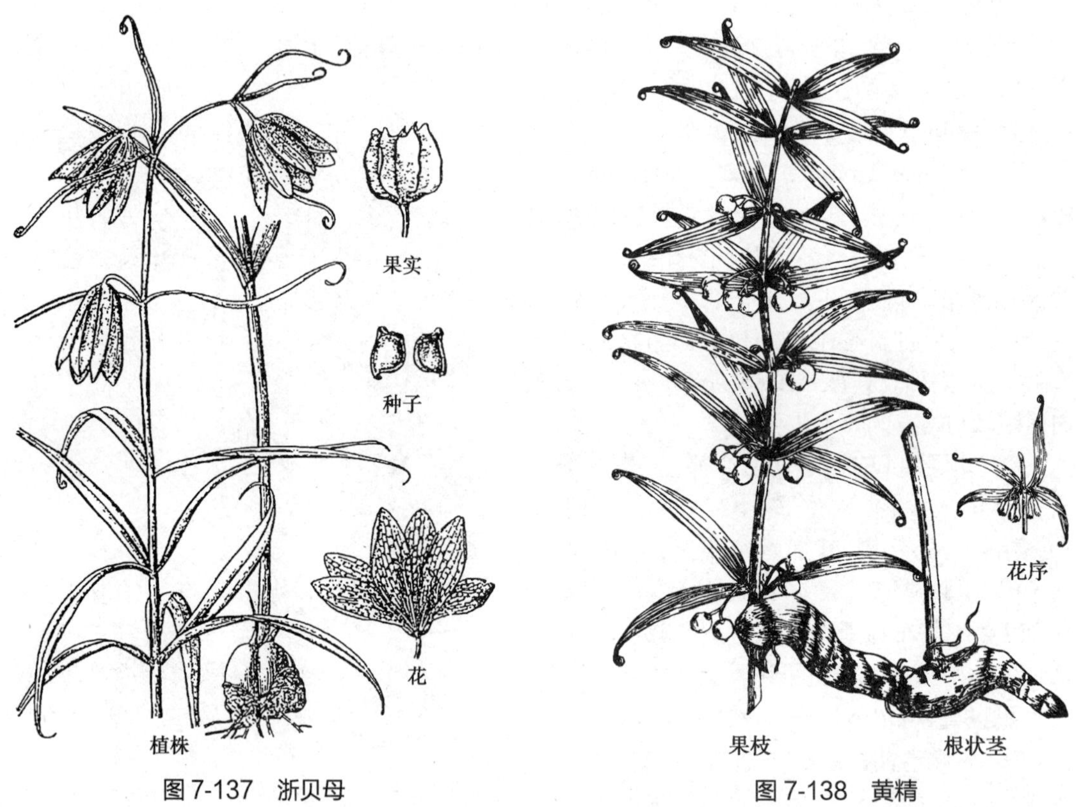

图 7-137　浙贝母　　　图 7-138　黄精

（4）重楼属（*Paris* L.）：根状茎肉质，圆柱状，具环节；叶 4 至多枚，轮生茎顶。花单生叶轮中央；花被片离生，宿存，2 轮，每轮 4（~10）枚；外轮花被片叶状，绿色；内轮花被片条形；雄蕊与花被片同数，1~2 轮，花药基着；蒴果或浆果状。全球约 10 种，分布于欧亚温带和亚热带地区；我国约 7 种，8 变种。

华重楼（七叶一枝花）*Paris polyphylla* Smith var. *chinensis*（Franch.）Hara（图 7-139）：叶 5~8 枚轮生，常 7 枚；花单生，外轮花被片狭卵状披针形，内轮花被片狭条形；雄蕊 8~10 枚。主产于华东、华南及西南。根状茎（重楼）能清热解毒、消肿止痛、凉肝定惊。**云南重楼** *Paris polyphylla* Smith var. *yunnanensis*（Franch.）Hand. -Mazz. 的根状茎与华重楼同等入药。

（5）沿阶草属（*Ophiopogon* Ker-Gawl.）：常绿草本；块根肉质；叶基生成丛或散生茎上，

狭如禾草或矩圆形、披针形。总状花序生花葶顶端；花单生或2~7朵簇生；花被片6,2轮；雄蕊6,生花被基部,花丝短于花药；子房半下位,3室,每室2胚珠；外果皮早期破裂露出种子,种子浆果状,球形或椭圆形,成熟后呈暗蓝色。我国产33种,分布于华南、西南。

麦冬 *Ophiopogon japonicus*(L. f.) Ker-Gawl.(图7-140)：块根椭圆形或纺锤形；叶基生成丛,条形；总状花序；花被片稍下垂而不展开；子房半下位；种子浆果状,蓝黑色。主要在四川、浙江栽培。块根(麦冬)能养阴生津、润肺清心。

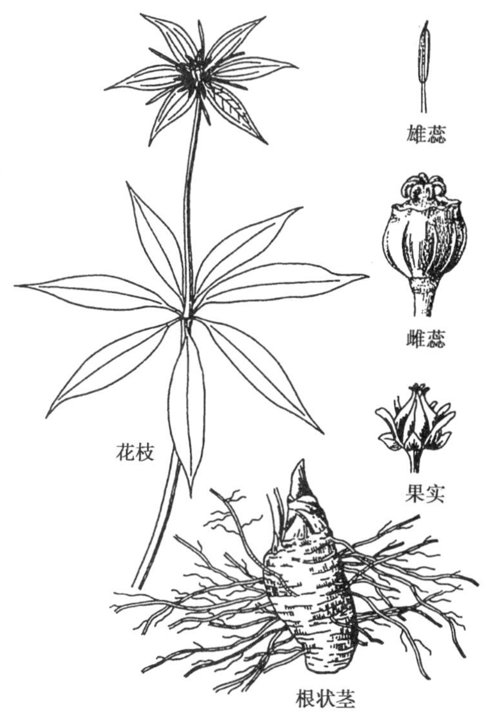

图7-139 华重楼

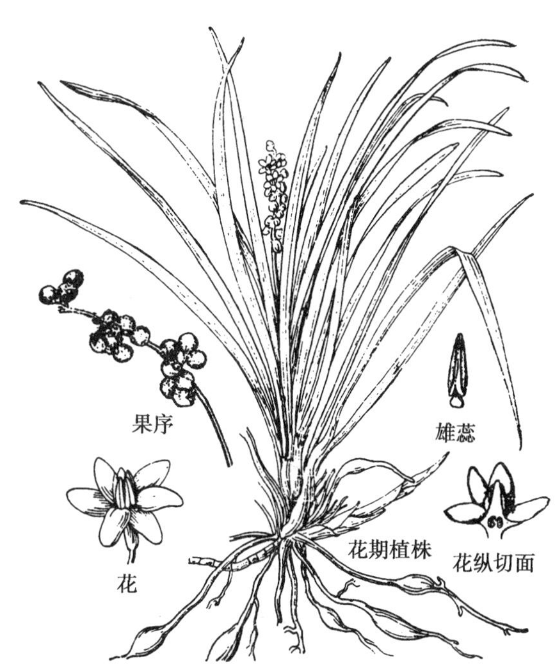

图7-140 麦冬

(6)葱属(*Allium* L.)：多年生草本,具葱蒜气味；鳞茎具薄膜鳞被；叶基生,条形或圆筒形,实心,少空心；伞形花序生于花葶顶端,开放前具一闭合的总苞,开放时总苞破裂；花被片6,2轮；雄蕊6,2轮；子房上位,3室；蒴果室背开裂；种子黑色。全球约500种,分布于北半球；我国110种,大部分地区有分布。

小根蒜 *Allium macrostemon* Bge. 和 **薤** *Allium chinense* G. Don,各地栽培或野生,鳞茎(薤白)能通阳散结、行气导滞。**大蒜** *Allium sativum* L.,各地栽培,鳞茎(大蒜)能解毒消肿、杀虫、止痢。**韭** *Allium tuberosum* Rottl. Ex Spreng,各地栽培,种子(韭菜子)能温补肝肾,壮阳固精。

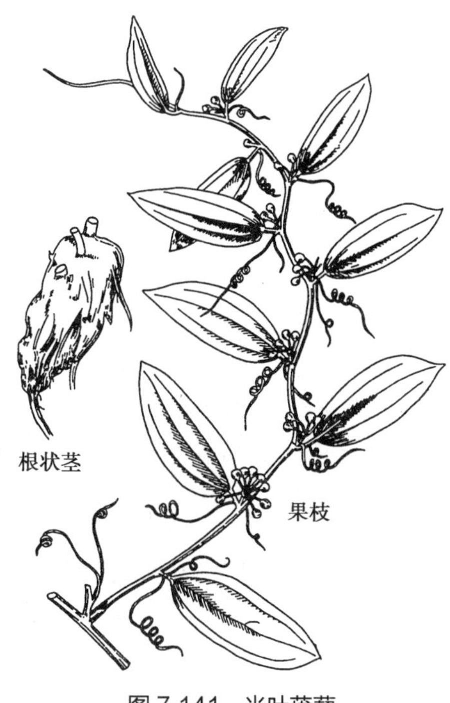

图7-141 光叶菝葜

(7)菝葜属(*Smilax* L.)：攀缘或直立小灌木,根状茎块状,茎常有刺；叶互生,叶柄两侧具翅状鞘,鞘上方有1对卷须或无卷须；伞形花序腋生；花小,单性异株；花被片6,离生,2轮；雄花6或更多；子房上位,3室；浆果。全球约300种,分布于热带地区；我

笔记栏

国 60 余种,多数分布于长江以南各地。

光叶菝葜 *Smilax glabra* Roxb.(图 7-141):攀缘灌木,根状茎肥厚;叶革质,下面粉白色;具托叶卷须;浆果紫黑色。主产于长江流域以南各地。根状茎(土茯苓)能解毒、除湿、通利关节。

菝葜 *Smilax china* L.,主产于长江流域以南各地,根状茎(菝葜)能祛风利湿、解毒散瘀。

常用的药用植物还有:**天门冬** *Asparagus cochinchinensis*(Lour.)Merr.,主产于华东、中南、西南地区,块根(天冬)能养阴润燥、清肺生津。**知母** *Anemarrhena asphodeloides* Bge.,主产于华北、东北、西北地区,根状茎(知母)能清热泻火、滋阴润燥。**阔叶山麦冬** *Liriope muscari*(Decne.)Baily 和**湖北麦冬** *Liriope spicata*(Thunb.)Lour. var. *prolifera* Y. T. Ma,主要在湖北栽培,块根(山麦冬)能养阴生津、润肺清心。**库拉索芦荟** *Aloe barbadensis* Miller 和**好望角芦荟** *Aloe ferox* Miller,在南方常见栽培,叶汁浓缩干燥物(芦荟)能泻下通便、清肝泻火、杀虫疗疳。**剑叶龙血树** *Dracaena cochinchinensis*(Lour.)S. C. Chen 的树脂,称"国产血竭",能活血化瘀、止痛,外用能止血、生肌、敛疮。**藜芦** *Veratrum nigrum* L. 的鳞茎能涌吐、杀虫、有毒。

知识拓展

恩格勒系统的百合科,在不同的系统中划分范围不同,在其他分类系统中常被分成 10 多个科,通常有重楼科 Trillaceae、菝葜科 Smilacaecea、铃兰科 Convallariaceae、天门冬科 Asparagaceae、龙血树科 Dracaenaceae、龙舌兰科 Agavaceae、山菅兰科 Phormiaceae、芦荟科 Asphodelaceae(Aloaceae)、吊兰科 Anthericaeae、知母科 Anemarrhenaceae、萱草科 Hemerocallidaceae、玉簪科 Hostaceae、风信子科 Hyacinthaceae、葱科 Alliaceae 等。

71. 石蒜科 Amaryllidaceae $⚥ *P_{(3+3),3+3}A_{(3+3),3+3}\overline{G}_{(3:3:\infty)}$

【突出特征】草本,稀木本;鳞茎具鳞被,或根状茎、块茎。叶基生,条形。花单生或排成伞形花序,有 1 至数枚干膜质总苞;花两性,辐射对称或两侧对称;花被片 6,花瓣状,2 轮,离生或下部合生;雄蕊 6,花丝少数基部扩大合生成管状的副花冠;3 心皮,子房下位,3 室,中轴胎座,每室胚珠多数。蒴果,稀浆果状。

全球 100 余属,1 200 多种;主要分布在温带、亚热带和热带。我国 17 属,140 余种;全国各地均有分布;已知药用 10 属,29 种,《中华人民共和国药典》收载 1 种中药材。分布有生物碱和甾体皂苷等,生物碱如石蒜碱(lycorine)、加兰他敏(galathamine);甾体皂苷有海柯皂苷元(hecogenin)、替告皂苷元(tigogenin)。

【药用植物】**仙茅** *Curculigo orchioides* Gaertn.(图 7-142):根状茎粗壮,直生。叶基生,线形至披针形。花葶极短,花黄色,柱头 3 裂,子房狭长,顶端具长喙。浆果。分布于长江流域及以南各地。根状茎(仙茅)能补肾阳、强筋骨、祛寒湿。

石蒜 *Lycoris radiate* Herb.,多数地区有栽培,鳞茎,有毒,能解毒消肿、催吐、杀虫;也是提取加兰他敏的原料。

72. 薯蓣科 Dioscoreaceae $♂ *P_{3+3,(3+3)}A_{3+3}$; $♀ *P_{3+3}\overline{G}_{(3:3:2)}$

【突出特征】草质藤本;具根状茎或块茎。叶互生,少对生或轮生,单叶或掌状复叶,基出掌状脉,侧脉网状。花小,单性异株或同株,辐射对称;花被 6,2 轮,离生或基部合生;雄蕊 6,或 3 枚退化;3 心皮合生,子房下位,3 室,每室胚珠 2;花柱 3。蒴果具 3 棱形的翅,成熟后顶端开裂。种子常有翅。

全球约 10 属,650 多种;分布于热带和温带地区。我国 1 属,约 49 种;主要分布于西南

至东南各地；已知药用 1 属 37 种，《中华人民共和国药典》收载 5 种中药材。普遍分布有甾体皂苷和生物碱类，也是提取薯蓣皂苷（dioscin）的原料之一。

【药用植物】**薯蓣** *Dioscorea opposita* Thunb.（图 7-143）：根状茎长圆柱形；茎右旋。下部叶互生，中部以上对生，叶卵状三角形至宽卵形，基部宽心形；叶腋内常有珠芽。花单性异株。蒴果三棱状扁圆形或三棱状圆形。主产于河南、湖南、江西等地。根状茎（山药）能补脾养胃、生津益肺、补肾涩精。

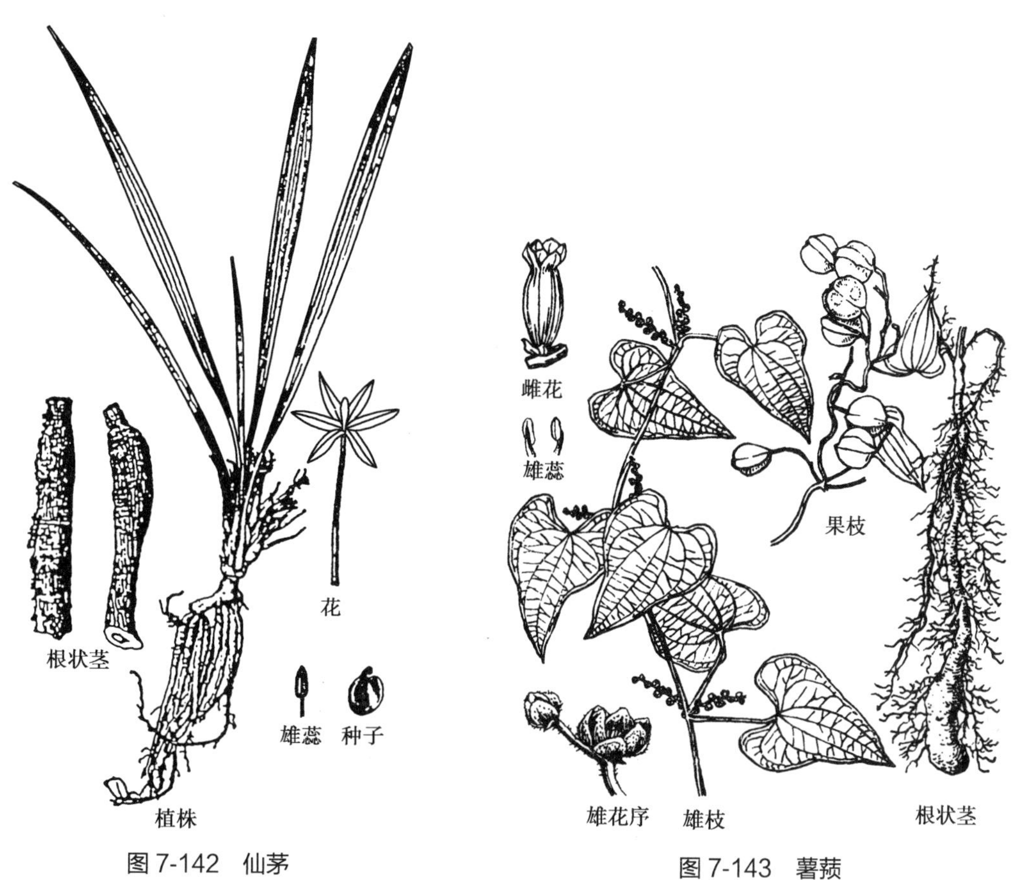

图 7-142 仙茅

图 7-143 薯蓣

常用的药用植物还有：**穿龙薯蓣** *Dioscorea nipponica* Makino，主产于秦岭及以北地区，根状茎（穿山龙）能祛风除湿、舒筋通络、活血止痛、止咳平喘。**粉背薯蓣** *Dioscorea hypoglauca* Palibin［*Dioscorea collettii* var. *hypoglauca*（Palibin）C. T. Ting et al.］，主产于长江中下游及以南，根状茎（粉萆薢）能利湿去浊、祛风除痹。**绵萆薢** *Dioscorea septemloba* Thunb. 和**福州薯蓣** *Dioscorea futschauensis* Uline ex R. Kunth，主产于长江中下游地区，根状茎（绵萆薢）能利湿去浊、祛风通痹。**黄山药** *Dioscorea panthaica* Prain et Burk.，主产于长江中游地区，根茎（黄山药）能理气止痛、解毒消肿。**黄独** *Dioscorea bulbifera* L. 的块茎称“黄药子”，能化痰消瘿、清热解毒、凉血止血。**盾叶薯蓣** *Dioscorea zingiberensis* C. H. Wright、黄山药、穿龙薯蓣的根状茎是提取薯蓣皂苷元的主要原料。

73. 鸢尾科 Iridaceae

⚥ $* \uparrow P_{(3+3)}A_3\overline{G}_{(3:3:\infty)}$

【突出特征】多年生草本；有根状茎、球茎或鳞茎。叶多基生，条形或剑形，基部套折叶鞘，相互套叠排列 2 列。花大而美丽，蝎尾状或二歧聚伞花序，稀单生；花或花序具 1 至数枚苞片；花两性，辐射对称或两侧对称；花被片 6，2 轮，花瓣状；雄蕊 3；子房下位，3 心皮，3 室，中轴胎座，胚珠多数，花柱上部 3 裂。蒴果。

全球约 60 属，800 余种，以南非、地中海和热带美洲最丰富。我国 9 属，50 多种，南北各地均有分布；已知药用 8 属，39 种，《中华人民共和国药典》收载 3 种药材。分布有异黄酮、屾酮、黄酮和醌类，其中异黄酮、屾酮是其特征性成分。

【药用植物】**射干** *Belamcanda chinensis* (L.) DC.（图 7-144）：宿根草本，根状茎断面黄色。叶剑形。二歧聚伞花序顶生；花橙色，散生深红色斑点；内轮裂片较外轮裂片略小；柱头 3 裂，裂片边缘向外翻卷。蒴果。全国大部分地区有野生或栽培。根状茎（射干）等清热解毒、消痰、利咽。

番红花 *Crocus sativus* L.（图 7-145）：球根植物。球茎外被黄褐色的膜质包被。基生叶条形，叶从基部包有 4~5 片膜质的鞘状叶。花茎自球茎发出，着花 1~2 朵，淡蓝色、红紫色或白色，有香味；花被 6，花柱上部 3 分枝，分枝弯曲而下垂，柱头 3，略扁，顶端楔形，有浅齿，橙红色。原产于欧洲南部，国内多地有栽培。柱头（西红花）能活血化瘀、凉血解毒、解郁安神。

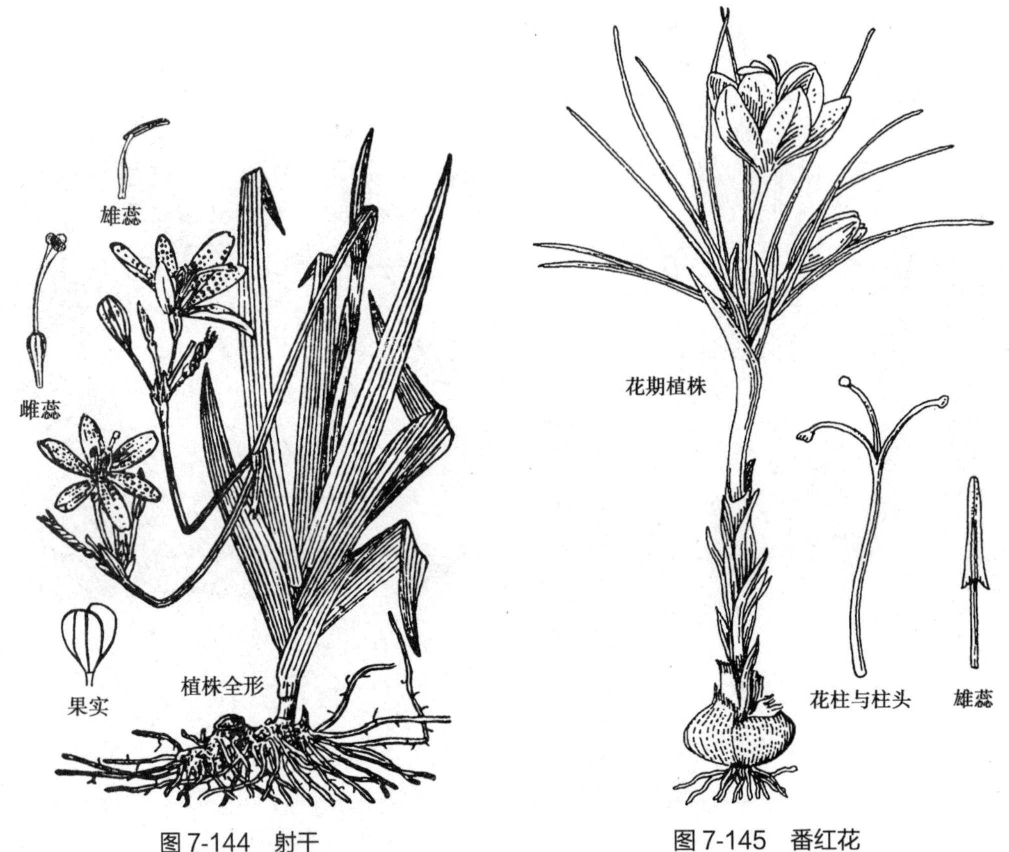

图 7-144　射干　　　图 7-145　番红花

常用的药用植物还有：**鸢尾** *Iris tectorum* Maxim.，主产于长江流域，根状茎（川射干）能清热解毒、祛痰、利咽。**马蔺** *Iris lactea* Pall. var. *chinensis* (Fisch.) Koidz. 的种子称"马蔺子"，能凉血止血、清热利湿；种皮是提取抗癌药马蔺子甲素（pallasone）的原料。

（三十五）粉状胚乳目 Commelinales

草本。单叶互生或基生，具开放或闭合的叶鞘。花常两性，少单性，辐射对称或两侧对称；聚伞或圆锥花序；常 3 基数；花被 2 轮，外轮绿色、萼状，内轮 3 枚，常具爪；雄蕊常 6 或 3 枚；子房上位，3 心皮，1~3 室，胚珠常直生。蒴果，种子有粉状胚乳。有 9 科，国产 4 科；《中华人民共和国药典》收载鸭跖草科和谷精草科各 1 种中药材。

74. 鸭跖草科 Commelinaceae

⚥ * ↑ $K_3C_3A_6\underline{G}_{(2\sim3:2\sim3:1)}$

【突出特征】草本。叶互生，有闭合叶鞘。聚伞花序或圆锥花序，顶生或腋生；花两性，辐射对称或两侧对称；萼片 3 枚，常舟状或龙骨状，有时顶端盔状；花瓣 3 枚；雄蕊 6 枚，两

型；子房上位。蒴果室背开裂，稀浆果状。种子小，胚乳丰富。

全球约 40 属，600 种，主要分布于热带，少数种在亚热带。我国 13 属，53 种；主要分布在华南地区和云南。分布有黄酮及其苷类、生物碱和酚酸类。

【药用植物】**鸭跖草** *Commelina communis* L.（图 7-146）：茎匍匐生根，多分枝。叶披针形至卵状披针形，叶鞘膜质。总苞宽心形，内弯，长约 2cm；花瓣深蓝色，具爪；能育雄蕊 3；子房 3 室。蒴果椭圆形，2 室，每室种子 2 枚。全国各地均有分布。地上部分（鸭跖草）能清热泻火，解毒，利水消肿。

图 7-146 鸭跖草

本目重要的药用类群尚有：谷精草科植物**谷精草** *Eriocaulon buergerianum* Koern，主产于长江流域，头状花序（谷精草）能疏散风热，明目退翳。

（三十六）禾本目 Graminales

本目仅有禾本科，目的特征同科。

75. 禾本科 Gramineae（Poaceae）

$⚥ * P_{2\sim3}\, A_{3,1\sim6}\, \underline{G}_{(2\sim3:1:1)}$

【突出特征】草本或木本，有地下茎或无。地上茎称秆（culm）或竿（竹类），圆柱形，中空有节，节和节间明显，节处内有横隔板（diaphragm），少实心；节处具鞘环（sheath-node）和鞘环上方的秆环（culm-node），此两环之间部位称节内（intranode）。单叶互生，2 列；常由叶鞘（leaf sheath）、叶舌（ligule）和叶片组成，竹类的叶有短柄；叶鞘包秆，常一侧纵向开裂，包竿者称箨鞘；叶片、叶鞘连接处的近轴面常有膜质薄片，称叶舌，或鞘口缝毛，在叶鞘顶端两侧各伸出的 1 突出体，称叶耳（auricle）；叶片扁平，常带形或长卵圆形至披针形，有 1 条明显的中脉（midrib）和若干与之平行的纵长次脉（secondary veins），有时具小横脉（crossed veinlet），而竹类箨鞘先端的叶片称箨叶。花序穗状或圆锥状，以小穗为基本单位；小穗轴（花

笔记栏

序轴）基部的 2 枚苞片称颖（glume）；花常两性，小穗轴上具 1 至数朵小花，小花基部 2 枚苞片分别称外稃（lemma）和内稃（palea）；花被缺或退化成 2~3 枚浆片（鳞被，lodicule）；雄蕊 3，稀 6 或 1~2，花药丁字形，纵裂；子房上位，1 室，1 胚珠，花柱 2 或 3，柱头羽毛状或帚刷状。颖果，种子富含淀粉质胚乳（图 7-147）。

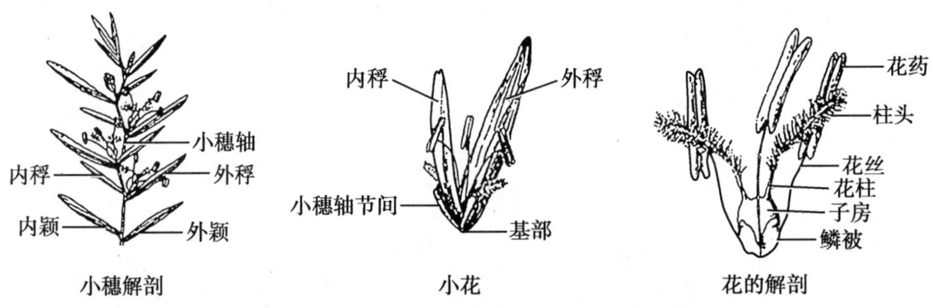

图 7-147　禾本科植物小穗、小花及花的构造

全球约 660 属，10 000 余种；广布全球。本科是被子植物第 4 大科，单子叶植物第 2 大科。我国 225 属，1 200 多种，南北各地均有分布；已知药用 85 属，173 种（表 7-16）；《中华人民共和国药典》收载禾本科 9 种中药材。分布有生物碱类、黄酮类等。

表 7-16　禾本科部分属检索表

1. 植物体木质化，具繁复分枝系统；叶二型，叶片与叶柄连接处具关节……………………竹亚科 Bambusoideae
　2. 地下茎为单轴散生，具长距离横走的真鞭；竿散生，雄蕊 3……………………刚竹属 *Phyllostachys*
　2. 地下茎合轴型，不作长距离横走；竿丛生，雄蕊 6……………………簕竹属 *Bambusa*
1. 植物体多草质，稀木质化，秆不分枝或少分枝；叶单型，无叶柄。
　3. 小穗含 2 朵小花，小穗体圆或背腹扁，脱节于颖之下……………………黍亚科 Panicoideae
　　4. 秆实心，多分枝，丛生状，叶具强烈芳香气；花柱 2，柱头羽毛状……………………香茅属 *Cymbopogon*
　　4. 秆实心，不分枝，或少分枝，无芳香气。
　　　5. 地下茎发达，秆直立，高大，有分枝；雌小穗包于骨质总苞内……………………薏苡属 *Coix*
　　　5. 地下茎短或无，地上茎单生。
　　　　6. 小穗单性，雌、雄异序；一年生；秆高大，粗壮；叶带形，颖果大……………………玉蜀黍属 *Zea*
　　　　6. 小穗雌、雄同序；圆锥花序穗状或总状；叶线形；果实小……………………狗尾草属 *Setaria*
　3. 小穗含多数至 1 朵小花，小穗体两侧扁，通常脱节于颖之上。
　　　7. 小穗两性或单性，仅 1 朵小花可结实；稃片边缘彼此紧扣，外稃草质或硬纸质（稻亚科 Oryzoideae）顶生圆锥花序疏松开展，常下垂；雄蕊 6；小穗含 1 两性小花……………………稻属 *Oryza*
　　　7. 小穗两性，小花为 1 至多朵结实；稃片边缘不彼此紧扣。
　　　　8. 叶片较宽短，呈广披针形或卵形，具显著的小横脉（假淡竹叶亚科 Centothecoideae）块根纺锤形；秆直立，不分枝；叶片小横脉明显呈方格状……………………淡竹叶属 *Lophatherum*
　　　　8. 叶片通常呈狭长的带形，同时小横脉也不明。
　　　　　9. 成熟小花的外稃具 5 脉乃至多脉，叶舌膜质……………………早熟禾亚科 Pooideae
　　　　　　12. 顶生复穗状花序，直立。小穗含 1 小花……………………大麦属 *Hordeum*
　　　　　　12. 顶生复穗状花序，直立。小穗含 3~9 小花……………………小麦属 *Triticum*
　　　　　9. 成熟小花的外稃具 3~5 脉，叶舌边缘具纤毛或完全以毛茸代替叶舌。
　　　　　　13. 小穗含 2 朵至数朵小花，圆或稍两侧扁，小穗轴具毛……………………芦竹亚科 Arundinoideae
　　　　　　　14. 秆 1.5m 以上，根状茎长而横走，单轴散生；秆散生，沼生草本…芦苇属 *Phragmites*
　　　　　　　14. 秆 1.5m 以上，地下茎合轴型；秆丛生；陆生草本……………………芦竹属 *Arundo*
　　　　　　13. 小穗含 1 朵至多数朵小花，常两侧扁，小穗轴无毛……………………画眉草亚科 Eragrostoideae

【药用植物】

(1) 竹亚科 Bambusoideae Nees：竿木质，灌木或乔木状，多分枝，节间中空。叶二型，竿

生叶（箨叶）由箨鞘、箨叶组成，箨鞘大，箨叶小而无中脉；枝生叶（营养叶）常绿性，具短柄，叶片和叶鞘连接处成一关节，叶片易从关节处脱落。

淡竹 *Phyllostachys nigra*（Lodd.）Munro var. *henonis*（Mitf.）Stapf ex Rendle（图 7-148）：竿高 7~18m，竿壁厚，秆环及箨环明显隆起；箨鞘黄绿色至淡黄色，箨叶长披针形；枝生叶 1~5 枚，叶狭披针形。分布于黄河流域以南。秆中层（竹茹）能清热化痰、除烦、止呕。

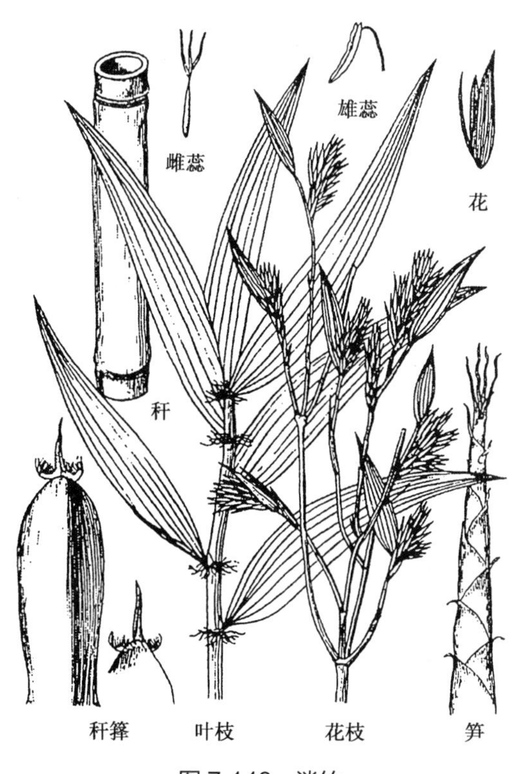

图 7-148 淡竹

青竿竹 *Bambusa tuldoides* Munro 和**大头典竹** *Sinocalamus beecheyanus*（Munro）Mcclure var. *pubescens* P. F. Li［*Bambusa beecheyana* var. *pubescens*（P. F. Li）W. C. Lin］的茎秆中间层与淡竹同等入药。**青皮竹** *Bambusa textilis* McClure、**薄竹** *Schizostachyum chinense* Rendle 等秆内分泌液干燥后的块状物（天竺黄）能清热豁痰，凉心定惊。

（2）黍亚科 Panicoideae A. Br.：植物体草质，茎在基部分蘖；叶单型，叶片中脉明显，无叶柄；小穗常背腹压扁或为圆筒形，常脱节于颖之下；每小穗含 2 小花，常两性或下部小花雄性或中性；中生性乃至旱生性禾草。

薏苡 *Coix lacryma-jobi* L. var. *ma-yuen*（Roman.）Stapf（图 7-149）：一年生草本；秆多分枝；叶条状披针形；雄花序位于雌花序上部；雌小穗位于花序下部，为骨质总苞所包被；颖果，包藏于白色光滑的骨质总苞内。全国各地有栽培。种仁（薏苡仁）能利水渗湿、健脾止泻、除痹、排脓、解毒散结。

白茅 *Imperata koenigii*（Retz.）Beauv.［*Imperata cylindrica* Beauv. var. *major*（Ness）C. E. Hubb.］，黄河流域及以南均产；根状茎（白茅根）能凉血止血、清热利尿。**粟** *Setaria italica*（L.）Beauv.，南北各地均有栽培，果实经发芽后的炮制加工品（谷芽）能消食和中、健脾开胃。**芸香草** *Cymbopogon distans*（Nees ex Steud）W. Wats 的全草能止咳平喘、祛风散寒；**香茅** *Cymbopogon ciratus*（DC.）Stapf 的全草能祛风除湿、消肿止痛。

（3）假淡竹叶亚科 Centothecoideae Soderstr.：植物体草质，茎在基部分蘖；叶单型，叶片中脉明显，无叶柄；小穗两性，小花为 1 至多朵结实；稃片边缘不彼此紧扣。

淡竹叶 *Lophatherum gracile* Brongn.（图 7-150）：多年生草本。须根中部膨大成纺锤形的块根。分布于长江流域以南地区。茎叶（淡竹叶）能解表、除烦、宣发郁热。

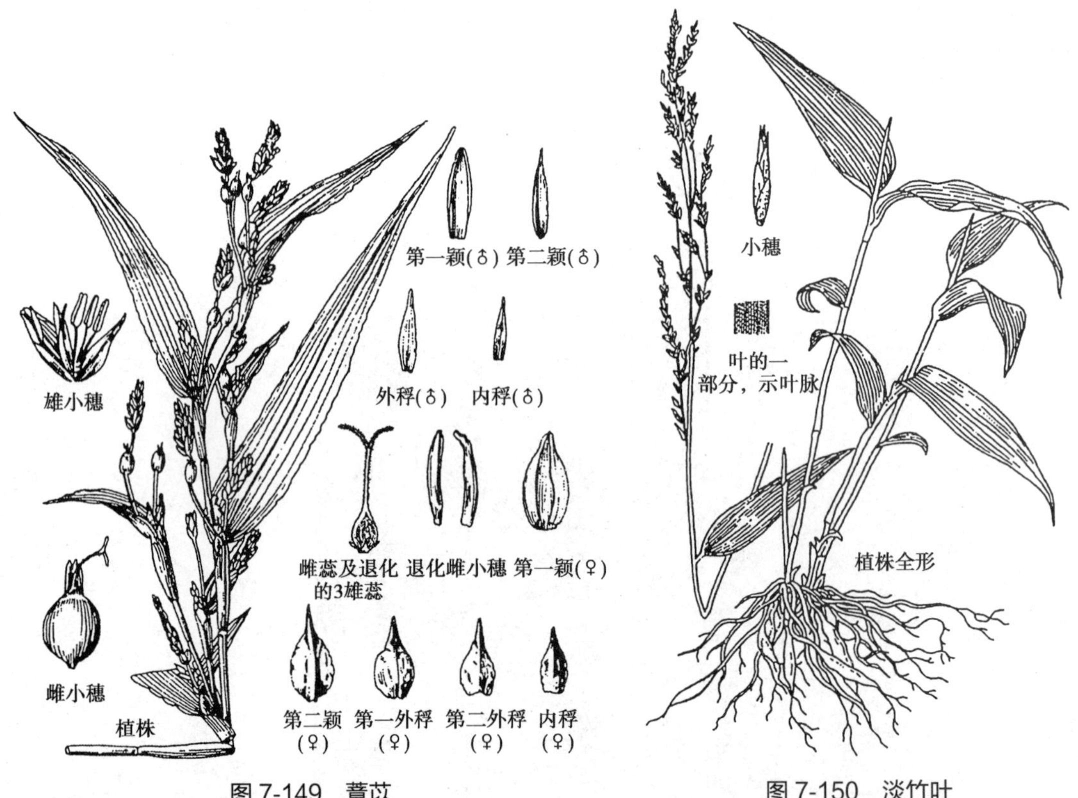

图 7-149 薏苡　　图 7-150 淡竹叶

常用的药用植物还有：**芦苇** *Phragmites australis*（Cav.）Trin. ex Steud. [*Phragmites communis* Trin.]，广泛分布于全球的江河湖泽、池塘沟渠沿岸和低湿地；根状茎（芦根）能清热泻火、生津止渴、除烦、止呕、利尿。**大麦** *Hordeum vulgare* L.，全国各地栽培；果实经发芽后的炮制加工品（麦芽）能行气消食、健脾开胃、回乳消胀。**稻** *Oryza sativa* L.，全国各地栽培；发芽后的果实（稻芽）能消食和中、健脾开胃。**小麦** *Triticum aestivum* L. 的干瘪轻浮的颖果称"浮小麦"，能止汗、解毒；**玉蜀黍** *Zea mays* L. 的花柱称"玉米须"，能清血热、利尿、消渴。

（三十七）棕榈目 Palmales

本目仅棕榈科，目的特征同科。

76. 棕榈科 Palmae

⚥ $*P_{3+3}A_{3+3}\underline{G}_{(3:1\sim3:1)}$；♂ $*P_{3+3}A_{3+3}$；♀ $*P_{3+3}\underline{G}_{(3:1\sim3:1)}$

【突出特征】常绿乔木或灌木，稀藤本。茎常不分枝，具叶痕。叶大型，常聚生茎顶，羽状或掌状分裂；叶柄基部常扩大成纤维状鞘。肉穗花序大型，包被 1 至数枚鞘状或管状佛焰苞；花两性或单性，雌雄同株或异株；花被片 6，2 轮，离生或合生；雄蕊常 6，2 轮；子房上位，3 心皮，1~3 室，柱头 3。核果、浆果或坚果。

全球有 217 属，2 800 余种，分布于美洲和亚洲的热带、亚热带。我国有 28 属，100 余种；分布于西南至东南部各地；已知药用 16 属 25 种；《中华人民共和国药典》收载 4 种中药材。分布有黄酮、生物碱和缩合鞣质等化合物，黄酮类如血竭素（dracorhodin）、血竭红素（dracorubin），生物碱如槟榔碱（arecoline）、槟榔次碱（arecaidine）等。

【药用植物】**棕榈** *Trachycarpus fortunei*（Hook. f.）H. Wendl.（图 7-151）：常绿乔木。主

杆不分枝，叶柄残基环状。叶掌状深裂，裂片30~50，先端浅2裂。花单性异株。果实淡蓝色，被白粉。分布于长江流域及以南各地。叶柄（棕榈）能收敛止血。

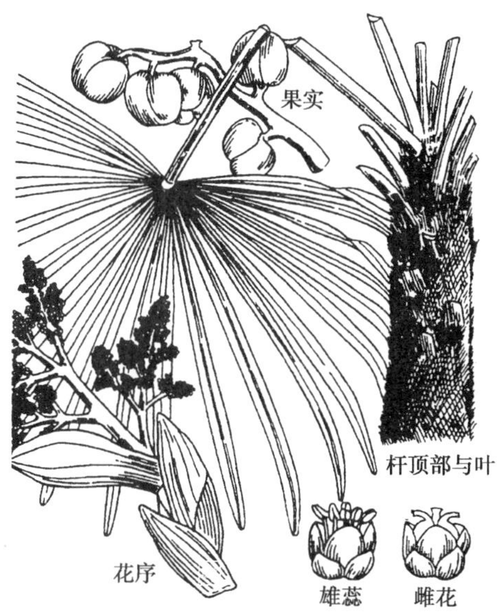

图7-151 棕榈

槟榔 *Areca catechu* L.（图7-152）：常绿乔木，杆不分枝，叶痕环状。叶簇生茎顶，羽片多数。雌雄同株，花序多分枝。果实长圆形或卵球形，中果皮厚，纤维质。分布于云南、海南及台湾等地。果皮（大腹皮）能下气宽中、行水消肿；成熟种子（槟榔）能杀虫消积、降气、行水、截疟。

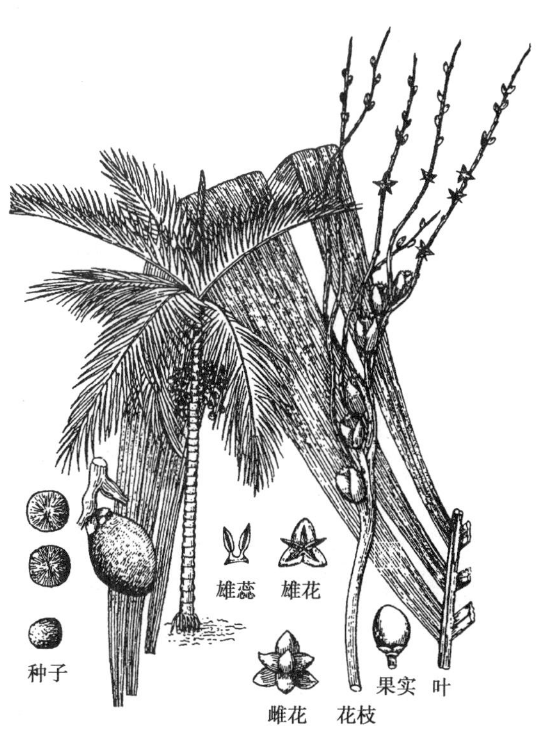

图7-152 槟榔

常用的药用植物还有：**麒麟竭** *Daemonorops draco* Bl.，分布于印度尼西亚、马来西亚、伊

笔记栏

朗等,广东、海南有引种栽培,果实渗出树脂的加工品(血竭)能活血定痛、化瘀止血、生肌敛疮;**椰子** *Cocos mucifera* L. 的根能止痛止血,胚乳(椰肉)能益气祛风。

(三十八) 天南星目 Arales

草本,稀藤本。叶基生或茎叶互生;花小,花被常退化或缺或成鳞片;花密集成肉穗花序,常被一大型彩色的佛焰苞包围;子房上位,浆果或胞果。有 2 科,均国产,《中华人民共和国药典》收载天南星科 6 种和浮萍科 1 种中药材。

77. 天南星科 Araceae

$⚥ *P_{4\sim6}A_{4\sim6}\underline{G}_{(1\sim\infty:1\sim\infty)}$; $♂ P_0 A_{(2\sim8),(\infty),2\sim8,\infty}$; $♀ P_0\underline{G}_{(1\sim\infty:1\sim\infty:1\sim\infty)}$

【突出特征】草本,直立或攀缘;具根状茎或块茎;富含苦味水汁或乳汁。叶常基生,网状脉,叶柄基部具膜质鞘。肉穗花序,具佛焰苞;花小,两性或单性;两性花的花被片 4~6,鳞片状;单性花无被,雌雄同株或异株,雌花群在下部,雄花群在上部,中间有中性花,雄蕊愈合成雄蕊柱;子房上位,1~3 室,胚珠一至多数。浆果。

全球有 115 属,2 000 余种,主要分布于热带及亚热带地区。我国有 35 属,210 种,集中分布于长江以南各地;已知药用 22 属,106 种;《中华人民共和国药典》收载 6 种中药材。分布有生物碱、苷类、脂肪酸和挥发油,如秋水仙碱、水苏碱等。

【药用植物】

(1) 天南星属(*Arisaema* Mart.):草本,具块茎;叶 1~2 枚,掌状 3 裂,或鸟足状或放射状全裂;肉穗花序佛焰苞下部管状,上部开展,花后脱落,附属器仅达佛焰苞喉部;雌雄异株,无花被;雄蕊花丝愈合;雌花密集,子房上位,1 室,2 胚珠;浆果红色。全球约 150 种,国产 82 种(特产 59 种),主产于西南各省区。

天南星 *Arisaema erubescens*(Wall.) Schott(图 7-153):块茎扁球形;叶 1 枚,叶片放射状全裂,裂片 11~23;佛焰苞绿色或紫色,附属器向两头略狭,长 2~4cm,中部粗 2.5~5mm,下部具中性花。全国大部分地区有分布。块茎(天南星)能燥湿化痰、祛风止痉、散结消肿。

同属植物**异叶天南星** *Arisaema heterophyllum* Blume 和**东北天南星** *Arisaema amurense* Maxim. 的块茎与天南星同等入药。

(2) 半夏属(*Pinellia* Tenore):草本,具块茎。叶柄基部常具珠芽;叶 3 深裂、3 全裂或鸟趾状全裂。佛焰苞绿色,内卷成筒状;雌雄同序,无花被;雄花在上部,下部雌花序与佛焰苞合生,单侧着花,子房 1 室,1 胚珠。全球 6 种,分布于亚洲东部;国产 5 种,分布于南北各地。

半夏 *Pinellia ternata*(Thunb.) Breit.(图 7-154):块茎球形,幼苗期单叶全缘;成株叶片 3 全裂,叶柄有 1 珠芽;佛焰苞管喉闭合;浆果绿色。分布于全国大部分地区。块茎(半夏)能燥湿化痰、降逆止呕、消痞散结。

同属植物**掌叶半夏** *Pinellia pedatisecta* Schott:块茎较大,周围常生有数个小块茎,叶片鸟趾状全裂,中间 1 枚较大。分布于华北、华中及西南地区。块茎称"虎掌南星",习作"天南星"入药。

(3) 犁头尖属(*Typhonium* Schott.):不同于半夏属的是,佛焰苞有 1 阔而短的管,此管宿存,喉部收缩,檐部常紫色,花后脱落;雌雄序间有一段较长的间隔。全球约 35 种,国产 13 种,南北均有分布。

独角莲 *Typhonium giganteum* Engl.(图 7-155):块茎卵球形或卵状椭圆形;叶三角状卵形,基部箭形,叶柄具膜质叶鞘;佛焰苞紫色,雌、雄花间有中性花。浆果红色。分布于河北、山东、吉林、辽宁、河南、湖北、陕西、甘肃、四川及西藏。块茎(白附子)能祛风痰、定惊搐、解毒散结、止痛。

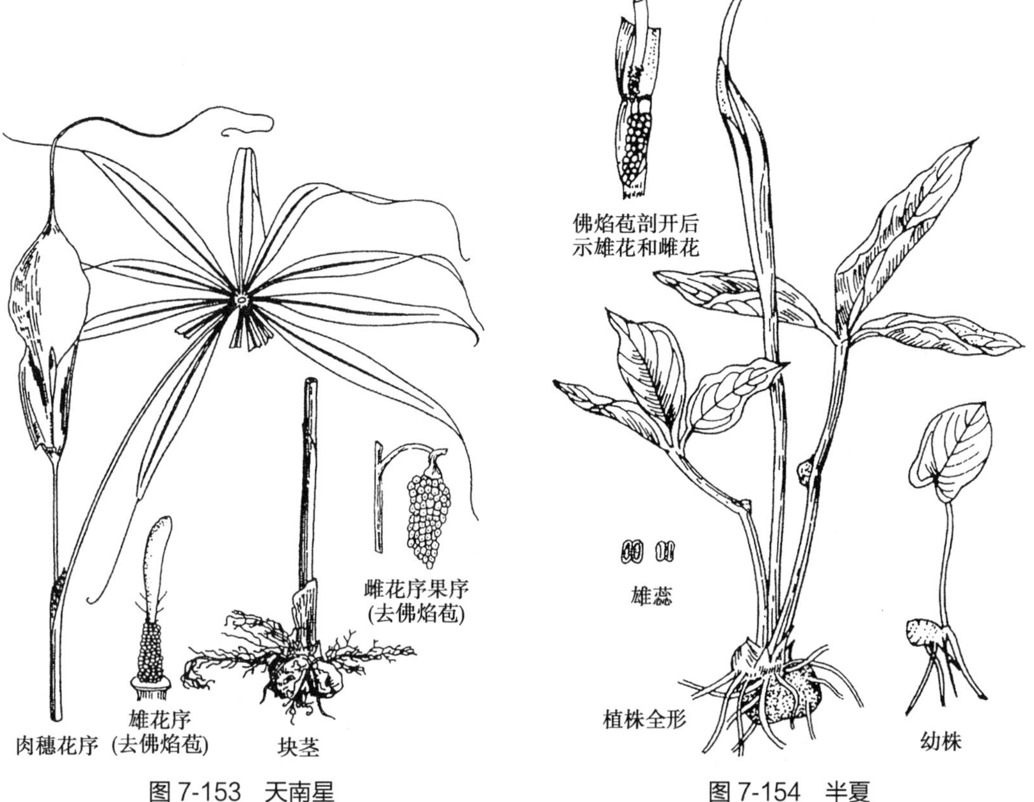

图 7-153 天南星

图 7-154 半夏

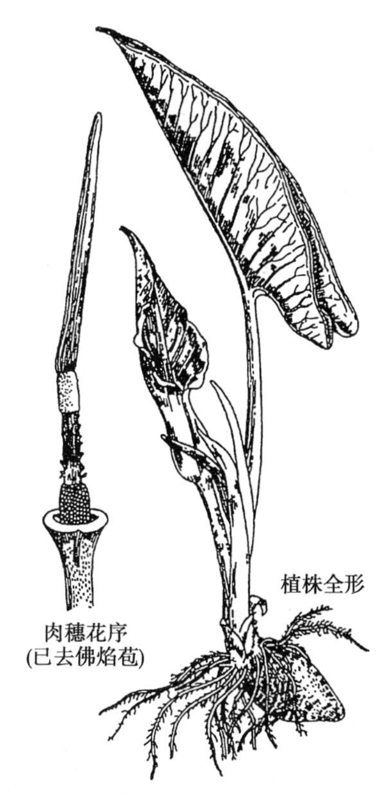

图 7-155 独角莲

笔记栏

(4) 菖蒲属(*Acorus* L.): 常绿芳香草本; 根状茎肉质; 叶基生, 剑形, 基部叶鞘2列嵌合状; 佛焰苞与叶片同形、同色, 宿存; 肉穗花序圆柱形, 花两性, 花被6。全球4种, 我国均有分布。

石菖蒲 *Acorus tatarinowii* Schott(图7-156): 根状茎横走, 香气浓烈。叶剑状线形, 无中肋。叶状佛焰苞是肉穗花序的2~5倍长。分布于黄河以南。根状茎(石菖蒲)能开窍豁痰、醒神益智、化湿开胃。

菖蒲 *Acorus calamus* L.: 植株较高, 叶片长而宽, 中肋明显突起; 全国各地均有分布; 根状茎(藏菖蒲)能温胃、消炎止痛。

常用的药用植物还有: **千年健** *Homalomena occulta* (Lour.) Schott, 分布于海南、广西及云南。根状茎(千年健)能祛风湿、壮筋骨。

本目重要的药用类群尚有: 浮萍科植物**紫萍** *Spirodela polyrhiza* (L.) Schleid. [*Spirodela polyrrhiza* (L.) Schleid.], 南北各地均有分布; 全草(浮萍)能宣散风热, 透疹, 利尿。

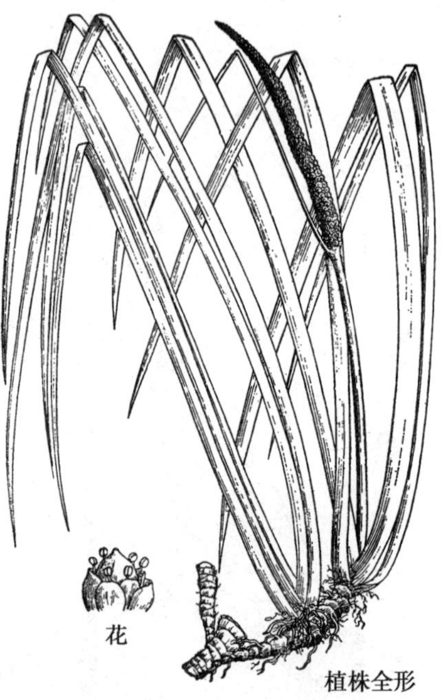

图7-156 石菖蒲

(三十九) 露兜树目 Pandanales

沼生草本, 或陆生木本。叶狭长无柄, 基部具鞘。花单性, 同株或异株, 无被; 花排成头状花序或穗状花序。果实核果状。种子富含胚乳。有3科, 均国产,《中华人民共和国药典》收载黑三棱科和香蒲科各1种中药材。

78. 香蒲科 Typhaceae

♂ $*P_0A_{1\sim7,(1\sim7)}$; ♀ $*P_0\underline{G}_{1:1:1}$

【突出特征】沼生或湿生草本, 根状茎横走。叶2列, 互生; 条形叶直立, 下部有鞘。花小, 单性同株, 穗状花序, 无花被; 雄花密集在花序上部, 常由3(1~7)枚雄蕊组成, 花丝分离或合生, 花药矩圆形或条形, 2室, 纵裂; 雌花位于花序下部, 子房上位, 1室, 1胚珠, 花柱细长。小坚果。

全球有1属, 16种, 分布于温带至热带地区。我国1属, 11种, 主要分布于长江以北; 已知药用1属, 10种。分布有黄酮类、甾体类、有机酸、多糖类等。

【药用植物】**水烛香蒲** *Typha angustifolia* L.(图7-157): 沼生草本; 根状茎细长横走; 叶狭线形, 基部鞘状抱茎。穗状花序蜡烛状, 单一顶生, 雌、雄花序相距2~7cm, 雌花序长15~30cm。小坚果长椭圆形。广布全国各地; 花粉粒(蒲黄)能活血化瘀、止血、利尿通淋。

同属植物**东方香蒲** *Typha orientalis* Presl.: 雌雄花序紧密相连; 分布于长江流域及以北地区, 花粉粒与水烛香蒲同等入药。

本目重要的药用类群尚有: 黑三棱科植物**黑三棱** *Sparganium stoloniferum* Buch.-Ham, 分布于长江流域及以北地区, 块茎(三棱), 能破血行气, 消积止痛。

(四十) 莎草目 Cyperales

本目仅莎草科, 目的特征同科。

79. 莎草科 Cyperaceae

⚥ $*P_0A_3\underline{G}_{(2\sim3:1:1)}$; ♂ $*P_0A_3$; ♀ $*P_0\underline{G}_{(2\sim3:1:1)}$

【突出特征】草本, 常有根状茎。秆常三棱形, 实心, 无节。叶3列, 叶片狭长如禾草叶, 叶鞘闭合, 无叶舌。小穗单生或集成穗状或头状花序; 小穗2至多花或1花; 花两性或单性同株; 每苞片(称颖片或鳞片)腋内生1花; 花被缺或鳞片或刚毛; 雄蕊3; 子房上位,

笔记栏 

2~3 心皮,1 室,1 胚珠,柱头 2 或 3 分枝。小坚果或瘦果。

全球有 80 属,4 000 余种,主要分布于寒温带。我国有 31 属,670 种,南北各地均产;药用 16 属 110 余种;《中华人民共和国药典》收载 1 种中药材。分布有黄酮类、生物碱、强心苷和挥发油等。

【药用植物】**香附子** *Cyperus rotundus* L.(图 7-158):多年生草本,有根状茎和椭圆形块茎。叶基生,叶鞘棕色,常裂成纤维状。穗状花序 3~10 小穗;小穗着 8~28 花。小坚果。多数地区均有分布。根状茎(香附)能疏肝解郁、理气宽中、调经止痛。

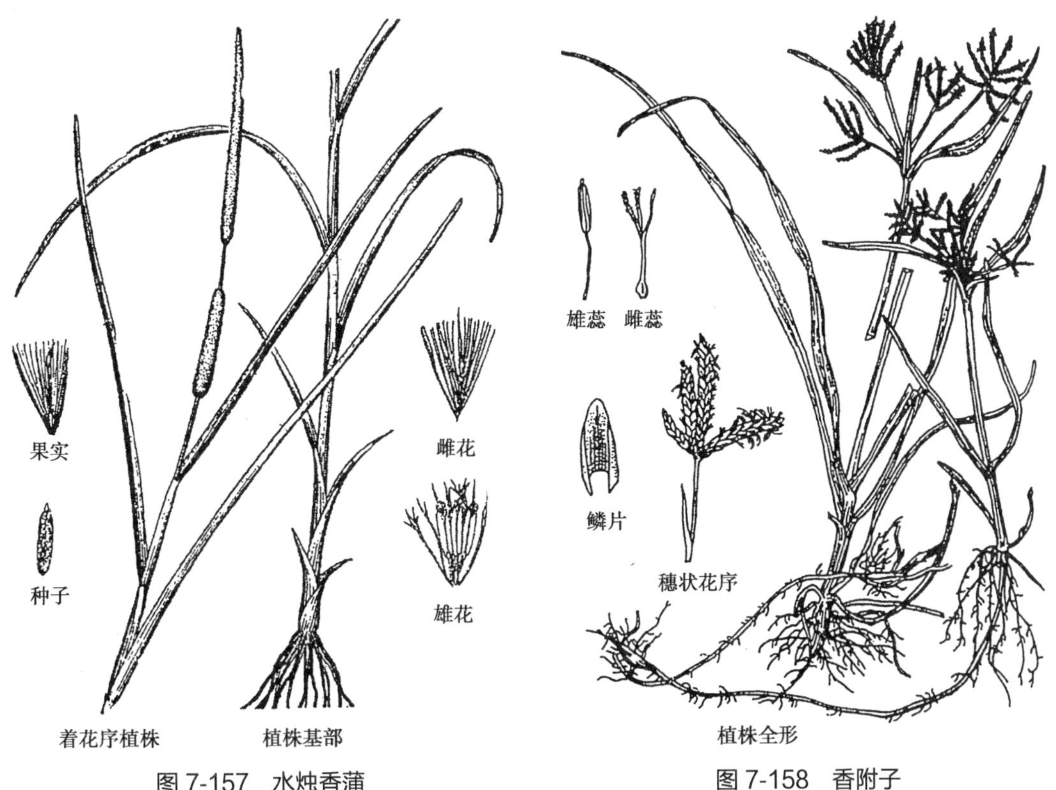

图 7-157　水烛香蒲　　　　图 7-158　香附子

常用的药用植物还有:**荆三棱** *Scirpus yagara* Ohwi,分布于东北及江苏、浙江、贵州、台湾等地;块茎称"黑三棱",能破血祛瘀、消积行气。**荸荠** *Heleocharis dulcis*(Burm. f.) Trin.,长江流域栽培;球茎能清热生津、开胃解毒;主要供食用。

(四十一) 芭蕉目 Scitamineae

草本,有根状茎和纤维根,或块根。茎短或由鞘状叶柄基部重叠而成。叶螺旋状排列或两行,叶有叶片、叶柄和叶鞘。花常两性,两侧对称或不对称,3 基数,花被瓣状或有萼、瓣之分;雄蕊 5~6 或仅 1 枚发育;子房下位,3~1 室。浆果或蒴果;种子外胚乳丰富。有 5 科,均国产,《中华人民共和国药典》仅收载姜科 15 种中药材。

80. 姜科 Zingiberaceae

⚥ $\uparrow P_{(3+3)}A_1\overline{G}_{(3:3:\infty)}$

【突出特征】多年生草本,具根状茎或块根,常芳香。叶 2 列,羽状平行脉,有叶鞘和叶舌。花两性,两侧对称;单生或穗状、总状或圆锥花序,生于由茎或根茎发出的花葶上;花被片 6,2 轮,外轮萼状,合生成管,一侧开裂,顶端常 3 齿裂,内轮花冠状,基部合生,上部 3 裂,后方 1 枚最大;退化雄蕊 2 或 4,外轮 2 枚(即侧生退化雄蕊)瓣状、齿状或缺,内轮 2 枚合成唇瓣,能育雄蕊 1 枚;子房下位,3 心皮,中轴胎座或侧膜胎座,1~3 室,胚珠多数。蒴果或浆果状;种子常具假种皮(图 7-159)。

笔记栏

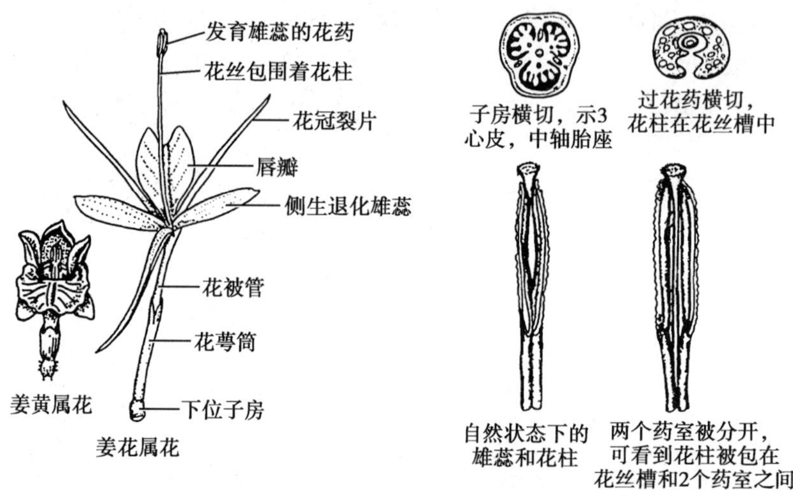

图 7-159　姜黄属和姜花属花的结构

全球有 50 属，1 500 种，主要分布于热带亚洲。我国 19 属，150 余种；分布于西南、华南至东南；已知药用 15 属，100 余种；《中华人民共和国药典》收载 15 种中药材。分布有黄酮类、甾体皂苷、单萜、倍半萜和姜黄色素等。闭鞘姜属（*Costus*）是提取薯蓣皂苷元的原料之一。

【药用植物】

(1) 姜属（*Zingiber* Boehm.）：根状茎指状分枝，具辛辣味；穗状花序球果状，花葶从根状茎抽出；侧生退化雄蕊与唇瓣联合，3 裂，药隔附属体延伸成长喙状。

姜 *Zingiber officinale* Rosc.（图 7-160）：根状茎肥厚肉质，多分枝。苞片绿色或淡红色，每苞内 1 至数花；花冠长于苞片，裂片黄绿色。大部分地区有栽培。新鲜根状茎（生姜）能解表散寒、温中止呕、化痰止咳、解鱼蟹毒；干燥的根状茎（干姜）能温中散寒、回阳通脉、燥湿消痰。干姜的炮制加工品（炮姜）能温经止血，温中止痛。

(2) 姜黄属（*Curcuma* L.）：根状茎粗短，肉质芳香，须根末端常膨大成块根。花葶从根状茎或叶鞘抽出，苞片大，基部彼此连生成囊状；唇瓣较大，全缘或 2 裂，药隔顶端无附属物，花药基部有距。

姜黄 *Curcuma longa* L.（图 7-161）：根状茎发达，椭圆形或圆柱形，内部橙黄色，具块根；叶两面均无毛。四川等地栽培。根茎（姜黄）能破血行气、通经止痛，也是提取姜黄黄色素的原料；块根（郁金，通常称“黄丝郁金”）活血止痛、行气解郁、清心凉血、利胆退黄。

图 7-160　姜

温郁金 *Curcuma wenyujin* Y. H. Chen et C. Ling［*Curcuma aromatica* cv. *Wenyujin*］，根状茎肉质，内部淡黄色，芳香；叶无紫色带；春季开花。浙江、福建等地栽培。温郁金、**广西莪术** *Curcuma kwangsiensis* S. G. Lee et C. F. Liang 和**蓬莪术** *Curcuma phaeocaulis* Val. 的块根与姜黄同等入药，药材分别称“温郁金”“绿丝郁金”和“桂郁金”；三者的根状茎（莪术）能

行气破血、消积止痛，其中温郁金的根状茎常称"温莪术"。温郁金的条状根状茎趁鲜纵切厚片，晒干（片姜黄）能破血行气、通气止痛。

（3）豆蔻属（*Amomum* Roxb.）：根状茎横走，粗壮或细长；茎基部略膨大成球形；花葶自根状茎抽出；侧生退化雄蕊钻状或线形，唇瓣全缘或2~3裂；果实不裂或不规则开裂；种子具辛香味，多角形或椭圆形，基部为假种皮所包藏。

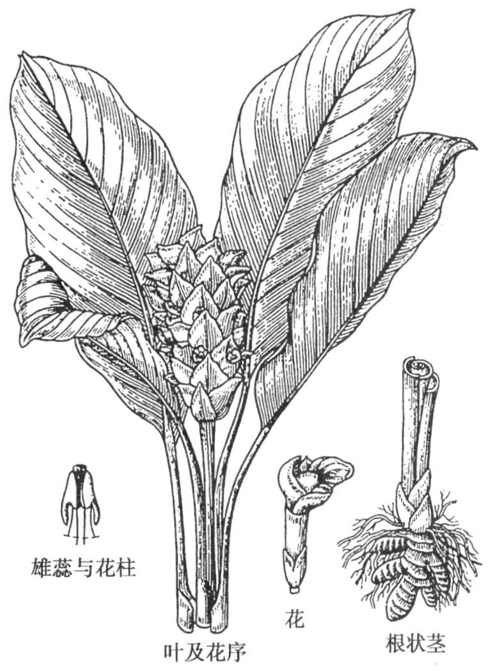

图7-161 姜黄

阳春砂 *Amomum villosum* Lour.（图7-162）：根状茎匍匐地面，节上被褐色膜质鳞片；叶长披针形；穗状花序椭圆形；唇瓣白色，先端黄色而染紫红；药隔附属体3裂；蒴果表面密生柔刺，紫红色，干后褐色。分布于福建、广东、广西及云南。果实（砂仁）能化湿开胃、温脾止泻、理气安胎。

同属植物**绿壳砂** *Amomum villosum* Lour. var. *xanthioides* T. L. Wu et Senjen 主产于云南，**海南砂** *Amomum longiligulare* T. L. wu 主产于海南，二者的果实与阳春砂同等入药。**白豆蔻** *Amomum kravanh* Pierre ex Gagnep.，原产于柬埔寨、泰国，云南、广东有栽培，果实（豆蔻）能化湿行气、温中止呕、开胃消食；**爪哇白豆蔻** *Amomum compactum* Soland ex Maton，原产于印度尼西亚，海南有栽培，果实与白豆蔻同等入药。**草果** *Amomum tsaoko* Crevost et Lemarie，分布于云南、广西、贵州等省区，果实（草果）能燥湿温中、除痰截疟。

（4）山姜属（*Alpinia* Roxb.）：根状茎横走，肥厚；地上茎发达；圆锥花序、总状花序或穗状花序，顶生；唇瓣平展或下弯，较阔，侧生退化雄蕊缺或极小，呈齿状；花丝常较花冠或唇瓣短；蒴果不开裂或不规则裂或3裂。

高良姜 *Alpinia officinarum* Hance（图7-163）：根茎圆柱形；叶片条形，基部渐狭，叶缘无毛；叶舌披针形；总状花序顶生；唇瓣白色而有红色条纹；果球形，熟时红色。分布于华南。根状茎（高良姜）能温胃止呕、散寒止痛。

同属植物**益智** *Alpinia oxyphylla* Miq.，主产于海南、广东、广西，果实（益智）能暖肾固精缩尿、温脾止泻，摄唾。**草豆蔻** *Alpinia hainanensis* K. Schum. [*Alpinia katsumadae* Hayata]，主产于广东、广西，种子团（草豆蔻）能燥湿健脾、温胃止呕。**红豆蔻** *Alpinia galanga*（L.）Willd.，主产于广东、广西、云南和台湾，果实（红豆蔻）能散寒燥湿、醒脾消食；根状茎称"大高良姜"，能散寒、暖胃、止痛。

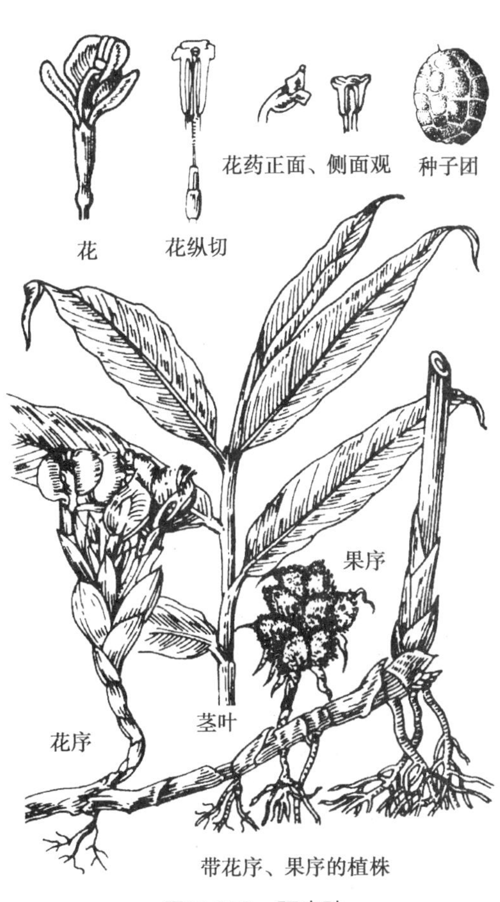

图7-162 阳春砂

笔记栏

图 7-163 高良姜

常用的药用植物还有：**山柰** *Kaempferia galanga* L.，主产于台湾、广东、广西、云南，根茎（山柰）能行气温中，消食，止痛。

知识拓展

恩格勒系统姜科 Zingiberaceae 是一个泛热带分布的大科，全世界约 50 属，1 300 种，分为姜亚科和闭鞘姜亚科。克朗奎斯特和塔赫他间系统中，狭义姜科（Zingiberaceae 即广义姜科中的姜亚科）则分布在东亚至东南亚，与南美洲为主分布区的闭鞘姜科 Costaceae 相对应。

（四十二）微子目 Microspermae

本目仅兰科，目的特征同科。

81. 兰科 Orchidaceae $⚥\uparrow\ P_{3+3}A_{1\sim2}\overline{G}_{(3:1:\infty)}$

【突出特征】陆生、附生或腐生草本，常有根状茎、块茎，附生种类有假鳞茎和气生根。单叶互生，常 2 列，具叶鞘。花两性，稀杂性或雌雄同株，两侧对称；花单生或总状、穗状或圆锥状花序；花被片 6，花瓣状，2 轮；外轮 3 枚称萼片，内轮侧生 2 片大小相似称花瓣，中央 1 片较大特化成唇瓣（labellum），唇瓣炫丽，有胼胝体、褶片或腺毛等附属物，基部有囊或距；子房扭转 180° 使唇瓣位于远轴方（下方）；雄蕊、花柱和柱头合生成合蕊柱（columna），与唇瓣对生，花药无柄，2 室，花粉粒黏结成花粉块；能育雄蕊常 1 枚，生合蕊柱顶端，稀 2 枚生合蕊柱两侧；柱头与花药之间有 1 舌状物，称蕊喙（rostellum），蕊喙具 1 个黏垫（称黏盘）黏附花粉块；蕊柱基部有时延伸成足状，称蕊柱足，此时 2 侧萼片基部生蕊柱足上，形成囊状结构，称萼囊；子房下位，3 心皮，1 室，侧膜胎座，胚珠多数。蒴果，种子极少而多，无胚乳（图 7-164）。

全球有 700 余属，20 000 余种，是被子植物第 2 大科；主产于热带及亚热带地区。我国

有 171 属，1 250 种；尤以云南、海南、台湾等地最丰富；已知药用 76 属，287 种；《中华人民共和国药典》收载 5 种中药材。分布有倍半萜类生物碱、酚苷、黄酮、香豆素、甾醇和芳香油等，倍半萜类生物碱如石斛碱（dendrobine），酚苷类如天麻苷（gastrodin）等。

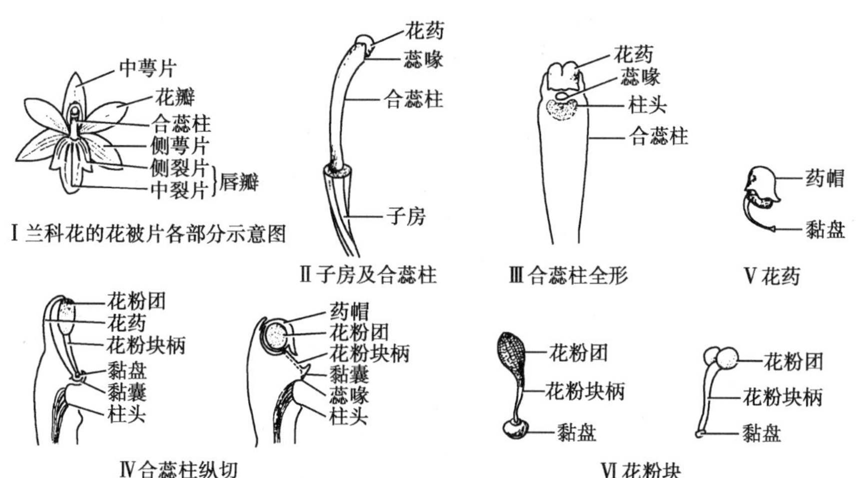

图 7-164　兰科花的构造

【药用植物】

(1) 天麻属（*Gastrodia* R. Br.）：腐生草本；块茎圆柱状，具节；茎直立，叶退化成鳞叶；总状花序顶生；萼片与花瓣合生成花被筒。全球约 20 种，分布于东亚至大洋洲；国产 13 种。

天麻 *Gastrodia elata* Bl.（图 7-165）：腐生草本，与密环菌共生，块茎肉质，节较密；茎淡黄褐色，花淡黄绿色或橙红色。大部分地区有栽培或野生。块茎（天麻）能息风止痉、平抑肝阳、祛风通络。

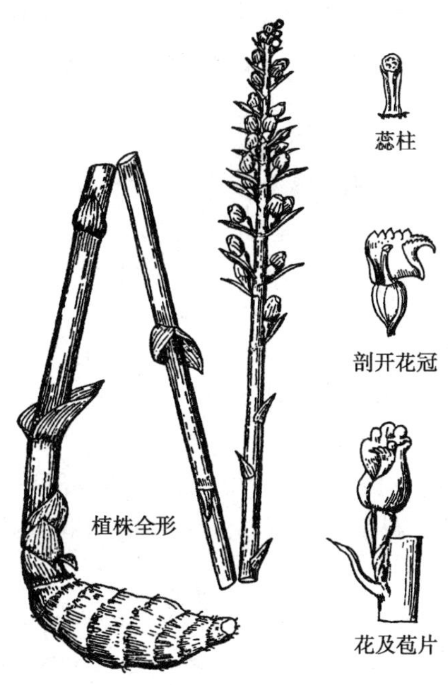

图 7-165　天麻

(2) 石斛属（*Dendrobium* Sw.）：附生草本，节明显；叶互生，基部有关节和抱茎的鞘；总状

笔记栏

花序常生茎上部节上；花艳丽，侧萼片宽阔的基部着生在合蕊柱上，与唇瓣合生成萼囊，唇瓣不裂或3裂，合蕊柱较短，蕊柱足明显；花药2室，花粉块4，蜡质，无附属物。全球约1 000种，分布于亚洲亚热带至大洋洲；国产74种，分布于秦岭以南。

石斛（金钗石斛）*Dendrobium nobile* Lindl.（图7-166）：茎丛生，肉质状肥厚，稍扁圆柱形，干后金黄色；叶基部具抱茎的鞘；总状花序，基部被数枚筒状鞘；唇瓣中央具1紫红色大斑块。分布于长江以南及西藏等地，有栽培。茎（石斛）能养阴清热、生津止咳。

同属植物**鼓槌石斛** *Dendrobium chrysotoxum* Lindl.、**流苏石斛** *Dendrobium fimbriatum* Hook.、**束花石斛** *Dendrobium chrysanthum* Lindl.、**美花石斛** *Dendrobium loddigesii* Rolf.和**细茎石斛** *Dendrobium moniliforme*（L.）Sw.、**霍山石斛** *Dendrobium huoshanense* C. Z. Tang et S. J. Cheng等同属近似种的茎与石斛同等入药。

铁皮石斛 *Dendrobium officinale* Kimura et Migo：茎圆柱形；唇瓣密布细乳突状的毛，在中部以上具1紫红色斑块。南方多地栽培。茎（铁皮石斛）能益胃生津、滋阴清热。

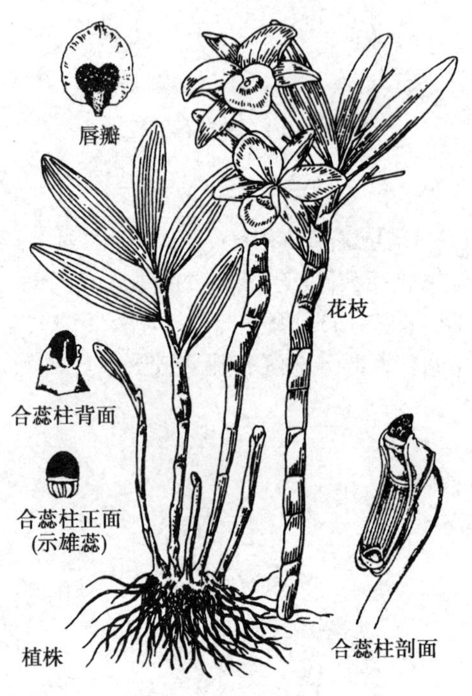

图7-166　金钗石斛

（3）白及属（*Bletilla* Rchb. f.）：陆生草本；块茎具环纹；叶基生于茎基部；总状花序顶生；花较大，唇瓣中部以上常明显3裂，花粉块8，成2群，花粉块柄不明显，无粘盘。全球约6种；国产4种，秦岭以南各地均有分布。

白及 *Bletilla striata*（Thunb.）Reichb. f.（图7-167）：块茎扁球形，短三叉状；叶狭长圆形或披针形，基部收狭成鞘并抱茎；花紫红色或粉红色。主产于华中、华南、西南诸地。块茎（白及）能收敛止血、消肿生肌。

常用的药用植物还有：**杜鹃兰** *Gremastra appendiculata*（D. Don）Makino、**独蒜兰** *Pleione bulbocodioides*（Franch.）Rolfe或**云南独蒜兰** *Pleione yunnanensis* Rolfe的假鳞茎（山慈菇）能清热解毒，化痰散结。**手参** *Gymnadenia conopsea*（L.）R. Br.的块茎能补益气血、生津止渴；**盘龙参** *Spiranthes sinensis*（Pers.）Ames的全草能益阴清热、润肺止咳；**石仙桃** *Pholidota chinensis* Lindl.的假鳞茎能养阴清肺、化痰止咳；**羊耳蒜** *Liparis nervosa*（Thunb.）Lindl的假

笔记栏

鳞茎能活血止血、消肿止痛。

图 7-167 白及

(张明英 余坤 林贵兵 张坚 李骁 张新慧 查良平 白贞芳 樊锐锋 郭庆梅)

复习思考题

1. 被子植物有哪些主要特征？被子植物对于人类有何重要意义？

2. 被子植物系统演化的两大学派及其理论观点分别是什么？

3. 被子植物几个主要的分类系统分别是什么？各以什么理论或学说为依据？

4. 比较双子叶植物纲和单子叶植物纲的主要区别。

5. 简述桑科、蓼科、石竹科、木兰科、樟科、毛茛科、小檗科、防己科、芍药科、十字花科、大戟科、芸香科、锦葵科、葫芦科、五加科、伞形科、木犀科、龙胆科、夹竹桃科、萝藦科、茜草科、唇形科、紫草科、茄科、玄参科、忍冬科、百合科、石蒜科、薯蓣科、鸢尾科、禾本科、天南星科、莎草科、姜科、兰科等科的主要识别特征，并写出相关科的花程式和代表性药用植物和药用部位。

6. 简述罂粟科、蔷薇科、豆科、桔梗科、菊科等科的主要识别特征，以及科内划分亚科的依据和各亚科间的区别特征，并写出相关科的花程式和代表性药用植物和药用部位。

扫一扫 测一测

7. 简述桑属、大黄属、蓼属、酸模属、荞麦属、木兰属、五味子属、南五味子属、樟属、乌头属、毛茛属、黄连属、铁线莲属、小檗属、十大功劳属、罂粟属、紫堇属、柑橘属、黄檗属、花椒属、吴茱萸属、人参属、五加属、柴胡属、龙胆属、獐牙菜属、茜草属、黄芩属、鼠尾草属、薄荷属、茄属、忍冬属、接骨木属、百合属、贝母属、葱属、菝葜属、麦冬属、天南星属、半夏属、犁头尖属、菖蒲属等属的主要识别特征，并写出相关属的代表性药用植物和药用部位。

笔记栏

PPT 课件

第八章 植物成药的生物学基础

学习目标

中药是植物适应环境进化结果与中医药文化耦合的产物，中药性效的物质基础是植物适应历史和现实环境的代谢过程和代谢产物。通过学习植物代谢途径和影响植物次生代谢的主要环境因子，奠定中药资源发现、利用和药用植物栽培技术研究的基础知识和技能。

掌握植物代谢的类型和合成途径、次生代谢分布特征，影响药用植物代谢的环境要素；熟悉植物系统演化与植物次生代谢的关系，药用植物环境与次生代谢的关系；理解中药性效来源和发生规律，以及植物成药的生物学基础。

中医采用四气、五味、归经、升降沉浮、功能与主治描述和反映药物影响人体生理、生化和病理过程的表型变化，药物特性的这些描述常简称性效。中医药理论根据这些描述指标采用多维度分类方法限定药物临床应用范围，确定每味中药来源的生物学范围。因此，中药性效独立性是每味中药成立的条件，也是临床组方用药的基础。中药中绝大多数是植物药，从而研究中药与植物间的关系就成为药用植物学的核心内容之一。从中药基源物种来看，有些中药来源同属多个物种，有些中药仅来源于众多同属物种中的 1 个物种；甚至同一物种的不同器官组织成为不同中药，或同一物种在野生和栽培状态下成为不同中药，或相同器官组织在不同生长发育时期成为不同的中药等等。这些差异表明药用植物要成为中医临床使用的中药有其遗传基础和环境条件，即植物成药的生物学基础。遗传因素决定了植物物种能否成为中药的潜势，环境决定着相应药用植物能否成为符合中医临床用药要求的条件。

第一节　植物成药的遗传基础

植物界发生和演化是一个漫长的历史过程，植物在适应环境的过程中必然发生基因的转移和重组，以及生理生化和代谢的改变，从而必然导致不适应这些变化的植物衰退、绝迹，也必然会出现某些适合度高、生命力强的植物进一步发展和繁盛。这些改变不仅体现在形态学层面，也体现在代谢类型、过程和产物方面。而中药的出现、形成正是植物长期适应环境、逐渐进化的现状与中医药文化耦合的产物。

一、植物系统演化和植物的代谢

植物长期应对多变环境的进化过程中，在物质吸收、代谢、能量转化和生长发育特性与表型等方面都形成了丰富的多样性。植物体内物质代谢途径的多样性是植物长期进化中

对多变环境的适应表现。虽然，植物体内存在多条化学途径，但在不同植物中并不同等运行，从而在植物界形成了化学成分的丰富多样性，同时也存在物质组成的物种特异性和共性。通常将植物体内与植物的生长发育和繁衍直接相关的物质代谢过程称植物初生代谢（primary metabolism），主要是通过光合作用、柠檬酸循环等途径为植物生存、生长、发育、繁殖提供能源和中间产物，也为次生代谢提供能量和一些小分子原料。植物体内与生长发育和繁衍没有直接关系的物质代谢过程称植物次生代谢（secondary metabolism）。初生代谢和次生代谢都是植物适应环境变化的适应表现，也是基因表达的产物。而中药活性相关的物质主要是次生代谢产物，以及初生代谢中间产物。

二、植物典型的次生代谢途径

植物进化出一系列专门的代谢物以增加其环境适应性。次生代谢是相对于初生代谢而言，以初生代谢中间产物作底物并消耗能量的过程。次生代谢产生的种类繁多、化学结构多种多样而对植物生长和发育没有直接功用的天然化合物，统称次生代谢产物（secondary metabolites）。从生物合成途径看，次生代谢是从几个主要分支点与初生代谢相连接，初生代谢的一些关键产物是次生代谢的起始物。如乙酰辅酶 A 既是初生代谢的一个重要“代谢枢纽”，在柠檬酸循环（TCA）和能量代谢中占有重要地位，又是次生代谢产物如黄酮类化合物、萜类化合物和生物碱等的起始物，因而乙酰辅酶 A 会在一定程度上相互独立地调节次生代谢和初生代谢，同时又将整个物质代谢和 TCA 途径结合起来。

（一）萜类生物合成途径

萜类化合物（terpenoid）是以异戊二烯（isoprene）为基本结构单元的一类化合物，多数以各种含氧衍生物如醇、酮、酯类及糖苷的形式存在，现已确定了 25 000 种相关化合物的结构。绝大多数萜类都由五碳（C_5）的异戊烯焦磷酸（isopentenyl pyrophosphate，IPP）和二甲丙烯焦磷酸（dimethylallyl pyrophosphate，DMAPP）基本结构以“头 - 尾”相连。根据含有 C_5 单元数量的不同，萜类常划分为半萜（hemiterpene，C_5），2 个单位 C_5 组成的单萜（monoterpene，C_{10}），3 个单位 C_5 组成的倍半萜（sesquiterpene，C_{15}），4 个单位 C_5 组成的二萜（diterpene，C_{20}）；2 个倍半萜构成的三萜（triterpene，C_{30}），2 个二萜构成的四萜（tetraterpene，C_{40}），以及由更多的 C_5 单元构成的多萜（polyterpene）。许多萜类化合物具有显著的药理活性，如抗肿瘤的紫杉醇，抗疟疾的青蒿素，镇痛解毒的甘草酸等。萜类化合物合成途径有甲羟戊酸途径（mevalonate pathway）、甘油醛 -3- 磷酸 / 丙酮酸途径（glyceraldehyde-3-phosphate/pyruvate pathway）。

1. **甲羟戊酸途径** 在细胞质内进行，由 3 分子乙酰辅酶 A 合成甲羟戊酸（MVA），经磷酸化、脱羧过程形成异戊二烯类的基本骨架 IPP 和 DMAPP，再经异戊烯基转移酶（prenyl transferase）的催化缩合成非环式牻牛儿基焦磷酸（geranylpyrophosphate，GPP）、法尼基焦磷酸（farnesyl pyrophosphate，FPP）和牻牛儿基牻牛儿基焦磷酸（geranylgeranyl pyrophosphate，GGPP），然后经多种类型的环化、稠合和重排，最后形成具有典型代表的各种结构骨架，再经腺苷三磷酸（ATP）或还原型烟酰胺腺嘌呤二核苷酸磷酸（NADPH）中间产物的氧化、缩合等变化，最终形成植物体内不同结构类型的萜类化合物。倍半萜、三萜、甾类化合物等由该途径合成（图 8-1）。

2. **甘油醛 -3- 磷酸 / 丙酮酸途径** 该途径又称脱氧木酮糖磷酸还原途径（deoxyxylulose phosphate pathway，DOXP）或 2C- 甲基 -4- 磷酸 -D- 赤藓糖醇途径（2C-methyl-D-erythritol-4-phosphate pathway，MEP）。在质体中，IPP 的直接前体是丙酮酸和甘油醛 -3- 磷酸。甘油醛 -3- 磷酸和来自丙酮酸的二碳单位缩合形成五碳的中间成分木酮糖 -5- 磷酸，经过重排和还原形成甲基苏糖醇磷酸酯，最终转变成 IPP。单萜、二萜、四萜、胡萝卜素等由质体的该途

笔记栏

径合成(图 8-1)。

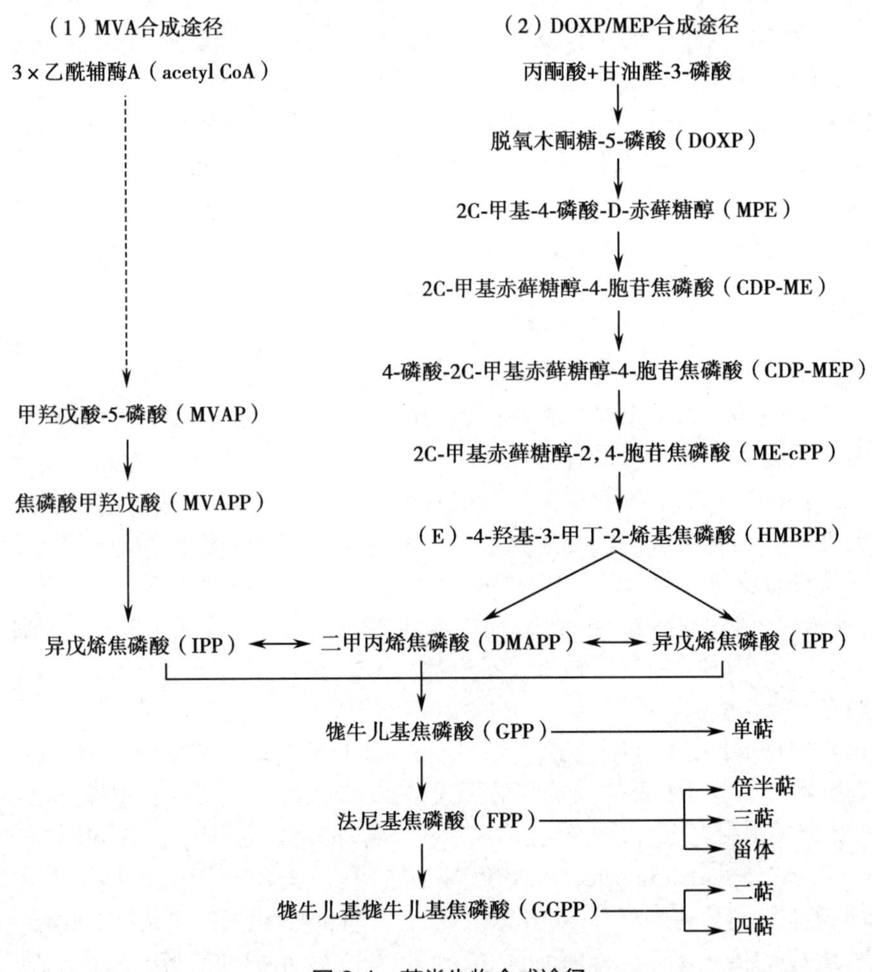

图 8-1 萜类生物合成途径

(二) 酚类生物合成途径

酚类物质(phenol)指一类芳香族环上的氢原子被羟基或功能衍生物取代的化合物。植物中广泛分布酚类化合物,常以糖苷或糖脂形态积存在液泡中。在植物中的作用多种多样,一些化合物决定花、果的颜色,如花色素和橙皮素;有些酚类化合物是细胞次生壁的重要组成成分,如木质素。酚类化合物约 8 000 种,根据其芳香环上带有的碳原子数目不同,常分为简单酚类、醌类和黄酮类等,一些化合物具有很好的生物活性。

1. 酚类物质的结构类型

(1) 简单酚类(simple phenol):指含有 1 个被羟基取代的苯环化合物,普遍分布于叶片和其他组织中。分子仅具有苯环 -C_3 基本骨架的化合物称简单苯丙酸类,如阿魏酸、咖啡酸;具有苯环 -C_3 基本骨架,且 C_3 与苯环通过氧化成环称香豆素类化合物(coumarin)或苯丙烷内酯(环酯),如伞形酮、补骨脂内酯;具有苯环 -C_1 基本骨架的化合物称苯丙酸衍生物类,如水杨酸、香兰素等。

(2) 醌类(quinone):指分子内具有不饱和环二酮结构或容易转变成这样结构的天然有机化合物,常分为苯醌类、萘醌类、菲醌类、蒽醌类。醌类是植物体呈色的主要物质,如紫草科部分植物根的木栓层中含萘醌类色素,而呈紫色;一些醌类具有强烈异株相克作用,如胡桃醌。部分醌类具有抗菌、抗炎、抗癌等活性。

(3) 黄酮类(flavonoid):指分子内以苯色酮环为基础,具有 C_6-C_3-C_6 结构的酚类化合物。在植物中普遍分布,结构类型复杂多样,常分为黄酮、黄酮醇、二氢黄酮、异黄酮、查耳酮、橙酮、黄色素等类型。黄酮类的生物合成前体是苯丙氨酸和丙二酸单酰辅酶 A,不仅有良好的植物分类价值,对哺乳动物也具有广泛的生理活性。

2. **酚类化合物的合成途径** 酚类化合物在植物内由多种途径合成,大多数属于莽草酸途径和乙酸 - 丙二酸途径。

(1) 莽草酸途径(shikimate pathway):植物体内的大多数酚类化合物由该途径合成。莽草酸途径是一条初生代谢与次生代谢的共同途径,将赤藓糖 -4- 磷酸(戊糖磷酸途径的产物)与磷酸烯醇式丙酮酸(糖酵解途径的产物)结合生成莽草酸,莽草酸转化为分支酸,分支酸经预苯酸生成苯丙氨酸和酪氨酸,为苯丙烷类化合物生物合成的起始物。植物体内具有 C_6-C_3 骨架的苯丙素类、香豆素类、木脂素类和一些黄酮类化合物均由苯丙氨酸脱氨后生成的反式肉桂酸衍生而来,过程如图 8-2 所示。由分支酸衍生的苯丙氨酸、酪氨酸和色氨酸又是生物碱的合成前体。

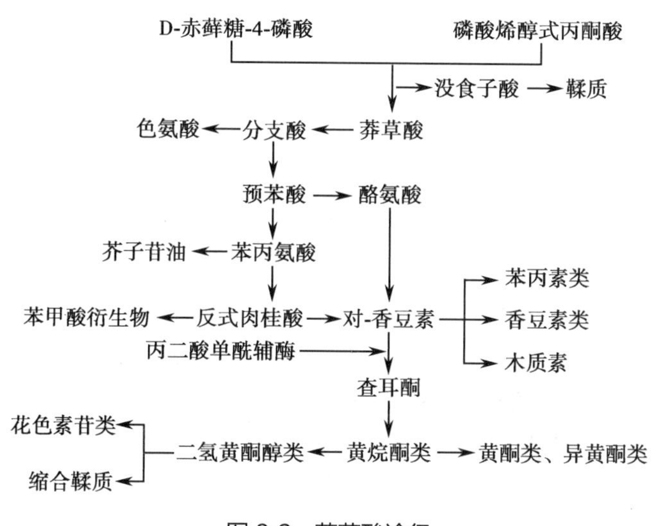

图 8-2 莽草酸途径

(2) 乙酸 - 丙二酸途径(acetate-malonate pathway):以乙酰辅酶 A、丙酰辅酶 A、异丁酰辅酶 A 等为起始物,而丙二酸单酰辅酶 A 起到延伸碳链的作用(图 8-3)。该途径主要生成脂肪酸类、酚类(苯丙烷途径也产生酚类)、蒽醌类等。

(3) 复合途径:黄酮类化合物的生物合成首先通过苯丙烷途径将苯丙氨酸转化为香豆酰辅酶 A,香豆酰辅酶 A 再进入黄酮合成途径与 3 分子丙二酰辅酶 A 结合生成查耳酮,然后经过分子内的环化反应生成二氢黄酮类化合物。二氢黄酮是其他黄酮类化合物生物合成的主要前体物质,通过不同的分支合成途径,进一步生成黄酮、异黄酮、黄酮醇、黄烷醇和花色素等(图 8-4)。

(三) 含氮化合物生物合成途径

植物中含有许多从氨基酸合成而来的含氮次生代谢产物,包括生物碱、氰苷、芥子油苷、非蛋白氨基酸等,如生物碱、氰苷等大部分含氮化合物起生物防御功能。生物碱(alkaloid)在植物中含量较低,常以游离态或盐形式或氮氧化物形式贮存在液泡中。目前已记录约 15 000 种生物碱,许多生物碱都具有强的生理活性。

笔记栏

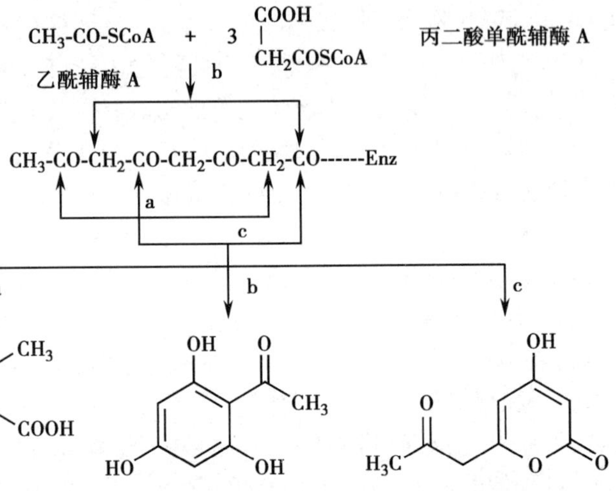

CH_3-CO-SCoA + 3 COOH | $CH_2COSCoA$
丙二酸单酰辅酶 A
乙酰辅酶 A
b
CH_3-CO-CH_2-CO-CH_2-CO-CH_2-CO------Enz
a
c
a
b
c
HO
CH_3
COOH
OH
OH
O
CH_3
HO
OH
OH
O
H_3C
O
O

苔色酸（间苯二酚型）　　乙酰间苯三酚（间苯三酚型）　　四乙酸内酯（内酯型）

图 8-3　乙酸 - 丙二酸途径

C_6
C_3
自苯丙氨酸的莽草酸途径
自丙二酸途径
C_6
A
B
C
三碳桥
类黄酮骨架

图 8-4　酚类化合物合成的复合途径

根据化学结构不同，含氮化合物常分为有机胺类（如麻黄碱）、吡啶衍生物类（如苦参碱、莨菪碱）、喹啉衍生物类（如喜树碱）、喹唑啉酮衍生物类（如常山碱）、嘌呤衍生物类（如茶碱）、异喹啉衍生物类（如小檗碱）、吲哚衍生物类（如长春新碱）等。按生物合成前体不同，含氮化合物又分为真生物碱、伪生物碱和原生物碱。前两类都来自氨基酸衍生物，但原生物碱不含杂氮环；伪生物碱则是由萜类、嘌呤和甾类化合物衍生而来。

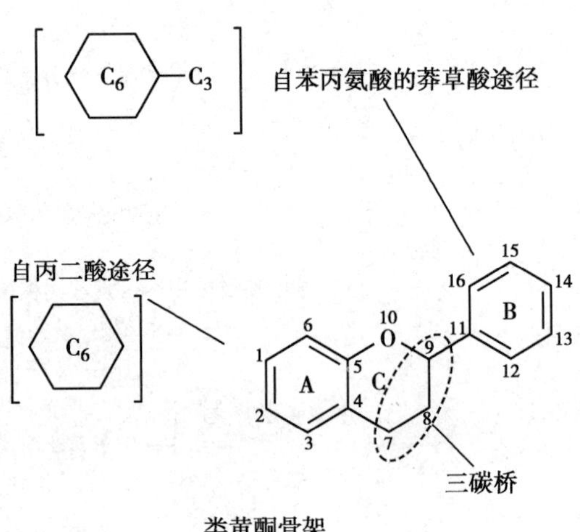

1. **氨基酸途径**（amino acid pathway）　生物碱根据生物合成的起源，常分为异戊二烯类（萜类和甾体来源）和非异戊二烯类（氨基酸来源），其中非异戊二烯类生物碱占大多数，它们起源的氨基酸多为色氨酸、酪氨酸、苯丙氨酸、赖氨酸和精氨酸等 L- 氨基酸。不同的氨基酸合成不同类型的生物碱，而苯丙氨酸和酪氨酸代谢产生生物碱的类型多、分布广，如苯胺类生物碱（麻黄碱）、喹啉类和苄基异喹啉类生物碱（吗啡、可待因、小檗碱等）（图 8-5）等。鸟氨酸、精氨酸代谢可产生莨菪烷类生物碱（图 8-6），鸟氨酸也可产生水苏碱等等。

2. **复合途径**　异戊二烯类（萜类和甾体来源）是由氨基酸转变的含氮部分与类固醇、类裂环烯醚萜（如次番木鳖苷）或其他类萜配基结合生成，其合成途径也包括两部分的合成。如萜类生物碱的合成途径包括萜类部分合成和含氮部分合成，而萜类部分合成主要是细胞质中的 MVA 途径和质体中的 MEP 途径。萜类生物碱的含氮部分多为吲哚结构，属于萜类吲哚生物碱（indole alkaloid，IA），由萜类合成途径与吲哚合成途径集合而成。

值得注意的是，植物次生代谢产物种类繁多，化学结构多种多样；次生代谢产物的生物合成和积累是个复杂的网络系统，合成过程涉及大量酶和关键基因的调控。同时，植物次生代谢产物的合成和积累是植物在生存斗争中的一种权衡，初生代谢产物合成的速度影响次生代谢产物的合成和积累，而次生代谢产物合成和积累又消耗物质和能量，从而影响植物生

长发育和繁衍。

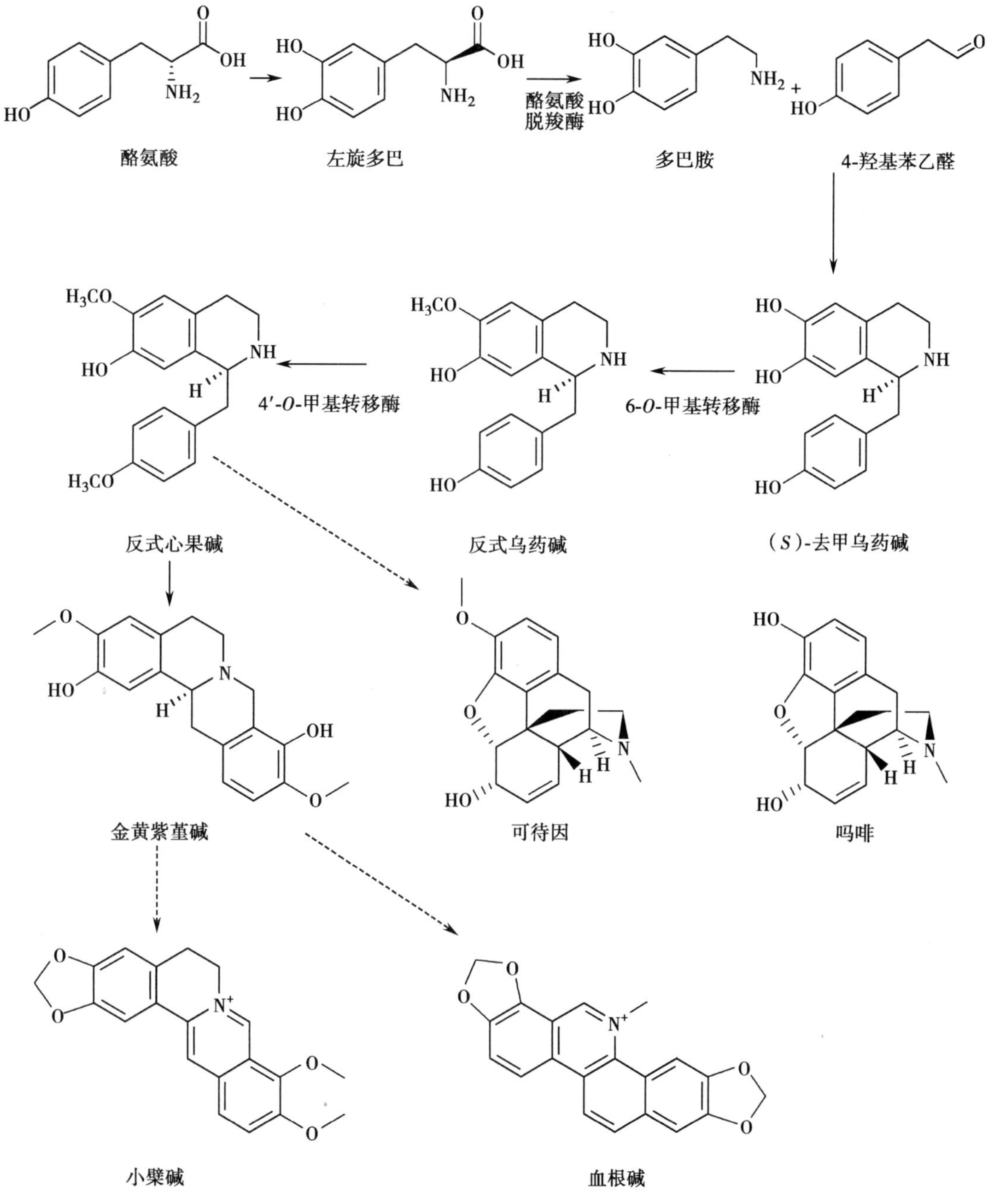

酪氨酸 → 左旋多巴 →（酪氨酸脱羧酶）多巴胺 + 4-羟基苯乙醛

→ (S)-去甲乌药碱 →（6-O-甲基转移酶）反式乌药碱 →（4′-O-甲基转移酶）反式心果碱

反式心果碱 → 金黄紫堇碱；反式心果碱 ⇢ 可待因；吗啡

金黄紫堇碱 ⇢ 小檗碱；金黄紫堇碱 ⇢ 血根碱

图 8-5 苄基异喹啉类生物碱的合成途径

三、植物次生代谢的基础理论

植物次生代谢产物通过根系分泌或淋溶的方式进入土壤环境能直接改善土壤营养条件，或通过调节根际微生物的菌群结构改善土壤营养条件，有利于植物吸收利用土壤营养和防止根部致病菌的侵袭；也可经逸散吸引昆虫传粉或威慑昆虫咬噬；或发挥异株克生剂的作用（化感作用）。植物体内的次生代谢产物也能直接发挥抗病、抗虫作用，或发挥拒绝动物啃食的作用等等。因此，植物次生代谢是植物适应复杂多变环境进化出的表型，植物体内存

笔记栏

在多条次生代谢途径是植物适应环境能力的潜势，次生代谢产物复杂性正是这种潜势在植物生存斗争中一种权衡的结果。因而植物次生代谢有以下规律。

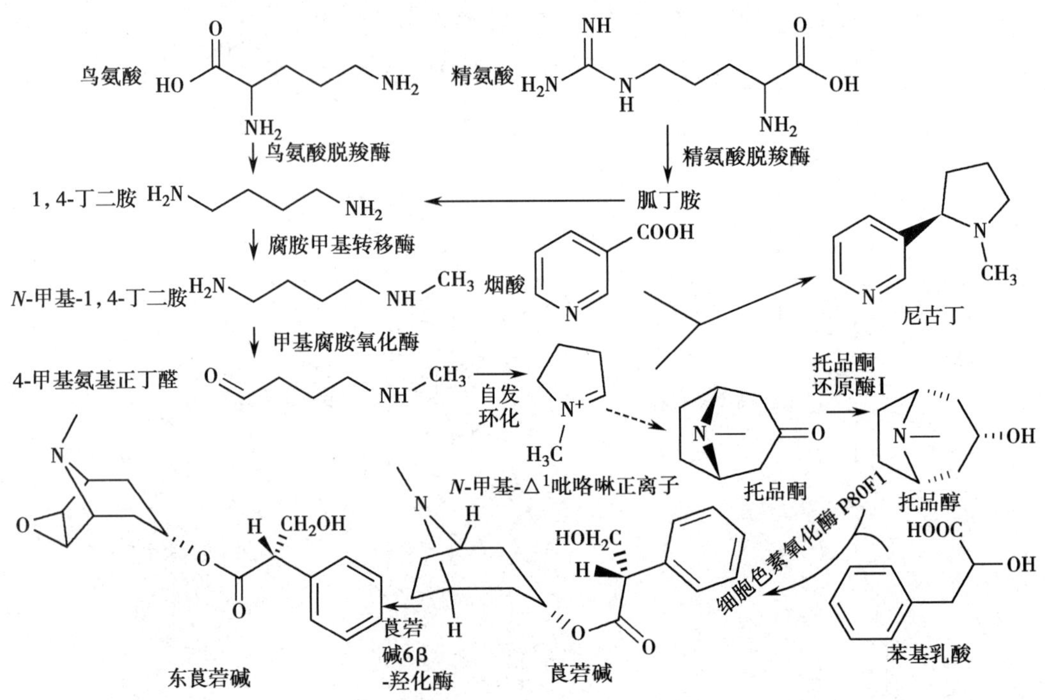

图 8-6 莨菪烷类生物碱的合成途径

1. **植物次生代谢的全能性** 植物次生代谢的“全能性”指任何植物的离体细胞，在适宜的人工培养条件下，都具有亲本植物的合成次生代谢物的能力。即植物次生代谢物合成的全部遗传信息(转录、翻译、基因表达等)和生理基础(酶、底物、代谢枢纽)都存在于一个离体细胞中，这是药用植物细胞工程和无性繁殖的基础。

2. **植物次生代谢的多途径性** 植物次生代谢的多途径性主要体现在：①同一底物可以通过不同的代谢途径合成不同的代谢产物；②同一产物可以由同一底物经不同途径产生；③同一产物也可由不同底物通过不同途径形成，如黄酮类、多酚类化合物可由不同途径、不同底物形成。这些途径在时间上是并行和交错的，在空间上是多方向的(正反方向和分支)。这种多途径在时间和空间上不同强度与速度的搭配，一方面形成了次生代谢产物化学结构多样性，另一方面出现了远缘植物间主要成分的一致性和在不同植物中同一化学成分的生物活性的差异性(同分异构体或手性差异)。这是主成分相似的中药，性效不一致的内涵。

3. **植物次生代谢的可调控性** 从植物次生代谢物的生源发生和生物合成途径，可见次生代谢是从几个主要分叉点与初生代谢相连结，初生代谢的一些关键产物是次生代谢的起始物(底物)，也是连结初生代谢和次生代谢的枢纽。而植物初生代谢中无论是合成代谢还是分解代谢，都受到光、酶和激素的调控。因此，从初生代谢入手能够调节次生代谢，只是调控的强度和方向与直接调控次生代谢存在差异。

四、植物次生代谢产物分布规律

植物次生代谢产物合成和积累在植物系统进化史上和植物生活史上呈现出一种动态的

过程，即植物次生代谢产物合成和积累具有种属特异性，以及器官、组织、细胞和个体发育阶段的特异性，还有植物地理分布与生长环境的差异性。因此，掌握次生代谢产物分布规律是发掘新药用植物资源，以及提高次生代谢产物产量的重要途径。

（一）系统发育与次生代谢的相关性

植物进化程度越高，次生代谢产物种类越多，结构越复杂。植物亲缘关系相近，在长期进化中出现的代谢途径相似，分布有相似或相同结构的代谢产物。

1. **植物进化水平与化学成分的分布**　低等植物中仅少数菌类分布有生物碱，蕨类植物中只局限于小叶型，裸子植物中分布于三尖杉科、红豆杉科、罗汉松科和麻黄科中。被子植物中的生物碱结构复杂多样，分布集中，有3个分布中心：第一个中心是离瓣花亚纲的毛茛科、木兰科、小檗科、防己科、马兜铃科、罂粟科、番荔枝科和芸香科等，分布苯胺类和异喹啉类生物碱等原始类型生物碱；第二个中心是合瓣花亚纲的龙胆科、马钱科、茜草科、夹竹桃科、茄科、紫草科和菊科，分布托哌类生物碱和吲哚类生物碱等较进化类型生物碱；第三个中心是单子叶植物的百合科、石蒜科、百部科。

2. **植物亲缘关系与化学成分的分布**　研究植物亲缘关系与化学成分的相关性有助于解决形态分类中的疑难问题和药用植物资源问题。例如，夹竹桃科的夹竹桃亚科和鸡蛋花亚科主要含生物碱，其中吲哚型生物碱只存在于鸡蛋花亚科，而甾体生物碱比较集中在夹竹桃亚科，强心苷在3个亚科都有，主要集中分布在海杧果亚科和夹竹桃亚科；依据化学成分类型可以区分夹竹桃科的3个亚科。同时，也有助于新药用植物资源、新成分的开发与利用。例如，苯乙醇苷类化合物具有抗菌、抗病毒、抗肿瘤、免疫调节等显著的生物活性，并集中分布于管花目（唇形科、马鞭草科、玄参科、列当科、苦苣苔科、爵床科、紫葳科）和亲缘关系较近的车前目（车前科），该分布规律给苯乙醇苷类成分的新资源寻找、开发与利用提供了依据。

（二）次生代谢产物合成分布的时空性

植物次生代谢产物在体内存在合成、分布、贮藏部位的差异。在生活史的不同阶段，次生代谢产物存在明显差异。这点从中药入药需要特定器官组织和特定采收时间的临床医学经验，以及现在的化学成分分析已等到证实。使用药用植物特定生长发育阶段的特定器官组织是中医药的智慧，如孙思邈在《备急千金要方》中强调“早则药势未成，晚则盛势已歇”，说明次生代谢产物在个体分布的时空差异性，影响着中药的临床疗效。

1. **次生代谢的年龄差异性**　植株在不同生长年限时，次生代谢活动存在差异，次生代谢产物的含量也有变化。例如，小檗碱在黄连根茎中的含量以5年生最高，6年生较少，栽培5年是最佳采收期；人参随植株年龄增长皂苷类成分逐年增加，5年生植株含量接近6年生植株，但4年生植株仅约为6年生植株的1/2。

2. **次生代谢的发育期差异性**　植株在不同生长发育时期，次生代谢途径和强度存在差异，次生代谢产物的类型和含量也不同。例如，中药茵陈蒿的基源植物猪毛蒿和茵陈蒿，在幼苗中主要含绿原酸，花前期主要含6,7-二甲氧基香豆素，花蕾期两种成分含量都高，盛花期6,7-二甲氧基香豆素含量较花蕾期降低。金银花在二白期的绿原酸含量最高，其次为三青期和大白期，凋花期最低；而大白期的木犀草苷含量最高，其次为二白期，凋花期最低。因此，根据植物次生代谢产物变化和中药性效的关系，可确定最佳采收期。

3. **次生代谢的季节差异性**　植株在不同季节，次生代谢产物的合成和积累存在明显差异。例如，蒲公英在春、秋两季，咖啡酸和总黄酮的含量远高于夏季；肉苁蓉在秋季，松果菊苷和毛蕊花糖苷的含量约是春季的2倍；而金鸡纳树在雨季不形成奎宁。

4. **次生代谢的空间差异性**　植物次生代谢产物合成、积累具有器官、组织、细胞的特异性。一方面次生代谢过程在植株体内存在细胞或组织空间错位与协调性，植物次生代谢产

笔记栏

物合成和贮藏存在器官、组织、细胞差异性，例如，银杏内酯在根的次生韧皮部和栓内层合成，在生长季节运输到叶片中贮存，发挥生防作用；而丹参酮类成分合成的前段在叶中进行，后半段在根中进行并贮存在木栓层和栓内层。另一方面，表现在植株不同器官组织的次生代谢产物类型存在差异，或同种次生代谢产物在植株不同器官组织存在含量差异，或植株不同器官组织各种次生代谢产物存在比例差异性。例如，在三角叶黄连 *Coptis deltoidea* 的根茎、根、叶和花中，小檗碱含量分别为 3.94%、4.01%、2.27% 和 3.74%，木兰花碱含量分别为 0.31%、0.70%、0.80% 和花未检出；草麻黄 *Ephedra sinica* 的生物碱主要存在于节间的髓部；黄檗 *Phellodendron amurense* 的生物碱主要存在栓内层和次生韧皮部。

（三）次生代谢产物的复杂性

植物已进化到生产各种不同结构类型的化合物，这些化合物在植物的生存策略中发挥着关键作用。虽然，植物次生代谢途径中最初的底物不多，而次生代谢产物的化学结构类型多而复杂，但要从结构简单底物（初生代谢中间产物）衍生出复杂多样的化成成分，在体内必须经过众多的酶促反应才能完成。迄今，只阐明了一些植物次生代谢途径主体部分的关键步骤，而众多的细节问题和代谢途径间的关联问题尚缺乏认知。

植物进化过程中，总体上次生代谢途径是从无到有的演化过程，而串联基因重复进化是衍生植物新次生代谢途径的重要方式。例如，茜草科中咖啡因和西红花苷生物合成途径是从一个不具备这两条完整途径的共同祖先开始，发生基于重复的趋异进化形成。这就表明，植物次生代谢途径的演化与目前基于形态表型的演化可能不同步，同时植物一方面演化新次生代谢途径，另一方面又可能保留下原来的次生代谢途径，并在后续适应环境变化中逐步沉默和部分保留，而不出现祖先的次生代谢产物。因而植物在复杂多变环境压力的进化过程中，导致合成次生代谢产物的多样性和复杂性。一方面，表现为有些结构类型的化合物在植物界分布广泛，如黄酮类化合物；另一方面，一些结构类型的化合物分布在较狭窄类群，如不同类型生物碱分布范围狭窄；也出现某些化合物只分布在特定的种属，如青蒿素只在黄花蒿中存在，紫杉醇仅分布在红豆杉属等等。

可见，次生代谢产物在植物界的分布具有复杂性、广泛性、狭窄性，这正是中医能利用植物治疗人类所有疾病、人类选择食物的基础，也是中药基源物种形成的基础。

第二节　药用植物成药的环境条件

植物类中药干预人体生理、病理过程发挥治疗作用的物质基础，主要是次生代谢产物，以及部分初生代谢产物和核酸（如 micRNA）等。次生代谢产物是植物在适应不同逆境压力进化中形成的生存策略之一，因而改变药用植物的生存环境就可能影响次生代谢产物结构类型和数量的变化。陶弘景提出“案诸药所生，皆的有境界”;《新修本草》谓“离其本土，则质同而效异”；孙思邈强调“古之医者……用药必依土地，所以治十得九”。这些充分说明，中医药界一直重视植物生存环境改变导致中药临床疗效变化的问题。

一、药用植物环境的类型和特征

环境（environment）指基于特定的主体而言的由各种环境因素组成的综合体。药用植物环境就是指直接、间接影响特定药用植物个体或群体生存和代谢的一切事物的总和。药用植物环境极其复杂，因素众多、尺度各异、性质不同，按照不同标准可作不同的划分。这里根据环境中的主体是药用植物群体还是个体，可分为药用植物的宏观生态环境和药用植物

笔记栏

的微生态环境，前者在个体以上研究药用植物与环境的生态关系，后者在个体及以下研究药用植物与环境的关系。

这些各层次的环境组成要素都会不同程度影响药用植物的生长发育和代谢过程，从而影响药材的产量和质量。

（一）药用植物的宏观生态环境

药用植物的宏观生态环境（environment）指药用植物生活空间在群落环境及以上空间尺度的外界条件。在空间尺度上包括全球环境、区域环境、地区环境、生态系统环境和群落环境；从人类影响程度上包括人工环境、自然环境、半自然半人工环境。根据药用植物研究的特点又可为大环境和小环境。

1. **药用植物的大环境**（macro-environment）　指药用植物生活空间在地区空间尺度以上的环境，包括全球环境、区域环境和地区环境。全球环境（global environment）即地球环境，具体是指地球表面由大气圈、水圈、土壤圈、岩石圈和生物圈共同构成的全球尺度的宏观环境。由于上述 5 个圈层存在显著的异质性，大洲和大洋等受大气环流及太阳高度和角度等因素影响，在地球表面形成了不同的区域环境（section environment），如太平洋区域、地中海区域、热带、亚热带、温带、寒温带、亚寒带、寒带等；同一区域气候下，山脉、河流等不同的地形因素差异导致了不同的地理单元，进而形成不同的地区环境（district environment），如青藏高原地区、四川盆地地区、金沙江干旱河谷地区等。全球环境的主导环境要素是地球表面的太阳辐射；区域环境的主导环境要素是气候因子；地区环境的主导环境要素是地形因子。区域环境和地区环境共同决定了植物和药用植物的区系分布，也决定着生态系统环境。它们也是药用植物引种栽培的生态条件。

2. **药用植物的小环境**（microscale-environment）　指药用植物生长处有直接影响的邻接环境，也称生境（habitat）。一方面包括药用植物所属的生态系统所在的无机环境，如山体或平原、阳地或阴地、水体或湿地或旱地、沙地或壤土等。另一方面包括药用植物所属群落中的多种密切接触和相关的生物所构成的生物环境，如建群种、伴生植物、土壤动物、传粉昆虫等。按人类影响程度可分为人工环境、自然环境、半自然半人工环境。小环境是由光照、温度、湿度、生物因素等多种生态因子共同形成的特定组合，主导因子较复杂，主要包括土壤因子、地形因子、生物因子、人为因子。小环境是影响特定药用植物产量和质量的直接条件，也是道地药材形成和生产的环境条件。

（二）药用植物的微生态环境

植物生命本质是植物和其体内微生物共同组成的“全生命生物”（holobiont）。植物体的微生物参与植物生长发育、繁殖、死亡的全过程，也参与植物的营养吸收、物质合成和生存斗争。因此，药用植物的微生态环境就是指药用植物个体的体内和体表环境，可分为微环境和内环境，它们相互作用共同影响植株的代谢和个体发育。

1. **微环境**（micro environment）　指接近植株表面的光照环境、气体环境、水环境、土壤环境、微生物环境等。从空间位置和功能又可分为根际环境（rhizosphere）和叶际环境（phyllosphere）。根际环境是植物与土壤进行物质、能量和信息交换的界面，由液、固、气三相组成，组分复杂，大体包括矿物质、有机质、根际分泌物和各种微生物；在植物矿物营养物质活化、吸收、抵御土传病和防止昆虫咬噬，以及生物固氮中均具有重要作用；也是药用植物栽培过程中，人为干预最多的环境要素。叶际环境指植物 - 大气界面的空间环境，包括空气湿度、CO_2 浓度、光照强度和光质，以及叶际空间存在的各种微生物。叶际环境直接关系植物的同化作用。叶际微生物参与着同化过程和次生代谢过程，也发挥吸引有益昆虫、抵御病害和防止动物啃食的作用。即叶际环境直接关系药用植物产量和地上部分质量的形成。药用

笔记栏

植物微环境中的非生物因子主要包括植株周围的光照、温度、水分、通气状况、pH、可利用的营养元素、渗透梯度、化感物质等；生物因子主要指研究主体以外的其他动物、植物、微生物等。生物因子的作用特点是：往往只作用于种群中的某些个体，且对个体的影响程度通常与种群的密度有关，属于生态学中的密度制约因子。

2. **药用植物的内环境**（inner environment）　指植物体内部的空间环境，即植物细胞所处的植物体内的直接环境，包括器官环境、组织环境、细胞间环境。如叶肉细胞直接接触的气腔、气室、细胞间隙等，叶肉细胞对光能的转化、对 CO_2 的固定以及呼吸作用等生理活动，都是在体内环境中进行。药用植物内环境中，非生物因子主要包括植物内的水分条件，胞间 CO_2 浓度、O_2 浓度、衬质势、pH、质外体中的信号物质等直接影响植物细胞生命活动的非生物要素，这些因素调控植物的光合作用、呼吸作用、防御保护作用、次生代谢过程等。生物因子主要指与研究主体存在寄生或共生关系的多种微生物，包括长期共存共生的真菌、细菌、放线菌、藻类等，也包括一些“过路”菌群，其中不乏有大量的“机会致病菌”，共同构成了宿主体内极其复杂的内环境。有益微生物能提高药用植物的抗病性、抗虫性，产生植物激素促进药用植物生长而提高产量，调控药用植物的器官发育与形态建成，产生和宿主类似的甚至活性更强的药效成分，或通过诱导或转化作用调控宿主合成药效成分等。例如，青蒿素是一类具有过氧桥结构的倍半萜内酯类化合物，过氧桥键是抗疟的活性中心，但环内过氧键合酶一直没有找到，最终发现催化环内过氧键合酶元件来源于黄花蒿的共生真菌，由此解开了过氧桥合成的世界难题。

（三）药用植物环境因子

直接或间接影响药用植物的代谢、生长、发育、生殖和分布的环境要素，称环境因子或生态因子（ecological factor）。环境因子常常依据不同的研究目标和划分标准，而分为多种类型。按因子是否有生命分为非生物因子（abiotic factor）和生物因子（biotic factor），其中药用植物周围的光、温度、水、气、土壤等非生命的理化因子，称非生物因子；生物因子指药用植物生命系统周围各等级层次的生命系统，包括同种类生命系统和异种类生命系统。根据各种生态因子是否稳定存在，又可分为稳定因子和变动因子。稳定因子指质和量不随时间变化的因子，如地磁、地心引力、太阳辐射常数等；变动因子指质和量随时间变化的因子，包括周期性变动因子（如气候的昼夜变化和四季变化，潮汐涨落等）和非周期变化因子（如风、降水、捕食、共生、寄生等）。

生态因子常按理化性质分为 5 类：①气候因子包括光、温、水、气（包括风、气候）、雷电等；②土壤因子包括土壤物理、土壤化学、土壤肥力、土壤生物等；③生物因子包括植物、微生物、动物等，以及生物之间各种互作关系；④地理因子包括海拔、山地、高原、平原、低地、坡度、坡向等；⑤人类因子指影响植物的人类活动，其影响远远超过自然因子，但人类因子必须与自然因子结合，才能发挥更大作用。在多数情况下，上述 5 类因子综合影响药用植物生长和代谢活动等。但在分析特定药用植物涉及的生态学现象时，要考虑生态因子作用的综合性、非等价性、不可替代性和互补性，以及限定性。

（四）药用植物环境统一性

药用植物的环境依据研究需求虽然可人为地划分成不同尺度的环境，但它们是针对具体研究主体或目标人为设定的相对尺度范围。全球环境、区域环境、地区环境、生态系统环境、群落环境、微环境和内环境，逐级都有其具体的研究主体或目标。总体上，大环境直接影响、制约着小环境，上级环境制约下级环境，下级环境又反映上级环境特征和特性，相邻两级环境的相互影响最直接和明显。例如，受太阳辐射量分布的影响，地表形成了不同热量带，从赤道地区开始向两级地区温度逐渐降低。区域环境中的温度上限和温度下限决定了小环

境和微环境的热量范围,从而制约药用植物分布的南线和北线。

药用植物的各级外环境也直接或间接影响内环境,从而影响药用植物微生态系统的经济效益(药材产量和质量)。例如,大气中 CO_2 分压直接影响植物胞间的 CO_2 浓度,气温直接影响叶片内部的温度等;生态系统环境的各种生态因子综合作用决定土壤环境,而土壤和空气中的微生物又直接干预植物内环境中微生物群落组成,从而直接影响药用植物的产量和品质;植物内环境中微生物群落结构又能在一定程度上表征土壤环境的微生物群落组成,反映生态系统环境、群落环境的特征。尽管,药用植物生长和代谢过程是各级外环境和其自身内环境共同作用的结果,但人工构建其原有生态系统环境和群落环境就能实现药用植物异地引种栽培,如在广东采用自动设备人工构建青藏高原的生态系统环境,就实现了冬虫夏草的人工培养。因此,药用植物成为满足中医临床使用的药物,必须有相应的各级环境;生态系统环境和群落环境是其成药的前提条件,而微生态环境则是优质药材生产的基础。

二、植物次生代谢与环境

植物次生代谢途径和产物是植物进化过程中逐步形成的一种适应环境变化的生存策略。当药用植物的环境因子改变超过一定限度时,次生代谢途径和代谢环节必然响应这些变化,从而导致药用植物中的代谢产物类型、数量和器官组织中的分配发生改变,但次生代谢响应环境因子改变因物种和产物类型不同而异。特定药用植物只有在特定环境因子或几种组合因子的胁迫(逆境)下才能产生特定代谢产物类型和数量的组合,即使相同种质的药用植物,若受到环境因子胁迫不同,次生代谢类型和数量组合也不同。

植物次生代谢产物的合成和积累受各种生态因子综合作用的影响,随地理区域发生差异改变;各种生态因子组合对植物代谢产生不同的时空效应,药用植物次生代谢产物也发生改变。但不同物种和不同次生代谢产物响应生态因子的效应不同,从而出现有些物种形成单道地产区,有些物种形成多道地产区,有些物种没有明确的道地产区。因此,了解主导药用植物特定次生代谢类型和数量(与中药性效相关)的环境因子或组合,是解析优质中药材形成机制,实现优质中药材生产的关键。

(一)植物次生代谢产物的地理分布

植物的地理分布不仅与其次生代谢产物含量多少有关,甚至与化学成分结构类型也具有相关性,从而形成了植物的化学宗。例如,蛇床子有 3 个化学型,Ⅰ型的主要成分是蛇床子素和线型呋喃香豆素,分布于福建、浙江、江苏等亚热带常绿阔叶林区域;Ⅱ型主要是角型呋喃香豆素,分布于辽宁、黑龙江、内蒙古等温带针阔叶混交林区域;Ⅲ型同时存在蛇床子素、线型和角型呋喃香豆素,分布于河南、河北、山西等暖温带落叶阔叶区域的过渡地带。从南到北,蛇床子素的含量逐渐降低直至无法检出,而角型呋喃香豆素则从无到有且含量逐渐升高,同时形成过渡交叉类型。可见,研究植物的化学型及其产生和分布规律,对阐明药材的道地性和保证优质药材生产具有重要意义。

(二)植物次生代谢与非生物因子

药用植物次生代谢产物的形成与积累受到多种生态因子综合作用的影响,在不同的环境胁迫条件下,次生代谢产物的产量会呈现出不同程度的变化。非生物因子是生物因子发挥生态效应的基础条件,这里重点讨论光、温、水和土壤因子的影响。

1. 光因子效应　光照强度、光照时间和光质直接影响植物同化作用或植物损伤修复,从而影响药用植物次生代谢过程和产物,进而影响中药生产的产量和质量。例如,忍冬在阳坡生长有利于金银花中绿原酸积累;在露天栽培的颠茄中含 0.70% 的阿托品,荫蔽条件下

笔记栏

则是 0.38%；在 20% 透光度下，人参根中皂苷含量最高，叶片中皂苷含量在 15% 的透光度下最高，光强过高则人参皂苷含量反而会下降。忍冬在光照时间长的河南、山东地区栽培，金银花中绿原酸和黄酮类含量明显高于光照时间短的江苏地区。西洋参中各单体皂苷的合成随日照时数增加而增加，总皂苷含量随年日照时数增加呈线性增加趋势。三七在日照时数高的产区所含皂苷成分较多。紫外光照射可以提高肉苁蓉中黄酮类化合物含量；西番莲绿原酸、阿魏酸、咖啡酸、菊苣酸和山柰酚等酚类化合物总量随着红光比例的增加而减少。可见，光因子不仅影响次生代谢产物合成，也影响其在器官组织中的分配。

2. **温度效应**　温度通过酶活性而影响植物代谢，从而影响次生代谢产物的质和量。一般情况下，高温有利于生物碱、蛋白质等含氮物质的合成。例如，在高温条件下，罂粟、颠茄、金鸡纳等植物体内生物碱的含量升高；欧乌头 *Aconitum mapellus* 在高温条件下含乌头碱，有毒；在寒冷低温时则变为无毒。低温通常促进植物体内不饱和脂肪酸、酚类物质和保护剂分子的合成和积累。例如，植物在越冬期间，具有防冻保护作用的糖醇（山梨糖醇、利比糖醇、肌醇）、可溶性糖（蔗糖、棉子糖、水苏糖、海藻糖）和低分子量含氮化合物（脯氨酸、甘氨酸甜菜碱）等合成和积累增加。

3. **水分效应**　环境的水分含量通过影响植物体内正常水分而影响植物生理代谢过程。通常干旱环境有利于生物碱和其他次生代谢产物的积累。例如，颠茄叶中的生物碱在克里米亚约为 1.29%，而在圣彼得堡仅 0.41%~0.6%。在一定的干旱胁迫下，红景天中的红景天苷、金樱子和山楂中的绿原酸与儿茶素、丹参根茎中的丹参酮与隐丹参酮、银杏叶片中的槲皮素、薄荷叶中的萜类物质等多种药用活性成分的含量均有不同程度的提高。

4. **土壤因子效应**　土壤条件是植物获得养分和水分的基础，除水分效应外，还有气体、营养和微生物效应，通常是一种综合因子效应。例如，甘草中甘草酸含量与土壤中速效磷的含量呈正相关，而与铵态氮含量呈显著负相关；北方的碱性土壤有利于益母草生物碱积累，而南方的酸性黄壤、黄棕壤不利于生物碱积累；适当提高土壤中速效氮含量可促进人参皂苷成分积累，适宜的氮磷钾配比有利于丹参根发育和有效成分积累。限制氮肥和磷肥的施用有利于药用植物中黄酮类物质的积累。

药用植物适宜在 pH 6~7 的土壤环境中生长，但石松、狗脊、肉桂喜酸性土壤，甘草、侧柏等喜碱性土壤，西洋参则在土壤 pH 5.5 时总皂苷含量最高。同时，在盐胁迫下，会出现钠、钾失衡，导致许多酶的失活；不仅影响植物生长，也影响其次生代谢。例如，盐胁迫使长春花、曼陀罗中生物碱含量降低，母菊、薄荷叶中精油含量降低。

（三）植物次生代谢与生物因子

药用植物环境的生物因子包括所处生态系统中目标植物相关联的其他植物、动物和微生物，其中直接影响药用植物生长发育和代谢的是植物微生态系统中的微生物，通常相关联的其他生物（如生态系统的植物）也是通过直接影响微生物或非生物因子而产生间接的影响。根际微生物、叶际微生物和内生菌是影响药用植物的直接生物因子。

1. **根际微生物效应**　根际微生物是植物与土壤相互作用形成的一种特殊微生物群落。微生物组成来自土壤微生物和植物内生菌，但并非二者的简单加和，而是具有独特的群落组成和功能，包括细菌、真菌、放线菌和微小动物等，它们与根际土壤空间和植物根系分泌物共同构成植物根际生态系统。大多数根际微生物无害，或能促进植物生长；它们通过呼吸作用放出 CO_2 或通过产酸代谢增加矿物质溶解，有助于植物吸收磷和其他矿质元素；分泌生长刺激素类物质如吲哚乙酸、赤霉素等以促进植物生长；分泌抗生素抑制植物病原微生物的繁殖，或发挥生物固氮作用。同时，根际存在土著病原微生物，它们可引起植物病害，产生有毒物质，不利于植物生长。

笔记栏

2. **叶际微生物效应** 叶际微生物指植物地上部分表面存在的微生物，主要来自土壤微生物，它们是空气暂存环境的微生物种群、叶际分泌物、叶际空间和内生菌相互作用形成的特殊微生物群落，主要以细菌和酵母菌为主，并与叶际分泌物、叶际空间共同构成植物叶际生态系统，在促进植物生长、保护植物不受外部病原菌侵害及参与植物碳氮循环中发挥着重要作用。但叶际微生物的群落结构受光、空气湿度影响较大，由植物的免疫和水分平衡网络共同维持叶际微生物群落的动态平衡。

3. **内生菌效应** 内生菌指存在健康植物体内，并不引起植株病害症状的各类微生物，主要是土壤微生物、植物和种子中固有微生物相互作用形成的微生物组。内生菌携带植物能量代谢和激素合成，以及次生代谢途径的相关基因，参与植物体内物质、能量和信息物质的合成和代谢，是与植物生老病死息息相关的一类特殊微生物群体。内生菌参与宿主植物次生代谢产物合成与积累是一种十分普遍的微生态现象。一方面，一些内生菌含有植物次生代谢相同或相近的代谢途径，能在植物体内直接合成植物次生代谢产物，而且不同的内生菌可以促进同一类活性成分的合成。例如，从短叶红豆杉、中国红豆杉等红豆杉属植物中，相继证明了多种微生物能合成紫杉醇或类似结构；至少 10 株不同的喜树内生真菌均可产生喜树碱结构类似物。另一方面，一些内生菌能与宿主植物协同合成次生代谢产物或诱导植物次生代谢产物合成。例如，内生链霉菌能促进宿主植物桉树生长并调控其次生代谢产物，改变酚类化合物和黄酮类水平；从龙血树分离出镰孢霉回接到健康的树木或落叶上，都能在较短的时间内产生高质量的血竭；黄花蒿内生的刺盘孢霉细胞壁寡糖能促进青蒿素产量比对照组提高 50% 以上。

值得注意的是，内生菌与药用植物活性成分存在“质—量—效”关系。例如，丛枝菌根低侵染能增加三七皂苷积累，高侵染则降低皂苷积累。不同产地植物内生菌差异也导致药用植物次生代谢产物的产地差异，例如，印度尼西亚和日本栽培的金鸡纳中，都具有部分能合成奎宁的内生菌，但印度尼西亚的金鸡纳较日本的内生菌数量多，二者在属水平上存在差异，而出现奎宁含量在印度尼西亚的金鸡纳中远高于日本。进一步说明，药用植物产地各级环境因子最终通过影响植物内环境，进而影响药用植物的品质。即内生菌的产地差异决定了药用植物的产地品质差异。

思政元素

生命体间互为环境，生命的“共存共荣”

生物圈现存的已知物种数约 200 万，可能还有很多人类未知的物种正与我们共同栖息在地球这个绿色的大家园中。各式各样的生命之间，以及生命与其生存的环境之间，保持着一种无比重要的但又极其容易被人忽视的联系，那就是——共存共荣。

地球诞生 45 亿年以来，如果没有生命对地球的改造，生命体间互为环境而共存共荣，地球就不会有今天这样生气蓬勃的面貌。生命和环境自始至终都保持着协同进化、共存共荣的关系；生态系统中，相同物种成员之间相互聚集，基因交流，信息传递，总是以种群为单位保持物种的延续；不同物种之间，通过物质循环、能量流动的方式建立复杂的依存关系。每一生命个体都存在与其体内外其他生命体的有机联系。因此，每一个“生命个体”都不是一个单纯的生命，而是多生命的“命运共同体”。

人类只是地球生命系统中的特殊群体。人类只有一个地球，各国共处一个世界。人与人之间，国家与国家之间，都处在一个你中有我、我中有你的“命运共同体”之中。唯有遵守规则，兼容并蓄、交流互鉴，才能实现人类的发展、社会的进步。

笔记栏

第三节 植物类中药性效的生物学基础

中药性效反映了药物作用于人体所发生的生理、生化和病理过程。植物类中药发挥这种作用的实质是其含有的各种物质，主要包括植物次生代谢产物、部分初生代谢产物和信息物质（如 micRNA）等。而药用植物合成、积累这些物质是植物长期适应生态环境变化而进化出的一种生存策略。这不仅跟植物进化过程有关，也与植物所处的现实环境有关。即遗传特质是中药性效成立的潜势，现实环境是其成立的条件。

一、中药性效成立的遗传条件

药用植物的代谢过程能合成、积累哪些物质由其遗传特质所决定，因而植物的遗传背景是中药性效成立的前提条件。例如，《中华人民共和国药典》收载的 17 种伞形科中药，"味辛"者有白芷、当归、独活、防风、羌活等 13 种，其中有 8 种是"辛、温"，这些药物都含有萜类途径的代谢产物，均具有血管活性；紫堇属的延胡索和夏天无，都是"辛、苦，温；归肝经"，能"活血、止痛"，共同具有异喹啉类生物碱合成途径，不仅化学成分类型具有相似性，也有治疗疾病种类的共性。人参属的人参、三七、西洋参、竹节参和珠子参都具有三萜皂苷的途径，均具"甘、苦"，补益强壮作用；虽然化学成分相似性高，但三萜皂苷成分的组成和比例不同，这就决定它们的性效有别，成为相互独立的中药。同时，同株植物不同部位，即使化学成分相似性很高，但成分组成和比例不同，它们的性效也会不同，也成为独立的中药，如人参和人参叶就是性效不同的两种中药。因此，植物亲缘关系和相同代谢途径决定着中药性效的共性，而代谢特质决定着中药性效的个性，只有共性大于个性的物种才能作为同一种中药，如黄连、川贝母、黄芪等为多基源中药；若个性大于共性时就是独立的中药，如川贝母与浙贝母、当归与白芷、藁本与川芎等。

二、中药性效成立的环境条件

药用植物生长环境对中药性效的影响是中医药界一直关注的问题，中药性效随生长环境变化问题长期备受重视。如《新修本草》谓："离其本土，则质同而效异。"唐代孙思邈强调："古之医者……用药必依土地，所以治十得九。"宋代《本草衍义》谓："凡用药必须择州土所宜者，则药力具，用之有据。"李杲曰："凡诸草木昆虫，产之有地……失其地则性味少异。"而且试图找到"环境 - 性效"的传递关系，如《神农本草经疏》谓："黄檗禀至阴之气而得清寒之性者也，其味苦，其气寒，其性无毒，故应主五脏肠胃中结热"，以及"麦门冬在天则禀春阳生生之气，在地则正感清和稼穑之甘"，等等。127 种中药的寒热药性与光因子效用分析表明，81.2% 的寒凉中药属喜光植物，62.7% 的温热中药属喜阴植物；也有从经纬度、海拔高度等探讨"环境 - 成分 - 药性"的传递关系，这些研究都表明中药性效与环境密切相关。无论是现代的相关性分析，还是古人的分析，都立足于大尺度环境要素。虽然，植物的次生代谢过程受到各级大尺度环境因子的制约，但小尺度环境因子，特别是微观尺度环境对植物的影响更为直接。中药性效成立的环境条件是基于药用植物微生态系统的稳健和平衡，只有药用植物个体生态系统维持稳定的生产力（产量和质量），才能保证药用植物群落的生产力，实现优质药材的高效生产。

（高 伟 周良云 何冬梅）

笔记栏

复习思考题

扫一扫
测一测

1. 简述植物典型的次生代谢类型及对应的合成途径。
2. 简述植物次生代谢产物的分布规律。
3. 阐述药用植物的环境的含义、类型和一致性。
4. 简述植物次生代谢产物合成和积累与环境之间的关系。
5. 简述植物类中药性效的生物学基础。
6. 结合一种具体的药用植物，谈一谈植物成药的过程中，环境因素的贡献。

笔记栏

PPT 课件

第九章 药用植物生长发育与调控

学习目标

药用器官的形态结构是植物进化历程和现实生存环境的综合表征，中医药界长期利用药材性状特征控制和保证药材质量。通过对药用植物主要药用器官的生长发育过程和调控方法的学习，奠定学习药用植物栽培的基础知识和技能。

掌握植物药用器官的生长发育，调控方法、类型和特点；熟悉植物器官、生境、中药性效之间关联的生物学基础，了解中药象思维的认知模式。

植物在长期进化过程中，形成了适应环境的特定生理、代谢和器官形态、结构。植物器官形态建成既是植物进化历程的结果，又是适应现实环境代谢活动的表征，这也是中药材"有诸内必形诸外"的辨状论质观和法象药理学的生物学基础。药用植物生产不仅仅是产量问题，而是生产出具有中药性效特质的物质，以满足中医临床需求。在中药性效物质不甚明确的情况下，仅采用有效成分或指标性成分指导药用植物生产，就可能偏离中医临床的需求。因此，药用植物生产调控更应注重植物代谢和器官形态建成的统一，才能生产出符合"优形优质"和中医临床需求的药材。

第一节 药用植物器官形态特征与中药品质

药用植物器官形态特征是其遗传特性和代谢特质的体现，一些植物器官的形态结构能明显表征植物的生境、生长年限和代谢特质等，常用这些形态结构特征确定药用植物的采收时间和鉴定中药材品质。历史上，众多医药学家也试图利用象思维模式建立中医药寻找发现药物和药物品质控制的方法或模式。

一、器官形态特征与中药性效

中医药界采用"取象比类"的象思维模式，在《黄帝内经》中不仅建立了中医认知人体生理、病理过程的知识体系，还建立有药物气、味、颜色与脏腑经络之间的网络系统。宋儒理学"格物穷理"思潮进一步推动中医药界进行医理、药理的寻理，如北宋《圣济经》(1118年)谓："天之所赋，不离阴阳；形色自然，皆有法象。""一物具一性，一性具一理。"并在观察动、植物本质的基础上，开始从法象角度推衍了药物的药理作用。金元时期大兴药物作用原理的探求之风，出现了"药象阴阳补泻图""天地六位藏象图""气味厚薄寒热阴阳升降之图""药类法象分类法"等；又经明、清医药家的不断完善，将药用生物、药用部位或药材的形、色、气、味、质地、产地、生境、采收时间、加工方法等，通过类比、推演方法关联中药性效，

笔记栏

用以解释药物作用机制。在中药性效认识上，基于物从其类、同形相趋、同气相求，提出了动物"以情治病"、植物"以形治病"，出现了"皮以治皮、节以治骨、核以治丸""子能明目"和"蔓藤舒筋脉，枝条达四肢"等诸多观点。然而，法象药理学来源于药物功效确定之后的说理，本身就是一种不完全归纳法，加之古代医药家并不完全了解很多药用生物学的特征和特性，明显带有认识的直觉性和概念的不确定性，从而有很大的局限性。

植物器官形态特征不仅体现植物进化历程，也体现植物在现实环境中的代谢变化过程。植物研究中依据器官（主要是繁殖器官）形态特征建立了植物系统发育系统。法象药理学建立在"物生而后有象，象而后有滋，滋而后有数"之上，并认为中药性效取决于其形、色、气、味、体、质、所生之地、所成之时等自然特征。法象药理学试图建立植物代谢产物、器官形态特征和中药性效之间的联系，但植物代谢产物的宏观表征（形、色、味、体、质等）远远没有器官形态特征稳定，从而未能发现普适性规律。由于植物代谢产物和器官形态特征是遗传与环境相互作用的结果，从而中药性效、植物遗传和环境之间必然存在有机联系。因此，从植物综合特性和环境不同空间尺度解析中药性效与植物特性、环境等之间的有机联系，建立"形性—成分—性效"的传递关系，有助于揭示古人"以形寻药""以地寻药"和"形地结合控药"的内涵，从而重建中药发现应用规律，指导药用植物的资源生产。

二、器官形态特征与中药品质

药用植物器官的形态结构是植物进化历程和现实生存环境的综合表征，一些植物的器官形态结构特征明显表征了植物的生境、生长年限和代谢特质。中医药界长期利用植物器官形态结构所携带的生物学信息，确定药用植物的采收时间，以及根据这些信息进行中药材的真伪、优劣鉴定。在长期的医疗实践中，逐步形成了"辨状论质""优形优质"和"以形控质"的中药质量控制方法，以保证中医的临床疗效。例如，人参以地上叶片、叶形判断采收时限，而以药材根状茎（芦头）判断物种特性，根状茎的茎痕（芦碗）数判断生长年限，并结合根状茎上不定根（枣核艼）、根如人形、主根上横环纹（铁线纹）和根充实程度（丰满）等特征控制环境，从而实现"以形控质"。可见，植物药用器官形态建成在保证中医临床疗效和药材生产中均具有重要意义。

第二节 植物生长发育的生理活性物质

形态建成（morphogenesis）指植物体在发育过程中，由于不同细胞功能不同而逐渐向不同方向分化，从而形成具有各种特殊构造和功能的细胞、组织和器官，最后成为一个具有表型特征的个体。植物器官形态建成过程中，受到光、地磁、重力、温度、湿度、氧，以及昼夜节奏和运动性等的影响，而且几何空间也影响植物器官形态和功能。植物光形态建成（photomorphogenesis）是植物形态建成的重要部分。光不仅为植物光合作用提供辐射能，同时还是重要的外源环境信号以调控植物整个生长发育过程，以便更好地适应外界环境，包括种子的萌发、幼苗的形态建成、植株的开花以及生物周期节律等。植物激素等生理活性物质和调控因子参与植物器官形态建成。

一、植物激素

植物细胞接受特定环境信号诱导产生的一些微量就能调节（促进、抑制）自身生理代谢过程的有机化合物，称植物激素（phytohormone）或植物内源激素；而人工合成的植物生理活

笔记栏

性物质称植物生长调节剂。植物激素主要包括生长素（auxin）、细胞分裂素（cytokinin）、赤霉素（gibberellin，GA）、脱落酸（abscisic acid，ABA）、乙烯（ethylene）、油菜素（brassin，BR）、茉莉酸（jasmonic acid，JA）、水杨酸（salicylic acid，SA）、多胺类、多肽类等。植物激素不仅调节植物生长发育，也影响次生代谢过程。

1. **生长素**（auxin）　主要包括吲哚乙酸（indole-3-acetic acid，IAA）、吲哚丁酸（IBA）、苯乙酸（PAA）和 4- 氯 -3- 吲哚乙酸（4-Cl-IAA）等。其中，IAA 是生长素中最主要的植物激素。植物体内生长素的含量为 10~100ng/g 鲜重，主要分布在嫩叶、根尖和茎尖等植物幼嫩部位，以自由生长素（free auxin）或束缚生长素（bound auxin）存在。自由生长素能被植物直接利用，束缚生长素常与天冬氨酸、糖或肌醇结合；束缚生长素能防止氧化，方便贮藏、运输，以及防止自由生长素过多造成的毒害。生长素只能从形态学上端向下端运输。IAA 的生物合成有吲哚乙醛肟途径、吲哚丙酮酸途径、色胺途径和吲哚乙酰胺途径等 4 条途径。IAA 降解或失活也有 4 条途径，即形成生长素束缚型、转化形成吲哚丁酸、通过酶进行脱羧或非脱羧降解、光氧化分解成吲哚醛等。

生长素的生理功能多样，能够促进植物体内细胞分裂、细胞伸长和分化，以及营养器官和生殖器官的生长、成熟和衰老，还能调控营养成分在植物体内的流动等。此外，生长素还可促进离体植物切口处细胞分裂和分化，诱导根原基生成，促进离体植物形成不定根。同时，双子叶植物对生长素较单子叶植物敏感，营养器官较生殖器官敏感，根比芽敏感，芽比茎敏感，幼嫩细胞比成熟细胞敏感。

2. **赤霉素**（gibberellin，GA）　天然赤霉素有 C_{20} 和 C_{19} 两类，以 GA_1、GA_3、GA_4、GA_7、GA_{30}、GA_{38} 活性最高。分布在根尖、茎尖、嫩叶、发育中的果实和种子等部位。以结合赤霉素（conjugated gibberellin）进行贮藏和运输，根尖合成的 GA 随蒸腾流上升，叶原基合成的 GA 则经韧皮部向下运输。

GA 能促进种子萌发和茎叶伸长生长，雄花分化，抽苔开花，提高结实率，单性结实；抑制成熟、侧芽休眠、衰老和块根形成等。GA 无高浓度抑制问题。

3. **细胞分裂素**（cytokinin，CTK）　主要包括玉米素（zeatin，Z）、玉米素核苷（zeatin riboside）、双氢玉米素（dihydrozeatin）、异戊烯基腺苷（isopentenyl adenosine，IPA）、异戊烯基腺嘌呤（isopentenyladenine，IP）等。自由 CTK 具有生理活性。CTK 主要在根尖合成，随蒸腾流运送到地上部分产生效应。叶合成的 CTK 也可经韧皮部向下运输，根、茎之间的运输受氮代谢的影响和调节。

CTK 能促进细胞质分裂，细胞膨大，形成层活动，地上部分分化，侧芽生长，叶片扩大，叶绿体发育，营养物质运输，气孔张开，偏向性生长，伤口愈合，种子发芽，果实生长；抑制不定根和侧根形成，延缓叶片衰老。

4. **脱落酸**（abscisic acid，ABA）　维管植物各器官、组织中都能合成 ABA，在逆境胁迫下含量迅速增加。ABA 在胞内结合糖或氨基酸而失活，以游离态或脱落酸糖苷形式在木质部和韧皮部运输，无极性运输。

ABA 能促进叶、花、果脱落，气孔关闭，块根休眠，叶片衰老，光合产物运向种子发育，果实种子成熟，增加抗逆性；抑制种子发芽，IAA 运输，植株生长。

5. **乙烯**（ethylene，ETH）　植物各器官、组织中都能合成 ETH，在花叶脱落、果实成熟时产生乙烯最多，机械损伤和逆境胁迫时也会增加。ETH 在体内 0.01~0.1μl/L 就能产生生理效应，易于移动，但长距离则以前体形式运输。

ETH 能促进茎或根的横向增粗生长，抑制茎和根的伸长生长；促进不定根形成，中性花形成，开花和雌花分化，叶片衰老脱落；催熟果实，介导防御反应。

笔记栏

6. **茉莉酸**(jasmonic acid,JA) 主要有茉莉酸甲酯和茉莉酸乙酯,为植物受外界伤害(机械、动物咬噬)和病原菌侵染时诱导抗性反应中的信号分子。JA能调控表皮毛的形成,诱导侧根的生长,以及萜类化合物、苯丙素、生物碱等次生代谢产物的合成。

7. **水杨酸**(salicylic acid,SA) 包括水杨酸及其衍生物。SA能增强植物抗病能力,生殖器官产热;影响开花,诱导次生代谢产物的合成。

8. **油菜素**(brassin,BR) 植物体内活性最强是油菜素内酯(brassinolide,BL)。BR调控植物光形态建成、细胞分裂和分化、生殖发育、开花、衰老等诸多生长发育过程,以及响应逆境的过程。

二、植物生长调节剂

植物生长调节剂是类似激素活性的物质,属农药类,由有关部门批准使用。主要用于调控果实颜色、芽或种子休眠、开花坐果及果实发育,诱导或控制叶片或果实的脱落,促进植株从土壤中吸收矿质营养,增加植物的抗病虫能力和抗逆能力等。

植物生长调节剂按功能分为4类。①生长促进剂:促进细胞分裂和伸长,新器官分化形成,防止果实脱落;包括:人工合成的吲哚乙酸、吲哚丁酸、萘乙酸、胺甲萘(西维因)、增产灵、赤霉素、激动素、玉米素等。②生长延缓剂:主要是阻止赤霉素生物合成,抑制茎顶端下部区域细胞分裂和伸长生长,使节间缩短诱导矮化,促进开花;包括:矮壮素(CCC)、B9(比久)、助壮素(调节安)等。③生长抑制剂:主要使植物失去顶端优势,增加侧枝发育;如MH(抑芽丹)、增甘膦、氯甲丹(整形素)。④果实催熟剂:催促果实成熟,如类似于乙烯的乙烯利。

三、药用植物生产调控的方法和策略

药用植物引种栽培生产是解决野生资源不足,以及保证中药材产量和质量稳定的手段。但药用植物从野生环境引种到大田后,水、肥、气、光、热等条件发生了很大的变化,原有生态系统不复存在,从而较野生药材在形状特征方面发生了或大或小的改变,而药用植物引种栽培生产又是人类经济活动。因此,药用植物生产调控策略就是在药材质量和产量之间求得平衡,既保证生产满足中医临床需求的药材,又要保障生产的经济效益,从而引导中药材有序生产和规范化生态栽培生产。目前,主要有药用植物种质改良、环境和土壤改良,以及农艺措施等策略。

1. **药用植物良种选育和种质改良** 药用植物遗传因素是药用器官形态建成和次生代谢产物合成的主导因素,决定药材的质量和产量。药用植物优良品种的选育是目前主要开展的工作,许多大宗常用的栽培品种都选育多个优良品种。同时杂交育种,以及脱毒苗生产技术也用于药用植物的栽培生产。但产地适宜性的优良品种培育还有待深入,这也是将来的发展方向。

2. **主要环境因子的应用** 环境因子调控着药用植物“基因时空特异表达”,在药用器官的“形态特征”和“代谢特质”形成中发挥着重要作用。通过控制水、肥、气、光、热等可实现优质药材的生产,但影响药用器官和活性成分合成的主导生态因子是关键。例如,采用20%的荫棚透光率,使人参根中的人参皂苷含量提高到干重的4.5%;采用半阴条件可提高红豆杉中紫杉醇含量。

3. **多种农艺调控措施的应用** 药用植物生长和代谢需要各种无机元素,不同植物对元素种类和数量需求各不相同,这些对植物的生长发育、产量、初生和次生代谢等均有很大影响。目前,大部分栽培药用植物都开展过播种、种植密度、施肥、灌水及病虫害防治等环节的研究,并获得了重要的栽培生产数据,以及一些肥料对次生代谢产物影响的数据。例如,氮

笔记栏

肥和磷肥的缺乏会导致西洋参中皂苷含量降低，施用有机肥可使西洋参中人参皂苷含量提高 27.86%；氮、磷和钾肥均能提高银杏叶中总黄酮醇苷的含量，其中氮肥和磷肥合用的效果尤为明显；氮肥和磷肥均能增加贝母中生物碱的含量；以铵态氮加硝态氮时，黄连根茎小檗碱的含量最高，仅用铵态氮次之，而以硝态氮则含量更低。同时，农业生产中的光、温、水等调控技术也广泛应用于药用植物栽培生产中，特别是在未来的设施中药农业中，更需要加强这方面的研究以保证中药材生产的质量。

值得注意的是，目前在药用植物生产中存在植物生长调节剂滥用现象，虽然提高了药用部位的产量，却忽视了生长调节剂引起药用植物次生代谢的改变和药材性状的改变。因此，药用植物生产中必须控制使用或不使用植物生长调节剂。

第三节　植物地下药用器官的生长发育

药用植物的地下器官包括根和地下茎的变态，从功能上可分为吸收营养作用和储藏营养作用两类，它们占药材来源的大部分。药用植物地下部分和地上部分既相互依存，又相互制约（根冠比）。相互依存体现在“根深叶茂”，相互提供所需物质和能量；相互制约体现在对水分和养分的争夺上。二者的相关性常用根冠比（root-top ratio，R/T），即地下部分重量与地上部分重量的比值来表示。在生长前期以茎叶生长为主，R/T 值小；中期的茎叶生长减缓，地下部分迅速增长，R/T 值随之提高；生长后期以地下部分增长为主，R/T 值达最高值。栽培以根或根茎入药的药用植物时，常通过调整其 R/T 值提高药材产量，以生长前期 0.2 左右、生长后期 2 左右较适宜。

植物根系有趋肥性、趋水性，在水分丰富地区，采用起垅，深施肥；在干旱半干旱地区采用“以肥调水”措施。营养和根系发育间的互作性是“以肥调水”为基础。一方面，营养可调控根系的形态建成；另一方面，根系的发育状况决定了植物的营养效率和整个群落生态系统中营养的消减，进而影响了群落生物量的大小。在营养亏缺对植物发育的影响中，最容易观察到的现象是根冠比增大，尤其是对于能够适应高肥料位点的快速生长的物种，N、P、K 的亏缺都能导致干物质分配的转变而有利于根系生长。

一、根的生长发育

根是植物吸收营养的器官，药用部位主要是不定根和贮藏根，二者的功能不同，故调控方法和策略也不同。前者通常根冠比低，栽培宜浅，浅施肥、保水，不宜深耕；后者根冠比高，土层要厚，宜深施肥，保持低水位等。

1. **定根的生长发育**　甘草、黄芪、党参等药用植物为定根形成的直根系，主根常形成粗大直根，常以主根较粗长、侧根较少为优质指标。根的生长受多种激素的调控，其中赤霉素和生长素促进主根伸长，而乙烯抑制主根伸长。生长素、茉莉酸与水杨酸可促进侧根形成，而脱落酸能抑制侧根形成。目前，许多根类药用植物栽培时使用生长调节剂。如矮壮素、缩节胺和多效唑能增加白芷药材产量 30% 左右；矮壮素提高当归产量 22%~25%；低浓度茉莉酸甲酯（0.01~0.05mmol/L）能提高远志药材产量和质量。

2. **不定根的生长发育**　细辛、龙胆、威灵仙等药用植物是根状茎上产生的不定根形成的须根系，产量构成来自根状茎及不定根。不定根原基的数量决定了不定根的数量。生长素是促进不定根形成的最重要激素，茉莉酸、水杨酸也能促进不定根形成，细胞分裂素、赤霉素则抑制不定根形成。激素之间的比例对其发挥作用也很重要，如 IAA/ABA 值、ABA/GA

值较高时有利于不定根原基的发生，促使产生更多的不定根。目前，IAA、NAA、ABA已应用于提高龙胆、细辛等须根系药材的产量。

3. **块根的生长发育**　根据药用植物块根的发育机制，可分为3种类型。

(1) 麦冬型：指由根尖伸长区部位的皮层细胞层数增加和皮层细胞体积增大形成的块根，如麦冬、山麦冬、郁金等。但不同植物块根膨大的机制有所不同，如麦冬块根膨大时皮层细胞层数和皮层细胞体积均增大；而山麦冬块根膨大是以皮层细胞层数增加为主，皮层细胞体积增大为辅。

(2) 地黄型：指由根成熟区后方的次生分生组织活动使根迅速增粗形成的块根，如地黄、何首乌、太子参、乌药、甘遂、栝楼等。不同植物块根膨大机制存在差异，如地黄块根的形成是由于维管形成层产生大量的木质部薄壁细胞以及这些细胞体积增大的结果；何首乌块根的形成是由于木质部产生大量薄壁细胞以及在皮层产生异常维管组织引起的膨大。

(3) 附子型：指毛茛科乌头属植物的不定根膨大形成的块根。乌头种子萌发后，当年地上部分只有几枚基生叶，但主根及下胚轴迅速加粗生长，缩短的地下茎及腋芽、下胚轴和主根在地下越冬；第二年春季，主根顶端的顶芽发育长出茎叶，主根继续加粗，地下茎上的腋芽水平生长形成匍匐茎，在匍匐茎第一节的远轴方产生不定根突起并迅速生长增粗，形成块根，此时块根上依然存在一个极短的匍匐茎；第三年春天，种子形成的主根渐渐枯朽，而块根顶端匍匐茎的顶芽萌发形成地上部分，同时茎基部侧面又通过腋芽形成匍匐茎产生新的块根。附子本质上是乌头类植物横走根茎的节上不定根膨大形成的块根，膨大的原因主要是次生韧皮部细胞数目的增加和体积的增大。

目前，壮根灵、膨大素和膨大剂等通用生长调节剂，地黄、太子参等专用生长调节剂都能提高块根的产量。

二、地下茎的生长发育

药用植物的地下茎主要是贮藏作用，主要包括根状茎、块茎、鳞茎等。

1. **根状茎的生长发育**　根状茎是许多药用植物的药用部位，如苍术、知母、黄精、玉竹、生姜、穿山龙等。双子叶植物根状茎发育包括初生生长和次生生长两个阶段。其中，根状茎的初生生长过程与地上茎基本相同，次生生长过程趋同于根的发育过程，如甘草的根状茎初生生长过程与地上茎基本相同，但由于长期生长在地下并承担着贮藏和营养繁殖的功能，所以在次生生长过程中产生周皮、韧皮纤维、木纤维以及大量的贮藏薄壁细胞。单子叶植物根状茎在生长点存在初生加厚分生组织（primary thickening meristem），又称初生增粗分生组织，其细胞不断进行平周分裂，再加上其衍生细胞体积不断增大，使根状茎早期迅速伸长和增粗。例如，在山药根状茎膨大期喷施矮壮素，可以明显促进根状茎的生长发育，提高山药的产量。而生长调节剂施用时间选择是发挥增产的关键。

2. **块茎的生长发育**　块茎是许多药用植物的药用部位，如延胡索、半夏、天南星、天麻等。块茎一般由地下横走的根状茎膨大形成。下面以延胡索为例说明块茎的形成过程。延胡索种子发育形成的一年生植株没有形成根状茎，因而不能产生块茎，而两年以上的延胡索可以由根状茎膨大形成块茎，一般一株延胡索可以产生多个块茎，块茎的形成与生长年限、深度及根状茎的长度有关。延胡索的块茎也可由母块茎更新产生，块茎形成第二年后，可在母块茎中心产生更新块茎，更新块茎不断膨大，母块茎逐渐萎缩，产生空泡，最终形成颓废的周皮而脱落。野生延胡索多为单个更新块茎，少数为两个，栽培品可见多个更新块茎。块茎的发育可通过喷施植物生长调节剂来调控，如喷施适当浓度的三十烷醇，可使延胡索的块茎增产18%、使半夏的块茎增产22%；喷施矮壮素和赤霉素（GA3）也能提高半夏块茎的产量。

笔记栏

3. **鳞茎的生长发育** 鳞茎是药用植物药用部位之一，如贝母类药材、百合、薤白、大蒜等。鳞茎的形成有多种方式。下面以百合为例说明鳞茎的形成。用百合的鳞叶扦插，鳞叶基部近轴面组织首先脱分化形成分生组织，分生组织继续形成愈伤组织，愈伤组织膨大形成鳞茎；鳞茎的鳞叶内有腋芽，腋芽也可以发育膨大形成鳞茎。植物激素及生长调节剂可以调控鳞茎的生长。细胞分裂素是鳞茎形成的启动因素之一，但不影响鳞茎的膨大；茉莉酸、乙烯都能促进鳞茎的膨大。除此之外，其他植物激素也影响鳞茎的产量，如浙贝母叶面喷施三十烷醇能使其产量增加 11% 左右。

第四节 植物地上药用器官的生长发育

植物地上药用器官主要包括茎叶、花和果实种子等。植物地上部主要是光形态建成，故光质、光周期和光强的变化对药材质量和产量的影响最显著。因此，光调控、水肥调控是药用植物地上器官生长发育调控的重心，可通过改变光周期、光质和光照强度等调控药用植物生长发育、生理生化代谢和次生代谢产物积累。

一、茎叶的生长发育

药用植物的茎叶也是一类入药部位。植物的顶芽长出主茎，侧芽长出侧枝，主茎的顶芽来源于胚芽，侧枝由腋芽原基发育而来。叶的发育是植物形态建成的一个重要方面，与植物株型的形成密切相关。从发育进程看，叶的发育包括叶原基在茎顶端分生组织的形成和分化，以及之后从叶原基分化出来的叶片的发育，同时包括叶原基的形成和极性的建立。植物叶的发育由多种复杂的途径相互作用进行调控。一方面，叶发育的过程具有很强的可塑性，环境因素可以影响叶最终的大小和形态；另一方面，植物叶片的发育过程普遍地遵循着一个基本模式，即叶原基从植物地上部分的顶端分生组织周围区起始发育，经过一系列细胞分裂和分化的程序最终发育成成熟的叶。叶片的形态包括叶形、叶尖、叶缘、叶基和叶脉等外部特征。早期叶片发育可人为地分为 3 个阶段：叶原基的起始，腹背性的建立和叶片的延展；在这些阶段中发生的任何突变都有可能产生叶片发育和叶片形态的缺陷。

植物光形态建成是植物茎叶建成的核心，因此改变光周期、光质和光照强度等可调控药材质量。例如，在强光下朝鲜淫羊藿的总黄酮和淫羊藿苷积累较多，在弱光下总黄酮和淫羊藿苷积累显著降低；黄花蒿中青蒿素的合成随着光照强度的增大得到明显促进；银杏叶片光照强度高于或低于某一范围，叶片的黄酮含量和内酯含量均降低；绞股蓝在相对照度 65% 左右时，绞股蓝总皂苷含量最高，当低于 50% 或高于 85% 时其总皂苷含量均呈降低趋势。蓝光可以提高灵芝中三萜酸含量，绿光可以促进绞股蓝总皂苷的积累；红光可促进穿心莲株高生长，蓝光、黄光则抑制穿心莲株高生长，红光利于穿心莲内酯和脱水穿心莲内酯的合成，而蓝光、黄光仅利于脱水穿心莲内酯的合成和积累，而在自然光下穿心莲的产量显著高于单色光下穿心莲的产量。麻黄枝茎生物碱含量随光照时间延长而提高；对于黄花蒿，则日照时数较少有利于青蒿素的合成和积累，如青蒿现蕾前期随着短日照处理天数的增加，其青蒿素含量可以快速提高。

合理施肥才能有利于药材的优质高产。例如，增加贯叶连翘根部氮素供应可增加叶中金丝桃素水平；适量硼肥能提高菊花中总黄酮和 3,5-*O*- 二咖啡酰基奎宁酸含量，而高硼胁迫虽然能显著提高菊花的总黄酮等物质含量，但却显著降低了菊花产量；常量元素（氮、磷、钾）、微量元素硼和稀土镧配施时，营养元素影响银杏叶黄酮含量的效应顺序是氮 > 硼 > 磷

> 钾 > 镧，随着氮浓度的升高，银杏叶黄酮含量呈先升高后降低的趋势，中高浓度硼和磷更有利于银杏叶黄酮积累，钾和镧对银杏叶黄酮含量影响不显著。

植物生长调节剂使用也影响药材的质量。例如，穿心莲用 GA 和 ABA 叶面喷洒，可显著提高穿心莲内酯含量，且随着时间的增长含量增加；黄花蒿喷洒三十烷醇可显著提高青蒿素的含量；益母草叶面喷施 GA_3、6-BA 或多效唑，则 GA_3 或 GA_3+6-BA 能显著促进益母草地上部分的生长，提高单位面积产量，而多效唑处理则有抑制作用。

二、花的生长发育

植物生长到一定年龄后，在适宜的内部和外界条件下，枝端分生组织就分化出生殖器官，经历开花、授粉、受精、结果(实)。花的形成标志着植物从营养生长转变为生殖生长，且该转变只能发生在植物一生的某一时刻，即植物必须达到一定年龄或生理状态，在适宜条件下才能感受外界信号刺激诱导成花，该状态称花熟状态(ripeness to flower state)。在没有达到花熟状态之前，即使满足植物成花所需环境条件，也不能成花，尤以春化(vernalization)和光周期(photoperiod)重要。花原基形成、花芽各部分分化与成熟的过程，称花器官形成或花芽分化(flower bud differentiation)。植物达到花熟状态后，在适宜的外界刺激下，营养顶端转变成生殖顶端。茎生长锥伸长或呈扁平头状，表面积增大，生长锥表面细胞分裂迅速，表层和内部细胞分裂速率不同，使生长锥表面出现褶皱，在原来形成叶原基的部位形成花原基。花原基上再依序发育出花器官原基。被子植物的花从外到内由萼片、花瓣、雄蕊、心皮、胚珠组成。花器官分化和发育受一组同源异型基因调控。决定花器官特征的基因属 MADS-box 基因，在花发育过程中起到“开关”的作用。目前，“ABCDE”模型是解释花器官形成基因控制的重要模型。

光调控是花产量和品质的主要手段，除采用疏枝等农艺措施外，还采用改变光周期、光质和光照强度等调控措施。例如，忍冬随光照强度的增强，花蕾长、宽及花蕾干重逐渐升高，在全光照条件下，花中绿原酸和木犀草苷的含量远高于遮光处理；黄光处理下，滁菊植株干物质的积累较多，提高了滁菊光能转化利用效率，有利于滁菊活性成分合成和积累；黄光和蓝光处理条叶旋覆，能提高花序黄酮类含量，且长波光有利于条叶旋覆花产量和质量形成。短日照抑制菊花株高、冠幅等营养生长，也影响花芽分化和开花进程，而 30 天短日照是菊花花芽分化和开花的敏感时期，条件适宜时植株提前完成花芽分化并开花，不适宜时不能诱导花芽分化或出现成花逆转；长日照处理抑制花芽的形成和开花，但促进菊花的营养生长；先短日照后长日照处理，菊花在短日照期间形成的花芽在转入长日照时会停止发育和膨大，最终难以开花。红花苗期处于短日照条件下，使之根繁叶茂，在此基础上再给予长日照以促进开花结果，提高药材产量。

植物生长发育所必需元素中，多数影响植物开花，如氮素在一定范围内能增加花量。氮、磷、钾肥的施用，可提高药用花产量，也能增加花次生代谢产物合成代谢。金银花中绿原酸随着氮、磷、钾施肥量的增加先增加，达到一定施肥量后含量下降，其中氮可有效地提高金银花产量，但对花中绿原酸含量有明显负效应；磷肥也可增加金银花绿原酸含量。此外，适当干旱有利于植物花芽分化，连续阴雨天、天气湿度较大、白天温度较低和光照不足等都会延迟开花。温度调控主要包括低温对花芽分化的促进(即春化作用)和对花芽发育进程的影响。例如，西红花在花芽分化期、成花和开花过程中对温度十分敏感，花芽分化适温范围为 25℃左右。花芽在分化发育过程中，要求温度具有“低 - 高 - 低”的变化节律，前期温度略低对花芽分化有利；中期温度较高，花芽分化快，成花数多，在种球贮藏期间给予较高温度处理，能促使提早开花；后期花器官的生长又要求较低的温度。开花期适温为 15~18℃，5℃以

笔记栏

下花朵不易开放，20℃以上待放花苞能迅速开放，但又会抑制芽鞘中幼花的生长。此外，利用植物生长调节剂可促进或抑制花芽分化，以提高产量。例如，赤霉素不仅使金银花花期提前了4~8天，还提高了金银花的干重、花蕾长度和绿原酸含量。

三、果实和种子的生长发育

植物在授粉、受精后，子房在花粉分泌的生长素作用下开始膨大并稳定下来称坐果；坐果后，子房生长膨大成熟，产生了一系列变化。果实的生长发育是细胞分裂和细胞体积增大、重量增加的过程，先期以细胞分裂、数量增加为主，后期以细胞体积增大为主，呈"慢—快—慢"的"S"型生长曲线。但桃、杏、李、柿子、葡萄等一些植物果实的生长曲线呈双"S"型，即在生长中期有一个缓慢期，该时期正好是珠心和珠被生长停止的时期。大多数植物的种子随果实发育逐步成熟，就是胚从小长大，至胚成熟，以及营养物质在种子中转化和积累的过程。主要表现在外形和物性变化、物质输入与转化、发芽力三方面的变化，且三方面相互依存、协调发展，种子方能正常发育。

果实发育成熟，主要受营养、光、温、水分的影响。例如，在一定范围内，施氮量增加能提高枸杞果实中甜菜碱、黄酮和总糖含量，逐渐降低类胡萝卜素和枸杞多糖含量；氮肥施用量过高反而降低枸杞果实甜菜碱的含量；枸杞开花至果熟期气象因子中的降水日数和平均日较差影响枸杞多糖含量；适宜水分亏缺有利于提高枸杞糖分积累、果实品质，严重亏缺则影响生长和果实品质。施氮肥能明显提高山茱萸每花序成果数，提高坐果率，且在施氮肥的前提下磷肥也可以提高每花序成果数，从而提高产量。施用 $ZnSO_4$-$MnSO_4$ 混合微肥能改善药材外观质量，提高挥发油的含量。

根据生产目标，选用适宜的生长调节剂，有利于提高药材产量和品质。乙烯、细胞分裂素、茉莉酸、脱落酸、赤霉素等与坐果率、果实品质和成熟有关。高水平的赤霉素和生长素，脱落酸低水平时，坐果率较高；高水平的脱落酸抑制果实生长。例如，叶面喷施三十烷醇、GA 都能明显减少补骨脂落花落果，提高坐果率，增加产量。α-NAA、6-BA 和 CEPA 均能诱导北五味子雌花分化，以 CEPA 作用效果最好。5-氨基乙酰丙酸能促进果实可溶性固形物、可溶性糖和花青素的积累。

（董诚明　孙连娜　张　丹）

扫一扫
测一测

复习思考题

1. 简述植物激素的种类和作用。
2. 药用植物生产调控有哪些策略？举例说明。
3. 药用植物块根的发育机制可分为几种类型？举例说明。
4. 请论述药用植物茎叶品质调控途径，并举例说明。
5. 简述药用植物花品质调控途径，并举例说明。
6. 简述药用植物果实品质调控途径，并举例说明。

第十章 植物药用资源开发和利用

笔记栏

PPT 课件

学习目标

药用植物资源是中医药发展的物质基础，通过学习植物新药用资源发现的途径，药用植物繁殖新材料获得的途径，植物新药用材料的类型和获得途径，药用植物资源保护与利用关系等内容，明晰植物新药用资源开发的途径和方法，现代科学技术在植物新繁殖材料和新药用材料开发中的应用，药用植物资源保护与利用关系。

掌握植物新药用资源发现的途径，药用植物繁殖新材料获得的途径；熟悉植物新药用材料的类型和获得途径，了解药用植物保护与利用的关系。

植物药用资源指来源植物功能基因、细胞、组织、器官或植株的自然形态和人工加工形态，它不仅是中药的主要类型，也是天然药的主体。目前，除了植物完整遗传物质表达产物（细胞、组织、器官或植株），还有植物部分功能基因的表达产物。现代科学技术的发展，如基因工程、细胞工程、植物代谢工程、发酵工程等，这些生物工程技术为植物药用资源的获取提供了除传统引种栽培和组织培养以外的新途径，它们已成为或即将成为植物药用资源开发和利用的新方法、新技术。

第一节　植物新药用资源发现的途径

植物新药用资源指新发现或新获得并由充分证据证明具有医疗、保健价值，且能以一定形式用于医疗用途的植物产品，包括全株、部分器官、组织、细胞及其加工制品等。从化学组成来看，包括混合组分、单一组分或单一化合物。近年来，运用各种方法和途径不断开发植物新药用资源，以满足社会发展需求。主要途径包括以下几个方面。

一、本草文献和民族民间药

我国有 56 个民族和 5 000 余年文明史，各民族在长期与疾病抗争过程中创立了多套医学体系和丰富的用药经验，留存下来大量本草专著、医学专著和涉及本草的一些杂著。例如，全国图书馆藏中医药书籍达 10 124 种，内蒙古蒙医药博物馆馆藏古籍 2 600 部，近几年出版的藏医药学古籍 600 多卷等等。这些数量庞大的医药学文献是我国先辈留下的宝贵财富，提供了丰富的新资源开发线索和实践经验，也是发现新药用资源的重要途径；研读本草文献往往可找到植物新药用资源的线索。有许多新资源和新药的研发都来自该途径。例如，受到《肘后备急方》所载治疗疟疾“青蒿一握，以水二升渍，绞取汁，尽服之”的启发，从黄花蒿 *Artemisia annua* L. 中开发出高效抗疟的青蒿素系列产品；依据《本草纲目拾遗》首

笔记栏

载鸦胆子 *Brucea javanica*(L.)Merr. 的果实治疗痢疾、疟疾、疣、鸡眼等的经验,从中分离出抗癌活性成分。

民族民间药是各民族长期与疾病斗争的经验积累,有的虽缺乏理论指导,或无文字记载,但在局部地区有长期临床实践,流传至今。以此为线索进行深入的挖掘整理,或经药理药效去伪存真地筛选,往往短时间就能确立开发利用目标,发掘出植物新药用资源。民族民间药至少在 3 500 种以上,开发潜力很大。例如,从苗药中发掘出治疗类风湿关节炎的雷公藤 *Tripterygium wilfordii* Hook.f.,治疗中风瘫痪的短葶飞蓬 *Erigeron breviscapus*(Vant.) Hand.-Mazz.;从河南民间使用的冬凌草 *Rabdosia rubescens*(hemsl.)Hara 中开发出抗癌活性药,从江西民间草药中发掘出抗菌消炎的草珊瑚 *Sarcandra glabra*(Thunb.)Nakai,以及从民间药芫花 *Daphne genkwa* Sieb.et Zucc. 中开发出抗白血病药等。

二、境外药用植物

人类在与疾病斗争的漫长历史中,世界各个地区的人民都积累了丰富的药用植物使用经验,出现了各具特色的传统医药体系,如亚洲传统医药体系、阿拉伯 - 伊斯兰传统医药体系、西非 - 南非传统医药体系、拉丁美洲传统医药体系、欧美及澳洲传统医药体系等。据《世界药用植物速查辞典》记载,国外药用植物 16 000 余种,数量大于中国约 1 200 种。各国都将新药研发的重点和热点转向传统药用植物。从 20 世纪 50 年代开始,美国、德国、苏联、日本、法国、印度、埃及、尼日利亚、墨西哥等相继从植物药中寻找抗癌药、心血管药、强壮药、避孕药以及神经系统药等;美、日、苏、法、德等除研究本国的药用植物外,还调查非洲、南美洲及亚洲等发展中国家的民族民间药用植物,开展了植物鉴定、成分和活性研究,通过这种途径研发出长春碱、美登木碱等著名的抗癌药。

境外药用植物也是我国植物新药用资源开发的重要途径。首先,可从欧美疗效确切的药用植物中选择同属近缘植物进行中药替代品和新用途研究。例如,借鉴国外经验,我国在萝芙木属、薯蓣属、小檗属等药用植物中开发出新药。其次,可直接引种栽培一些重要的境外植物药,目前已成功引种了曼地亚红豆杉 *Taxus × media* Rehder、紫锥菊 *Echinacea purpurea*(L.) Moench、水飞蓟 *Silybum marianum*(L.)Gaertn.、小白菊 *Tanacetum Parthenium*(L.)Sch.Bip.、圣罗勒 *Ocimum sanctum* L.、神香草 *Hyssopus officinalis* L.、大果越橘 *Vaccinium Macrocarpon* Ait.、欧洲越橘 *Vaccinium myrtillus* L. 等,丰富了我国的药用植物资源。

三、植物亲缘关系

植物亲缘相近物种间不仅形态结构相似,生物合成途径也相似,且次生代谢产物也往往相似。因而利用植物亲缘关系、化学成分与疗效之间的内在联系,有助于发现新的药用植物资源。例如,印度从蛇根木 *Rauvolfia serpentina*(L.)Benth. et Kurz 中提取降压药的活性成分,根据亲缘关系和地理分布,我国发现同属植物萝芙木 *Rauvolfia verticillata*(Lour.)Baill. 也含有降压药活性成分,因而萝芙木就成为新药用植物资源;也在云南、广西等找到了剑叶龙血树 *Dracaena cochinchinensis*(Lour.)S.C.Chen 等的树脂替代进口血竭。

同时,当某种药用植物成为新药原料时,资源就常成为突出的焦点问题。从亲缘关系较近物种筛选中发现具有工业价值的物种作为新原料,既可缓解资源压力,又为引种栽培提供新的选择。例如,薯蓣皂苷元是合成甾体激素的原料,而薯蓣属根茎组植物三角叶薯蓣 *Dioscorea deltoidea* Wall. 平均含量达 3%,盾叶薯蓣 *Dioscorea zingiberensis* C.H.Wright 达到 2.5%,它们都成为提取薯蓣皂苷元的资源。

四、生物工程产品

生物工程(bioengineering)指以生物学(分子生物学、微生物学、遗传学、生物化学和细胞学等)的理论和技术为基础,结合现代工程的方法和技术,按照人类的需要设计和改造生物的结构与功能,绿色、高效、经济地生产各种产品。随着基因组、转录组、蛋白组和代谢组技术的快速发展,药用植物次生代谢途径和功能基因越来越明确,利用合成生物学技术将植物相关功能基因导入工程菌、毛状根,甚至整体植物中,生产药用次生代谢产物或新化合物,将是现代药用植物新资源开发和利用的特点之一。

生物工程产品可以是单体化合物到药材的各种形态。基因和细胞操作技术是生物工程的基础,通过定向地改造生物或其功能,短期内创造出具有超远缘性状的新物种,再通过组织培养、发酵工程技术等将这类“工程菌”或“工程细胞株”进行大规模的培养,以生产大量目标代谢产物。利用基因工程技术将外源基因转入大肠杆菌、酵母菌等得到高效表达的菌株称工程菌,若是转入植物细胞得到高效表达细胞系称工程细胞株。毛状根技术是发根农杆菌质粒的 T-DNA 插入寄主细胞核基因组得到的表型,可以直接进行毛状根培养生产目标代谢产物,也可以进行转基因植物栽培生产目标代谢产物。

五、化学提取物

植物次生代谢产物具有结构多样性、复杂性和独特生物活性,但一些植物是活性成分和毒性成分共存,过去不能成为传统使用的药物。通过化学提取分离技术,可以获得生物活性成分并去掉有毒成分,从而原来的非药用植物就成为新的药用资源。

植物次生代谢产物直接作为药物时,可能存在活性、毒性、吸收代谢或资源不足等成药问题。采用化学合成、结构修饰和优化技术,以天然产物作先导物或进行结构改造,能够改善原天然产物的理化性质,提高活性和稳定性,消除或降低毒副作用和不良反应。例如,五味子丙素,在全合成研究中,将亚甲二基和甲氧基位置调换,打开八元环,合成活性更强的中间体联苯双酯,可开发成具有保肝作用的新药;将青蒿素的羰基还原为羟基,经醚化为蒿甲醚,或酯化为青蒿琥酯,均改善了溶解性。

目前,临床广泛使用的天然药物,如 β- 内酰氨、大环内酯、糖肽类、紫杉醇、蒽环类、烯二炔类等均是在天然产物的基础上,经半合成或衍生而成的物质;也可是天然产物经全合成的物质。经过化学提取分离、半合成或结构修饰等方法,不仅解决了化合物成药问题,也解决了天然产物的资源不足问题。但以上发现新资源的途径,仅是新资源开发利用的起点,还要联合药理、理化、药剂等学科共同研究,才能将新资源转化为新药。药用植物学是引领新资源开发的学科。

第二节　药用植物新型繁殖材料

药用植物种子和种苗等传统繁殖材料,存在生产周期较长、繁殖系数低、保存占用空间大、物种数量有限、管理烦琐、容易染菌死亡和保存时间短等不足。利用现代生物技术方法离体生产和保存种子、种苗,不受自然环境限制,可以短时间内大量繁殖,降低劣变发生频率,从而实现随时生产和长期保存优良种质资源。同时,也可将一些功能基因引入药用植物获得新抗性性状,或去掉植物病毒等等。目前主要的途径有以下几个方面。

笔记栏

一、试管苗和人工种子

植物组织培养（tissue culture）指在无菌条件下，将离体的植物器官、组织、细胞、胚胎、原生质体等接种在人工培养基上，给予适宜培养条件，诱发产生愈伤组织、潜伏芽等，进而培育成完整植株的一种技术方法。试管苗生产主要包括外植体的选择、灭菌、接种、愈伤组织诱导和继代培养、丛枝芽诱导培养、生根培养、炼苗和移栽等环节；若在外植体时选用茎尖或采用热处理脱毒，就生产出脱毒植株；若在愈伤组织建立细胞系，进行细胞质融合建立远缘或近缘杂交细胞株，就能生产出杂种植株；若在细胞株上进行转入外源功能基因或进行基因编辑，就能生产出抗性、或高产或低毒的转基因植株；若上述所有类型的细胞株系，培养成胚状体，也用于生产人工种子。同时，将植物组织培养和基因工程技术结合，不仅可以缩短品种选育过程，还能实现大量繁育种苗、脱毒苗、杂种苗或抗性植株苗等等。试管苗技术和人工种子技术不仅具有需要材料少、繁殖速度快、种苗性状均一等优点，还能赋予种苗新的遗传特性或减少病毒危害等，从而降低传统育种和种子生产成本，也是缓解野生资源不足和保护濒危珍稀药用植物的有效手段。

人工种子指用能提供养分的胶囊包裹组织培养产生的胚状体，再在胶囊外包上一层保护膜，形成一种类似于天然种子的结构。人工种子包括体细胞胚、人工胚乳和人工种皮。最外层用天然或合成材料制成的薄膜，防止水分丧失及外部物理力量的冲击；中间人工胚乳含有营养成分和植物激素，作为胚状体萌发时的能量和刺激因素，且胚状体位于中心。人工种子生产除具有试管苗生产的优点外，还有更好的营养供应和抗病能力、能保持优良品种的遗传特性、方便贮藏运输与机械播种等优点。

目前，人参、当归、党参、西洋参、三七、玄参、黄连、丹参等200余种药用植物建立有组织培养技术体系。例如，铁皮石斛 *Dendrobium officinale* Kimura et Migo 和白及 *Bletilla striata*（Thunb. ex A.Murray）Rchb.f. 等的种苗快速繁殖体系，已广泛用于栽培生产；山银花 *Lonicera confusa*（Sweet）DC.、矢车菊 *Centaurea cyanus* L.、西洋参 *Panax quiquefolium* L.、山药 *Dioscorea opposita* Thunb. 等实现了种质离体保存。铁皮石斛、白及、杜鹃兰 *Cremastra appendiculata*（D.Don）Makino、雪莲 *Saussurea involucrata*（Kar.et Kir.）Sch.-Bip. 和半夏 *Pinellia ternata*（Thunb.）Breit. 已有人工种子技术。

二、转基因技术

转基因技术育种也称基因工程育种，指按照人们的意愿将外源基因重组到受体细胞基因组中使之特异性表达，经筛选获得稳定表达的遗传工程新品种。主要优势是能克服植物远缘杂交不亲和障碍、扩大物种杂交范围，并加快变异速度等。转基因技术育种提供了定向创造生物的可能性。植物转基因主要有农杆菌介导法、基因枪法、花粉管通道法、电激穿孔法、显微注射法等，其中农杆菌介导法是应用最多、技术较成熟、结果比较理想的方法。目前，抗病性和抗逆性转基因育种是遗传改良和创制新品种应用最广的方法，已在丹参 *Salvia miltiorrhiza* Bunge、菘蓝 *Isatis indigotica* Fortune、铁皮石斛、蓖麻 *Ricinus communis* L. 等植物材料上取得成功。转基因技术的安全问题一直是争论的热点，转基因药用植物应用不仅涉及生物安全问题，还涉及药物安全问题，从而应持有谨慎的科学态度，必须进行更加系统深入的研究。只有在不改变中药性效的前提下，才适宜进行转基因药用植物生产。

三、基因编辑技术

基因编辑是一项能够在生物体基因组水平上实现对DNA序列精确定向修饰的新技

笔记栏

术。该技术主要利用序列特异性核酸酶靶向识别切割基因组上的目标位点，造成 DNA 双链断裂，进一步诱发非同源末端连接和同源性重组 2 种修复机制对断裂的 DNA 双链进行修复，实现修复位点碱基的插入、缺失和替换，从而达到对靶基因精确编辑的目的。目前，基因编辑技术根据核酸酶的不同主要分为 3 类：锌指核酸内切酶、类转录激活因子效应物核酸酶和成簇的规律间隔的短回文重复序列。基因编辑技术已经在模式植物拟南芥中得到深入研究，在大田作物、园艺作物中的应用也日趋广泛，相关研究成果越来越多。目前，铁皮石斛、丹参、罂粟等药用植物已有所尝试。随着解析的植物次生代谢途径和基因功能越来越多，基因编辑修饰技术将是获得和培育优质、高产药用植物优良品种的重要技术手段之一。

第三节　植物新药用材料的类型和途径

21 世纪，中药应用已从传统的饮片、膏、丹、丸、散向现代制剂迅速转变，出现了以化学单体、组分和提取物为原料的现代剂型和传统剂型并存的局面。药用植物生产也从栽培生产药材，发展成组织培养物、化学提取物等多种生产途径。应用生物技术获得植物新药用材料已成为现代药用植物研究的重要内容，目前主要有以下几种类型和途径。

一、细胞组织培养物及其提取物

植物组织培养（tissue culture）技术能在无菌条件下，通过离体药用植物细胞的快速高效培养，生产细胞、组织培养物或次生代谢产物；产品有细胞粉或提取物形式。该技术的关键是获得高产细胞株和建立规模化生产条件。高产细胞株可以从药用植物离体培养细胞中筛选，也可以通过转基因技术、基因编辑技术和原生质体融合技术等构建高产细胞株，建立工程细胞株系。生产过程可分为上游和下游工程，其中上游工程包括细胞培养、细胞遗传操作、细胞保藏 3 部分；下游工程是进行工程细胞株系的规模化培养，获得培养物及其提取物等产品的过程。植物细胞工程不仅能高效高速生产细胞、组织培养物或活性成分，简化活性产物提取分离技术和降低生产成本；还能通过代谢调控将目标成分提高到植物体的数倍至数十倍，或抑制毒性物质合成，进一步降低生产成本。

植物细胞、组织培养物及其提取物是药用植物高效快速生产或成分转化的一种重要途径。例如，在毛地黄 *Digitalis purpurea* L. 细胞培养中加入生物合成途径的中间化合物毛地黄毒素和 β- 甲基毛地黄毒素，培养细胞几乎以 100% 的转化速率使之羟基化，德国采用该技术工业化生产强心药地高辛；日本采用紫草细胞培养生产紫草色素，从黄连细胞培养生产小檗碱；我国已实现了人参 *Panax ginseng* C.A.Mey.、软紫草 *Arnebia euchroma*（Royle）Johnst. 和雪莲花 *Saussurea involucrata*（Kar.et Kir.）Sch.-Bip. 等药用植物细胞的产业化生产。目前，已有 200 多种药用植物进行过细胞培养研究，可产生 500 种以上的药用活性成分，许多药用植物建立了商品化水平的培养技术。

二、毛状根培养物及其提取物

毛状根（hairy root）是整体植株或某一器官、组织、单个细胞，甚至原生质体受到发根农杆菌感染所产生的一种病理现象。发根农杆菌 *Agrobacteriom rhizogenes* 携带的 Ri 质粒侵染植物后，在感染部位或附近诱导植物细胞产生大量的毛状根。毛状根培养较植物细胞培养技术，具有生长迅速、周期短、激素自主、遗传稳定性强和具有完整代谢通路等优势。毛状根培养系统在没有引入外源基因时，次生代谢产物合成系统同植物自身合成系统一致，合成

笔记栏

的次生代谢产物与自然状态植物中相似程度更高，容易被人们接受。同时，在发根农杆菌中转入有益的功能基因可提高毛状根的产能能力，或合成新的化合物。因此，毛状根培养系统是天然的“合成工厂”，能高效、稳定地生产药用植物次生代谢产物，能有效缓解天然产物的市场需求压力，有利于资源可持续利用。

毛状根培养系统能生产出黄酮类、生物碱类、蒽醌类、皂苷类、萜类等药用次生代谢产物。随着毛状根培养生物反应器的日益成熟，以及植物次生代谢途径和调控机制的深入解析；有望在不破坏野生资源的情况下，按照需要生产药用植物的活性次生代谢产物。目前已有长春花、烟草、紫草、人参、曼陀罗、颠茄、丹参、黄花蒿和甘草等100多种药用植物的毛状根培养系统。我国已建立有甘草、青蒿、人参、丹参、川贝母、绞股蓝等的毛状根培养系统，其中人参毛状根实现了20 t培养规模的商品化生产。

三、植物代谢工程产物

植物代谢工程（plant metabolic engineering）指利用分子生物学、生物化学、功能基因组学、蛋白质组学和代谢组学等方法阐明植物代谢途径和代谢网络的调控，通过基因工程技术在分子水平上调控代谢途径，以提高目标代谢物产量或降低有害代谢物的积累。采用DNA重组技术可以修饰植物次生代谢途径，简化生化反应过程或引进新生化反应，去除或抑制有害物质和目标代谢产物的合成途径，从而实现目标代谢产物的高效生产。药用植物次生代谢途径的主体框架基本明确，克隆和验证了黄酮类、生物碱和萜类化合物生物合成途径中多数基因。目前，应用代谢工程改良植物次生代谢途径，提高目标物的产量是植物次生代谢研究的热点。例如，过量表达莨菪类生物碱合成的2个关键酶基因PMT和H6H，成功提高了莨菪 *Hyoscyamus niger* L. 转基因发根中东莨菪碱的含量；过表达关键酶PLR成功提高了菘蓝 *Isatis indigotica* Fort. 毛状根中落叶松脂素的含量；用茉莉酸甲酯诱导基因过表达，提高了灵芝 *Ganoderma lucidum* Karst 中灵芝酸的合成量；将长春花 *Catharanthus roseus*（L.）G.Don中TDC和STR的嵌合基因连接组成型启动子转入长春花，转基因长春花培养细胞中萜类吲哚生物碱含量有所提高。随着植物次生代谢调控网络的深入解析，相关基因的功能明确，药用植物次生代谢基因工程将是天然产物高效生产的重要手段，并可生产出以高目标成分和低无效或有害成分为特征的植物新药用产品。

四、植物内生菌发酵产物

植物内生菌（endophyte）包括内生真菌、内生细菌和放线菌。一部分植物内生菌携带相同或相似植物次生代谢途径，能产生植物相同或相似次生代谢产物。由于微生物发酵生产技术和设备都很成熟，这些微生物也不需要基因改造问题，产生的次生代谢产物是纯天然合成，通常是生产植物次生代谢产物的又一重要途径。同时，内生菌中还能产生许多新的活性成分，已成为发现新天然活性物质的重要源泉。

药用植物内生真菌能够产生与宿主植物相同或相似的次生代谢产物。1993年，在短叶红豆杉 *Taxus brevifolia* Nutt 内生真菌 *Taxomyces andreanae* 中发现紫杉醇，掀起了濒危植物和药用植物内生真菌的研究热潮，相继发现了多种产紫杉醇的菌株。目前已从喜树、长春花、丹参、银杏、川贝母、桃儿七等数百种植物的内生真菌中，筛选到产生与宿主植物相同或相似次生代谢产物的菌株。这些为解决天然药物的来源紧张问题及保护濒临灭绝植物开辟了新的道路。同时，植物内生菌的代谢产物中还发现了一些结构新颖、活性强的化合物，成为新药开发的新资源。因此，从内生菌获得植物次生代谢产物又是解决某些药用植物资源匮乏问题的途径，而发酵产物也就是一种植物新药用产品。

第四节　药用植物资源保护与利用

在长期生产实践中，中国人就逐步认识到人与自然之间有着密切的内在联系，形成了"天人合一"的思想。历史上出现了"大司马""山虞""川师""渔人"等官职，主管山林、河川、渔业等资源。中国政府制定了自然资源和生态环境保护的相关法律法规，这是药用植物资源保护的法律依据。但开发利用野生植物资源的单位和部门很多，本位思想严重，都是以本部门近期利益为重，缺乏整体效益和长远发展的战略思想，致使许多药用植物资源开发利用之时，就是濒危灭绝之日。因此，需建立负责保护和统一协调开发利用的管理机构。同时，一方面实行收取资源开发生态补偿费，规范开发行为，减少开发过程的浪费，积累生态系统恢复和重建资金；另一方面，将药用植物资源保护的宣传教育工作纳入环境教育之中，增强全民的资源保护意识，使有限药用植物资源得到有效保护与持续合理的利用。

一、药用植物资源保护与管理

1. 药用植物资源保护的意义

(1) 保护生物多样性：生物多样性包括遗传多样性（genetic diversity）、物种多样性（species diversity）、生态多样性（ecological diversity）和文化多样性（cultural diversity）等4个层次，它们之间有着密不可分的内在联系，其中遗传多样性是物种多样性和生态多样性的基础。目前的工作重点主要为遗传多样性和生态多样性的保护，而人类与生物多样性各个层次相互作用的文化多样性有待加强。特别是药用植物保护工作中，更应强化遗传多样性和文化多样性的保护，它们与环境保护和生物多样性保护有着相辅相成的关系。

(2) 实现药用资源可持续利用：植物资源保护和利用属对立统一关系。从长远来看，只有搞好资源保护，才能更好地、持续稳定地利用资源，以取得更长久的社会效益和经济效益。过分强调了开发利用，必然会加速某些物种濒危灭绝。因此，要保护野生资源及其生存和发展的生态环境，实现可持续利用。同时，要正确处理好保护和开发利用的关系，现有药用植物资源要最大限度地合理利用，使之服务于人类健康。

(3) 促进中药现代化进程：国际贸易和国内经济发展，推进着中药现代化进程。药用植物资源不仅是中药原料，还是食品、保健品、化妆品和其他产业原料。中药现代化和产业化需要大量资源作保障，否则将是无根之木，无源之水。因此，必须保护好药用植物资源，为中药现代化和产业化发展提供物质保障，实现资源可持续利用。

2. 药用植物资源保护的目标　药用植物资源的合理充分利用是社会生产发展的需求，保护则是保持其存在、再生能力和保护生态环境，以满足人类长期利用的需要，并非消极地让其自生自灭。首先，保护药用植物生存，因物种一旦灭绝就不能再生，故应珍惜任何物种的存在和发展。其次，保护资源再生能力，让植物有休养生息的机会。最后，保护药用植物生存环境，生存环境缺失将影响植物生长发育，甚至导致死亡。

我国药用植物资源保护的目标，首先是进行400种常用和100种珍稀濒危药用植物资源的调查、收集和保存，建立动态监测系统，遏制药用植物资源过度利用的趋势。其次是建设20~30个药用植物为主题的自然保护区，同时协调药用植物资源保护与林业、农业和水电等发展的关系，有效保护常用和珍稀濒危药用植物的生态环境。最后，应加强野生变家种、综合利用和替代资源研究，实现常用药用资源的可持续利用。

笔记栏

3. **药用植物资源保护与管理的措施**

(1)就地保护：以保护药用植物资源及其生存环境为目的。一方面建立常用和珍稀野生药用植物的专题保护区，以及在现有自然保护区中重视野生药用植物的保护；另一方面在药材主产区实行分山轮采制度，给资源休养生息的机会，同时在这些区域杜绝毁林开荒、低效林改造、过度放牧等行为，保护好药用植物生存环境。

(2)迁地保护：把相关的药用植物迁出自然生长地，保存在植物园内，并进行引种驯化研究。植物园不仅保存了重要的药用植物，还为野生变家种、发展规模化中药生产提供支撑。我国已保存了大部分重要药用植物，如海南兴隆热带药用植物园保存了多数南药品种，在南方地区引种儿茶、诃子、苏木、肉桂、益智、安息香、马钱子、白豆蔻、沉香、槟榔等，在缓解紧缺药材市场供求矛盾中发挥了重要作用。

(3)离体保护：以保存药用植物遗传物质为目的建立的种质资源库。保存对象包括种子、营养器官、组织、细胞、培养物和原生质体等。常用保存方法有植物组织培养法和超低温保存法。超低温保存是指在 -80℃以下的超低温中保存种质资源的生物技术。目前，我国在昆明植物研究所建成了国家野生生物种质资源库，已保存了 8 444 种、7.5 万份野生生物种质资源；同时在北京、四川、海南建设国家中药资源种质资源库，将促进我国药用植物资源种质资源的保存、研究和种质创新工作。

值得注意的是，在生产实践中应掌握野生药用植物资源蕴藏量、再生更新规律和资源承载能力等，制定出各地区保护和合理利用的发展规划，采取科学的再生、更新和保护措施促进种群发展，避免资源遭到破坏，或恢复已受损的资源。常采用的方法有：①采挖和更新并举，把资源更新和药材采挖有机结合起来，尽可能为其更新创造良好条件，如边采边栽、采大留小、采育结合等方法。②在保护建群种前提下，促进药用植物的更新，防止群落的不良演替。③寻找替代资源，根据植物亲缘关系规律，寻找新药源和珍稀濒危植物资源类似品或代用品。④野生抚育，在其原生境或相似环境中，人为或自然增加种群数量，使其资源量达到能采集利用，并能继续保持群落平衡。⑤仿野生栽培，在野生资源退化严重的原生境或相似环境中，完全采用人工种植方式，培育和繁殖目标药用植物种群，建立人工群落。一方面使药用植物资源得到发展，另一方面还可以保持水土，逐渐恢复生态平衡。

二、人类未来发展与药用植物生产

植物养育了动物，也养育了人类，随着人类的发展，药用植物因其药用价值而被人们作为一个重要的研究对象。随着人类的不断发展，药用植物生产将成为人类提高生活健康质量的重要支撑。药用植物生产与人类生产活动关系最为直接的是医疗农业和林业。

1. **未来农业与药用植物生产** 植物药的安全、有效性长期备受人们青睐，也是将来药品研发生产的源泉之一。药用植物的人工栽培也必然是植物药开发利用的重要内容，而药用植物栽培与农业发展息息相关。中国农业正在向生态农业、有机农业和设施农业发展，随着中国农业向现代化推进，药用植物的生产模式和生产技术也将随之发生变化。

生态农业模式下，应该依据生态学、经济学和系统工程的原理，运用现代技术和管理手段，吸收传统种植的有效经验，建立能获得较高经济效益、社会效益和环境效益的药用植物生产模式。特别应注意维护药用植物生产的生态环境，确保药用植物资源安全，以及提升传统种植经验的内涵。

有机农业模式下，应吸收国内外有机农业生产的经验，发掘历代药用植物栽培的科学内涵，建立不施用任何合成肥料、农药、生长调节剂，也不采用基因工程品种及其产物的药用植物生产模式。这是将来药用植物生产的重要发展方向。

设施农业模式下，应吸取国内外设施农业生产的经验，结合具体药用植物的生物学特性，建立药用植物高效生产模式。药用植物连作障碍将是该模式的重要障碍。

药用植物生产朝着集约化、规模化的方向发展，以及良种的选育与推广应用，将使得栽培植物遗传多样性急剧降低、病害大面积流行的风险不断增加。因此，利用药用植物品种遗传多样性和多种农作物进行间、混、套作，提高药用植物抗性水平和降低病虫危害，也是将来药用植物栽培生产的发展模式。

2. **未来林业与药用植物生产** 林业生产树种通常是野生植物生态环境的建群种，在维护药用植物生态环境的稳定中起到重要的作用。林业生产的核心是木材生产，而在低效林改造和速生丰产用材生产中，药用植物自然种群和生存环境遭到严重破坏。因此，药用植物研究应积极参与到未来林业生产中，一方面保护环境，实现生态效益最大化；另一方面保障药用植物生产和木材生产有机结合，实现未来林地产业效益最大化。

思政元素

从单纯利用药用植物野生资源，到多途径获取资源的守正创新

随着现代科学技术的飞速发展，人类生活与健康水平的不断提高，国内外市场对药用植物及其提取物需求的逐渐增加，我国药用植物野生资源遭到过度采挖和利用，导致资源衰退，甚至面临灭绝，一些濒危物种的供需矛盾更加突出。因此，应实施药用植物资源可持续利用战略，采取积极的保护对策和有效的措施，合理开发利用药用植物资源，做到药用植物资源的守正，为中医药事业的发展提供物质基础。

面对一些药用植物资源短缺及濒危的现状，我们应该综合应用多种途径去开发植物新的药用资源和药用材料，尤其是利用现代科学技术进行再创造，改良种质资源，以保证资源供应。当阐明其活性成分后，还可进行人工合成、结构改造并应用生物技术方法生产，以达到中药生产不断发展和创新的目的。

（贺润丽）

复习思考题

1. 植物新药用资源发现的途径有哪些？
2. 药用植物新型繁殖材料获得的途径有哪些？
3. 转基因技术和基因编辑技术是同一种技术吗？为什么？
4. 植物新药用材料有哪些主要类型？各有哪些特点？
5. 药用植物资源保护的意义有哪些？
6. 未来农业如何影响药用植物生产？

扫一扫
测一测

附录一　裸子植物门分科检索表

1. 棕榈状常绿木本植物，多无分枝，叶为大型羽状深裂，小裂叶多数 ……………… **苏铁科** Cycadaceae
1. 植物体非棕榈状态，多分枝，叶不分裂，或分裂而羽状。
  2. 叶扇形，具有叶柄，叶脉二叉状 ……………… **银杏科** Ginkgoaceae
  2. 叶针状、鳞片状、线形，稀为椭圆形或披针形。
    3. 种子及种鳞（果鳞）集生为木质球果或浆果状。
      4. 叶束生、丛生或螺旋状散生。
        5. 每种鳞具种子 2 枚，种子具有斧形的宽翅；雄蕊具有 2 个花粉囊 ……………… **松科** Pinaceae
        5. 每种鳞具种子 2~9 枚，种子周边具有一环形狭翅；雄蕊具有 2~9 个花粉囊 ……………… **杉科** Taxodiaceae
      4. 叶对生。
        6. 叶落叶性，种鳞 7~8 对，呈交互对生（水杉 *Metasequoia glyptostroboides*）……………… **水杉科** Metasequoiaceae
        6. 叶常绿性，种鳞数对，为镊合状、覆瓦状或盾状排列 ……………… **柏科** Cupressaceae
    3. 种子多单生，为核果状。
      7. 叶线形、披针形或稀椭圆形，叶脉非羽状脉；雌花无管状假花被。
        8. 胚珠单生。
          9. 雄蕊有 2~8 个花粉囊，花粉无翼 ……………… **红豆杉科** Taxaceae
          9. 雄蕊仅有 2 个花粉囊，花粉有翼 ……………… **罗汉松科** Podocarpaceae
        8. 胚珠 2 枚 ……………… **三尖杉科** cephalotaxaceae
      7. 叶鳞片状或椭圆形，而椭圆形叶则具羽状叶脉；雌花有管状假花被。
    10. 直立性灌木或亚灌木，叶细小鳞片状，非羽状脉 ……………… **麻黄科** Ephedraceae
    10. 缠绕性藤本，叶稍微阔的椭圆形，具有羽状叶脉［买麻藤（倪藤）*Gnetum indicum*］……………… **买麻藤科（倪藤科）** Gnetaceae

附录二　被子植物门分科检索表

1. 子叶2枚，极稀1枚或较多；茎具中央髓部；木本植物则具有年轮；叶常具网状脉；花常5数或4数。（次1项见373页）……双子叶植物纲 Dicotyledoneae
2. 花无真正的花冠（花被片逐渐变化，呈覆瓦状排列成2至数层的，也可在此检查）；花萼有或无，有时花冠状。（次2项见352页）
3. 花单性，雌雄同株或异株；雄花，或雌花和雄花均成柔荑花序或类似柔荑状的花序。（次3项见344页）
4. 无花萼，或雄花具花萼。
5. 雌花以花梗着生于椭圆形膜质苞片的中脉上；心皮1……漆树科 Anacardiaceae（九子不离母属 *Dobinea*）
5. 雌花非如上述情形；心皮2或更多数。
6. 多木质藤本；单叶全缘，具掌状脉；浆果……胡椒科 Piperaceae
6. 乔木或灌木；叶各式，常为羽状脉；果实非浆果。
7. 旱生性植物，小枝轮生或假轮生，具节，叶退化为鳞片状，4至多枚轮生并连合成为具齿的鞘状物……木麻黄科 Casuarinaceae（木麻黄属 *Casuarina*）
7. 植物体非上述情形。
8. 蒴果；种子多数，具丝状种毛……杨柳科 Salicaceae
8. 小坚果、核果或核果状坚果，种子1枚。
9. 羽状复叶；雄花有花被……胡桃科 Juglandaceae
9. 单叶（杨梅科中有时羽状分裂）；雄花有或无花被。
10. 肉质核果；雄花无花被……杨梅科 Myricaceae
10. 小坚果；雄花有花被……桦木科 Betulaceae
4. 有花萼，或在雄花中不存在。
11. 子房下位。
12. 叶对生，叶柄基部互相连合……金粟兰科 Chloranthaceae
12. 叶互生。
13. 羽状复叶……胡桃科 Juglandaceae
13. 单叶。
14. 蒴果……金缕梅科 Hamamelidaceae
14. 坚果。
15. 坚果封藏于一变大呈叶状的总苞中……桦木科 Betulaceae
15. 坚果有一总苞发育成的壳斗，包着坚果底部至全包坚果……山毛榉科（壳斗科）Fagaceae
11. 子房上位。
16. 植物体中具白色乳汁。

17. 子房 1 室；桑椹果 ……………………………………………………………… 桑科 Moraceae
17. 子房 2~3 室；蒴果 ……………………………………………………… 大戟科 Euphorbiaceae
16. 植物体中无乳汁，或在大戟科的重阳木属 *Bischofia* 中具红色汁液。
18. 心皮 1 枚；雄蕊的花丝在花蕾中向内屈曲 ……………………………… 荨麻科 Urticaceae
18. 心皮 2 枚以上合生；雄蕊的花丝在花蕾中常直立（在大戟科的重阳木属 *Bischofia* 及巴豆属 *Croton* 中则向前屈曲）。
19. 蒴果由 3 个（稀 2~4）离果瓣组成；雄蕊 10 枚至多数，有时少于 10 ………… 大戟科 Euphorbiaceae
19. 果实非上述情形；雄蕊少数至数枚（大戟科黄桐树属 *Endospermum* 6~10），或与萼片同数且对生。
20. 雌雄同株；乔木或灌木。
21. 子房 2 室；蒴果 …………………………………………………… 金缕梅科 Hamamelidaceae
21. 子房 1 室；坚果或核果 ………………………………………………………… 榆科 Ulmaceae
20. 雌雄异株。
22. 草本或草质藤本；叶掌状分裂或掌状复叶 ……………………………………… 桑科 Moraceae
22. 乔木或灌木；叶全缘，或在重阳木属为 3 小叶所成的复叶 ……………… 大戟科 Euphorbiaceae
3. 花两性或单性，但并不成为柔荑花序。
23. 子房或子房室内有数个至多数胚珠。（次 23 项见 346 页）
24. 寄生性草本，无绿色叶片 ……………………………………………… 大花草科 Rafflesiaceae
24. 非寄生性植物，有正常绿叶，或叶退化而以绿色茎代行叶的功用。
25. 子房下位或半下位。
26. 雌雄同株或异株；两性花时，则成肉质穗状花序。
27. 草本。
28. 植物体含多量液汁；单叶常不对称 ……………………………………… 秋海棠科 Begoniaceae
（秋海棠属 *Begonia*）
28. 植物体不含多量液汁；羽状复叶 …………………………………… 四数木科 Tetramelaceae
（野麻属 *Datisca*）
27. 木本。
29. 花两性，肉质穗状花序；叶全缘 ………………………………… 金缕梅科 Hamamelidaceae
（假马蹄荷属 *Chunia*）
29. 花单性，穗状、总状或头状花序；叶缘有锯齿或具裂片。
30. 花序穗状或总状；子房 1 室 ………………………………………… 四数木科 Datiscaceae
（四数木属 *Tetrameles*）
30. 花序头状；子房 2 室 ………………………………………………… 金缕梅科 Hamamelidaceae
（枫香树亚科 Liquidambaroideae）
26. 花两性，但非肉质穗状花序。
31. 子房 1 室。
32. 无花被；雄蕊着生在子房上 ………………………………………………… 三白草科 Saururaceae
32. 有花被；雄蕊着生在花被上。
33. 茎肥厚，绿色，常具棘针；叶常退化；花被片和雄蕊均多数；浆果 ………… 仙人掌科 Cactaceae
33. 茎不成上述形状；叶正常；花被片和雄蕊均 5 数或 4 数，或雄蕊数为花被片的 2 倍；蒴果 ……………… ……………………………………………………………………………… 虎耳草科 Saxifragaceae
31. 子房 4 室或更多室。
34. 乔木；雄蕊不定数 ……………………………………………………… 海桑科 Sonneratiaceae

34. 草本或灌木。
35. 雄蕊 4 枚 …………………………………………………… **柳叶菜科** Onagraceae
(**丁香蓼属** *Ludwigia*)
35. 雄蕊 6 枚或 12 枚 …………………………………………… **马兜铃科** Aristolochiaceae
25. 子房上位。
36. 雌蕊或子房 2 个,或数目更多。
37. 草本。
38. 复叶或多少分裂,稀单叶(仅驴蹄草属 *Caltha*)全缘或具齿裂;心皮多数至少数 ……………………………………………………………… **毛茛科** Ranunculaceae
38. 单叶,叶缘有锯齿;心皮和花萼裂片同数 ……………………… **虎耳草科** Saxifragaceae
(**扯根菜属** *Penthorum*)
37. 木本。
39. 花的各部为整齐的 3 基数 ……………………………………… **木通科** Lardizabalaceae
39. 花非上述情形。
40. 雄蕊数枚至多数连合成单体 ……………………………………… **梧桐科** Sterculiaceae
(**苹婆族** *Sterculieae*)
40. 雄蕊多数,离生。
41. 花两性;无花被 ……………………………………………… **昆栏树科** Trochodendraceae
(**昆栏树属** *Trochodendron*)
41. 花雌雄异株,具 4 枚小形萼片 …………………………… **连香树科** Cercidiphyllaceae
(**连香树属** *Cercidiphyllum*)
36. 雌蕊或子房单独 1 个。
42. 雄蕊周位,即着生于萼筒或杯状花托上。
43. 有不育雄蕊,且和 8~12 枚能育雄蕊互生 …………………………… **大风子科** Flacourtiaceae
(**山羊角树属** *Carrierea*)
43. 无不育雄蕊。
44. 多汁草本植物;花萼裂片呈覆瓦状排列,成花瓣状,宿存;蒴果盖裂 …………… **番杏科** Aizoaceae
(**海马齿属** *Sesuvium*)
44. 植物体非上述情形;花萼裂片不成花瓣状。
45. 双数羽状复叶,互生;花萼裂片呈覆瓦状排列;荚果;常绿乔木 ………………… **豆科** Leguminosae
(**云实亚科** Caesalpinoideae)
45. 单叶,对生或轮生;花萼裂片呈镊合状排列;非荚果。
46. 雄蕊不定数;子房 10 室或更多室;果实浆果状 ………………………… **海桑科** Sonneratiaceae
46. 雄蕊 4~12 枚(不超过花萼裂片的 2 倍);子房 1 室至数室;果实蒴果状。
47. 花杂性或雌雄异株,微小,成穗状花序,再排列成总状或圆锥状 ………… **隐翼科** Crypteroniaceae
(**隐翼属** *Crypteronia*)
47. 花两性,中型,单生至排列成圆锥花序 ………………………………… **千屈菜科** Lythraceae
42. 雄蕊下位,即着生于扁平或凸起的花托上。
48. 木本;单叶。
49. 乔木或灌木;雄蕊常多数,离生;胚珠生于侧膜胎座或隔膜上 ……………… **大风子科** Flacourtiaceae
49. 木质藤本;雄蕊 4 或 5 枚,基部连合成杯状或环状;胚珠基生(即位于子房室的基底)…………………………………………………………………………… **苋科** Amaranthaceae

48. 草本或亚灌木。
50. 植物体沉没水中，常为一具背腹面呈原叶体状的构造，像苔藓……………………**河苔草科** Podostemaceae
50. 植物体非如上述情形。
51. 子房 3~5 室。
52. 雌雄异株；叶互生；食虫植物……………………………………………**猪笼草科** Nepenthaceae
（**猪笼草属** *Nepenthes*）
52. 花两性；叶对生或轮生；非为食虫植物……………………………………**番杏科** Aizoaceae
（**粟米草属** *Mollugo*）
51. 子房 1~2 室。
53. 复叶或单叶多少有些分裂……………………………………………………**毛茛科** Ranunculaceae
53. 单叶不分裂或叶缘波状。
54. 侧膜胎座。
55. 花无花被…………………………………………………………………**三白草科** Saururaceae
55. 萼片 4 枚，十字花冠；角果………………………………………………**十字花科** Cruciferae
54. 特立中央胎座。
56. 花序穗状、头状或圆锥状；萼片多少为干膜质………………………………**苋科** Amaranthaceae
56. 花序聚伞状；萼片草质……………………………………………………**石竹科** Caryophyllaceae
23. 子房或其子房室内仅有 1 至数个胚珠。
57. 叶片中常有透明微点(腺点)。
58. 羽状复叶…………………………………………………………………………**芸香科** Rutaceae
58. 单叶，全缘或有锯齿。
59. 草本植物或有时在金粟兰科为亚灌木；花无花被，常成简单或复合的穗状花序，但在胡椒科齐头绒属 *Zippelia* 则成疏松总状花序。
60. 子房下位，仅 1 室有 1 胚珠；叶对生，叶柄在基部连合……………………**金粟兰科** Chloranthaceae
60. 子房上位；叶如为对生时，叶柄也不在基部连合。
61. 雌蕊由 3~6 近于离生心皮组成，每心皮各有 2~4 胚珠………………………**三白草科** Saururaceae
（**三白草属** *Saururus*）
61. 雌蕊由 1~4 合生心皮组成，仅 1 室，1 胚珠……………………………………**胡椒科** Piperaceae
（**齐头绒属** *Zippelia*，**豆瓣绿属** *Peperomia*）
59. 乔木或灌木；花具一层花被；花序有各种类型，但不为穗状。
62. 花萼裂片常 3 枚，呈镊合状排列；子房 1 心皮，成熟时肉质，常 2 瓣裂开；雌雄异株……**肉豆蔻科** Myristicaceae
62. 花萼裂片 4~6 枚，呈覆瓦状排列；子房 2~4 合生心皮。
63. 花两性；果实仅 1 室，蒴果状，2~3 瓣裂开……………………………………**大风子科** Flacourtiaceae
（**山羊角树属** *Carrierea*）
63. 花单性，雌雄异株；果实 2~4 室，肉质或革质，很晚才裂开…………………**大戟科** Euphorbiaceae
（**白树属** *Suregada*）
57. 叶片中无透明微点(腺点)。
64. 单体雄蕊，至少在雄花中如此，花丝互相连合成筒状或成一中柱。(次 64 项见 347 页)
65. 肉质寄生草本植物，具退化呈鳞片状的叶片，无叶绿素…………………………**蛇菰科** Balanophoraceae
65. 植物体非寄生性，有绿叶。
66. 雌雄同株，头状花序单性，雌花仅有 2 朵小花，总苞外多钩状芒刺…………………**菊科** Compositae
（**苍耳属** *Xanthium*）

66. 花两性，若单性时，则雄花及雌花也无上述情形。
67. 草本植物；花两性。
68. 叶互生……………………………………………………………………………… 藜科 Chenopodiaceae
68. 叶对生。
69. 花显著，有连合成花萼状的总苞………………………………………………… 紫茉莉科 Nyctaginaceae
69. 花微小，无上述情形的总苞………………………………………………………… 苋科 Amaranthaceae
67. 乔木或灌木，稀草本；花单性或杂性；叶互生。
70. 萼片覆瓦状排列，至少在雄花中如此……………………………………………… 大戟科 Euphorbiaceae
70. 萼片镊合状排列。
71. 雌雄异株；花萼常具3裂片；雌蕊1心皮，成熟时肉质，且常以2瓣裂开………………………………………………………………………………………… 肉豆蔻科 Myristicaceae
71. 花单性或雄花和两性花同株；花萼具4~5裂片或裂齿；雌蕊由3~6近于离生的心皮组成，各心皮于成熟时为革质或木质，呈蓇葖果状而不裂开………………………………… 梧桐科 Sterculiaceae
（苹婆族 *Sterculieae*）
64. 雄蕊各自分离，有时仅为1枚，或花丝成为分枝的簇丛（如大戟科的蓖麻属 *Ricinus*）。
72. 每花有雌蕊2个至多数，近于或完全离生；或花的界限不明显时，则雌蕊多数，成1球形头状花序。
73. 花托下陷，呈杯状或坛状。
74. 灌木；叶对生；花被片在坛状花托的外侧排列成数层………………………………… 蜡梅科 Calycanthaceae
74. 草本或灌木；叶互生；花被片在杯或坛状花托的边缘排列成一轮 ………………………… 蔷薇科 Rosaceae
73. 花托扁平或隆起，有时可延长。
75. 乔木、灌木或木质藤本。
76. 花有花被 ……………………………………………………………………………… 木兰科 Magnoliaceae
76. 花无花被。
77. 落叶灌木或小乔木；叶卵形，具羽状脉和锯齿缘；无托叶；花两性或杂性，在叶腋中丛生；翅果无毛，有柄…………………………………………………………………… 昆栏树科 Trochodendraceae
（领春木属 *Euptelea*）
77. 落叶乔木；叶广阔，掌状分裂，叶缘有缺刻或大锯齿；有托叶围茎成鞘，易脱落；花单性，雌雄同株，分别聚成球形头状花序；小坚果，围以长柔毛而无柄………………………… 悬铃木科 Platanaceae
（悬铃木属 *Platanus*）
75. 草本或稀亚灌木，有时为攀缘性。
78. 胚珠倒生或直生。
79. 叶片多少分裂或复叶；无托叶或极微小；有花被（花萼）；胚珠倒生；花单生或各式花序………………………………………………………………………………………… 毛茛科 Ranunculaceae
79. 单叶全缘；有托叶；无花被；胚珠直生；花成穗形总状花序 ………………………… 三白草科 Saururaceae
78. 胚珠常弯生；单叶全缘。
80. 直立草本；叶互生，非肉质………………………………………………………… 商陆科 Phytolaccaceae
80. 平卧草本；叶对生或近轮生，肉质 ……………………………………………………… 番杏科 Aizoaceae
（针晶粟草属 *Gisekia*）
72. 每花仅有1个复合或单雌蕊，心皮有时于成熟后各自分离。
81. 子房下位或半下位。（次81项见348页）
82. 草本。
83. 水生或小形沼泽植物。

84. 花柱 2 个或更多；叶片（尤其沉没水中的）常成羽状细裂或复叶 ………… **小二仙草科** Haloragidaceae

84. 花柱 1 个；单叶全缘，线形 …………………………………………………… **杉叶藻科** Hippuridaceae

83. 陆生草本。

85. 寄生性肉质草本，无绿叶。

86. 花单性，雌花常无花被；无珠被及种皮 ………………………………………… **蛇菰科** Balanophoraceae

86. 花杂性，有一层花被，两性花具 1 雄蕊；具珠被及种皮 ………………………… **锁阳科** Cynomoriaceae

（**锁阳属** *Cynomorium*）

85. 非寄生性植物，或于百蕊草属 *Thesium* 为半寄生性，但均有绿叶。

87. 叶对生，其形宽广而有锯齿缘 ………………………………………………… **金粟兰科** Chloranthaceae

87. 叶互生。

88. 平铺草本（限于我国植物），叶片宽，三角形，多少有些肉质 ……………………… **番杏科** Aizoaceae

（**番杏属** *Tetragonia*）

88. 直立草本，叶片窄而细长 ………………………………………………………… **檀香科** Santalaceae

（**百蕊草属** *Thesium*）

82. 灌木或乔木。

89. 子房 3~10 室。

90. 坚果 1~2 个，同生在一个木质且可裂为 4 瓣的壳斗里 ………………… **山毛榉科（壳斗科）** Fagaceae

（**水青冈属** *Fagus*）

90. 核果，并不生在壳斗里。

91. 雌雄异株，顶生的圆锥花序不为叶状苞片所托 ……………………………………… **山茱萸科** Cornaceae

（**鞘柄木属** *Toricellia*）

91. 花杂性，球形的头状花序为 2~3 白色叶状苞片所托 ……………………………… **珙桐科** Nyssaceae

（**珙桐属** *Davidia*）

89. 子房 1 或 2 室，或在铁青树科的青皮木属 *Schoepfia* 中，子房的基部可为 3 室。

92. 花柱 2 个。

93. 蒴果，2 瓣开裂 ………………………………………………………………… **金缕梅科** Hamamelidaceae

93. 果实呈核果状，或蒴果状的瘦果，不裂开 ………………………………………… **鼠李科** Rhamnaceae

92. 花柱 1 个或无花柱。

94. 叶片下面多少有些具皮屑状或鳞片状的附属物 ……………………………… **胡颓子科** Elaeagnaceae

94. 叶片下面无皮屑状或鳞片状的附属物。

95. 叶缘有锯齿或圆锯齿，稀可在荨麻科的紫麻属 *Oreocnide* 中有全缘者。

96. 叶对生，具羽状脉；雄花裸露，有雄蕊 1~3 枚 ……………………………… **金粟兰科** Chloranthaceae

96. 叶互生，大都于叶基具三出脉；雄花具花被及雄蕊 4 枚（稀可 3 或 5 枚）……… **荨麻科** Urticaceae

95. 叶全缘，互生或对生。

97. 植物体寄生在乔木的树干或枝条上；果实呈浆果状 ………………………… **桑寄生科** Loranthaceae

97. 植物体大都陆生，或有时可为寄生性；果实呈坚果状或核果状；胚珠 1~5 枚。

98. 花多为单性；胚珠垂悬于基底胎座上 ……………………………………………… **檀香科** Santalaceae

98. 花两性或单性；胚珠垂悬于子房室的顶端或中央胎座的顶端。

99. 雄蕊 10 枚，为花萼裂片的 2 倍数 ………………………………………… **使君子科** Combretaceae

（**诃子属** *Terminalia*）

99. 雄蕊 4 或 5 枚，和花萼裂片同数且对生 ……………………………………… **铁青树科** Olacaceae

81. 子房上位，如有花萼时，和它相分离，或在紫茉莉科及胡颓子科中，当果实成熟时，子房为宿存萼筒所

包围。

100. 托叶鞘围抱茎的各节；草本，稀灌木……………………………………………………蓼科 Polygonaceae

100. 无托叶鞘，在悬铃木科有托叶鞘但易脱落。

101. 草本，或有时在藜科及紫茉莉科中成亚灌木。（次 101 项见 350 页）

102. 无花被。

103. 花两性或单性；子房 1 室，内仅有 1 基生胚珠。

104. 叶基生，复叶具 3 小叶；穗状花序在一个细长基生无叶的花梗上…………小檗科 Berberidaceae（裸花草属 *Achlys*）

104. 叶茎生，单叶；穗状花序顶生或腋生，但常和叶相对生 ……………………………胡椒科 PiPeraceae（胡椒属 *Piper*）

103. 花单性；子房 3 或 2 室。

105. 水生或微小的沼泽植物，无乳汁；子房 2 室；每室胚珠 2 枚 ……………… 水马齿科 Callitrichaceae（水马齿属 *Callitriche*）

105. 陆生植物；有乳汁；子房 3 室，每室胚珠仅 1 枚……………………………… 大戟科 Euphorbiaceae

102. 有花被，单性花时，特别是雄花时如此。

106. 花萼呈花瓣状，且呈管状。

107. 花有总苞，有时总苞类似花萼……………………………………………………紫茉莉科 Nyctaginaceae

107. 花无总苞。

108. 胚珠 1 枚，在子房的近顶端处…………………………………………………… 瑞香科 Thymelaeaceae

108. 胚珠多数，生在特立中央胎座上 ………………………………………………… 报春花科 Primulaceae（海乳草属 *Glaux*）

106. 花萼非如上述情形。

109. 雄蕊周位，即位于花被上。

110. 叶互生，羽状复叶而有草质的托叶；花无膜质苞片；瘦果 ……………………蔷薇科 Rosaceae（地榆属 *Sanguisorba*）

110. 叶对生，或在蓼科的冰岛蓼属 *Koenigia* 为互生，单叶无草质托叶；花有膜质苞片。

111. 花被片和雄蕊各 5 或 4 枚，对生；囊果；托叶膜质………………………… 石竹科 Caryophyllaceae

111. 花被片和雄蕊各 3 枚，互生；坚果；无托叶 ……………………………………蓼科 Polygonaceae（冰岛蓼属 *Koenigia*）

109. 雄蕊下位，即位于子房下。

112. 花柱或其分枝 2 或数个，内侧常为柱头面。

113. 子房常为数个至多数心皮连合而成…………………………………………… 商陆科 Phytolaccaceae

113. 子房常为 2 或 3（或 5）心皮连合而成。

114. 子房 3 室，稀可 2 或 4 室 …………………………………………………… 大戟科 Euphorbiaceae

114. 子房 1 或 2 室。

115. 叶具掌状脉或掌状复叶，托叶宿存 ……………………………………………桑科 Moraceae（大麻亚科 Cannaboideae）

115. 叶具羽状脉，或稀可为掌状脉而无托叶，也可在藜科中叶退化成鳞片或为肉质而形如圆筒。

116. 花具草质而带绿色或灰绿色的花被及苞片………………………………… 藜科 Chenopodiaceae

116. 花具干膜质而常有色泽的花被及苞片……………………………………苋科 Amaranthaceae

112. 花柱 1 个，常顶端有柱头，也可无花柱。

117. 花两性。

118. 单心皮雌蕊；萼片 2，膜质且宿存；雄蕊 2 枚 ……………………………毛茛科 Ranunculaceae

（星叶草属 *Circaeaster*）

118. 雌蕊由 2 合生心皮组成。

119. 萼片 2 枚；雄蕊多数 ……………………………… 罂粟科 Papaveraceae（博落回属 *Macleaya*）

119. 萼片 4 枚；雄蕊 2 或 4 枚 …………………………十字花科 Cruciferae（独行菜属 *Lepidium*）

117. 花单性。

120. 沉没于淡水中的水生植物；叶细裂成丝状 ……………………… 金鱼藻科 Ceratophyllaceae

（金鱼藻属 Ceratophyllum）

120. 陆生植物；叶非上述情形。

121. 叶含多量水分；托叶连接叶柄的基部；雄花花被片 2 枚；雄蕊多数 ………………………… ……………………………………………………………………………假牛繁缕科 Theligonaceae

（假牛繁缕属 *Theligonum*）

121. 叶不含多量水分；如有托叶时，也不连接叶柄的基部；雄花的花被片和雄蕊均各为 4 或 5 枚，二者相对生 …………………………………………………………………荨麻科 Urticaceae

101. 木本植物或亚灌木。

122. 耐寒旱性的灌木，或在藜科的梭梭属 *Haloxylon* 为乔木；叶微小，细长或呈鳞片状，也可有时（如藜科）为肉质而成圆筒形或半圆筒形。

123. 雌雄异株或花杂性；花萼 3 数，萼片微呈花瓣状，和雄蕊同数且互生；花柱 1，极短，常有 6~9 放射状且有齿裂的柱头；核果；胚体劲直；常绿而基部偃卧的灌木；叶互生，无托叶 ……………… ………………………………………………………………………………… 岩高兰科 Empetraceae

（岩高兰属 *Empetrum*）

123. 花两性或单性，花萼 5 数，稀可 3 或 4 数，萼片或花萼裂片草质或革质，和雄蕊同数且对生，或在藜科中雄蕊由于退化而数较少，甚或 1 个；花柱或花柱分枝 2 或 3 个，内侧常为柱头面；胞果或坚果；胚体弯曲如环或弯曲成螺旋形。

124. 花无膜质苞片；雄蕊下位；叶互生或对生；无托叶；枝条常具关节 ………… 藜科 Chenopodiaceae

124. 花有膜质苞片；雄蕊周位；叶对生，基部常互相连合；有膜质托叶；枝条不具关节 ………………… ………………………………………………………………………………… 石竹科 Caryophyllaceae

122. 不是上述的植物；叶片矩圆形或披针形，或宽广至圆形。

125. 果实及子房均为 2 至数室，或在大风子科中为不完全的 2 至数室。（次 125 项见 351 页）

126. 花常两性。

127. 萼片 4 或 5 枚，稀可 3 枚，呈覆瓦状排列。

128. 雄蕊 4 枚；4 室的蒴果……………………………………………………………… 木兰科 Magnoliaceae

（水青树属 *Tetracentron*）

128. 雄蕊多数；浆果状的核果………………………………………………………… 大风子科 Flacourtiaceae

127. 萼片常 5 枚，呈镊合状排列。

129. 雄蕊为不定数；具刺的蒴果 ………………………………………………………… 杜英科 Elaeocarpaceae

（猴欢喜属 *Sloanea*）

129. 雄蕊和萼片同数；核果或坚果。

130. 雄蕊和萼片对生，各 3~6 枚 ……………………………………………………… 铁青树科 Olacaceae

130. 雄蕊和萼片互生，各 4 或 5 枚………………………………………………………… 鼠李科 Rhamnaceae

126. 花单性（雌雄同株或异株）或杂性。

131. 果实各种；种子无胚乳或有少量胚乳。

132. 雄蕊常 8 枚；蒴果坚果状或有翅；羽状复叶或单叶……………………… **无患子科** Sapindaceae

132. 雄蕊 5 或 4 枚，且和萼片互生；核果有 2~4 枚小核；单叶……………… **鼠李科** Rhamnaceae

（**鼠李属** *Rhamnus*）

131. 果实常呈蒴果状，无翅；种子常有胚乳。

133. 蒴果 2 室，有木质或革质的外种皮及角质的内果皮………………… **金缕梅科** Hamamelidaceae

133. 果实纵为蒴果时，也不像上述情形。

134. 胚珠具腹脊；果实有各种类型，但多为室间开裂的蒴果……………… **大戟科** Euphorbiaceae

134. 胚珠具背脊；果实为室背裂开的蒴果，或有时呈核果状……………… **黄杨科** Buxaceae

125. 果实及子房均 1 或 2 室，稀可在无患子科荔枝属 *Litchi* 及韶子属 *Nephelium* 中为 3 室，或在卫矛科十齿花属 *Dipentodon* 及铁青树科铁青树属 *Olax* 中，子房下部为 3 室，而上部为 1 室。

135. 花萼具显著的萼筒，且常呈花瓣状。

136. 叶无毛或下面有柔毛；萼筒整个脱落…………………………………… **瑞香科** Thymelaeaceae

136. 叶下面具银白色或棕色的鳞片；萼筒或其下部永久宿存，当果实成熟时，变为肉质而紧密包着子房……………………………………………………………… **胡颓子科** Elaeagnaceae

135. 花萼不是像上述情形，或无花被。

137. 花药以 2 或 4 舌瓣裂开 ……………………………………………………… **樟科** Lauraceae

137. 花药不以舌瓣裂开。

138. 叶对生。

139. 果实有双翅或呈圆形的翅果………………………………………………… **槭树科** Aceraceae

139. 果实有单翅而呈细长形兼矩圆形的翅果 ………………………………… **木犀科** Oleaceae

138. 叶互生。

140. 羽状复叶。

141. 二回羽状复叶，或退化仅具叶状柄（特称叶状叶柄 phyllodia）……………**豆科** Leguminosae

（**金合欢属** *Acacia*）

141. 一回羽状复叶。

142. 小叶边缘有锯齿；果实有翅………………………………………… **马尾树科** Rhoipterleaceae

（**马尾树属** *Rhoipterlea*）

142. 小叶全缘；果实无翅。

143. 花两性或杂性……………………………………………………………… **无患子科** Sapindaceae

143. 雌雄异株…………………………………………………………………… **漆树科** Anacardiaceae

（**黄连木属** *Pistacia*）

140. 单叶。

144. 花无花被。

145. 多木质藤本；叶全缘；花两性或杂性，成紧密的穗状花序 ………………… **胡椒科** Piperaceae

（**胡椒属** *Piper*）

145. 乔木；叶缘有锯齿或缺刻；花单性。

146. 叶宽广，具掌状脉或掌状分裂，叶缘具缺刻或大锯齿；有托叶，围茎成鞘，但易脱落；雌雄同株，雌花和雄花分别成球形的头状花序；雌蕊为单心皮而成；小坚果为倒圆锥形而有棱角，无翅也无梗，但围以长柔毛………………………………… **悬铃木科** Platanaceae

（**悬铃木属** *Platanus*）

146. 叶椭圆形至卵形，具羽状脉及锯齿缘；无托叶；雌雄异株，雄花聚成疏松有苞片的簇从，雌花单生于苞片的腋内；雌蕊 2 心皮；小坚果扁平，具翅且有柄，但无毛……………………………………………**杜仲科** Eucommiaceae

(**杜仲属** *Eucommia*)

144. 花常有花萼，尤其在雄花。

147. 植物体内有乳汁……………………………………**桑科** Moraceae

147. 植物体内无乳汁。

148. 花柱或其分枝 2 或数个，但在大戟科的核实树属 *Drypetes* 中则柱头几无柄，呈盾状或肾脏形。

149. 雌雄异株或有时为同株；叶全缘或具波状齿。

150. 矮小灌木或亚灌木；果实干燥，包藏于具有长柔毛而互相连合成双角状的 2 苞片中；胚体弯曲如环……………………………**藜科** Chenopodiaceae

(**优若藜属** *Eurotia*)

150. 乔木或灌木；果实呈核果状，常 1 室含 1 种子，不包藏于苞片内；胚体劲直……………………………………………**大戟科** Euphorbiaceae

149. 花两性或单性；叶缘多有锯齿或具齿裂，稀全缘。

151. 雄蕊多数……………………………………**大风子科** Flacourtiaceae

151. 雄蕊 10 枚或较少。

152. 子房 2 室，每室有 1 枚至数枚胚珠；木质蒴果…………**金缕梅科** Hamamelidaceae

152. 子房 1 室，仅含 1 胚珠；果实不为木质蒴果……………**榆科** Ulmaceae

148. 花柱 1，也可有时(如荨麻属)不存在，而柱头呈画笔状。

153. 叶缘有锯齿；子房为 1 心皮而成。

154. 花两性……………………………………**山龙眼科** Proteaceae

154. 雌雄异株或同株。

155. 花生于当年新枝上；雄蕊多数……………………**蔷薇科** Rosaceae

(**假稠李属** *Maddenia*)

155. 花生于老枝上；雄蕊和萼片同数……………………**荨麻科** Urticaceae

153. 叶全缘或边缘有锯齿；子房由 2 个以上连合心皮组成。

156. 果实呈核果状或坚果状，内有 1 枚种子；无托叶。

157. 子房具 2 枚或 2 枚以上胚珠；果实成熟后由萼筒包围…………**铁青树科** Olacaceae

157. 子房仅具 1 枚胚珠；果实和花萼相分离，或仅果实基部由花萼衬托之……………………………………………**山柚子科** Opiliaceae

156. 果实呈蒴果状或浆果状，内含数个至 1 个种子。

158. 花下位，雌雄异株，稀可杂性；雄蕊多数；果实呈浆果状；无托叶……………………………………………**大风子科** Flacourtiaceae

(**柞木属** *Xylosma*)

158. 花周位，两性；雄蕊 5~12 枚；果实呈蒴果状；有托叶，但易脱落。

159. 花为腋生的簇丛或头状花序；萼片 4~6 枚…………**大风子科** Flacourtiaceae

(**山羊角树属** *Casearia*)

159. 伞形花序腋生；萼片 10~14 枚……………………**卫矛科** Celastraceae

(**十齿花属** *Dipentodon*)

2. 花具花萼也具花冠，或有两层以上的花被片，有时花冠退化成蜜腺叶。

160. 花冠常为离生的花瓣所组成。(次 160 项见 367 页)

161. 成熟雄蕊(或单体雄蕊的花药)多在 10 枚以上,通常多数,或其数超过花瓣的 2 倍。(次 161 项见 357 页)
162. 花萼和 1 个或更多的雌蕊多少有些互相愈合,即子房下位或半下位。(次 162 页见 354 页)
163. 水生草本植物;子房多室……………………………………………………………………**睡莲科** Nymphaeaceae
163. 陆生植物;子房 1 至数室,也可心皮为 1 至数个,或在海桑科中为多室。
164. 植物体具肥厚的肉质茎,多有刺,常无真正叶片……………………………………………… **仙人掌科** Cactaceae
164. 植物体为普通形态,不呈仙人掌状,有真正的叶片。
165. 草本植物或稀可为亚灌木。
166. 花单性。
167. 雌雄同株;花鲜艳,多成腋生聚伞花序;子房 2~4 室 ……………………………………**秋海棠科** Begoniaceae
(**秋海棠属** *Begonia*)
167. 雌雄异株;花小而不显著,成腋生穗状或总状花序…………………………………………**四数木科** Datiscaceae
166. 花常两性。
168. 叶基生或茎生,呈心形,或在阿柏麻属 *Apama* 为长形,不为肉质;花 3 数…**马兜铃科** Aristolochiaceae
(**细辛族** Asareae)
168. 叶茎生,不呈心形,多少有些肉质,或为圆柱形;花非 3 数。
169. 花萼裂片常 5,叶状;蒴果 5 室或更多室,在顶端呈放射状裂开 ……………………… **番杏科** Aizoaceae
169. 花萼裂片 2;蒴果 1 室,盖裂…………………………………………………………………**马齿苋科** Portulacaceae
(**马齿苋属** *Portulaca*)
165. 乔木或灌木(但在虎耳草料的银梅草属 *Deinanthe* 及草绣球属 *Cardiandra* 为亚灌木,黄山梅属 *Kirengeshoma* 为多年生高大草本),有时以气生小根攀缘。
170. 叶常对生(虎耳草科草绣球属 *Cardiandra* 例外),或在石榴科石榴属 *Punica* 中有时可互生。
171. 叶缘常有锯齿或全缘;花序(除山梅花属 *Philadelphus*)常有不孕的边缘花……… **虎耳草科** Saxifragaceae
171. 叶全缘;花序无不孕花。
172. 叶脱落性;花萼呈朱红色 ……………………………………………………………………… **石榴科** Punicaceae
(**石榴属** *Punica*)
172. 叶常绿性;花萼不呈朱红色。
173. 叶片中有腺体微点;胚珠常多数 ……………………………………………………………**桃金娘科** Myrtaceae
173. 叶片中无微点。
174. 每子房室胚珠多数……………………………………………………………………………**海桑科** Sonneratiaceae
174. 每子房室仅 2 枚胚珠,稀可较多……………………………………………………………… **红树科** Rhizophoraceae
170. 叶互生。
175. 花瓣细长形兼长方形,最后向外翻转 ………………………………………………………… **八角枫科** Alangiaceae
(**八角枫属** *Alangium*)
175. 花瓣不成细长形,或纵为细长形时,也不向外翻转。
176. 叶无托叶。
177. 叶全缘;果实肉质或木质………………………………………………………………………**玉蕊科** Lecythidaceae
(**玉蕊属** *Barringtonia*)
177. 叶缘多少有些锯齿或齿裂;果实呈核果状,其形歪斜…………………………………………**山矾科** Symplocaceae
(**山矾属** *Symplocos*)
176. 叶有托叶。
178. 花瓣呈旋转状排列;花药隔向上延伸;花萼裂片中 2 枚或更多枚在果实上变大而呈翅状 …………
……………………………………………………………………………………………**龙脑香科** Dipterocarpaceae

178. 花瓣呈覆瓦状或旋转状排列（如蔷薇科的火棘属 *Pyracantha*）；花药隔并不向上延伸；花萼裂片也无上述变大情形。

179. 子房 1 室，内具 2~6 侧膜胎座，各有 1 枚至多数胚珠；果实为革质蒴果，自顶端以 2~6 片裂开…………………………………………………………………………………………大风子科 Flacourtiaceae

（天料木属 *Homalium*）

179. 子房 2~5 室，内具中轴胎座，或其心皮在腹面互相分离而具边缘胎座。

180. 花成伞房、圆锥、伞形或总状等花序，稀可单生；子房 2~5 室，或心皮 2~5 枚，下位，每室或每心皮有胚珠 1~2 枚，稀可有时为 3~10 枚或为多数；果实为肉质或木质假果；种子无翅……………………………………………………………………………………………………蔷薇科 Rosaceae

（梨亚科 Pomoideae）

180. 花成头状或肉穗花序；子房 2 室，半下位，每室有胚珠 2~6 枚；果为木质蒴果；种子有或无翅………………………………………………………………………………………………金缕梅科 Hamamelidaceae

（马蹄荷亚科 Bucklandioideae）

162. 花萼和 1 个或更多的雌蕊互相分离，即子房上位。

181. 花为周位花。

182. 萼片和花瓣相似，覆瓦状排列成数层，着生于坛状花托的外侧……………………………蜡梅科 Calycanthaceae

（洋蜡梅属 *Calycanthus*）

182. 萼片和花瓣有分化，在萼筒或花托的边缘排列成 2 层。

183. 叶对生或轮生，有时上部者可互生，但均为单叶全缘；花瓣常于蕾中呈皱褶状。

184. 花瓣无爪，形小，或细长；浆果…………………………………………………………海桑科 Sonneratiaceae

184. 花瓣有细爪，边缘具腐蚀状的波纹或具流苏；蒴果……………………………………千屈菜科 Lythraceae

183. 叶互生，单叶或复叶；花瓣不呈皱褶状。

185. 花瓣宿存；雄蕊的下部连成一管……………………………………………………………亚麻科 Linaceae

（粘木属 *Ixonanthes*）

185. 花瓣脱落性；雄蕊互相分离。

186. 草本植物，具 2 数的花朵；萼片 2 枚，早落性；花瓣 4 枚……………………………罂粟科 Papaveraceae

（花菱草属 *Eschscholtzia*）

186. 木本或草本植物，具 5 或 4 数的花朵。

187. 花瓣镊合状排列；荚果；叶多为二回羽状复叶，有时叶片退化，而叶柄发育为叶状柄；心皮 1 枚……………………………………………………………………………………………………豆科 Leguminosae

（含羞草亚科 Mimosoideae）

187. 花瓣覆瓦状排列；核果、蓇葖果或瘦果；单叶或复叶；心皮 1 至多数……………………蔷薇科 Rosaceae

181. 花为下位花，或至少在果实时花托扁平或隆起。

188. 雌蕊少数至多数，互相分离或微有连合。（次 188 项见 355 页）

189. 水生植物。

190. 叶片呈盾状，全缘………………………………………………………………………………睡莲科 Nymphaeaceae

190. 叶片不呈盾状，多少有些分裂或为复叶……………………………………………………毛茛科 Ranunculaceae

189. 陆生植物。

191. 茎攀缘性。

192. 草质藤本。

193. 花显著，两性花………………………………………………………………………………毛茛科 Ranunculaceae

193. 花小形，单性，雌雄异株……………………………………………………………………防己科 Menispermaceae

192. 木质藤本或蔓生灌木。
194. 叶对生，复叶由 3 小叶所成，或顶端小叶形成卷须……………………………………毛茛科 Ranunculaceae
（锡兰莲属 *Naravelia*）
194. 叶互生，单叶。
195. 花两性或杂性；心皮数枚，蓇葖果……………………………………………………五桠果科 Dilleniaceae
（锡叶藤属 *Tetracera*）
195. 花单性。
196. 心皮多数，结果时聚生成一球状的肉质体或散布于极延长的花托上………木兰科 Magnoliaceae
（五味子亚科 Schisandroideae）
196. 心皮 3~6 枚，核果或核果状……………………………………………………防己科 Menispermaceae
191. 茎直立，非攀缘性。
197. 雄蕊的花丝连成单体……………………………………………………………………锦葵科 Malvaceae
197. 雄蕊的花丝互相分离。
198. 草本植物，稀亚灌木；叶片多少有些分裂或为复叶。
199. 叶无托叶；种子有胚乳……………………………………………………………毛茛科 Ranunculaceae
199. 叶多有托叶；种子无胚乳……………………………………………………………蔷薇科 Rosaceae
198. 木本植物；叶片全缘或边缘有锯齿，也稀有分裂者。
200. 萼片及花瓣均为镊合状排列；胚乳具嚼痕……………………………………番荔枝科 Annonaceae
200. 萼片及花瓣均为覆瓦状排列；胚乳无嚼痕。
201. 萼片及花瓣相同，3 数，排列成 3 层或多层，均可脱落……………………木兰科 Magnoliaceae
201. 萼片及花瓣甚有分化，多为 5 数，排列成 2 层，萼片宿存。
202. 心皮 3 枚至多数；花柱互相分离；胚珠为不定数………………………五桠果科 Dilleniaceae
202. 心皮 3~10 枚；花柱完全合生；胚珠单生……………………………………金莲木科 Ochnaceae
（金莲木属 *Ochna*）
188. 雌蕊 1 枚，但花柱或柱头 1 至多数。
203. 叶片中具透明微点（腺点）。
204. 叶互生，羽状复叶或退化为仅有 1 顶生小叶……………………………………芸香科 Rutaceae
204. 叶对生，单叶…………………………………………………………………………藤黄科 Guttiferae
203. 叶片中无透明微点（腺点）。
205. 单雌蕊或离生心皮雌蕊，子房 1 室。
206. 乔木或灌木；花瓣呈镊合状排列；荚果……………………………………………豆科 Leguminosae
（含羞草亚科 Mimosoideae）
206. 草本植物；花瓣呈覆瓦状排列；果实不是荚果。
207. 花 5 基数；蓇葖果……………………………………………………………………毛茛科 Ranunculaceae
207. 花 3 基数；浆果 ………………………………………………………………………小檗科 Berberidaceae
205. 复雌蕊子房，心皮 2 至多枚，1 至多室。
208. 子房 1 室，或在马齿苋科的土人参属 *Talinum* 中子房基部为 3 室。
209. 特立中央胎座。
210. 草本；叶互生或对生；子房基部 3 室，有多数胚珠……………………马齿苋科 Portulacaceae
（土人参属 *Talinum*）
210. 灌木；叶对生；子房 1 室，内有成为 3 对的 6 个胚珠……………………红树科 Rhizophoraceae
（秋茄树属 *Kandelia*）

209. 侧膜胎座。
211. 灌木或小乔木(在半日花科中常为亚灌木或草本),无子房柄或极短;蒴果或浆果。
212. 叶对生;萼片不相等,外面2枚较小,或有时退化,内面3枚呈旋转状排列 ···· **半日花科** Cistaceae (**半日花属** *Helianthemum*)
212. 叶常互生,萼片相等,呈覆瓦状或镊合状排列。
213. 植物体内含有色泽的汁液;叶具掌状脉,全缘;萼片5枚,互相分离,基部有腺体;种皮肉质,红色 ······ **红木科** Bixaceae (**红木属** *Bixa*)
213. 植物体内不含有色泽的汁液;叶具羽状脉或掌状脉;叶缘有锯齿或全缘;萼片3~8枚,离生或合生;种皮坚硬,干燥 ······ **大风子科** Flacourtiaceae
211. 草本植物,如为木本植物时,则具有明显的子房柄;浆果或核果。
214. 植物体内含乳汁;萼片2~3枚 ······ **罂粟科** Papaveraceae
214. 植物体内不含乳汁;萼片4~8枚。
215. 单叶或掌状复叶;花瓣完整;长角果 ······ **白花菜科** Capparidaceae
215. 单叶,或羽状复叶或分裂;花瓣具缺刻或细裂;蒴果仅于顶端裂开 ······ **木犀草科** Resedaceae
208. 子房2至多室,或为不完全的2至多室。
216. 草本植物,具多少有些呈花瓣状的萼片。
217. 水生植物;花瓣为多数雄蕊或鳞片状的蜜腺叶所代替 ······ **睡莲科** Nymphaeaceae (**萍蓬草属** *Nuphar*)
217. 陆生植物;花瓣不为蜜腺叶所代替。
218. 一年生草本植物;叶呈羽状细裂;花两性 ······ **毛茛科** Ranunculaceae (**黑种草属** *Nigella*)
218. 多年生草本植物;叶全缘而呈掌状分裂;雌雄同株 ······ **大戟科** Euphorbiaceae (**麻风树属** *Jatropha*)
216. 木本植物,或陆生草本植物,常不具呈花瓣状的萼片。
219. 萼片于蕾内呈镊合状排列。
220. 雄蕊互相分离或连成数束。
221. 花药1室或数室;掌状复叶或单叶,全缘,具羽状脉 ······ **木棉科** Bombacaceae
221. 花药2室;单叶,叶缘有锯齿或全缘。
222. 花药以顶端2孔裂开 ······ **杜英科** Elaeocarpaceae
222. 花药纵长裂开 ······ **椴树科** Tiliaceae
220. 单体雄蕊,至少内层者如此,并且多少有些连成管状。
223. 花单性;萼片2或3枚 ······ **大戟科** Euphorbiaceae (**油桐属** *Aleurites*)
223. 花常两性;萼片多5枚,稀可较少。
224. 花药2室或更多室。
225. 无副萼;多有不育雄蕊;花药2室;单叶或掌状分裂 ······ **梧桐科** Sterculiaceae
225. 有副萼;无不育雄蕊;花药数室;单叶,全缘且具羽状脉 ······ **木棉科** Bombacaceae (**榴莲属** *Durio*)
224. 花药1室。
226. 花粉粒表面平滑;掌状复叶 ······ **木棉科** Bombacaceae (**木棉属** *Gossampinus*)

226. 花粉粒表面有刺；叶有各种情形 ……………………………………………………**锦葵科** Malvaceae
219. 萼片于蕾内呈覆瓦状或旋转状排列，或有时（如大戟科的巴豆属 *Croton*）近呈镊合状排列。
227. 雌雄同株或稀异株；蒴果，由 2~4 个各自裂为 2 片的离果组成 ………………**大戟科** Euphorbiaceae
227. 花常两性，或在猕猴桃科的猕猴桃属 *Actinidia* 中为杂性或雌雄异株；果实为其他情形。
228. 萼片在果实时增大且成翅状；雄蕊具伸长的花药隔 ……………………**龙脑香科** Dipterocarpaceae
228. 萼片及雄蕊二者不为上述情形。
229. 雄蕊排列成 2 层，外层 10 枚和花瓣对生，内层 5 枚和萼片对生…………**蒺藜科** Zygophyllaceae
（**骆驼蓬属** *Peganum*）
229. 雄蕊的排列为其他情形。
230. 食虫的草本植物；叶基生，呈管状，其上再具有小叶 ……………………**瓶子草科** Sarraceniaceae
230. 不是食虫植物；叶茎生或基生，但不呈管状。
231. 植物体呈耐寒旱状；单叶全缘。
232. 叶对生或上部者互生；萼片 5 枚，互不相等，外面 2 枚较小或有时退化，内面 3 枚较大，成旋转状排列，宿存；花瓣早落……………………………………………………**半日花科** Cistaceae
232. 叶互生；萼片 5 枚，大小相等；花瓣宿存；在内侧基部各有 2 舌状物 ……………………………………………………………………………………………………**柽柳科** Tamaricaceae
（**琵琶柴属** *Reaumuria*）
231. 植物体不是耐寒旱状；叶常互生；萼片 2~5 枚，彼此相等；呈覆瓦状或稀可呈镊合状排列。
233. 草本或木本植物；花 4 数，或其萼片多为 2 枚且早落。
234. 植物体内含乳汁；无或有极短子房柄；种子有丰富胚乳………………**罂粟科** Papaveraceae
234. 植物体内不含乳汁；有细长的子房柄；种子无或有少量胚乳…………**白花菜科** Capparidaceae
233. 木本植物；花常 5 数，萼片宿存或脱落。
235. 蒴果具 5 个棱角，分成 5 个骨质各含 1 或 2 种子的心皮后，再各沿其缝线而 2 瓣裂开 ……………………………………………………………………………………………**蔷薇科** Rosaceae
（**白鹃梅属** *Exochorda*）
235. 果实不为蒴果，如为蒴果时则为室背开裂。
236. 蔓生或攀缘灌木；雄蕊分离；子房 5 室或更多；浆果，常可食…………**猕猴桃科** Actinidiaceae
236. 乔木或灌木；雄蕊至少在外层者连为单体，或连成 3~5 束而着生于花瓣基部；子房 5~3 室。
237. 花药能转动，以顶端孔裂开；浆果；胚乳颇丰富……………………**猕猴桃科** Actinidiaceae
（**水冬哥属** *Saurauia*）
237. 花药能或不能转动，常纵长裂开；非浆果；胚乳通常微小………………**山茶科** Theaceae
161. 成熟雄蕊 10 枚或较少，如多于 10 枚时，其数并不超过花瓣的 2 倍。
238. 成熟雄蕊和花瓣同数，且和它对生。（次 238 项见 359 页）
239. 雌蕊 3 个至多数，离生。
240. 直立草本或亚灌木；花两性，5 数 ……………………………………………………………**蔷薇科** Rosaceae
（**地蔷薇属** *Chamaerhodos*）
240. 木质或草质藤本花单性，常 3 基数。
241. 常单叶；花小型；核果；心皮 3~6 枚，星状排列，各含 1 胚珠 ……………………**防己科** Menispermaceae
241. 掌状复叶或由 3 小叶组成；花中型；浆果；心皮 3 枚至多数，轮状或螺旋状排列，各含 1 或多数胚珠……………………………………………………………………………………**木通科** Lardizabalaceae
239. 雌蕊 1 个。

242. 子房 2 至数室。

243. 花萼裂齿不明显或微小；以卷须缠绕他物的灌木或草本植物……………………………… **葡萄科** Vitaceae

243. 花萼裂片 4~5；乔木、灌木或草本植物，有时虽也可为缠绕性，但无卷须。

244. 单体雄蕊。

245. 单叶；每子房室胚珠 2~6 枚（或在可可树亚族 *Theobromineae* 中为多数）………… **梧桐科** Sterculiaceae

245. 掌状复叶；每子房室胚珠多数 ……………………………………………… **木棉科** Bombacaceae（**吉贝属** *Ceiba*）

244. 雄蕊互相分离，或稀可在其下部连成一管。

246. 叶无托叶；萼片各不相等，呈覆瓦状排列；花瓣不相等，在内层的 2 枚常很小…… **清风藤科** Sabiaceae

246. 叶常有托叶；萼片同大，呈镊合状排列；花瓣均大小同形。

247. 单叶 ……………………………………………………………………… **鼠李科** Rhamnaceae

247. 1~3 回羽状复叶…………………………………………………………… **葡萄科** Vitaceae（**火筒树属** *Leea*）

242. 子房 1 室（在马齿苋科的土人参属 *Talinum* 及铁青树科的铁青树属 *Olax* 中则子房的下部多少有些成为 3 室）。

248. 子房下位或半下位。

249. 叶互生，边缘常有锯齿；蒴果 ……………………………………… **大风子科** Flacourtiaceae（**天科木属** *Homalium*）

249. 叶多对生或轮生，全缘；浆果或核果………………………………… **桑寄生科** Loranthaceae

248. 子房上位。

250. 花药以舌瓣裂开 ………………………………………………………… **小檗科** Berberidaceae

250. 花药不以舌瓣裂开。

251. 缠绕草本；胚珠 1 个；叶肥厚，肉质………………………………… **落葵科** Basellaceae（**落葵属** *Basella*）

251. 直立草本，或有时为木本；胚珠 1 个至多数。

252. 单体雄蕊；胚珠 2 个……………………………………………… **梧桐科** Sterculiaceae（**蛇婆子属** *Waltheria*）

252. 雄蕊互相分离；胚珠 1 个至多数。

253. 花瓣 6~9 枚；单雌蕊 ……………………………………………… **小檗科** Berberidaceae

253. 花瓣 4~8 枚；复雌蕊。

254. 常草本；花萼有 2 个分离萼片。

255. 花瓣 4 枚；侧膜胎座 ………………………………………… **罂粟科** Papaveraceae（**角茴香属** *Hypecoum*）

255. 花瓣常 5 枚；基生胎座………………………………………… **马齿苋科** Portulacaceae

254. 乔木或灌木，常蔓生；花萼呈倒圆锥形或杯状。

256. 雌雄同株；花萼裂片 4~5；花瓣呈覆瓦状排列；无不育雄蕊；胚珠有 2 层珠被……………………………………………………………… **紫金牛科** Myrsinaceae（**信筒子属** *Embelia*）

256. 花两性；花萼于开花时微小，而具不明显的齿裂；花瓣多为镊合状排列；有不育雄蕊（有时代以蜜腺）；胚珠无珠被。

257. 花萼于果时增大；子房的下部为 3 室，上部为 1 室，内含 3 枚胚珠 ……… **铁青树科** Olacaceae（**铁青树属** *Olax*）

257. 花萼于果时不增大；子房 1 室，内仅含 1 枚胚珠……………………………… **山柚子科** Opiliaceae

238. 成熟雄蕊和花瓣不同数，如同数时则雄蕊和它互生。

258. 雌雄异株；雄蕊 8 枚，不相同，其中 5 枚较长，有伸出花外的花丝，且和花瓣相互生，另 3 枚则较短而藏于花内；灌木或灌木状草本；单叶互生或对生；心皮单生；雌花无花被，无梗，贴生于宽圆形的叶状苞片上……………………………………………………………………………… **漆树科** Anacardiaceae

（**九子不离母属** *Dobinea*）

258. 花两性或单性，如雌雄异株时，其雄花中也无上述情形的雄蕊。

259. 花萼或其筒部和子房多少有些相连合。（次 259 项见 360 页）

260. 每子房室内含胚珠或种子 2 枚至多数。（次 260 项见 359 页）

261. 花药顶端孔裂；草本或木本；叶对生或轮生，叶片基部多数具 3~9 脉…………**野牡丹科** Melastomaceae

261. 花药纵长裂开。

262. 草本或亚灌木；有时具攀缘性。

263. 具卷须的攀缘草本；花单性……………………………………………………… **葫芦科** Cucurbitaceae

263. 无卷须的植物；花常两性。

264. 萼片或萼裂片 2 枚；植物体多少肉质而多水分 …………………………… **马齿苋科** Portulacaceae

（**马齿苋属** *Portulaca*）

264. 萼片或萼裂片 4~5 枚；植物体常不为肉质。

265. 萼裂片覆瓦状或镊合状排列；花柱 2 或更多；种子具胚乳 ……………………**虎耳草科** Saxifragaceae

265. 萼裂片镊合状排列；花柱 1，柱头 2~4 裂，或呈头状；种子无胚乳 ……………**柳叶菜科** Onagraceae

262. 乔木或灌木，有时具攀缘性。

266. 叶互生。

267. 花数朵至多数成头状花序；常绿乔木；叶革质，全缘或具浅裂 …………… **金缕梅科** Hamamelidaceae

267. 花成总状或圆锥花序。

268. 灌木；叶掌状分裂，基部具 3~5 脉；子房 1 室，有多数胚珠；浆果…………**虎耳草科** Saxifragaceae

（**茶藨子属** *Ribes*）

268. 乔木或灌木；叶缘有锯齿或细锯齿，有时全缘，具羽状脉；子房 3~5 室，每室胚珠 2 至数枚，或在山茉莉属 *Huodendron* 为多数；干燥或木质核果，或蒴果，有时具棱角或翅 ……………………………………………………………………………………**野茉莉科** Styracaceae

266. 叶常对生（使君子科榄李属 *Lumnitzera* 例外，风车子属 *Combretum* 有时互生，或互生和对生共存于一枝上）。

269. 胚珠多数，除冠盖藤属 *Pileostegia* 自子房室顶端垂悬外，均位于侧膜或中轴胎座上；浆果或蒴果；叶缘有锯齿或全缘，但均无托叶；种子含胚乳 ……………………………………**虎耳草科** Saxifragaceae

269. 胚珠 2 至数枚，近于自房室顶端垂悬；叶全缘或有圆锯齿；果实多不裂开，内有种子 1 至数枚。

270. 乔木或灌木，常蔓生，无托叶，不为形成海岸林的组成分子（榄李树属 *Lumnitzera* 例外）；种子无胚乳，落地后始萌芽 …………………………………………………………………… **使君子科** Combretaceae

270. 常绿灌木或小乔木，具托叶；多为形成海岸林的主要组成分子；种子常有胚乳，在落地前即萌芽（胎生）……………………………………………………………………………… **红树科** Rhizophoraceae

260. 每子房室内仅含胚珠或种子 1 枚。

271. 果实裂开为 2 个干燥的离果，并共同悬于一果梗上；花序常为伞形花序（在变豆菜属 *Sanicula* 及鸭儿芹属 *Crypbtotaenia* 中为不规则的花序，在刺芫荽属 *Eryngium* 中则为头状花序）…………**伞形科** Umbelliferae

271. 果实不裂开或裂开而非上述情形；花序各式。

272. 草本植物。

273. 花柱或柱头 2~4 个；种子具胚乳；小坚果或核果，具棱角或有翅…………**小二仙草科** Haloragidaceae

273. 花柱 1 个，具有 1 头状或呈 2 裂的柱头；种子无胚乳。

274. 陆生草本植物，具对生叶；花 2 基数；坚果具钩状刺毛……………………………**柳叶菜科** Onagraceae
（**露珠草属** *Circaea*）

274. 水生草本植物，有聚生而漂浮水面的叶片；花 4 基数；坚果具 2~4 刺（栽培种果实可无显著的刺）
……………………………………………………………………………………………………**菱科** Trapaceae
（**菱属** *Trapa*）

272. 木本植物。

275. 果实干燥或蒴果状。

276. 子房 2 室；花柱 2 ………………………………………………………………**金缕梅科** Hamamelidaceae

276. 子房 1 室；花柱 1。

277. 花序伞房状或圆锥状 ……………………………………………………**莲叶桐科** Hernandiaceae

277. 花序头状…………………………………………………………………………**珙桐科** Nyssaceae
（**旱莲木属** *Camptotheca*）

275. 果实核果状或浆果状。

278. 叶互生或对生；花瓣呈镊合状排列；花序各式，稀伞形或头状，有时生叶片上。

279. 花瓣 3~5 枚，卵形至披针形；花药短…………………………………………**山茱萸科** Cornaceae

279. 花瓣 4~10 枚，狭窄形并向外翻转；花药细长………………………………**八角枫科** Alangiaceae
（**八角枫属** *Alangium*）

278. 叶互生；花瓣呈覆瓦状或镊合状排列；花序常伞形或呈头状。

280. 子房 1~2 室；花柱 1；花杂性，异株，雄花单生或少数至数朵聚生，雌花多数，腋生为有花梗的簇丛 ……………………………………………………………………………**珙桐科** Nyssaceae
（**蓝果树属** *Nyssa*）

280. 子房 2 室或更多室；花柱 2~5；若子房 1 室而具 1 花柱时（如马蹄参属 *Diplopanax*），则花两性，形成顶生类似穗状的花序 ……………………………………………………………**五加科** Araliaceae

259. 花萼和子房相分离。

281. 叶片中有透明微点（腺点）。

282. 花整齐，稀可两侧对称；果实非荚果……………………………………………**芸香科** Rutaceae

282. 花整齐或不整齐；荚果 ………………………………………………………………**豆科** Leguminosae

281. 叶片中无透明微点（腺点）。

283. 雌蕊 2 枚或更多，互相分离或仅有局部的连合；也可子房分离而花柱连合成 1 个。

284. 多水分的草本，具肉质的茎及叶 ……………………………………………**景天科** Crassulaceae

284. 植物体非上述情形。

285. 花为周位花。

286. 花的各部分呈螺旋状排列，萼片逐渐变为花瓣；雄蕊 5 或 6 枚；雌蕊多数…………**蜡梅科** Calycanthaceae
（**蜡梅属** *Chimonanthus*）

286. 花的各部分呈轮状排列，萼片和花瓣甚有分化。

287. 雌蕊 2~4 枚，各有多数胚珠；种子有胚乳；无托叶 ……………………………**虎耳草科** Saxifragaceae

287. 雌蕊 2 枚至多数，各有 1 至数枚胚珠；种子无胚乳；有或无托叶 ……………………**蔷薇科** Rosaceae

285. 花为下位花，或在悬铃木科中微呈周位。

288. 草本或亚灌木。

289. 各子房联合具 1 共同的花柱或柱头；羽状复叶；花 5 数；花萼宿存；花中有和花瓣互生的腺体；

雄蕊 10 枚……………………………………………………………………**牻牛儿苗科** Geraniaceae

（**熏倒牛属** *Biebersteinia*）

289. 各子房的花柱互相分离。

290. 叶常互生或基生，多少有些分裂；花瓣脱落性，较萼片为大，或于天葵属 *Semiaquilegia* 稍小于花瓣状的萼片 ……………………………………………………………**毛茛科** Ranunculaceae

290. 叶对生或轮生，单叶全缘；花瓣宿存，较萼片小……………………………**马桑科** Coriariaceae

（**马桑属** *Coriaria*）

288. 乔木、灌木或木本的攀缘植物。

291. 单叶。

292. 叶对生或轮生 ………………………………………………………………**马桑科** Coriariaceae

（**马桑属** *Coriaria*）

292. 叶互生。

293. 叶脱落性，具掌状脉；叶柄基部扩张成帽状以覆盖腋芽 …………………**悬铃木科** Platanaceae

（**悬铃木属** *Platanus*）

293. 叶常绿性或脱落性，具羽状脉。

294. 心皮 4 枚至多数，离生；花萼果时不增大。

295. 雌蕊 7 枚至多数（稀可少至 5 枚）；直立或缠绕性灌木；花两性或单性 ……………………………………………………………………………………**木兰科** Magnoliaceae

295. 雌蕊 4~6 枚，常仅 1 枚发育；乔木或灌木；花两性 ……………………**漆树科** Anacardiaceae

（**山様子属** *Buchanania*）

294. 子房深裂，心皮 5 或 6 枚，花柱 1，各子房均可熟为核果；花萼果时增大……………………………………………………………………………………**金莲木科** Ochnaceae

（**赛金莲木属** *Gomphia*）

291. 复叶。

296. 叶对生 ……………………………………………………………………**省沽油科** Staphyleaceae

296. 叶互生。

297. 木质藤本；掌状复叶或三出复叶……………………………………………**木通科** Lardizabalaceae

297. 乔木或灌木（有时在牛栓藤科中有缠绕性者）；羽状复叶。

298. 肉质蓇葖果圆柱形，浆果状，内含多数种子，状似猫屎 …………………**木通科** Lardizabalaceae

（**猫儿屎属** *Decaisnea*）

298. 果实非上述情形。

299. 果实为蓇葖果，种子大，1 枚，稀 2 枚 ………………………………**牛栓藤科** Comnaraceae

299. 果实为离果，或在臭椿属 *Ailanthus* 中为翅果………………………………**苦木科** Simaroubaceae

283. 雌蕊 1 个，或至少其子房为 1 个。

300. 雌蕊或子房确是单纯的，仅 1 室。

301. 核果或浆果。

302. 花 3 数，稀 2 数；花药以舌瓣裂开……………………………………………**樟科** Lauraceae

302. 花为 5 或 4 数；花药纵长裂开。

303. 落叶具刺灌木；雄蕊 10 枚，周位，均可发育 ……………………………**蔷薇科** Rosaceae

（**扁核木属** *Prinsepia*）

303. 常绿乔木；雄蕊 1~5 枚，下位，常仅其中 1 枚或 2 枚发育 ……………**漆树科** Anacardiaceae

（**芒果属** *Mangifera*）

301. 蓇葖果或荚果。

304. 荚果……………………………………………………………………………**豆科** Leguminosae

304. 蓇葖果。

305. 落叶灌木；单叶；蓇葖果内含 2 至数枚种子 …………………………………**蔷薇科** Rosaceae

(**绣线菊亚科** Spiraeoideae)

305. 常为木质藤本；多单数复叶或具 3 小叶，有时因退化而只有 1 枚小叶；蓇葖果内仅含 1 个种子 ……………………………………………………………………………**牛栓藤科** Connaraceae

300. 雌蕊或子房并非单纯者，有 1 个以上的子房室或花柱、柱头，胎座等部分。

306. 子房 1 室或因有 1 假隔膜的发育而成 2 室，有时下部 2~5 室，上部 1 室。(次 306 项见 364 页)

307. 花下位，花瓣 4 枚，稀可更多。

308. 萼片 2 枚……………………………………………………………………**罂粟科** Papaveraceae

308. 萼片 4~8 枚。

309. 子房柄常细长，呈线状 ……………………………………………………**白花菜科** Capparidaceae

309. 子房柄极短或不存在。

310. 子房 2 个心皮连合组成，常具 2 子房室及 1 假隔膜 ……………………………**十字花科** Cruciferae

310. 子房 3~6 个心皮连合组成，仅 1 子房室。

311. 叶对生，微小，为耐寒旱性；花辐射对称；花瓣完整，具瓣爪，其内侧有舌状的鳞片附属物 …… ……………………………………………………………………**瓣鳞花科** Frankeniaceae

(**瓣鳞花属** *Frankenia*)

311. 叶互生，显著，非耐寒旱性；花为两侧对称；花瓣常分裂，但其内侧并无鳞片状的附属物…… ……………………………………………………………………**木犀草科** Resedaceae

307. 花周位或下位，花瓣 3~5 枚，稀可 2 枚或更多。

312. 每子房室内仅有胚珠 1 个。

313. 乔木，或稀为灌木；叶常为羽状复叶。

314. 叶常为羽状复叶，具托叶及小托叶……………………………………**省沽油科** Staphyleaceae

(**银鹊树属** *Topiscia*)

314. 叶为羽状复叶或单叶，无托叶及小托叶……………………………………**漆树科** Anacardiaceae

313. 木本或草本；单叶。

315. 常为木本，稀可在樟科的无根藤属 *Cassytha* 则为缠绕性寄生草本；叶常互生，无膜质托叶。

316. 乔木或灌木；无托叶；花 3 数或 2 数；萼片和花瓣同形，稀可花瓣较大；花药以舌瓣裂开；浆果或核果…………………………………………………………………………**樟科** Lauraceae

316. 蔓生性的灌木，茎为合轴型，具钩状的分枝；托叶小而早落；花 5 数，萼片和花瓣不同形，前者且于结实时增大成翅状；花药纵长裂开；坚果 ………………**钩枝藤科** Ancistrocladaceae

(**钩枝藤属** *Ancistrocladus*)

315. 草本或亚灌木；叶互生或对生，具膜质托叶 ……………………………………**蓼科** Polygonaceae

312. 每子房室内有胚珠 2 个至多数。

317. 乔木、灌木或木质藤本。(次 317 项见 363 页)

318. 花瓣及雄蕊均着生于花萼上 ……………………………………………………**千屈菜科** Lythraceae

318. 花瓣及雄蕊均着生于花托上(或于西番莲科中雄蕊着生于子房柄上)。

319. 核果或翅果，仅有 1 种子。

320. 花萼具显著的 4 或 5 裂片或裂齿，微小而不能长大…………………………**茶茱萸科** Icacinaceae

320. 花萼呈截平头或具不明显的萼齿，微小，但能在果实上增大 ………………**铁青树科** Olacaceae

(**铁青树属** *Olax*)

319. 蒴果或浆果，内有 2 至多数种子。

321. 花两侧对称。

322. 叶为 2~3 回羽状复叶；雄蕊 5 枚……………………………………………………**辣木科** Moringaceae
(**辣木属** *Moringa*)

322. 单叶全缘；雄蕊 8 枚 ……………………………………………………………… **远志科** Polygalaceae

321. 花辐射对称；单叶或掌状分裂。

323. 花瓣直立而常具彼此衔接的瓣爪………………………………………………**海桐花科** Pittosporaceae
(**海桐花属** *Pittosporum*)

323. 花瓣不具细长的瓣爪。

324. 植物体耐寒旱性，有鳞片状或细长形的叶片；花无小苞片 …………**柽柳科** Tamaricaceae

324. 植物体非为耐寒旱性，具有较宽大的叶片。

325. 花两性。

326. 花萼和花瓣不甚分化，且前者较大 ………………………………**大风子科** Flacourtiaceae
(**红子木属** *Erythrospermum*)

326. 花萼和花瓣很有分化，前者很小 ……………………………………………**堇菜科** Violaceae
(**雷诺木属** *Rinorea*)

325. 雌雄异株或花杂性。

327. 乔木；花瓣基部各具位于内方的一鳞片；无子房柄 …………**大风子科** Flacourtiaceae
(**大风子属** *Hydnocarpus*)

327. 灌木多具卷须而攀缘；花常具 5 鳞片组成的副冠，各鳞片和萼片相对生；有子房柄 ……………………………………………………………………………………**西番莲科** Passifloraceae
(**蒴莲属** *Adenia*)

317. 草本或亚灌木。

328. 胎座位于子房室的中央或基底。

329. 花瓣着生于花萼的喉部 ……………………………………………………………**千屈菜科** Lythraceae

329. 花瓣着生于花托上。

330. 萼片 2 枚；叶互生，稀可对生 ………………………………………………**马齿苋科** Portulacaceae

330. 萼片 5 或 4 枚；叶对生 ……………………………………………………………**石竹科** Caryophyllaceae

328. 胎座为侧膜胎座。

331. 食虫植物，具生有腺体刚毛的叶片 ……………………………………………**茅膏菜科** Droseraceae

331. 非为食虫植物，也无生有腺体毛茸的叶片。

332. 花两侧对称。

333. 花有一位于前方的距状物；蒴果 3 瓣裂开……………………………………**堇菜科** Violaceae

333. 花有一位于后方的大型花盘；蒴果仅于顶端裂开 ……………………**木犀草科** Resedaceae

332. 花整齐或近于整齐。

334. 植物体耐寒旱性；花瓣内侧各有 1 舌状的鳞片 ……………………**瓣鳞花科** Frankeniaceae
(**瓣鳞花属** *Frankenia*)

334. 植物体非耐寒旱性；花瓣内侧无鳞片的舌状附属物。

335. 花中有副冠及子房柄………………………………………………………**西番莲科** Passifloraceae
(**西番莲属** *Passiflora*)

335. 花中无副冠及子房柄………………………………………………………**虎耳草科** Saxifragaceae

306. 子房 2 室或更多室。
336. 花瓣形状彼此极不相等。
337. 每子房室内有数枚至多数胚珠。
338. 子房 2 室 ……………………………………………………………………………… **虎耳草科** Saxifragaceae
338. 子房 5 室 ……………………………………………………………………………… **凤仙花科** Balsaminaceae
337. 每子房室内仅有 1 枚胚珠。
339. 子房 3 室；雄蕊离生；叶盾状，叶缘具棱角或波纹 ……………………… **旱金莲科** Tropaeolaceae
（**旱金莲属** *Tropaeolum*）
339. 子房 2 室（稀可 1 或 3 室）；单体雄蕊；叶不呈盾状，全缘 ……………………… **远志科** Polygalaceae
336. 花瓣形状彼此相等或微有不等，且有时花也可为两侧对称。
340. 雄蕊数和花瓣数既不相等，也不是它的倍数。
341. 叶对生。
342. 雄蕊 4~10 枚，常 8 枚。
343. 蒴果 ……………………………………………………………………………… **七叶树科** Hippocastanaceae
343. 翅果 ……………………………………………………………………………………… **槭树科** Aceraceae
342. 雄蕊 2 或 3 枚，也稀可 4 或 5 枚。
344. 萼片及花瓣均 5 数；雄蕊多为 3 枚 ……………………………………… **翅子藤科** Hippocrateaceae
344. 萼片及花瓣常均 4 数；雄蕊 2 枚，稀 3 枚 ……………………………………………… **木犀科** Oleaceae
341. 叶互生。
345. 单叶，多全缘，或在油桐属 *Aleurites* 中可具 3~7 裂片；花单性 ……………… **大戟科** Euphorbiaceae
345. 单叶或复叶；花两性或杂性。
346. 萼片为镊合状排列；单体雄蕊 ……………………………………………………… **梧桐科** Sterculiaceae
346. 萼片为覆瓦状排列；雄蕊离生。
347. 子房 4 或 5 室，每室内有 8~12 胚珠；种子具翅 ……………………………………… **楝科** Meliaceae
（**香椿属** *Toona*）
347. 子房常 3 室，每室内有 1 至数枚胚珠；种子无翅。
348. 花小型或中型，下位，萼片互相分离或微有连合……………………… **无患子科** Sapindaceae
348. 花大型，美丽，周位，萼片互相连合成一钟形的花萼 ………… **钟萼木科** Bretschneideraceae
（**钟萼木属** *Bretschneidera*）
340. 雄蕊数和花瓣数相等，或为其倍数。
349. 每子房室内有胚珠或种子 3 枚至多数。
350. 复叶。
351. 单体雄蕊 ……………………………………………………………………………… **酢浆草科** Oxalidaceae
351. 雄蕊彼此相互分离。
352. 叶互生。
353. 叶为 2~3 回的三出叶，或为掌状叶……………………………………… **虎耳草科** Saxifragaceae
（**落新妇亚族** Astilbinae）
353. 叶为 1 回羽状复叶 ……………………………………………………………………… **楝科** Meliaceae
（**香椿属** *Toona*）
352. 叶对生。
354. 偶数羽状复叶 ……………………………………………………………………… **蒺藜科** Zygophyllaceae
354. 奇数羽状复叶 ……………………………………………………………………… **省沽油科** Staphyleaceae

350. 单叶。

355. 草本或亚灌木。

356. 花周位；花托多少有些中空。

357. 雄蕊着生于杯状花托的边缘 ……………………………………………… **虎耳草科** Saxifragaceae

357. 雄蕊着生于杯状或管状花萼（或即花托）的内侧 …………………………… **千屈菜科** Lythraceae

356. 花下位；花托常扁平。

358. 叶对生或轮生，常全缘。

359. 水生或沼泽草本，有时（如田繁缕属 *Bergia*）为亚灌木；有托叶 …… **沟繁缕科** Elatinaceae

359. 陆生草本；无托叶 …………………………………………………………… **石竹科** Caryophyllaceae

358. 叶互生或基生；稀可对生，边缘有锯齿，或叶退化为无绿色组织的鳞片。

360. 草本或亚灌木；有托叶；萼片呈镊合状排列，脱落性 ………………………… **椴树科** Tiliaceae

（**黄麻属** *Corchorus*，**田麻属** *Corchoropsis*）

360. 常绿草本，或腐生肉质而无绿色组织；无托叶；萼片呈覆瓦状排列，宿存………………………………………………………………………………………… **鹿蹄草科** Pyrolaceae

355. 木本植物。

361. 花瓣常有彼此衔接或其边缘互相依附的柄状瓣爪 …………………… **海桐花科** Pittosporaceae

（**海桐花属** *Pittosporum*）

361. 花瓣无瓣爪，或仅具互相分离的细长柄状瓣爪。

362. 花托空凹；萼片呈镊合状或覆瓦状排列。

363. 叶互生，边缘有锯齿，常绿性 ………………………………………………… **虎耳草科** Saxifragaceae

（**鼠刺属** *Itea*）

363. 叶对生或互生，全缘，脱落性。

364. 子房 2~6 室，仅具 1 花柱；胚珠多数，着生于中轴胎座上 ………… **千屈菜科** Lythraceae

364. 子房 2 室，具 2 花柱；胚珠数个，垂悬于中轴胎座上 ……… **金缕梅科** Hamamelidaceae

（**双花木属** *Disanthus*）

362. 花托扁平或微凸起；萼片呈覆瓦状或于杜英科中呈镊合状排列。

365. 花 4 数；果实呈浆果状或核果状；花药纵长裂开或顶端舌瓣裂开。

366. 穗状花序腋生于当年新枝上；花瓣先端具齿裂 ……………………… **杜英科** Elaeocarpaceae

（**杜英属** *Elaeocarpus*）

366. 穗状花序腋生于翌年老枝上；花瓣完整 ……………………………… **旌节花科** Stachyuraceae

（**旌节花属** *Stachyurus*）

365. 花 5 数；果实呈蒴果状；花药顶端孔裂。

367. 花粉粒单纯；子房 3 室 ……………………………………………………… **山柳科** Clethraceae

（**山柳属** *Clethra*）

367. 花粉粒复合，成为四合体；子房 5 室 ……………………………………… **杜鹃花科** Ericaceae

349. 每子房室内有胚珠或种子 1 或 2 枚。

368. 草本植物，有时基部呈灌木状。

369. 花单性、杂性，或雌雄异株。

370. 藤本具卷须；二回三出复叶 ……………………………………………… **无患子科** Sapindaceae

（**倒地铃属** *Cardiospermum*）

370. 直立草本或亚灌木；单叶……………………………………………………… **大戟科** Euphorbiaceae

369. 花两性。

371. 萼片呈镊合状排列；果实有刺……………………………………………… **椴树科** Tiliaceae

（刺蒴麻属 *Triumfetta***）**

371. 萼片呈覆瓦状排列；果实无刺。

372. 雄蕊彼此分离；花柱互相连合 ……………………………………**牻牛儿苗科** Geraniaceae

372. 雄蕊互相连合；花柱彼此分离 ……………………………………………… **亚麻科** Linaceae

368. 木本植物。

373. 叶肉质，通常仅为 1 对小叶所组成的复叶 ……………………………**蒺藜科** Zygophyllaceae

373. 叶非上述情形。

374. 叶对生；果实为 1、2 或 3 个翅果所组成。

375. 花瓣细裂或具齿裂；每果实有 3 个翅果 ……………………………**金虎尾科** Malpighiaceae

375. 花瓣全缘；每果实具 2 个或连合为 1 个的翅果 ………………………… **槭树科** Aceraceae

374. 叶互生，如为对生时，则果实不为翅果。

376. 叶为复叶，或稀可为单叶而有具翅的果实。

377. 雄蕊连为单体。

378. 萼片及花瓣均为 3 数；花药 6 个，花丝生于雄蕊管的口部…………**橄榄科** Burseraceae

378. 萼片及花瓣均为 4 至 6 数；花药 8~12 个，无花丝，直接着生于雄蕊管的喉部或裂齿之间………………………………………………………………………………**楝科** Meliaceae

377. 雄蕊各自分离。

379. 单叶；果实为一具 3 翅而其内仅有 1 个种子的小坚果……………… **卫矛科** Celastraceae

（雷公藤属 *Tripterygium***）**

379. 复叶；果实无翅。

380. 花柱 3~5 个；叶常互生，脱落性…………………………………… **漆树科** Anacardiaceae

380. 花柱 1 个；叶互生或对生。

381. 羽状复叶，互生，常绿性或脱落性；果实有各种类型…………**无患子科** Sapindaceae

381. 掌状复叶，对生，脱落性；果实为蒴果……………………**七叶树科** Hippocastanaceae

376. 单叶；果实无翅。

382. 单体雄蕊，或如为 2 轮时，至少其内轮者如此，有时其花药无花丝（如大戟科的三宝木属 *Trigonostemon*）。

383. 花单性；萼片或花萼裂片 2~6 枚，呈镊合状或覆瓦状排列 ……… **大戟科** Euphorbiaceae

383. 花两性；萼片 5 枚，呈覆瓦状排列。

384. 果实呈蒴果状；子房 3~5 室，各室均可成熟 ……………………………… **亚麻科** Linaceae

384. 果实呈核果状；子房 3 室，大都其中的 2 室为不孕性，仅另 1 室可成熟，而有 1 或 2 个胚珠……………………………………………………………………**古柯科** Erythroxylaceae

（古柯属 *Erythroxylum***）**

382. 雄蕊各自分离，有时在毒鼠子科中可和花瓣相连合而形成管状物。

385. 果呈蒴果状。

386. 叶对生或互生；花周位 ……………………………………………… **卫矛科** Celastraceae

386. 叶互生或稀可对生；花下位。

387. 叶脱落性或常绿性；花单性或两性；子房 3 室，稀可 2 或 4 室，有时可多至 15 室（如算盘子属 *Glochidion*）……………………………………………**大戟科** Euphorbiaceae

387. 叶常绿性；花两性；子房 5 室………………………………**五列木科** Pentaphylacaceae

（五列木属 *Pentaphylax***）**

385. 果呈核果状，有时木质化，或呈浆果状。

388. 种子无胚乳，胚体肥大而多肉质。

389. 雄蕊 10 枚……………………………………………………………蒺藜科 Zygophyllaceae

389. 雄蕊 4 或 5 枚。

390. 叶互生；花瓣 5 枚，各 2 裂或成 2 部分……………………毒鼠子科 Dichapetalaceae

（毒鼠子属 *Dichapetalum*）

390. 叶对生；花瓣 4 枚，均完整 ……………………………………… 刺茉莉科 Salvadoraceae

（刺茉莉属 *Azima*）

388. 种子有胚乳，胚体有时很小。

391. 植物体为耐寒旱性；花单性，3 或 2 数……………………………… 岩高兰科 Empetraceae

（岩高兰属 *Empetrum*）

391. 植物体为普通形状；花两性或单性，5 或 4 数。

392. 花瓣呈镊合状排列。

393. 雄蕊和花瓣同数 ……………………………………………………… 茶茱萸科 Icacinaceae

393. 雄蕊为花瓣的倍数。

394. 枝条无刺，而有对生的叶片 ………………………………………… 红树科 Rhizophoraceae

（红树族 Gynotrocheae）

394. 枝条有刺，而有互生的叶片 …………………………………………… 铁青树科 Olacaceae

（海檀木属 *Ximenia*）

392. 花瓣呈覆瓦状排列，或在大戟科的小束花属 *Microdesmis* 中为扭转兼覆瓦状排列。

395. 花单性，雌雄异株；花瓣较小于萼片 ……………………………… 大戟科 Euphorbiaceae

（小盘木属 *Microdesmis*）

395. 花两性或单性；花瓣常较大于萼片。

396. 落叶攀缘灌木；雄蕊 10 枚；子房 5 室，每室内有胚珠 2 枚 ……………………………
………………………………………………………………………………猕猴桃科 Actinidiaceae

（藤山柳属 *Clematoclethra*）

396. 常绿乔木或灌木；雄蕊 4 或 5 枚。

397. 花下位，雌雄异株或杂性；无花盘 ……………………………… 冬青科 Aquifoliaceae

（冬青属 *Ilex*）

397. 花周位，两性或杂性；有花盘 ……………………………………………… 卫矛科 Celastraceae

（异卫矛亚科 Cassinioideae）

160. 花冠为多少有些连合的花瓣所组成。

398. 成熟雄蕊或单体雄蕊的花药数多于花冠裂片。（次 398 项见 368 页）

399. 心皮 1 至数枚，互相分离或大致分离。

400. 单叶或有时可为羽状分裂，对生，肉质……………………………………………景天科 Crassulaceae

400. 二回羽状复叶，互生，不呈肉质……………………………………………………………豆科 Leguminosae

（含羞草亚科 Mimosoideae）

399. 心皮 2 枚或更多，连合成一复合性子房。

401. 雌雄同株或异株，有时为杂性。

402. 子房 1 室；无分枝而呈棕榈状的小乔木 ………………………………………番木瓜科 Caricaceae

（番木瓜属 *Carica*）

402. 子房 2 室至多室；具分枝的乔木或灌木。

403. 雄蕊连成单体，或至少内层者如此；蒴果 …… **大戟科** Euphorbiaceae
（**麻风树科** Jatropha）
403. 雄蕊各自分离；浆果 …… **柿树科** Ebenaceae
401. 花两性。
404. 花瓣连成一盖状物，或花萼裂片及花瓣均可合成为 1 或 2 层的盖状物。
405. 单叶，具有透明微点 …… **桃金娘科** Myrtaceae
405. 掌状复叶，无透明微点 …… **五加科** Araliaceae
（**多蕊木属** *Tupidanthus*）
404. 花瓣及花萼裂片均不连成盖状物。
406. 每子房室中有 3 枚至多数胚珠。
407. 雄蕊 5~10 枚或其数不超过花冠裂片的 2 倍，稀可在野茉莉科的银钟花属 *Halesia*、其数可达 16 枚，而为花冠裂片的 4 倍。
408. 雄蕊各自分离；花药顶端孔裂；花粉粒为四合型 …… **杜鹃花科** Ericaceae
408. 雄蕊连成单体或其花丝于基部互相连合；花药纵裂；花粉粒单生。
409. 复叶；子房上位；花柱 5 个 …… **酢浆草科** Oxalidaceae
409. 单叶；子房下位或半下位；花柱 1 个；乔木或灌木，常有星状毛 …… **野茉莉科** Styracaceae
407. 雄蕊不定数。
410. 萼片和花瓣常各为多数，而无显著的区分；子房下位；植物体肉质，绿色，常具棘针，而其叶退化 …… **仙人掌科** Cactaceae
410. 萼片和花瓣常各为 5 枚，而有显著的区分；子房上位。
411. 萼片呈镊合状排列；雄蕊连成单体 …… **锦葵科** Malvaceae
411. 萼片呈显著的覆瓦状排列。
412. 雄蕊连成 5 束，且每束着生于 1 花瓣的基部；花药顶端孔裂开；浆果 …… **猕猴桃科** Actinidiaceae
（**水冬哥属** *Saurauia*）
412. 雄蕊的基部连成单体；花药纵长裂开；蒴果 …… **山茶科** Theaceae
（**紫茎木属** *Stewartia*）
406. 每子房室中常仅有 1 或 2 枚胚珠。
413. 花萼中的 2 枚或更多枚于结实时能长大成翅状 …… **龙脑香科** Dipterocarpaceae
413. 花萼裂片无上述变大的情形。
414. 植物体常有星状毛茸 …… **野茉莉科** Styracaceae
414. 植物体无星状毛茸。
415. 子房下位或半下位；果实歪斜 …… **山矾科** Symplocaceae
（**山矾属** *Symplocos*）
415. 子房上位。
416. 雄蕊相互连合为单体；果实成熟时分裂为离果 …… **锦葵科** Malvaceae
416. 雄蕊各自分离；果实不是离果。
417. 子房 1 或 2 室；蒴果 …… **瑞香科** Thymelaeaceae
（**沉香属** *Aquilaria*）
417. 子房 6~8 室；浆果 …… **山榄科** Sapotaceae
（**紫荆木属** *Madhuca*）
398. 成熟雄蕊并不多于花冠裂片或有时因花丝的分裂则可过之。
418. 雄蕊和花冠裂片为同数且对生。

419. 植物体内有乳汁……………………………………………………………………………………山榄科 Sapotaceae

419. 植物体内不含乳汁。

420. 果实内有数枚至多数种子。

421. 乔木或灌木；果实呈浆果状或核果状……………………………………………………紫金牛科 Myrsinaceae

421. 草本；果实呈蒴果状………………………………………………………………………报春花科 Primulaceae

420. 果实内仅有 1 枚种子。

422. 子房下位或半下位。

423. 乔木或攀缘性灌木；叶互生………………………………………………………………铁青树科 Olacaceae

423. 常为半寄生性灌木；叶对生………………………………………………………………桑寄生科 Loranthaceae

422. 子房上位。

424. 花两性。

425. 攀缘性草本；萼片 2；果为肉质宿存花萼所包围………………………………………落葵科 Basellaceae

（落葵属 *Basella*）

425. 直立草本或亚灌木，有时攀缘性；萼片或萼裂片 5；蒴果或瘦果，不被花萼所包围………………………………………………………………………………………………………蓝雪科 Plumbaginaceae

424. 花单性，雌雄异株；攀缘性灌木。

426. 雄蕊连合成单体；雌蕊单纯性………………………………………………………………防己科 Menispermaceae

（锡生藤亚族 Cissampelinae）

426. 雄蕊各自分离；雌蕊复合性…………………………………………………………………茶茱萸科 Icacinaceae

（微花藤属 *Iodes*）

418. 雄蕊和花冠裂片为同数且互生，或雄蕊数较花冠裂片为少。

427. 子房下位。（次 427 项见 370 页）

428. 植物体常以卷须攀缘或蔓生；胚珠及种子皆为水平生长于侧膜胎座上…………………葫芦科 Cucurbitaceae

428. 植物体直立，如为攀缘时也无卷须；胚珠及种子并不为水平生长。

429. 雄蕊互相连合。

430. 花整齐或两侧对称，成头状花序，或在苍耳属 *Xanthium* 中，雌花序为一仅含 2 花的果壳，其外生有钩状刺毛；子房 1 室，内仅有 1 个胚珠…………………………………………………………菊科 Compositae

430. 花多两侧对称，单生或成总状或伞房花序；子房 2 或 3 室，内有多数胚珠。

431. 花冠裂片镊合状排列；雄蕊 5 枚，花丝分离，花药连合…………………………………桔梗科 Campanulaceae

（半边莲亚科 Lobelioideae）

431. 花冠裂片覆瓦状排列；雄蕊 2 枚，花丝连合，花药分离…………………………………花柱草科 Stylidiaceae

（花柱草属 *Stylidium*）

429. 雄蕊各自分离。

432. 雄蕊和花冠相分离或近于分离。

433. 花药顶端孔裂开；花粉粒连合成四合体；灌木或亚灌木…………………………………杜鹃花科 Ericaceae

（乌饭树亚科 Vaccinioideae）

433. 花药纵长裂开，花粉粒单纯；多为草本。

434. 花冠整齐；子房 2~5 室，内有多数胚珠………………………………………………桔梗科 Campanulaceae

434. 花冠不整齐；子房 1~2 室，每子房室内仅有 1 或 2 枚胚珠……………………………草海桐科 Goodeniaceae

432. 雄蕊着生于花冠上。

435. 雄蕊 4 或 5 枚，和花冠裂片同数。

436. 叶互生；每子房室内有多数胚珠…………………………………………………………桔梗科 Campanulaceae

436. 叶对生或轮生；每子房室内有 1 枚至多数胚珠。

437. 叶轮生，如为对生时，则有托叶存在……………………………………………………茜草科 Rubiaceae

437. 叶对生，无托叶或稀可有明显的托叶。

438. 花序多为聚伞花序…………………………………………………………………忍冬科 Caprifoliaceae

438. 花序为头状花序…………………………………………………………………川续断科 Dipsacaceae

435. 雄蕊 1~4 枚，其数较花冠裂片为少。

439. 子房 1 室。

440. 胚珠多数，生于侧膜胎座上……………………………………………………苦苣苔科 Gesneriaceae

440. 胚珠 1 个，垂悬于子房的顶端………………………………………………川续断科 Dipsacaceae

439. 子房 2 室或更多室，具中轴胎座。

441. 子房 2~4 室，所有的子房室均可成熟；水生草本………………………………胡麻科 Pedaliaceae
（茶菱属 *Trapella*）

441. 子房 3 或 4 室，仅其中 1 或 2 室可成熟。

442. 落叶或常绿的灌木；叶片常全缘或边缘有锯齿……………………………忍冬科 Caprifoliaceae

442. 陆生草本；叶片常有很多的分裂……………………………………………败酱科 Valerianaceae

427. 子房上位。

443. 子房深裂为 2~4 部分；花柱或数花柱均自子房裂片之间伸出。

444. 花冠两侧对称或稀可整齐；叶对生……………………………………………………唇形科 Labiatae

444. 花冠整齐；叶互生。

445. 花柱 2 个；多年生匍匐性小草本；叶片呈圆肾形……………………………旋花科 Convolvulaceae
（马蹄金属 *Dichondra*）

445. 花柱 1 个……………………………………………………………………………紫草科 Boraginaceae

443. 子房完整或微有分割，或为 2 个分离的心皮所组成；花柱自子房的顶端伸出。

446. 雄蕊的花丝分裂。

447. 雄蕊 2 枚，各分为 3 裂……………………………………………………………罂粟科 Papaveraceae
（紫堇亚科 Fumarioideae）

447. 雄蕊 5 枚，各分为 2 裂……………………………………………………………五福花科 Adoxaceae
（五福花属 *Adoxa*）

446. 雄蕊的花丝单纯。

448. 花冠不整齐，常多少有些呈二唇状。（次 448 项见 371 页）

449. 成熟雄蕊 5 枚。

450. 雄蕊和花冠离生……………………………………………………………………杜鹃花科 Ericaceae

450. 雄蕊着生于花冠上…………………………………………………………………紫草科 Boraginaceae

449. 成熟雄蕊 2 或 4 枚，退化雄蕊有时也可存在。

451. 每子房室内仅含 1 或 2 枚胚珠（如为后一情形时，也可在次 451 项检索之）。

452. 叶对生或轮生；雄蕊 4 枚，稀可 2 枚；胚珠直立，稀可垂悬。

453. 子房 2~4 室，共有 2 枚或更多的胚珠…………………………………………马鞭草科 Verbenaceae

453. 子房 1 室，仅含 1 枚胚珠……………………………………………………透骨草科 Phrymaceae
（透骨草属 *Phryma*）

452. 叶互生或基生；雄蕊 2 或 4 枚，胚珠垂悬；子房 2 室，每室仅 1 胚珠………玄参科 Scrophulariaceae

451. 每子房室内有 2 枚至多数胚珠。

454. 子房 1 室具侧膜胎座或中央胎座（有时可因侧膜胎座的深入而为 2 室）。

455. 草本或木本植物，不为寄生性，也非食虫性。

456. 乔木或木质藤本；单叶或复叶，对生或轮生，稀可互生，种子有翅，无胚……**紫葳科** Bignoniaceae

456. 草本；单叶，基生或对生；种子无翅，有或无胚乳……**苦苣苔科** Gesneriaceae

455. 草本植物，为寄生性或食虫性。

457. 植物体寄生于其他植物的根部，而无绿叶存在；雄蕊 4 枚；侧膜胎座……**列当科** Orobanchaceae

457. 植物体为食虫性，有绿叶存在；雄蕊 2 枚；特立中央胎座；多为水生或沼泽植物，且有具距的花冠……**狸藻科** Lentibulariaceae

454. 子房 2~4 室，具中轴胎座，或于角胡麻科中为子房 1 室而具侧膜胎座。

458. 植物体常具分泌黏液的腺体毛茸；种子无胚乳或具一薄层胚乳。

459. 子房最后成为 4 室；蒴果的果皮质薄而不延伸为长喙；油料植物……**胡麻科** Pedaliaceae（**胡麻属** *Sesamum*）

459. 子房 1 室；蒴果的内皮坚硬而呈木质，延伸为钩状长喙；栽培花卉……**角胡麻科** Martyniaceae（**角胡麻属** *Pooboscidea*）

458. 植物体不具上述的毛茸；子房 2 室。

460. 叶对生；种子无胚乳，位于胎座的钩状突起上……**爵床科** Acanthaceae

460. 叶互生或对生；种子有胚乳，位于中轴胎座上。

461. 花冠裂片具深缺刻；成熟雄蕊 2 枚……**茄科** Solanaceae（**蝴蝶花属** *Schizanthus*）

461. 花冠裂片全缘或仅其先端具一凹陷；成熟雄蕊 2 或 4 枚……**玄参科** Scrophulariaceae

448. 花冠整齐；或近于整齐。

462. 雄蕊数较花冠裂片为少。

463. 子房 2~4 室，每室内仅含 1 或 2 个胚珠。

464. 雄蕊 2 枚……**木犀科** Oleaceae

464. 雄蕊 4 枚。

465. 叶互生，有透明腺体微点存在……**苦槛蓝科** Myoporaceae

465. 叶对生，无透明微点……**马鞭草科** Verbenaceae

463. 子房 1 或 2 室，每室内有数个至多数胚珠。

466. 雄蕊 2 枚；每子房室内有 4~10 枚胚珠垂悬于室的顶端……**木犀科** Oleaceae（**连翘属** *Forsythia*）

466. 雄蕊 4 或 2 枚；每子房室内有多数胚珠着生于中轴或侧膜胎座上。

467. 子房 1 室，内具分歧的侧膜胎座，或因胎座深入而使子房成 2 室……**苦苣苔科** Gesneriaceae

467. 子房为完全的 2 室，内具中轴胎座。

468. 花冠于蕾中常折叠；子房 2，心皮的位置偏斜……**茄科** Solanaceae

468. 花冠于蕾中不折叠，而呈覆瓦状排列；子房的 2 心皮位于前后方……**玄参科** Scrophulariaceae

462. 雄蕊和花冠裂片同数。

469. 子房 2 个，或为 1 个而成熟后呈双角状。

470. 雄蕊各自分离；花粉粒也彼此分离……**夹竹桃科** Apocynaceae

470. 雄蕊互相连合；花粉粒连成花粉块……**萝藦科** Asclepiadaceae

469. 子房 1 个，不呈双角状。

471. 子房 1 室或因 2 侧膜胎座的深入而成 2 室。

472. 子房 1 心皮。

473. 花显著，呈漏斗形而簇生；瘦果，有棱或有翅……**紫茉莉科** Nyctaginaceae（**紫茉莉属** *Mirabilis*）

473. 花小型而形成球形的头状花序；荚果，成熟后则裂为仅含 1 种子的节荚 ……豆科 Leguminosae

（含羞草属 *Mimosa*）

472. 子房 2 个以上连合心皮组成。

474. 乔木或攀缘性灌木，稀攀缘性草本，而体内具有乳汁（如心翼果属 *Cardiopteris*）；果实呈核果状（但心翼果属则为干燥的翅果），内有 1 枚种子 …………………………………… 茶茱萸科 Icacinaceae

474. 草本或亚灌木，或于旋花科的麻辣仔藤属 *Erycibe* 中为攀缘灌木；果实呈蒴果状（或于麻辣仔藤属中呈浆果状），内有 2 枚或更多的种子。

475. 花冠裂片呈覆瓦状排列。

476. 叶茎生，羽状分裂或为羽状复叶（限于我国植物如此）………………田基麻科 Hydrophyllaceae

（水叶族 Hydrophylleae）

476. 叶基生，单叶，边缘具齿裂…………………………………………………………苦苣苔科 Gesneriaceae

（苦苣苔属 *Conandron*，黔苣苔属 *Tengia*）

475. 花冠裂片常呈旋转状或内折的镊合状排列。

477. 攀缘性灌木；果实呈浆果状，内有少数种子……………………………… 旋花科 Convolvulaceae

（麻辣仔藤属 *Erycibe*）

477. 直立陆生或漂浮水面的草本；果实呈蒴果状，内有少数至多数种子…… 龙胆科 Gentianaceae

471. 子房 2~10 室。

478. 无绿叶而为缠绕性的寄生植物 ……………………………………………… 旋花科 Convolvulaceae

（菟丝子亚科 Cuscutoideae）

478. 不是上述的无叶寄生植物。

479. 叶常对生，且多在两叶之间具有托叶所成的连接线或附属物 ………………… 马钱科 Loganiaceae

479. 叶常互生，或有时基生，如为对生时，其两叶之间也无托叶所成的连系物，有时其叶也可轮生。

480. 雄蕊和花冠离生或近于离生。

481. 灌木或亚灌木；花药顶端孔裂；花粉粒为四合体；子房常 5 室……………杜鹃花科 Ericaceae

481. 草本，常缠绕性；花药纵长裂开；花粉粒单纯；子房 3~5 室……………桔梗科 Campanulaceae

480. 雄蕊着生于花冠的筒部。

482. 雄蕊 4 枚，稀可在冬青科为 5 枚或更多。

483. 无主茎的草本，穗状花序生于一基生花葶上，花少数至多数 ………… 车前科 Plantaginaceae

（车前属 *Plantago*）

483. 乔木、灌木，或具有主茎的草本。

484. 叶互生，多常绿……………………………………………………………… 冬青科 Aquifoliaceae

（冬青属 *Ilex*）

484. 叶对生或轮生。

485. 子房 2 室，每室内有多数胚珠 …………………………………………玄参科 Scrophulariaceae

485. 子房 2 室至多室，每室内有 1 或 2 枚胚珠 ……………………………马鞭草科 Verbenaceae

482. 雄蕊常 5 枚，稀可更多。

486. 每子房室内仅有 1 或 2 枚胚珠。

487. 子房 2 或 3 室；胚珠自子房室近顶端垂悬；木本植物；叶全缘。

488. 每花瓣 2 裂或 2 分；花柱 1 个；子房无柄，2 或 3 室，每室内各有 2 枚胚珠；核果；有托叶 ……………………………………………………………毒鼠子科 Dichapetalaceae

（毒鼠子属 *Dichapetalum*）

488. 每花瓣均完整；花柱 2 个；子房具柄，2 室，每室仅 1 胚珠；翅果；无托叶……………………………………………………………………………………**茶茱萸科** Icacinaceae

487. 子房 1~4 室；胚珠在子房室基底或中轴的基部直立或上举；无托叶；花柱 1 个，稀可 2 个，有时在紫草科的破布木属 *Cordia* 中其先端可成两次的 2 裂。

489. 核果；花冠有明显的裂片，并在蕾中呈覆瓦状或旋转状排列；叶全缘或有锯齿；通常均为直立木本或草本，多粗壮或具刺毛……………………………………**紫草科** Boraginaceae

489. 蒴果；花瓣完整或具裂片；叶全缘或具裂片，但无锯齿缘。

490. 通常缠绕性，稀可为直立草本，或为半木质的攀缘植物至大型木质藤本（如盾苞藤属 *Neuropeltis*）；萼片多互相分离；花冠常完整而几无裂片，于蕾中呈旋转状排列，也可有时深裂而其裂片成内折的镊合状排列（如盾苞藤属 *Neuropeltis*）……………………………………………………………………………………**旋花科** Convolvulaceae

490. 直立草本；萼片连合成钟形或筒状；花冠有明显的裂片，唯于蕾中也成旋转状排列……………………………………………………………………………………**花葱科** Polemoniaceae

486. 每子房室内有多数胚珠，或在花葱科中有时为 1 至数枚；多无托叶。

491. 高山区生长的耐寒旱性低矮多年生草本或丛生亚灌木；叶多小型，常绿，紧密排列成覆瓦状或莲座式；花无花盘；花单生至聚集成几为头状花序；花冠裂片成覆瓦状排列；子房 3 室；花柱 1 个；柱头 3 裂；蒴果室背开裂…………………**岩梅科** Diapensiaceae

491. 草本或木本，不为耐寒旱性；叶常为大型或中型，脱落性，疏松排列而各自展开；花多有位于子房下方的花盘。

492. 花冠不于蕾中折叠，其裂片呈旋转状排列，或在田基麻科中为覆瓦状排列。

493. 叶为单叶，或在花葱属 *Polemonium* 为羽状分裂或为羽状复叶；子房 3 室（稀可 2 室）；花柱 1 个；柱头 3 裂；蒴果多室背开裂……………………**花葱科** Polemoniaceae

493. 叶为单叶，且在田基麻属 *Hydrolea* 为全缘；子房 2 室；花柱 2 个；柱头呈头状；蒴果室间开裂……………………………………………………**田基麻科** Hydrophyllaceae
（**田基麻族** Hydroleeae）

492. 花冠裂片呈镊合状或覆瓦状排列，或其花冠于蕾中折叠，且成旋转状排列；花萼常宿存；子房 2 室；或在茄科中为假 3 室至假 5 室；花柱 1 个；柱头完整或 2 裂。

494. 花冠多于蕾中折叠，其裂片呈覆瓦状排列；或在曼陀罗属 *Datura* 成旋转状排列，稀可在枸杞属 *Lycium* 和颠茄属 *Atropa* 等属中，并不于蕾中折叠，而呈覆瓦状排列，雄蕊的花丝无毛；浆果，或为纵裂或横裂的蒴果……………………**茄科** Solanaceae

494. 花冠不于蕾中折叠，其裂片呈覆瓦状排列；雄蕊的花丝具毛茸（尤以后方的 3 枚如此）。

495. 室间开裂的蒴果……………………………………………**玄参科** Scrophulariaceae
（**毛蕊花属** *Verbascum*）

495. 浆果，有刺灌木……………………………………………………**茄科** Solanaceae
（**枸杞属** *Lycium*）

1. 子叶 1 枚；茎无中央髓部，也无呈年轮状的生长；叶多具平行叶脉；花 3 数，有时 4 数，但极少为 5 数……………………………………………………**单子叶植物纲** Monocotyledoneae

496. 木本植物，或其叶于芽中呈折叠状。

497. 灌木或乔木；叶细长或呈剑状，在芽中不呈折叠状…………………………**露兜树科** Pandanaceae

497. 木本或草本；叶甚宽，常呈羽状或扇形的分裂，在芽中呈折叠状而有强韧的平行脉或射出脉。

498. 木本，呈棕榈状，主干不分枝或少分枝；圆锥或穗状花序，托以佛焰状苞片……………**棕榈科** Palmae

498. 多年生草本，无主茎，叶片常深裂为2片；紧密的穗状花序……………………………………环花科 Cyclanthaceae
(巴拿马草属 *Carludovica*)

496. 草本植物或稀可为木质茎，但其叶子芽中从不呈折叠状。

499. 无花被或在眼子菜科中很小。(次499项见375页)。

500. 花包藏于或附托以呈覆瓦状排列的壳状鳞片(特称颖)中，由多花至1花形成小穗(自形态学观点而言，此小穗实即简单的穗状花序)。

501. 秆多少有些呈三棱形，实心；茎生叶呈三行排列；叶鞘封闭；花药以基底附着花丝；果实为瘦果或囊果……………………………………………………………………莎草科 Cyperaceae

501. 秆常以圆筒形；中空；茎生叶呈二行排列；叶鞘封闭；花药以其中附着花丝；果实通常为颖果……………………………………………………………………禾本科 Graminecea

500. 花虽有时排列为具总苞的头状花序，但并不包藏于呈壳状的鳞片中。

502. 植物体微小，无真正的叶片，仅具无茎而漂浮水面或沉没水中的叶状体……………………浮萍科 Lemnaceae

502. 植物体常具茎，也具叶，其叶有时可呈鳞片状。

503. 水生植物，具沉没水中或漂浮水面的片叶。

504. 花单性，不排列成穗状花序。

505. 叶互生；花成球形的头状花序……………………………………黑三棱科 Sparganiaceae
(黑三棱属 *Sparganium*)

505. 叶多对生或轮生；花单生，或在叶腋间形成聚伞花序。

506. 多年生草本；雌蕊为1枚或更多而互相分离的心皮所成胚珠自子房室顶端垂悬……………………………………………………………………眼子菜科 Potamogetonaceae
(果藻族 Zannichellieae)

506. 一年生草本；雌蕊1枚，具2~4柱头；胚珠直立于子房室的基底……………………茨藻科 Najadaceae
(茨藻属 *Najas*)

504. 花两性或单性，排列成简单或分歧的穗状花序。

507. 花排列于1扁平穗轴的一侧。

508. 海水植物；穗状花序不分歧，但具雌雄同株或异株的单性花；雄蕊1枚，具无花丝而为1室的花药；雌蕊1枚，具2柱头；胚珠1个，垂悬于子房室的顶端……………………眼子菜科 Potamogetonaceae
(大叶藻属 *Zostera*)

508. 淡水植物；穗状花序常分为二歧而具两性花；雄蕊6枚或更多，具极细长的花丝和2室的花药；雌蕊为3~6枚离生心皮所成；胚珠在每室内2枚或更多，基生……………………水蕹科 Aponogetonaceae
(水蕹属 *Aponogeton*)

507. 花排列于穗轴的周围，多为两性花；胚珠常仅1枚……………………眼子菜科 Potamogetonaceae

503. 陆生或沼泽植物，常有位于空气中的叶片。

509. 叶有柄，全缘或有各种形状的分裂，具网状脉；花形成一肉穗花序，后者常有一大型而常具色彩的佛焰苞片……………………………………………………………………天南星科 Araceae

509. 叶无柄，细长形、剑形，或退化为鳞片状，其叶片常具平行脉。

510. 花形成紧密的穗状花序，或在帚灯草科为疏松的圆锥花序。

511. 陆生或沼泽植物；花序为由位于苞腋间的小穗所组成的疏散圆锥花序；雌雄异株；叶多呈鞘状……………………………………………………………………帚灯草科 Restionaceae
(薄果草属 *Letocarpus*)

511. 水生或沼泽植物；花序为紧密的穗状花序。

512. 穗状花序位于一呈二棱形的基生花葶的一侧，而另一侧则延伸为叶状的佛焰苞片；花两性…………

……………………………………………………………………………………天南星科 Araceae
（石菖蒲属 *Acorus*）

512. 穗状花序位于一圆柱形花梗的顶端，形如蜡烛而无佛焰苞；雌雄同株………………香蒲科 Typhaceae

510. 花序有各种型式。

513. 花单性，成头状花序。

514. 头状花序单生于基生无叶的花葶顶端；叶狭窄，呈禾草状，有时叶为膜质 ····谷精草科 Eriocaulaceae
（谷精草属 *Eriocaulon*）

514. 头状花序散生于具叶的主茎或枝条的上部，雄性者在上，雌性者在下；叶细长，呈扁棱形，直立或漂浮水面，基部呈鞘状……………………………………………………………………黑三棱科 Sparganiaceae
（黑三棱属 *Sparganium*）

513. 花常两性。

515. 花序呈穗状或头状，包藏于2个互生的叶状苞片中；无花被；叶小，细长形或呈丝状；雄蕊1或2个；子房上位，1~3室，每子房室内仅有1个垂悬胚珠………………………刺鳞草科 Centrolepidaceae

515. 花序不包藏于叶状的苞片中；有花被。

516. 子房3~6个，至少在成熟时互相分离……………………………………………水麦冬科 Juncaginaceae
（水麦冬属 *Triglochin*）

516. 子房1个，由3心皮连合所组成……………………………………………………灯心草科 Juncaceae

499. 有花被，常显著，且呈花瓣状。

517. 雌蕊3个至多数，互相分离。

518. 死物寄生性植物，具呈鳞片状而无绿色叶片。

519. 花两性，具2层花被片；心皮3枚，各有多数胚珠……………………………………………百合科 Liliaceae
（无叶莲属 *Petrosavia*）

519. 花单性或稀可杂性，具一层花被片；心皮数枚，各仅有1枚胚珠……………………………霉草科 Triuridaceae
（喜阴草属 *Sciaphila*）

518. 不是死物寄生性植物，常为水生或沼泽植物，具有发育正常的绿叶。

520. 花被裂片彼此相同；叶细长，基部具鞘…………………………………………………水麦冬科 Juncaginaceae
（芝菜属 *Scheuchzeria*）

520. 花被裂片分化为萼片和花瓣2轮。

521. 叶（限于我国植物）呈细长形，直立；花单生或成伞形花序；蓇葖果………………………蔺蓑科 Butomaceae
（蔺蓑属 *Butomus*）

521. 叶呈细长兼披针形至卵圆形，常箭镞状而具长柄；花常轮生，成总状或圆锥花序；瘦果……………………………………………………………………………………………………泽泻科 Alismataceae

517. 雌蕊1个，复合性或于百合科的岩菖蒲属 *Tofieldia* 中其心皮近于分离。

522. 子房上位，或花被和子房相分离。（次522项见376页）

523. 花两侧对称；雄蕊1枚，着生于远轴的1枚花被片的基部……………………………田葱科 Philydraceae
（田葱属 *Philydrum*）

523. 花辐射对称，稀可两侧对称；雄蕊3枚或更多。

524. 花被分化为花萼和花冠2轮，后者于百合科的重楼族中，有时为细长形或线形的花瓣所组成，稀可缺如。

525. 花形成紧密而具鳞片的头状花序；雄蕊3枚；子房1室……………………………黄眼草科 Xyridaceae
（黄眼草属 *Xyris*）

525. 花不形成头状花序；雄蕊在3枚以上。

526. 叶互生，基部具鞘，平行脉；聚伞花序腋生或顶生；雄蕊 6 枚，或因退化而数较少……………………………………………………………………………………………………**鸭跖草科** Commelinaceae

526. 叶 3 至多枚轮生于茎顶端，网状脉，基出脉 3~5；单花顶生；雄蕊 6 枚、8 枚或 10 枚……**百合科** Liliaceae
（**重楼族** Parideae）

524. 花被裂片彼此相同或近于相同，或于百合科的白丝草属 *Chinographis* 中则极不相同，又在同科的油点草属 *Tricyrtis* 中其外层 3 枚花被裂片的基部呈囊状。

527. 花小型，花被裂片绿色或棕色。

528. 花位于一穗形总状花序上；蒴果自一宿存的中轴上裂为 3~6 瓣，每果瓣内仅有 1 枚种子…………………………………………………………………………………………………**水麦冬科** Juncaginaceae
（**水麦冬属** *Triglochin*）

528. 花位于各种型式的花序上；蒴果室背开裂为 3 瓣，内有多数至 3 枚种子…………**灯心草科** Juncaceae

527. 花大型或中型，或有时为小型，花被裂片多少有些具鲜明的色彩。

529. 叶的顶端变为卷须（限于我国植物），并有闭合的叶鞘；每室胚珠仅 1 枚；花排列为顶生的圆锥花序……………………………………………………………………………………………**须叶藤科** Flagellariaceae
（**须叶藤属** *FLagellaria*）

529. 叶的顶端不变为卷须；胚珠在每子房室内为多数，稀可仅为 1 或 2 枚。

530. 直立或漂浮的水生植物；雄蕊 6 枚，彼此不相同，或有时有不育者…………**雨久花科** Pontederiaceae

530. 陆生植物；雄蕊 6 枚，4 枚或 2 枚，彼此相同。

531. 花 4 数，叶（限于我国植物）对生或轮生，具有显著纵脉及密生的横脉…………**百部科** Stemonaceae
（**百部属** *Stemona*）

531. 花 3 或 4 数；叶常基生或互生……………………………………………………………**百合科** Liliaceae

522. 子房下位，或花被多少有些和子房相愈合。

532. 花两侧对称或为不对称形。

533. 花被片均成花瓣状；雄蕊和花柱多少有些互相连合…………………………………………**兰科** Orchidaceae

533. 花被片并不是均成花瓣状，其外层者形如萼片；雄蕊和花柱相分离。

534. 后方的 1 枚雄蕊常为不育性，其余 5 枚则均发育而具有花药。

535. 叶和苞片排列成螺旋状；花常因退化而为单性；浆果；花管呈管状，其一侧不久即裂开……………………………………………………………………………………………………**芭蕉科** Musaceae
（**芭蕉属** *Musa*）

535. 叶和苞片排列成 2 行；花两性，蒴果。

536. 萼片互相分离或至多可和花冠相连合；居中的 1 花瓣并不成为唇瓣…………………**芭蕉科** Musaceae
（**鹤望兰属** *Strelitzia*）

536. 萼片互相连合成管状；居中（位于远轴方向）的 1 花瓣为大型而成唇瓣………………**芭蕉科** Musaceae
（**兰花蕉属** *Orchidantha*）

534. 后方的 1 枚雄蕊发育而具有花药。其余 5 枚则退化，或变形为花瓣状。

537. 花药 2 室；萼片互相连合为一萼筒，有时呈佛焰苞状……………………………………**姜科** Zingiberaceae

537. 花药 1 室；萼片互相分离或至多彼此相衔接。

538. 子房 3 室，每子房室内有多数胚珠位于中轴胎座上；各不育雄蕊呈花瓣状，互相于基部简短连合……………………………………………………………………………………………**美人蕉科** Cannaceae
（**美人蕉属** *Canna*）

538. 子房 3 室或因退化而成 1 室，每子房室内仅含 1 个基生胚珠；各不育雄蕊也呈花瓣状，唯多少有些

互相连合 ……………………………………………………………………………………………… **竹芋科** Marantaceae

532. 花常辐射对称，也即花整齐或近于整齐。

539. 水生草本，植物体部分或全部沉没水中 …………………………………………………… **水鳖科** Hydrocharitaceae

539. 陆生草本。

540. 植物体为攀缘性；叶片宽广，具网状脉（还有数主脉）和叶柄…………………………**薯蓣科** Dioscoreaceae

540. 植物体不为攀缘性；叶具平行脉。

541. 雄蕊3枚。

542. 叶2行排列，两侧扁平而无背腹面之分，由下向上重叠跨覆；雄蕊和花被的外层裂片相对生 ……… ………………………………………………………………………………………………**鸢尾科** Iridaceae

542. 叶非2行排列；茎生叶呈鳞片状；雄蕊和花被的内层裂片相对生 ……………**水玉簪科** Burmanniaceae

541. 雄蕊6枚。

543. 果实为浆果或蒴果，而花被残留物多少和它相合生，或果实为一聚花果；花被的内层裂片各于其基部有2舌状物；叶呈带形，边缘有刺齿或全缘………………………………………………**凤梨科** Bromeliaceae

543. 果实为蒴果或浆果，仅为1花所成；花被裂片无附属物。

544. 子房1室，侧膜胎座，胚珠多数；伞形花序，总苞片长丝状…………………………… **蒟蒻薯科** Taccaceae

544. 子房3室，中轴胎座，胚珠多数至少数。

545. 子房半下位 …………………………………………………………………………………… **百合科** Liliaceae

（**肺筋草属** *Aletris*，**沿阶草属** *Ophiopogon*，**球子草属** *Peliosanthes*）

545. 子房下位…………………………………………………………………………………**石蒜科** Amaryllidaceae

附录三　药用植物学实验指导原则与要求

一、概述

药用植物学实验是药用植物学教学环节中的重要组成部分，也是培养学生观察能力和实践能力的重要手段。药用植物学实验的主要目的应包括以下三方面：①加深、巩固、扩展和丰富药用植物学基本理论知识，包括植物器官的形态、药用植物的分类和植物显微结构的知识。②掌握药用植物学实验技术和方法，并综合运用基本理论知识、实验方法和技术解决实际问题。药用植物学实验技术和方法主要包括解剖镜和显微镜的使用与保护、植物标本的采集与制作、植物显微制片技术和分子生物技术等。③培养学生严谨的科学作风、严肃的科学态度、严密的科学方法，激发学生的创新能力和创新思维，为后续课程的学习以及科学研究打下坚实的基础。

全国各个院校、各出版社出版的《药用植物学实验指导》，对于统一、规范药用植物学实验，推动我国药用植物学实验教学起到了积极的作用。但由于各种新技术、新方法不断应用于药用植物的研究，以及各地区药用植物分布差异大，这些实验指导越来越表现出它的局限性。本指导原则是根据中药的特点，结合国际、国内药用植物学研究现状而制订的。本指导原则和要求适用于高等院校的中药专业、药学专业、生物制药专业及其他专业开设的药用植物学实验。

二、基本原则

1. **实验管理**　对于各高校制订的《实验室管理和使用办法》《药用植物实验室管理办法》，学生进入药用植物学实验室应严格执行。

2. **具体问题具体分析**　各地区药用植物的情况复杂，本要求所提及的内容不可能涵盖全国各地药用植物的全部实际情况，各院校在进行药用植物学实验设计时，应遵循“具体问题具体分析”的原则。

3. **整体性**　中药学的学习是一个连续的、渐进的系统工程，药用植物学实验是药用植物学课程的一个有机组成部分。药用植物学实验不能与中药鉴定学、中药化学和其他学科的实验割裂，实验设计应充分考虑其他相关学科的实验设计和实验结果。药用植物学实验的设计应该力求与其他相关学科的实验相呼应，注意衔接性。

4. **实验设计**　实验设计应符合科学、合理、规范、创新的原则。由于药用植物学实验的学时相对较长，成本较高，若因实验设计不合理，或所进行的实验未充分把握理论知识的要点，则会造成人力、物力、财力的浪费，也会影响药用植物学实验的效果。所以，应充分认识药用植物学实验设计的重要性，合理、科学地进行药用植物学实验设计。

三、基本内容

章节	实验名称	学时	实验内容	实验方法与技术
第一章	植物细胞	6	植物细胞的基本构造、质体；淀粉粒、菊糖和结晶体；细胞壁特化；根据淀粉粒、结晶体或菊糖特征鉴别未知粉末	光学显微镜的使用 植物表面制片法 粉末制片法 多媒体显微互动系统的使用 植物显微摄影 药材粉末图的绘制方法
第二章	植物组织	6	非腺毛和腺毛；气孔类型；周皮；厚角组织；厚壁组织（石细胞、纤维）；导管类型；管胞；筛管和伴胞；分泌细胞、分泌腔、分泌道；根据纤维、石细胞、油管等组织特征鉴别未知粉末	解离制片法 徒手制片法 粉末制片法 多媒体显微互动系统的使用 植物显微摄影及药材粉末图的绘制方法
第三章	植物的器官——根	3	根系的类型；根的变态；根的初生构造；根的次生构造；根的异常构造；根据根的异常构造特征鉴别未知横切制片	植物标本的制作方法 植物形态和横切面特征图的绘制方法
第三章	植物的器官——茎	6	茎的类型和变态：双子叶植物茎的初生、次生构造；单子叶植物茎和根状茎的构造；茎的异常构造；根据组织特征、茎的构造特征鉴别未知横切制片	植物标本的制作方法 植物形态和横切面特征图的绘制方法
第三章	植物的器官——叶	2	完全叶、复叶类型；双子叶植物叶的构造；单子叶植物叶的构造	植物标本的制作方法 植物形态和横切面特征图的绘制方法
第三章	植物的器官——花	5	完全花的组成；雄蕊类型；雌蕊类型；子房位置；胎座类型；花序类型；花程式的书写	体式解剖镜的使用 花的解剖技术及其形态绘图方法
第三章	植物的器官——果实和种子	2	单果的类型；聚合果的类型；聚花果的类型；有胚乳种子和无胚乳种子的形态；假种皮；错入组织	植物果实、种子特征的记述方法、形态绘图方法
第五章	藻类植物 菌类植物 地衣植物门	2	藻类形态与构造；真菌的形态特征及其代表性植物标本的观察；地衣构造	植物标本的制作方法 植物形态、粉末和横切面特征图的绘制方法
第五章 第五章 第六章	苔藓植物门 蕨类植物门 裸子植物门	3	苔藓植物的构造；蕨类植物孢子体的构造及其代表性植物标本；裸子植物（松科、麻黄科、银杏科等）的形态特征及其代表性植物标本的观察	植物标本的制作方法 植物形态、粉末特征图的绘制
第七章	被子植物门——离瓣花亚纲	6	石竹科、十字花科、豆科、景天科、蔷薇科、锦葵科、伞形科、五加科等代表性植物的花及植株特征的观察；书写花程式；利用分科、分属、分种检索表鉴别未知药用植物	被子植物花的解剖方法 分科、分属、分种检索表的使用
第七章	被子植物门——合瓣花亚纲	3	木犀科、唇形科、茄科、玄参科、桔梗科、菊科等代表性植物的花及其植株特征的观察；书写花程式；利用分科、分属、分种检索表鉴别未知药用植物	被子植物花的解剖方法 分科、分属、分种检索表的使用
第七章	被子植物门——单子叶植物纲	3	禾本科、天南星科、百合科、兰科代表性植物的花及其植株特征的观察；书写花程式；鉴别未知药用植物的综合性方法训练	被子植物花的解剖方法 未知药用植物的鉴别步骤

四、实验讨论与思考

第一章　植物细胞

1. 使用显微镜的注意事项主要有哪些？

2. 植物细胞的基本构造是什么？

3. 植物细胞区别于动物细胞的特有结构是什么？

4. 三种质体有何特征？其相互关系如何？如何区别有色体和色素？

5. 淀粉粒、结晶体、菊糖各有何特征？如何鉴别？

6. 现有一包未知粉末，可能是人参或白芍，请你根据已学的有关细胞的显微结构特征知识，根据《中华人民共和国药典》记载的人参、白芍粉末鉴别特征中簇晶、淀粉粒的特征，判断其到底是哪一种药材粉末，并说明理由。

第二章　植物组织

1. 植物表面制片和粉末制片制作的注意事项有哪些？

2. 表皮细胞有何特征？何谓周皮？

3. 如何区别腺毛和非腺毛？

4. 常见的气孔轴式有哪些类型？各有何特征？

5. 如何区别厚角组织和厚壁组织、石细胞和纤维？

6. 导管有哪些类型？各有何特征？其分布有何特点？

7. 有一未知粉末，可能是厚朴或肉桂，请你根据文献记载的厚朴和肉桂的粉末特征，利用所学植物组织和细胞的知识，判断到底是哪一种，并说明理由。

8. 观察一未知植物的果实横切制片，根据文献资料及所学植物分泌组织的知识，判断其为杭白芷还是柴胡，说明理由。

9. 观察一未知中药基源粉末，根据文献资料及所学植物分泌组织的知识，判断其为红花还是番红花，并说明理由。

第三章　植物的器官——根

1. 直根系和须根系各有何特点？

2. 双子叶植物初生根和单子叶植物根的构造有何异同点？

3. 根次生生长是如何发生和发展的？根次生构造有何特点？与初生构造有何区别？

4. 根的异常构造有哪些类型？是如何形成的？

5. 观察一未知药用植物横切制片，根据异常维管束特征，判断其是怀牛膝还是川牛膝，并说明理由。

第三章　植物的器官——茎

1. 茎与根在外形上有何区别？

2. 地下茎的变态有何类型？各举出 1~2 种药用植物。

3. 双子叶植物茎的初生构造有何特征？

4. 茎的次生构造与根的次生构造的形成过程有何不同？

5. 双子叶植物草质茎和根状茎的构造特点各是什么？

6. 双子叶植物茎的异常构造有哪些类型？是如何形成的？

7. 单子叶植物茎和根状茎的构造有何特点？单子叶植物茎与双子叶植物茎的初生构造有何区别？

8. 观察一未知药用植物横切面制片，根据文献记载的横切面主要的显微特征，结合所学植物组织的知识，判断其是当归还是独活，并说明理由。

第三章　植物的器官——叶

1. 叶的组成部分是什么?
2. 复叶有哪些类型?如何区别单叶与复叶?
3. 叶的构造特点是什么?何为两面叶和等面叶?

第三章　植物的器官——花

1. 花的组成部分是什么?何为完全花?
2. 雄蕊有哪些类型?存在于何类植物?
3. 子房位置与花的类型有何关系?
4. 何为心皮?如何判断组成雌蕊的心皮数目?
5. 如何区别有限花序和无限花序?

第三章　植物的器官——果实和种子

1. 真果和假果有何不同?
2. 果实有哪些类型?如何区别单果、聚合果和聚花果?
3. 如何区别蓇葖果与荚果、瘦果与颖果?
4. 何为胚?胚的组成部分是什么?

第五章　藻类植物、菌类植物、地衣植物门

1. 高等植物和低等植物有何区别?
2. 藻类植物与菌类植物的特征有何异同?
3. 冬虫夏草的药用部位是什么?其外部形态、横切面各有何特征?
4. 灵芝的药用部位是什么?其外部形态有何特征?
5. 茯苓与猪苓的药用部位是什么?两者的形状与主要的显微特征有何不同?
6. 地衣植物的内部构造有何特征?从形态上来分可分为几种类型?

第五章　苔藓植物门、蕨类植物门　第六章　裸子植物门

1. 苔纲与藓纲的生境、形态构造有何不同?
2. 蕨类植物的孢子体有何特征?举出常见的蕨类药用植物 5 例。
3. 蕨类植物比苔藓植物进化的依据是什么?
4. 松科的主要特征有哪些?
5. 麻黄科较一般裸子植物进化的特征有哪些?草麻黄、中麻黄和木贼麻黄的形态鉴别要点是什么?
6. 裸子植物和被子植物的主要区别是什么?

第七章　被子植物门

1. 被子植物有哪些分类系统?其特点如何?
2. 双子叶植物和单子叶植物的主要区别是什么?
3. 离瓣花亚纲与合瓣花亚纲有何区别?
4. 毛茛科和木兰科及芍药科、十字花科和罂粟科、萝藦科和夹竹桃科、唇形科与马鞭草科及玄参科、茜草科和忍冬科、禾本科和莎草科在特征上有何区别?
5. 蔷薇科各亚科、豆科各亚科、菊科各亚科、禾本科各亚科在特征上有何区别?
6. 各重点科及其主要药用植物的主要特征及其入药部位是什么?
7. 简述利用形态特征鉴别未知药用植物的方法与步骤。
8. 现代药用植物分类研究的常用方法有哪些?它们有何重要的指导意义?

附录四　药用植物学野外实习指导原则与要求

药用植物学野外实习是课程学习的延续和深入，也是药用植物学教学中不可缺少的重要一环。通过药用植物学野外实习，一方面使学生进一步理解药用植物资源分布与生态环境相适应的关系以及药用植物资源调查的基本方法，掌握野外实习的工作程序，药用植物标本采集、识别、压制与标本制作等专业训练，加深对天然植物药基源植物的理解，这不仅能巩固和深化学生在课堂所学的理论知识，同时拓展其知识范围，培养学生的主动思考能力，而且通过接触自然环境中的生活植物，在认识药用植物与生活环境的关系的过程中，可使课堂所学的抽象分类具体化，从而大大提高学生对植物所属的科、属、种的实际鉴别能力，同时也增加了对民间中草药用药情况的了解。这种训练是实验课和种植园圃的见习所不能代替的。另一方面，通过药用植物学野外实习，能很好地锻炼学生的创新能力、促进学习方式的转变、学会与人共处、磨炼意志，培养遵守纪律、雷厉风行的习惯，使学生的综合素质得到很好的提升。

野外实习并不仅是课堂讲授和实验课的一种补充，还可激发学生对学习本专业的浓厚兴趣，培养学生的集体观念和自我管理的能力，锻炼野外活动的体能和生活技能，从而取得德、智、体、美的综合教育效果。抓好药用植物学野外实习，对野外实习给予充分重视和合理安排，对于培养全面发展、能适应实际工作的药学人才具有重要的实际意义；学校应该全面认识野外实习的重要性，认真组织实施。因此，药用植物学野外实习应遵循如下指导原则与要求，具体可分为几个主要环节。

一、明确教学目的

1. 复习、巩固和验证所学的药用植物学的基本知识，扩大和丰富学生的药用植物分类学的知识范围。加强药用植物形、色、气、味与中药性效的联系，体验中药发现过程。

2. 理论联系实际，通过自主性和研究性学习，培养学生的独立思考与工作能力和创新意识，促进学生之间和师生之间的相互了解和沟通，形成团队协作、不怕困难、吃苦耐劳的良好作风。

3. 培养学生用辩证唯物主义观点观察丰富多彩的药用植物世界，正确分析植物与环境的辩证关系，了解药用植物的形态、习性、种类、药用价值的多样性以及药源利用和保护的原则，激发学生的学习兴趣和积极性。同时，利用植物群落特征、植物生境适应特征、自然风景等野外场景，开展坚韧不拔、和谐共荣等生命价值观和人文情怀素养的培养。

二、实习前的预备工作

（一）实习地点与和时间的选择

实习前除确定经费和领导分工外，首先是选择和确定实习地点。实习地点的好坏与教学质量直接相关，专职教师应事先进行一系列联系和预查工作，并遵循以下原则：

1. 实习地点应有较丰富的药用植物种类；通常选择植被发育较好，森林破坏较少的山区为佳，比如自然保护区，当地常见药用植物种类较多，生态类型要丰富。

2. 交通要便利，车船能到达驻地，住处离采集点也不能太远，以免把太多的实习时间浪费在路程上。野外实习的路线要足够，保证每天的路线不重复。

3. 住宿和膳食等生活要提前联系安排好，驻点还应具备提供热水洗澡的条件。为便于管理，学生的住宿应尽量集中安排，并有足够的地方供带教老师辅导和考试。

4. 实习时间一般选择安排在春、夏季，此时植物生长旺盛，花、果期的种类较多。南方的院校可根据所在地的气候条件适当安排。

（二）实习资料和工具的准备

1. 野外实习应携带资料　主要包括《药用植物学》教材、野外实习指导、《中国高等植物图鉴》、《中国植物志》(可带电子版)、地方植物志、药用植物志、常见彩色中草药图集等，主要供鉴别植物时使用。此外，通过查阅有关资料了解实习地的气候、地质、地形、土壤、植物及生产情况等方面的资料。

2. 野外采样工具和用品　主要包括枝剪、高枝剪、小锄头(用于挖具有深根、块根、鳞茎、球茎、根状茎等)、小铲(用以挖掘草本植物或短小的灌木)、标本夹(含吸水纸)、采集篮、采集袋、各种规格的样品袋或纸袋(用于保存标本上脱落下来的花、果、叶及采集种子)等。

3. 其他　除上述资料和工具用品外，还需携带一些观察、记录用品，如地图、指南针、海拔仪、放大镜、镊子、小刀、标签牌、记号笔、采集记录笺、记录本等，有条件的学校可带上 GPS 导航仪、照相机、望远镜、对讲机等。

4. 室内标本制作工具和用品　准备台纸(白硬卡纸)、打孔机、裁纸刀、刻刀(平口)、胶水、消毒药品等。

野外实习所用的工具按小组配齐后，可由各实习小组携带。

（三）出发前的动员

实习前集中学生，介绍实习地的情况和实习的有关知识，可通过组织学生观看有关电影、录像、幻灯片等，先有个粗略印象。或把实习地的药用植物种类压成一套腊叶标本，写上科名药名、药用部位、性味功效及生态环境，供学生实习前预习。

同时，应予强调的是，必须做好实习前的思想动员。反复讲明有关实习的目的和要求，交代清楚实习中预计的困难和实习的纪律、注意事项。只有在具有高度的组织性和纪律性的情况下，才有可能保证实习工作的顺利进行。

三、实习过程中的教学组织

（一）做好思想工作和组织分工

政治思想工作是野外教学安全和顺利进行的保障，应贯彻各个实习阶段。在准备阶段主要是明确实习目的要求，使学生确立行动的自觉性和克服困难的毅力。到现场实习阶段，应转入了解实习过程中的问题和困难，并处理好与实习地群众和领导的关系，而在实习结束阶段则是明确实习总结的目的要求，组织大家认真做好实习总结。以往的经验表明，学生政治辅导员(或班主任)配合业务教师随时处理学生的思想问题是极有成效的。另外，从实习的特点出发，组织学生进行自我管理，不仅有利于实习进行，而且也是对学生的一种很好的锻炼。具体做法是，把实习学生依工作能力和体质等分为若干实习大组和小组，指定具有一定组织能力的同学为大组长。大组长负责把实习工具及资料分发到各组保管，小组长把各组的实习任务落实到人，并作轮换，此外可设立一个卫生保健小组以保证实习安全。原则上，野外实习小组的学生以 10~12 人为宜；人多队伍分散，教学效果不好。

（二）发挥教师的主导作用

教师在组织教学中要特别注意启发学生多看、多想、多记、多动手。多看——认真观察和比较才能掌握植物的主要特征；多想——把感性知识提高到分类理论上，不懂的地方应及时利用工具书争取独立解决问题；多记——扼要记录观察到的和老师所讲的东西，必要时画下最突出的特征的草图；多动手——认真练习采集、压制、记录及制作腊叶标本的一整套方法，不能只作旁观者。教师要有重点地引导学生去注意药用植物及生态特点，不要让学生因野外景致多样、植物种类繁多而分散精力。此外，要防止少数学生在现场实习时乱跑而不认真听老师的讲解和指挥，防止队伍过于分散，要时常注意避免拉得太长。

（三）搞好室内的复习巩固

室内工作多是进行标本整理，花的解剖观察、描述、鉴定及分析综合，做好检索表等等。这些工作技能训练不可缺少，同时室内工作本身也是一个观察和学习的机会。室内工作抓得愈紧，学生的收获就愈大。根据实习路线和采集地点的不同，可交叉安排室外与室内工作，以利于学生复习巩固，培养分析问题和解决问题的能力。比如，可半天室外半天室内，或全天室外，第二天不出外，整理标本，分析比较，完成作业及利用参考书独立解决问题（必要时，如灯光条件允许亦可利用晚上安排室内工作）。总之，要保证室内工作的时间。

（四）落实安全措施，自始至终抓好安全教育

本着对国家、对家长及对学生本人负责的态度，应严格落实安全措施以保证不发生任何事故。实习前向学生介绍爬山、采标本过程中应注意的事项。各种野外实习是一种专业训练，而且因其具有深入实际、规模大、集体性强、时间集中等特点，还可以激发学生对学习专业产生浓厚兴趣，强化集体观念和科学协作精神，并且有利于加强自我管理能力，锻炼野外活动体能。故而，抓好野外实习对于培养德、智、体、美全面发展的中药人才具有重要的意义。

四、野外实习的主要内容

1. 掌握野生药用植物的调查、采集、野外记录、压制、上台纸、物种鉴定等一系列过程的办法，了解浸制标本和保存标本的方法。

2. 复习、巩固课堂讲授和实验课所认识的药用植物种类，在原来掌握的药用植物分类理论知识基础上，把认识的种类扩大到300~500种，掌握其科别，植物主要形态特征，增加一些科，并学会识别重点科的鉴别特征。

3. 熟练掌握解剖花（或果）、描述植物的技能，学习查阅检索表及有关工具书，掌握对药用植物进行检索、鉴定的基本方法。

4. 熟悉编写实习地区常见药用植物种类检索表的基本技能。

5. 通过野外资源调查、资料查阅的学习，了解有关中草药分布的环境特点及性味功效，认识药源的开发利用与保护药源的关系。

五、野外实习的程序

在专职教师指导下有计划地进行实习。由指导教师和学校有关部门预先联系安排实习的地点、交通、住宿等，公布实习计划和具体日程。野外实习大致分为以下阶段：

1. 采集、调查、记录、描述、压制标本作为基本功训练，并在教师指导下辨认所见药用植物，野外工作与室内工作交替进行，积累一定数量标本。

2. 结合描述，练习利用工具书鉴定采集到的植物，并以实习小组为单位，由学生独立进行实习小专题的采集、调查和研究。

3. 实习现场考试，以辨认药用植物种类及科别为主，使用新鲜材料。

4. 总结阶段。返校以后整理调查资料，每人写出专题小结（专题小论文），并制作腊叶标本（已鉴定）上交，汇报实习的心得体会并通过讨论等形式进行全面总结。

附录五　药用植物拉丁学名索引

A

B

D

E

F

G

H

I

J

K

L

M

N

O

P

Q

R

S

T

主要参考书目

1. 国家药典委员会 . 中华人民共和国药典 : 2020 年版 . 一部 [M]. 北京 : 中国医药科技出版社 , 2020.
2. 艾铁民 . 药用植物学 [M]. 北京 : 北京大学医学出版社 , 2004.
3. 董诚明 , 王丽红 . 药用植物学 [M]. 北京 : 中国医药科技出版社 , 2016.
4. 刘春生 . 药用植物学 [M]. 4 版 . 北京 : 中国中医药出版社 , 2016.
5. 路金才 . 药用植物学 [M]. 4 版 . 北京 : 中国医药科技出版社 , 2020.
6. 南京中医药大学 . 中药大辞典 (上下册) [M]. 2 版 . 上海 : 上海科学技术出版社 , 2006.
7. 汪劲武 . 种子植物分类学 [M]. 2 版 . 北京 : 高等教育出版社 , 2009.
8. 熊耀康 , 严铸云 . 药用植物学 [M]. 2 版 . 北京 : 人民卫生出版社 , 2016.
9. 严铸云 , 郭庆梅 . 药用植物学 [M]. 2 版 . 北京 : 中国医药科技出版社 , 2018.
10. 姚振生 . 药用植物学 [M]. 2 版 . 北京 : 中国中医药出版社 , 2007.
11. 张宏达 , 黄云晖 , 缪汝槐 , 等 . 种子植物系统学 [M]. 北京 : 科学出版社 , 2004.
12. 潘富俊 . 草木缘情 : 中国古典文学中的植物世界 [M]. 北京 : 商务印书馆 , 2015.
13. 胡皓 , 胡献国 . 讲故事·识中药 [M]. 北京 : 人民军医出版社 , 2013.
14. 中国科学院中国植物志编辑委员会 . 中国植物志 [M]. 北京 : 科学出版社 , 1956-2004.
15. 国家中医药管理局《中华本草》编委会 . 中华本草 [M]. 上海 : 上海科学技术出版社 , 1999.
16. 周云龙 . 植物生物学 [M]. 2 版 . 北京 : 高等教育出版社 , 2004.
17. 陆树刚 . 蕨类植物学 [M]. 北京 : 高等教育出版社 , 2007.
18. 杨春澍 . 药用植物学 [M]. 上海 : 上海科学技术出版社 , 1997.
19. 周荣汉 , 段金廒 . 植物化学分类学 [M]. 上海 : 上海科学技术出版社 , 2005.
20. 艾铁民 . 中国药用植物志 : 第 1~12 卷 [M]. 北京 : 北京大学医学出版社 , 2013-2021.

复习思考题
题答案要点

模拟试卷